Georg Pólya · Gabor Szegö

Aufgaben und L
aus der Ana

Zweiter Band

Funktionentheorie · Nullstellen · Polynome
Determinanten · Zahlentheorie

4. Auflage

Springer-Verlag Berlin · Heidelberg · New York 1971

Prof. Dr. Georg Pólya
Prof. Dr. Gabor Szegö
Department of Mathematics, Stanford University
Stanford, CA/USA

Die 1., 2. und 3. Auflage erschien als Band 20
in den Grundlehren der mathematischen Wissenschaften

AMS Subject Classifications (1970): 10-01, 15-01, 26-01, 30-01, 50-01

ISBN 3-540-05456-1 4. Auflage
Springer-Verlag Berlin · Heidelberg · New York
ISBN 0-387-05456-1 4th edition
Springer-Verlag New York · Heidelberg · Berlin
ISBN 3-540-03142-1 3. Auflage
Springer-Verlag Berlin · Göttingen · Heidelberg · New York

Offsetdruck Julius Beltz, Weinheim/Bergstr.

Vorwort zur vierten Auflage.

Der im Vorwort zur vierten Auflage des ersten Bandes angekündigte Anhang mußte leider wegen der damit verbundenen starken Umfangserweiterung ausgelassen werden, und so stimmt die vorliegende Auflage mit der Originalauflage überein, abgesehen von der Berichtigung einiger Druckfehler. Das für den geplanten Anhang gesammelte Material wird der in Vorbereitung begriffenen englischen Ausgabe des Gesamtwerkes einverleibt.

Zürich und Stanford, April 1971 Georg Pólya · Gabor Szegö

Achtung! Bitte legen Sie diesen Zettel in Ihr Exemplar ein:

Heidelberger Taschenbücher, Band 73 Pólya/Szegö, Aufgaben und Lehrsätze aus der Analysis I

Berichtigungen

S. 51, Z. 22 $\displaystyle \frac{+\cdots+(2^m-n)K}{2^m}\Bigg]^{2^m}$

S. 164, Z. 2 $\displaystyle \frac{(1-z^{a_l})}{1-z^{a_1}-z^{a_2}-\cdots-z^{a_l}} \geqslant 1.$

S. 230, Z. 9 $\displaystyle =\left(e^{\frac{1}{n}}x+1-x\right)^n=$

S. 275, Z. 23 ... ist (Wurzeh positiv!), und ...

Inhaltsverzeichnis.

Vierter Abschnitt.

Funktionen einer komplexen Veränderlichen. Spezieller Teil.

1. Kapitel.

Maximalglied und Zentralindex, Maximalbetrag und Nullstellenanzahl.

2. Kapitel.

Schlichte Abbildungen.

3. Kapitel.

Vermischte Aufgaben.

Fünfter Abschnitt.

Die Lage der Nullstellen.

1. Kapitel.

Der Satz von Rolle und die Regel von Descartes.

2. Kapitel.

Geometrisches über die Nullstellen von Polynomen.

3. Kapitel.

Vermischte Aufgaben.

Sechster Abschnitt.

Polynome und trigonometrische Polynome.

Siebenter Abschnitt.

Determinanten und quadratische Formen.

Achter Abschnitt.

Zahlentheorie.

1. Kapitel.

Zahlentheoretische Funktionen.

2. Kapitel.

Ganzzahlige Polynome und ganzwertige Funktionen.

3. Kapitel.

Zahlentheoretisches über Potenzreihen.

4. Kapitel.

Einiges über algebraische ganze Zahlen.

5. Kapitel.

Vermischte Aufgaben.

Neunter Abschnitt.

Anhang.

Einige geometrische Aufgaben.

Bezeichnungen und Abkürzungen.

Wir haben versucht, in Bezeichnungen und Abkürzungen möglichst konsequent vorzugehen und wenigstens innerhalb eines Paragraphen gleichbedeutende Größen mit denselben Buchstaben zu belegen. Einige Bezeichnungen sind durch besondere Erklärungen auf die Dauer von ein bis zwei Paragraphen festgelegt. Hiervon abgesehen wird die Bedeutung jedes Buchstaben in jeder Aufgabe neu erklärt, sofern nicht auf eine vorige Aufgabe verwiesen ist. Schließt sich eine Aufgabe der unmittelbar vorangehenden an, so wird sie mit dem Vermerk „Fortsetzung" eingeleitet. Schließt sie sich einer früheren an, so wird diese ihrer Nummer nach zitiert, z. B. „Fortsetzung von **286**". In diesen beiden Fällen wird die Bezeichnung nicht neu erklärt.

Abschnitte werden mit römischen, Kapitel (soweit notwendig) mit arabischen Nummern bezeichnet. Die Numerierung der einzelnen Aufgaben erfolgt in jedem Abschnitt von neuem. Die Aufgabennummern sind fett gedruckt. Innerhalb eines Abschnittes zitieren wir bloß die Aufgabennummer, in anderen Abschnitten jedoch auch die betreffende Abschnittsnummer. Z. B. heißt es IV **123**, wenn wir nicht im IV. Abschnitt (im Aufgaben- oder Lösungsteil) sind, jedoch bloß **123** im ganzen IV. Abschnitt.

Bemerkungen in eckigen Klammern [ ] bedeuten in der Aufgabe stets *Fingerzeig*, in der Lösung Zitate (insbesondere am Anfang der Lösung), oder Hinweise auf andere Aufgaben, die bei den einzelnen Schlüssen der Lösung benötigt werden. Bemerkungen sonstiger Art sind in gewöhnliche Klammern gesetzt. Das Zitieren einer Aufgabennummer bezieht sich im Prinzip sowohl auf die eigentliche Aufgabe, wie auch auf die Lösung, sofern nicht das Gegenteil hervorgehoben wird, z. B.: [Lösung **38**].

Quellenangaben sind fast immer in der Lösung enthalten. Ist die Aufgabe als solche bereits erschienen, so wird dies beim Zitieren hervorgehoben. Zitieren eines Namens, ohne Literatur, heißt, daß die Aufgabe uns als neu mitgeteilt wurde. Zeitschriften werden so abgekürzt wie bei dem „Jahrbuch über die Fortschritte der Mathematik". Die am häufigsten vorkommenden Zeitschriftenzitate sind:

Acta Math.	= Acta Mathematica.
Arch. der Math. u. Phys.	= Archiv der Mathematik und Physik.
C. R.	= Comptes Rendus de l'Académie des Sciences Paris.
Deutsche Math.-Ver.	= Jahresbericht der Deutschen Mathematiker-Vereinigung.
Gött. Nachr.	= Nachrichten der Gesellschaft der Wissenschaften zu Göttingen.
J. für Math.	= Journal für die reine und angewandte Mathematik.
Lond. M. S. Proc.	= Proceedings of the London Mathematical Society.
Math. Ann.	= Mathematische Annalen.
Math. Zeitschr.	= Mathematische Zeitschrift.
Nouv. Ann.	= Nouvelles Annales de mathématiques.
Rom. Acc. L. Rend.	= Atti della Reale Accademia dei Lincei, Roma.
S. M. F. Bull.	= Bulletin de la société mathématique de France.

Folgende Lehrbücher sind öfters und daher bloß mit dem Namen des Verfassers zitiert worden (z. B. *Cesàro, Hecke* usw.):

E. Cesàro, Elementares Lehrbuch der algebraischen Analysis und der Infinitesimalrechnung. Leipzig und Berlin: B. G. Teubner 1904.

E. Hecke, Vorlesungen über die Theorie der algebraischen Zahlen. Leipzig: Akademische Verlagsbuchhandlung 1923.

A. Hurwitz—R. Courant, Allgemeine Funktionentheorie und elliptische Funktionen. Geometrische Funktionentheorie. Berlin: J. Springer 1922.

K. Knopp, Theorie und Anwendung der unendlichen Reihen. 2. Auflage. Berlin: J. Springer 1924.

G. Kowalewski, Einführung in die Determinantentheorie. Leipzig: Veit & Co. 1909.

Ferner mögen folgende Bezeichnungen besonders erwähnt werden, die konsequent befolgt wurden:

$a_n \to a$ heißt: a_n strebt gegen a (für $n \to \infty$).

$a_n \backsim b_n$ (lies: a_n ist assymptotisch gleich b_n) heißt: $b_n \neq 0$ für genügend große n und $\frac{a_n}{b_n} \to 1$ (für $n \to \infty$).

$O(a_n)$ bzw. $o(a_n)$, $a_n > 0$, bezeichnet eine Größe, die durch a_n dividiert beschränkt bleibt bzw. gegen 0 konvergiert (für $n \to \infty$).

Analoge Bezeichnungen gelten auch für andere Grenzübergänge als $n \to \infty$,

$x \to a + 0$ bzw. $x \to a - 0$ bedeutet, daß x von rechts bzw. links gegen a konvergiert.

$\exp(x) = e^x$, e ist die Basis der natürlichen Logarithmen.

$\operatorname{Max}(a_1, a_2, \ldots, a_n)$ bezeichnet diejenige (oder diejenigen) der n Zahlen $a_1, a_2, \ldots, a_n$, die von keiner anderen übertroffen werden. Ähnliche Bedeutung hat $\operatorname{Min}(a_1, a_2, \ldots, a_n)$. Analog erklärt man $\operatorname{Max} f(x)$, $\operatorname{Min} f(x)$ für eine im Intervall a, b definierte reelle Funktion, soweit sie dort ein Maximum oder ein Minimum besitzt. Ist dies nicht der Fall, so wird dieselbe Bezeichnung für die obere und untere Grenze von $f(x)$ der Bequemlichkeit halber beibehalten. (Ähnlich, wenn x eine komplexe Variable ist.)

$\operatorname{sg} x$ bedeutet das *Kronecker*sche Symbol:

$$\operatorname{sg} x = \begin{cases} +1 & \text{für } x > 0, \\ 0 & \text{für } x = 0, \\ -1 & \text{für } x < 0. \end{cases}$$

$[x]$ bedeutet die größte ganze Zahl, die x nicht übertrifft. Jedoch werden, wenn kein Mißverständnis zu befürchten ist, eckige Klammern auch anstatt gewöhnlicher ohne Erklärung gebraucht.

$\bar{z}$ bedeutet die zu z konjugiert komplexe Zahl, sofern es sich um komplexe Zahlen handelt.

Bezüglich des Zeichens $\ll$ für die Majorantenbeziehung vgl. Bd. I, S. 9.

Die Determinante mit dem allgemeinen Element $a_{\lambda,\mu}$, $\lambda, \mu = 1, 2, \ldots, n$, wird abkürzend so bezeichnet:

$$|a_{\lambda\mu}|_1^n \text{ oder } |a_{\lambda\mu}|_{\lambda,\mu=1,2,\ldots,n} \text{ oder } |a_{\lambda 1}, a_{\lambda 2}, \ldots, a_{\lambda n}|_1^n.$$

Unter *Gebiet* verstehen wir eine zusammenhängende Menge, die aus lauter inneren Punkten besteht, unter *Bereich* ein durch seine Randpunkte ergänztes Gebiet.

Unter einer *stetigen Kurve* verstehen wir das eindeutige stetige Bild des Intervalls $0 \leqq t \leqq 1$, d. h. die Gesamtheit der Punkte $z = x + iy$ mit $x = \varphi(t)$, $y = \psi(t)$, beide Funktionen $\varphi(t)$ und $\psi(t)$ stetig im Intervalle $0 \leqq t \leqq 1$. Sie ist *geschlossen*, wenn $\varphi(0) = \varphi(1)$, $\psi(0) = \psi(1)$, *doppelpunktlos*, wenn aus $\varphi(t_1) = \varphi(t_2)$, $\psi(t_1) = \psi(t_2)$, $t_1 < t_2$ notwendig $t_1 = 0$, $t_2 = 1$ folgt. Anstatt doppelpunktlos sagt man häufig *einfach*. Eine doppelpunktlose stetige Kurve, die nicht geschlossen ist, heißt auch ein *doppelpunktloser Bogen*.

Eine doppelpunktlose geschlossene stetige Kurve (*Jordan*sche Kurve) zerlegt die Ebene in zwei Gebiete, deren gemeinsamen Rand sie bildet.

Integrationslinien von krummlinigen oder komplexen Integralen werden stillschweigend als stetig und rektifizierbar angenommen.

Aufgaben.

Vierter Abschnitt.

Funktionen einer komplexen Veränderlichen.

Spezieller Teil.

1. Kapitel.

Maximalglied und Zentralindex, Maximalbetrag und Nullstellenanzahl.

Es seien $a_0, a_1, a_2, \ldots, a_n, \ldots$ komplexe Zahlen, die nicht sämtlich verschwinden. Die Potenzreihe

$$f(z) = a_0 + a_1 z + a_2 z^2 + \cdots + a_n z^n + \cdots$$

besitze den Konvergenzradius R, $R > 0$. Wenn $R = \infty$ ist, heißt $f(z)$ eine ganze Funktion. Es sei $0 \leqq r < R$; dann strebt die Zahlenfolge

$$|a_0|, \quad |a_1| r, \quad |a_2| r^2, \quad \ldots, \quad |a_n| r^n, \quad \ldots$$

gegen 0, also gibt es darin ein größtes Glied, das *Maximalglied*, dessen Wert mit $\mu(r)$ bezeichnet wird. Es ist somit

$$|a_n| r^n \leqq \mu(r)$$

für $n = 0, 1, 2, 3, \ldots$, $r \geqq 0$ [I, Kap. 3, § 3].

Der *Zentralindex* $\nu(r)$ ist gleich dem Index des Maximalgliedes, d. h. $\mu(r) = |a_{\nu(r)}| r^{\nu(r)}$. Sind unter den Zahlen $|a_n| r^n$ mehrere gleich $\mu(r)$, so sei $\nu(r)$ der größte unter sämtlichen in Frage kommenden Indices. Dies für $r > 0$; für $r = 0$ vgl. **15**.

Man bezeichne mit $M(r)$ den *Maximalbetrag* der Funktion $f(z)$ am Kreisrand $|z| = r$; $M(r)$ ist zugleich das Maximum von $|f(z)|$ in der Kreisscheibe $|z| \leqq r$ [III **266**]. Es ist

$$|a_n| r^n \leqq M(r)$$

für $n = 0, 1, 2, \ldots$, $r > 0$; das Gleichheitszeichen wird nur dann erreicht, wenn außer a_n sämtliche Glieder der Folge $a_0, a_1, a_2, \ldots$ verschwinden. [III **122**.]

Die *Nullstellenzahl* $N(r)$ ist die Anzahl der Nullstellen in der abgeschlossenen Kreisscheibe $|z| \leq r$ mit Berücksichtigung der Multiplizität der einzelnen Nullstellen.

Die vorangehenden Bezeichnungen gelten für das ganze Kapitel.

1. Man berechne $\mu(r)$ und $\nu(r)$ für die Potenzreihe

$$1 + \frac{z}{1!} + \frac{z^2}{2!} + \cdots + \frac{z^n}{n!} + \cdots.$$

2. Man berechne $M(r)$ und $N(r)$ für

$$e^z = 1 + \frac{z}{1!} + \frac{z^2}{2!} + \cdots + \frac{z^n}{n!} + \cdots.$$

3. Man berechne $\mu(r)$ und $\nu(r)$ für

$$\frac{1}{1!} + \frac{z}{3!} + \frac{z^2}{5!} + \cdots + \frac{z^n}{(2n+1)!} + \cdots.$$

4. Man berechne $M(r)$ und $N(r)$ für

$$\frac{\sin\sqrt{z}}{\sqrt{z}} = \frac{1}{1!} - \frac{z}{3!} + \frac{z^2}{5!} - \cdots + \frac{(-z)^n}{(2n+1)!} + \cdots.$$

5. Man berechne $\nu(r)$ für die geometrische Reihe

$$1 + z + z^2 + \cdots + z^n + \cdots.$$

6. Man berechne $N(r)$ für

$$1 + z + z^2 + \cdots + z^n + \cdots.$$

7. Handelt es sich um ein Polynom n^{ten} Grades

$$a_0 + a_1 z + a_2 z^2 + \cdots + a_n z^n, \qquad a_n \neq 0,$$

so ist

$$\lim_{r\to\infty} \frac{\log\mu(r)}{\log r} = \lim_{r\to\infty} \nu(r) = n.$$

8. Handelt es sich um ein Polynom n^{ten} Grades,

$$f(z) = a_0 + a_1 z + a_2 z^2 + \cdots + a_n z^n, \qquad a_n \neq 0,$$

so ist

$$\lim_{r\to\infty} \frac{\log M(r)}{\log r} = \lim_{r\to\infty} N(r) = n.$$

9. Handelt es sich um eine ganze transzendente Funktion, so sind beide in **7** genannten Grenzwerte $= \infty$.

10. Handelt es sich um eine ganze transzendente Funktion, so ist der erste in **8** genannte Grenzwert $= \infty$, der zweite nicht notwendigerweise.

11. Man bezeichne mit $\mu_k(r)$ und $\nu_k(r)$ das Maximalglied und den Zentralindex der Reihe

$$a_0 + a_1 z^k + a_2 z^{2k} + \cdots + a_n z^{nk} + \cdots, \qquad k = 1, 2, 3, \ldots$$

und drücke $\mu_k(r)$, $\nu_k(r)$ durch $\mu_1(r)$, $\nu_1(r)$ aus.

12. Man bezeichne mit $M_k(r)$ und $N_k(r)$ den Maximalbetrag und die Nullstellenanzahl von $f(z^k)$ im Kreise $|z| \leqq r$, $k = 1, 2, 3, \ldots$ und drücke $M_k(r)$, $N_k(r)$ durch $M_1(r)$, $N_1(r)$ aus.

13. Man berechne den Grenzwert $\lim\limits_{r\to\infty} \dfrac{\nu(r)}{\log \mu(r)}$ für die beiden Potenzreihen

$$1 + \frac{z^2}{2!} + \frac{z^4}{4!} + \frac{z^6}{6!} + \cdots + \frac{z^{2n}}{(2n)!} + \cdots = \frac{e^z + e^{-z}}{2},$$

$$1 + \frac{2z^2}{2!} + \frac{2^3 z^4}{4!} + \frac{2^5 z^6}{6!} + \cdots + \frac{2^{2n-1} z^{2n}}{(2n)!} + \cdots = \left(\frac{e^z + e^{-z}}{2}\right)^2 =$$

$$= \frac{1}{2} + \frac{e^{2z} + e^{-2z}}{4}.$$

14. Jetzt sollen im Gegensatz zu **12**, $M_k(r)$ und $N_k(r)$ den Maximalbetrag und die Nullstellenanzahl von $(f(z))^k$ im Kreise $|z| \leqq r$, $k = 1, 2, 3, \ldots$ bezeichnen. Der Quotient $\dfrac{N_k(r)}{\log M_k(r)}$ ist von k unabhängig.

15. Wenn $a_0 = a_1 = \cdots = a_{q-1} = 0$, $a_q \neq 0$, so sei $\nu(0) = q$. Die Funktion $\nu(r)$ ist streckenweise konstant; sie wächst an ihren Sprungstellen um eine positive ganze Zahl und ist *überall* von rechts stetig. [I **120**.]

16. Wenn $a_0 = a_1 = \cdots = a_{q-1} = 0$, $a_q \neq 0$, so ist $N(0) = q$. Die Funktion $N(r)$ ist streckenweise konstant; sie wächst an ihren Sprungstellen um eine positive ganze Zahl und ist *überall* von rechts stetig.

17. Ist $a_0 = 0$, $0 < r_1 < r_2 < R$, dann ist

$$\frac{\mu(r_2)}{\mu(r_1)} \geqq \frac{r_2}{r_1}.$$

18. Ist $f(0) = 0$, $0 < r_1 < r_2 < R$, dann ist

$$\frac{M(r_2)}{M(r_1)} \geqq \frac{r_2}{r_1}.$$

19. Die Funktion $\eta = \log \mu(e^\xi)$ wird in einem rechtwinkligen Koordinatensystem ξ, η durch eine Kurve dargestellt, die nicht abnehmend und von unten gesehen nie konkav ist. [Man betrachte die Gesamtheit der Geraden

$$\eta = \log|a_0|, \quad \eta = \xi + \log|a_1|, \quad \eta = 2\xi + \log|a_2|, \ \ldots.$$
$$\eta = n\xi + \log|a_n|, \ \ldots,$$

sinnlose Glieder mit $a_n = 0$ weggelassen. Wie lassen sich in dieser Figur $\mu(r)$ und $\nu(r)$ interpretieren?]

20. Die Funktion $\eta = \log M(e^\xi)$ wird in einem rechtwinkligen Koordinatensystem ξ, η durch eine Kurve dargestellt, die stets wachsend und von unten gesehen konvex ist, abgesehen von sehr speziellen Polynomen, für welche die Kurve in eine Gerade ausartet.

21. Es sei α fest, $0 < \alpha < 1$. Der Quotient $\mu(\alpha r)/\mu(r)$ nimmt mit wachsendem r nie zu.

22. Es sei α fest, $0 < \alpha < 1$. Der Quotient $M(\alpha r)/M(r)$ nimmt mit wachsendem r beständig ab.

23. Es sei $R = \infty$. Es ist für festes α, $0 < \alpha < 1$,

$$\lim_{r \to \infty} \frac{\mu(\alpha r)}{\mu(r)} = 0,$$

wenn die Potenzreihe nicht abbricht, $= \alpha^n$, wenn die Potenzreihe sich auf ein Polynom n^{ten} Grades reduziert.

24. Es sei $f(z)$ eine ganze Funktion. Es ist für festes $\alpha, 0 < \alpha < 1$,

$$\lim_{r \to \infty} \frac{M(\alpha r)}{M(r)} = 0,$$

wenn $f(z)$ transzendent, $= \alpha^n$, wenn $f(z)$ rational vom Grade n ist.

Wir bezeichnen die Sprungstellen von $\nu(r)$ wachsend geordnet mit

$$\varrho_1,\ \varrho_2,\ \varrho_3, \ldots,\ \varrho_n, \ldots; \quad \varrho_1 = \varrho_2 = \cdots = \varrho_q = 0, \quad \varrho_{q+1} > 0, \quad q \geqq 0,$$

wobei jede Sprungstelle so oft vertreten ist, als der Sprung Einheiten enthält; im Punkt $r = 0$ sei $\nu(0)$ als Sprung betrachtet [**15**]. Diese Folge kann nach endlich vielen Gliedern abbrechen.

Wir bezeichnen die Nullstellen von $f(z)$, nach wachsenden absoluten Beträgen und bei gleichem absolutem Betrag nach wachsenden Argumenten geordnet, mit

$$w_1,\ w_2,\ w_3, \ldots,\ w_n, \ldots; \quad w_1 = w_2 = \cdots = w_q = 0, \quad w_{q+1} \neq 0, \quad q \geqq 0,$$

wobei mehrfache Nullstellen so oft vertreten sind, als ihre Multiplizität Einheiten enthält. Es sei $|w_n| = r_n$, $n = 1, 2, 3, \ldots$, d. h.

$$r_1 \leqq r_2 \leqq r_3 \leqq \cdots \leqq r_n \leqq \cdots.$$

Diese Folge kann nach endlich vielen Gliedern abbrechen.

Diese Bezeichnungen gelten für das ganze Kapitel.

25. Wenn $\varrho_n < \varrho_{n+1}$, dann ist im einseitig abgeschlossenen Intervall $\varrho_n \leqq r < \varrho_{n+1}$

$$\nu(r) = n.$$

26. Wenn $r_n < r_{n+1}$, dann ist im einseitig abgeschlossenen Intervall $r_n \leqq r < r_{n+1}$

$$N(r) = n.$$

27. Man berechne die Zahlen ϱ_n für die Potenzreihen

$$1+\frac{z}{1!}+\frac{z^2}{2!}+\cdots+\frac{z^n}{n!}+\cdots,\quad 1+\frac{z}{3!}+\frac{z^2}{5!}+\cdots+\frac{z^n}{(2n+1)!}+\cdots,$$

$$1+\frac{z^2}{2!}+\frac{z^4}{4!}+\cdots+\frac{z^{2n}}{(2n)!}+\cdots.$$

28. Man berechne die Zahlen r_n für die Funktionen

$$e^z+i,\qquad \frac{\sin\sqrt{z}}{\sqrt{z}},\qquad \cos z.$$

29. Wenn unendlich viele ϱ_n vorhanden sind, so ist

$$\lim_{n\to\infty}\varrho_n=R.$$

30. Sind unendlich viele r_n vorhanden, so ist

$$\lim_{n\to\infty}r_n=R.$$

31. Es sei $a_0 \neq 0$. Dann ist

$$\mu(r)=\frac{|a_0|\,r^n}{\varrho_1\varrho_2\ldots\varrho_n},$$

wenn $\varrho_n \leqq r \leqq \varrho_{n+1}$.

32. Es sei $a_0 \neq 0$. Dann ist

$$M(r)\geqq\frac{|f(0)|\,r^n}{r_1 r_2\ldots r_n}.$$

[III **120**.] Für welche ganzen Funktionen kann hier das Zeichen = eintreten?

33. Vorausgesetzt, daß $a_0 \neq 0$, ist

$$\log\mu(r)-\log|a_0|=\int_0^r\frac{\nu(t)}{t}\,dt.$$

34. Vorausgesetzt, daß $a_0 \neq 0$, ist

$$\log M(r)-\log|f(0)|\geqq\int_0^r\frac{N(t)}{t}\,dt.$$

35. Für eine beliebige ganze Funktion gilt

$$\limsup_{r\to\infty}\frac{\log\nu(r)}{\log r}=\limsup_{r\to\infty}\frac{\log\log\mu(r)}{\log r}.$$

36. Für eine beliebige ganze Funktion gilt

$$\limsup_{r\to\infty}\frac{\log N(r)}{\log r}\leqq\limsup_{r\to\infty}\frac{\log\log M(r)}{\log r}.$$

37. Es handelt sich um eine stets konvergente Potenzreihe, und es ist $k > 0$. Die unendliche Reihe $\sum_{n=q+1}^{\infty} \varrho_n^{-k}$ und das unendliche Integral $\int_1^\infty r^{-k-1} \log \mu(r)\, dr$ sind entweder beide konvergent oder beide divergent.

38. Es handelt sich um eine ganze Funktion, und es ist $k > 0$. Wenn das unendliche Integral $\int_1^\infty r^{-k-1} \log M(r)\, dr$ konvergiert, so konvergiert auch die unendliche Reihe $\sum_{n=q+1}^{\infty} r_n^{-k}$ (nicht umgekehrt!).

39. Es handelt sich um eine im Innern des Einheitskreises konvergente Potenzreihe, und es ist $k > 0$. Die Reihe $\sum_{n=1}^{\infty} (1-\varrho_n)^{k+1}$ und das Integral $\int_0^1 (1-t)^{k-1} \log \mu(t)\, dt$ sind entweder beide konvergent oder beide divergent.

40. Es handelt sich um eine im Innern des Einheitskreises reguläre Funktion, und es ist $k > 0$. Wenn das Integral $\int_0^1 (1-t)^{k-1} \log M(t)\, dt$ konvergiert, so konvergiert auch die Reihe $\sum_{n=1}^{\infty} (1-r_n)^{k+1}$.

---

41. Man zeichne in einem rechtwinkligen Koordinatensystem die Punkte

$$(0, -\log|a_0|),\ (1, -\log|a_1|),\ (2, -\log|a_2|),\ \ldots,\ (n, -\log|a_n|),\ \ldots$$

(sinnlose mit $a_n = 0$ weggelassen) und von jedem Punkte aus einen vertikal nach oben gerichteten Halbstrahl. Der kleinste konvexe Bereich $\mathfrak{K}$, der alle diese Halbstrahlen umfaßt, erstreckt sich ins Unendliche. Man ziehe die Stützgerade mit dem Richtungskoeffizienten $\log r$ (Gerade, auf der mindestens ein Randpunkt und kein innerer Punkt von $\mathfrak{K}$ liegt und deren Neigungswinkel zur positiven Abszissenachse den Tangens $\log r$ hat) und interpretiere in der entstandenen Figur $\log \mu(r)$, $\nu(r)$, $\log \varrho_n$.

42. Ist m ein positiver ganzzahliger Wert, den $\nu(r)$ annimmt, $m > \nu(0)$, so ist

$$\varrho_m = \operatorname{Max}\left(\left|\frac{a_0}{a_m}\right|^{\frac{1}{m}},\ \left|\frac{a_1}{a_m}\right|^{\frac{1}{m-1}},\ \ldots,\ \left|\frac{a_{m-1}}{a_m}\right|\right).$$

43. Die Potenzreihe

$$a_0 + a_1 z + a_2 z^2 + \cdots + a_n z^n + \cdots$$

sei so beschaffen, daß die Rolle des Maximalgliedes der Reihe nach jedem Glied zufällt, d. h. daß zu jedem Index $n = 0, 1, 2, \ldots$ (mindestens) ein Wert r, $r > 0$, gehört, so beschaffen, daß $|a_n| r^n$ von keinem anderen Glied übertroffen wird. Hierzu ist notwendig und hinreichend, daß

$$0 < \left|\frac{a_0}{a_1}\right| \leq \left|\frac{a_1}{a_2}\right| \leq \left|\frac{a_2}{a_3}\right| \leq \cdots \leq \left|\frac{a_n}{a_{n+1}}\right| \leq \cdots$$

ist. [**31**, I **117**.]

44. Es sei $0 < \alpha < 1$. Der Zentralindex $\nu(r)$ der für $|z| < 1$ konvergenten Potenzreihe

$$1 + e^{\alpha^{-1} 1^\alpha} z + e^{\alpha^{-1} 2^\alpha} z^2 + \cdots + e^{\alpha^{-1} n^\alpha} z^n + \cdots$$

nimmt sukzessiv alle Werte 0, 1, 2, 3, ... an; ihr Maximalglied

$$\mu(r) \sim \exp\left(\frac{1-\alpha}{\alpha}\left(-\frac{1}{\log r}\right)^{\frac{\alpha}{1-\alpha}}\right),$$

wenn r sich 1 nähert.

45. (Fortsetzung.) Wenn r sich 1 nähert, so ist

$$\sum_{n=0}^{\infty} e^{\alpha^{-1} n^\alpha} r^n \sim \frac{\sqrt{2\pi\alpha}}{1-\alpha}\left(\frac{\alpha}{1-\alpha}\right)^{\frac{1-\alpha}{\alpha}}\left(\log\mu(r)\right)^{\frac{1}{2}+\frac{1-\alpha}{\alpha}} \mu(r).$$

[Man betrachte $\int\limits_0^\infty e^{\alpha^{-1} x^\alpha} r^x dx$; II **208**.]

46. Es sei $\alpha > 0$. Man berechne $\varrho_1, \varrho_2, \varrho_3, \ldots$ für die stets konvergente Potenzreihe

$$1 + 1^{-\alpha} z + 2^{-2\alpha} z^2 + \cdots + n^{-n\alpha} z^n + \cdots$$

und zeige, daß ihr Maximalglied

$$\mu(r) \sim \exp\left(\alpha\, e^{-1} r^{\frac{1}{\alpha}}\right),$$

wenn r sich $+\infty$ nähert.

47. (Fortsetzung.) Wenn α fest bleibt, $\alpha > 0$, und r gegen $+\infty$ konvergiert, so ist

$$1 + 1^{-\alpha} r + 2^{-2\alpha} r^2 + \cdots + n^{-n\alpha} r^n + \cdots \sim \frac{\sqrt{2\pi}}{\alpha}\left[\log\mu(r)\right]^{\frac{1}{2}} \mu(r).$$

[II **209**.]

---

48. Es sei für eine ganze Funktion $f(z)$

$$\limsup_{r\to\infty} \frac{\log M(r)}{r} = l.$$

Die Konvergenz der Reihe

$$f(z) + f'(z) + f''(z) + \cdots = \sum_{n=0}^{\infty} \frac{d^n f(z)}{dz^n}$$

ist sicher, ist ausgeschlossen oder bleibt dahingestellt, je nachdem

$$l < 1, \quad l > 1 \quad \text{oder} \quad l = 1 \text{ ist.}$$

49. Für die *Weierstraß*sche $\sigma(z)$-Funktion findet man, wenn das Periodenparallelogramm ein Quadrat von der Seitenlänge 1 ist, daß für unendlich wachsendes r

$$N(r) \sim \pi r^2, \qquad \log M(r) \sim \frac{\pi}{2} r^2.$$

[*Hurwitz-Courant*, S. 174—175.]

50. Man bestimme für die ganzen Funktionen

$$\frac{\sin\sqrt{z}}{\sqrt{z}}, \quad \cos z, \quad \cos^2 z, \quad e^z + i, \quad e^z, \quad \sigma(z)$$

die Grenzwerte der Quotienten

$$\frac{r_n}{\varrho_n}, \quad \frac{N(r)}{\nu(r)}, \quad \frac{N(r)}{\log M(r)}, \quad \frac{\nu(r)}{\log \mu(r)}, \quad \frac{M(r)}{\mu(r)\sqrt{\log \mu(r)}}, \quad \frac{\log N(r)}{\log r}$$

für unendlich wachsendes r (bzw. n bei dem ersten) und stelle die Resultate in einer Tabelle zusammen. [Für e^z sind der erste und der letzte Quotient sinnlos, für $\sigma(z)$ sind nur der dritte und der letzte auszuwerten und das Periodenparallelogramm als Quadrat anzunehmen. Der letzte Quotient ergibt den Konvergenzexponenten der Nullstellen, I **113**. Man benutze **1—4, 13, 27, 28** und für die asymptotische Auswertung von $\mu(r)$ die Formel von *Stirling*.]

51. Für alle ganzen Funktionen gilt

$$\limsup_{r\to\infty} \frac{\log\log \mu(r)}{\log r} = \limsup_{r\to\infty} \frac{\log\log M(r)}{\log r}.$$

(Daß $\leqq$ gilt, liegt auf der Hand.) Der gemeinsame Wert dieser beiden Grenzwerte heißt die *Ordnung* der ganzen Funktion.

52. Die Ordnung einer ganzen Funktion kann auch als der Konvergenzexponent [I, Kap. 3, § 2] der Folge $\varrho_1, \varrho_2, \ldots, \varrho_n, \ldots$, definiert werden.

53. Die Ordnung einer ganzen Funktion $f(z) = \sum_{n=0}^{\infty} a_n z^n$ mit positiven Koeffizienten $a_0, a_1, a_2, \ldots, a_n, \ldots$ kann auch als der Wert des folgenden Grenzwertes definiert werden:

$$\limsup_{r\to\infty} \frac{\log[r f'(r) f(r)^{-1}]}{\log r}.$$

54. Für ganze Funktionen endlicher Ordnung gilt schärfer als **51**:

$$\lim_{r\to\infty} \frac{\log M(r)}{\log \mu(r)} = 1.$$

55. Für nicht rationale ganze Funktionen und für $l > 1$ konvergiert das Integral

$$\int_{t_0}^{\infty} \mu(t)[M(t)]^{-l}\,dt, \qquad t_0 > 0.$$

56. Für alle ganze Funktionen gilt, daß bei vorgegebenem ε, $\varepsilon > 0$, beliebig große Werte r existieren, so beschaffen, daß

$$M(r) < \mu(r)\,[\log \mu(r)]^{\frac{1}{2}+\varepsilon}. \qquad \text{[45, I 122.]}$$

57. Für ganze Funktionen von der endlichen Ordnung λ gilt schärfer als **56**, daß bei vorgegebenem ε, $\varepsilon > 0$, beliebig große Werte r existieren, so beschaffen, daß

$$M(r) < (\lambda + \varepsilon)\sqrt{2\pi \log \mu(r)}\,\mu(r). \qquad \text{[47, I 118.]}$$

Es sei c eine Konstante, $c \neq 0$, q eine ganze Zahl, $q \geqq 0$, und $w_1, w_2, w_3, \ldots$ eine unendliche Folge komplexer Zahlen,

$$w_1 = w_2 = \cdots = w_q = 0 < |w_{q+1}| \leqq |w_{q+2}| \leqq |w_{q+3}| \leqq \cdots,$$

$$\frac{1}{|w_{q+1}|} + \frac{1}{|w_{q+2}|} + \frac{1}{|w_{q+3}|} + \cdots$$

konvergent. Eine ganze Funktion von der Form

$$c z^q \left(1 - \frac{z}{w_{q+1}}\right)\left(1 - \frac{z}{w_{q+2}}\right)\cdots$$

heißt eine Funktion vom Geschlecht Null. Wie *Hadamard* bewiesen hat, ist jede ganze Funktion, deren Ordnung < 1 ist, vom Geschlecht Null. (**36**, **58**, III **332** sind wichtige Stützpunkte eines Beweises.)

58. Die Ordnung einer ganzen Funktion vom Geschlecht Null ist gleich dem Konvergenzexponenten ihrer Nullstellen.

59. Für ganze Funktionen von der endlichen Ordnung λ, $\lambda > 0$, deren Zentralindex im Sinne von II, Kap. 4, § 1 regulär verteilte Sprungstellen $\varrho_1, \varrho_2, \varrho_3, \ldots, \varrho_n, \ldots$ besitzt, existiert

$$\lim_{r \to \infty} \frac{\nu(r)}{\log \mu(r)} = \lambda. \qquad \text{[II 159.]}$$

60. Für ganze Funktionen von der endlichen Ordnung λ, $\lambda > 0$, gilt auch ohne besondere Regularitätsvoraussetzungen

$$\liminf_{r \to \infty} \frac{\nu(r)}{\log \mu(r)} \leqq \lambda \leqq \limsup_{r \to \infty} \frac{\nu(r)}{\log \mu(r)}. \qquad \text{[II 160.]}$$

61. Es sei λ der Konvergenzexponent der im Sinne von II, Kap. 4, § 1 regulär verteilten Folge $r_1, r_2, r_3, \ldots, r_n, \ldots$, und zwar sei $0 < \lambda < 1$. Für die ganze Funktion vom Geschlecht Null

$$f(z) = \left(1 + \frac{z}{r_1}\right)\left(1 + \frac{z}{r_2}\right)\cdots\left(1 + \frac{z}{r_n}\right)\cdots$$

gilt

$$\lim_{r \to \infty} \frac{\log f(r e^{i\vartheta})}{N(r)} = \frac{e^{i\vartheta\lambda}\pi}{\sin \pi\lambda},$$

wenn ϑ fest, $-\pi < \vartheta < \pi$. [II 159.]

62. Es gilt für die in **61** erwähnte ganze Funktion, auch wenn man von der Voraussetzung der regulären Verteilung der Folge $r_1, r_2, r_3, \ldots, r_n, \ldots$ absieht,

$$\limsup_{r \to \infty} \frac{N(r)}{\log M(r)} \geqq \frac{\sin \pi \lambda}{\pi}. \qquad \text{[II } \mathbf{161}.]$$

63. Es gilt für jede ganze Funktion, deren Nullstellen den endlichen Konvergenzexponenten λ besitzen,

$$\liminf_{r \to \infty} \frac{N(r)}{\log M(r)} \leqq \lambda. \qquad [\mathbf{32}.]$$

64. Es sei $f(z)$ eine ganze Funktion und $\mathfrak{G}(r)$ bzw. $\mathfrak{g}(r)$ als das geometrische Mittel von $|f(z)|$ auf dem Kreisrand $|z| = r$ bzw. in der Kreisscheibe $|z| \leqq r$ erklärt [III **121**]. Sind die Beträge der Nullstellen von $f(z)$ regulär verteilt [II, Kap. 4, § 1], so ist

$$\lim_{r \to \infty} \left(\frac{\mathfrak{g}(r)}{\mathfrak{G}(r)}\right)^{\frac{1}{N(r)}} = e^{-\frac{1}{\lambda+2}},$$

wenn λ den Konvergenzexponenten der Nullstellen bezeichnet, $0 < \lambda < \infty$. Für Polynome existiert der fragliche Grenzwert ebenfalls und ist $= e^{-\frac{1}{2}}$.

65. (Fortsetzung.) Auch ohne Annahme der regulären Verteilung der Nullstellen gilt

$$\liminf_{r \to \infty} \left(\frac{\mathfrak{g}(r)}{\mathfrak{G}(r)}\right)^{\frac{1}{N(r)}} \leqq e^{-\frac{1}{\lambda+2}} \leqq \limsup_{r \to \infty} \left(\frac{\mathfrak{g}(r)}{\mathfrak{G}(r)}\right)^{\frac{1}{N(r)}}.$$

66. Es sei $f(z)$ eine ganze Funktion von der endlichen Ordnung λ und $\mathfrak{M}(r)$ bzw. $\mathfrak{m}(r)$ das arithmetische Mittel von $|f(z)|^2$ auf dem Kreisrand $|z| = r$, bzw. in der Kreisscheibe $|z| \leqq r$. Dann ist

$$\liminf_{r \to \infty} \left(\frac{\mathfrak{m}(r)}{\mathfrak{M}(r)}\right)^{\frac{1}{\log r}} = e^{-\lambda}.$$

---

67. Die ganze Funktion

$$f(z) = a_0 + a_1 z + a_2 z^2 + \cdots + a_n z^n + \cdots$$

soll der Bedingung

$$\lim_{r \to \infty} r^{-\alpha} \log M(r) = a$$

genügen, wo α, a positive Konstanten sind. Man beweise:

1. Ist $b > a$, so gilt für hinreichend großes n

$$|a_n| < \left(\frac{\alpha b e}{n}\right)^{\frac{n}{\alpha}}.$$

2. Sind k und ε fest gegeben, k reell, $0 < \varepsilon < 1$, so existiert ein δ, $\delta > 0$, derart, daß von einem gewissen Werte von r an stets

$$\left(\sum_{1}^{\alpha a r^{\alpha}(1-\varepsilon)} + \sum_{\alpha a r^{\alpha}(1+\varepsilon)}^{\infty}\right) n^k |a_n| r^n < M(r)\, e^{-\delta r^{\alpha}}$$

gilt.

Wäre $k = 0$ und die Summation ohne Auslassung des „Zentrums" von 0 bis ∞ erstreckt, so wäre die Summe $\geqq M(r)$. D. h. das „Zentrum" der Reihe überwiegt sehr stark die beiden „Flügel". [1. dient zur Vorbereitung von 2.]

68. Wenn für eine ganze Funktion irgendeine der drei Grenzbeziehungen

$$(1)\ \log M(r) \sim a r^{\alpha}, \qquad (2)\ \log \mu(r) \sim a r^{\alpha}, \qquad (3)\ \nu(r) \sim \alpha a r^{\alpha}$$

gültig ist, dann gelten auch die beiden anderen ($r \to \infty$, a, α positive Konstanten). [Formal ergibt sich (3) aus (2), wenn man beide Seiten von (2) differentiiert, vgl. **33**.] — Ohne Regularitätsvoraussetzungen gelten **51**, **54**, **35**, **60**.

69. Sind die Koeffizienten $a_0, a_1, a_2, \ldots$ der in **67** erwähnten ganzen Funktion $f(z)$ positiv und genügen sie den Ungleichungen

$$a_0 \geqq a_1 \geqq a_2 \geqq \cdots \geqq a_n \geqq \cdots,$$

so kann man

$$\log a_n \sim -\frac{n \log n}{\alpha}$$

behaupten; genügen sie den Ungleichungen

$$\frac{a_1}{a_0} \geqq \frac{a_2}{a_1} \geqq \frac{a_3}{a_2} \geqq \cdots \geqq \frac{a_{n+1}}{a_n} \geqq \cdots,$$

so kann man schärfer sogar auf

$$\sqrt[n]{a_n} \sim \left(\frac{\alpha a e}{n}\right)^{\frac{1}{\alpha}}$$

schließen.

70. Man füge den Voraussetzungen von **67** hinzu, daß $a_n \geqq 0$ für $n = 0, 1, 2, \ldots$ sei. Dann ist für festes reelles k

$$\lim_{r \to \infty} \frac{\sum_{n=1}^{\infty} n^k a_n r^n}{(\alpha a r^{\alpha})^k f(r)} = 1.$$

71. Unter den Voraussetzungen **67**, **70** kann man die Limesbeziehung

$$\log f(r) \sim a r^{\alpha}$$

„differentiieren“, d. h. daraus

$$\frac{f'(r)}{f(r)} \sim \alpha a r^{\alpha-1}$$

schließen.

72. (Verallgemeinerung von I **94**.) Es sei

$$b_0 + b_1 z + b_2 z^2 + \cdots + b_n z^n + \cdots = f(z)$$

eine stets konvergente Potenzreihe. Aus den drei Bedingungen

$$b_n > 0,\ n = 0, 1, 2, \ldots; \quad \lim_{r \to +\infty} r^{-\beta} \log f(r) = b\,; \quad \lim_{n \to \infty} \frac{a_n}{n^k b_n} = s$$

(β, b positive, k und s beliebige reelle Konstanten) folgt:

$$\lim_{r \to +\infty} \frac{a_0 + a_1 r + a_2 r^2 + \cdots + a_n r^n + \cdots}{(\beta b r^\beta)^k f(r)} = s\,.$$

73. Man zeige, daß für $r \to +\infty$

$$J_0(ir) = \sum_{n=0}^{\infty} \frac{1}{n!\,n!} \left(\frac{r}{2}\right)^{2n} \sim \sqrt{\frac{2}{\pi r}} \sum_{n=0}^{\infty} \frac{r^{2n}}{(2n)!} \sim \frac{e^r}{\sqrt{2\pi r}}. \qquad \text{(II **204**.)}$$

74. Es seien $a_1, a_2, \ldots, a_p, b_1, b_2, \ldots, b_q$ reelle Konstanten, die von $0, -1, -2, -3, \ldots$ verschieden sind, $p < q$,

$$P(z) = (z + a_1 - 1)(z + a_2 - 1) \cdots (z + a_p - 1),$$
$$Q(z) = (z + b_1 - 1)(z + b_2 - 1) \cdots (z + b_q - 1).$$

Für unendlich wachsendes r, $r > 0$, ist die beständig konvergierende Potenzreihe

$$1 + \frac{P(1)}{Q(1)} r + \frac{P(1)\,P(2)}{Q(1)\,Q(2)} r^2 + \cdots + \frac{P(1)\,P(2) \cdots P(n)}{Q(1)\,Q(2) \cdots Q(n)} r^n + \cdots$$

$$\sim \frac{\Gamma(b_1)\,\Gamma(b_2) \cdots \Gamma(b_q)}{\Gamma(a_1)\,\Gamma(a_2) \cdots \Gamma(a_p)} (2\pi)^{\frac{1-l}{2}} l^{-\frac{1}{2}} r^{\frac{2\Delta + l + 1}{2l}} e^{l r^{\frac{1}{l}}},$$

wobei $l = q - p$, $\Delta = a_1 + a_2 + \cdots + a_p - b_1 - b_2 - \cdots - b_q$ gesetzt ist. [Man überzeuge sich, daß hieraus **73** nach Variablenvertauschung als Spezialfall folgt. Man verwende als „Vergleichsreihe“

$$1 + \frac{l^l}{l!} r + \frac{l^{2l}}{(2l)!} r^2 + \cdots + \frac{l^{nl}}{(nl)!} r^n + \cdots \sim \frac{1}{l} e^{l r^{\frac{1}{l}}}.]$$

75. Man gewinne die asymptotische Formel in **74**, ohne **72** zu benutzen, auf Grund von I **94** und II **207**.

76. Die Koeffizienten $a_0, a_1, a_2, \ldots, a_n, \ldots$ der Potenzreihe $a_0 + a_1 z + a_2 z^2 + \cdots + a_n z^n + \cdots$ seien sämtlich positiv und der Bedingung

$$\lim_{n\to\infty} n\left(\frac{a_n^2}{a_{n-1}a_{n+1}} - 1\right) = \frac{1}{\lambda}, \qquad 0 < \lambda < \infty$$

unterworfen. (Sie ist z. B. für die Reihe **74** erfüllt.) Man beweise:

1. Die Reihe stellt eine ganze Funktion von der Ordnung λ dar.

2. Es ist $\nu(r) \sim \lambda \log \mu(r)$ für $r \to \infty$.

3. Die in einem rechtwinkligen Koordinatensystem gezeichneten Punkte

$$\left(\frac{l}{\sqrt{\nu(r)}}, \frac{a_{\nu(r)+l}\, r^{\nu(r)+l}}{\mu(r)}\right), \qquad l = -\nu(r), -\nu(r)+1, \ldots, -1, 0, 1, 2, \ldots$$

streben in ihrer Gesamtheit gegen die *Gauß*sche Fehlerkurve, d. h. es ist

$$\lim_{r\to\infty} \frac{a_{\nu(r)+l}\, r^{\nu(r)+l}}{\mu(r)} = e^{-\frac{x^2}{2\lambda}}, \qquad \text{wenn} \qquad \lim_{r\to\infty} \frac{l}{\sqrt{\nu(r)}} = x.$$

Man zeichne die Rechtecke, deren Grundlinie die Länge $\nu(r)^{-\frac{1}{2}}$ hat und in der x-Achse liegt und deren Decklinie durch einen in 3. angegebenen Punkt halbiert wird; ihr Gesamtinhalt ist mit der Fläche der *Gauß*schen Fehlerkurve zu vergleichen.

2. Kapitel.

Schlichte Abbildungen.

77. Die ganze rationale Funktion

$$z + a_2 z^2 + a_3 z^3 + \cdots + a_n z^n$$

sei schlicht im Einheitskreis $|z| < 1$. Dann ist $n\,|a_n| \leq 1$.

78. Bildet die Funktion $w = f(z)$ den Einheitskreis $|z| < 1$ schlicht auf ein Gebiet $\mathfrak{G}$ ab und ist $\varphi(w)$ schlicht in $\mathfrak{G}$, dann ist $\varphi[f(z)]$ schlicht in $|z| < 1$.

79. Die Funktion $f(z)$ sei schlicht im Einheitskreis $|z| < 1$, und es sei $f(0) = 0$. Dann ist auch die Funktion

$$\varphi(z) = \sqrt{f(z^2)} = z\sqrt{\frac{f(z^2)}{z^2}}$$

schlicht in $|z| < 1$; hierbei ist ein bestimmter Zweig der Quadratwurzel zu nehmen. Ähnliches gilt für $\sqrt[n]{f(z^n)}$, n positiv ganz.

80. Die in **79** definierte Funktion $\varphi(z)$ ist die allgemeinste *ungerade* Funktion, welche eine schlichte Abbildung des Einheitskreises $|z| < 1$ vermittelt. Genauer: Wenn $\varphi(z)$ eine ungerade, für $|z| < 1$ schlichte Funktion ist, dann existiert eine für $|z| < 1$ schlichte Funktion $f(z)$, aus welcher $\varphi(z)$ auf die in **79** gesagte Weise hervorgeht.

81. Die offene Kreisscheibe $\mathfrak{K}$ sei eineindeutig und konform auf das Gebiet $\mathfrak{G}$ abgebildet; insbesondere sei die in $\mathfrak{K}$ enthaltene konzentrische Kreisscheibe $\mathfrak{k}$ auf das Teilgebiet $\mathfrak{g}$ von $\mathfrak{G}$ abgebildet. Die Flächeninhalte mit $|\mathfrak{K}|$, $|\mathfrak{G}|$, $|\mathfrak{k}|$, $|\mathfrak{g}|$ bezeichnet, ist

$$\frac{|\mathfrak{G}|}{|\mathfrak{g}|} \geqq \frac{|\mathfrak{K}|}{|\mathfrak{k}|}.$$

Die Gleichheit tritt dann und nur dann ein, wenn die Abbildung durch eine lineare ganze Funktion vermittelt wird. [III **124**.]

82. Die offene Kreisscheibe $\mathfrak{K}$ sei eineindeutig und konform auf das Gebiet $\mathfrak{G}$ abgebildet; insbesondere sei der Mittelpunkt k von $\mathfrak{K}$ in den Punkt g von $\mathfrak{G}$ übergeführt. Man bezeichne mit a^2 das flächenhafte Vergrößerungsverhältnis in k [III, S. 96], dann ist (Bezeichnungen wie in **81**)

$$\frac{|\mathfrak{G}|}{|\mathfrak{K}|} \geqq a^2.$$

Die Gleichheit tritt dann und nur dann ein, wenn die Abbildung durch eine lineare ganze Funktion vermittelt wird. (Grenzfall von **81**.)

83. Das offene Ringgebiet $\mathfrak{R}$ zwischen zwei konzentrischen Kreisen sei eineindeutig und konform auf das zweifach zusammenhängende Gebiet $\mathfrak{S}$ abgebildet. Die kleinste offene Kreisscheibe, die $\mathfrak{R}$ enthält, sei $\mathfrak{K}$; diejenigen Punkte von $\mathfrak{K}$, die $\mathfrak{R}$ nicht angehören, erfüllen eine abgeschlossene Kreisscheibe $\mathfrak{k}$. Ähnlicherweise sei $\mathfrak{G}$ das kleinste einfach zusammenhängende Gebiet, das $\mathfrak{S}$ enthält, und $\mathfrak{g}$ die Menge sämtlicher Punkte von $\mathfrak{G}$, die $\mathfrak{S}$ nicht angehören ($\mathfrak{g}$ ist abgeschlossen). Endlich seien eine in $\mathfrak{R}$ verlaufende, mit $\mathfrak{k}$ und $\mathfrak{K}$ konzentrische Kreislinie und ihre Bildkurve in $\mathfrak{S}$ in demselben Sinne umlaufen. Dann besteht zwischen den Flächeninhalten die Beziehung

$$\frac{|\mathfrak{G}|}{|\mathfrak{g}|} \geqq \frac{|\mathfrak{K}|}{|\mathfrak{k}|}.$$

Das Zeichen = gilt dann und nur dann, wenn die Abbildung durch eine lineare ganze Funktion vermittelt wird. (Verallgemeinerung von **81.** nicht etwa darin enthalten!)

84. Eine eineindeutige konforme Abbildung, die eine offene Kreisscheibe mit Erhaltung des Mittelpunktes auf sich selbst abbildet, ist eine Drehung. [**82**.]

85. Zwei durch je zwei konzentrische Kreise begrenzte offene Ringgebiete sollen denselben äußeren Rand besitzen, aufeinander eineindeutig und konform bezogen sein, ferner soll einer zu der Berandung konzentrischen Kreislinie des einen Gebietes eine im gleichen Sinne umfahrene Kurve des anderen entsprechen. Dann sind die beiden Ringgebiete identisch und die konforme Abbildung ist eine Drehung. [**83**.]

86. Es gibt nicht zwei Funktionen $w = f(z)$, die den Einheitskreis $|z| < 1$ schlicht auf ein gegebenes Gebiet $\mathfrak{G}$ abbilden, wobei der Nullpunkt $z = 0$ in einen gegebenen Punkt $w = w_0$ von $\mathfrak{G}$ übergeht und $f'(0) > 0$ ist.

87. Die einzigen Funktionen, welche den Einheitskreis $|z| < 1$ auf sich selbst schlicht abbilden, sind die linearen Funktionen $e^{i\alpha}\frac{z - z_0}{1 - \bar{z}_0 z}$, α reell, $|z_0| < 1$.

---

88. Bei der durch die Formel

$$\frac{a - z}{1 - \bar{a} z} = \left(\frac{\sqrt{a} - \eta w}{1 - \overline{\sqrt{a}}\,\eta w}\right)^2$$

vermittelten Abbildung werden einem Punkt der z-Ebene im all gemeinen zwei Punkte der w-Ebene zugeordnet. Welche z-Punkte bilden hiervon eine Ausnahme? (Es ist $a = |a| e^{i\alpha}$, $0 < |a| < 1$, α reell, $|\eta| = 1$ und η so bestimmt, daß $\frac{dz}{dw} > 0$ für $w = 0$.) Von dem (festgewählten) Vorzeichen von $\sqrt{a}$ ist die Abbildung *unabhängig*.

89. Es sei $\mathfrak{G}$ ein einfach zusammenhängendes Gebiet in der z-Ebene, das den Punkt $z = 0$ enthält und im Kreise $|z| < 1$ enthalten ist. Es sei a der dem Punkt $z = 0$ nächstgelegene Randpunkt von $\mathfrak{G}$, $|a| < 1$; (gibt es mehrere solche, so wähle man etwa den vom kleinsten Arcus aus, $0 \leq \operatorname{arc} a < 2\pi$). Mittels der Abbildung **88** entsprechen dem Gebiet $\mathfrak{G}$ zwei Gebiete in der w-Ebene, von denen das eine $\mathfrak{G}^*$ den Punkt $w = 0$ enthält, das andere $\mathfrak{G}^{**}$ nicht. $\mathfrak{G}^*$ und $\mathfrak{G}^{**}$ besitzen keinen gemeinsamen Punkt, wohl aber mindestens einen gemeinsamen Randpunkt und liegen beide im Innern des Einheitskreises.

Das durch **89** bestimmte Gebiet $\mathfrak{G}^*$ heißt im folgenden das *Koebesche Bildgebiet* von $\mathfrak{G}$. Es ist von Vorteil, $\mathfrak{G}$ und $\mathfrak{G}^*$ in derselben Ebene zu deuten. $\mathfrak{G}$ und $\mathfrak{G}^*$ entsprechen einander eineindeutig, mit Erhaltung des Nullpunktes und der Richtungen im Nullpunkt. Sowohl $\mathfrak{G}$ wie auch $\mathfrak{G}^*$ ist ein echtes Teilgebiet des Einheitskreises.

90. Man untersuche das *Koebe*sche Bildgebiet des „Schlitzgebietes", das aus dem Kreis $|z| < 1$ durch Entfernung (Aufschlitzung) der Strecke $a \leqq z < 1$ entsteht, $0 < a < 1$; insbesondere finde man den dem Nullpunkt nächstgelegenen Randpunkt.

91. Man untersuche das *Koebe*sche Bildgebiet des Kreises $|z| < a$, $0 < a < 1$ und finde den dem Nullpunkt nächstbenachbarten und den davon am weitesten entfernten Randpunkt.

92. Jeder Punkt des *Koebe*schen Bildgebietes von $\mathfrak{G}$ ist vom Nullpunkt weiter entfernt als der ihm entsprechende Punkt von $\mathfrak{G}$.

93. Es heiße $\mathfrak{G}_1$ das *Koebe*sche Bildgebiet von $\mathfrak{G}$, $\mathfrak{G}_2$ das von $\mathfrak{G}_1$, $\mathfrak{G}_3$ das von $\mathfrak{G}_2, \ldots$. Es sei mit a bzw. mit $a_1, a_2, a_3, \ldots$ der dem Nullpunkt nächstbenachbarte Punkt von $\mathfrak{G}$ bzw. von $\mathfrak{G}_1, \mathfrak{G}_2, \mathfrak{G}_3, \ldots$ bezeichnet. Dann ist

$$|a| < |a_1| < |a_2| < |a_3| < \cdots.$$

94. (Fortsetzung.) $\mathfrak{G}$ ist durch die *Koebe*sche Abbildung auf $\mathfrak{G}_1$, $\mathfrak{G}_1$ auf $\mathfrak{G}_2, \ldots, \mathfrak{G}_{n-1}$ auf $\mathfrak{G}_n$ eineindeutig und konform abgebildet; die hieraus resultierende Abbildung von $\mathfrak{G}$ auf $\mathfrak{G}_n$ sei durch die analytische Funktion $f_n(z)$ vermittelt (z durchläuft die Punkte von $\mathfrak{G}$). Es ist $f_n(0) = 0$, $0 < f_n'(0) < \frac{1}{|a|}$; man drücke $f_n'(0)$ durch $a, a_1, a_2, \ldots, a_{n-1}$ aus.

95. Unter $a, a_1, a_2, \ldots, a_n, \ldots$ die in **93** erwähnten Punkte verstanden, zeige man auf Grund von **94**, daß

$$\lim_{n\to\infty} |a_n| = 1.$$

96. (Fortsetzung von **93**, **94**.) Es existiert der Grenzwert

$$\lim_{n\to\infty} f_n(z) = f(z)$$

in jedem Punkte z von $\mathfrak{G}$, und zwar ist die Konvergenz in jedem Innenbereich von $\mathfrak{G}$ gleichmäßig. Die Grenzfunktion $f(z)$ bildet $\mathfrak{G}$ schlicht auf das Innere des Einheitskreises ab. [III **258**.]

Im folgenden [**97**—**163**] sei $\mathfrak{G}$ ein beliebiges, einfach zusammenhängendes Gebiet in der z-Ebene mit mehr als einem Randpunkt, a ein beliebiger, im Endlichen gelegener Punkt von $\mathfrak{G}$. Der unendlich ferne Punkt kann innerer oder Randpunkt von $\mathfrak{G}$ sein. Wir bilden $\mathfrak{G}$ konform und schlicht auf das Innere eines Kreises in der w-Ebene ab, und zwar derart, daß der Punkt a in den Mittelpunkt des Kreises übergeht und das Vergrößerungsverhältnis in a [III, S. 96] gleich 1 ist. Der Radius dieses Bildkreises ist durch das Gebiet $\mathfrak{G}$ und den „Aufpunkt" a eindeutig bestimmt. Wir nennen ihn den *inneren Radius* von $\mathfrak{G}$ in bezug auf a, und seine Länge bezeichnen wir mit r_a. Es gibt [**96**] eine eindeutig bestimmte [86] Funktion $w = f(a; z) = f(z)$, welche diese Abbildung vermittelt, d. h. $\mathfrak{G}$ auf das Kreisinnere $|w| < r_a$ schlicht abbildet und in der Umgebung von a eine Entwicklung von der Form

$$(*) \qquad w = f(z) = z - a + c_2 (z-a)^2 + c_3 (z-a)^3 + \cdots$$

besitzt. Wir nennen (*) die zu dem Aufpunkt a gehörige *normierte Abbildungsfunktion*. Unter dem inneren Radius einer geschlossenen, doppelpunktlosen, stetigen Kurve L (in bezug auf einen darin liegenden Punkt) verstehen wir den inneren Radius des Innengebietes von L.

$\mathfrak{G}$ sei jetzt ein einfach zusammenhängendes Gebiet der z-Ebene, dem der unendlich ferne Punkt $z = \infty$ angehört. Das Komplement von $\mathfrak{G}$ ist dann ein abgeschlossener, ganz im Endlichen gelegener Bereich $\mathfrak{B}$. Den *äußeren Radius* von $\mathfrak{B}$ definieren wir folgendermaßen: Wir bilden $\mathfrak{G}$ konform und schlicht auf das Äußere eines Kreises in der w-Ebene ab, und zwar derart, daß der unendlich ferne Punkt in sich übergeht und der Betrag der Ableitung der Abbildungsfunktion für $z = \infty$ (Vergrößerungsverhältnis im unendlich fernen Punkt) gleich 1 ist. Der Radius dieses Kreises ist durch das Gebiet $\mathfrak{G}$ eindeutig bestimmt. Wir nennen ihn den *äußeren Radius* von $\mathfrak{B}$ und seine Länge bezeichnen wir mit $\bar{r}$. Es gibt eine eindeutig bestimmte Funktion $w = f(z)$, welche diese Abbildung vermittelt, d. h. $\mathfrak{G}$ auf das Kreisäußere $|w| > \bar{r}$ schlicht abbildet und in der Umgebung des unendlich fernen Punktes eine Entwicklung von der Form

$$(**) \qquad w = f(z) = z + c_0 + \frac{c_1}{z} + \frac{c_2}{z^2} + \cdots + \frac{c_n}{z^n} + \cdots$$

besitzt. Wir nennen (**) die zu dem unendlich fernen Punkt als Aufpunkt gehörige *normierte Abbildungsfunktion*. Unter dem äußeren Radius einer stetigen Kurve L, die teilweise oder auch ganz schlitzartig sein kann, verstehen wir den äußeren Radius des abgeschlossenen Inneren von L. Das vorhin mit $\mathfrak{G}$ bezeichnete Gebiet ist in diesem Falle das Äußere von L bzw. die längs L aufgeschlitzte Vollebene, wenn L ein Kurvenstück ist[1]).

Bei der Abbildung des Inneren (oder Äußeren) einer geschlossenen, doppelpunktlosen, stetigen Kurve L auf das Innere (bzw. Äußere) eines Kreises wird das *abgeschlossene* Innere (Äußere) von L eineindeutig und stetig auf das abgeschlossene Kreisinnere (Kreisäußere) bezogen. (Vgl. *C. Carathéodory*, Math. Ann. Bd. 73, S. 314—320, 1913.)

97. Man berechne den inneren Radius r_a und den äußeren Radius $\bar{r}$ der Kreislinie $|z| = \varrho$, $\varrho > 0$, $|a| < \varrho$.

---

[1]) Genauer ausgedrückt ist hier eine stetige Kurve L von folgender Art gemeint: Derjenige einfach zusammenhängende Teil des Komplementes von L, der den unendlich fernen Punkt enthält (d. h. $\mathfrak{G}$), besitzt einen Rand, der vollständig mit L übereinstimmt. Vgl. z. B. **101**, **105**.

98. Man berechne den inneren Radius r_a des Kreisäußeren $|z| > \varrho$, a endlich, $|a| > \varrho$, und den Grenzwert $\lim\limits_{a \to \infty} r_a$.

99. Man berechne r_a für das Winkelgebiet $0 < \operatorname{arc} z < \vartheta_0$, $0 < \vartheta_0 \leqq 2\pi$.

100. Bei Ähnlichkeitstransformationen $z' = hz + k$ mit einem von Null verschiedenen Vergrößerungsverhältnis $|h|$ wird der innere bzw. äußere Radius in dem Verhältnis $1 : |h|$ vergrößert. D. h. wenn das Gebiet $\mathfrak{G}$ in $\mathfrak{G}'$, der im Endlichen gelegene Aufpunkt a in $a' = ha + k$ übergeht, dann besteht zwischen dem inneren Radius $r_{a'}$ von $\mathfrak{G}'$ in bezug auf a' und dem inneren Radius r_a von $\mathfrak{G}$ in bezug auf a die folgende Beziehung:

$$r_{a'} = |h| r_a.$$

Ähnliches gilt für den äußeren Radius.

101. Der äußere Radius einer Strecke von der Länge l ist

$$\bar{r} = \frac{l}{4}.$$

102. Der äußere Radius einer Ellipse, deren Achsen zusammen die Länge l haben, ist

$$\bar{r} = \frac{l}{4}.$$

103. Man berechne den inneren Radius einer offenen Halbebene in bezug auf einen darinliegenden Punkt, dessen Abstand vom Rande d beträgt.

104. Es sei r_a der innere Radius eines Gebietes $\mathfrak{G}$ der z-Ebene, und die schlichte Abbildung

$$z' - b = \gamma(z - a) + \gamma_2(z - a)^2 + \cdots$$

führe $\mathfrak{G}$ in ein Gebiet $\mathfrak{G}'$ der z'-Ebene über. Wenn r'_b den inneren Radius des Gebiets $\mathfrak{G}'$ in bezug auf den Aufpunkt $z' = b$ bedeutet, dann ist

$$r'_b = |\gamma| r_a.$$

Ähnliches gilt für den äußeren Radius bei schlichten Abbildungen der Form

$$z' = \gamma z + \gamma_0 + \frac{\gamma_1}{z} + \frac{\gamma_2}{z^2} + \cdots.$$

105. Man berechne den äußeren Radius $\bar{r}$ der Kurve, welche aus der Kreislinie $|z| = 1$ durch Hinzufügen der beiden reellen Strecken $1 < z \leqq a_1$, $-a_2 \leqq z < -1$ entsteht; $a_1 > 1$, $a_2 > 1$.

106. Man berechne den inneren Radius eines unendlichen Parallelstreifens von der Breite D in bezug auf einen darinliegenden Punkt, dessen kürzester Abstand vom Rande d beträgt, $2d \leqq D$.

107. Es sei a ein beliebiger endlicher Punkt des Gebietes $\mathfrak{G}$ der z-Ebene. Die lineare gebrochene Transformation $z' = \frac{1}{z-a}$ führt $\mathfrak{G}$ in ein den unendlich fernen Punkt enthaltendes Gebiet $\mathfrak{G}'$ über. Der innere Radius von $\mathfrak{G}$ in bezug auf a ist gleich dem reziproken Wert des äußeren Radius des Komplements von $\mathfrak{G}'$.

108. Man betrachte das Gebiet $\mathfrak{G}$, welches aus dem Einheitskreis $|z| < 1$ durch Entfernen der beiden reellen Strecken $b_1 \leqq z < 1$, $-1 < z \leqq -b_2$ entsteht, $0 < b_1 < 1$, $0 < b_2 < 1$. Man berechne den inneren Radius von $\mathfrak{G}$ in bezug auf den Nullpunkt.

109. Die Ungleichungen

$$\vartheta_1 \leqq \operatorname{arc} \frac{z - z_1}{z - z_2} \leqq \vartheta_2, \qquad 0 < \vartheta_1 \leqq \vartheta_2 < 2\pi, \qquad z_1 \neq z_2$$

bestimmen ein Kreisbogenzweieck K in der z-Ebene; seine Ecken liegen in z_1 und z_2, und seine Seiten schließen miteinander den Winkel $\vartheta_2 - \vartheta_1$ ein. Wie groß ist der äußere Radius von K? Man beachte die Spezialfälle $\vartheta_1 + \vartheta_2 = 2\pi$; $\vartheta_1 = \vartheta_2$; $\vartheta_1 = \frac{\pi}{2}$, $\vartheta_2 = \pi$.

110. Es seien a und b Punkte des Gebietes $\mathfrak{G}$, $f(z)$ bezeichne die zu b als Aufpunkt gehörige normierte Abbildungsfunktion. Dann ist

$$r_a = \frac{r_b^2 - |f(a)|^2}{r_b\,|f'(a)|}.$$

111. Man berechne die normierte Abbildungsfunktion der längs der reellen Strecke $\frac{1}{4} \leqq z < +\infty$ aufgeschlitzten Vollebene in bezug auf den Nullpunkt und verfolge die Änderung des inneren Radius r_a, wenn a sämtliche reelle Werte von $-\infty$ bis $\frac{1}{4}$ durchläuft.

112. Es sei L eine analytische Kurve. (D. h. die zu einem beliebigen inneren Punkt von L gehörige normierte Abbildungsfunktion sei fortsetzbar über L hinaus und verschiedenwertig auf L.) Konvergiert der im Innern von L gelegene Aufpunkt a gegen einen Punkt von L, dann konvergiert der innere Radius r_a gegen 0.

113. Es sei a ein solcher Punkt des Gebietes $\mathfrak{G}$, daß in a ein relatives Maximum des inneren Radius r_a eintritt. Die zu a gehörige normierte Abbildungsfunktion

$$f(z) = z - a + c_2 (z-a)^2 + c_3 (z-a)^3 + \cdots$$

ist dann so beschaffen, daß $c_2 = 0$ ist.

114. Welches ist der geometrische Ort derjenigen Punkte a der oberen Halbebene $\mathfrak{J} z > 0$, in bezug auf welche der innere Radius r_a von $\mathfrak{J} z > 0$ konstant ist?

115. Es sei $\mathfrak{G}$ ein endliches Gebiet in der z-Ebene, a ein beliebiger Punkt von $\mathfrak{G}$, n eine positive ganze Zahl. Vermöge der Transformation $z' = \sqrt[n]{z-a}$ entspricht $\mathfrak{G}$ ein in bezug auf den Nullpunkt „n-fach symmetrisches" Gebiet $\mathfrak{G}'$. Ein Punkt z' gehört dann und nur dann $\mathfrak{G}'$ an, wenn $z'^n + a$ ein Punkt von $\mathfrak{G}$ ist. Zwischen dem inneren Radius r_a von $\mathfrak{G}$ in bezug auf a und r'_0 von $\mathfrak{G}'$ in bezug auf $z' = 0$ besteht dann die Beziehung

$$r'_0 = r_a^{\frac{1}{n}}.$$

Ähnliches gilt für den äußeren Radius bei der Transformation $z' = \sqrt[n]{z}$, wenn der Nullpunkt zum Komplement von $\mathfrak{G}$ gehört.

116. Es sei n positiv ganz. Man schlitze die Vollebene längs der n Halbstrahlen

$$\sqrt[n]{\frac{1}{4}} \leqq |z| < +\infty, \qquad \operatorname{arc} z = \frac{2\pi\nu}{n}, \qquad \nu = 1, 2, \ldots, n$$

auf und berechne r_a für das so entstandene Schlitzgebiet. Welchem Grenzwerte strebt r_a zu, wenn sich a längs der Strecke $0 \leqq |z| < \sqrt[n]{\frac{1}{4}}$, $\operatorname{arc} z = \frac{2\pi\nu}{n}$ dem Schlitzendpunkt nähert?

117. Man berechne den äußeren Radius des Schlitzgebietes, dessen Rand die beiden Strecken $-\alpha \leqq z \leqq \alpha$, $-\beta \leqq iz \leqq \beta$ sind; $\alpha > 0$, $\beta > 0$.

118. Es sei $\mathfrak{G}$ ein beliebiges Gebiet in der z-Ebene, a ein endlicher Punkt von $\mathfrak{G}$. Die zu a gehörige normierte Abbildungsfunktion $f(z)$ und der innere Radius r_a haben folgende Minimumeigenschaft: Unter allen Funktionen der Form

$$F(z) = z - a + d_2(z-a)^2 + d_3(z-a)^3 + \cdots,$$

welche in $\mathfrak{G}$ regulär sind, besitzt $f(z)$ den kleinstmöglichen Maximalbetrag in $\mathfrak{G}$; dieses „minimum maximorum" ist gleich r_a. Genauer: Ist M die obere Grenze von $|F(z)|$ in $\mathfrak{G}$, dann ist

$$M \geqq r_a.$$

Das Gleichheitszeichen gilt dann und nur dann, wenn $F(z) = f(z)$ ist.

Ähnliches gilt in dem Falle, wo $\mathfrak{G}$ den unendlich fernen Punkt enthält, für die zu dem unendlich fernen Punkt als Aufpunkt gehörige Abbildungsfunktion und für den äußeren Radius des Komplements von $\mathfrak{G}$: die Kreisabbildung ist durch ein „maximum minimorum" ausgezeichnet.

119. Es sei $\mathfrak{G}$ ein in bezug auf die reelle Achse symmetrisches Gebiet, a reell. Dann hat die Potenzreihenentwicklung der zu a gehörigen normierten Abbildungsfunktion nach Potenzen von $z - a$

lauter reelle Koeffizienten. Ähnliches gilt für die zu dem unendlich fernen Punkt als Aufpunkt gehörige normierte Abbildungsfunktion, wenn $\mathfrak{G}$ den unendlich fernen Punkt enthält.

120. Es sei $\mathfrak{G}$ ein in bezug auf den Nullpunkt symmetrisches Gebiet. Dann enthält die Potenzreihenentwicklung der zu dem Nullpunkt gehörigen normierten Abbildungsfunktion nur die ungeraden Potenzen von z. Ähnliches gilt für die zu dem unendlich fernen Punkt als Aufpunkt gehörige normierte Abbildungsfunktion, wenn $\mathfrak{G}$ den unendlich fernen Punkt enthält.

---

121. Es sei $\mathfrak{G}^*$ ein echtes Teilgebiet von $\mathfrak{G}$, r_a und r_a^* seien bzw. die inneren Radien von $\mathfrak{G}$ und $\mathfrak{G}^*$ in bezug auf einen und denselben Punkt von $\mathfrak{G}^*$. Dann ist

$$r_a^* < r_a .$$

Ähnliches gilt für den äußeren Radius.

122. Es sei $\mathfrak{G}$ ein beliebiges Gebiet, a ein endlicher Punkt von $\mathfrak{G}$ und r bzw. R seien die Radien der größten bzw. kleinsten offenen Kreisscheibe um a, die $\mathfrak{G}$ angehört bzw. $\mathfrak{G}$ enthält. Es ist $r > 0$, $R \geqq r$, R endlich oder unendlich; ferner ist

$$r \leqq r_a \leqq R .$$

Das Gleichheitszeichen gilt nur dann, wenn $\mathfrak{G}$ eine offene Kreisscheibe ist.

123. Das Gebiet $\mathfrak{G}$ soll den unendlich fernen Punkt enthalten, und b sei ein Punkt des Komplements $\mathfrak{B}$ von $\mathfrak{G}$. Wir bezeichnen mit r bzw. R den Radius der größten abgeschlossenen Kreisscheibe um b, die $\mathfrak{B}$ angehört bzw. der kleinsten, die $\mathfrak{B}$ enthält. Es ist $r \geqq 0$, $R \geqq r$, R endlich; ferner ist

$$r \leqq \bar{r} \leqq R .$$

Das Gleichheitszeichen gilt nur dann, wenn $\mathfrak{B}$ eine abgeschlossene Kreisscheibe ist.

124. Die geschlossene, doppelpunktlose, stetige Kurve L habe die Länge l. Wenn a einen beliebigen Punkt im Inneren von L bezeichnet, dann ist

$$2\pi r_a \leqq l .$$

Das Gleichheitszeichen gilt nur für Kreislinien vom Mittelpunkt a. Ähnliches gilt für den äußeren Radius.

125. Das Gebiet $\mathfrak{G}$ habe den inneren Inhalt $|\mathfrak{G}|_i$, und a sei ein beliebiger endlicher Punkt von $\mathfrak{G}$. Dann ist

$$|\mathfrak{G}|_i \geqq \pi r_a^2 .$$

Das Zeichen $=$ gilt nur für die Kreisscheibe $|z - a| < r_a$.

126. Das Komplement $\mathfrak{B}$ des den unendlich fernen Punkt enthaltenden Gebietes $\mathfrak{G}$ habe den äußeren Inhalt $|\mathfrak{B}|_e$. Dann ist

$$|\mathfrak{B}|_e \leq \pi \bar{r}^2 .$$

Das Gleichheitszeichen gilt nur dann, wenn $\mathfrak{B}$ eine Kreisscheibe ist.

127. Die geschlossene, doppelpunktlose, stetige Kurve L habe den äußeren Radius $\bar{r}$ und (in bezug auf einen beliebigen inneren Punkt a) den inneren Radius r_a. Dann ist

$$r_a \leq \bar{r};$$

$=$ gilt dann und nur dann, wenn L eine Kreislinie ist und a im Mittelpunkt von L liegt.

128. Es sei L eine geschlossene, doppelpunktlose, stetige Kurve, welche den Nullpunkt enthält, $\bar{r}$ der äußere Radius von L, r_0 der innere Radius von L in bezug auf den Nullpunkt. Es sei $P(z)$ ein Polynom, dessen niedrigstes Glied $a_k z^k$ und höchstes Glied $a_n z^n$ ist, $P(z) = a_k z^k + a_{k+1} z^{k+1} + \cdots + a_n z^n$, und M bezeichne das Maximum von $|P(z)|$, während z die Kurve L durchläuft. Dann ist

$$M \geq |a_k| r_0^k, \qquad M \geq |a_n| \bar{r}^n .$$

Das Gleichheitszeichen gilt nur dann, wenn L eine Kreislinie um den Nullpunkt als Mittelpunkt und das fragliche Polynom eine Potenz von z ist, multipliziert mit einer Konstanten.

129. Die Funktion $f(z)$ sei regulär und von positivem Realteil im Inneren der geschlossenen, doppelpunktlosen, stetigen Kurve L und stetig im abgeschlossenen Inneren von L. Wenn der Realteil von $f(z)$ auf einem Bogen L' von L verschwindet, dann ändert sich darauf der Imaginärteil von $f(z)$ stets in demselben Sinne, und zwar abnehmend, wenn z den Bogen L' im positiven Sinne durchläuft. [III **233**.]

130. Man bilde den Streifen $0 < \mathfrak{J} z < D$ so auf den Kreis $|w| < 1$ ab, daß der Punkt $z = i$ dem Kreismittelpunkt $w = 0$ entspricht ($D > 1$). Wie groß ist der Bogen auf dem Kreisrand $|w| = 1$, der bei dieser Abbildung der reellen Achse $\mathfrak{J} z = 0$ entspricht? (Für $D = 2$ und $D = \infty$ klar.) Wie verändert sich der fragliche Bogen, wenn D wächst?

131. Zwei geschlossene, doppelpunktlose, stetige Kurven L_1 und L_2 sollen eine endliche Anzahl von gemeinsamen Bögen haben, und es soll das Innere von L_1 im Innern von L_2 enthalten sein. (L_1 besteht aus einer geraden Anzahl von Bögen, die abwechselnd im Innern und am Rand des von L_2 umschlossenen Gebietes verlaufen.)

Man bilde zuerst das Innere von L_1, dann das Innere von L_2 auf das Innere eines und desselben Kreises ab, so daß beidemal derselbe Punkt O im Innern von L_1 in den Kreismittelpunkt übergeht. Beide

Abbildungen ordnen den einzelnen Stücken von L_1 und L_2 ganz bestimmte Kreisbögen als Bilder zu. [S. **17**.]

Man beweise, daß die Länge des Bildes irgend eines *gemeinsamen* Bogens von L_1 und L_2 bei der Abbildung des (von L_1 umgrenzten) kleineren Gebietes kleiner ausfällt als bei der Abbildung des (von L_2 umgrenzten) größeren Gebietes. Beispiel: **130**. [**129**.]

132. Man suche eine elektrostatische Interpretation von **131**.

133. Zwei geschlossene, doppelpunktlose, stetige Kurven L_1 und L_2 sollen nur endlich viele gemeinsame Punkte besitzen, die beiden von ihnen umschlossenen Gebiete sollen ein gemeinsames Teilgebiet $\mathfrak{T}$ haben. Ein Punkt von $\mathfrak{T}$ sei mit O, und derjenige zusammenhängende Teil von $\mathfrak{T}$, der O enthält, mit $\mathfrak{T}^*$ bezeichnet. Solche Bögen von L_1 und L_2, die zum Rand von $\mathfrak{T}^*$ gehören, heißen von O aus „sichtbar", solche, die nicht dazu gehören, heißen „verdeckt". (Die Bezeichnungen „sichtbar" und „verdeckt" haben ihre gewöhnliche Bedeutung, wenn L_1 und L_2 in bezug auf O sternförmig sind.)

Man bilde zuerst das Innere von L_1, dann das Innere von L_2 auf das Innere des Einheitskreises ab, und zwar soll beidemal der Kreismittelpunkt das Bild von O sein. Die Bilder der „sichtbaren" Teile von L_1 nehmen einen größeren Prozentsatz des Kreisrandes ein, als die Bilder der „verdeckten" Teile von L_2. (Zur Veranschaulichung denke man sich L_2 als Kreis mit O als Mittelpunkt.) [**131**.]

134. Es sei $\mathfrak{B}$ ein Bereich, ζ ein innerer Punkt von $\mathfrak{B}$, und $\mathfrak{R}$ die Gesamtheit derjenigen Randpunkte von $\mathfrak{B}$, deren Abstand von ζ nicht mehr als ϱ beträgt. Diejenigen auf der Kreislinie vom Radius ϱ und dem Mittelpunkte ζ liegenden Bögen, die *nicht* zu $\mathfrak{B}$ gehören, sollen die Gesamtlänge $\varrho\,\Omega$ haben.

Die Funktion $f(z)$ sei regulär und eindeutig im Innern, stetig auf dem Rande von $\mathfrak{B}$, und zwar soll $|f(z)| \leqq a$ in den Punkten von $\mathfrak{R}$, $|f(z)| \leqq A$ in den übrigen Randpunkten von $\mathfrak{B}$ gelten, $a < A$. Dann ist

$$|f(\zeta)| \leqq a^{\frac{\Omega}{2\pi}} A^{1-\frac{\Omega}{2\pi}}$$

(Schärfer als III **276**.)

135. Das in der z-Ebene gelegene, einfach zusammenhängende Gebiet $\mathfrak{G}_n$ sei folgenden Bedingungen unterworfen:

1. $\mathfrak{G}_n$ ist enthalten im Kreis $|z| < a$, $a > 1$.
2. $\mathfrak{G}_n$ enthält den Kreis $|z| < 1$.
3. $\mathfrak{G}_n$ enthält den durch die Beziehungen

$$|z| = 1, \quad -\alpha_n < \operatorname{arc} z < \alpha_n$$

abgegrenzten Bogen; $0 < \alpha < \pi$.

4. Der zu dem unter 3. erwähnten komplementäre Bogen auf der Peripherie des Einheitskreises, für den

$$|z| = 1, \quad \alpha_n \leqq \operatorname{arc} z \leqq 2\pi - \alpha_n$$

gilt, gehört zum Rande von $\mathfrak{G}_n$.

Es sei $\mathfrak{G}_n$ mittels $w = f_n(z)$ eineindeutig und konform auf den Einheitskreis $|w| < 1$ abgebildet, und zwar sei $f_n(0) = 0$, $f_n'(0) > 0$.

Wird mit wachsendem n der Einheitskreis von $\mathfrak{G}_n$ nach und nach abgeschnürt, d. h. ist $\lim_{n \to \infty} \alpha_n = 0$, dann ist

$$\lim_{n \to \infty} f_n(z) = z,$$

unabhängig davon, wie sich der vom Einheitskreis abgeschnürte Teil von $\mathfrak{G}_n$ für großes n verhält. [Methode III **335**.]

---

136. Die Funktion

$$w = g(z) = z + b_0 + \frac{b_1}{z} + \frac{b_2}{z^2} + \cdots$$

sei regulär für $|z| > 1$, und bilde dieses Gebiet (das Äußere des Einheitskreises) schlicht auf ein den unendlich fernen Punkt enthaltendes Gebiet $\mathfrak{G}$ ab. Es ist dann

$$|b_1|^2 + 2|b_2|^2 + 3|b_3|^2 + \cdots \leqq 1.$$

Man hat insbesondere $|b_1| \leqq 1$ und in dieser letzten Ungleichheit gilt dann und nur dann das Zeichen $=$, wenn $\mathfrak{G}$ die längs einer Strecke von der Länge 4 aufgeschlitzte Vollebene ist.

137. (Fortsetzung.) Es ist für $|z| > 1$

$$|g'(z)| \leqq \frac{1}{1 - \frac{1}{|z|^2}}.$$

Das Zeichen $=$ tritt in dem Punkt $\frac{\varrho}{\varepsilon}$, $|\varepsilon| = 1$, $\varrho > 1$ dann und nur dann ein, wenn $g(z)$ die Form hat:

$$g(z) = z + b_0 - \frac{1}{\varepsilon}\left(\varrho - \frac{1}{\varrho}\right)\frac{1}{\varrho\varepsilon z - 1}.$$

Wie ist in diesem Falle das Bildgebiet beschaffen?

Bei der Abbildung in **136** haben sämtliche Kurven in der w-Ebene, die den konzentrischen Kreisen vom Radius > 1 um den Nullpunkt $z = 0$ entsprechen, die sog. Niveaukurven (Kreisbilder), den gleichen konformen Schwerpunkt b_0 [III **129**]. Wir wollen b_0 den *konformen Schwerpunkt* des Gebietes $\mathfrak{G}$ nennen.

138. Das einfach zusammenhängende Gebiet $\mathfrak{G}$ enthalte den unendlich fernen Punkt und sei symmetrisch in bezug auf einen Punkt P. Dann ist P der konforme Schwerpunkt von $\mathfrak{G}$.

139. (Fortsetzung von **136**.) Wenn das Gebiet $\mathfrak{G}$ den Nullpunkt nicht enthält, dann liegt der konforme Schwerpunkt von $\mathfrak{G}$ innerhalb des Kreises, der um den Nullpunkt mit dem Radius 2 gezeichnet ist. D. h.

$$|b_0| \leqq 2;$$

$=$ gilt hier dann und nur dann, wenn $\mathfrak{G}$ die längs einer vom Nullpunkt ausgehenden Strecke von der Länge 4 aufgeschlitzte Vollebene ist. [Man wende **136** auf $\sqrt{g(z^2)}$ an.]

140. (Fortsetzung.) Die Entfernung d eines beliebigen Randpunktes von $\mathfrak{G}$ vom konformen Schwerpunkt von $\mathfrak{G}$ ist höchstens 2. Es ist sogar $d < 2$, wenn nicht die in **136** erwähnte spezielle Abbildung vorliegt.

141. (Fortsetzung.) Die Maximaldistanz D der Randpunkte von $\mathfrak{G}$ (Durchmesser des Randes von $\mathfrak{G}$) liegt zwischen den Grenzen 2 und 4, d. h.

$$2 \leqq D \leqq 4;$$

$=$ gilt bei der unteren Abschätzung nur dann, wenn $\mathfrak{G}$ das Äußere eines Kreises vom Radius 1, bei der oberen Abschätzung nur dann, wenn $\mathfrak{G}$ das Schlitzgebiet in **136** ist.

142. Unter allen stetigen Kurvenstücken, die zwei feste Punkte miteinander verbinden, hat die Gerade den kleinsten äußeren Radius.

143. Das Gebiet $\mathfrak{G}$ in **136** habe den konformen Schwerpunkt 0. Dann ist

$$|g(z)| \leqq |z| + \frac{1}{|z|}, \qquad |z| > 1.$$

Das Zeichen $=$ gilt nur bei der Abbildung $w = z + \frac{e^{i\alpha}}{z}$, α reell.

144. (Fortsetzung.) Bei der in Rede stehenden Abbildung kann kein Punkt z um mehr als $\frac{3}{|z|}$ aus seiner ursprünglichen Lage verschoben werden. D. h.

$$|g(z) - z| < \frac{3}{|z|}, \qquad |z| > 1.$$

145. Man untersuche die Verschiebung [**144**] bei der Abbildung des Kreisäußern auf ein spezielles Schlitzgebiet; dies ist berandet von der *hufeisenförmigen* Kurve, die, aus drei geradlinigen Stücken bestehend, die vier Punkte

$$a + i\delta, \quad -a + i\delta, \quad -a - i\delta, \quad a - i\delta$$

in dieser Reihenfolge verbindet; $a > 0$, $\delta > 0$. Man beachte insbesondere den Fall, in dem a gegen 2, δ gegen 0 konvergiert, und zeige an der Hand dieses Beispiels, daß die Konstante 3 in **144** durch keine kleinere ersetzt werden kann.

146. Die Funktion

$$f(z) = z + a_2 z^2 + a_3 z^3 + \cdots$$

sei regulär und schlicht im Einheitskreis $|z| < 1$. Dann ist

$$|a_2| \leqq 2;$$

$=$ gilt nur für Funktionen von der Form

$$f(z) = \frac{z}{(1 + e^{i\alpha} z)^2}, \quad \alpha \text{ reell. } (\mathbf{111}.)$$

[Man wende **139** auf $(f(z^{-1}))^{-1}$ an.]

147. Die Funktion

$$w = f(z) = z + a_2 z^2 + a_3 z^3 + \cdots$$

sei schlicht im Kreisinnern $|z| < R$. Wenn das Bildgebiet $\mathfrak{G}$ in der w-Ebene den Punkt $w = \infty$ nicht enthält, dann enthält es vollständig die offene Kreisscheibe $|w| < \frac{R}{4}$. Mit anderen Worten, wenn d die kleinste Distanz des Randes von $\mathfrak{G}$ vom Nullpunkt $w = 0$ bezeichnet, dann ist $d \geqq \frac{R}{4}$. Es ist sogar $d > \frac{R}{4}$, wenn $\mathfrak{G}$ nicht die längs der Strecke $\operatorname{arc} w =$ konst., $\frac{R}{4} \leqq |w| < +\infty$ aufgeschlitzte Vollebene ist.

$\left[\text{Man wende } \mathbf{146} \text{ auf } \frac{f(z)}{1 - h^{-1} f(z)} \text{ an, wo } h \text{ ein Randpunkt von } \mathfrak{G} \text{ ist.}\right]$

148. Es gilt folgende Verschärfung von **147**: Die kürzeste Randdistanz d genügt der Ungleichung

$$d \geqq \frac{R}{|a_2| + 2}.$$

(Vgl. **146**.) Gleichheitszeichen wie in **147**.

149. (Fortsetzung von **147**.) Wir bezeichnen die Verbindungsstrecke von zwei Randpunkten von $\mathfrak{G}$ als eine *Hauptsehne* von $\mathfrak{G}$, wenn sie durch den Nullpunkt hindurchgeht. Jede Hauptsehne von $\mathfrak{G}$ hat mindestens die Länge R. Der äußerste Fall tritt dann und nur dann ein, wenn $\mathfrak{G}$ die längs der beiden Strecken $w = \pm |w| e^{i\alpha}$, α reell, $\frac{R}{2} \leqq |w| < +\infty$ aufgeschlitzte Vollebene ist. (**116**.)

150. (Fortsetzung von **146**.) Im Einheitskreis $|z| < 1$ gilt die Ungleichung

$$\left| \frac{1 - |z|^2}{2} \frac{f''(z)}{f'(z)} - \bar{z} \right| \leqq 2;$$

= gilt nur, wenn das Bildgebiet die geradlinig aufgeschlitzte Ebene ist. [Man transformiere den Einheitskreis derart in sich, daß ein beliebiger fester Punkt z_0, $|z_0| < 1$, in den Nullpunkt übergeht, und wende dann **146** an.]

151. (*Koebe*scher Verzerrungssatz.) Die Funktion

$$f(z) = z + a_2 z^2 + a_3 z^3 + \cdots$$

sei regulär und schlicht im Einheitskreis $|z| < 1$; es sei ferner r eine positive Zahl, $r < 1$. Dann gelten in der Kreisscheibe $|z| \leqq r$ die Ungleichungen

$$\frac{1 - r}{(1 + r)^3} \leqq |f'(z)| \leqq \frac{1 + r}{(1 - r)^3}.$$

Das Gleichheitszeichen kann nur bei den Abbildungen

$$f(z) = \frac{z}{(1 + e^{i\alpha} z)^2}, \quad \alpha \text{ reell},$$

eintreten. [**150**.]

152. (Fortsetzung.) In der Kreisscheibe $|z| \leqq r$ gilt

$$\frac{r}{(1 + r)^2} \leqq |f(z)| \leqq \frac{r}{(1 - r)^2}.$$

Gleichheitszeichen wie in **151**.

153. Es gilt folgende Verschärfung von **152**: Für $|z| \leqq r$ ist

$$\frac{r}{1 + |a_2| r + r^2} \leqq |f(z)| \leqq \frac{r}{(1 - r)^2}.$$

Gleichheitszeichen wie in **151**. (Verallgemeinerung von **148**.) [Vgl. Lösung **148**, ferner **143**.]

154. Für ungerade Funktionen $f(z) = -f(-z)$ kann **152** folgendermaßen verschärft werden:

$$\frac{r}{1 + r^2} \leqq |f(z)| \leqq \frac{r}{1 - r^2}.$$

Das Gleichheitszeichen gilt nur für $f(z) = \dfrac{z}{1 - z^2}$.

155. (Fortsetzung.) Es ist

$$\frac{1}{2\pi}\int_0^{2\pi}|f(re^{i\vartheta})|^2 d\vartheta \leqq \frac{r^2}{1-r^2}.$$

[Der Inhalt des Bildes von $|z| \leqq \varrho < r$ ist $\leqq \pi$ Max $|f(z)|^2$, $|z| \leqq \varrho$; III **128**.]

156. (Fortsetzung von **152**.) Es sei n eine positive ganze Zahl. Es gibt eine Funktion $\omega_n(r)$ von n und r allein, $0 \leqq r < 1$, so beschaffen, daß für *jede* in **151** erwähnte Funktion $f(z)$ in der Kreisscheibe $|z| \leqq r$ die Ungleichung

$$|f^{(n)}(z)| \leqq \omega_n(r)$$

gilt.

157. (Fortsetzung.) Es sei n eine positive ganze Zahl, $n \geqq 2$. Es gibt eine nur von n abhängende Konstante ω_n, so beschaffen, daß für *jede* in **151** erwähnte Funktion $f(z)$ die Ungleichung

$$|a_n| \leqq \omega_n$$

gilt. Es sei ω_n die *kleinste* Konstante dieser Art; dann ist

$$\omega_n \leqq \frac{1}{4}\frac{(n+1)^{n+1}}{(n-1)^{n-1}} \text{ [1]}.$$

158. (Fortsetzung.) Es ist

$$\frac{1}{2\pi}\int_0^{2\pi}|f(re^{i\vartheta})|\,d\vartheta \leqq \frac{r}{1-r}.$$ [**155**.]

159. (Fortsetzung.) Es ist (Verschärfung von **157**)

$$n \leqq \omega_n < e n.$$

160. Die Abschätzung von **146** kann man für Funktionen

$$f(z) = z + a_2 z^2 + a_3 z^3 + \cdots + a_n z^n + \cdots,$$

die im Einheitskreis $|z| < 1$ schlicht und dem Betrage nach kleiner als M bleiben, folgendermaßen verschärfen: Es ist $M \geqq 1$ (= nur für $f(z) = z$) und

$$|a_2| \leqq 2\left(1 - \frac{1}{M}\right).$$

Wann tritt das Gleichheitszeichen ein? [Man wende **146** auf $\dfrac{f(z)}{[1 + e^{i\alpha}M^{-1}f(z)]^2}$ an.]

[1] Diese Schranke ist kleiner als $\frac{e^2}{4}n^2$.

161. Die Funktion

$$f(z) = z + a_2 z^2 + a_3 z^3 + \cdots + a_n z^n + \cdots$$

sei regulär im Einheitskreis $|z| < 1$ und bilde diesen auf ein Gebiet ab, welches in bezug auf den Nullpunkt *sternförmig* ist [III **109**]. Dann ist

$$|a_n| \leqq n, \qquad n = 2, 3, 4, \ldots.$$

Das Gleichheitszeichen gilt dann und nur dann, wenn

$$f(z) = \frac{z}{(1 - e^{i\alpha} z)^2}, \quad \alpha \text{ reell.}$$

162. Die Funktion

$$f(z) = z + a_2 z^2 + a_3 z^3 + \cdots + a_n z^n + \cdots$$

sei regulär im Einheitskreis $|z| < 1$ und bilde diesen auf ein *konvexes* Gebiet ab [III **108**]. Dann ist

$$|a_n| \leqq 1, \quad n = 2, 3, 4, \ldots.$$

Das Gleichheitszeichen gilt dann und nur dann, wenn

$$f(z) = \frac{z}{1 - e^{i\alpha} z};$$

das Bildgebiet ist dann eine den Nullpunkt enthaltende Halbebene, deren Begrenzungsgerade vom Nullpunkt den Abstand $\frac{1}{2}$ besitzt.

163. Wenn die Funktion $f(z)$ im Einheitskreis $|z| < 1$ regulär und schlicht ist, dann ist das Bild der Kreisscheibe $|z| < r$ ein konvexes Gebiet, sofern $r \leqq 2 - \sqrt{3} = 0{,}26\ldots$. Diese Zahl (*Rundungsschranke*) kann durch keine kleinere ersetzt werden.

3. Kapitel.

Vermischte Aufgaben.

164. Wenn die Funktion $f(z)$ im Streifen $0 \leqq \Re z \leqq \pi$ regulär, eindeutig und *beschränkt* ist und daselbst in den Punkten $z_1, z_2, z_3, \ldots, z_n, \ldots$ $(z_n = x_n + i y_n)$ verschwindet, dann ist entweder die Reihe mit positiven Gliedern

$$e^{-|y_1|} \sin x_1 + e^{-|y_2|} \sin x_2 + e^{-|y_3|} \sin x_3 + \cdots + e^{-|y_n|} \sin x_n + \cdots$$

konvergent, oder es ist $f(z)$ identisch $= 0$. [III **297**.]

165. Von dem Koeffizienten $f_1(z)$ der linearen homogenen Differentialgleichung

$$y^{(n)} + f_1(z) y^{(n-1)} + f_2(z) y^{(n-2)} + \cdots + f_n(z) y = 0$$

sei vorausgesetzt, daß er eine ganze Funktion ist. Die notwendige und hinreichende Bedingung dafür, daß das *allgemeine Integral* dieser Gleichung eine ganze Funktion sei, besteht darin, daß auch die übrigen Koeffizienten $f_2(z), f_3(z), \ldots, f_n(z)$ ganze Funktionen sind.

166. Die Funktion $w = \varphi(z)$ sei regulär (eventuell mehrdeutig) im Ringgebiet $0 < |z| < \varrho$, $\varrho > 0$, und genüge dort identisch einer Gleichung der Form

$$F_0(z)\, w^l + F_1(z)\, w^{l-1} + \cdots + F_{l-1}(z)\, w + F_l(z) = 0,$$

wo $F_0(z), F_1(z), \ldots, F_{l-1}(z), F_l(z)$ in einer Umgebung des Punktes $z = 0$ regulär sind. Gibt es eine Potenzreihe $c_0 + c_1 z + c_2 z^2 + \cdots$, so beschaffen, daß die Funktion $(\varphi(z) - c_0 - c_1 z - c_2 z^2 - \cdots - c_{n-1} z^{n-1})\, z^{-n}$ für unendlich viele Werte von n in der Umgebung von $z = 0$ beschränkt bleibt, dann ist $\varphi(z)$ regulär in der Umgebung von $z = 0$, und es ist $\varphi(z) = c_0 + c_1 z + c_2 z^2 + \cdots + c_n z^n + \cdots$.

167. Die Funktion $f(z)$ sei regulär und eindeutig für $R \leqq |z| < \infty$, $R > 0$. Dann gibt es eine ganze Zahl $p \geqq 0$, eine ganze Funktion $G(z)$ und eine für $|z| \geqq R$ konvergente Potenzreihe

$$\psi(z) = \frac{c_{-1}}{z} + \frac{c_{-2}}{z^2} + \frac{c_{-3}}{z^3} + \cdots,$$

so daß für $R \leqq |z| < \infty$

$$f(z) = z^{-p}\, G(z)\, e^{\psi(z)}$$

gilt. Würde man gleichzeitig in der Voraussetzung und Folgerung die Ungleichung $R \leqq |z| < \infty$ durch die Ungleichung $R < |z| < \infty$ ersetzen, so würde ein falscher Satz entstehen.

168. Es sei $f(z) = f(x + iy)$ eine meromorphe periodische Funktion von der Periode 2π, die im Streifen $0 \leqq \Re z < 2\pi$ nur eine endliche Anzahl Nullstellen und Pole hat. Man bezeichne mit $M(y)$ das Maximum, mit $\mu(y)$ das Minimum von $|f(x + iy)|$ für $0 \leqq x \leqq 2\pi$. Ist bekannt, daß

$$\limsup_{|y| \to \infty} \frac{\log\log M(y)}{|y|} < 1 \quad \text{oder daß} \quad \liminf_{|y| \to \infty} \frac{\log\log \mu(y)}{|y|} > -1,$$

so ist $f(z)$ sicherlich eine rationale Funktion von e^{iz}.

169. Es sei $f(z)$ eine analytische Funktion, $z = x + iy$, und das Quadrat des absoluten Betrages von $f(z)$

$$|f(z)|^2 = \varphi(x, y)$$

sei eine algebraische Funktion der reellen Variablen x und y. Dann ist die Funktion $f(z)$ selbst eine algebraische Funktion von z.

170. Es gibt keine längs der reellen Achse reguläre analytische Funktion, die für reelle Werte der Variablen jeden Wert im Innern eines festen Kreises annimmt. Kurz gefaßt: Es gibt keine analytische *Peano*-Kurve.

171. Man suche $n+1$ analytische Funktionen $f_1(z), f_2(z), \ldots, f_n(z), f(z)$, die sich *nicht bloß um konstante Faktoren* voneinander unterscheiden, in einem Bereiche $\mathfrak{B}$ regulär sind und für welche daselbst

$$|f_1(z)| + |f_2(z)| + \cdots + |f_n(z)| = |f(z)|$$

gilt.

172. Man suche zwei nicht konstante analytische Funktionen $f(z)$ und $g(z)$, die in einem Bereiche $\mathfrak{B}$ regulär sind und für welche daselbst

$$|g(z)| = \Re f(z)$$

gilt. [III **58**.]

173. Man sagt, daß zwei ganze Funktionen $f(z)$ und $g(z)$ dieselben a-Stellen besitzen, wenn beide Funktionen

$$\frac{f(z)-a}{g(z)-a} \quad \text{und} \quad \frac{g(z)-a}{f(z)-a}$$

ganz sind.

Man suche zwei voneinander verschiedene ganze Funktionen, die dieselben a-, b- und c-Stellen besitzen. (Natürlich ist $b \neq c$, $c \neq a$, $a \neq b$ gefordert.)

174. Gibt es eine ganze Funktion $G(z)$, die den Gleichungen

$$G(0) = a_0, \quad G'(1) = a_1, \quad G''(2) = a_2, \quad \ldots, \quad G^{(n)}(n) = a_n, \quad \ldots$$

genügt, wenn die Zahlenfolge $a_0, a_1, a_2, \ldots$ willkürlich vorgelegt ist? (Für die analoge Interpolationsaufgabe für Polynome vgl. VI **75**, VI **76**.)

Will man den Satz, daß eine im Bereiche $\mathfrak{B}$ reguläre und eindeutige Funktion $f(z)$ das Maximum ihres absoluten Betrages an der Begrenzungslinie L des Bereiches $\mathfrak{B}$ annimmt, direkt aus dem *Cauchy*schen Satz

$$f(z) = \frac{1}{2\pi i}\oint_L \frac{f(\zeta)}{\zeta - z}\, d\zeta, \quad z \text{ im Innern von } L,$$

ableiten, so kann man folgendermaßen schließen: Es sei $|f(\zeta)| \leqq M$ auf L, dann ist

$$|f(z)| \leqq \frac{M}{2\pi}\int_L \left|\frac{d\zeta}{\zeta - z}\right| = KM,$$

wobei die Konstante K nur von der Kurve L und von der Lage von z, nicht aber von der speziellen Wahl der Funktion $f(z)$ abhängt. Man kann nun diese rohe Abschätzung verbessern, indem man sie auf $[f(z)]^n$, n positiv ganz, anwendet:

$$|f(z)|^n \leqq KM^n, \qquad |f(z)| \leqq K^{\frac{1}{n}} M$$

und nachher n gegen unendlich konvergieren läßt. Dann folgt $|f(z)| \leqq M$.

Diese interessante Schlußweise zeigt, daß eine rohe Abschätzung sich ev. in eine feinere umwandeln läßt, durch passende Ausnützung der Allgemeinheit, innerhalb welcher ihre Gültigkeit bekannt ist. [*E. Landau;* vgl. *M. Riesz,* Acta Math. Bd. 40, S. 340, Fußnote [1]), 1916.]

175. Es sei $f(z) = a_0 + a_1 z + a_2 z^2 + \cdots + a_n z^n + \cdots$ regulär für $|z| < R$ und $\mathfrak{M}(r) = |a_0| + |a_1| r + |a_2| r^2 + \cdots + |a_n| r^n + \cdots$ gesetzt. Dann ist

$$M(r) \leqq \mathfrak{M}(r) < \frac{r+\delta}{\delta} M(r+\delta), \qquad \delta > 0, \; r + \delta < R.$$

176. (Fortsetzung.) Wenn $\mathfrak{M}_n(r)$ dieselbe Bedeutung für $[f(z)]^n$ wie $\mathfrak{M}(r)$ für $f(z)$ hat, $n = 1, 2, 3, \ldots$, dann ist

$$\lim_{n \to \infty} [\mathfrak{M}_n(r)]^{\frac{1}{n}} = M(r).$$

177. Man leite mit Hilfe von II **123** einen neuen Beweis für den *Hadamard*schen Dreikreisesatz [III **304**] ab.

178. Man zeige folgende Verallgemeinerung von **160**: Wenn ω_n die Bedeutung wie in **157** hat, dann gilt unter den Voraussetzungen von **160** die Koeffizientenabschätzung

$$|a_n| \leqq \omega_n (1 - M^{1-n}).$$

179. Der *Bernstein*sche Satz für trigonometrische Polynome [VI **82**] sei in der folgenden unscharfen Form bekannt: Es gibt eine absolute Konstante K, $K > 0$, von der Beschaffenheit, daß, wenn $\varphi(\vartheta)$ ein trigonometrisches Polynom n^{ter} Ordnung bezeichnet, das absolut genommen 1 nicht überschreitet,

$$|\varphi'(\vartheta)| \leqq n + K$$

ist. Man suche einen Weg von dieser Abschätzung zur feineren

$$|\varphi'(\vartheta)| \leqq n.$$

---

180. Es gibt ganze Funktionen, die für $z \to \infty$ längs eines Halbstrahles mit beliebig großer Geschwindigkeit anwachsen. Genauer gesagt: Ist $\varphi(x)$ irgendeine für $x \geqq 0$ definierte, stets positive, monoton wachsende Funktion, so gibt es eine ganze Funktion $g(z)$, die für reelles z reelle Werte annimmt und für $x \geqq 0$ der Ungleichung $g(x) > \varphi(x)$ genügt. (III **290**.)

181. Es gibt ganze Funktionen, die längs der positiven reellen Achse gegen 0, längs aller übrigen vom Nullpunkt auslaufenden Halbstrahlen gegen ∞ streben, wenn z gegen ∞ strebt. Kann eine ganze rationale Funktion sich so verhalten?

182. Es gibt ganze transzendente Funktionen, die längs aller vom Nullpunkt auslaufenden Halbstrahlen gegen ∞ streben. — Kann dies gleichmäßig geschehen?

183. Es gibt ganze Funktionen, die längs der positiven reellen Achse reellwertig sind und gegen $+\infty$, längs aller übrigen vom Nullpunkt auslaufenden Halbstrahlen gegen 0 streben. — Kann eine ganze Funktion endlicher Ordnung sich so verhalten?

184. Es gibt ganze Funktionen, die längs aller vom Nullpunkt auslaufenden Halbstrahlen gegen 0 streben.

185. Es gibt ganze Funktionen, die längs derjenigen Halbstrahlen, die vom Nullpunkt ins Innere der oberen Halbebene laufen, gegen $+1$ und längs derjenigen, die vom Nullpunkt ins Innere der unteren Halbebene laufen, gegen -1 konvergieren. Die Konvergenz ist sogar gleichmäßig in jedem Winkelraum $\varepsilon < \operatorname{arc} z < \pi - \varepsilon$, bzw. $-\pi + \varepsilon < \operatorname{arc} z < -\varepsilon$, wo $\varepsilon > 0$.

186. Die ganze Ebene sei durch n Halbstrahlen, die vom Nullpunkt auslaufen, in n Winkelräume eingeteilt. Es gibt eine ganze Funktion, die in diesen Winkelräumen (genauer: wie in **185**) bzw. gegen $a_1, a_2, \ldots, a_n$ strebt; $a_1, a_2, \ldots, a_n$ bedeuten willkürlich gegebene komplexe Zahlen.

187. Man teile die vom Nullpunkt auslaufenden Halbstrahlen irgendwie in zwei Kategorien. Gibt es zu jeder Einteilung eine ganze Funktion, die längs der Halbstrahlen der ersten Kategorie gegen 0, längs der der zweiten Kategorie gegen ∞ strebt?

Wenn eine nicht konstante ganze Funktion $g(z)$ längs einer *stetigen*, ins Unendliche führenden Kurve einem Grenzwert a zustrebt, so heißt a *Konvergenzwert* von $g(z)$. Z. B. ist 0 ein Konvergenzwert von e^z.

188. Die Werte 0 und ∞ sind die einzigen Konvergenzwerte von e^z.

189. Die Werte $\sqrt{\frac{\pi}{2}}$, $-\sqrt{\frac{\pi}{2}}$ und ∞ sind die einzigen Konvergenzwerte der Funktion $\int\limits_0^z e^{-\frac{x^2}{2}} dx$.

190. Es sei n eine positive ganze Zahl. Die ganze Funktion der Ordnung n

$$z - \frac{z^{2n+1}}{3!\,(2n+1)} + \frac{z^{4n+1}}{5!\,(4n+1)} - \cdots$$

besitzt genau $2n$ voneinander verschiedene endliche Konvergenzwerte.

191. Die Folge der positiven Zahlen

$$a_0,\ a_1,\ a_2,\ \ldots,\ a_m,\ \ldots$$

sei derart gewählt, daß die Reihe

$$g(z) = \sqrt{\frac{2}{\pi}} \sum_{m=0}^{\infty} a_m \int_0^{z^{8m}} e^{-\frac{x^2}{2}} dx$$

in jedem endlichen Bereich der z-Ebene gleichmäßig konvergiert und somit eine ganze Funktion $g(z)$ darstellt. [Man setze z. B. $a_m = \exp(-m^{8^m})$.]

Man zeige, daß die Menge der Konvergenzwerte der so definierten ganzen Funktion $g(z)$ die Mächtigkeit des Kontinuums hat. Genauer: Sämtliche Werte

$$\sum_{m=0}^{\infty} \varepsilon_m a_m, \qquad \varepsilon_m = +1 \quad \text{oder} \quad -1$$

sind Konvergenzwerte.

192. Wenn eine ganze Funktion längs n vom Nullpunkt auslaufenden Halbstrahlen gegen endliche Grenzwerte konvergiert, die alle voneinander verschieden sind, dann ist ihre Ordnung $\geqq \frac{n}{2}$.

193. Für jede ganze Funktion (die keine Konstante ist) ist der Wert ∞ Konvergenzwert.

194. Die komplexe Zahl a heißt *Picard*scher Ausnahmewert der ganzen Funktion $g(z)$, wenn die Funktion $g(z) - a$ nur endlich viele Nullstellen hat. Wenn ein *Picard*scher Ausnahmewert existiert, so ist er Konvergenzwert.

---

195. Die Funktion $f(z)$ sei im Ringgebiet $0 < |z| < 1$ unbeschränkt fortsetzbar. Bleiben hierbei $f(z)$ und alle ihre Derivierten $f'(z), f''(z), \ldots$ beschränkt, so ist $f(z)$ im besagten Gebiet eindeutig und im Punkte $z = 0$ regulär.

196. Ist $g(z)$ eine ganze Funktion vom Geschlecht 0 und ε eine vorgegebene positive Zahl, so gilt

$$|g(z)| < e^{\varepsilon |z|}$$

auf allen Kreisen mit genügend großen Radien und

$$|g(z)| > e^{-\varepsilon |z|}$$

auf gewissen Kreisen mit beliebig großen Radien.

197. Es sei $M(r)$ das Maximum, $m(r)$ das Minimum des Betrages einer ganzen Funktion auf dem Kreisrand $|z| = r$. Ist

$$\limsup_{r \to \infty} \frac{\log \log M(r)}{\log r} = \lambda$$

und $\lambda < \frac{1}{2}$, dann ist auch

$$\limsup_{r \to \infty} \frac{\log \log m(r)}{\log r} = \lambda.$$

[**196**, III **332**.]

198. Es seien $\lambda_1, \lambda_2, \lambda_3, \ldots, \lambda_n, \ldots$ positive Zahlen, die Reihe

$$\frac{1}{\lambda_1} + \frac{1}{\lambda_2} + \frac{1}{\lambda_3} + \cdots + \frac{1}{\lambda_n} + \cdots$$

sei divergent. Genügt eine im Intervalle $0 \leqq t \leqq 1$ eigentlich integrable Funktion $h(t)$ der Bedingung

$$\int_0^1 t^{\lambda_n} h(t)\, dt = 0, \qquad n = 1, 2, 3, \ldots,$$

dann ist $h(t) = 0$ an jeder Stetigkeitsstelle t. (Verallgemeinerung von II **139**.) $\left[\int_0^1 t^z h(t)\, dt\right.$ ist eine analytische Funktion von z, III **298**.]

199. Es sei $g(z)$ eine ganze transzendente Funktion von der Ordnung $\lambda < \frac{1}{2}$. Ihre Koeffizienten seien von 0, ihre Nullstellen $w_1, w_2, w_3, \ldots, w_n, \ldots$ voneinander verschieden, $w_k \neq w_l$ für $k \neq l$. Genügt eine im Intervalle $0 \leqq t \leqq 1$ definierte, eigentlich integrierbare Funktion $h(t)$ der Bedingung

$$\int_0^1 g(w_n t)\, h(t)\, dt = 0, \qquad n = 1, 2, 3, \ldots,$$

dann ist $h(t) = 0$ an jeder Stetigkeitsstelle t. [II **139**.]

200. Es sei $g(z)$ eine ganze transzendente Funktion vom Geschlecht 0 mit lauter reellen, voneinander verschiedenen Nullstellen $w_1, w_2, w_3, \ldots, w_n, \ldots$. Genügt eine im Intervalle $0 \leqq t \leqq 1$ definierte, eigentlich integrierbare Funktion $h(t)$ der Bedingung

$$\int_0^1 g(w_n t)\, h(t)\, dt = 0, \qquad n = 1, 2, 3, \ldots,$$

dann ist $h(t) = 0$ an jeder Stetigkeitsstelle t. [Es kann z. B. $g(z) = J_0(\sqrt{z})$ oder $\cos \pi \sqrt{z}$ gesetzt werden.]

201. Man setze

$$a_0 + \frac{a_1}{1!} z + \frac{a_2}{2!} z^2 + \cdots + \frac{a_n}{n!} z^n + \cdots = F(z).$$

Es sollen zwei positive Konstanten ϱ und M existieren, so beschaffen, daß

1. die Folge $a_0, a_1 \varrho^{-1}, a_2 \varrho^{-2}, \ldots, a_n \varrho^{-n}, \ldots$ beschränkt bleibt und
2. $|F(z)| \leqq M$ für sämtliche *reellen* Werte von z.

Dann gilt für sämtliche reellen Werte von z auch

$$|F'(z)| \leqq \varrho M,$$

und zwar kann das Zeichen = nur erreicht werden, wenn $F(z) = A \cos \varrho z + B \sin \varrho z$ ist, wobei A, B Konstanten bedeuten. (Verallgemeinerung von VI **82**.) [III **165**.]

202. (Fortsetzung.) Ist d der Abstand des Punktes z von der reellen Achse $(d = |\mathfrak{J} z|)$, dann ist

$$|F(z)| \leqq M e^{\varrho d}.$$

(Analogon von III **270**.)

203. Die ganze Funktion $G(z)$ unterliege denselben Bedingungen wie die Funktion $F(z)$ in **201**, außerdem sei $G(z)$ ungerade, $G(-z) = -G(z)$. Dann ist für reelles z

$$\left|\frac{G(z)}{z}\right| \leqq \varrho M.$$

Das Gleichheitszeichen kann nur für $G(z) = cM \sin \varrho z$, $|c| = 1$, und für $z = 0$ gelten. (Analogon von VI **81**.) [III **166**.]

204. (Fortsetzung.) Man leite **201** aus **203** ab.

205. Eine ganze Funktion $f(z)$ von der Ordnung λ, $\lambda \geqq \frac{1}{2}$, sei längs der positiven reellen Achse beschränkt. Bezeichnet ε eine positive Größe, so ist, wenn x durch positive Werte ins Unendliche strebt,

$$\lim_{x \to +\infty} x^{1-\lambda-\varepsilon} f'(x) = 0.$$

Fünfter Abschnitt.

Die Lage der Nullstellen.

1. Kapitel.

Der Satz von Rolle und die Regel von Descartes.

Wir untersuchen in diesem Kapitel *reelle* Funktionen der reellen Veränderlichen x; insbesondere sind die Koeffizienten a_0, a_1, a_2, ... der zu betrachtenden Polynome $a_0 + a_1 x + a_2 x^2 + \cdots + a_n x^n$ und Potenzreihen $a_0 + a_1 x + a_2 x^2 + \cdots$ als reell anzunehmen. Wir setzen. wenn das Gegenteil nicht erwähnt ist, die vorkommenden Funktionen in den betreffenden Intervallen als *analytisch* voraus. Jedoch ändern sich die Sätze nur wenig oder gar nicht, wenn allgemeinere Voraussetzungen, z. B. Existenz der Ableitungen bis zu einer geeigneten Ordnung, eingeführt werden. Die Nullstellen sind im folgenden stets mit ihrer *Multiplizität* zu zählen.

Wir untersuchen ferner reelle Zahlenfolgen $a_0, a_1, a_2, \ldots$; sie können endlich viele oder unendlich viele Glieder enthalten; die Anordnung der Glieder ist wesentlich. Der Index m heißt eine *Wechselstelle* entweder dann, wenn

$$a_{m-1} a_m < 0, \qquad m \geqq 1$$

oder dann, wenn

$$a_{m-1} = a_{m-2} = \cdots = a_{m-k+1} = 0 \quad \text{und} \quad a_{m-k} a_m < 0,$$

$m \geqq k \geqq 2$ ist. Im ersteren Falle bilden a_{m-1} und a_m, im zweiten a_{m-k} und a_m einen *Zeichenwechsel*. Die Anzahl der Zeichenwechsel (= Anzahl der Wechselstellen) einer Folge bleibt ungeändert, wenn man die verschwindenden Glieder entfernt und die übrigen, auch der Reihenfolge nach, unverändert läßt.

1. Die beiden Folgen

$$a_0, a_1, a_2, \ldots, a_n \quad \text{und} \quad a_n, a_{n-1}, a_{n-2}, \ldots, a_0$$

besitzen dieselbe Anzahl von Wechselstellen.

2. Durch Streichen von Gliedern kann man die Anzahl der Zeichenwechsel einer Folge nie vergrößern.

3. Durch Hineinschieben verschwindender Glieder kann man die Anzahl der Zeichenwechsel einer Folge nicht verändern. Schiebt man in eine Folge ein neues Glied neben ein altes hinein, mit dem es dem Vorzeichen nach übereinstimmt, so ändert man die Anzahl der Zeichenwechsel ebenfalls nicht.

4. Die Folge

$$a_0, a_0 + a_1, a_1 + a_2, \ldots, a_{n-1} + a_n, a_n$$

besitzt nicht mehr Zeichenwechsel als die Folge $a_0, a_1, a_2, \ldots, a_n$.

5. Die unendliche Folge $a_0, a_1, a_2, \ldots, a_n, \ldots$ soll nur endlich viele Zeichenwechsel besitzen, deren Anzahl mit W bezeichnet sei. Die aus ihr gebildete Folge

$$a_0, \quad a_0 + a_1, \quad a_0 + 2a_1 + a_2, \quad \ldots, \quad a_0 + \binom{n}{1} a_1 + \binom{n}{2} a_2 + \cdots + a_n, \ldots$$

hat dann auch nur endlich viele, und zwar höchstens W Zeichenwechsel. [**4**.]

Man zeichne in einem rechtwinkligen Koordinatensystem die Punkte $(0, a_0), (1, a_1), (2, a_2), \ldots, (n, a_n), \ldots$ und verbinde je zwei sukzessive durch ein Geradenstück (dessen Horizontalprojektion also $= 1$ ausfallen muß). An der so erhaltenen Figur sind die Wechselstellen der Folge $a_0, a_1, a_2, \ldots$ klar ersichtlich. Die Nullstellen der reellen analytischen Funktion $f(x)$ sind an der Kurve $y = f(x)$ nicht so vollkommen ersichtlich; denn man kann z. B. eine 2-fache Nullstelle von einer 4-fachen oder eine 3-fache von einer 5-fachen auch an einer sehr genauen Zeichnung nicht ohne weiteres unterscheiden.

6. In einem Intervall, worin stets $\varphi(x) > 0$ gilt, haben die beiden Funktionen $f(x)$ und $f(x)\varphi(x)$ dieselben Nullstellen.

7. Wenn $p_0 > 0, p_1 > 0, p_2 > 0, \ldots$ ist, so haben die beiden Folgen

$$a_0, \; a_1, \; a_2, \; \ldots \qquad \text{und} \qquad a_0 p_0, \; a_1 p_1, \; a_2 p_2, \; \ldots$$

dieselben Wechselstellen.

8. Die Funktionswerte $f(a)$ und $f(b)$ seien von 0 verschieden. Das Intervall $a < x < b$ enthält eine gerade oder eine ungerade Anzahl von Nullstellen von $f(x)$, je nachdem $f(a)$ und $f(b)$ gleiches oder entgegengesetztes Vorzeichen besitzen.

9. Es seien a_j und a_k von 0 verschieden. Die Teilfolge $a_j, a_{j+1}, \ldots, a_{k-1}, a_k$ enthält eine gerade oder ungerade Anzahl von Zeichenwechseln, je nachdem a_j und a_k gleiches oder entgegengesetztes Vorzeichen besitzen.

10. (Satz von *Rolle*.) Es seien a und b sukzessive Nullstellen von $f(x)$ [$f(a) = f(b) = 0$, $f(x) \neq 0$ für $a < x < b$]. Die Derivierte $f'(x)$ besitzt eine ungerade Anzahl von Nullstellen im Intervalle $a < x < b$ (also mindestens eine Nullstelle).

11. Es seien $j + 1$ und $k + 1$ sukzessive Wechselstellen der Folge $a_0, a_1, a_2, \ldots$. Dann enthält die Folge der Differenzen

$$a_{j+1} - a_j, \; a_{j+2} - a_{j+1}, \; \ldots, \; a_k - a_{k-1}, \; a_{k+1} - a_k$$

eine ungerade Anzahl von Zeichenwechseln (also mindestens einen Zeichenwechsel).

12. Wenn $f(x)$ im Intervall a, b N Nullstellen besitzt, so besitzt $f'(x)$ daselbst nicht weniger als $N - 1$ Nullstellen. Dies gilt, gleichgültig, ob das Intervall a, b offen, abgeschlossen oder halb offen ist; es kann sich sogar auf einen Punkt reduzieren.

13. Wenn die Folge

$$a_0, \; a_1, \; a_2, \; \ldots, \; a_n$$

W Wechselstellen enthält, so enthält die Folge

$$a_1 - a_0, \; a_2 - a_1, \; \ldots, \; a_n - a_{n-1}$$

nicht weniger als $W - 1$ Wechselstellen.

14. Besitzt $f(x)$ im endlichen Intervall $a < x < b$ N Nullstellen, und ist eine der beiden Bedingungen

$$\operatorname{sg} f(a) = \operatorname{sg} f'(a) \neq 0, \qquad \operatorname{sg} f(b) = -\operatorname{sg} f'(b) \neq 0$$

erfüllt, so besitzt $f'(x)$ in a, b nicht weniger als N Nullstellen. Sind beide Bedingungen erfüllt, so besitzt $f'(x)$ nicht weniger als $N + 1$ Nullstellen in a, b.

15. Besitzt die endliche Folge

$$a_0, \; a_1, \; a_2, \; \ldots, \; a_n$$

W Zeichenwechsel, so besitzt die daraus abgeleitete Folge

$$a_0, \; a_1 - a_0, \; a_2 - a_1, \; \ldots, \; a_n - a_{n-1}, \; -a_n$$

nicht weniger als $W + 1$ Zeichenwechsel. (Abgesehen von dem offenbar trivialen Fall, in dem alle Glieder a_ν der Folge $= 0$ sind.)

16. Wenn $\lim\limits_{x \to +\infty} f(x) = 0$ ist, so besitzt $f'(x)$ im Innern des Intervalls $a, +\infty$ nicht weniger Nullstellen als $f(x)$. (Ähnliches wie für $+\infty$ gilt natürlich für $-\infty$.)

17. Wenn $\lim\limits_{n \to \infty} a_n = 0$ ist, so enthält die unendliche Folge

$$a_0, \; a_1 - a_0, \; a_2 - a_1, \; \ldots, \; a_n - a_{n-1}, \; \ldots$$

mehr Zeichenwechsel als die Folge

$$a_0, \; a_1, \; a_2, \; \ldots, \; a_n, \; \ldots.$$

18. Es sei α reell, und $f(x)$ soll N Nullstellen im Intervall $0 < x < \infty$ besitzen. Dann hat daselbst die Funktion

$$\alpha f(x) + f'(x)$$

mindestens $N - 1$ Nullstellen; sie hat sogar mindestens N Nullstellen, wenn die Bedingung $\lim\limits_{x \to +\infty} e^{\alpha x} f(x) = 0$ erfüllt ist.

19. Es sei $\alpha > 0$, und die unendliche Folge $a_0, a_1, a_2, \ldots, a_n, \ldots$ soll W Zeichenwechsel besitzen. Dann hat die Folge

$$\alpha a_0, \quad \alpha a_1 - a_0, \quad \alpha a_2 - a_1, \quad \ldots, \quad \alpha a_n - a_{n-1}, \quad \ldots$$

mindestens W Zeichenwechsel; sie hat sogar mindestens $W + 1$ Zeichenwechsel, wenn die Bedingung $\lim\limits_{n \to \infty} a_n \alpha^n = 0$ erfüllt ist.

20. Wenn die Funktion $f(x)$ im Intervall $0 < x < \infty$ N Nullstellen besitzt, so besitzt daselbst die Funktion $\int\limits_0^x f(x)\,dx$ N oder weniger Nullstellen.

21. Wenn die unendliche Folge

$$a_0, \quad a_1, \quad a_2, \quad \ldots, \quad a_n, \quad \ldots$$

W Zeichenwechsel besitzt, so besitzt die Folge

$$a_0, \quad a_0 + a_1, \quad a_0 + a_1 + a_2, \quad \cdots, \quad a_0 + a_1 + a_2 + \cdots + a_n, \quad \cdots$$

W oder weniger Zeichenwechsel.

Wir sagen in zwei Fällen, daß die Funktion $f(x)$ in einem Intervall von konstantem Vorzeichen ist: 1. dann, wenn $f(x)$ stets $\leqq 0$ und 2. dann, wenn $f(x)$ stets $\geqq 0$ im fraglichen Intervall ist. Es sei das Intervall $a < x < b$ in $Z + 1$ Teilintervalle so zerlegbar, daß

1. $f(x)$ in keinem Teilintervall identisch verschwindet,
2. $f(x)$ in jedem einzelnen Teilintervall von konstantem Vorzeichen ist,
3. $f(x)$ in je zwei benachbarten Teilintervallen von entgegengesetztem Vorzeichen ist.

Unter solchen Umständen sagt man, daß $f(x)$ im Intervall $a < x < b$ Z *Zeichenänderungen* aufweist. Die ungeraden Nullstellen einer analytischen Funktion veranlassen Zeichenänderungen, die geraden nicht; der Begriff der Zeichenänderung ist jedoch auch bei verschiedenen nichtanalytischen Funktionen mit Nutzen verwendbar.

22. Die Funktion $f(x)$ sei von 0 verschieden und von konstantem Vorzeichen sowohl in einer gewissen Umgebung der Stelle a, wie in einer gewissen Umgebung der Stelle b. Das Intervall $a < x < b$ enthält eine gerade oder ungerade Anzahl von Zeichenänderungen der Funktion $f(x)$, je nachdem $f(a)$ und $f(b)$ gleiches oder entgegengesetztes Vorzeichen besitzen.

23. Wenn die Funktion $f(x)$ im Intervalle $0<x<\infty$ Z Zeichenänderungen besitzt, so besitzt daselbst die Funktion $\int\limits_0^x f(x)\,dx$ Z oder weniger Zeichenänderungen.

24. Ist Z die Anzahl der Zeichenänderungen und N die Anzahl der Nullstellen von $f(x)$ in demselben offenen Intervall, so ist $N-Z$ eine nichtnegative gerade Zahl.

25. Ist $f(a)=f(b)=0$ und $f(x)\neq 0$ für $a<x<b$, so befindet sich im Intervall $a<x<b$ eine ungerade Anzahl von Zeichenänderungen der Derivierten $f'(x)$.

26. Die reellen Zahlen $A_1, A_2, \ldots, A_n$ seien als nichtverschwindend vorausgesetzt, und es sei $a_1<a_2<a_3<\cdots<a_n$. Man kann in mehreren Fällen schließen, daß die echt gebrochene rationale Funktion

$$f(x)=\frac{A_1}{x-a_1}+\frac{A_2}{x-a_2}+\cdots+\frac{A_n}{x-a_n}$$

nur reelle Nullstellen hat, insbesondere in den folgenden Fällen:

1. $A_1>0,\quad A_2>0,\quad \ldots,\quad A_{n-1}>0;$
2. $A_1>0,\quad A_2>0,\quad \ldots,\quad A_{k-1}>0,\quad A_{k+1}>0,\quad \ldots,\quad A_n>0,$
   $A_1+A_2+\cdots+A_n<0,\ 1<k<n.$

27. Das trigonometrische Polynom

$$f(x)=a_0+a_1\cos x+a_2\cos 2x+\cdots+a_n\cos nx$$

mit lauter reellen Koeffizienten $a_0, a_1, a_2, \ldots, a_n$ hat sicherlich nur reelle Nullstellen, wenn

$$|a_0|+|a_1|+|a_2|+\cdots+|a_{n-1}|<a_n.$$

Unter Zeichenwechseln und Wechselstellen des Polynoms

$$a_0+a_1x+a_2x^2+\cdots+a_nx^n$$

bzw. der Potenzreihe

$$a_0+a_1x+a_2x^2+a_3x^3+\cdots$$

versteht man die Zeichenwechsel und Wechselstellen der endlichen bzw. unendlichen *Koeffizientenfolge*

$$a_0,\quad a_1,\quad a_2,\quad \ldots,\quad a_n \qquad \text{bzw.} \qquad a_0,\quad a_1,\quad a_2,\quad a_3,\quad \ldots$$

28. Die Polynome $P(x)$ und $P(\alpha x)$ haben die gleiche Anzahl von Zeichenwechseln, wenn α positiv ist.

29. Die Anzahl der Zeichenwechsel der Polynome

$$P(x) = a_0 + a_1 x + a_2 x^2 + \cdots + a_n x^n,$$
$$P(-x) = a_0 - a_1 x + a_2 x^2 - \cdots + (-1)^n a_n x^n$$

sei mit W^+ bzw. mit W^- bezeichnet. Es ist

$$W^+ + W^- \leqq n.$$

30. Es sei $\alpha > 0$. Beim Übergang von dem Polynom

$$a_0 + a_1 x + a_2 x^2 + \cdots + a_n x^n$$

zu dem Polynom

$$(\alpha - x)(a_0 + a_1 x + a_2 x^2 + \cdots + a_n x^n)$$
$$= \alpha a_0 + (\alpha a_1 - a_0) x + (\alpha a_2 - a_1) x^2 + \cdots - a_n x^{n+1}$$

wächst die Anzahl der Zeichenwechsel und zwar um eine ungerade Anzahl. [Für den Fall $\alpha = 1$ vgl. **15.**]

31. Es sei $\alpha > 0$. Beim Übergang von der Potenzreihe

$$a_0 + a_1 x + a_2 x^2 + a_3 x^3 + \cdots$$

zu der Potenzreihe

$$(\alpha - x)(a_0 + a_1 x + a_2 x^2 + \cdots) = \alpha a_0 + (\alpha a_1 - a_0) x + (\alpha a_2 - a_1) x^2 + \cdots$$

nimmt die Anzahl der Zeichenwechsel nicht ab. Sie nimmt sogar sicherlich zu, wenn die Ausgangsreihe $a_0 + a_1 x + a_2 x^2 + \cdots$ für $x = \alpha$ konvergiert.

32. Es sei $\alpha > 0$. Beim Übergang von der Potenzreihe

$$a_0 + a_1 x + a_2 x^2 + a_3 x^3 + \cdots$$

zu der Potenzreihe

$$(\alpha + x)(a_0 + a_1 x + a_2 x^2 + \cdots) = \alpha a_0 + (x a_1 + a_0) x + (\alpha a_2 + a_1) x^2 + \cdots$$

kann die Anzahl der Zeichenwechsel nicht zunehmen.

33. Beim Übergang von der Potenzreihe

$$a_0 + a_1 x + a_2 x^2 + a_3 x^3 + \cdots$$

zu der Potenzreihe

$$\frac{a_0 + a_1 x + a_2 x^2 + \cdots}{1 - x} = a_0 + (a_0 + a_1) x + (a_0 + a_1 + a_2) x^2 + \cdots$$

kann die Anzahl der Zeichenwechsel nicht zunehmen.

34. Es sei $\alpha > 0$. Beim Übergang von der Potenzreihe

$$a_0 + \frac{a_1}{1!} x + \frac{a_2}{2!} x^2 + \frac{a_3}{3!} x^3 + \cdots$$

zu der Potenzreihe

$$e^{\alpha x}\left(a_0+\frac{a_1}{1!}x+\frac{a_2}{2!}x^2+\cdots\right)=\sum_{n=0}^{\infty}\frac{a_0\alpha^n+\binom{n}{1}a_1\alpha^{n-1}+\cdots+a_n}{n!}x^n$$

kann die Anzahl der Zeichenwechsel nicht zunehmen.

35. Es seien $p_1, p_2, \ldots, p_n$ positive Zahlen. Man setze

$$a_0+\frac{a_1x}{p_1-x}+\frac{a_2x^2}{(p_1-x)(p_2-x)}+\cdots+\frac{a_nx^n}{(p_1-x)(p_2-x)\cdots(p_n-x)}$$
$$=A_0+A_1x+A_2x^2+\cdots$$

(die Reihenentwicklung konvergiert für genügend kleine Werte von x). Die Anzahl der Zeichenwechsel der endlichen Folge $a_0, a_1, a_2, \ldots, a_n$ ist nicht geringer als die Anzahl der Zeichenwechsel der unendlichen Folge $A_0, A_1, A_2, \ldots$. [Vollständige Induktion, **31**.]

36. (Die Zeichenregel von *Descartes*.) Es sei N die Anzahl der positiven Nullstellen des Polynoms $a_0+a_1x+a_2x^2+\cdots+a_nx^n$ und W die Anzahl der Wechselstellen seiner Koeffizientenfolge. Es ist

$$W-N\geqq 0. \qquad [\mathbf{30}.]$$

37. (Fortsetzung.) $W-N$ ist eine gerade Zahl.

38. Der Konvergenzradius der Potenzreihe $a_0+a_1x+a_2x^2+\cdots$ sei ϱ, die Anzahl ihrer Nullstellen im Intervalle $0<x<\varrho$ sei N, und die Anzahl der Zeichenwechsel ihrer Koeffizientenfolge W. Dann ist

$$N\leqq W.$$

Also insbesondere: Wenn W endlich, auch N endlich. [Neben **31** muß noch die Funktionentheorie herangezogen werden.]

39. Die Potenzreihe

$$2-\frac{x}{1\cdot 2}-\frac{x^2}{2\cdot 3}-\frac{x^3}{3\cdot 4}-\cdots$$

hat keine Nullstellen in ihrem Konvergenzkreis. (Ihre Koeffizientenfolge hat 1 Zeichenwechsel — **37** läßt sich nicht ohne weiteres auf Potenzreihen ausdehnen!)

40. (Fortsetzung von **38**.) Wenn $\varrho=\infty$ oder wenn ϱ endlich ist und $a_0+a_1\varrho+a_2\varrho^2+\cdots$ divergiert, dann ist $W-N$ eine nichtnegative gerade Zahl; W ist dabei als endlich vorausgesetzt.

41. Das Minimum der reellen Zahlen $\xi_1, \xi_2, \ldots, \xi_n$ sei mit ξ_α, das Maximum mit ξ_ω bezeichnet. Die Anzahl der Nullstellen des Polynoms

$$a_0+a_1(x-\xi_1)+a_2(x-\xi_1)(x-\xi_2)+\cdots+a_n(x-\xi_1)(x-\xi_2)\cdots(x-\xi_n)$$

im Intervall $\xi_\omega < x < \infty$ ist ebenso groß oder um eine gerade Zahl kleiner als die Anzahl der Zeichenwechsel der Folge

$$a_0, \quad a_1, \quad a_2, \quad \ldots, \quad a_n,$$

und die Anzahl der Nullstellen im Intervall $-\infty < x < \xi_\alpha$ ist ebenso groß oder um eine gerade Zahl kleiner als die Anzahl der Zeichenwechsel der Folge

$$a_0, \quad -a_1, \quad a_2, \quad -a_3, \quad \ldots, \quad (-1)^n a_n.$$

(Für $\xi_1 = \xi_2 = \cdots = \xi_n$ mit **36**, **37** äquivalent.) [**35**.]

---

42. Es sei λ ein positiver echter Bruch, n positiv ganz. Die transzendente Gleichung

$$1 + \frac{x}{1!} + \frac{x_2}{2!} + \cdots + \frac{x^n}{n!} = \lambda e^x$$

hat eine einzige positive Wurzel; diese wächst monoton mit wachsendem n ins Unendliche.

43. Die Funktion $x^{-5}\left(e^{\frac{1}{x}} - 1\right)^{-1}$ der positiven Veränderlichen x strebt gegen Null für $x = 0$ und für $x = +\infty$ und hat dazwischen ein Maximum und kein Minimum.

44. Der Konvergenzradius der Potenzreihe $a_0 + a_1 x + a_2 x^2 + \cdots$ sei $\geqq 1$. Die Anzahl ihrer Nullstellen im Intervall $0 < x < 1$ übersteigt nicht die Anzahl der Zeichenwechsel der Folge

$$a_0, \quad a_0 + a_1, \quad a_0 + a_1 + a_2, \quad \ldots, \quad a_0 + a_1 + \cdots + a_n, \quad \ldots.$$

45. Unter $\left(\frac{n}{p}\right)$ sei das Symbol von *Legendre* verstanden. Die Gleichung

$$\left(\frac{1}{19}\right) x + \left(\frac{2}{19}\right) x^2 + \left(\frac{3}{19}\right) x^3 + \cdots + \left(\frac{18}{19}\right) x^{18} = 0$$

hat nur eine positive Wurzel, nämlich $x = 1$. [Die Gleichung ist reziprok, so daß es genügt, die Nullstellen im Intervalle $0 < x < 1$ mit Hilfe von **44**, **33** zu untersuchen.]

46. Die Gleichung vom Grade 162

$$\left(\frac{1}{163}\right) x + \left(\frac{2}{163}\right) x^2 + \left(\frac{3}{163}\right) x^3 + \cdots + \left(\frac{162}{163}\right) x^{162} = 0$$

hat genau 5 positive Wurzeln, die alle einfach sind. [Man untersuche die Stelle $x = 0{,}7$.]

47. (Zusatz zu **36.**) Wenn das Polynom $a_0 + a_1 x + \cdots + a_n x^n$ nur reelle Nullstellen hat, so ist $N = W$.

48. Es seien $\nu_1, \nu_2, \ldots, \nu_n$ ganze Zahlen, $0 \leqq \nu_1 < \nu_2 < \cdots < \nu_n$, $0 < \alpha_1 < \alpha_2 < \cdots < \alpha_n$. Dann ist die Determinante (Verallgemeinerung der *Vandermonde*schen, die dem Fall $\nu_1 = 0, \nu_2 = 1, \ldots, \nu_n = n-1$ entspricht)

$$\begin{vmatrix} \alpha_1^{\nu_1} & \alpha_1^{\nu_2} & \ldots & \alpha_1^{\nu_n} \\ \alpha_2^{\nu_1} & \alpha_2^{\nu_2} & \ldots & \alpha_2^{\nu_n} \\ \ldots & \ldots & \ldots & \ldots \\ \alpha_n^{\nu_1} & \alpha_n^{\nu_2} & \ldots & \alpha_n^{\nu_n} \end{vmatrix} > 0.$$

[Man beweise zuerst, daß sie $\neq 0$ ist, **36.**]

49. Es sei $a_0 \neq 0$, $a_n \neq 0$, und es sollen $2m$ *konsekutive* Koeffizienten des Polynoms $a_0 + a_1 x + \cdots + a_n x^n$ verschwinden, m ganz, $m \geqq 1$. Dann hat das Polynom mindestens $2m$ imaginäre Nullstellen.

50. Das Polynom $P(x)$ soll lauter reelle Nullstellen haben, und es sei $P(0) = 1$, $P(x)$ keine Konstante. Setzt man

$$\frac{1}{P(x)} = 1 + b_1 x + b_2 x^2 + \cdots + b_n x^n + \cdots,$$

dann besitzt das Polynom $1 + b_1 x + \cdots + b_{2m} x^{2m}$ nur imaginäre Nullstellen. [**49.**]

51. Es sei m ganz, $m \geqq 1$ und

$$S(x_1, x_2, \ldots, x_n) = \sum x_1^{l_1} x_2^{l_2} \ldots x_n^{l_n},$$

wobei die Summe $\sum$ über sämtliche solchen Systeme der nichtnegativen ganzen Zahlen $l_1, l_2, \ldots, l_n$ erstreckt ist, für welche

$$l_1 + l_2 + \cdots + l_n = 2m$$

ist. Die homogene symmetrische Funktion $S(x_1, x_2, \ldots, x_n)$ der n reellen Variablen $x_1, x_2, \ldots, x_n$ ist positiv definit, d. h. > 0 für alle Wertsysteme $x_1, x_2, \ldots, x_n$ mit Ausnahme des einzigen Wertsystems $x_1 = 0, x_2 = 0, \ldots, x_n = 0$.

52. Das Polynom $P(x) = x^n + \cdots$ soll lauter positive Nullstellen besitzen. In der Potenzreihenentwicklung

$$\frac{1}{P(x)} = \frac{1}{x^n} + \frac{B_n}{x^{n+1}} + \frac{B_{n+1}}{x^{n+2}} + \cdots$$

sind alle Koeffizienten $B_n, B_{n+1}, \ldots$ positiv.

---

53. Die Derivierte eines Polynoms besitzt nicht mehr imaginäre Nullstellen als das Polynom selbst.

54. Die mehrfachen Nullstellen der Ableitung eines Polynoms mit nur reellen Nullstellen sind auch mehrfache Nullstellen des Polynoms selbst.

55. Wenn ein Polynom lauter reelle einfache Nullstellen besitzt, so haben seine sukzessiven Derivierten dieselbe Eigenschaft, und zwar liegt jede Nullstelle der $(\nu+1)^{\text{ten}}$ Derivierten zwischen zwei konsekutiven Nullstellen der ν^{ten}.

56. Die sukzessiven Derivierten der Funktion $(1+x^2)^{-\frac{1}{2}}$ haben nur reelle einfache Nullstellen, und zwar liegt jede Nullstelle der ν^{ten} Derivierten zwischen zwei konsekutiven Nullstellen der $(\nu+1)^{\text{ten}}$.

57. Für die sukzessiven Derivierten der Funktion $x(1+x^2)^{-1}$ gilt ebenfalls das in **56** Gesagte.

58. Die *Legendre*schen, *Laguerre*schen und *Hermite*schen Polynome kann man bzw. durch die Formeln

$$P_n(x) = \frac{1}{2^n n!}\frac{d^n}{dx^n}(x^2-1)^n, \qquad e^{-x}L_n(x) = \frac{1}{n!}\frac{d^n}{dx^n}e^{-x}x^n,$$

$$e^{-\frac{x^2}{2}}H_n(x) = \frac{1}{n!}\frac{d^n}{dx^n}e^{-\frac{x^2}{2}}$$

definieren [VI **84**, VI **99**, VI **100**]. Man zeige aus dieser Definition, daß diese Polynome lauter reelle einfache Nullstellen besitzen, die bzw. in das Innere der Intervalle

$$(-1,+1), \qquad (0,+\infty), \qquad (-\infty,+\infty)$$

fallen. (VI **97**, VI **99**, VI **100**.)

59. Es sei q eine ganze Zahl, $q \geqq 2$. Man setze

$$\frac{d^{n-1}}{dx^{n-1}}\left(\frac{x^{q-1}}{1+x^q}\right) = \frac{Q_n(x)}{(1+x^q)^n}, \qquad \frac{d^n}{dx^n}e^{-x^q} = e^{-x^q}R_n(x).$$

Man ziehe in der Ebene der komplexen Zahlen q Halbstrahlen, die vom Nullpunkt aus auslaufend die Ebene in q gleiche Winkelräume teilen; einer dieser Halbstrahlen sei die positive reelle Achse. Man zeige, daß die Nullstellen der Polynome $Q_n(x)$, $R_n(x)$ auf diesen q Halbstrahlen liegen, sich auf jedem Halbstrahl in der gleichen Art verteilen, und endlich, daß die von Null verschiedenen einfach sind. (Der Spezialfall $q=2$ ist schon durch **57**, **58** erledigt.)

60. Es seien μ, ν ganz, $0 \leqq \mu < \mu+\nu \leqq n$. Keines der Polynome

$$a_\mu + \binom{\nu}{1}a_{\mu+1}x + \binom{\nu}{2}a_{\mu+2}x^2 + \cdots + \binom{\nu}{\nu-1}a_{\mu+\nu-1}x^{\nu-1} + a_{\mu+\nu}x^\nu$$

hat mehr imaginäre Nullstellen als das Polynom

$$a_0 + \binom{n}{1}a_1x + \binom{n}{2}a_2x^2 + \cdots + \binom{n}{n-1}a_{n-1}x^{n-1} + a_nx^n.$$

(Verallgemeinerung von **53**.)

61. Es seien $a_1, a_2, \ldots, a_n$ positive Zahlen, die nicht alle denselben Wert haben. Man setze

$$(x+a_1)(x+a_2)\cdots(x+a_n) = x^n + \binom{n}{1} m_1 x^{n-1} + \binom{n}{2} m_2^2 x^{n-2} + \cdots + m_n^n;$$

die Zahlen $m_1, m_2, \ldots, m_n$ sind durch Wurzelziehungen zu bestimmen und seien positiv gewählt. m_1 ist das arithmetische, m_n das geometrische Mittel von $a_1, a_2, \ldots, a_n$. Man zeige, daß

$$m_1 > m_2 > m_3 > \cdots > m_{n-1} > m_n.$$

62. Es sei α reell, $P(x)$ ein Polynom. Das Polynom $\alpha P(x) + P'(x)$ besitzt nicht mehr imaginäre Nullstellen als das Polynom $P(x)$ selbst. (Verallgemeinerung von **53**.)

63. Hat die Gleichung

$$a_0 + a_1 x + a_2 x^2 + \cdots + a_n x^n = 0$$

nur reelle Wurzeln, so hat

$$a_0 P(x) + a_1 P'(x) + \cdots + a_n P^{(n)}(x) = 0$$

nicht mehr imaginäre Nullstellen als das Polynom $P(x)$ selbst.

64. $P(x) - \frac{P''(x)}{1!} + \frac{P^{(IV)}(x)}{2!} - \frac{P^{(VI)}(x)}{3!} + \cdots$

hat nicht mehr imaginäre Nullstellen als das Polynom $P(x)$ selbst.

65. Wenn die Gleichung

$$a_0 + a_1 x + a_2 x^2 + \cdots + a_n x^n = 0$$

nur reelle Wurzeln hat, so hat die folgende Gleichung

$$a_0 + \frac{a_1}{1!} x + \frac{a_2}{2!} x^2 + \cdots + \frac{a_n}{n!} x^n = 0$$

ebenfalls nur reelle Wurzeln.

66. Es sei $P(x)$ ein Polynom n^{ten} Grades, und die reelle Zahl α soll außerhalb des Intervalls $-n, 0$ liegen. Dann hat $\alpha P(x) + x P'(x)$ nicht mehr imaginäre Nullstellen als $P(x)$. (Eine von **60** und **62** verschiedene Verallgemeinerung von **53**.)

67. Es sei $Q(x)$ ein Polynom, dessen sämtliche Nullstellen reell und außerhalb des Intervalls $0, n$ gelegen sind. Dann hat die Gleichung

$$a_0 Q(0) + a_1 Q(1) x + a_2 Q(2) x^2 + \cdots + a_n Q(n) x^n = 0$$

nicht mehr imaginäre Wurzeln als die Gleichung

$$a_0 + a_1 x + a_2 x^2 + \cdots + a_n x^n = 0.$$

68. Es sei $0 < q < 1$. Die Gleichung

$$a_0 + a_1 q x + a_2 q^4 x^2 + \cdots + a_n q^{n^2} x^n = 0$$

hat nicht mehr imaginäre Wurzeln als die Gleichung

$$a_0 + a_1 x + a_2 x^2 + \cdots + a_n x^n = 0.$$

69. Es sei $q > 0$. Die Gleichung

$$2a_0 + (q + q^{-1})\, a_1 x + \left(q^{\sqrt{2}} + q^{-\sqrt{2}}\right) a_2 x^2 + \cdots + \left(q^{\sqrt{n}} + q^{-\sqrt{n}}\right) a_n x^n = 0$$

hat nicht mehr imaginäre Wurzeln als die Gleichung

$$a_0 + a_1 x + a_2 x^2 + \cdots + a_n x^n = 0.$$

70. Wenn die Kurve $y = f(x)$ eine Gerade in drei verschiedenen Punkten trifft, so liegt zwischen den beiden äußersten Treffpunkten mindestens ein Wendepunkt.

71. Wenn eine Funktion mit einem Polynom $(n-1)^{\text{ten}}$ Grades an $n+1$ Stellen übereinstimmt, so verschwindet ihre n^{te} Derivierte mindestens an einer Zwischenstelle.

72. Es sei $\alpha \neq 0$ eine reelle Konstante. Die Differenz

$$(1+x)^\alpha - \left(1 + \frac{\alpha}{1} x + \frac{\alpha(\alpha-1)}{1.2} x^2 + \cdots + \frac{\alpha(\alpha-1)\ldots(\alpha-n+2)}{1.2\ldots(n-1)} x^{n-1}\right)$$

verschwindet für $x = 0$, aber sonst in keinem Punkte des Intervalls $-1, \infty$.

73. Der Rest der Exponentialreihe

$$\frac{x^n}{n!} + \frac{x^{n+1}}{(n+1)!} + \frac{x^{n+2}}{(n+2)!} + \cdots$$

verschwindet für $x = 0$, aber sonst für keinen reellen Wert von x.

74. Die n^{te} Partialsumme der Exponentialreihe

$$1 + \frac{x}{1!} + \frac{x^2}{2!} + \cdots + \frac{x^n}{n!}$$

hat keine oder eine reelle Nullstelle, je nachdem n gerade oder ungerade ist.

75. Die Polynome $P_1(x)$, $P_2(x)$, $\ldots$, $P_l(x)$ seien $\neq 0$ und bzw. vom Grade $m_1 - 1$, $m_2 - 1$, $\ldots$, $m_l - 1$, die reellen Konstanten $a_1, a_2, \ldots, a_l$ seien voneinander verschieden. Die Funktion

$$g(x) = P_1(x)\, e^{a_1 x} + P_2(x)\, e^{a_2 x} + \cdots + P_l(x)\, e^{a_l x}$$

besitzt höchstens $m_1 + m_2 + \cdots + m_l - 1$ reelle Nullstellen.

76. Es sei $\alpha_1 < \alpha_2 < \cdots < \alpha_n$, $\beta_1 < \beta_2 < \cdots < \beta_n$. Dann ist die Determinante

$$\begin{vmatrix} e^{\alpha_1\beta_1} & e^{\alpha_1\beta_2} & \dots & e^{\alpha_1\beta_n} \\ e^{\alpha_2\beta_1} & e^{\alpha_2\beta_2} & \dots & e^{\alpha_2\beta_n} \\ \dots & \dots & \dots & \dots \\ e^{\alpha_n\beta_1} & e^{\alpha_n\beta_2} & \dots & e^{\alpha_n\beta_n} \end{vmatrix} > 0.$$

(Verallgemeinerung von **48**.)

---

77. Es seien $a_1, a_2, \ldots, a_n$, $\lambda_1, \lambda_2, \ldots, \lambda_n$ reelle Konstanten, $\lambda_1 < \lambda_2 < \lambda_3 < \cdots < \lambda_n$. Man bezeichne mit N die Anzahl der reellen Nullstellen der ganzen Funktion

$$F(x) = a_1 e^{\lambda_1 x} + a_2 e^{\lambda_2 x} + \cdots + a_n e^{\lambda_n x}$$

und mit W die Anzahl der Zeichenwechsel der Zahlenfolge $a_1, a_2, \ldots, a_n$. Dann ist $W - N$ eine nichtnegative gerade Zahl. (Eine von **41** verschiedene Verallgemeinerung von **36**, **37**: man vertausche e^x mit x.)

Beweis. Wir können ohne Beeinträchtigung der Allgemeinheit annehmen, daß $a_1, a_2, \ldots, a_n$ alle von 0 verschieden sind. Daß $W - N$ gerade ist, sieht man daraus, daß für $x \to -\infty$ das Glied $a_1 e^{\lambda_1 x}$ und für $x \to +\infty$ das Glied $a_n e^{\lambda_n x}$ überwiegt [**8**, **9**, **37**]. Daß $W - N \geqq 0$ ist, beweisen wir mit vollständiger Induktion, durch Schluß von $W-1$ auf W, mit Hilfe des Satzes von *Rolle* [Lösung **75**]. In der Tat, wenn *keine* Zeichenwechsel vorliegen, ist N offenbar auch $= 0$ und der Satz richtig; nehmen wir ihn als richtig an für den Fall, daß $W-1$ Zeichenwechsel vorliegen. $F(x)$ hat W Zeichenwechsel, $W \geqq 1$; z. B. sei $\alpha + 1$ eine Wechselstelle, $1 \leqq \alpha < n$, $a_\alpha a_{\alpha+1} < 0$. Man wähle eine Zahl λ im Spielraum $\lambda_\alpha < \lambda < \lambda_{\alpha+1}$ und betrachte die Funktion

$$F^*(x) = e^{\lambda x} \frac{d[e^{-\lambda x} F(x)]}{dx} = a_1(\lambda_1 - \lambda) e^{\lambda_1 x} + \cdots$$
$$+ a_\alpha(\lambda_\alpha - \lambda) e^{\lambda_\alpha x} + a_{\alpha+1}(\lambda_{\alpha+1} - \lambda) e^{\lambda_{\alpha+1} x} + \cdots + a_n(\lambda_n - \lambda) e^{\lambda_n x}.$$

Die Anzahl der Nullstellen von $F^*(x)$ sei N^*; es ist [**6**, **12**]

$$N^* \geqq N - 1.$$

Die Anzahl der Zeichenwechsel der Koeffizientenfolge

$$-a_1(\lambda - \lambda_1),\ -a_2(\lambda - \lambda_2),\ \ldots,\ -a_\alpha(\lambda - \lambda_\alpha),\ a_{\alpha+1}(\lambda_{\alpha+1} - \lambda),\ \ldots,\ a_n(\lambda_n - \lambda)$$

sei W^*. Es ist ersichtlich

$$W^* = W - 1.$$

Gemäß der Annahme der vollständigen Induktion ist

$$W^* \geqq N^*.$$

Aus den drei angeschriebenen Relationen folgt

$$W \geqq N,$$

w. z. b. w. — War es nötig, von vornherein anzunehmen, daß $a_1, a_2, \ldots, a_n$ alle $\neq 0$ sind? Hätte man nicht auch $\lambda = \lambda_\alpha$ oder $\lambda = \lambda_{\alpha+1}$ wählen können?

78. Es sei $\lambda_1 < \lambda_2 < \lambda_3 < \cdots$, $\lim_{n\to\infty} \lambda_n = \infty$. Im Innern ihres Konvergenzgebietes (einer von links begrenzten Halbebene) hat die *Dirichlet*sche Reihe

$$a_1 e^{-\lambda_1 x} + a_2 e^{-\lambda_2 x} + \cdots + a_n e^{-\lambda_n x} + \cdots$$

nicht mehr reelle Nullstellen als die Koeffizientenfolge $a_1, a_2, a_3, \ldots, a_n, \ldots$ Zeichenwechsel hat. (Verallgemeinerung von **38**.)

79. Es seien m und n ganz, $a_1, a_2, \ldots, a_n, \lambda_1, \lambda_2, \ldots, \lambda_n$ reelle Zahlen, die den Bedingungen

$$m \geqq 1; \qquad n \geqq 2; \qquad a_\nu \neq 0, \quad \nu = 1, 2, \ldots, n; \qquad \lambda_1 < \lambda_2 < \cdots < \lambda_n$$

unterliegen. Es soll ferner das Polynom

$$P(x) = a_1(x - \lambda_1)^m + a_2(x - \lambda_2)^m + \cdots + a_n(x - \lambda_n)^m$$

nicht identisch verschwinden. Man zeige, daß die Anzahl N der reellen Nullstellen von $P(x)$ die Anzahl W der Zeichenwechsel der Folge

$$a_1, \quad a_2, \quad a_3, \quad \ldots, \quad a_{n-1}, \quad a_n, \quad (-1)^m a_1$$

nicht übersteigt. [**77**, **14**.]

80. Die Anzahl der Zeichenänderungen der Funktion $\varphi(\lambda)$ im Intervall $0 < \lambda < \infty$ sei mit Z, die Anzahl der reellen Nullstellen des Integrals

$$F(x) = \int_0^\infty \varphi(\lambda) e^{-\lambda x} d\lambda$$

mit N bezeichnet. Dann ist $N \leqq Z$.

In der Anzahl N sind natürlich nur die im Innern des Konvergenzgebietes (einer von links begrenzten Halbebene) gelegenen Nullstellen inbegriffen. [Nicht durch Grenzübergang aus **77**, sondern durch sinngemäße Übertragung des dortigen Beweises!]

81. Die als konvergent vorausgesetzten Integrale

$$\int_0^\infty f(x) x^n dx = M_n, \qquad n = 0, 1, 2, 3, \ldots$$

heißen die *Momente* der Funktion $f(x)$. Man betrachte den Fall, in dem nicht alle Momente verschwinden [II **139**, III **153**]. Man nehme z. B. $M_\mu \neq 0$ an und setze

$$\begin{aligned}
&1. \quad a_n = \quad M_n, && \text{wenn} \quad M_n \neq 0,\\
&2. \quad a_n = -\operatorname{sg} a_{n+1}, && \text{wenn} \quad M_n = 0 \quad \text{und} \quad n < \mu,\\
&3. \quad a_n = -\operatorname{sg} a_{n-1}, && \text{wenn} \quad M_n = 0 \quad \text{und} \quad n > \mu.
\end{aligned}$$

(Die Definition der a_n ist rekursiv; zuerst ist das Vorzeichen von a_μ festzustellen.) Die Anzahl der Zeichenänderungen von $f(x)$ ist nicht geringer als die Anzahl der Zeichenwechsel der Folge $a_0, a_1, a_2, a_3, \ldots$. (II **140** ist ein Spezialfall.)

82. (Fortsetzung von **80**.) Die Anzahl der im Innern des Konvergenzgebietes gelegenen positiven Nullstellen übersteigt nicht die Anzahl der Zeichenänderungen der Funktion $\Phi(\lambda) = \int_0^\lambda \varphi(x)\,dx$. (Analogon zu **44**.)

83. (Fortsetzung von **78**.) Die Anzahl der im Innern des Konvergenzgebietes gelegenen positiven Nullstellen übersteigt nicht die Anzahl der Zeichenwechsel der Folge

$$a_1, \quad a_1 + a_2, \quad a_1 + a_2 + a_3, \quad \ldots .$$

(Verallgemeinerung von **44**.) [**80**.]

84. Die Anzahl der im Innern des Konvergenzgebietes gelegenen positiven Nullstellen der Fakultätenreihe

$$a_0 + \frac{1!\,a_1}{x} + \frac{2!\,a_2}{x(x+1)} + \frac{3!\,a_3}{x(x+1)(x+2)} + \cdots$$

übersteigt nicht die Anzahl der Zeichenwechsel der Folge

$$a_0, \quad a_0 + a_1, \quad a_0 + a_1 + a_2, \ldots .$$

[Sie übersteigt nicht einmal die Anzahl der im Intervalle $0 < x < 1$ gelegenen Nullstellen der Potenzreihe

$$f(x) = a_0 + a_1 x + a_2 x^2 + \cdots; \qquad \textbf{80, 44.}]$$

85. Die Koeffizienten $p_0, p_1, p_2, \ldots$ der nicht abbrechenden unendlichen Reihe

$$F(x) = p_0 + p_1 x + p_2 x^2 + \cdots$$

seien nichtnegativ, ihr Konvergenzradius sei ϱ. Es seien $a_1, a_2, \ldots, a_n$, $\alpha_1, \alpha_2, \ldots, \alpha_n$ reell,

$$0 < \alpha_1 < \alpha_2 < \alpha_3 < \cdots < \alpha_n \leqq 1 .$$

Die Anzahl der Nullstellen der Funktion

$$a_1 F(\alpha_1 x) + a_2 F(\alpha_2 x) + \cdots + a_n F(\alpha_n x)$$

im Intervall $0 < x < \varrho$ ist nicht größer als die Anzahl der Zeichenwechsel der Folge

$$a_n, \quad a_n + a_{n-1}, \quad a_n + a_{n-1} + a_{n-2}, \quad \ldots, \quad a_n + a_{n-1} + \cdots + a_2 + a_1 \quad [\textbf{38, 83}].$$

86. (Fortsetzung.) Ist $0<\beta_1<\beta_2<\cdots<\beta_n$ und $\alpha_n\beta_n$ noch im Innern des Konvergenzkreises von $F(x)$ gelegen, so ist die Determinante

$$\begin{vmatrix} F(\alpha_1\beta_1) & F(\alpha_1\beta_2) & \dots & F(\alpha_1\beta_n) \\ F(\alpha_2\beta_1) & F(\alpha_2\beta_2) & \dots & F(\alpha_2\beta_n) \\ \dots & \dots & \dots & \dots \\ F(\alpha_n\beta_1) & F(\alpha_n\beta_2) & \dots & F(\alpha_n\beta_n) \end{vmatrix} \neq 0.$$

(Hieraus folgt leicht **76**.)

Es erhellt aus **36**, **41**, **77**, **84**, **85**, daß die daselbst betrachteten Funktionenfolgen

$$\begin{array}{lllll} 1, & x, & x^2, & x^3, & \dots, \\ 1, & x-\xi_1, & (x-\xi_1)(x-\xi_2), & \dots, & \\ e^{\lambda_1 x}, & e^{\lambda_2 x}, & e^{\lambda_3 x}, & \dots, & \\ 1, & \dfrac{1}{x}, & \dfrac{1}{x(x+1)}, & \dfrac{1}{x(x+1)(x+2)}, & \dots, \\ F(\alpha_1 x), & F(\alpha_2 x), & F(\alpha_3 x), & \dots & \end{array}$$

eine gemeinsame Eigenschaft besitzen: die in einem gewissen Intervall gelegenen Nullstellen ihrer linearen Kombinationen mit konstanten Koeffizienten übertreffen in ihrer Anzahl nie die Zeichenwechsel dieser Koeffizienten. Worauf beruht diese häufige Gültigkeit der *Descartes*schen Regel?

87. Die Funktionenfolge

$$h_1(x),\ h_2(x),\ h_3(x),\ \dots,\ h_n(x)$$

soll im offenen Intervall $a<x<b$ der *Descartes*schen Regel gehorchen. D. h. genauer: Wenn $a_1, a_2, \dots, a_n$ irgendwelche reellen Zahlen bedeuten, die nicht sämtlich verschwinden, so soll die Anzahl der in $a<x<b$ gelegenen Nullstellen der linearen Kombination

$$a_1h_1(x)+a_2h_2(x)+\cdots+a_nh_n(x)$$

die Anzahl der Zeichenwechsel der Folge

$$a_1,\ a_2,\ \dots,\ a_n$$

nie übersteigen.

Hierzu ist folgende Eigenschaft der Folge $h_1(x), h_2(x), \dots, h_n(x)$ notwendig: Wenn $\nu_1, \nu_2, \dots, \nu_l$ ganze Zahlen bezeichnen, wobei $1\leqq\nu_1<\nu_2<\nu_3<\cdots<\nu_l\leqq n$ ist, dann sollen die *Wronski*schen Determinanten [VII, § 5]

$$W[h_{\nu_1}(x),\ h_{\nu_2}(x),\ h_{\nu_3}(x),\ \dots,\ h_{\nu_l}(x)]$$

für $a < x < b$ nicht verschwinden, und darüber hinaus sollen irgend zwei *Wronski*schen Determinanten mit gleichviel Zeilen gleiches Vorzeichen besitzen. (Zeilenanzahl $l = 1, 2, 3, \ldots$ gesetzt.) [Man achte auf die mehrfachen Nullstellen!]

88. (Fortsetzung.) Insbesondere ist für das Bestehen der *Descartes*schen Regel notwendig, daß im Intervall $a < x < b$ die Quotienten

$$\frac{h_2(x)}{h_1(x)}, \quad \frac{h_3(x)}{h_2(x)}, \quad \ldots, \quad \frac{h_n(x)}{h_{n-1}(x)}$$

alle positiv sind und entweder alle ständig abnehmen oder alle ständig zunehmen.

89. (Fortsetzung.) Es sei $1 \leqq \alpha \leqq n$. Zugleich mit $h_1(x), h_2(x), \ldots, h_n(x)$ erfüllen auch die $n-1$ Funktionen

$$H_1 = -\frac{d}{dx}\frac{h_1}{h_\alpha}, \quad H_2 = -\frac{d}{dx}\frac{h_2}{h_\alpha}, \quad \ldots, \quad H_{\alpha-1} = -\frac{d}{dx}\frac{h_{\alpha-1}}{h_\alpha},$$

$$H_\alpha = \frac{d}{dx}\frac{h_{\alpha+1}}{h_\alpha}, \quad \ldots, \quad H_{n-2} = \frac{d}{dx}\frac{h_{n-1}}{h_\alpha}, \quad H_{n-1} = \frac{d}{dx}\frac{h_n}{h_\alpha}$$

die in **87** aufgezählten Determinantenbedingungen. [VII **58**.]

90. (Fortsetzung.) Das in **87** angegebene, für das Bestehen der *Descartes*schen Regel notwendige Kriterium ist auch hinreichend [**77**].

91. Man verifiziere das Bestehen des Kriteriums **87** für die in **77** betrachteten Funktionen $e^{\lambda_1 x}, e^{\lambda_2 x}, \ldots, e^{\lambda_n x}$.

---

92. Es sei $0 < a < b$. Verschwindet $f(x)$ an $n+1$ Stellen des Intervalls a, b, und sind alle Nullstellen des Polynoms $a_0 + a_1 x + a_2 x^2 + \cdots + a_n x^n$ reell, so ist in einem inneren Punkt ξ von a, b

$$a_0 f(\xi) + a_1 f'(\xi) + a_2 f''(\xi) + \cdots + a_n f^{(n)}(\xi) = 0. \qquad [\mathbf{63}.]$$

93. (Verallgemeinerung des *Rolle*schen Satzes auf homogene lineare Differentialausdrücke.) Die Differentialgleichung n^{ter} Ordnung

$$(*) \qquad y^{(n)} + \varphi_1(x) y^{(n-1)} + \varphi_2(x) y^{(n-2)} + \cdots + \varphi_n(x) y = 0$$

soll $n-1$ Integrale $h_1(x), h_2(x), \ldots, h_{n-1}(x)$ besitzen, so beschaffen, daß für $a < x < b$

$$(**) \quad h_1(x) > 0, \quad \begin{vmatrix} h_1(x) & h_1'(x) \\ h_2(x) & h_2'(x) \end{vmatrix} > 0, \quad \ldots, \quad \begin{vmatrix} h_1(x) & h_1'(x) & \ldots & h_1^{(n-2)}(x) \\ h_2(x) & h_2'(x) & \ldots & h_2^{(n-2)}(x) \\ \ldots & \ldots & \ldots & \ldots \\ h_{n-1}(x) & h_{n-1}'(x) & \ldots & h_{n-1}^{(n-2)}(x) \end{vmatrix} > 0$$

gilt. Wenn im Intervalle $a < x < b$ $n+1$ Nullstellen der Funktion $f(x)$ liegen, so liegt darin auch ein Punkt ξ, so beschaffen, daß

$$f^{(n)}(\xi) + \varphi_1(\xi) f^{(n-1)}(\xi) + \varphi_2(\xi) f^{(n-2)}(\xi) + \cdots + \varphi_n(\xi) f(\xi) = 0. \qquad [\text{VII } \mathbf{62}.]$$

94. (Fortsetzung.) Die Folgerung bleibt bestehen, wenn die Voraussetzung durch die weniger fordernde ersetzt wird, daß $f(x)$ an $n+1$ Stellen mit einem Integral der Differentialgleichung (*) übereinstimmt. (Verallgemeinerung von **71**, wo es sich um die Gleichung $y^{(n)}=0$ handelt.)

95. (Verallgemeinerung des Mittelwertsatzes der Differentialrechnung auf ein System von Funktionen.) Es sei

$$x_1 < x_2 < x_3 < \cdots < x_n .$$

Das Verhältnis der beiden Determinanten

$$\begin{vmatrix} f_1(x_1) & f_1(x_2) & \dots & \varphi_1(x_n) \\ f_2(x_1) & f_2(x_2) & \dots & \varphi_2(x_n) \\ \dots & \dots & \dots & \dots \\ f_n(x_1) & f_n(x_2) & \dots & \varphi_n(x_n) \end{vmatrix} : \begin{vmatrix} \varphi_1(x_1) & \varphi_1(x_2) & \dots & \varphi_1(x_n) \\ \varphi_2(x_1) & \varphi_2(x_2) & \dots & \varphi_2(x_n) \\ \dots & \dots & \dots & \dots \\ \varphi_n(x_1) & \varphi_n(x_2) & \dots & \varphi_n(x_n) \end{vmatrix}$$

kann dem Verhältnis der beiden Determinanten

$$\begin{vmatrix} f_1(\xi_1) & f_1'(\xi_2) & \dots & \varphi_1^{(n-1)}(\xi_n) \\ f_2(\xi_1) & f_2'(\xi_2) & \dots & \varphi_2^{(n-1)}(\xi_n) \\ \dots & \dots & \dots & \dots \\ f_n(\xi_1) & f_n'(\xi_2) & \dots & \varphi_n^{(n-1)}(\xi_n) \end{vmatrix} : \begin{vmatrix} \varphi_1(\xi_1) & \varphi_1'(\xi_2) & \dots & \varphi_1^{(n-1)}(\xi_n) \\ \varphi_2(\xi_1) & \varphi_2'(\xi_2) & \dots & \varphi_2^{(n-1)}(\xi_n) \\ \dots & \dots & \dots & \dots \\ \varphi_n(\xi_1) & \varphi_n'(\xi_2) & \dots & \varphi_n^{(n-1)}(\xi_n) \end{vmatrix}$$

gleichgesetzt werden, wenn $\xi_1, \xi_2, \dots, \xi_n$ passende Zwischenstellen bedeuten; es ist

$$\xi_1 = x_1, \quad \xi_1 < \xi_2 < x_2, \quad \xi_2 < \xi_3 < x_3, \quad \dots, \quad \xi_{n-1} < \xi_n < x_n .$$

96. Es ist, $x_1 < x_2 < x_3 < \cdots < x_n$ vorausgesetzt,

$$\begin{vmatrix} f_1(x_1) & f_1(x_2) & \dots & f_1(x_n) \\ f_2(x_1) & f_2(x_2) & \dots & f_2(x_n) \\ \dots & \dots & \dots & \dots \\ f_n(x_1) & f_n(x_2) & \dots & f_n(x_n) \end{vmatrix}$$

$$= \begin{vmatrix} 1 & 1 & \dots & 1 \\ \binom{x_1}{1} & \binom{x_2}{1} & \dots & \binom{x_n}{1} \\ \dots & \dots & \dots & \dots \\ \binom{x_1}{n-1} & \binom{x_2}{n-1} & \dots & \binom{x_n}{n-1} \end{vmatrix} \cdot \begin{vmatrix} f_1(\xi_1) & f_1'(\xi_2) & \dots & f_1^{(n-1)}(\xi_n) \\ f_2(\xi_1) & f_2'(\xi_2) & \dots & f_2^{(n-1)}(\xi_n) \\ \dots & \dots & \dots & \dots \\ f_n(\xi_1) & f_n'(\xi_2) & \dots & f_n^{(n-1)}(\xi_n) \end{vmatrix}$$

wobei die Zwischenstellen $\xi_1, \xi_2, \dots, \xi_n$ den in **95** angeschriebenen Ungleichungen genügen.

97. $$\sum_{\nu=1}^{n} \frac{f(x_\nu)}{(x_\nu - x_1)\dots(x_\nu - x_{\nu-1})(x_\nu - x_{\nu+1})\dots(x_\nu - x_n)} = \frac{f^{(n-1)}(\xi)}{(n-1)!};$$

ξ ist ein passender innerer Punkt des kleinsten Intervalles, das die n voneinander verschiedenen Punkte $x_1, x_2, \dots, x_n$ enthält.

98. $$f(x+nh) - \binom{n}{1} f(x+(n-1)h) + \binom{n}{2} f(x+(n-2)h) - \cdots + (-1)^n f(x) = h^n f^{(n)}(\xi),$$

wobei entweder $x < \xi < x + nh$ oder $x + nh < \xi < x$. Der Spezialfall $n = 1$ ist der gewöhnliche Mittelwertsatz.

99. (Eine von **95** verschiedene Verallgemeinerung des Mittelwertsatzes auf Funktionensysteme.) Es sollen die Funktionen $h_1(x), h_2(x), \ldots, h_{n-1}(x)$ den Ungleichungen (**) von **93** genügen, die Funktion $f(x)$ sei beliebig. Ist $x_1 < x_2 < x_3 < \cdots < x_n$, so existiert ein ξ, $x_1 < \xi < x_n$, so beschaffen, daß

$$\operatorname{sg}\begin{vmatrix} h_1(x_1) & h_1(x_2) & \ldots & h_1(x_n) \\ h_2(x_1) & h_2(x_2) & \ldots & h_2(x_n) \\ \cdots & \cdots & \cdots & \cdots \\ h_{n-1}(x_1) & h_{n-1}(x_2) & \ldots & h_{n-1}(x_n) \\ f(x_1) & f(x_2) & \ldots & f(x_n) \end{vmatrix} = \operatorname{sg}\begin{vmatrix} h_1(\xi) & h_1'(\xi) & \ldots & h_1^{(n-1)}(\xi) \\ h_2(\xi) & h_2'(\xi) & \ldots & h_2^{(n-1)}(\xi) \\ \cdots & \cdots & \cdots & \cdots \\ h_{n-1}(\xi) & h_{n-1}'(\xi) & \ldots & h_{n-1}^{(n-1)}(\xi) \\ f(\xi) & f'(\xi) & \ldots & f^{(n-1)}(\xi) \end{vmatrix}$$

[Vollständige Induktion; man beachte **89**.]

100. Man beweise **76** auf Grund von **91**.

2. Kapitel.

Geometrisches über die Nullstellen von Polynomen.

101. Es seien $z_1, z_2, \ldots, z_n$ beliebige, im Endlichen gelegene Punkte der komplexen Zahlenebene und $m_1, m_2, \ldots, m_n$ nichtnegative Massen mit der Summe 1, die bzw. in $z_1, z_2, \ldots, z_n$ angebracht sind. Der Schwerpunkt ζ dieser Massenbelegung wird durch jede lineare Transformation der komplexen Ebene, die den unendlich fernen Punkt in sich überführt, *mittransformiert*. D. h.: wird in dem Bild z_ν' von z_ν wieder die Masse m_ν konzentriert, so ist der Schwerpunkt ζ' dieser neuen Massenbelegung identisch mit dem Bild von ζ.

Im folgenden (**102**—**156**) sei unter einem „Punkt" der komplexen Zahlenebene ein beliebiger, im Endlichen oder Unendlichen gelegener Punkt verstanden, unter einem „Kreis" eine Kreislinie oder Gerade — letztere geht durch den unendlich fernen Punkt hindurch —, unter einem „Kreisbereich" ein Bereich, dessen Rand ein Kreis ist. Ein Kreisbereich ist entweder der abgeschlossene Innenbereich oder der abgeschlossene Außenbereich eines Kreises oder eine abgeschlossene Halbebene, je nachdem er den unendlich fernen Punkt überhaupt nicht oder im Innern oder am Rande enthält.

102. Gegeben sind die Punkte $z_1, z_2, \ldots, z_n, z$ und die Massen $m_1, m_2, \ldots, m_n$. Es soll z von allen Punkten $z_1, z_2, \ldots, z_n$ verschieden sein, während unter den letzteren einige auch zusammenfallen können; es sei

$$m_1 \geqq 0, \quad m_2 \geqq 0, \ldots, m_n \geqq 0, \quad m_1 + m_2 + \cdots + m_n = 1.$$

Gesucht ist ein Punkt ζ, so gelegen, daß bei einer linearen Transformation der Ebene, die die $n+2$ Punkte

$$z_1, z_2, z_3, \ldots, z_n; \quad z; \quad \zeta$$

bzw. in die Punkte

$$z'_1, z'_2, z'_3, \ldots, z'_n; \quad \infty; \quad \zeta'$$

überführt, ζ' der Schwerpunkt der Massenbelegung wird, welche durch die in den z'_ν angebrachten Massen m_ν bestimmt ist ($\nu = 1, 2, 3, \ldots, n$).

Es gibt unendlich viele linearen Transformationen, die z ins Unendliche werfen; der Punkt ζ ist jedoch *unabhängig* von der Wahl der zugrunde gelegten Transformation.

Den in **102** definierten Punkt $\zeta = \zeta_z$, der durch das Punktsystem $z_1, z_2, \ldots, z_n$, durch die darin angebrachten Massen $m_1, m_2, \ldots, m_n$, $m_1 + m_2 + \cdots + m_n = 1$, und durch den „Aufpunkt" z, der von allen z_ν verschieden sein muß, eindeutig bestimmt ist, nennt man den *Schwerpunkt* der Massenbelegung $m_1, m_2, \ldots, m_n$ *in bezug auf* z. Ist $z = \infty$ der unendlich ferne Punkt, so ist $\zeta_z = \zeta_\infty$ der gewöhnliche Schwerpunkt.

103. Man denke sich in den festen Punkten $z_1, z_2, \ldots, z_n$ alle möglichen Massenbelegungen von der Gesamtmasse 1, und z sei ein von $z_1, z_2, \ldots, z_n$ verschiedener Punkt. Die Schwerpunkte ζ_z aller derartiger Massenbelegungen in bezug auf z füllen ein Kreisbogenpolygon $\mathfrak{K}_z$ aus.

104. $\mathfrak{K}_z$ sei das in **103** definierte Kreisbogenpolygon, w_1, w_2 zwei Punkte von $\mathfrak{K}_z$. Betrachten wir den Kreis durch w_1, w_2 und z. Derjenige Kreisbogen w_1, w_2, der z nicht enthält, ist in $\mathfrak{K}_z$ enthalten, m. a. W. $\mathfrak{K}_z$ ist *in bezug auf* z *kreiskonvex*. (Wir nennen $\mathfrak{K}_z$ den *kleinsten, in bezug auf* z *kreiskonvexen Bereich*, der die Punkte $z_1, z_2, \ldots, z_n$ enthält.)

105. Gehören die Punkte $z_1, z_2, \ldots, z_n$ alle einem Kreisbereich K an und liegt der Punkt z außerhalb von K, so liegt das Kreisbogenpolygon $\mathfrak{K}_z$ [**103**] ganz innerhalb von K.

Es seien $z_1, z_2, \ldots, z_n$ beliebige Punkte und z ein von diesen verschiedener Punkt. Es möge in allen Punkten z_ν die *gleiche* Masse $\frac{1}{n}$ angebracht sein. Von nun an betrachten wir nur den Schwerpunkt $\zeta = \zeta_z$ dieser speziellen Massenbelegung und nennen ihn kurz *den* Schwerpunkt der Punkte $z_1, z_2, \ldots, z_n$ in bezug auf z.

106. Es sei ζ_z der Schwerpunkt von $z_1, z_2, \ldots, z_n$ in bezug auf z. Jeder Kreis durch z und ζ_z *trennt* die Punkte $z_1, z_2, \ldots, z_n$. D. h. entweder enthalten beide durch den Kreis begrenzten Kreisbereiche etwelche Punkte $z_1, z_2, \ldots, z_n$ im Innern oder liegen $z_1, z_2, \ldots, z_n$ sämtlich auf dem Kreise.

107. (Fortsetzung.) Gehören alle Punkte $z_1, z_2, \ldots, z_n$ einem Kreisbereiche K an, so können nicht *beide* Punkte z und ζ_z außerhalb K liegen. Wenn der eine, z. B. z, außerhalb K liegt, dann liegt der andere, ζ_z, *im Innern* von K, abgesehen vom Falle, daß sämtliche Punkte $z_1, z_2, \ldots, z_n$ in einen Randpunkt von K zusammenfallen, in den dann auch ζ_z hineinfällt.

108. Die festen Punkte $w_1, w_2, \ldots, w_k, z$ seien zu je zwei voneinander verschieden. Die komplexen Zahlen $z_1, z_2, \ldots, z_n$ seien nur der k verschiedenen Werte $w_1, w_2, \ldots, w_k$ fähig. Die Schwerpunkte aller derartigen Systeme $z_1, z_2, \ldots, z_n$ in bezug auf z liegen überall dicht in dem kleinsten in bezug auf z kreiskonvexen Bereich, der die Punkte $w_1, w_2, \ldots, w_k$ enthält.

109. Die Punkte $z_1, z_2, \ldots, z_n$ sind fest, der variable Punkt z konvergiert gegen z_1. Welcher Grenzlage strebt der Schwerpunkt ζ_z der Punkte $z_1, z_2, \ldots, z_n$ in bezug auf z zu?

110. Der Schwerpunkt ζ_z der im Endlichen gelegenen festen Punkte $z_1, z_2, \ldots, z_n$ in bezug auf den variablen Punkt z kann für genügend große z nach fallenden Potenzen von z entwickelt werden. Man berechne die beiden ersten Glieder der Entwicklung.

Im folgenden (**111**—**156**) sei unter einer ganzen rationalen Funktion (Polynom) n^{ten} Grades eine nicht identisch verschwindende Funktion

$$f(z) = a_0 + \binom{n}{1} a_1 z + \binom{n}{2} a_2 z^2 + \cdots + \binom{n}{n-1} a_{n-1} z^{n-1} + a_n z^n$$

verstanden. Hierbei ist a_n nicht notwendigerweise von 0 verschieden; im Spezialfall, wenn $a_n \neq 0$ ist, sagen wir, daß n der *genaue Grad* von $f(z)$ ist. Wenn $a_n = a_{n-1} = \cdots = a_{n-k+1} = 0$, $a_{n-k} \neq 0$ ist, so wollen wir sagen, daß $f(z)$ die k-fache Nullstelle $z = \infty$ besitzt[1]). In dieser Auffassung hat jede ganze rationale Funktion n^{ten} Grades im ganzen n Nullstellen, von denen ev. einige im Unendlichen liegen können. Durch $f(z)$ ist also ein Punktsystem $z_1, z_2, \ldots, z_n$, die Nullstellen von $f(z)$, in der komplexen Zahlenebene bestimmt. Umgekehrt gehört zu jedem Punktsystem eine ganze rationale Funktion, deren Koeffizienten bis auf einen

---

[1]) Bei Einführung uneigentlicher Elemente und Benützung homogener Koordinaten, wie dies ja mit der projektiven Natur dieser Fragen im Einklang steht, ließen sich die speziellen Auseinandersetzungen über den unendlich fernen Punkt und die damit verbundenen Fallunterscheidungen vermeiden.

Proportionalitätsfaktor eindeutig bestimmt sind. Wir werden häufig von diesem belanglosen konstanten Faktor absehen und von *dem* Polynom sprechen, dessen Nullstellen $z_1, z_2, \ldots, z_n$ sind.

111. Unter dem Schwerpunkt ζ einer ganzen rationalen Funktion versteht man den Schwerpunkt ihrer Nullstellen. Man drücke den Schwerpunkt von $f(z)$ in bezug auf einen variablen Punkt z 1. durch $f(z)$ und $f'(z)$, 2. durch die Koeffizienten von $f(z)$ aus. Man beachte die Speziallfälle $z = \infty$ und $f(z) = z^n$.

112. Es sei ζ der Schwerpunkt von $f(z)$ in bezug auf z. Notwendig und hinreichend dafür, daß $f(z)$ nur reelle Nullstellen besitzt, ist, daß die Imaginärteile von z und ζ entgegengesetzte Vorzeichen haben, wenn sie nicht beide verschwinden, wie auch z variiert. ($z = \infty$ rechnet als reelle Nullstelle.)

113. In bezug auf welche Punkte z der Ebene liegt der Schwerpunkt von $f(z)$ im Unendlichen? Was bedeuten für diese Punkte die Sätze **106** und **107**?

114. Es sei $f(z)$ ein Polynom vom genauen Grade n, K ein Kreisbereich, der die Nullstellen von $f(z)$ enthält, $c \neq 0$. Die Nullstellen der Ableitung der transzendenten Funktion $e^{-\frac{z}{c}} f(z)$ liegen entweder in K oder in $K + nc$, d. h. im Kreisbereiche, der aus K durch Parallelverschiebung um den Vektor nc hervorgeht. [Vgl. III **33**; man betrachte den Schwerpunkt von $f(z)$ in bezug auf eine der fraglichen Nullstellen.]

115. Es sei z_1 eine Nullstelle des Polynoms n^{ten} Grades $f(z)$, ferner x endlich und $x \neq z_1$, $f'(x) = 0$. Dann hat $f(z)$ in jedem Kreise, der durch die beiden Punkte

$$x \quad \text{und} \quad x - (n-1)(z_1 - x)$$

hindurchgeht, mindestens eine Nullstelle.

116. Es sei $f(z)$ ein Polynom n^{ten} Grades, dessen sämtliche Nullstellen dem absoluten Betrage nach $\geqq 1$ sind. Es seien ferner α_1 und α_2 beliebige positive Zahlen, $n\frac{\alpha_1}{\alpha_2} \neq 1$. Dann sind sämtliche Nullstellen von $\alpha_1 z f'(z) - \alpha_2 f(z)$ dem absoluten Betrage nach

$$\geqq \operatorname{Min}\left(1, \left|1 - n\frac{\alpha_1}{\alpha_2}\right|^{-1}\right).$$

117. Es sei $f(z)$ ein Polynom n^{ten} Grades, dessen sämtliche Nullstellen in dem Kreisring $r \leqq |z| \leqq R$ liegen. Es seien ferner α_1 und α_2 beliebige positive Zahlen und $n\frac{\alpha_1}{\alpha_2} \neq 1$. Dann liegen sämtliche Nullstellen von $\alpha_1 z f'(z) - \alpha_2 f(z)$ in dem Kreisring

$$r \operatorname{Min}\left(1, \left|1 - n\frac{\alpha_1}{\alpha_2}\right|^{-1}\right) \leqq |z| \leqq R \operatorname{Max}\left(1, \left|1 - n\frac{\alpha_1}{\alpha_2}\right|^{-1}\right).$$

118. Ist z_1 eine im Endlichen gelegene Nullstelle der ganzen rationalen Funktion n^{ten} Grades $f(z)$, so ist der Schwerpunkt der übrigen $n-1$ Nullstellen von $f(z)$ in bezug auf z_1

$$= z_1 - \frac{2(n-1)f'(z_1)}{f''(z_1)}.$$

Wie ist diese Formel zu modifizieren, wenn z_1 im Unendlichen liegt?

119. Das n^{te} *Hermite*sche Polynom genügt der Differentialgleichung

$$f''(z) - zf'(z) + nf(z) = 0.$$

[VI **100**, Lösung g).] Man zeige, auf Grund von **118**, daß die *Hermite*schen Polynome nur reelle Nullstellen haben (VI **100**, Lösung i). [Man betrachte die hypothetische Nullstelle mit größtem Imaginärteil.]

120. Das Polynom n^{ten} Grades, das der Differentialgleichung

$$(1-z^2)f''(z) - 2zf'(z) + n(n+1)f(z) = 0$$

genügt (das n^{te} *Legendre*sche Polynom, vgl. VI **90**), hat nur reelle Nullstellen. (VI **97**.)

121. Der *Gauß*sche Satz [III **31**] ist dem folgenden äquivalent: Liegen sämtliche Nullstellen eines Polynoms $f(z)$ in einer Kreisscheibe K, so liegen auch die Nullstellen der Ableitung $f'(z)$ in K [**113**]. Man entscheide, ob folgender Satz richtig oder falsch ist: Liegen sämtliche Nullstellen eines Polynoms $f(z)$ in *zwei* Kreisscheiben K_1, K_2, so liegen auch die Nullstellen der Ableitung in K_1 oder K_2.

Es seien K_1 und K_2 zwei Kreisscheiben oder allgemeiner zwei beliebige Kreisbereiche. Unter n_1 und n_2 feste positive Zahlen verstanden, nennt man die Gesamtheit sämtlicher Punkte

$$z = \frac{n_1 z_2 + n_2 z_1}{n_1 + n_2},$$

wenn z_1 und z_2 unabhängig voneinander K_1 bzw. K_2 durchlaufen, einen *Mittelbereich* von K_1 und K_2 und benutzt man dafür die folgende symbolische Bezeichnung

$$K = \frac{n_1 K_2 + n_2 K_1}{n_1 + n_2}.$$

K ist durch K_1, K_2, sowie durch n_1, n_2 vollständig bestimmt. [Vgl. *H. Minkowski*, Werke, Bd. 2, S. 176. Leipzig: B. G. Teubner 1911.]

122. Es seien K_1 und K_2 zwei Kreisscheiben, deren Mittelpunkte $z_1^{(0)}$, $z_2^{(0)}$ und Radien r_1 bzw. r_2 sind. Zeigen wir, daß dann

$$K = \frac{n_1 K_2 + n_2 K_1}{n_1 + n_2}$$

wieder eine Kreisscheibe ist, deren Mittelpunkt $z^{(0)}$ und Radius r durch folgende Gleichungen bestimmt werden:

$$z^{(0)} = \frac{n_1 z_2^{(0)} + n_2 z_1^{(0)}}{n_1 + n_2}, \qquad r = \frac{n_1 r_2 + n_2 r_1}{n_1 + n_2}.$$

K liegt ähnlich zu K_1 und K_2.

123. Es seien K_1 und K_2 zwei Halbebenen mit parallelen Begrenzungsgeraden, von denen die eine die andere enthält; der Mittelbereich

$$K = \frac{n_1 K_2 + n_2 K_1}{n_1 + n_2}$$

ist dann auch eine Halbebene, deren Begrenzungslinie denen von K_1 und K_2 parallel läuft und den Abstand zwischen diesen in dem Verhältnis $n_1 : n_2$ teilt.

124. Es sei $f(z) = f_1(z) f_2(z)$, $f_1(z)$ ein Polynom n_1^{ten} Grades, $f_2(z)$ ein Polynom n_2^{ten} Grades; es liegen sämtliche Nullstellen von $f_1(z)$ im Kreisbereich K_1 und sämtliche Nullstellen von $f_2(z)$ im Kreisbereich K_2. Dann liegen die Nullstellen der Ableitung $f'(z)$ entweder in K_1 oder in K_2 oder im Mittelbereich

$$K = \frac{n_1 K_2 + n_2 K_1}{n_1 + n_2}.$$

(Unter Grad ist der genaue Grad verstanden.)

125. Es sei $f(z)$ eine gebrochene rationale Funktion, deren Zähler und Nenner teilerfremd sind; ihre Nullstellen (Pole) seien in der Anzahl n_1 und mögen im Kreisbereiche K_1, ihre Pole (Nullstellen) in der Anzahl n_2 im Kreisbereiche K_2 liegen. (Es kommen nur im Endlichen gelegene Nullstellen und Pole in Betracht.) Es sei $n_1 \gtrless n_2$. Dann liegen die Nullstellen von $f'(z)$ entweder in K_1 oder in K_2 oder in dem Bereich K, definiert durch die Zahlen

$$z = \frac{n_1 z_2 - n_2 z_1}{n_1 - n_2},$$

wenn z_1 und z_2 unabhängig voneinander K_1 bzw. K_2 durchlaufen. In Zeichen:

$$K = \frac{n_1 K_2 - n_2 K_1}{n_1 - n_2}.$$

Ist $n_1 = n_2$ und haben die Kreisbereiche K_1 und K_2 keine gemeinsamen Punkte, so liegen sämtliche Nullstellen von $f'(z)$ entweder in K_1 oder in K_2.

126. $f(z)$ sei ein Polynom, und die Gleichung

$$f(z) = a$$

habe ihre sämtlichen Wurzeln in einem Ovale O_1. Alle Größen a, für die das zutrifft, liegen dann gleichfalls in einem Ovale O_2.

127. Es sei $f(z)$ ein Polynom, seine a-Stellen (die Nullstellen von $f(z) - a$) mögen in einem Kreisbereich K_1, seine b-Stellen in einem Kreisbereich K_2 liegen. Unter n_1, n_2 positive Zahlen verstanden und $c = \frac{n_1 b + n_2 a}{n_1 + n_2}$ gesetzt, liegen diejenigen c-Stellen von $f(z)$, die weder in K_1 noch in K_2 liegen, im Mittelbereich

$$K = \frac{n_1 K_2 + n_2 K_1}{n_1 + n_2}.$$

[Man darf n_1, n_2 als ganz annehmen.]

Unter der *Ableitung* einer ganzen rationalen Funktion n^{ten} Grades $f(z)$ *in bezug auf* den Punkt ζ, in Zeichen $A_\zeta f(z)$, verstehen wir die gewöhnliche Ableitung, wenn $\zeta = \infty$, und

$$A_\zeta f(z) = (\zeta - z) f'(z) + n f(z),$$

wenn ζ endlich ist; $A_\zeta f(z)$ ist eine ganze rationale Funktion $(n-1)^{\text{ten}}$ Grades[1]).

128. Es seien die $n + 1$ Koeffizienten von $f(z)$ (in der Schreibweise S. 57)

$$a_0, \quad a_1, \quad a_2, \quad \ldots, \quad a_n.$$

Was sind die n Koeffizienten von $\frac{A_\zeta f(z)}{n}$?

129. Es sei ζ beliebig. Man zeige, daß die Operation $A_\zeta f(z)$ distributiv ist: Bezeichnen $f_1(z)$ und $f_2(z)$ zwei Polynome n^{ten} Grades, c_1 und c_2 beliebige Konstanten, so ist

$$A_\zeta[c_1 f_1(z) + c_2 f_2(z)] = c_1 A_\zeta f_1(z) + c_2 A_\zeta f_2(z).$$

130. Es sei ζ beliebig und $f(z)$ ein Polynom n^{ten} Grades, $f(z) = g(z)\,h(z)$ eine Zerlegung von $f(z)$ in die beiden Faktoren $g(z)$ und $h(z)$ vom Grade k bzw. l, $k + l = n$. Man zeige, daß

$$A_\zeta f(z) = g(z)\, A_\zeta h(z) + h(z)\, A_\zeta g(z).$$

---

[1]) Bei Gebrauch homogener Koordinaten nennt man diese Bildung die *erste Polare*, bei älteren Autoren auch *émanant*; vgl. *Laguerre*, Oeuvres, Bd. 1, S. 48. Paris: Gauthier-Villars 1898.

131. Es sei $f(z)$ ein Polynom n^{ten} Grades, ζ_1 und ζ_2 zwei beliebige Konstanten; die Operationen $A_{\zeta_1} f(z)$ und $A_{\zeta_2} f(z)$ sind *vertauschbar*, m. a. W.

$$A_{\zeta_1}[A_{\zeta_2} f(z)] = A_{\zeta_2}[A_{\zeta_1} f(z)] = A_{\zeta_1} A_{\zeta_2} f(z).$$

132. Man zeige, daß $A_\zeta f(z)$ dann und nur dann identisch verschwindet, wenn sämtliche Nullstellen von $f(z)$ mit ζ zusammenfallen.

Unter dem *abgeleiteten System* der n Punkte $z_1, z_2, \ldots, z_n$ *in bezug auf* einen $(n+1)^{\text{ten}}$ Punkt ζ versteht man die $n-1$ Nullstellen $z'_1, z'_2, \ldots, z'_{n-1}$ von $A_\zeta f(z)$, wenn $f(z)$ das Polynom n^{ten} Grades ist, dessen Nullstellen $z_1, z_2, \ldots, z_n$ sind, sämtliche Nullstellen richtig gezählt (S. 57). Das abgeleitete System ist vollständig bestimmt, abgesehen von dem einzigen Ausnahmefall, wenn die $n+1$ Punkte $z_1, z_2, \ldots, z_n, \zeta$ alle zusammenfallen (vgl. **132**).

133. Ist ζ endlich, so gehören zum abgeleiteten System in bezug auf ζ im allgemeinen viererlei Punkte:

1. Die endlichen, von $z_1, z_2, \ldots, z_n, \zeta$ verschiedenen Punkte, in bezug auf welche der Schwerpunkt von $z_1, z_2, \ldots, z_n$ gerade ζ ist.

2. Die mehrfachen, von ζ verschiedenen endlichen Nullstellen von $f(z)$, jede in einer um 1 verminderten Vielfachheit.

3. ζ selbst nur dann, wenn es eine Nullstelle von $f(z)$ ist, und zwar dann genau mit der betreffenden Vielfachheit.

4. Der Punkt ∞, wenn er eine mindestens zweifache Nullstelle von $f(z)$ ist; ferner auch dann, wenn er keine Nullstelle von $f(z)$, aber ζ der gewöhnliche, d. h. in bezug auf ∞ gebildete Schwerpunkt von $f(z)$ ist.

134. Ein Kreisbereich, dessen Rand sowohl ζ wie einen Punkt des abgeleiteten Systems in bezug auf ζ enthält, enthält selbst Punkte des ursprünglichen Systems.

135. Wenn ein Kreisbereich die Punkte $z_1, z_2, \ldots, z_n$ enthält und den Punkt ζ nicht enthält, so enthält er auch das abgeleitete System von $z_1, z_2, \ldots, z_n$ in bezug auf ζ.

136. Das abgeleitete System der Punkte $z_1, z_2, \ldots, z_n$ liegt in dem kleinsten, in bezug auf ζ kreiskonvexen Kreisbogenpolygon, das $z_1, z_2, \ldots, z_n$ umfaßt. (Verallgemeinerung von III **31**.)

137. Wenn $f(z)$ vom n^{ten} Grade ist, so ist $(A_\zeta)^{n-1} f(z)$ vom ersten. Man berechne die einzige Nullstelle von $(A_\zeta)^{n-1} f(z)$!

138. Es sei

$$f(z) = a_0 + \binom{n}{1} a_1 z + \binom{n}{2} a_2 z^2 + \cdots + \binom{n}{n-1} a_{n-1} z^{n-1} + a_n z^n$$

ein beliebiges Polynom n^{ten} Grades und $\zeta_1, \zeta_2, \ldots, \zeta_n$ beliebige Punkte in der komplexen Zahlenebene. Der Ausdruck

$$A(\zeta_1, \zeta_2, \ldots, \zeta_n) f(z) = \frac{1}{n!} A_{\zeta_1} A_{\zeta_2} \ldots A_{\zeta_n} f(z)$$

ist eine symmetrische multilineare Funktion der Variablen $\zeta_1, \zeta_2, \ldots, \zeta_n$, die man folgendermaßen darstellen kann:

$$A(\zeta_1, \zeta_2, \ldots, \zeta_n) f(z) = a_0 \Sigma_0 + a_1 \Sigma_1 + a_2 \Sigma_2 + \cdots + a_{n-1} \Sigma_{n-1} + a_n \Sigma_n;$$

hierbei sind $\Sigma_0, \Sigma_1, \Sigma_2, \ldots, \Sigma_{n-1}, \Sigma_n$ die elementaren symmetrischen Funktionen von $\zeta_1, \zeta_2, \ldots, \zeta_n$:

$$\Sigma_0 = 1, \qquad \Sigma_1 = \zeta_1 + \zeta_2 + \cdots + \zeta_n,$$
$$\Sigma_2 = \zeta_1\zeta_2 + \zeta_1\zeta_3 + \cdots + \zeta_{n-1}\zeta_n, \ \ldots, \qquad \Sigma_n = \zeta_1\zeta_2 \ldots \zeta_n.$$

Wenn von den Zahlen $\zeta_1, \zeta_2, \ldots, \zeta_n$ etwa die k letzten (und nur diese) im Unendlichen liegen, so ist $\Sigma_0 = \Sigma_1 = \cdots = \Sigma_{k-1} = 0$, $\Sigma_k = 1$, $\Sigma_{k+1} = \zeta_1 + \zeta_2 + \cdots + \zeta_{n-k}$, $\Sigma_{k+2} = \zeta_1\zeta_2 + \zeta_1\zeta_3 + \cdots + \zeta_{n-k-1}\zeta_{n-k}, \ldots$, $\Sigma_n = \zeta_1\zeta_2 \ldots \zeta_{n-k}$ zu setzen.

139. Es sei

$$f(z) = a_0 + \binom{n}{1} a_1 z + \binom{n}{2} a_2 z^2 + \cdots + \binom{n}{n-1} a_{n-1} z^{n-1} + a_n z^n$$

ein beliebiges Polynom n^{ten} Grades mit den Nullstellen $z_1, z_2, \ldots, z_n$ und

$$g(z) = b_0 + \binom{n}{1} b_1 z + \binom{n}{2} b_2 z^2 + \cdots + \binom{n}{n-1} b_{n-1} z^{n-1} + b_n z^n$$

ein beliebiges Polynom n^{ten} Grades mit den Nullstellen $\zeta_1, \zeta_2, \ldots, \zeta_n$. Man berechne $A(\zeta_1, \zeta_2, \ldots, \zeta_n) f(z)$ und $A(z_1, z_2, \ldots, z_n) g(z)$.

Wenn die beiden Polynome in **139** zueinander in der Beziehung stehen, daß

$$A(\zeta_1, \zeta_2, \ldots, \zeta_n) f(z) = 0$$

oder, was dasselbe ist [Lösung **139**],

$$A(z_1, z_2, \ldots, z_n) g(z) = 0,$$

dann heißen die beiden Polynome $f(z)$ und $g(z)$ *apolar*. Die Bezeichnung erinnert an das Verschwinden der n^{ten} Polare $A_{\zeta_1} A_{\zeta_2} \ldots A_{\zeta_n} f(z)$. Die Bedingung der Apolarität lautet:

$$a_0 b_n - \binom{n}{1} a_1 b_{n-1} + \binom{n}{2} a_2 b_{n-2} - \cdots$$
$$+ (-1)^{n-1} \binom{n}{n-1} a_{n-1} b_1 + (-1)^n a_n b_0 = 0.$$

[**139**.] Man nennt auch die beiden Systeme $z_1, z_2, \ldots, z_n$ und $\zeta_1, \zeta_2, \ldots, \zeta_n$ zueinander apolar.

140. Was bedeutet geometrisch die Apolarität von z_1 und ζ_1, ferner die von z_1, z_2 und ζ_1, ζ_2?

141. Welches sind die Systeme $\zeta_1, \zeta_2, \ldots, \zeta_n$, die zu dem System, das aus den Wurzeln der binomischen Gleichung $z^n - 1 = 0$ besteht, apolar sind?

142. Es sei $z_1, z_2, \ldots, z_n$ irgendein System von Punkten. Es gibt n Systeme $\zeta, \zeta, \ldots, \zeta$ mit zusammenfallenden Punkten, die zu dem gegebenen apolar sind. Welche?

143. Das Polynom n^{ten} Grades

$$f(z) = 1 - z + c z^n$$

ist apolar zu irgend einem System von Zahlen, deren Summe n und deren Produkt 0 ist.

144. Es sei $f(z)$ ein beliebiges Polynom n^{ten} Grades, dessen sämtliche Nullstellen in dem Kreisbereich K liegen. Sind $\zeta_1, \zeta_2, \ldots, \zeta_k$, $k < n$, beliebige Punkte außerhalb von K, so hat das Polynom $(n - k)^{\text{ten}}$ Grades $A_{\zeta_1} A_{\zeta_2} \ldots A_{\zeta_k} f(z)$ seine sämtlichen Nullstellen in K.

145. Es seien die beiden Polynome n^{ten} Grades $f(z)$ und $g(z)$ zueinander apolar. Jeder Kreisbereich, der sämtliche Nullstellen des einen Polynoms einschließt, enthält auch mindestens eine Nullstelle des anderen.

146. Es seien die beiden Polynome n^{ten} Grades $f(z)$ und $g(z)$ zueinander apolar. Die beiden kleinsten konvexen Polygone, die sämtliche Nullstellen von $f(z)$ bzw. von $g(z)$ enthalten, haben mindestens einen gemeinsamen Punkt. Allgemeiner haben auch die beiden kleinsten, in bezug auf denselben Punkt kreiskonvexen Kreisbogenpolygone, die sämtliche Nullstellen von $f(z)$ bzw. $g(z)$ enthalten, mindestens einen gemeinsamen Punkt.

147. Das Polynom

$$1 - z + c z^n$$

besitzt stets eine Nullstelle im Kreise $|z| \leqq 2$.

148. Das Polynom

$$1 - z + c z^n$$

besitzt stets eine Nullstelle im Kreise $|z - 1| \leqq 1$.

149. Das $(k + 1)$-gliedrige Polynom

$$1 - z + c_2 z^{\nu_2} + c_3 z^{\nu_3} + \cdots + c_k z^{\nu_k},$$
$$1 = \nu_1 < \nu_2 < \nu_3 < \cdots < \nu_k$$

besitzt stets eine Nullstelle im Kreise

$$|z| \leqq \left[\left(1 - \frac{1}{\nu_2}\right)\left(1 - \frac{1}{\nu_3}\right) \cdots \left(1 - \frac{1}{\nu_k}\right)\right]^{-1},$$

folglich im Kreise

$$|z| \leqq k.$$

(Verallgemeinerung von **147.**)

150. Wenn ein Polynom n^{ten} Grades an zwei Stellen a und b, $a \neq b$, den gleichen Wert annimmt, so hat seine Ableitung mindestens eine Nullstelle in der Kreisscheibe, die um den Mittelpunkt der Strecke ab mit dem Radius $\frac{|a-b|}{2} \operatorname{ctg} \frac{\pi}{n}$ gezeichnet ist. (Analogon des *Rolle*schen Satzes in Komplexen.)

151. Es sei

$$f(z) = a_0 + \binom{n}{1} a_1 z + \binom{n}{2} a_2 z^2 + \cdots + \binom{n}{n-1} a_{n-1} z^{n-1} + a_n z^n$$

ein Polynom n^{ten} Grades, dessen sämtliche Nullstellen in einem Kreisbereiche K liegen, ferner

$$g(z) = b_0 + \binom{n}{1} b_1 z + \binom{n}{2} b_2 z^2 + \cdots + \binom{n}{n-1} b_{n-1} z^{n-1} + b_n z^n$$

ein Polynom n^{ten} Grades mit den Nullstellen $\beta_1, \beta_2, \ldots, \beta_n$. Jede Nullstelle γ des durch „Komposition" entstandenen Polynoms

$$h(z) = a_0 b_0 + \binom{n}{1} a_1 b_1 z + \binom{n}{2} a_2 b_2 z^2 + \cdots + \binom{n}{n-1} a_{n-1} b_{n-1} z^{n-1} + a_n b_n z^n$$

hat dann die Form

$$\gamma = -\beta_\nu k,$$

wo ν einen passend gewählten Index, k einen passend gewählten Punkt in K bezeichnet. (Hierbei ist $\infty \cdot \infty = \infty$ und $0 \cdot \infty =$ unbestimmt zu setzen.)

152. Die Nullstellen der Polynome n^{ten} Grades $f(z)$ und $g(z)$ mögen alle im Einheitskreis $|z| \leq 1$ liegen, und zwar die Nullstellen von mindestens einem der beiden Polynome in $|z| < 1$. Dann liegen auch sämtliche Nullstellen des aus den beiden durch Komposition [**151**] hergeleiteten Polynoms n^{ten} Grades im Kreisinnern $|z| < 1$.

153. Das Polynom n^{ten} Grades $f(z)$ habe sämtliche Nullstellen in einem konvexen Bereiche $\mathfrak{K}$, welcher den Nullpunkt enthält. Das Polynom gleichen Grades $g(z)$ habe lauter reelle Nullstellen, die im Intervalle $-1, 0$ liegen. Das aus den beiden Polynomen durch Komposition [**151**] hergeleitete Polynom n^{ten} Grades $h(z)$ hat dann seine sämtlichen Nullstellen ebenfalls in $\mathfrak{K}$.

154. Liegen sämtliche Nullstellen eines Polynoms n^{ten} Grades

$$f(z) = a_0 + \binom{n}{1} a_1 z + \binom{n}{2} z^2 + \cdots + \binom{n}{n-1} a_{n-1} z^{n-1} + a_n z^n$$

im reellen Intervalle $-a, a$, die des Polynoms n^{ten} Grades

$$g(z) = b_0 + \binom{n}{1} b_1 z + \binom{n}{2} b_2 z^2 + \cdots + \binom{n}{n-1} b_{n-1} z^{n-1} + b_n z^n$$

im Intervalle $-b$, 0 (oder 0, b), dann liegen die Nullstellen des Polynoms n^{ten} Grades

$$h(z) = a_0 b_0 + \binom{n}{1} a_1 b_1 z + \binom{n}{2} a_2 b_2 z^2 + \cdots + \binom{n}{n-1} a_{n-1} b_{n-1} z^{n-1} + a_n b_n z^n$$

im Intervalle $-ab$, ab. (a, b sind positive Zahlen.)

155. Es seien sämtliche Nullstellen des Polynoms n^{ten} Grades

$$a_0 + a_1 z + a_2 z^2 + \cdots + a_n z^n$$

reell und die des Polynoms n^{ten} Grades

$$b_0 + b_1 z + b_2 z^2 + \cdots + b_n z^n$$

reell und von gleichem Vorzeichen. Dann sind sämtliche Nullstellen des Polynoms

$$a_0 b_0 + a_1 b_1 z + a_2 b_2 z^2 + \cdots + a_n b_n z^n$$

ebenfalls reell. ($z = \infty$ rechnet als reelle Nullstelle.)

156. Die Voraussetzungen von **155** beibehalten, sind sämtliche Nullstellen des Polynoms

$$a_0 b_0 + 1!\, a_1 b_1 z + 2!\, a_2 b_2 z^2 + \cdots + n!\, a_n b_n z^n$$

reell.

3. Kapitel.

Vermischte Aufgaben.

157. Man zeige aus

$$\lim_{n \to \infty} \left(1 + \frac{iz}{n}\right)^n = \cos z + i \sin z,$$

daß $\cos z$ und $\sin z$ keine imaginären Nullstellen haben.

158. Man zeige aus

$$\lim_{n \to \infty} \left(1 - \frac{z^2}{n}\right)^n = e^{-z^2},$$

daß keine Derivierte von e^{-z^2} imaginäre Nullstellen hat.

159. Die *Bessel*sche Funktion

$$J_0(z) = 1 - \frac{1}{1!\,1!}\left(\frac{z}{2}\right)^2 + \frac{1}{2!\,2!}\left(\frac{z}{2}\right)^4 - \frac{1}{3!\,3!}\left(\frac{z}{2}\right)^6 + \cdots$$

hat keine imaginären Nullstellen. Man kann hierfür aus den vier verschiedenen Darstellungen

a) $J_0(z) = \lim\limits_{n\to\infty} (-1)^n \left(1 + \frac{z^2}{4n^2}\right)^n P_n\left(\frac{z^2 - 4n^2}{z^2 + 4n^2}\right)$ [VI **85**],

b) $J_0(z) = \lim\limits_{n\to\infty} L_n\left(\frac{z^2}{4n}\right)$ [VI **99**, Lösung b)],

c) $J_0(z) = \frac{1}{2\pi}\int\limits_{-\pi}^{\pi} e^{iz\sin\vartheta}\, d\vartheta$ [III **148**, **56**],

d) $J_0(z) = \frac{2}{\pi}\int\limits_0^1 \frac{\cos zt}{\sqrt{1-t^2}}\, dt$ [III **205**]

vier verschiedene Beweise erhalten.

160. Es sei q eine ganze Zahl, $q \geqq 2$. Die ganze Funktion

$$F(z) = 1 + \frac{z}{q!} + \frac{z^2}{(2q)!} + \frac{z^3}{(3q)!} + \cdots$$

hat keine imaginären Nullstellen. Man kann hierfür aus **59** zwei verschiedene Beweise erhalten.

161. Es sei $\alpha \geqq 0,\ 0 < \alpha_1 \leqq \alpha_2 \leqq \alpha_3 \leqq \cdots,\ \frac{1}{\alpha_1} + \frac{1}{\alpha_2} + \frac{1}{\alpha_3} + \cdots$ konvergent. Die ganze transzendente Funktion

$$g(z) = e^{-\alpha z}\left(1 - \frac{z}{\alpha_1}\right)\left(1 - \frac{z}{\alpha_2}\right)\left(1 - \frac{z}{\alpha_3}\right)\cdots$$

kann als Grenzwert einer Polynomfolge mit nur reellen positiven Nullstellen dargestellt werden.

162. (Fortsetzung.) Ist

$$g(z) = 1 + \frac{a_1}{1!}z + \frac{a_2}{2!}z^2 + \frac{a_3}{3!}z^3 + \cdots,$$

so haben die Polynome

$$1 + \binom{n}{1}a_1 z + \binom{n}{2}a_2 z^2 + \cdots + \binom{n}{n-1}a_{n-1}z^{n-1} + a_n z^n, \quad n = 1, 2, 3, \ldots$$

nur reelle positive Nullstellen [**63**].

163. (Fortsetzung.) Es ist im Intervalle $0 < x \leqq \alpha_1$

$$g(x) < 1$$

und es gilt daselbst allgemeiner

$$1+\frac{a_1}{1!}x+\frac{a_2}{2!}x^2+\cdots+\frac{a_{2m-1}}{(2m-1)!}x^{2m-1}<g(x)<1+\frac{a_1}{1!}x+\frac{a_2}{2!}x^2+\cdots$$
$$+\frac{a_{2m}}{(2m)!}x^{2m}, \qquad m=1,2,3,\ldots.$$

[$g(x)$ wird also für $0<x\leqq\alpha_1$ durch ihre *Maclaurin*sche Reihe umhüllt; **55**, **72**.]

164. (Fortsetzung.) Es sei $\alpha<1$ vorausgesetzt. Die durch das Integral

$$\int_0^\infty e^{-t^4} g(-t^2)\cos zt\,dt$$

definierte ganze Funktion von z hat nur reelle Nullstellen [**63**].

165. Es seien $\alpha, \beta, \beta_1, \beta_2, \beta_3, \ldots$ reell, $\alpha\geqq 0$, $\beta_\nu\neq 0$, und die Reihe $\frac{1}{\beta_1^2}+\frac{1}{\beta_2^2}+\frac{1}{\beta_3^2}+\cdots$ konvergent. Die ganze transzendente Funktion

$$G(z)=e^{-\alpha z^2+\beta z}\left(1-\frac{z}{\beta_1}\right)e^{\frac{z}{\beta_1}}\left(1-\frac{z}{\beta_2}\right)e^{\frac{z}{\beta_2}}\cdots$$

kann als Grenzwert einer Polynomfolge mit nur reellen Nullstellen dargestellt werden.

166. (Fortsetzung.) Ist

$$G(z)=1+\frac{b_1}{1!}z+\frac{b_2}{2!}z^2+\frac{b_3}{3!}z^3+\cdots,$$

so ist

$$b_m^2+b_{m+1}^2>0, \qquad m=1,2,3,\ldots. \quad [\mathbf{49}.]$$

167. (Fortsetzung.) Wenn $G(z)$ keine positiven Nullstellen besitzt und $a_0, a_1, a_2, \ldots, a_n$ reelle Zahlen sind, dann kann das Polynom

$$a_0G(0)+a_1G(1)z+a_2G(2)z^2+\cdots+a_nG(n)z^n$$

nicht mehr imaginäre Nullstellen haben als das Polynom

$$a_0+a_1z+a_2z^2+\cdots+a_nz^n.$$

[**68**, **69** sind Spezialfälle.]

168. Man zeige auf Grund von **167**, daß die *Bessel*sche Funktion $J_0(z)$ keine imaginären Nullstellen hat [II **31**].

169. Man zeige auf Grund von **167**, daß die in **160** erwähnten ganzen Funktionen keine imaginären Nullstellen haben.

170. Es sei α eine gerade ganze Zahl, $\alpha \geqq 2$. Dann stellt das Integral

$$\int_0^\infty e^{-t^\alpha} \cos z t \, dt = F_\alpha(z)$$

eine ganze Funktion dar, die keine imaginären Nullstellen hat. [**167**.]

171. (Fortsetzung.) Wenn bloß $\alpha > 1$ ist, dann stellt das Integral noch immer eine ganze Funktion dar; diese hat, wenn α *keine* gerade ganze Zahl ist, nur endlich viele reelle Nullstellen.

172. Die Gleichung

$$\operatorname{tg} z - z = 0$$

besitzt nur reelle Wurzeln. [**26**.]

173. Es sei $f(t)$ zweimal stetig differentiierbar, $f(t) > 0$, $f'(t) < 0$, $f''(t) < 0$ für $0 \leqq t \leqq 1$. Dann hat die ganze gerade Funktion

$$F(z) = \int_0^1 f(t) \cos z t \, dt$$

unendlich viele, und zwar nur reelle Nullstellen. (Verwandt mit, aber verschieden von III **205**.) [**26**, III **165**.]

174. Es sei $\varphi(t)$ eigentlich integrabel für $0 \leqq t \leqq 1$. Ist

$$\int_0^1 |\varphi(t)| \, dt \leqq 1,$$

so hat die ganze Funktion

$$F(z) = \sin z - \int_0^1 \varphi(t) \sin z t \, dt$$

nur reelle Nullstellen. [**27**.]

175. Es sei $f(t)$ reell und stetig differentiierbar für $0 \leqq t \leqq 1$. Ist

$$|f(1)| \geqq \int_0^1 |f'(t)| \, dt,$$

so hat die ganze Funktion

$$F(z) = \int_0^1 f(t) \cos z t \, dt$$

nur reelle Nullstellen. (Die Bedingung ist insbesondere dann erfüllt, wenn $f(0) \geqq 0$, $f'(t) \geqq 0$ für $0 \leqq t \leqq 1$; vgl. III **205**.)

176. Es sei $a \geqq 2$. Die ganze Funktion

$$F(z) = 1 + \frac{z}{a} + \frac{z^2}{a^4} + \frac{z^3}{a^9} + \cdots + \frac{z^n}{a^{n^2}} + \cdots$$

hat, sowie auch sämtliche Partialsummen ihrer Potenzreihe, nur reelle negative einfache Nullstellen. [III **200**.]

177. Die Funktion $f(t)$ sei stetig differentiierbar und positiv für $0 < t < 1$, außerdem soll $\int_0^1 f(t)\,dt$ existieren. Die durch das Integral

$$\int_0^1 f(t)\,e^{zt}\,dt = F(z)$$

definierte ganze Funktion hat keine Nullstellen

$$\text{in der Halbebene } \Re z \geqq 0, \quad \text{wenn} \quad f'(t) > 0,$$
$$\text{in der Halbebene } \Re z \leqq 0, \quad \text{wenn} \quad f'(t) < 0.$$

[Nicht analog zu III **205** mittels Grenzübergangs aus III **22**, sondern durch sinngemäße Übertragung des Beweises von III **22**.]

178. Man beweise III **189** auf Grund von **177**.

179. Der Rest der Exponentialreihe

$$\frac{z^{n+1}}{(n+1)!} + \frac{z^{n+2}}{(n+2)!} + \frac{z^{n+3}}{(n+3)!} + \cdots$$

verschwindet für $z = 0$, aber sonst in keinem Punkte der Halbebene $\Re z \leqq n$, wenn $n = 1, 2, 3, \ldots$; $n = 0$ ist eine Ausnahme: dann liegen die Nullstellen sämtlich auf der Begrenzung der Halbebene $\Re z \leqq 0$. (Hieraus folgt leicht **73**.) [**177**.]

180. Ist $\sum_{n=0}^{\infty} \left| \frac{a_{n+1}}{a_n} \right|^2$ konvergent, so ist

$$a_0 + a_1 z + a_2 z^2 + \cdots + a_n z^n + \cdots = F(z)$$

eine ganze Funktion. Bezeichnen wir die Nullstellen von $F(z)$ mit $z_1, z_2, \ldots, z_n, \ldots$, so ist

$$\frac{1}{|z_1|^2} + \frac{1}{|z_2|^2} + \cdots + \frac{1}{|z_n|^2} + \cdots$$

konvergent.

181. Wenn die Nullstellen eines Polynoms mit reellen Koeffizienten alle reell und einfach sind, so liegt in dem Intervall zwischen zwei sukzessiven nur eine Nullstelle der Ableitung. Ist dieser Satz auch für ganze transzendente Funktionen richtig?

182. Der Grad des Polynoms $H(x)$ sei $\geqq 3$. Ist

$$F(x) = e^{H(x)},$$

so hat mindestens eine der beiden Funktionen $\frac{dF}{dx}$ und $\frac{d^2F}{dx^2}$ nicht bloß reelle Nullstellen.

Dem Polynom m^{ten} Grades

$$f(z) = a_0 + a_1 z + a_2 z^2 + \cdots + a_m z^m$$

mit reellen Koeffizienten $a_0, a_1, \ldots, a_m, a_m \gtrless 0$, ordne man die folgenden drei *begleitenden Polynome* zu:

$$P(z,\omega) = a_0 + a_1 z + a_2 z(z-\omega) + \cdots + a_m z(z-\omega)\cdots(z-\overline{m-1}\,\omega),$$

$$\begin{aligned}
Q(z,\omega) = a_0 \quad & (1+z-\overline{m-1}\,\omega)(1+z-\overline{m-2}\,\omega)\cdots(1+z-\omega)(1+z)\\
+ a_1 \quad & (1+z-\overline{m-1}\,\omega)(1+z-\overline{m-2}\,\omega)\cdots(1+z-\omega)\,z\\
+ a_2 \quad & (1+z-\overline{m-1}\,\omega)(1+z-\overline{m-2}\,\omega)\cdots(z-\omega)\,z\\
& \cdots\cdots\cdots\cdots\cdots\cdots\cdots\cdots\cdots\cdots\\
+ a_{m-1} & (1+z-\overline{m-1}\,\omega)(z-\overline{m-2}\,\omega)\quad\cdots(z-\omega)\,z\\
+ a_m \quad & (z-\overline{m-1}\,\omega)\quad(z-\overline{m-2}\,\omega)\quad\cdots(z-\omega)\,z,
\end{aligned}$$

$$\begin{aligned}
R(z,\omega) = a_0 \quad & (1-z+\overline{m-1}\,\omega)(1-z+\overline{m-2}\,\omega)\cdots(1-z+\omega)(1-z)\\
+ a_1 \quad & (1-z+\overline{m-1}\,\omega)(1-z+\overline{m-2}\,\omega)\cdots(1-z+\omega)\,z\\
+ a_2 \quad & (1-z+\overline{m-1}\,\omega)(1-z+\overline{m-2}\,\omega)\cdots(z-\omega)\,z\\
& \cdots\cdots\cdots\cdots\cdots\cdots\cdots\cdots\cdots\cdots\\
+ a_{m-1} & (1-z+\overline{m-1}\,\omega)(z-\overline{m-2}\,\omega)\quad\ldots(z-\omega)\,z\\
+ a_m \quad & (z-\overline{m-1}\,\omega)\quad(z-\overline{m-2}\,\omega)\quad\ldots(z-\omega)\,z.
\end{aligned}$$

Die drei begleitenden Polynome hängen von einem Parameter ω ab. Ersetzt man simultan

$$z \text{ durch } -z, \quad \omega \text{ durch } -\omega, \quad a_\nu \text{ durch } (-1)^\nu a_\nu, \quad \nu = 0, 1, 2, \ldots, m,$$

so geht

$$Q(z,\omega) \quad \text{in} \quad R(z,\omega)$$

über.

183. Setzt man

$$f(z)\,e^{kz} = \sum_{n=0}^{\infty} \frac{k^n}{n!} A_n^{(k)} z^n, \qquad k > 0,$$

$$f(z)(1-z)^{-k-1} = \sum_{n=0}^{\infty} \frac{\Gamma(k+n+1-m)}{\Gamma(k+1)} \frac{k^m}{n!} B_n^{(k)} z^n, \quad k \text{ ganz}, \ k > m-1,$$

$$f(z)(1+z)^{k-1} = \sum_{n=0}^{k+m-1} \frac{(k-1)!\,k^m}{n!\,(k-n+m-1)!} C_n^{(k)} z^n, \qquad k \text{ ganz}, \ k \geqq 1,$$

so lassen sich die Koeffizienten $A_n^{(k)}, B_n^{(k)}, C_n^{(k)}$ durch $P(z,\omega)$, $Q(z,\omega)$, $R(z,\omega)$, die begleitenden Polynome von $f(z)$, ausdrücken.

184. Man beweise die für $\omega > 0$, $-1 + (m-1)\,\omega < \Re z < 0$ gültige Formel

$$\frac{Q(z,\omega)}{\omega^m} = \frac{\Gamma\left(\frac{1}{\omega}+1\right)}{\Gamma\left(\frac{1+z}{\omega} - m + 1\right)\Gamma\left(-\frac{z}{\omega}\right)} \int_0^1 (1-t)^{\frac{1+z}{\omega}} t^{-\frac{z+\omega}{\omega}} f\left(\frac{t}{t-1}\right) dt$$

und suche analoge Formeln für $P(z,\omega)$ und $R(z,\omega)$.

185. Man bezeichne bzw. mit

$$\mathfrak{F}_a^b, \quad \mathfrak{P}_a^b, \quad \mathfrak{Q}_a^b, \quad \mathfrak{R}_a^b$$

die Anzahl der Nullstellen der Polynome

$$f(z), \quad P(z, \omega), \quad Q(z, \omega), \quad R(z, \omega)$$

im offenen Intervalle $a < z < b$. Es geiten folgende Ungleichungen:

$$\mathfrak{F}_0^\infty \leqq \mathfrak{P}_0^\infty, \qquad \mathfrak{F}_{-\infty}^0 \geqq \mathfrak{P}_{-\infty}^0,$$

$$\mathfrak{F}_0^1 \leqq \mathfrak{Q}_0^\infty, \qquad \mathfrak{F}_{-\infty}^0 \geqq \mathfrak{Q}_{-1+(m-1)\omega}^0,$$

$$\mathfrak{F}_0^\infty \leqq \mathfrak{R}_0^{1+(m-1)\omega}, \qquad \mathfrak{F}_{-1}^0 \geqq \mathfrak{R}_{-\infty}^0, \qquad \mathfrak{F}_{-\infty}^{-1} \geqq \mathfrak{R}_{1+(m-1)\omega}^\infty.$$

Vorausgesetzt ist dabei, daß $\omega > 0$; in den Ungleichungen der zweiten Zeile muß noch $(m-1)\omega < 1$, in der letzten Ungleichung der ersten Kolonne ω^{-1} eine ganze Zahl sein. [**38**, **80**.]

186. (Fortsetzung.) Vorausgesetzt, daß $f(z)$ in den Endpunkten des betr. Intervalls (also in $z = 0$, bzw. 1 bzw. -1) nicht verschwindet, kann man den vorangehenden Ungleichungen noch hinzufügen, daß die Differenz der beiden Seiten eine gerade Zahl ist (ev. 0). — Warum muß betreffend die Stelle $z = +\infty$ nichts Neues vorausgesetzt werden?

187. Die drei in **183** erwähnten Potenzreihen haben folgende Eigenschaften:

1. Sie enthalten nicht weniger Zeichenwechsel, als das Polynom $f(z)$ bezüglich im Innern der Intervalle

$$(0, +\infty), \quad (0, 1), \quad (0, +\infty)$$

Nullstellen besitzt.

2. Die Anzahl der Zeichenwechsel nimmt ab oder bleibt unverändert, wenn k wächst.

3. Die Anzahl der Zeichenwechsel *erreicht* die Anzahl der Nullstellen von $f(z)$ in dem bezüglichen Intervalle, wenn k genügend groß ist.

188. Dem reellen Polynom m^{ten} Grades $f(z)$ ordne man als viertes begleitendes Polynom

$$J(z,\omega) = f(m\omega) - \binom{m}{1} f(\overline{m-1}\,\omega)\, z + \binom{m}{2} f(\overline{m-2}\,\omega)\, z^2 - \cdots + (-1)^m f(0)\, z^m$$

zu, $\omega > 0$. Es bezeichne analog wie in **185** $\mathfrak{J}_a^b$ die Anzahl der Nullstellen von $J(z,\omega)$ in dem offenen Intervall $a < z < b$. Es bestehen dann die Ungleichungen

$$\mathfrak{F}_{m\omega}^\infty \leqq \mathfrak{J}_0^1, \qquad \mathfrak{F}_{-\infty}^0 \leqq \mathfrak{J}_1^\infty, \qquad \mathfrak{F}_0^{m\omega} \geqq \mathfrak{J}_{-\infty}^0.$$

Wird $f(0) \gtrless 0$, $f(m\omega) \gtrless 0$ vorausgesetzt, so kann man noch hinzufügen, daß die Differenz der beiden Seiten eine gerade Zahl ist.

189. Die Anzahl der Nullstellen des reellen Polynoms m^{ten} Grades $f(z)$ im Intervalle $m\omega < z < \infty$ ist nicht größer als die Anzahl der Nullstellen des Polynoms

$$\Delta^m f(0) + \binom{m}{1} \Delta^{m-1} f(0)\, z + \binom{m}{2} \Delta^{m-2} f(0)\, z^2 + \cdots + f(0)\, z^m$$

im Intervalle $0 < z < 1$; hierbei bedeutet

$$\Delta^\nu f(0) = f(\nu\omega) - \binom{\nu}{1} f(\overline{\nu-1}\,\omega) + \binom{\nu}{2} f(\overline{\nu-2}\,\omega) - \cdots + (-1)^\nu f(0),$$

$$\nu = 0, 1, 2, \ldots, m.$$

190[1]. Man kann jedes vorgelegte Polynom als Quotienten zweier Polynome so darstellen, daß der Nenner keine Zeichenwechsel und der Zähler ebensoviel Zeichenwechsel aufweist als das vorgelegte Polynom positive Nullstellen besitzt.

191. Es sei das Polynom m^{ten} Grades $f(x)$ so beschaffen, daß, mit $P(x)$ ein beliebiges Polynom bezeichnet, das Produkt $P(x)\,f(x)$ mindestens m Zeichenwechsel mehr aufweist als $P(x)$. Hierzu ist notwendig und hinreichend, daß $f(x)$ nur reelle positive Nullstellen besitzt.

192. Es sei das Polynom $f(x)$ so beschaffen, daß, mit $P(x)$ ein beliebiges Polynom bezeichnet, $P(x)\,f(x) + P'(x)$ nicht mehr imaginäre Nullstellen besitzt als $P(x)$.

Hierzu ist notwendig und hinreichend, daß $f(x) = a - bx$ ist, wo a beliebig, $b \geqq 0$.

193. Wenn das Polynom $f(x)$ die Eigenschaft hat, daß für alle positiven p die Gleichung $f(x) + p = 0$ nur reelle Wurzeln besitzt, dann ist $f(x)$ höchstens vom zweiten Grade. Sind die Wurzeln derselben Gleichung alle reell und alle eines Zeichens, so ist $f(x)$ vom ersten Grade.

Dies ist geometrisch evident; man wünscht einen Beweis, der auf anderen Prinzipien beruht.

194. Der mit reellen $a_0, a_1, a_2, b_0, b_1, b_2$ aufgebaute Ausdruck

$$a_0^2 b_2^2 - a_0 a_1 b_1 b_2 + a_0 a_2 b_1^2 - 2 a_0 a_2 b_0 b_2 + a_1^2 b_0 b_2 - a_1 a_2 b_0 b_1 + a_2^2 b_0^2$$

ist dann und nur dann negativ, wenn die beiden Polynome

$$f(x) = a_0 x^2 + a_1 x + a_2, \qquad g(x) = b_0 x^2 + b_1 x + b_2$$

reelle und einfache Nullstellen haben, die sich trennen, d. h. so liegen, daß die beiden Nullstellen des einen Polynoms eine und nur eine des anderen zwischen sich enthalten.

---

[1]) Von **190** bis **195** handelt es sich um Polynome mit reellen Koeffizienten.

195. Es sei $P(x)$ ein Polynom mit nur reellen Nullstellen. Dann gibt es im allgemeinen keine primitive Funktion von $P(x)$, die nur reelle Nullstellen besitzt. Genauer: Bezeichnet n den genauen Grad von $P(x)$ und bestimmt man die reelle Zahl a, so daß das Polynom $(n+1)^{\text{ten}}$ Grades

$$Q(x) = \int_a^x P(x)\,dx$$

eine Maximalanzahl von reellen Nullstellen enthält, so kann man behaupten, daß diese Maximalanzahl

$$\begin{aligned} &= 2 \quad \text{für} \quad n = 1, \\ &\geqq 3 \quad \text{für} \quad n = 2, 4, 6, 8, \ldots, \\ &\geqq 4 \quad \text{für} \quad n = 3, 5, 7, 9, \ldots \end{aligned}$$

ist, und mehr behaupten kann man nicht, denn das Gleichheitszeichen kann bei allen betreffenden n für ein passendes $P(x)$ sich tatsächlich einstellen.

196. Es sei L das Maximum der absoluten Beträge der Koeffizienten des Polynoms

$$f(z) = z^n + a_1 z^{n-1} + a_2 z^{n-2} + \cdots + a_n,$$

und $z_1, z_2, \ldots, z_n$ seien die Nullstellen von $f(z)$. Dann ist

$$(1 + |z_1|)\,(1 + |z_2|) \ldots (1 + |z_n|) \leqq 2^n \sqrt{n+1}\,L. \qquad \text{[II } \mathbf{52}.]$$

Sechster Abschnitt.

Polynome und trigonometrische Polynome.

Setzt man $\cos\vartheta = x$, dann sind

$$T_n(x) = \cos n\vartheta, \quad U_n(x) = \frac{1}{n+1} T'_{n+1}(x) = \frac{\sin(n+1)\vartheta}{\sin\vartheta}, \qquad n = 0, 1, 2, \ldots$$

Polynome n^{ten} Grades von x (*Tschebyscheff*sche Polynome), und zwar ist der höchste Koeffizient von $T_n(x)$ gleich 2^{n-1}, der von $U_n(x)$ gleich 2^n, $n = 1, 2, 3, \ldots$.

1. Die Nullstellen von $T_n(x)$ und $U_n(x)$ sind sämtlich reell, voneinander verschieden und liegen im Innern des Intervalls $-1, 1$. Man bestimme diese Nullstellen.

2. Man beweise die folgenden Relationen:

$$T_{n+1}(x) = x T_n(x) - (1 - x^2) U_{n-1}(x),$$
$$U_n(x) = x U_{n-1}(x) + T_n(x), \qquad n = 1, 2, 3, \ldots.$$

3. Die Polynome $T_n(x)$ und $U_n(x)$ genügen den folgenden Differentialgleichungen:

$$(1 - x^2) T''_n(x) - x T'_n(x) + n^2 T_n(x) = 0,$$
$$(1 - x^2) U''_n(x) - 3x U'_n(x) + n(n+2) U_n(x) = 0.$$

4. Für $T_n(x)$ und $U_n(x)$ gelten die Orthogonalitätsrelationen

$$\left.\begin{aligned} &\int_{-1}^{1} \frac{1}{\sqrt{1-x^2}} T_m(x) T_n(x)\, dx = 0, \\ &\int_{-1}^{1} \sqrt{1-x^2}\, U_m(x) U_n(x)\, dx = 0, \end{aligned}\right\} \qquad m, n = 0, 1, 2, \ldots; \; m \gtrless n.$$

Man berechne diese Integrale für $m = n$.

5. Es ist

$$\frac{T_n(x)}{\sqrt{1-x^2}} = \frac{(-1)^n}{1 \cdot 3 \cdot 5 \cdots (2n-1)} \frac{d^n}{dx^n} (1 - x^2)^{n-\frac{1}{2}},$$

$$\sqrt{1-x^2}\, U_n(x) = \frac{(-1)^n (n+1)}{1 \cdot 3 \cdot 5 \cdots (2n+1)} \frac{d^n}{dx^n} (1 - x^2)^{n+\frac{1}{2}}.$$

6. $f(x)$ sei im Intervall $-1 \leqq x \leqq 1$ definiert und habe dort eine stetige n^{te} Ableitung. Dann ist

$$\int_0^\pi f(\cos\vartheta)\cos n\vartheta\, d\vartheta = \frac{1}{1\cdot 3\cdot 5\cdots(2n-1)}\int_0^\pi f^{(n)}(\cos\vartheta)\sin^{2n}\vartheta\, d\vartheta\,.$$

7. Es gelten für $n = 1, 2, 3, \ldots,\ -1 \leqq x \leqq 1$ die Ungleichungen

$$|T_n(x)| \leqq 1\,, \qquad |U_n(x)| \leqq n + 1\,.$$

In der ersten Ungleichung wird das Gleichheitszeichen an genau $n + 1$ Stellen, nämlich an den $n - 1$ Nullstellen von $U_{n-1}(x)$ und außerdem für $x = -1$ und $x = 1$ angenommen. In der zweiten Ungleichung gilt das Gleichheitszeichen nur für $x = -1$ und $x = 1$.

Unter einem trigonometrischen Polynom n^{ter} Ordnung versteht man einen Ausdruck der Form

$$g(\vartheta) = \lambda_0 + \lambda_1\cos\vartheta + \mu_1\sin\vartheta + \lambda_2\cos 2\vartheta + \mu_2\sin 2\vartheta + \cdots$$
$$+ \lambda_n\cos n\vartheta + \mu_n\sin n\vartheta\,.$$

Sind alle μ_ν gleich 0, so ist $g(\vartheta)$ ein Kosinuspolynom n^{ter} Ordnung. Sind alle λ_ν gleich 0, so ist $g(\vartheta)$ ein Sinuspolynom n^{ter} Ordnung.

8. Ein Kosinuspolynom n^{ter} Ordnung läßt sich stets in der Form $P(\cos\vartheta)$ schreiben, wo $P(x)$ ein Polynom n^{ten} Grades ist. Das Umgekehrte ist auch richtig.

9. Ein Sinuspolynom n^{ter} Ordnung läßt sich stets in der Form $\sin\vartheta\, P(\cos\vartheta)$ schreiben, wo $P(x)$ ein Polynom $(n-1)^{\text{ten}}$ Grades ist. Das Umgekehrte ist auch richtig.

10. Das Produkt von zwei trigonometrischen Polynomen bzw. von m^{ter} und n^{ter} Ordnung ist ein trigonometrisches Polynom $(m+n)^{\text{ter}}$ Ordnung.

11. Ein trigonometrisches Polynom n^{ter} Ordnung mit lauter reellen Koeffizienten

$$g(\vartheta) = \lambda_0 + \lambda_1\cos\vartheta + \mu_1\sin\vartheta + \lambda_2\cos 2\vartheta + \mu_2\sin 2\vartheta + \cdots$$
$$+ \lambda_n\cos n\vartheta + \mu_n\sin n\vartheta$$

läßt sich in der folgenden Form schreiben:

$$g(\vartheta) = e^{-in\vartheta}\, G(e^{i\vartheta})\,,$$

wo $G(z) = u_0 + u_1 z + u_2 z^2 + \cdots + u_{2n} z^{2n}$ ein Polynom $2n^{\text{ten}}$ Grades bezeichnet, das ungeändert bleibt, wenn man zum reziproken Polynom übergeht und gleichzeitig die Koeffizienten durch die konjugiert-komplexen Werte ersetzt:

$$G(z) = \bar u_{2n} + \bar u_{2n-1} z + \bar u_{2n-2} z^2 + \cdots + \bar u_0 z^{2n} = z^{2n}\,\overline{G}(z^{-1})\,.$$

Man berechne die Koeffizienten $u_0, u_1, u_2, \ldots, u_{2n}$.

12. Bezeichnet $G(z)$ ein Polynom $2n^{\text{ten}}$ Grades, für welches identisch in z

$$z^{2n}\overline{G}(z^{-1}) = G(z)$$

gilt, dann ist

$$e^{-in\vartheta}G(e^{i\vartheta}) = g(\vartheta)$$

ein trigonometrisches Polynom n^{ter} Ordnung von ϑ mit lauter reellen Koeffizienten.

13. Es sei $G(z)$ ein Polynom $2n^{\text{ten}}$ Grades und

$$z^{2n}\overline{G}(z^{-1}) = G(z).$$

Wie sind die Nullstellen von $G(z)$ in der komplexen Ebene verteilt?

14. Ein trigonometrisches Polynom n^{ter} Ordnung mit lauter reellen Koeffizienten

$$g(\vartheta) = \lambda_0 + \lambda_1\cos\vartheta + \mu_1\sin\vartheta + \lambda_2\cos 2\vartheta + \mu_2\sin 2\vartheta + \cdots + \lambda_n\cos n\vartheta + \mu_n\sin n\vartheta,$$

in welchem λ_n und μ_n nicht beide verschwinden, besitzt genau $2n$ Nullstellen, wenn für ϑ sowohl reelle wie auch komplexe Werte zugelassen und mehrfache Nullstellen ihrer Multiplizität entsprechend gezählt werden. (ϑ und $\vartheta + 2\pi$ gelten als nicht verschieden.)

15. Man bestimme sämtliche trigonometrischen Polynome n^{ter} Ordnung

$$g(\vartheta) = \lambda_0 + \lambda_1\cos\vartheta + \mu_1\sin\vartheta + \lambda_2\cos 2\vartheta + \mu_2\sin 2\vartheta + \cdots + \lambda_n\cos n\vartheta + \mu_n\sin n\vartheta,$$

die lauter reelle Koeffizienten haben und in α und β identisch die folgende Relation erfüllen:

$$\sum_{\nu=0}^{n} g\left(\alpha - \frac{\nu\pi}{n+1}\right) g\left(\frac{\nu\pi}{n+1} - \beta\right) = g(\alpha - \beta).$$

---

16. $$\frac{1}{2} + \cos\vartheta + \cos 2\vartheta + \cdots + \cos n\vartheta = \frac{\sin\frac{2n+1}{2}\vartheta}{2\sin\frac{\vartheta}{2}},$$

$$\cos\vartheta + \cos 2\vartheta + \cos 3\vartheta + \cdots + \cos n\vartheta = \frac{\sin\frac{n}{2}\vartheta\cos\frac{n+1}{2}\vartheta}{\sin\frac{\vartheta}{2}},$$

$$\cos\vartheta + \cos 3\vartheta + \cos 5\vartheta + \cdots + \cos(2n-1)\vartheta = \frac{\sin 2n\vartheta}{2\sin\vartheta},$$

$$\sin\vartheta + \sin 2\vartheta + \sin 3\vartheta + \cdots + \sin n\vartheta = \frac{\sin\frac{n}{2}\vartheta\sin\frac{n+1}{2}\vartheta}{\sin\frac{\vartheta}{2}}.$$

17. $$\frac{\sin\vartheta}{\sin\vartheta}+\frac{\sin 3\vartheta}{\sin\vartheta}+\frac{\sin 5\vartheta}{\sin\vartheta}+\cdots+\frac{\sin(2n-1)\vartheta}{\sin\vartheta}=\left(\frac{\sin n\vartheta}{\sin\vartheta}\right)^2.$$

Was folgt hieraus für $\vartheta = 0$?

18.

$$\frac{n+1}{2}+n\cos\vartheta+(n-1)\cos 2\vartheta+\cdots+\cos n\vartheta=\frac{1}{2}\left(\frac{\sin(n+1)\frac{\vartheta}{2}}{\sin\frac{\vartheta}{2}}\right)^2.$$

19. Wo liegen die Nullstellen der trigonometrischen Polynome

$$\tfrac{1}{2}+\cos\vartheta+\cos 2\vartheta+\cdots+\cos n\vartheta,\qquad \cos\vartheta+\cos 2\vartheta+\cdots+\cos n\vartheta,$$

$$\cos\vartheta+\cos 3\vartheta+\cos 5\vartheta+\cdots+\cos(2n-1)\vartheta,$$

$$\sin\vartheta+\sin 2\vartheta+\cdots+\sin n\vartheta,\qquad \sin\vartheta+\sin 3\vartheta+\cdots+\sin(2n-1)\vartheta,$$

$$\frac{n+1}{2}+n\cos\vartheta+(n-1)\cos 2\vartheta+\cdots+\cos n\vartheta?$$

20. Man zeige die Identität

$$\cos\vartheta+\cos 2\vartheta+\cdots+\cos n\vartheta=\frac{1}{2}\sin(n+1)\vartheta\operatorname{ctg}\frac{\vartheta}{2}-\cos^2\frac{n+1}{2}\vartheta.$$

21. Man zeige, daß

$$\sin\vartheta+\sin 2\vartheta+\cdots+\sin n\vartheta+\frac{\sin(n+1)\vartheta}{2}$$

für $0\leqq\vartheta\leqq\pi$ nichtnegativ ist.

22. Die arithmetischen Mittel der Teilsummen der Reihe

$$\tfrac{1}{2}+\cos\vartheta+\cos 2\vartheta+\cos 3\vartheta+\cdots+\cos n\vartheta+\cdots$$

sind für jedes ϑ nichtnegativ; sie konvergieren mit wachsendem n gleichmäßig gegen 0, wenn $\varepsilon\leqq\vartheta\leqq 2\pi-\varepsilon$, $\varepsilon>0$ ist.

23. Das trigonometrische Polynom

$$A(n,\vartheta)=\sin\vartheta+\frac{\sin 2\vartheta}{2}+\frac{\sin 3\vartheta}{3}+\cdots+\frac{\sin n\vartheta}{n}$$

hat im Intervall $0\leqq\vartheta\leqq\pi$ an jeder der Stellen $\frac{\pi}{n+1}$, $3\frac{\pi}{n+1}$, $5\frac{\pi}{n+1}$, $\ldots$, $(2q-1)\frac{\pi}{n+1}$ (und nur an diesen) ein relatives Maximum und an jeder der Stellen $\frac{2\pi}{n}$, $2\frac{2\pi}{n}$, $3\frac{2\pi}{n}$, $\ldots$, $(q-1)\frac{2\pi}{n}$ (und nur an diesen) ein relatives Minimum, $q=\left[\frac{n+1}{2}\right]$.

24. (Fortsetzung.) Die Maxima von $A(n, \vartheta)$ im Intervall $0 \leqq \vartheta \leqq \pi$ nehmen monoton ab, so daß das absolute Maximum von $A(n, \vartheta)$ im ganzen Intervall $0 \leqq \vartheta \leqq \pi$ gleich $A\left(n, \frac{\pi}{n+1}\right)$ ist. [**20.**]

25. (Fortsetzung.) Die Maxima $A\left(n, \frac{\pi}{n+1}\right)$ wachsen, mit n monoton, und es ist

$$\lim_{n \to \infty} A\left(n, \frac{\pi}{n+1}\right) = \int_0^\pi \frac{\sin \vartheta}{\vartheta} d\vartheta = 1{,}8519\ldots.$$

26. Das trigonometrische Polynom

$$B(n, \vartheta) = \cos\vartheta + \frac{\cos 2\vartheta}{2} + \frac{\cos 3\vartheta}{3} + \cdots + \frac{\cos n\vartheta}{n}$$

hat im Intervalle $0 \leqq \vartheta \leqq \pi$ an jeder der Stellen $0, \frac{2\pi}{n}, 2\frac{2\pi}{n}, \ldots, p\frac{2\pi}{n}$ (und nur an diesen) ein relatives Maximum und an jeder der Stellen $\frac{2\pi}{n+1}, 2\frac{2\pi}{n+1}, 3\frac{2\pi}{n+1}, \ldots, q\frac{2\pi}{n+1}$ (und nur an diesen) ein relatives Minimum, $p = \left[\frac{n}{2}\right]$, $q = \left[\frac{n+1}{2}\right]$.

27. (Fortsetzung.) Das trigonometrische Polynom $B(n, \vartheta)$ nimmt seinen kleinsten Wert für $\vartheta = \left[\frac{n+1}{2}\right]\frac{2\pi}{n+1}$ an. [**21.**]

28. Es ist für $0 \leqq \vartheta \leqq 2\pi$ und $n = 1, 2, 3, \ldots$

$$B(n, \vartheta) = \cos\vartheta + \frac{\cos 2\vartheta}{2} + \frac{\cos 3\vartheta}{3} + \cdots + \frac{\cos n\vartheta}{n} \geqq -1.$$

$f(\vartheta)$ sei eine nach 2π periodische, im Intervalle $0 \leqq \vartheta \leqq 2\pi$ eigentlich integrable Funktion. Die Konstanten

$$a_n = \frac{1}{2\pi}\int_0^{2\pi} f(\vartheta)\cos n\vartheta\, d\vartheta, \quad b_n = \frac{1}{2\pi}\int_0^{2\pi} f(\vartheta)\sin n\vartheta\, d\vartheta, \quad n = 0, 1, 2, \ldots;\ b_0 = 0,$$

nennen wir die *Fourier*schen Konstanten, die formal gebildete Reihe

$$a_0 + 2a_1\cos\vartheta + 2b_1\sin\vartheta + 2a_2\cos 2\vartheta + 2b_2\sin 2\vartheta + \cdots$$
$$+ 2a_n\cos n\vartheta + 2b_n\sin n\vartheta + \cdots$$

die *Fourier*sche Reihe von $f(\vartheta)$. Wenn $f(\vartheta)$ von beschränkter Schwankung ist, dann ist diese Reihe konvergent mit der Summe

$$\frac{f(\vartheta+0) + f(\vartheta-0)}{2}.$$

29. Die Funktion $f(\vartheta)$ sei periodisch, $f(\vartheta + 2\pi) = f(\vartheta)$. Jede der folgenden Gleichungen (bzw. Gleichungspaare)

1. $f(-\vartheta) = f(\vartheta)$,
2. $f(-\vartheta) = -f(\vartheta)$,
3. $f(\vartheta + \pi) = -f(\vartheta)$,

4a. $f(-\vartheta) = f(\vartheta), \quad f(\vartheta + \pi) = -f(\vartheta)$,

4b. $f(-\vartheta) = -f(\vartheta), \quad f(\vartheta + \pi) = -f(\vartheta)$,

5. $f(\vartheta + \pi) = f(\vartheta)$

bedeutet eine besondere Symmetrieeigenschaft der Bildkurve $y = f(x)$. Man zeige, daß das Vorhandensein einer solchen Symmetrieeigenschaft an dem Verschwinden unendlich vieler *Fourier*schen Konstanten bemerkbar ist.

30. Wie lautet die *Fourier*sche Reihe eines trigonometrischen Polynoms n^{ter} Ordnung $f(\vartheta)$?

31. n und ν seien positive ganze Zahlen. Es ist

$$\frac{1}{2\pi}\int_{-\pi}^{\pi}\left(2\cos\frac{\vartheta}{2}\right)^n \cos\left(\frac{n}{2} - \nu\right)\vartheta\, d\vartheta = \binom{n}{\nu}.$$

32. Die Zahlenfolge

$$a_0,\quad a_1,\quad b_1,\quad a_2,\quad b_2,\quad \ldots,\quad a_n,\quad b_n,\quad \ldots$$

sei von der Beschaffenheit, daß die „trigonometrische Reihe"

$$a_0 + 2a_1\cos\vartheta + 2b_1\sin\vartheta + 2a_2\cos 2\vartheta + 2b_2\sin 2\vartheta + \cdots$$
$$+ 2a_n\cos n\vartheta + 2b_n\sin n\vartheta + \cdots$$

gleichmäßig konvergiert für alle Werte von ϑ und also eine nach 2π periodische stetige Funktion $f(\vartheta)$ darstellt. Wie lautet die *Fourier*sche Reihe von $f(\vartheta)$?

33. $$\frac{1}{2} - \frac{1}{\pi}\sum_{n=1}^{\infty}\frac{\sin 2\pi n x}{n} = \begin{cases} x - [x], & \text{wenn } x \text{ nicht ganz ist,} \\ \frac{1}{2}, & \text{wenn } x \text{ ganz ist.}\end{cases}$$

34. Man zeige

$$|\sin\vartheta| = \frac{2}{\pi} - \frac{4}{\pi}\sum_{n=1}^{\infty}\frac{\cos 2n\vartheta}{4n^2 - 1} = \frac{8}{\pi}\sum_{n=1}^{\infty}\frac{\sin^2 n\vartheta}{4n^2 - 1}.$$

35. Die Konstanten

$$\varrho_m = \frac{2}{\pi}\int_0^{\frac{\pi}{2}}\frac{|\sin m\vartheta|}{\sin\vartheta}\, d\vartheta, \qquad m = 1, 2, 3, \ldots$$

(die in naher Beziehung zu den sogenannten *Lebesgue*schen Konstanten der *Fourier*schen Reihe stehen) wachsen monoton mit m. Sie lassen sich nämlich in folgender Form darstellen:

$$\varrho_m = \frac{16}{\pi^2} \sum_{n=1}^{\infty} \frac{\frac{1}{1} + \frac{1}{3} + \frac{1}{5} + \cdots + \frac{1}{2nm-1}}{4n^2 - 1}.$$

[Man setze für $|\sin m\vartheta|$ die Entwicklung von **34** ein und wende **17** an!]

36. Die Funktion $f(\vartheta)$ sei periodisch mit der Periode π, ferner eine „gerade Funktion", d. h. es gelte identisch $f(-\vartheta) = f(\vartheta)$. Wenn $f(\vartheta)$ im Intervall $0 \leqq \vartheta \leqq \pi$ von oben konvex ist, dann hat ihre *Fourier*sche Reihe die Form

$$c_0 - c_1 \cos 2\vartheta - c_2 \cos 4\vartheta - \cdots - c_n \cos 2n\vartheta - \cdots,$$

wo sämtliche Koeffizienten $c_1, c_2, \ldots, c_n, \ldots$ nichtnegativ sind.

37. Die Funktion $f(\vartheta)$ von **36** soll der weiteren Bedingung $f(0) = 0$ unterworfen sein. Es sei ferner $\vartheta^{-p} f(\vartheta)$ beschränkt, $p > 0$. Die Folge

$$\varrho_m = \int_0^{\frac{\pi}{2}} \frac{f(m\vartheta)}{\sin\vartheta}\, d\vartheta, \qquad m = 1, 2, 3, \ldots$$

wächst monoton mit m. [Verallgemeinerung von **35**.]

38. M_n bezeichne das Maximum von

$$\Gamma(n, \vartheta) = \frac{|\sin\vartheta|}{1} + \frac{|\sin 2\vartheta|}{2} + \frac{|\sin 3\vartheta|}{3} + \cdots + \frac{|\sin n\vartheta|}{n}$$

für alle Werte von ϑ. Man hat

$$\frac{2}{\pi} \sum_{\nu=1}^{n} \frac{1}{\nu} < M_n < \frac{2}{\pi} \sum_{\nu=1}^{n} \frac{1}{\nu} + \frac{2}{\pi}. \qquad \text{[34, 28.]}$$

---

39. $x_0, x_1, x_2, \ldots, x_n$ seien beliebige komplexe Zahlen, $x_0 \neq 0$, $x_n \neq 0$. Der Ausdruck

$$|x_0 + x_1 z + x_2 z^2 + \cdots + x_n z^n|^2, \qquad z = e^{i\vartheta},$$

stellt ein nichtnegatives trigonometrisches Polynom von genau n^{ter} Ordnung dar. Man berechne die Koeffizienten desselben.

40. Ist das trigonometrische Polynom n^{ter} Ordnung

$$g(\vartheta) = \lambda_0 + \lambda_1 \cos\vartheta + \mu_1 \sin\vartheta + \lambda_2 \cos 2\vartheta + \mu_2 \sin 2\vartheta + \cdots$$
$$+ \lambda_n \cos n\vartheta + \mu_n \sin n\vartheta$$

für jedes ϑ nur nichtnegativer Werte fähig, so läßt es sich in der folgenden Form darstellen:

$$g(\vartheta) = |h(z)|^2, \qquad z = e^{i\vartheta},$$

wobei $h(z) = x_0 + x_1 z + x_2 z^2 + \cdots + x_n z^n$ ein Polynom n^{ten} Grades ist. [Man zerlege das in **11** betrachtete Polynom $G(z)$ in Linearfaktoren.]

41. Bezeichnet $g(\vartheta)$ ein nichtnegatives Kosinuspolynom, so kann man stets ein Polynom $h(z) = x_0 + x_1 z + x_2 z^2 + \cdots + x_n z^n$ mit lauter *reellen* Koeffizienten finden derart, daß

$$g(\vartheta) = |h(z)|^2 \text{ ist}, \qquad z = e^{i\vartheta}.$$

42. Man zeige, daß die in **40** gegebene Darstellung eines nichtnegativen trigonometrischen Polynoms im allgemeinen auf mehrere Weisen möglich ist.

43. Man zeige, daß in **40** immer eine solche Darstellung vorhanden ist, bei der $h(z)$ den folgenden Bedingungen genügt:

1. $h(z)$ ist von 0 verschieden für $|z| < 1$;
2. $h(0)$ ist reell und positiv.

Hierbei ist vorausgesetzt, daß $g(\vartheta)$ nicht identisch verschwindet.

---

44. Wenn eine ganze rationale Funktion für jedes reelle x nichtnegativ ist, so läßt sie sich in der Form $[A(x)]^2 + [B(x)]^2$ schreiben, wo $A(x)$ und $B(x)$ ganze rationale Funktionen mit lauter reellen Koeffizienten sind.

45. Jede ganze rationale Funktion, welche für nichtnegative Werte von x nichtnegativ ist, läßt sich in der Form

$$[A(x)]^2 + [B(x)]^2 + x\{[C(x)]^2 + [D(x)]^2\}$$

schreiben, wo $A(x)$, $B(x)$, $C(x)$, $D(x)$ ganze rationale Funktionen mit lauter reellen Koeffizienten bezeichnen.

46. Jede ganze rationale Funktion n^{ten} Grades, welche für $-1 \leqq x \leqq 1$ nur nichtnegativer Werte fähig ist, läßt sich in der Form

$$[A(x)]^2 + (1 - x^2)[B(x)]^2$$

darstellen, wo $A(x)$ und $B(x)$ ganze rationale Funktionen n^{ten} bzw. $(n-1)^{\text{ten}}$ Grades mit lauter reellen Koeffizienten bezeichnen. [**41**.]

47. Jede ganze rationale Funktion n^{ten} Grades $P(x)$, welche für $-1 \leqq x \leqq 1$ nur nichtnegativer Werte fähig ist, läßt sich in der Form

$$[A(x)]^2 + (1 - x)[B(x)]^2 + (1 + x)[C(x)]^2 + (1 - x^2)[D(x)]^2$$

schreiben, und zwar derart, daß alle vier Glieder höchstens vom n^{ten} Grade sind.

Ist $P(x)$ vom Grade $2m$, so gibt es eine solche Darstellung, bei welcher $B(x) = C(x) = 0$ und $A(x)$ vom Grade m, $D(x)$ vom Grade $m - 1$ ist.

48. Kann eine jede ganze rationale Funktion n^{ten} Grades $P(x)$, welche für $-1 < x < 1$ positiv ist, in der Form

$$P(x) = \sum A(1-x)^{\alpha}(1+x)^{\beta}$$

dargestellt werden, wobei $A \geqq 0$, $\alpha + \beta \leqq n$, α und β nichtnegativ ganz sind?

49. Jede ganze rationale Funktion $P(x)$, welche im Intervall $-1 < x < 1$ positiv ist, kann in der Form

$$P(x) = \sum A(1-x)^{\alpha}(1+x)^{\beta}$$

dargestellt werden, wobei $A \geqq 0$, α und β nichtnegativ und ganz sind.

---

50. Es sei

$$g(\vartheta) = \lambda_0 + \lambda_1 \cos\vartheta + \mu_1 \sin\vartheta + \lambda_2 \cos 2\vartheta + \mu_2 \sin 2\vartheta + \cdots + \lambda_n \cos n\vartheta + \mu_n \sin n\vartheta$$

ein nichtnegatives trigonometrisches Polynom n^{ter} Ordnung, und zwar sei das absolute Glied von $g(\vartheta)$ gleich 1, d. h.

$$\lambda_0 = \frac{1}{2\pi}\int_0^{2\pi} g(\vartheta)\, d\vartheta = 1 .$$

Dann ist

$$g(\vartheta) \leqq n + 1 .$$

Das Gleichheitszeichen gilt hier nur, wenn

$$g(\vartheta) = \frac{1}{n+1}\,|1 + z + z^2 + \cdots + z^n|^2 = 1 + 2\frac{n}{n+1}\cos(\vartheta - \vartheta_0)$$
$$+ 2\frac{n-1}{n+1}\cos 2(\vartheta - \vartheta_0) + \cdots + 2\frac{1}{n+1}\cos n(\vartheta - \vartheta_0), \quad z = e^{i(\vartheta - \vartheta_0)}$$

und $\vartheta = \vartheta_0$ ist (bzw. wenn $\vartheta = \vartheta_0 + 2k\pi$, $k = 0, \pm 1, \pm 2, \ldots$).

51. (Fortsetzung.) Es ist

$$\lambda_n^2 + \mu_n^2 \leqq 1 .$$

Das Gleichheitszeichen gilt hier nur für

$$g(\vartheta) = 1 + \cos n(\vartheta - \vartheta_0) .$$

52. (Fortsetzung.) Es ist

$$\lambda_1^2 + \mu_1^2 \leqq 4\cos^2\frac{\pi}{n+2} .$$

53. Das geometrische Mittel [II **48**] eines nichtnegativen, nicht identisch verschwindenden trigonometrischen Polynoms $g(\vartheta)$ ist

$$e^{\frac{1}{2\pi}\int_0^{2\pi}\log g(\vartheta)\,d\vartheta} = |h(0)|^2 = [h(0)]^2,$$

wenn $g(\vartheta) = |h(e^{i\vartheta})|^2$ die in **43** definierte „Normaldarstellung" von $g(\vartheta)$ ist.

54. Das nichtnegative, nicht identisch verschwindende trigonometrische Polynom n^{ter} Ordnung

$$g(\vartheta) = \lambda_0 + \lambda_1\cos\vartheta + \mu_1\sin\vartheta + \lambda_2\cos 2\vartheta + \mu_2\sin 2\vartheta + \cdots + \lambda_n\cos n\vartheta + \mu_n\sin n\vartheta$$

habe das geometrische Mittel 1. Dann ist

$$g(\vartheta) \leqq 4^n.$$

Das Gleichheitszeichen gilt hier nur für

$$g(\vartheta) = \left(2\cos\frac{\vartheta - \vartheta_0}{2}\right)^{2n}$$

und für $\vartheta = \vartheta_0$ (bzw. für $\vartheta = \vartheta_0 + 2k\pi$, $k = 0, \pm 1, \pm 2, \ldots$).

55. (Fortsetzung.) Das arithmetische Mittel von $g(\vartheta)$ ist

$$\lambda_0 = \frac{1}{2\pi}\int_0^{2\pi} g(\vartheta)\,d\vartheta \leqq \binom{2n}{n}.$$

Wann gilt hier das Gleichheitszeichen?

56. (Fortsetzung.)

$$\sqrt{\lambda_\nu^2 + \mu_\nu^2} \leqq 2\binom{2n}{n+\nu}, \qquad \nu = 1, 2, 3, \ldots, n.$$

Wann tritt hier das Gleichheitszeichen ein?

57. Ein trigonometrisches Polynom ohne absolutes Glied

$$g(\vartheta) = \lambda_1\cos\vartheta + \mu_1\sin\vartheta + \lambda_2\cos 2\vartheta + \mu_2\sin 2\vartheta + \cdots + \lambda_n\cos n\vartheta + \mu_n\sin n\vartheta$$

kann nicht für jedes reelle ϑ von demselben Vorzeichen sein, es sei denn, daß es identisch verschwindet. Dieser Satz ist *ohne* Integralrechnung zu beweisen.

58. Es sei $-m$ und M das Minimum bzw. Maximum eines trigonometrischen Polynoms n^{ter} Ordnung von der Form

$$g(\vartheta) = \lambda_1\cos\vartheta + \mu_1\sin\vartheta + \lambda_2\cos 2\vartheta + \mu_2\sin 2\vartheta + \cdots + \lambda_n\cos n\vartheta + \mu_n\sin n\vartheta,$$

$m \geqq 0$, $M \geqq 0$. [**57.**] Dann ist

$$M \leqq nm, \quad m \leqq nM.$$

59. Der erste Mittelwertsatz der Integralrechnung läßt sich für trigonometrische Polynome folgendermaßen verschärfen: Es sei $g(\vartheta)$ ein trigonometrisches Polynom n^{ter} Ordnung und m das Minimum, M das Maximum von $g(\vartheta)$; dann ist

$$m + \frac{M-m}{n+1} \leqq \frac{1}{2\pi}\int_0^{2\pi} g(\vartheta)\,d\vartheta \leqq M - \frac{M-m}{n+1}.$$

60. Es sei $-m$ das Minimum und M das Maximum eines trigonometrischen Polynoms n^{ter} Ordnung

$$g(\vartheta) = \lambda_0 + \lambda_1\cos\vartheta + \mu_1\sin\vartheta + \lambda_2\cos 2\vartheta + \mu_2\sin 2\vartheta + \cdots$$
$$+ \lambda_n\cos n\vartheta + \mu_n\sin n\vartheta;$$

dann ist entweder m oder M größer als $\sqrt{\lambda_n^2 + \mu_n^2}$. Es ist nur dann $m = M = \sqrt{\lambda_n^2 + \mu_n^2}$, wenn $g(\vartheta) = c\cos n(\vartheta - \vartheta_0)$ ist.

61. Man setze n harmonische Bewegungen zusammen, deren Perioden zueinander im Verhältnis $1 : \frac{1}{2} : \frac{1}{3} : \cdots : \frac{1}{n}$ stehen; die Phasen sind beliebig. Die größte Elongation der resultierenden Bewegung ist dann mindestens gleich dem arithmetischen Mittel der Amplituden der einzelnen harmonischen Bewegungen.

Mit den Bezeichnungen von **58** handelt es sich um die Ungleichung:

$$M \geqq \frac{\sqrt{\lambda_1^2+\mu_1^2} + \sqrt{\lambda_2^2+\mu_2^2} + \cdots + \sqrt{\lambda_n^2+\mu_n^2}}{n}.$$

(Verschärfung von **50**.)

---

62. $P(x)$ sei ein Polynom n^{ten} Grades mit dem höchsten Koeffizienten 1. Dann ist das Maximum von $|P(x)|$ im Intervall $-1 \leqq x \leqq 1$ mindestens gleich $\frac{1}{2^{n-1}}$. Ist $|P(x)| \leqq \frac{1}{2^{n-1}}$ für $-1 \leqq x \leqq 1$, so unterscheidet sich $P(x)$ nur um einen konstanten Faktor von dem auf S. 75 definierten Polynom $T_n(x)$. [**60.**]

Man betrachte die Gesamtheit der Polynome n^{ten} Grades, deren höchster Koeffizient gleich 1 ist, d. h. die Polynome

$$P(x) = x^n + a_1 x^{n-1} + a_2 x^{n-2} + \cdots + a_n$$

mit beliebigen komplexen Koeffizienten $a_1, a_2, \ldots, a_n$. Man bezeichne mit $\mu_n(\alpha, \beta)$ das Minimum der Maxima sämtlicher $|P(x)|$

in $\alpha \leqq x \leqq \beta$. Der Satz in **62** läßt sich dann so formulieren, daß für $\alpha = -1$, $\beta = 1$ dieses „minimum maximorum"

$$\mu_n(-1, 1) = \frac{1}{2^{n-1}}$$

ist.

63. Es ist

$$\mu_n(\alpha, \beta) = 2\left(\frac{\beta - \alpha}{4}\right)^n = 2\left(\frac{l}{4}\right)^n.$$

Die notwendige und hinreichende Bedingung dafür, daß Polynome mit dem höchsten Koeffizienten 1 existieren, die in einem vorgegebenen Intervall gleichmäßig beliebig klein ausfallen, ist somit die, daß die Länge l dieses Intervalls kleiner ist als 4.

64. Die unabhängige Variable x bewege sich in den beiden (gleich großen) Intervallen, die aus dem Intervall $\alpha \leqq x \leqq \beta$ durch Entfernen des Intervalls, dessen Länge d und dessen Mittelpunkt $\frac{\alpha + \beta}{2}$ ist, hervorgehen; $d < \beta - \alpha = l$. Es sei μ_n die untere Grenze der Maxima sämtlicher Polynome n^{ten} Grades vom höchsten Koeffizienten 1; dann ist

$$\mu_n = 2\left(\frac{l^2 - d^2}{16}\right)^{\frac{n}{2}},$$

wenn n gerade ist, und

$$d\left(\frac{l^2 - d^2}{16}\right)^{\frac{n-1}{2}} \leqq \mu_n \leqq l\left(\frac{l^2 - d^2}{16}\right)^{\frac{n-1}{2}}$$

wenn n ungerade ist. [**63.**]

65. Man betrachte die Gesamtheit der Polynome n^{ten} Grades der Form

$$Q(z) = z^n + b_1 z^{n-1} + b_2 z^{n-2} + \cdots + b_n$$

mit beliebigen komplexen Koeffizienten $b_1, b_2, \ldots, b_n$. Das Maximum von $|Q(z)|$ auf dem Einheitskreis $|z| = 1$ ist mindestens gleich 1 und nur dann gleich 1, wenn $Q(z) = z^n$ ist.

66. Man kann **63** und **65** die folgende geometrische Einkleidung geben:

In einer Ebene seien n feste Punkte $P_1, P_2, \ldots, P_n$ gegeben, und P sei ein in dieser Ebene veränderlicher Punkt. Die Funktion des Punktes P

$$\overline{PP_1} \cdot \overline{PP_2} \ldots \overline{PP_n}$$

($\overline{PP_\nu}$ ist die Entfernung der Punkte P und P_ν) hat auf jeder Strecke von der Länge l mindestens das Maximum $2\left(\frac{l}{4}\right)^n$ und auf jedem

Kreis vom Radius r mindestens das Maximum r^n. Die einzig möglichen äußersten Fälle sind die, daß die Punkte $P_1, P_2, \ldots, P_n$ auf der gegebenen Strecke so wie die Nullstellen des *Tschebyscheff*schen Polynoms $T_n(x)$ [1] im Intervalle $-1, 1$ verteilt sind bzw. daß sie alle in den Mittelpunkt des Kreises zusammenrücken.

Man beweise, daß derselbe Satz auch dann gilt, wenn die Punkte $P_1, P_2, \ldots, P_n$ beliebig im Raume verteilt sind.

Es seien $x_1, x_2, \ldots, x_n$ beliebige, voneinander verschiedene reelle oder komplexe Zahlen. Man setze

$$f(x) = a_0 (x - x_1)(x - x_2) \ldots (x - x_n), \qquad a_0 \neq 0,$$

$$f_\nu(x) = \frac{1}{f'(x_\nu)} \frac{f(x)}{x - x_\nu} = \frac{(x - x_1) \ldots (x - x_{\nu-1})(x - x_{\nu+1}) \ldots (x - x_n)}{(x_\nu - x_1) \ldots (x_\nu - x_{\nu-1})(x_\nu - x_{\nu+1}) \ldots (x_\nu - x_n)},$$
$$\nu = 1, 2, \ldots, n.$$

Jedes Polynom $(n-1)^{\text{ten}}$ Grades läßt sich dann durch seine Werte an den Stellen $x_1, x_2, \ldots, x_n$ folgendermaßen darstellen:

$$(*) \qquad P(x) = P(x_1) f_1(x) + P(x_2) f_2(x) + \cdots + P(x_n) f_n(x)$$

(*Lagrange*sche Interpolationsformel). Die Polynome $f_\nu(x)$ heißen die *Grundpolynome* der Interpolation.

67. Das Polynom n^{ten} Grades

$$f(x) = a_0 x^n + a_1 x^{n-1} + \cdots + a_{n-1} x + a_n$$

habe lauter verschiedene Nullstellen $x_1, x_2, \ldots, x_n$. Dann ist

$$\sigma_k = \sum_{\nu=1}^{n} \frac{x_\nu^k}{f'(x_\nu)} = \begin{cases} 0, & \text{wenn } 0 \leqq k \leqq n-2, \\ a_0^{-1}, & \text{wenn } k = n-1. \end{cases}$$

Weiter ist σ_k unabhängig von a_n für $k = n, n+1, \ldots, 2n-2$ und ist linear in a_n mit dem Koeffizienten $-a_0^{-2}$ für $k = 2n-1$.

68. (Fortsetzung.) Es ist

$$\sum_{\nu=1}^{n} \frac{k x_\nu^{k-1} f'(x_\nu) - x_\nu^k f''(x_\nu)}{[f'(x_\nu)]^3} = \begin{cases} 0, & \text{wenn } 0 \leqq k \leqq 2n-2, \\ a_0^{-2}, & \text{wenn } k = 2n-1. \end{cases}$$

69. (Fortsetzung.) Es seien $x_1, x_2, \ldots, x_n$ von 0 und -1 verschieden. Man beweise

$$\sum_{\nu=1}^{n} \frac{x_\nu^n f(x_\nu^{-1})}{f'(x_\nu)(1 + x_\nu)} = (-1)^{n-1} (1 - x_1 x_2 \ldots x_n).$$

70. Es seien $x_0, x_1, x_2, \ldots, x_n$ beliebige ganze Zahlen, $x_0 < x_1 < x_2 < \cdots < x_n$. Jedes Polynom n^{ten} Grades der Form

$$x^n + a_1 x^{n-1} + a_2 x^{n-2} + \cdots + a_n$$

nimmt an den Stellen $x_0, x_1, x_2, \ldots, x_n$ Werte an, von denen mindestens einer absolut $\geqq \frac{n!}{2^n}$ ist.

71. Wählt man die Nullstellen von $T_n(x)$ [**1**], d. h. die Zahlen $x_\nu = \cos(2\nu - 1)\frac{\pi}{2n}$, $\nu = 1, 2, \ldots, n$ als Interpolationsstellen, dann sind die Grundpolynome

$$f_\nu(x) = \frac{(-1)^{\nu-1}\sqrt{1-x_\nu^2}}{n}\,\frac{T_n(x)}{x - x_\nu}, \qquad \nu = 1, 2, \ldots, n,$$

d. h.: Jedes Polynom $(n-1)^{\text{ten}}$ Grades $P(x)$ läßt sich folgendermaßen darstellen:

$$P(x) = \frac{1}{n}\sum_{\nu=1}^{n} (-1)^{\nu-1}\sqrt{1-x_\nu^2}\,P(x_\nu)\,\frac{T_n(x)}{x-x_\nu}.$$

Die Quadratwurzeln sind überall positiv zu nehmen.

72. Wählt man die Nullstellen von $U_n(x)$ [**1**], d. h. die Zahlen $x_\nu = \cos\nu\frac{\pi}{n+1}$, $\nu = 1, 2, \ldots, n$ als Interpolationsstellen, dann sind die Grundpolynome

$$f_\nu(x) = (-1)^{\nu-1}\frac{1-x_\nu^2}{n+1}\,\frac{U_n(x)}{x-x_\nu}, \qquad \nu = 1, 2, \ldots, n,$$

d. h.: Jedes Polynom $(n-1)^{\text{ten}}$ Grades $P(x)$ läßt sich folgendermaßen darstellen:

$$P(x) = \frac{1}{n+1}\sum_{\nu=1}^{n} (-1)^{\nu-1}(1-x_\nu^2)\,P(x_\nu)\,\frac{U_n(x)}{x-x_\nu}.$$

73. Wählt man die Nullstellen von $U_{n-1}(x)\,(x^2-1)$, d. h. die Werte $x_\nu = \cos\nu\frac{\pi}{n}$, $\nu = 1, 2, \ldots, n-1$, und außerdem $x_0 = 1$, $x_n = -1$ als Interpolationsstellen, dann lauten die Grundpolynome $f_0(x), f_1(x), f_2(x), \ldots, f_n(x)$ folgendermaßen:

$$f_\nu(x) = \frac{(-1)^\nu}{n}\,\frac{U_{n-1}(x)\,(x^2-1)}{x-x_\nu}, \qquad \nu = 1, 2, \ldots, n-1,$$

$$f_0(x) = \frac{1}{2n}U_{n-1}(x)\,(x+1), \qquad f_n(x) = \frac{(-1)^n}{2n}U_{n-1}(x)\,(x-1).$$

d. h.: Jedes Polynom n^{ten} Grades $P(x)$ läßt sich in der folgenden Form darstellen

$$P(x) = \frac{1}{2n} U_{n-1}(x) [P(1)(x+1) + (-1)^n P(-1)(x-1)]$$
$$+ \frac{1}{n} \sum_{\nu=1}^{n-1} (-1)^\nu P(x_\nu) \frac{U_{n-1}(x)(x^2-1)}{x - x_\nu}$$

74. Wählt man die n^{ten} Einheitswurzeln $\varepsilon_\nu = e^{\frac{2\pi i \nu}{n}}$, $\nu = 1, 2, \ldots, n$ als Interpolationsstellen, dann sind die Grundpolynome

$$f_\nu(x) = \frac{\varepsilon_\nu}{n} \frac{x^n - 1}{x - \varepsilon_\nu}, \qquad \nu = 1, 2, \ldots, n,$$

d. h. für ein beliebiges Polynom $P(x)$ vom Grade $n-1$ gilt die Darstellung

$$P(x) = \frac{1}{n} \sum_{\nu=1}^{n} \varepsilon_\nu P(\varepsilon_\nu) \frac{x^n - 1}{x - \varepsilon_\nu}.$$

75. Die Polynome $P(x)$ und $Q(x)$ seien beide vom Grade n, und es seien $x_0, x_1, x_2, \ldots, x_n$ irgend welche $n+1$, voneinander verschiedene, oder auch zum Teil miteinander zusammenfallende reelle oder komplexe Zahlen. Aus den $n+1$ Gleichungen

$$P(x_0) = Q(x_0), \quad P'(x_1) = Q'(x_1), \quad P''(x_2) = Q''(x_2), \quad \ldots, \quad P^{(n)}(x_n) = Q^{(n)}(x_n)$$

folgt identisch

$$P(x) = Q(x).$$

76. Es ist möglich, und zwar nur auf eine Weise, zu $n+1$ beliebig vorgelegten Zahlen $c_0, c_1, c_2, \ldots, c_n$ ein Polynom $P(x)$ vom Grade $\leqq n$ so zu bestimmen, daß

$$P(0) = c_0, \quad P'(1) = c_1, \quad P''(2) = c_2, \quad \ldots, \quad P^{(n)}(n) = c_n$$

gilt [**75**]. Dieses Polynom $P(x)$ ist in der Form

$$P(x) = P(0) A_0(x) + P'(1) A_1(x) + P''(2) A_2(x) + \cdots + P^{(n)}(n) A_n(x)$$

darstellbar, wobei $A_0(x), A_1(x), \ldots, A_n(x)$ von den willkürlich gegebenen Werten $c_0 = P(0)$, $c_1 = P'(1)$, $\ldots$, $c_n = P^{(n)}(n)$ unabhängige, numerisch bestimmte Polynome sind (gewissermaßen die „Grundpolynome" dieser von der *Lagrange*schen wesentlich verschiedenen Interpolation).

77. Für die Gesamtheit der Polynome $(n-1)^{\text{ten}}$ Grades $P(x) = a_0 x^{n-1} + a_1 x^{n-2} + \cdots + a_{n-1}$, für die im Intervall $-1 \leqq x \leqq 1$

$$\sqrt{1-x^2}\,|P(x)| \leqq 1$$

gilt, ist der größte Wert, den $|a_0|$ annehmen kann, $= 2^{n-1}$, d. h.

$$|a_0| \leqq 2^{n-1}.$$

Gleichheit tritt hier dann und nur dann ein, wenn $P(x) = \gamma U_{n-1}(x)$, $|\gamma| = 1$. [**71.**]

78. Man leite aus **73** einen neuen Beweis für **62** ab.

79. Man leite aus **74** einen neuen Beweis für **65** ab.

80. Man betrachte sämtliche Polynome $(n-1)^{\text{ten}}$ Grades $P(x)$, für die im Intervalle $-1 \leqq x \leqq 1$

$$\sqrt{1-x^2}\,|P(x)| \leqq 1$$

gilt. Es ist dann

$$|P(x)| \leqq n, \qquad -1 \leqq x \leqq 1.$$

Das Gleichheitszeichen tritt nur für $P(x) = \gamma U_{n-1}(x)$ mit $|\gamma| = 1$ und für $x = \pm 1$ ein.

81. Man beweise die folgende Verallgemeinerung der zweiten Ungleichung von **7**: Es sei

$$S(\vartheta) = \mu_1 \sin\vartheta + \mu_2 \sin 2\vartheta + \mu_3 \sin 3\vartheta + \cdots + \mu_n \sin n\vartheta$$

ein beliebiges Sinuspolynom n^{ter} Ordnung mit lauter reellen Koeffizienten, für welches

$$|S(\vartheta)| \leqq 1$$

gilt. Es ist dann

$$\left|\frac{S(\vartheta)}{\sin\vartheta}\right| \leqq n.$$

Das Gleichheitszeichen gilt nur für $S(\vartheta) = \pm \sin n\vartheta$.

82. Das trigonometrische Polynom n^{ter} Ordnung mit lauter reellen Koeffizienten

$$g(\vartheta) = \lambda_0 + \lambda_1 \cos\vartheta + \mu_1 \sin\vartheta + \lambda_2 \cos 2\vartheta + \mu_2 \sin 2\vartheta + \cdots$$
$$+ \lambda_n \cos n\vartheta + \mu_n \sin n\vartheta$$

genüge für jedes reelle ϑ der Ungleichung

$$|g(\vartheta)| \leqq 1.$$

Dann ist

$$|g'(\vartheta)| \leqq n.$$

$$\left[\text{Man betrachte } S(\vartheta) = \frac{g(\vartheta_0 + \vartheta) - g(\vartheta_0 - \vartheta)}{2},\ \vartheta = 0.\right]$$

83. Ein Polynom n^{ten} Grades $P(x)$ genüge im Intervall $-1 \leqq x \leqq 1$ der Ungleichung $|P(x)| \leqq 1$; dann ist

$$|P'(x)| \leqq n^2.$$

Das Gleichheitszeichen gilt nur für $P(x) = \gamma T_n(x)$, $|\gamma| = 1$, $x = \pm 1$. [Man betrachte $P(\cos\vartheta)$.]

Die *Legendre*schen Polynome

$$P_0(x),\quad P_1(x),\quad P_2(x),\quad \ldots,\quad P_n(x),\quad \ldots$$

definiert man durch folgende Bedingungen:

1. $P_n(x)$ ist vom n^{ten} Grade, hat reelle Koeffizienten[1]), und es ist

$$\int_{-1}^{1} P_n(x)\,x^\nu\,dx = 0, \qquad \nu = 0, 1, 2, \ldots, n-1;\ n \geqq 1;$$

2. es ist

$$\int_{-1}^{1} [P_n(x)]^2\,dx = \frac{2}{2n+1}, \qquad n = 0, 1, 2, \ldots;$$

3. der Koeffizient von x^n in $P_n(x)$ ist positiv, $n = 0, 1, 2, \ldots$.

Die erste Bedingung besagt, daß, wenn $K(x)$ irgendein Polynom $(n-1)^{\text{ten}}$ Grades bezeichnet, die Gleichung

$$\int_{-1}^{1} P_n(x)\,K(x)\,dx = 0$$

stattfindet. Hieraus folgt, daß $P_n(x)$ durch 1., abgesehen von einem konstanten Faktor, eindeutig bestimmt ist. Wäre nämlich $P_n^*(x)$ ein anderes Polynom von derselben Eigenschaft, so würde auch $a\,P_n(x) - b\,P_n^*(x)$ diese Eigenschaft haben, a, b Konstanten, $a \neq 0$, $b \neq 0$. Wählt man a und b so, daß $a\,P_n(x) - b\,P_n^*(x)$ vom $(n-1)^{\text{ten}}$ Grade ist, dann folgt aus

$$\int_{-1}^{1} [a P_n(x) - b P_n^*(x)]^2\,dx$$

$$= a\int_{-1}^{1} P_n(x)\,[a\,P_n(x) - b\,P_n^*(x)]\,dx - b\int_{-1}^{1} P_n^*(x)\,[a\,P_n(x) - bP_n^*(x)]\,dx = 0,$$

daß $aP_n(x) - bP_n^*(x) = 0$ ist Aus 2. folgt ferner $|a| = |b|$, aus 3. $a = b$.

Die Integralbedingungen 1. 2. kann man folgendermaßen zusammenfassen:

$$\int_{-1}^{1} P_m(x)\,P_n(x)\,dx = \begin{cases} 0, & \text{wenn } m \gtrless n, \\ \dfrac{2}{2n+1}, & \text{wenn } m = n;\ m, n = 0, 1, 2, \ldots. \end{cases}$$

(Orthogonalitätsbedingung.)

---

[1]) Die Voraussetzung der Realität der Koeffizienten ist bei singgemäßer Abänderung gewisser Einzelheiten entbehrlich. Vgl. auch **98**, **99**, **100**.

84. $P_n(x)$ ist, abgesehen von einem konstanten Faktor, gleich der n^{ten} Ableitung von $(x^2-1)^n$:

$$P_n(x) = \frac{1}{2^n n!}\frac{d^n}{dx^n}(x^2-1)^n \quad (\textit{Rodrigues}\text{sche Formel}).$$

85. Es ist

$$(1-t)^n P_n\left(\frac{1+t}{1-t}\right) = 1 + \binom{n}{1}^2 t + \binom{n}{2}^2 t^2 + \binom{n}{3}^2 t^3 + \cdots + \binom{n}{n-1}^2 t^{n-1} + t^n.$$

86. $P_n(x)$ läßt sich in Integralform darstellen:

$$P_n(x) = \frac{1}{\pi}\int_0^\pi (x + \sqrt{x^2-1}\cos\varphi)^n\, d\varphi \quad (\textit{Laplace}\text{sche Formel}).$$

87. Zwischen drei aufeinander folgenden *Legendre*schen Polynomen besteht eine Rekursionsformel:

$$P_n(x) = \frac{2n-1}{n}\, x\, P_{n-1}(x) - \frac{n-1}{n} P_{n-2}(x), \quad n = 2, 3, 4, \ldots.$$

88. Es gibt ein einziges Polynom n^{ten} Grades $S_n(x)$ mit reellen Koeffizienten derart, daß die Gleichung

$$\int_{-1}^{1} S_n(x)\, K(x)\, dx = K(1)$$

für alle Polynome n^{ten} Grades $K(x)$ erfüllt ist. Man drücke $S_n(x)$ und $(1-x)\, S_n(x)$ als lineare Kombination von *Legendre*schen Polynomen aus. [Auch $K(x)$.]

89. (Fortsetzung.) Die Polynome

$$S_0(x),\ S_1(x),\ S_2(x),\ \ldots,\ S_n(x),\ \ldots$$

erfüllen die Orthogonalitätsbedingung

$$\int_{-1}^{1} (1-x)\, S_m(x)\, S_n(x)\, dx = \begin{cases} 0, & \text{wenn } m \gtrless n, \\ \dfrac{n+1}{2}, & \text{wenn } m = n;\ m, n = 0, 1, 2, \ldots. \end{cases}$$

90. $P_n(x)$ genügt einer homogenen linearen Differentialgleichung zweiter Ordnung:

$$(1-x^2)\, P_n''(x) - 2x\, P_n'(x) + n\,(n+1)\, P_n(x) = 0.$$

91. Es gilt für genügend kleines w identisch in w und x

$$\frac{1}{\sqrt{1-2xw+w^2}} = P_0(x) + P_1(x)\, w + P_2(x)\, w^2 + \cdots + P_n(x)\, w^n + \cdots.$$

(Erzeugende Reihe der *Legendre*schen Polynome.)

92. Man leite **84**, **86**, **87**, **90** direkt aus **91** her. (Es kann **91** auch als Definition der *Legendre*schen Polynome angesehen werden, und zwar als eine Definition von „zentraler Lage“: es führen von hier aus zu den meisten Eigenschaften besonders bequeme Wege.)

93. $P_n(\cos\vartheta)$ ist ein Kosinuspolynom mit lauter nichtnegativen Koeffizienten. Man bestimme diese Koeffizienten.

Man leite hieraus die folgende Ungleichung ab:

$$|P_n(x)| \leqq 1, \qquad -1 \leqq x \leqq 1.$$

Für $n > 0$ gilt das Zeichen $=$ nur dann, wenn $x = 1$ oder wenn $x = -1$ ist.

94. Es sei $x > 1$. Die Folge

$$P_0(x), \quad P_1(x), \quad P_2(x), \quad \ldots, \quad P_n(x), \quad \ldots$$

nimmt monoton zu.

95. Die Summe der n ersten *Legendre*schen Polynome ist im Intervall $-1 \leqq x \leqq 1$ nichtnegativ:

$$P_0(x) + P_1(x) + P_2(x) + \cdots + P_n(x) \geqq 0, \qquad -1 \leqq x \leqq 1.$$

Das Gleichheitszeichen gilt nur dann, wenn n ungerade und $x = -1$ ist. [III **157**.]

96. Die Summe der n ersten *Legendre*schen Polynome

$$P_0(x) + P_1(x) + P_2(x) + \cdots + P_n(x)$$

ist für jeden Wert von x positiv, wenn n gerade ist; sie hat an der Stelle $x = -1$ die einzige Zeichenänderung, wenn n ungerade ist. [**94**.]

97. Das n^{te} *Legendre*sche Polynom $P_n(x)$ hat lauter reelle einfache Nullstellen, die sämtlich im Innern des Intervalls -1, 1 liegen. [II **140**.]

98. Man verallgemeinere die Sätze in **84**—**91**, **97** für die *Jacobi*schen (hypergeometrischen) Polynome

$$P_0^{(\alpha,\beta)}(x), \quad P_1^{(\alpha,\beta)}(x), \quad P_2^{(\alpha,\beta)}(x), \quad \ldots, \quad P_n^{(\alpha,\beta)}(x), \quad \ldots, \qquad \alpha, \beta > -1,$$

definiert durch die Bedingungen:

1. 2. $P_n^{(\alpha,\beta)}(x)$ ist vom n^{ten} Grade, hat reelle Koeffizienten, und es ist

$$\int_{-1}^{1} (1-x)^\alpha (1+x)^\beta P_m^{(\alpha,\beta)}(x) P_n^{(\alpha,\beta)}(x)\, dx$$

$$= \begin{cases} 0, & \text{wenn } m \gtrless n, \\ \dfrac{2^{\alpha+\beta+1}}{2n+\alpha+\beta+1} \dfrac{\Gamma(n+\alpha+1)\,\Gamma(n+\beta+1)}{\Gamma(n+1)\,\Gamma(n+\alpha+\beta+1)}, & \text{wenn } m = n;\ m, n = 0, 1, 2, \ldots \end{cases}$$

$\left(\text{für } n = 0 \text{ ist der letzte Ausdruck so zu lesen: } 2^{\alpha+\beta+1} \dfrac{\Gamma(\alpha+1)\,\Gamma(\beta+1)}{\Gamma(\alpha+\beta+2)}\right)$;

3. der Koeffizient von x^n in $P_n^{(\alpha,\beta)}(x)$ ist positiv.

Einige schon bekannte Fälle, die speziellen Wertsystemen α, β entsprechen, sind in folgender Tabelle zusammengestellt:

$\alpha =$	$0,$	$1,$	$-\frac{1}{2},$	$\frac{1}{2},$
$\beta =$	$0,$	$0,$	$-\frac{1}{2},$	$\frac{1}{2},$
$P_n^{(\alpha,\beta)}(x) =$	$P_n(x),$	$\frac{2}{n+1} S_n(x),$	$\frac{1.3\ldots(2n-1)}{2.4\ldots 2n} T_n(x),$	$2\frac{1.3\ldots(2n+1)}{2.4\ldots(2n+2)} U_n(x),$
Vgl.	S. 91,	**89**,	**4**,	**4**.

(Der Koeffizient von $T_n(x)$ ist für $n = 0$ durch 1 zu ersetzen.)

99. Man beweise Analoges wie in **84**, **85**, **87**—**91**, **97** für die verallgemeinerten *Laguerre*schen Polynome

$$L_0^{(\alpha)}(x), \quad L_1^{(\alpha)}(x), \quad L_2^{(\alpha)}(x), \quad \ldots, \quad L_n^{(\alpha)}(x), \quad \ldots, \qquad \alpha > -1,$$

definiert durch die Bedingungen:

1. 2. $L_n^{(\alpha)}(x)$ ist vom n^{ten} Grade, hat reelle Koeffizienten, und es ist

$$\int_0^\infty e^{-x} x^\alpha L_m^{(\alpha)}(x) L_n^{(\alpha)}(x)\, dx$$

$$= \begin{cases} 0, & \text{wenn} \quad m \gtrless n, \\ \Gamma(\alpha+1)\binom{n+\alpha}{n}, & \text{wenn} \quad m = n; \ m, n = 0, 1, 2, \ldots; \end{cases}$$

3. der Koeffizient von x^n in $L_n^{(\alpha)}(x)$ ist vom Vorzeichen $(-1)^n$.

100. Man beweise Analoges wie in **84**, **87**, **88**, **90**, **91**, **97** für die *Hermite*schen Polynome

$$H_0(x), \quad H_1(x), \quad H_2(x), \quad \ldots, \quad H_n(x), \quad \ldots,$$

definiert durch die Bedingungen:

1. 2. $H_n(x)$ ist vom n^{ten} Grade, hat reelle Koeffizienten, und es ist

$$\int_{-\infty}^{\infty} e^{-\frac{x^2}{2}} H_m(x) H_n(x)\, dx = \begin{cases} 0 & \text{für} \quad m \gtrless n, \\ \frac{\sqrt{2\pi}}{n!} & \text{für} \quad m = n; \ m, n = 0, 1, 2, \ldots; \end{cases}$$

3. der Koeffizient von x^n in $H_n(x)$ ist vom Vorzeichen $(-1)^n$.

101. Sind $P_n^{(\alpha,\beta)}(x)$ und $L_n^{(\alpha)}(x)$ die in **98** bzw. **99** definierten Funktionen, so gilt

$$\lim_{\beta \to +\infty} P_n^{(\alpha,\beta)}(1-\varepsilon) = L_n^{(\alpha)}(x),$$

wenn ε mit wachsendem β gegen 0 konvergiert, und zwar so, daß

$$\lim_{\beta \to +\infty} \varepsilon\beta = 2x$$

ist.

102. Sind $L_n^{(\alpha)}(x)$ und $H_n(x)$ die in **99** und **100** definierten Funktionen, so gilt

$$H_{2q}(x) = \frac{(-1)^q}{1\cdot 3\cdot 5\cdots(2q-1)} L_q^{(-\frac{1}{2})}\left(\frac{x^2}{2}\right),$$

$$H_{2q+1}(x) = \frac{(-1)^{q+1}}{1\cdot 3\cdot 5\cdots(2q+1)} x L_q^{(\frac{1}{2})}\left(\frac{x^2}{2}\right), \quad q = 0, 1, 2, \ldots.$$

---

103. Es sei $P(x)$ ein beliebiges Polynom n^{ten} Grades mit lauter reellen Koeffizienten und

$$\int_{-1}^{1} [P(x)]^2 \, dx = 1.$$

Dann ist für $-1 \leqq x \leqq 1$

$$|P(x)| \leqq \frac{n+1}{\sqrt{2}}.$$

Es gilt hier dann und nur dann das Gleichheitszeichen, wenn entweder

$$P(x) = \pm \frac{\sqrt{2}}{n+1} S_n(x) \; [\mathbf{88}] \quad \text{und} \quad x = 1$$

oder

$$P(x) = \pm \frac{\sqrt{2}}{n+1} S_n(-x) \quad \text{und} \quad x = -1$$

ist $(n > 0)$. [Das Integral von $[P(x)]^2$ ist eine quadratische Form von $n+1$ bestimmenden Größen; man suche diese so zu wählen, daß die quadratische Form eine Summe von $n+1$ Quadraten wird.]

104. Es sei $P(x)$ ein beliebiges Polynom n^{ten} Grades mit lauter reellen Koeffizienten und

$$\int_{-1}^{1} (1-x) [P(x)]^2 \, dx = 1.$$

Dann ist

$$|P(1)| \leqq \frac{1}{\sqrt{2}} \binom{n+2}{2}, \qquad |P(-1)| \leqq \frac{1}{\sqrt{2}} \sqrt{\binom{n+2}{2}}.$$

Diese Schranken lassen sich nicht durch kleinere ersetzen.

105. Es seien α und β Konstanten, $\alpha > -1$, $\beta > -1$, $P(x)$ ein beliebiges Polynom n^{ten} Grades mit lauter reellen Koeffizienten und

$$\int_{-1}^{1} (1-x)^\alpha (1+x)^\beta [P(x)]^2 \, dx = 1.$$

Man bestimme das Maximum von $|P(1)|$ und $|P(-1)|$, während $P(x)$ die Gesamtheit der Polynome der genannten Art durchläuft. Wie verhalten sich diese Maximalwerte für große Werte von n?

106. Es sei α eine Konstante, $\alpha > -1$. Man bestimme das Maximum von $|P(0)|$ für alle Polynome n^{ten} Grades $P(x)$, die der Bedingung

$$\int_0^\infty e^{-x} x^\alpha [P(x)]^2 \, dx = 1$$

genügen. Wie verhält sich dieses Maximum für große Werte von n?

107. Man bestimme das Maximum von $|P(0)|$ für alle Polynome n^{ten} Grades $P(x)$, die der Bedingung

$$\int_{-\infty}^{\infty} e^{-\frac{x^2}{2}} [P(x)]^2 \, dx = 1$$

genügen. Wie verhält sich dieses Maximum für große Werte von n?

108. Es sei $P(x)$ ein Polynom n^{ten} Grades, das im Intervalle $-1 \leqq x \leqq 1$ nur nichtnegative Werte annimmt und für welches

$$\int_{-1}^{1} P(x) \, dx = 1$$

gilt. Dann ist

$$P(1) \leqq \begin{cases} \dfrac{q(q+1)}{2} & \text{für ungerades } n,\ n = 2q - 1, \\ \dfrac{(q+1)^2}{2} & \text{für gerades } n,\ n = 2q. \end{cases}$$

Die gleiche Abschätzung gilt für $P(-1)$. Diese Schranken lassen sich nicht durch kleinere ersetzen.

109. Der erste Mittelwertsatz der Integralrechnung läßt sich für Polynome n^{ten} Grades folgendermaßen verschärfen: Es sei $P(x)$ ein Polynom n^{ten} Grades und m das Minimum, M das Maximum von $P(x)$ im Intervall $a \leqq x \leqq b$; dann ist

$$m + \frac{M - m}{\alpha_n} \leqq \frac{1}{b - a} \int_a^b P(x) \, dx \leqq M - \frac{M - m}{\alpha_n},$$

wo $\alpha_n = q(q+1)$ für ungerades n, $n = 2q - 1$ und $\alpha_n = (q+1)^2$ für gerades n, $n = 2q$.

110. Es seien α und β Konstanten, $\alpha > -1$, $\beta > -1$, $P(x)$ ein Polynom n^{ten} Grades, das im Intervalle $-1 \leqq x \leqq 1$ nur nichtnegative Werte annimmt und für welches

$$\int_{-1}^{1} (1 - x)^\alpha (1 + x)^\beta P(x) \, dx = 1$$

gilt. Dann ist

$$P(1) \leqq \begin{cases} \dfrac{1}{2^{\alpha+\beta+1}} \dfrac{\Gamma(q+\alpha+1)\,\Gamma(q+\alpha+\beta+2)}{\Gamma(\alpha+1)\,\Gamma(\alpha+2)\,\Gamma(q)\,\Gamma(q+\beta+1)} & \text{für ungerades } n,\ n = 2q-1, \\ \dfrac{1}{2^{\alpha+\beta+1}} \dfrac{\Gamma(q+\alpha+2)\,\Gamma(q+\alpha+\beta+2)}{\Gamma(\alpha+1)\,\Gamma(\alpha+2)\,\Gamma(q+1)\,\Gamma(q+\beta+1)} & \text{für gerades } n,\ n = 2q. \end{cases}$$

Diese Schranken lassen sich nicht durch kleinere ersetzen.

Die entsprechenden Schranken für $P(-1)$ erhält man, indem man α mit β vertauscht.

111. Es sei α eine Konstante, $\alpha > -1$, $P(x)$ ein Polynom n^{ten} Grades, das für nichtnegative Werte von x nur nichtnegative Werte annimmt und für welches

$$\int_0^\infty e^{-x} x^\alpha P(x)\, dx = 1$$

gilt. Dann ist

$$P(0) \leqq \frac{\Gamma(p+\alpha+2)}{\Gamma(\alpha+1)\,\Gamma(\alpha+2)\,\Gamma(p+1)}, \qquad p = \left[\frac{n}{2}\right].$$

Diese Schranke läßt sich nicht durch eine kleinere ersetzen.

112. Es sei $P(x)$ ein Polynom n^{ten} Grades, das für nichtnegative Werte von x nichtnegativ ist und für welches

$$\int_0^\infty e^{-x} P(x)\, dx = 1$$

gilt. Dann ist

$$P(0) \leqq \left[\frac{n}{2}\right] + 1.$$

113. (Fortsetzung.) Ist ξ eine beliebige nichtnegative Zahl, so ist

$$e^{-\xi} P(\xi) \leqq \left[\frac{n}{2}\right] + 1.$$

Siebenter Abschnitt.

Determinanten und quadratische Formen.

1. Die n Ecken eines Polyeders seien in bestimmter Reihenfolge numeriert. Es sei eine Determinante n^{ter} Ordnung folgendermaßen definiert:

Wenn die λ^{te} und die μ^{te} Ecke die beiden Endpunkte einer Kante des Polyeders sind, so soll $a_{\lambda\mu} = a_{\mu\lambda} = 1$ sein.

Wenn die Verbindungsstrecke der λ^{ten} und μ^{ten} Ecke keine Kante des Polyeders ist, so sei $a_{\lambda\mu} = 0$. Insbesondere ist $a_{\lambda\lambda} = 0$, $\lambda = 1, 2, \ldots, n$.

Man zeige, daß der Wert dieser Determinante von der Art der Numerierung der Ecken unabhängig ist. Man bilde und berechne die Determinanten für das Tetraeder, das Hexaeder und das Oktaeder.

2. Zu berechnen

$$\begin{vmatrix} 1 & 1 & 1 & \ldots & 1 \\ b_1 & a_1 & a_1 & \ldots & a_1 \\ b_1 & b_2 & a_2 & \ldots & a_2 \\ \cdots & \cdots & \cdots & \cdots & \cdots \\ b_1 & b_2 & b_3 & \ldots & a_n \end{vmatrix}$$

3. Man beweise die Identität:

$$\left|\frac{1}{a_\lambda + b_\mu}\right|_1^n = \frac{\prod\limits_{j>k}^{1,2,\ldots,n} (a_j - a_k)(b_j - b_k)}{\prod\limits_{\lambda,\mu}^{1,2,\ldots,n} (a_\lambda + b_\mu)}.$$

4. Die Determinante der quadratischen Form

$$\sum_{\lambda=1}^{n} \sum_{\mu=1}^{n} \frac{x_\lambda x_\mu}{\lambda + \mu}$$

mit D_n bezeichnet, ist

$$D_n = \frac{[1!\,2!\cdots(n-1)!]^3\, n!}{(n+1)!\,(n+2)!\cdots(2n)!}.$$

Man berechne ferner die Determinante $D_n(\alpha)$ der quadratischen Form

$$\sum_{\lambda=1}^{n} \sum_{\mu=1}^{n} \frac{x_\lambda x_\mu}{\lambda+\mu+\alpha}, \qquad \alpha > -2.$$

5. $|(a_\lambda - b_\mu)^{n-1}|_1^n = \prod_{\nu=1}^{n-1} (n-\nu)^{n-2\nu} \prod_{j>k}^{1,2,\ldots,n} (a_j - a_k)(b_j - b_k)$.

6. Man führe den Satz V **86** betreffs der Determinante $|F(\alpha_\lambda \beta_\mu)|$, durch Umformung derselben auf den Satz V **48** zurück.

7. Es ist, $f(x) = (r_1 - x)(r_2 - x) \cdots (r_n - x)$ gesetzt,

$$\begin{vmatrix} r_1 & a & a & \ldots & a \\ b & r_2 & a & \ldots & a \\ b & b & r_3 & \ldots & a \\ \ldots & \ldots & \ldots & \ldots & \ldots \\ b & b & b & \ldots & r_n \end{vmatrix} = \frac{a f(b) - b f(a)}{a - b}.$$

[Man addiere zu sämtlichen n^2 Elementen die Unbestimmte x; die so entstehende Determinante ist eine *lineare* Funktion von x und als solche aus zwei speziellen Werten bestimmbar.]

8. Es sei $\Delta = ad - bc$ gesetzt. Dann ist die Funktionaldeterminante

$$\frac{\partial(a\Delta, b\Delta, c\Delta, d\Delta)}{\partial(a, b, c, d)} = 3\Delta^4.$$

9. Zu beweisen ist, daß $\varrho - 2$ den Ausdruck

$$\begin{vmatrix} \varrho & \frac{l}{m} + \frac{m}{l} & \frac{n}{l} + \frac{l}{n} \\ \frac{l}{m} + \frac{m}{l} & \varrho & \frac{m}{n} + \frac{n}{m} \\ \frac{n}{l} + \frac{l}{n} & \frac{m}{n} + \frac{n}{m} & \varrho \end{vmatrix}, \qquad l \neq 0, m \neq 0, n \neq 0,$$

teilt; man bestimme die übrigen Faktoren.

10. Die Determinante

$$|1, x_\nu, x_\nu^2, \ldots, x_\nu^{n-q-1}, x_\nu^{n-q+1}, \ldots, x_\nu^{n-1}, x_\nu^n|, \qquad \nu = 1, 2, \ldots, n$$

ist als eine alternierende ganze rationale Funktion der n Zahlen $x_1, x_2, \ldots, x_n$ jedenfalls teilbar durch das Differenzenprodukt

$$\prod_{j>k}^{1,2,\ldots,n} (x_j - x_k).$$

Man zeige, daß der Quotient S_q gleich der q^{ten} elementaren symmetrischen Funktion der n Zahlen $x_1, x_2, \ldots, x_n$ ist.

11. Die Zahlen $a_0, a_1, a_2, \ldots, a_n$ seien von 0 verschieden. Dann gilt identisch in z

$$a_0 \begin{vmatrix} z+\frac{a_1}{a_0} & \frac{a_2}{a_1} & \frac{a_3}{a_2} & \cdots & \frac{a_{n-1}}{a_{n-2}} & \frac{a_n}{a_{n-1}} \\ -\frac{a_1}{a_0} & z & 0 & \cdots & 0 & 0 \\ 0 & -\frac{a_2}{a_1} & z & \cdots & 0 & 0 \\ \cdots & \cdots & \cdots & \cdots & \cdots & \cdots \\ 0 & 0 & 0 & \cdots & -\frac{a_{n-1}}{a_{n-2}} & z \end{vmatrix} = a_0 z^n + a_1 z^{n-1} + \cdots + a_n .$$

12. Es seien $a_1, a_2, a_3, b_1, b_2, b_3, c$ reelle Zahlen. Das System

$$\begin{aligned} -a_3 x_2 + a_2 x_3 &= b_1, \\ a_3 x_1 \qquad - a_1 x_3 &= b_2, \\ -a_2 x_1 + a_1 x_2 \qquad &= b_3, \\ a_1 x_1 + a_2 x_2 + a_3 x_3 &= c \end{aligned}$$

kann auf zwei verschiedene Arten verträglich sein. In dem einen Falle sind die Unbekannten x_1, x_2, x_3 völlig unbestimmt, in dem anderen völlig bestimmt.

13. Die ganze Funktion

$$1 + c_1 z + c_2 z^2 + c_3 z^3 + \cdots$$

soll lauter voneinander verschiedene Nullstellen $a_1, a_2, \ldots, a_n, \ldots$ besitzen,

$$0 < |a_1| < |a_2| < \cdots < |a_n| < \cdots.$$

Man betrachte das System der n Gleichungen

$$\begin{aligned} 1 + a_1 u_1^{(n)} + a_1^2 u_2^{(n)} + \cdots + a_1^n u_n^{(n)} &= 0, \\ 1 + a_2 u_1^{(n)} + a_2^2 u_2^{(n)} + \cdots + a_2^n u_n^{(n)} &= 0, \\ \cdots\cdots\cdots\cdots\cdots\cdots\cdots\cdots \\ 1 + a_n u_1^{(n)} + a_n^2 u_2^{(n)} + \cdots + a_n^n u_n^{(n)} &= 0, \end{aligned}$$

welche die $u_k^{(n)}$ vollständig bestimmen. Wenn $\frac{1}{|a_1|} + \frac{1}{|a_2|} + \cdots + \frac{1}{|a_n|} + \cdots$ konvergiert, so existiert $\lim_{n\to\infty} u_k^{(n)}$, aber es ist nicht notwendigerweise

$$\lim_{n\to\infty} u_k^{(n)} = c_k .$$

(*Eine* Lösung des *unendlichen* Systems

$$1 + a_\nu u_1 + a_\nu^2 u_2 + \cdots = 0, \qquad \nu = 1, 2, 3, \ldots$$

ist: $u_1 = c_1, \quad u_2 = c_2, \quad u_3 = c_3, \quad \ldots$.)

14. In den Gleichungen

$$\begin{aligned} c_{11}z_1 + c_{12}z_2 + \cdots + c_{1n}z_n &= 0, \\ c_{21}z_1 + c_{22}z_2 + \cdots + c_{2n}z_n &= 0, \\ \cdots\cdots\cdots\cdots\cdots\cdots & \\ c_{n1}z_1 + c_{n2}z_2 + \cdots + c_{nn}z_n &= 0 \end{aligned}$$

seien die Koeffizienten und die Unbekannten komplex:

$$c_{\lambda\mu} = a_{\lambda\mu} + i b_{\lambda\mu}, \qquad z_\mu = x_\mu + i y_\mu,$$

$a_{\lambda\mu}$, $b_{\lambda\mu}$, x_μ, y_μ reell. Damit diese Gleichungen nicht nur die identisch verschwindende Lösung

$$z_1 = z_2 = \cdots = z_n = 0, \text{ d. h. } x_1 = x_2 = \cdots = x_n = y_1 = y_2 = \cdots = y_n = 0$$

zulassen, ist notwendig und hinreichend, daß die Determinante $|c_{\lambda\mu}|_1^n$ verschwindet. Das gibt *zwei Gleichungen* zwischen den $2n^2$ reellen Größen $a_{\lambda\mu}$, $b_{\lambda\mu}$. Andererseits lassen sich die gegebenen Gleichungen als $2n$ lineare homogene Gleichungen für $2n$ reelle Unbekannte schreiben. Die notwendige und hinreichende Bedingung für die Existenz einer nicht identisch verschwindenden Lösung besteht diesmal in dem Verschwinden einer reellen Determinante, d. h. in *einer Gleichung* zwischen den $a_{\lambda\mu}$, $b_{\lambda\mu}$. Wie kann das stimmen?

15. Die sechs Entwicklungsglieder einer Determinante dritter Ordnung können nicht sämtlich positiv sein.

16. Die Regel für die Entwicklung einer Determinante besteht aus zwei Teilen; der erste Teil gibt an, welche Produkte aus den Elementen zu bilden sind, während der zweite Teil das Vorzeichen der gebildeten Produkte bestimmt.

Der zweite Teil läßt sich im Falle der zweireihigen Determinante auf folgende Weise vereinfachen:

Man ordne den Elementen

$$\begin{matrix} a_{11} & a_{12} \\ a_{21} & a_{22} \end{matrix} \quad \text{bzw. die Vorzeichen} \quad \begin{matrix} + & + \\ - & + \end{matrix}$$

zu; dann trete jedes Element in die durch den ersten Teil vorgeschriebenen Produkte mit dem zugeordneten festen Vorzeichen ein.

Nun ist nachzuweisen, daß eine entsprechende Vereinfachung bei der Determinante mit mehr als zwei Reihen unmöglich ist; d. h. es ist unmöglich, den n^2 Elementen n^2 feste Vorzeichen derart zuzuordnen, daß, wenn die Elemente in die durch den ersten Teil der Entwicklungsregel vorgeschriebenen Produkte mit dem zugeordneten Vorzeichen eintreten, ohne weiteres das richtige Vorzeichen bei allen Produkten herauskommt.

In **17—34** betrachten wir die aus den Koeffizienten der Potenzreihe

$$a_0 + a_1 z + a_2 z^2 + \cdots + a_n z^n + \cdots$$

gebildeten Determinanten

$$\begin{vmatrix} a_n & a_{n+1} & a_{n+2} & \dots & a_{n+r-1} \\ a_{n+1} & a_{n+2} & a_{n+3} & \dots & a_{n+r} \\ a_{n+2} & a_{n+3} & a_{n+4} & \dots & a_{n+r+1} \\ \dots & \dots & \dots & \dots & \dots \\ a_{n+r-1} & a_{n+r} & a_{n+r+1} & \dots & a_{n+2r-2} \end{vmatrix} = A_n^{(r)},$$

die man als *Hankel*sche oder *rekurrente* Determinanten zu bezeichnen pflegt.

17. Die Potenzreihe $a_0 + a_1 z + a_2 z^2 + \cdots$ soll eine rationale Funktion darstellen, deren Nenner den Grad q und deren Zähler den Grad $p - 1$ besitzt; Zähler und Nenner sind als zueinander teilerfremd angenommen. Setzt man $d = \mathrm{Max}\,(0, p - q)$, so ist:

$$A_d^{(q+1)} = A_{d+1}^{(q+1)} = A_{d+2}^{(q+1)} = \cdots = 0.$$

(Es handelt sich um den genauen Grad.)

18. Es seien d, q nichtnegative ganze Zahlen. Wenn

$$A_d^{(q)} \neq 0, \quad A_{d+1}^{(q)} \neq 0, \quad A_{d+2}^{(q)} \neq 0, \quad A_{d+3}^{(q)} \neq 0, \quad \dots$$

$$A_d^{(q+1)} = 0, \quad A_{d+1}^{(q+1)} = 0, \quad A_{d+2}^{(q+1)} = 0, \quad \cdots$$

ist, dann läßt sich die Potenzreihe als Quotient zweier Polynome darstellen, wobei der Nenner vom Grade q und der Zähler vom Grade $\leqq q + d - 1$ ist. [Man untersuche die Abhängigkeit der Linearformen

$$L_n(x) = a_n x_0 + a_{n+1} x_1 + a_{n+2} x_2 + \cdots + a_{n+q} x_q.]$$

19. Es ist

$$A_n^{(r)} A_{n+2}^{(r)} - A_n^{(r+1)} A_{n+2}^{(r-1)} = (A_{n+1}^{(r)})^2.$$

20. Wenn

$$A_m^{(q+1)} = A_{m+1}^{(q+1)} = A_{m+2}^{(q+1)} = A_{m+3}^{(q+1)} = \cdots = A_{m+t-1}^{(q+1)} = 0$$

ist, so sind die t Determinanten

$$A_{m+1}^{(q)}, \quad A_{m+2}^{(q)}, \quad A_{m+3}^{(q)}, \quad \dots, \quad A_{m+t}^{(q)}$$

entweder sämtlich $= 0$, oder sämtlich $\neq 0$.

21. Das dreieckige Schema

$$\begin{array}{ccccccccc} A_0^{(1)} & A_1^{(1)} & A_2^{(1)} & A_3^{(1)} & A_4^{(1)} & * & * & * & * \\ & A_0^{(2)} & A_1^{(2)} & A_2^{(2)} & * & * & * & * & * \\ & & A_0^{(3)} & * & * & * & A_{n+2}^{(r-1)} & * & * \\ & & & * & * & A_n^{(r)} & A_{n+1}^{(r)} & A_{n+2}^{(r)} & * \\ & & & & * & * & A_n^{(r+1)} & * & * \end{array}$$

ist so angeordnet, daß in einem nach oben geöffneten rechten Winkel, der durch die Vertikale halbiert wird, lauter Unterdeterminanten der an der Spitze des Winkels stehenden Determinante enthalten sind.

22. Im Schema **21** bilden

$A_n^{(r)}$ und $A_{n+1}^{(r)}$ ein *Horizontalpaar*,

$A_{n+1}^{(r)}$ und $A_n^{(r+1)}$ ein *Vertikalpaar*,

$A_n^{(r)}$ und $A_n^{(r+1)}$ ein *Diagonalpaar*,

$A_{n+1}^{(r)}$ und $A_{n-1}^{(r+1)}$ ebenfalls ein Diagonalpaar, *gekreuzt* zu $A_n^{(r)}, A_n^{(r+1)}$.

1. Verschwindet ein Diagonalpaar, so verschwindet auch das dazu gekreuzte Diagonalpaar.

2. Verschwindet ein Horizontalpaar, so verschwindet entweder das darüber oder das darunter liegende Horizontalpaar.

3. Verschwindet ein Vertikalpaar, so verschwindet entweder das linksbenachbarte oder das rechtsbenachbarte Vertikalpaar.

Die Sätze 1. 2. 3. gelten auch an der schrägen Randlinie des Schema **21**.

23. Wenn unter den unendlich vielen Determinanten

$$A_0^{(k+1)},\ A_1^{(k+1)},\ A_2^{(k+1)}, \ldots, A_n^{(k+1)}, \ldots$$

nur endlich viele von 0 verschieden sind, so stellt die Potenzreihe $a_0 + a_1 z + a_2 z^2 + \cdots + a_n z^n + \cdots$ eine rationale Funktion dar, deren Nenner den Grad k nicht übersteigt. [**20**, **18**.]

24. Wenn unter den unendlich vielen Determinanten

$$A_0^{(1)},\ A_0^{(2)},\ A_0^{(3)},\ \ldots\ A_0^{(n)},\ \ldots$$

nur endlich viele von 0 verschieden sind, so stellt die Potenzreihe $a_0 + a_1 z + a_2 z^2 + \cdots + a_n z^n + \cdots$ eine rationale Funktion dar.

25. Wenn unter den unendlich vielen Determinanten

$$\begin{matrix} A_0^{(1)}, & A_1^{(2)}, & A_2^{(3)}, & A_3^{(4)}, & \ldots, & A_n^{(n+1)}, \ldots \\ & A_1^{(1)}, & A_2^{(2)}, & A_3^{(3)}, & \ldots, & A_n^{(n)}\ , \ldots \end{matrix}$$

nur endlich viele von 0 verschieden sind, so stellt die Potenzreihe $a_0 + a_1 z + a_2 z^2 + \cdots + a_n z^n + \cdots$ eine rationale Funktion dar.

26. Man zeige, daß die in **23**, **24**, **25** gegebenen, für die Rationalität der Potenzreihe $a_0 + a_1 z + a_2 z^2 + \cdots + a_n z^n + \cdots$ hinreichenden Kriterien auch *notwendig* sind.

Eine unendliche Matrix

$$\begin{matrix} a_{00} & a_{01} & a_{02} & \ldots \\ a_{10} & a_{11} & a_{12} & \ldots \\ \ldots & \ldots & \ldots & \ldots \end{matrix}$$

heißt *vom endlichen Range* r, wenn alle darin enthaltenen Determinanten von der Ordnung $r+1$ verschwinden, aber nicht alle von der Ordnung r.

Bei der unendlichen *Hankel*schen Matrix $\mathfrak{H}$

$$(\mathfrak{H}) \qquad \begin{matrix} a_0 & a_1 & a_2 & \ldots \\ a_1 & a_2 & a_3 & \ldots \\ a_2 & a_3 & a_4 & \ldots \\ \ldots & \ldots & \ldots & \ldots \end{matrix}$$

($a_{\lambda\mu} = a_{\lambda+\mu}$) bezeichnen wir den jetzt definierten Rang auch als *Bruttorang*. Durch Streichung der ersten k Kolonnen (oder Zeilen) entsteht aus $\mathfrak{H}$ die Matrix

$$(\mathfrak{H}_k) \qquad \begin{matrix} a_k & a_{k+1} & a_{k+2} & \ldots \\ a_{k+1} & a_{k+2} & a_{k+3} & \ldots \\ a_{k+2} & a_{k+3} & a_{k+4} & \ldots \\ \ldots & \ldots & \ldots & \ldots, \end{matrix}$$

deren Rang mit r_k bezeichnet werden soll. Es ist $\mathfrak{H}_0 = \mathfrak{H}$, $r_0 = r$, $r_0 \geqq r_1 \geqq r_2 \geqq \cdots$. Das nach endlich vielen Schritten notwendigerweise erreichte Minimum der Zahlenfolge $r_0, r_1, r_2, \ldots$ bezeichne man als den *Nettorang* von $\mathfrak{H}$.

27. Der Rang der Matrix $\mathfrak{H}$ ist dann und nur dann endlich, wenn die Potenzreihe $a_0 + a_1 z + a_2 z^2 + \cdots + a_n z^n + \cdots$ eine rationale Funktion darstellt.

28. Der Bruttorang von $\mathfrak{H}$ ist gleich der Anzahl der Zeilen der *letzten* nichtverschwindenden Determinante in der unendlichen Folge

$$A_0^{(1)}, \quad A_0^{(2)}, \quad A_0^{(3)}, \quad A_0^{(4)}, \quad \ldots.$$

Ist diese $A_0^{(p)}$, so ist der Nettorang gleich der Anzahl der Zeilen der *ersten* nichtverschwindenden Determinante in der endlichen Folge

$$A_1^{(p)}, \quad A_2^{(p-1)}, \quad A_3^{(p-2)}, \quad \ldots, \quad A_p^{(1)}.$$

(Der Nettorang ist $= 0$, wenn diese p Determinanten alle verschwinden.)

29. Der (als endlich vorausgesetzte) Nettorang von $\mathfrak{H}$ ist gleich dem Grad des Nenners der durch $a_0 + a_1 z + a_2 z^2 + \cdots + a_n z^n + \cdots$ dargestellten rationalen Funktion. Dann und nur dann ist die rationale Funktion echtgebrochen, wenn der Bruttorang gleich dem Nettorang ist. Wenn der Bruttorang größer ist als der Nettorang, dann übersteigt der Bruttorang um eine Einheit den Grad des Zählers. (Nenner und Zähler der rationalen Funktion sind als teilerfremd vorausgesetzt, es handelt sich um den genauen Grad.)

30. Die Potenzreihe

$$a_0 + \frac{a_1 z}{1!} + \frac{a_2 z^2}{2!} + \cdots + \frac{a_n z^n}{n!} + \cdots$$

genügt dann und nur dann einer linearen homogenen Differentialgleichung mit konstanten Koeffizienten, wenn die Determinanten

$$A_0^{(1)},\quad A_0^{(2)},\quad A_0^{(3)},\quad \ldots,\quad A_0^{(n)},\quad \ldots,$$

abgesehen von endlich vielen, sämtlich verschwinden.

31. Es sei $Q_n(z)$ ein Polynom vom Grade n, $Q_n(0) = 1, n = 0, 1, 2, \ldots$. Man setze zur Abkürzung

$$a_0 + a_1 z + a_2 z^2 + \cdots = f(z),\quad Q_k(z)\, f(z) = \Box_k\, a_0 + \Box_k\, a_1 z + \Box_k\, a_2 z^2 + \cdots,$$

$$Q_k(z)\, Q_l(z)\, f(z) = \Box_k \Box_l\, a_0 + \Box_k \Box_l\, a_1 z + \Box_k \Box_l\, a_2 z^2 + \cdots$$

($\Box_k \Box_l\, a_n$ ist ein homogener linearer Ausdruck in $a_n, a_{n-1}, a_{n-2}, \ldots, a_{n-k-l}$).

Es ist

$$A_0^{(n+1)} = \begin{vmatrix} a_0 & \Box_1 a_1 & \cdots & \Box_n a_n \\ \Box_1 a_1 & \Box_1 \Box_1 a_2 & \cdots & \Box_1 \Box_n a_{n+1} \\ \cdots & \cdots & \cdots & \cdots \\ \Box_n a_n & \Box_n \Box_1 a_{n+1} & \cdots & \Box_n \Box_n a_{2n} \end{vmatrix}$$

32. Es sei $\frac{a_0}{z} + \frac{a_1}{z^2} + \frac{a_2}{z^3} + \cdots$ die Potenzreihenentwicklung einer rationalen Funktion, deren (zum Zähler teilerfremder) Nenner $z^q - c_1 z^{q-1} - c_2 z^{q-2} - \cdots - c_q$ ist. Unter den Matrices

$$\mathfrak{A}_m = \begin{pmatrix} a_m & a_{m+1} & \cdots & a_{m+q-1} \\ a_{m+1} & a_{m+2} & \cdots & a_{m+q} \\ \cdots & \cdots & \cdots & \cdots \\ a_{m+q-1} & a_{m+q} & \cdots & a_{m+2q-2} \end{pmatrix},\quad \mathfrak{C} = \begin{pmatrix} 0 & 0 & 0 & 0 & \cdots & 0 & c_q \\ 1 & 0 & 0 & 0 & \cdots & 0 & c_{q-1} \\ 0 & 1 & 0 & 0 & \cdots & 0 & c_{q-2} \\ 0 & 0 & 1 & 0 & \cdots & 0 & c_{q-3} \\ \cdots & \cdots & \cdots & \cdots & \cdots & \cdots & \cdots \\ 0 & 0 & 0 & 0 & \cdots & 1 & c_1 \end{pmatrix}$$

besteht die Beziehung

$$\mathfrak{A}_m = \mathfrak{A}_0 \mathfrak{C}^m,\qquad m = 0, 1, 2, \ldots.$$

Der Rang der unendlichen Matrix

$$(\mathfrak{M})\qquad \begin{matrix} a_{10} & a_{11} & a_{12} & \cdots & a_{1n} & \cdots \\ a_{20} & a_{21} & a_{22} & \cdots & a_{2n} & \cdots \\ \cdots & \cdots & \cdots & \cdots & \cdots & \cdots \\ a_{m0} & a_{m1} & a_{m2} & \cdots & a_{mn} & \cdots \end{matrix}$$

mit endlich vielen ($= m$) Zeilen sei mit r_0 bezeichnet, der Rang der Matrix, die aus $\mathfrak{M}$ durch Weglassen der ersten n Kolonnen entsteht (in deren linker oberer Ecke a_{1n} steht) sei r_n. Es ist $r_0 \geqq r_1 \geqq r_2 \geqq \cdots$, und $\lim\limits_{n\to\infty} r_n$ soll als *Nettorang* von $\mathfrak{M}$ bezeichnet werden.

Die Matrix $\mathfrak{M}$ ist zu dem System der m Potenzreihen

$$\begin{aligned} f_1(z) &= a_{10} + a_{11}z + a_{12}z^2 + \cdots + a_{1n}z^n + \cdots \\ f_2(z) &= a_{20} + a_{21}z + a_{22}z^2 + \cdots + a_{2n}z^n + \cdots \\ &\cdots\cdots\cdots\cdots\cdots\cdots\cdots\cdots \\ f_m(z) &= a_{m0} + a_{m1}z + a_{m2}z^2 + \cdots + a_{mn}z^n + \cdots \end{aligned}$$

gehörig. Man sagt, daß diese *linear abhängig* sind, wenn es Konstanten $c_1, c_2, \ldots, c_m$ mit $|c_1| + |c_2| + \cdots + |c_m| > 0$ gibt, so daß identisch in z

$$c_1 f_1(z) + c_2 f_2(z) + \cdots + c_m f_m(z) = 0$$

gilt; sie heißen voneinander *quasilinear abhängig*, wenn es solche Konstanten $c_1, c_2, \ldots, c_m$ mit $|c_1| + |c_2| + \cdots + |c_m| > 0$ gibt, daß identisch in z

$$c_1 f_1(z) + c_2 f_2(z) + \cdots + c_m f_m(z) = P(z)$$

gilt, wo $P(z)$ ein Polynom ist.

„Zwischen den Potenzreihen $f(z), z f(z), z^2 f(z), \ldots, z^m f(z)$ findet für genügend großes m eine quasilineare Abhängigkeit statt" und „$f(z)$ stellt eine rationale Funktion dar": diese beiden Aussagen sind gleichbedeutend. Man sagt, daß $f(z)$ eine *algebraische Funktion* darstellt, wenn zwischen den $(m+1)^2$ Potenzreihen $z^\mu [f(z)]^\nu$ $(\mu, \nu = 0, 1, 2, \ldots, m)$ für genügend großes m eine lineare Abhängigkeit besteht. Man sagt, daß $f(z)$ einer *algebraischen Differentialgleichung* r^{ter} Ordnung genügt, wenn zwischen den $(m+1)^{r+2}$ Potenzreihen $z^\mu [f(z)]^\nu [f'(z)]^{\nu_1} [f''(z)]^{\nu_2} \ldots [f^{(r)}(z)]^{\nu_r}$ $(\mu, \nu, \nu_1, \nu_2, \ldots, \nu_r = 0, 1, 2, \ldots, m)$ für genügend großes m eine lineare Abhängigkeit besteht.

33. In einem System endlich vieler Potenzreihen gibt es r linear unabhängige, wenn der Rang der dazu gehörigen Matrix r ist, und irgend eine Potenzreihe des Systems ist von den r besagten Reihen linear abhängig.

34. In einem System endlich vieler Potenzreihen gibt es r quasilinear unabhängige, wenn der Nettorang der dazu gehörigen Matrix r ist, und irgend eine Potenzreihe des Systems ist von den r besagten Reihen quasilinear abhängig.

---

35. Es seien gegeben die beiden quadratischen Formen

$$\sum_{\lambda=1}^{n} \sum_{\mu=1}^{n} a_{\lambda\mu} x_\lambda x_\mu \quad \text{und} \quad \sum_{\lambda=1}^{n} \sum_{\mu=1}^{n} b_{\lambda\mu} x_\lambda x_\mu .$$

Sind sie positiv, so ist die quadratische Form

$$\sum_{\lambda=1}^{n} \sum_{\mu=1}^{n} a_{\lambda\mu} b_{\lambda\mu} x_\lambda x_\mu$$

ebenfalls positiv. Ist außerdem die eine der gegebenen Formen definit und sind in der Matrix der anderen die Hauptelemente von 0 verschieden, so ist die dritte definit.

36. Man betrachte die beiden symmetrischen Matrices

$$\begin{pmatrix} a_{11} & a_{12} & \dots & a_{1n} \\ a_{21} & a_{22} & \dots & a_{2n} \\ \dots & \dots & \dots & \dots \\ a_{n1} & a_{n2} & \dots & a_{nn} \end{pmatrix}, \qquad \begin{pmatrix} e^{a_{11}} & e^{a_{12}} & \dots & e^{a_{1n}} \\ e^{a_{21}} & e^{a_{22}} & \dots & e^{a_{2n}} \\ \dots & \dots & \dots & \dots \\ e^{a_{n1}} & e^{a_{n2}} & \dots & e^{a_{nn}} \end{pmatrix}.$$

Ist die zur Matrix $(a_{\lambda\mu})$ gehörige quadratische Form positiv, so ist die zu $(e^{a_{\lambda\mu}})$ gehörige auch positiv; befinden sich ferner unter den Zeilen von $(a_{\lambda\mu})$ keine zwei miteinander identischen, so ist die zu $(e^{a_{\lambda\mu}})$ gehörige Form sogar definit. [V **76**.]

37. Die Potenzreihe

$$p_0 + p_1 x + p_2 x^2 + \cdots = F(x)$$

soll keine negativen Koeffizienten haben und für $x = a_{11}, a_{12}, \ldots, a_{nn}$ konvergieren. Ist die zur n-zeiligen symmetrischen Matrix $(a_{\lambda\mu})$ gehörige quadratische Form positiv, so ist die zu $(F(a_{\lambda\mu}))$ gehörige auch positiv; befinden sich ferner unter den Koeffizienten $p_0, p_2, p_4, \ldots$ mindestens n von 0 verschiedene und unter den Zeilen von $(a_{\lambda\mu}^2)$ keine zwei miteinander identischen, so ist die zu $(F(a_{\lambda\mu}))$ gehörige Form sogar definit.

38. Die reellen Zahlen $a_0, a_1, a_2, \ldots, a_{2n}$ sollen die folgende Eigenschaft besitzen: Wenn $f(x)$ ein beliebiges Polynom höchstens $2n^{\text{ten}}$ Grades bezeichnet, welches nicht identisch verschwindet und für keinen Wert von x negativ ausfällt, dann sei

$$a_0 f(x) + \frac{a_1}{1!} f'(x) + \frac{a_2}{2!} f''(x) + \cdots + \frac{a_{2n}}{(2n)!} f^{(2n)}(x) \geqq 0 \text{ (bzw. } > 0)$$

für alle Werte von x.

Man zeige, daß hierzu notwendig und hinreichend ist, daß die quadratische Form

$$\sum_{\lambda=0}^{n} \sum_{\mu=0}^{n} a_{\lambda+\mu} x_\lambda x_\mu$$

positiv (bzw. definit positiv) ist.

39. Die Zahlen $a_0, a_1, \ldots, a_n$, $n \geqq 1$ sollen die folgende Eigenschaft besitzen: Wenn $f(x)$ ein beliebiges Polynom höchstens n^{ten} Grades bezeichnet, welches nicht identisch verschwindet und für nichtnegative Werte von x nichtnegativ ist, dann sei

$$a_0 f(x) + \frac{a_1}{1!} f'(x) + \frac{a_2}{2!} f''(x) + \cdots + \frac{a_n}{n!} f^{(n)}(x) \geqq 0 \text{ (bzw. } > 0)$$

für alle nichtnegativen Werte von x.

Man zeige, daß hierzu notwendig und hinreichend ist, daß die beiden quadratischen Formen

$$\sum_{\lambda=0}^{\left[\frac{n}{2}\right]} \sum_{\mu=0}^{\left[\frac{n}{2}\right]} a_{\lambda+\mu} x_\lambda x_\mu, \qquad \sum_{\lambda=0}^{\left[\frac{n-1}{2}\right]} \sum_{\mu=0}^{\left[\frac{n-1}{2}\right]} a_{\lambda+\mu+1} x_\lambda x_\mu$$

positiv (bezw. definit positiv) sind.

40. Die Zahlen $a_0, a_1, a_2, \ldots, a_n$, $n \geqq 1$ sollen die folgende Eigenschaft haben: Wenn $f(x)$ ein nicht identisch verschwindendes Polynom vom Grade $\leqq n$ bezeichnet, das im Intervall $-1 \leqq x \leqq 1$ nichtnegativ ist, dann sei

$$a_0 f(x) + \frac{a_1}{1!} f'(x) + \frac{a_2}{2!} f''(x) + \cdots + \frac{a_n}{n!} f^{(n)}(x) \geqq 0$$

für $-1 \leqq x \leqq 1$. Man zeige, daß die einzigen Wertsysteme $a_0, a_1, a_2, \ldots, a_n$ dieser Art durch die Bedingungen

$$a_0 \geqq 0, \quad a_1 = a_2 = \cdots = a_n = 0$$

bestimmt sind.

41. Die beiden quadratischen Formen

$$\sum_{\lambda=0}^{n} \sum_{\mu=0}^{n} a_{\lambda+\mu} x_\lambda x_\mu, \qquad \sum_{\lambda=0}^{n} \sum_{\mu=0}^{n} b_{\lambda+\mu} x_\lambda x_\mu$$

seien positiv. Setzt man

$$c_\nu = a_0 b_\nu + \binom{\nu}{1} a_1 b_{\nu-1} + \binom{\nu}{2} a_2 b_{\nu-2} + \cdots + a_\nu b_0,$$

so wird die quadratische Form

$$\sum_{\lambda=0}^{n} \sum_{\mu=0}^{n} c_{\lambda+\mu} x_\lambda x_\mu$$

ebenfalls positiv, und zwar ist sie definit, wenn wenigstens eine der beiden vorausgehenden Formen definit war.

42. Es sei

$$c_\nu = a_0 b_\nu + \binom{\nu}{1} a_1 b_{\nu-1} + \binom{\nu}{2} a_2 b_{\nu-2} + \cdots + a_\nu b_0.$$

Aus der Positivität der vier quadratischen Formen

$$\sum_{\lambda=0}^{m} \sum_{\mu=0}^{m} a_{\lambda+\mu} x_\lambda x_\mu, \qquad \sum_{\lambda=0}^{m-1} \sum_{\mu=0}^{m-1} a_{\lambda+\mu+1} x_\lambda x_\mu,$$

$$\sum_{\lambda=0}^{m} \sum_{\mu=0}^{m} b_{\lambda+\mu} x_\lambda x_\mu, \qquad \sum_{\lambda=0}^{m-1} \sum_{\mu=0}^{m-1} b_{\lambda+\mu+1} x_\lambda x_\mu$$

folgt die Positivität der folgenden beiden:

$$\sum_{\lambda=0}^{m}\sum_{\mu=0}^{m} c_{\lambda+\mu}x_\lambda x_\mu, \qquad \sum_{\lambda=0}^{m-1}\sum_{\mu=0}^{m-1} c_{\lambda+\mu+1}x_\lambda x_\mu.$$

Aus der Positivität der vier quadratischen Formen

$$\sum_{\lambda=0}^{m}\sum_{\mu=0}^{m} a_{\lambda+\mu}x_\lambda x_\mu, \qquad \sum_{\lambda=0}^{m}\sum_{\mu=0}^{m} a_{\lambda+\mu+1}x_\lambda x_\mu,$$

$$\sum_{\lambda=0}^{m}\sum_{\mu=0}^{m} b_{\lambda+\mu}x_\lambda x_\mu, \qquad \sum_{\lambda=0}^{m}\sum_{\mu=0}^{m} b_{\lambda+\mu+1}x_\lambda x_\mu$$

folgt ferner die Positivität der folgenden beiden:

$$\sum_{\lambda=0}^{m}\sum_{\mu=0}^{m} c_{\lambda+\mu}x_\lambda x_\mu, \qquad \sum_{\lambda=0}^{m}\sum_{\mu=0}^{m} c_{\lambda+\mu+1}x_\lambda x_\mu.$$

43. Die komplexen Zahlen

$$c_{-n},\ c_{-n+1},\ \ldots,\ c_{-1},\ c_0,\ c_1,\ \ldots,\ c_{n-1},\ c_n,\quad c_{-\nu}=\overline{c}_\nu,\ \nu=0,1,2,\ldots,n$$

sollen die folgende Eigenschaft haben: Wenn

$$g(\vartheta)=\alpha_0+2(\alpha_1\cos\vartheta+\beta_1\sin\vartheta+\alpha_2\cos 2\vartheta+\beta_2\sin 2\vartheta+\cdots$$
$$+\alpha_n\cos n\vartheta+\beta_n\sin n\vartheta)=\sum_{\nu=-n}^{n}\gamma_\nu e^{-i\nu\vartheta},$$

$$\gamma_\nu=\overline{\gamma}_{-\nu}=\alpha_\nu+i\beta_\nu,\quad \nu=0,1,2,\ldots,n;\ \beta_0=0,$$

ein beliebiges trigonometrisches Polynom höchstens n^{ter} Ordnung bezeichnet, das nicht identisch verschwindet und für keinen Wert von ϑ negativ ausfällt, dann sei

$$\sum_{\nu=-n}^{n} c_\nu\gamma_\nu e^{-i\nu\vartheta}\geqq 0 \text{ (bzw. } > 0).$$

Man zeige, daß hierzu notwendig und hinreichend ist, daß die *Hermite*sche Form

$$\sum_{\lambda=0}^{n}\sum_{\mu=0}^{n} c_{\mu-\lambda}x_\lambda\overline{x}_\mu$$

positiv (bzw. definit positiv) ist.

---

44. Die n^2 Elemente $a_{\lambda\mu}$ einer n-reihigen Determinante seien unabhängige Variable. Man zeige, daß unter den $n!$ Gliedern $\pm a_{1k_1}a_{2k_2}\ldots a_{nk_n}$ in der Entwicklung der Determinante nur $N=n^2-2n+2$ voneinander unabhängig sind, und gebe N Glieder an, durch die sich alle übrigen rational ausdrücken lassen.

45. In der Entwicklung einer n-reihigen symmetrischen Determinante (mit beliebigen Elementen) sei s'_n die Anzahl der voneinander verschiedenen positiven Glieder und s''_n die entsprechende Anzahl für die negativen Glieder. Für $s_n = s'_n + s''_n$ findet sich schon bei *Cayley* die Rekursionsformel

$$s_{n+1} = (n+1)\, s_n - \binom{n}{2} s_{n-2}.$$

Man zeige, daß für $d_n = s'_n - s''_n$ die Rekursionsformel

$$d_{n+1} = -(n-1)\, d_n - \binom{n}{2} d_{n-2}$$

besteht, und daß

$$\lim_{n\to\infty} \frac{n^{\frac{1}{4}} s_n}{n!} = \frac{e^{\frac{1}{4}}}{\sqrt{\pi}}, \qquad \lim_{n\to\infty} \frac{(-1)^{n-1} n^{\frac{1}{4}} d_n}{n!} = \frac{e^{-\frac{3}{4}}}{2\sqrt{\pi}}$$

ist.

46. In der Entwicklung einer n-reihigen symmetrischen Determinante $|a_{\lambda\mu}|$, in der die n Hauptelemente $a_{\lambda\lambda}$ Null sind, sei σ'_n die Anzahl der voneinander verschiedenen positiven Glieder und σ''_n die entsprechende Anzahl für die negativen Glieder. Setzt man

$$\sigma_n = \sigma'_n + \sigma''_n, \quad \delta_n = \sigma'_n - \sigma''_n,$$

so wird

$$\sigma_{n+1} = n\,\sigma_n + n\,\sigma_{n-1} - \binom{n}{2} \sigma_{n-2}, \quad \delta_{n+1} = -n\,\delta_n - n\,\delta_{n-1} - \binom{n}{2} \delta_{n-2}$$

und

$$\lim_{n\to\infty} \frac{n^{\frac{1}{4}} \sigma_n}{n!} = \frac{e^{-\frac{1}{4}}}{\sqrt{\pi}}, \qquad \lim_{n\to\infty} \frac{(-1)^{n-1} n^{\frac{1}{4}} \delta_n}{n!} = \frac{e^{\frac{3}{4}}}{2\sqrt{\pi}}.$$

47. Bezeichnet man das Differenzenprodukt $\prod\limits_{j<k}^{1,2,\ldots,n} (x_j - x_k)$ mit Δ, so ist bekanntlich ein Ausdruck der Form

$$\Phi = \frac{1}{\Delta} \sum \pm \varphi(x_{\lambda_1}, x_{\lambda_2}, \ldots, x_{\lambda_n})$$

eine symmetrische Funktion von $x_1, x_2, \ldots, x_n$. Hierbei ist die Summe über alle $n!$ Permutationen von $1, 2, \ldots, n$ zu erstrecken und für die geraden Permutationen das positive, für die ungeraden das negative Vorzeichen zu wählen. Es soll nun gezeigt werden: Ist

$$\varphi = \prod_{\nu=1}^{n} \frac{1}{1 - x_1 x_2 \ldots x_\nu},$$

so wird

$$\Phi = \frac{1}{\prod\limits_{\nu=1}^{n} (1 - x_\nu) \prod\limits_{j>k}^{1,2,\ldots,n} (1 - x_j x_k)}.$$

48. Die charakteristische Gleichung eines Systems von n^2 Größen $a_{\lambda\mu}$

$$\chi(z) = \begin{vmatrix} a_{11} - z & a_{12} & \ldots & a_{1n} \\ a_{21} & a_{22} - z & \ldots & a_{2n} \\ \ldots & \ldots & \ldots & \ldots \\ a_{n1} & a_{n2} & \ldots & a_{nn} - z \end{vmatrix} = 0$$

habe die Wurzeln $\alpha_1, \alpha_2, \ldots, \alpha_n$, die nicht alle verschieden zu sein brauchen; die ersten Unterdeterminanten von $\chi(z)$ mögen mit $\chi_{\lambda\mu}(z)$ bezeichnet werden. Es soll bewiesen werden, daß die charakteristische Gleichung der Größen $\chi_{\lambda\mu}(z)$ die Wurzeln

$$\zeta_\varrho = \frac{\chi(z)}{\alpha_\varrho - z}, \qquad \varrho = 1, 2, \ldots, n$$

besitzt.

49. Die linearen Transformationen

$$S_\alpha: \qquad y_p = \frac{\sin\alpha\pi}{n+1} \sum_{q=0}^{n} \frac{x_q}{\sin\frac{\pi}{n+1}(p - q + \alpha)}, \qquad p = 0, 1 \ldots, n,$$

α beliebig, bilden eine Gruppe in dem folgenden Sinne: Es gilt

$$S_\alpha S_\beta = S_{\alpha+\beta}.$$

50. Es sei $g(\vartheta)$ ein trigonometrisches Polynom höchstens n^{ter} Ordnung mit lauter reellen Koeffizienten. Man ermittle die Bedingungen, denen $g(\vartheta)$ unterliegen muß, damit die linearen Transformationen

$$S_\alpha: \qquad y_p = \sum_{q=0}^{n} x_q g\left(\frac{\pi}{n+1}(p - q + \alpha)\right), \qquad p = 0, 1, \ldots, n,$$

α beliebig, eine Gruppe bilden in dem folgenden Sinne: Es gilt

$$S_\alpha S_\beta = S_{\alpha+\beta}.$$

51. (Fortsetzung.) Die Determinante der linearen Transformation S_α verschwindet für alle Werte von α. Der einzige Ausnahmefall ist, wenn

$$g(\vartheta) = \frac{1}{n+1} \frac{\sin(n+1)\vartheta}{\sin\vartheta} \qquad \textbf{[49]};$$

dann ist sie identisch $= 1$.

52. (Fortsetzung von **49**.) Die Transformation S_α ist orthogonal, d. h. es gilt identisch in $x_0, x_1, x_2, \ldots, x_n$

$$y_0^2 + y_1^2 + y_2^2 + \cdots + y_n^2 = x_0^2 + x_1^2 + x_2^2 + \cdots + x_n^2.$$

Wir sagen, daß die lineare Transformation

$$\begin{aligned} y_1 &= a_{11}\, x_1 + a_{12}\, x_2 + \cdots + a_{1n}\, x_n + \cdots \\ y_2 &= a_{21}\, x_1 + a_{22}\, x_2 + \cdots + a_{2n}\, x_n + \cdots \\ &\cdots\cdots\cdots\cdots\cdots\cdots\cdots\cdots \\ y_m &= a_{m1}\, x_1 + a_{m2}\, x_2 + \cdots + a_{mn}\, x_n + \cdots \\ &\cdots\cdots\cdots\cdots\cdots\cdots\cdots\cdots, \end{aligned}$$

oder häufig auch, daß die zugehörige Matrix (a_{mn}) *orthogonal* ist, wenn die Beziehungen

$$a_{m1}^2 + a_{m2}^2 + a_{m3}^2 + \cdots + a_{mn}^2 + \cdots = 1, \qquad m = 1, 2, 3, \ldots,$$

$$a_{\lambda 1}\, a_{\mu 1} + a_{\lambda 2}\, a_{\mu 2} + a_{\lambda 3}\, a_{\mu 3} + \cdots + a_{\lambda n}\, a_{\mu n} + \cdots = 0, \qquad \lambda \lessgtr \mu,\ \lambda, \mu = 1, 2, 3, \ldots$$

und zugleich die weiteren Beziehungen

$$a_{1n}^2 + a_{2n}^2 + a_{3n}^2 + \cdots + a_{mn}^2 + \cdots = 1, \qquad n = 1, 2, 3, \ldots,$$

$$a_{1\lambda}\, a_{1\mu} + a_{2\lambda}\, a_{2\mu} + a_{3\lambda}\, a_{3\mu} + \cdots + a_{m\lambda}\, a_{m\mu} + \cdots = 0, \qquad \lambda \lessgtr \mu,\ \lambda, \mu = 1, 2, 3, \ldots$$

stattfinden. Ähnlich definiert man die Orthogonalität einer in vier Richtungen ins Unendliche gehenden Matrix:

$$\begin{pmatrix} \cdots & \cdots & \cdots & \cdots & \cdots & \cdots & \cdots & \cdots & \cdots \\ \ldots, & a_{-m,-n}, & \ldots, & a_{-m,-1}, & a_{-m,0}, & a_{-m,1}, & \ldots, & a_{-m,n}, & \ldots \\ \cdots & \cdots & \cdots & \cdots & \cdots & \cdots & \cdots & \cdots & \cdots \\ \ldots, & a_{m,-n}, & \ldots, & a_{m,-1}, & a_{m,0}, & a_{m,1}, & \ldots, & a_{m,n}, & \ldots \\ \cdots & \cdots & \cdots & \cdots & \cdots & \cdots & \cdots & \cdots & \cdots \end{pmatrix}$$

53. Die *Fibonacci*schen Zahlen 0, 1, 1, 2, 3, 5, 8, 13, 21, 34, ... sind folgendermaßen definiert: es ist $u_0 = 0$, $u_1 = 1$, $u_n + u_{n+1} = u_{n+2}$ für $n = 0, 1, 2, \ldots$. Die lineare Transformation

$$y_n = \frac{u_1 x_1 + u_2 x_2 + \cdots + u_n x_n - u_n x_{n+1}}{\sqrt{u_n u_{n+2}}}, \qquad n = 1, 2, 3, \ldots$$

ist orthogonal.

54. Es sei α reell und nicht ganz. Die lineare Transformation

$$y_m = \frac{\sin \alpha\pi}{\pi} \sum_{n=-\infty}^{\infty} \frac{x_n}{m + n - \alpha}, \qquad m = \ldots, -2, -1, 0, 1, 2, \ldots$$

ist orthogonal.

Als *Wronskische Determinante* des Funktionensystems $f_1(x)$, $f_2(x), \ldots, f_n(x)$ bezeichnet man die Determinante

$$\begin{vmatrix} f_1(x) & f_1'(x) & f_1''(x) & \ldots & f_1^{(n-1)}(x) \\ f_2(x) & f_2'(x) & f_2''(x) & \ldots & f_2^{(n-1)}(x) \\ f_3(x) & f_3'(x) & f_3''(x) & \ldots & f_3^{(n-1)}(x) \\ \cdots & \cdots & \cdots & \cdots & \cdots \\ f_n(x) & f_n'(x) & f_n''(x) & \ldots & f_n^{(n-1)}(x) \end{vmatrix} = W[f_1(x), f_2(x), \ldots, f_n(x)].$$

55. Wenn $c_{\lambda\mu}$ Konstanten sind, so gilt

$$W(c_{11}f_1 + c_{12}f_2 + \cdots + c_{1n}f_n,\ c_{21}f_1 + c_{22}f_2 + \cdots + c_{2n}f_n,\ \ldots,$$
$$c_{n1}f_1 + c_{n2}f_2 + \cdots + c_{nn}f_n) = |c_{\lambda\mu}|_1^n \cdot W(f_1, f_2, \ldots, f_n).$$

56. $W[f_1(\varphi(x)), f_2(\varphi(x)), \ldots, f_n(\varphi(x))]$

$$= \varphi'(x)^{\frac{n(n-1)}{2}}\, W[f_1(y), f_2(y), \ldots, f_n(y)],$$

rechts $y = \varphi(x)$ eingesetzt.

57. $W(\varphi f_1, \varphi f_2, \ldots, \varphi f_n) = \varphi^n W(f_1, f_2, \ldots, f_n)$.

58. $\dfrac{1}{f_1^n} W(f_1, f_2, \ldots, f_n) = W\left[\left(\dfrac{f_2}{f_1}\right)', \left(\dfrac{f_3}{f_1}\right)', \ldots, \left(\dfrac{f_n}{f_1}\right)'\right]$.

59. $\dfrac{d}{dx}\dfrac{W(f_1, \ldots, f_{n-2}, f_n)}{W(f_1, \ldots, f_{n-2}, f_{n-1})} = \dfrac{W(f_1, \ldots, f_{n-2})\, W(f_1, \ldots, f_{n-2}, f_{n-1}, f_n)}{[W(f_1, \ldots, f_{n-2}, f_{n-1})]^2}$.

60. Wenn $W(f_1, f_2, \ldots, f_{n-1}, f_n)$ in jedem Punkte und $W(f_1, f_2, \ldots, f_{n-1})$ in keinem Punkte des Intervalles a, b verschwindet, so gibt es $n-1$ Konstanten $c_1, c_2, \ldots, c_{n-1}$, so beschaffen, daß im ganzen Intervall a, b

$$f_n(x) = c_1 f_1(x) + c_2 f_2(x) + \cdots + c_{n-1} f_{n-1}(x).$$

61. Sind $f_1(x), f_2(x), \ldots, f_n(x)$ n linear unabhängige Integrale der homogenen linearen Differentialgleichung n^{ter} Ordnung

$$y^{(n)} + \varphi_1(x) y^{(n-1)} + \varphi_2(x) y^{(n-2)} + \cdots + \varphi_n(x) y = 0,$$

so gilt für jede Funktion y

$$y^{(n)} + \varphi_1(x) y^{(n-1)} + \varphi_2(x) y^{(n-2)} + \cdots + \varphi_n(x) y \equiv \frac{W(f_1, f_2, \ldots, f_n, y)}{W(f_1, f_2, \ldots, f_n)}.$$

62. (Fortsetzung.) Man setze

$$1 = W_0,\quad f_1 = W_1,\quad W(f_1, f_2) = W_2,\quad \ldots,\quad W(f_1, f_2, \ldots, f_n) = W_n.$$

Dann gilt für jede Funktion y

$$y^{(n)} + \varphi_1(x) y^{(n-1)} + \varphi_2(x) y^{(n-2)} + \cdots + \varphi_n(x) y \equiv$$

$$\equiv \frac{W_n}{W_{n-1}} \cdot \frac{d}{dx}\frac{W_{n-1}^2}{W_{n-2} W_n} \cdots \frac{d}{dx}\frac{W_2^2}{W_1 W_3} \cdot \frac{d}{dx}\frac{W_1^2}{W_0 W_2} \cdot \frac{d}{dx}\frac{y}{W_1}.$$

Diese Zerlegung des linearen Differentialausdruckes, die die Kenntnis von n unabhängigen Integralen erfordert, ist ähnlich der Faktorenzerlegung eines Polynoms n^{ten} Grades, die die Kenntnis von n Nullstellen erfordert.

63. Es seien $f_1(x), f_2(x), \ldots, f_n(x)$ reelle stetige Funktionen, definiert im Intervalle a, b. Die Determinante

$$\left| \int_a^b f_\lambda(x) f_\mu(x)\, dx \right|_{\lambda, \mu = 1, 2, \ldots, n}$$

ist nie negativ; sie verschwindet dann und nur dann, wenn zwischen den Funktionen $f_1(x), f_2(x), \ldots, f_n(x)$ eine lineare homogene Relation mit konstanten Koeffizienten, die nicht sämtlich verschwinden, besteht.

64. (Fortsetzung.) Die Determinante

$$\begin{vmatrix} \int_a^b (f_2^2+f_3^2+\cdots+f_n^2)\,dx & -\int_a^b f_1 f_2\, dx & \cdots & -\int_a^b f_1 f_n\, dx \\ -\int_a^b f_2 f_1\, dx & \int_a^b (f_1^2+f_3^2+\cdots+f_n^2)\,dx & \cdots & -\int_a^b f_2 f_n\, dx \\ \cdots & \cdots & \cdots & \cdots \\ -\int_a^b f_n f_1\, dx & -\int_a^b f_n f_2\, dx & \cdots & \int_a^b (f_1^2+f_2^2+\cdots+f_{n-1}^2)\,dx \end{vmatrix}$$

ist nie negativ; sie verschwindet dann und nur dann, wenn die Funktionen $f_1(x), f_2(x), \ldots, f_n(x)$ nur in konstanten Faktoren voneinander abweichen, oder anders ausgedrückt, wenn sie alle Multipla einer unter ihnen sind.

65. (Fortsetzung.) Die Determinante

$$\left| e^{\int_a^b f_\lambda(x) f_\mu(x)\, dx} \right|_{\lambda, \mu = 1, 2, \ldots, n}$$

ist nie negativ; sie verschwindet dann und nur dann, wenn es unter den Funktionen $f_1(x), f_2(x), \ldots, f_n(x)$ zwei identisch gleiche gibt.

66. Ein von *Gauß* in der Theoria combinationis observationum [Werke, Bd. 4, S. 12, vgl. die beiden letzten Zeilen von Art. 11] gelegentlich erwähnter Satz läßt sich folgendermaßen verallgemeinern:

Es sei $f(x)$ für $x > 0$ definiert, daselbst nicht zunehmend, $f(x) \geqq 0$, jedoch nicht identisch $= 0$. Ferner seien die reellen Zahlen $a_1, a_2, \ldots, a_n$ voneinander verschieden. Die Existenz aller vorkommenden Integrale vorausgesetzt, ist die Determinante

$$\left| (a_\lambda + a_\mu + 1) \int_0^\infty x^{a_\lambda + a_\mu} f(x)\, dx \right|_{\lambda, \mu = 1, 2, \ldots, n}$$

nie negativ; sie ist dann und nur dann $=0$, wenn $f(x)$ eine streckenweise konstante Funktion mit nicht mehr als $n-1$ Sprungstellen ist.

Die Funktion $f(\vartheta)$ sei eigentlich integrabel im Intervall $0 \leqq \vartheta < 2\pi$. Ihre *Fourier*sche Reihe [VI, § 4] sei

$$f(\vartheta) \sim a_0 + 2\sum_{n=1}^{\infty} (a_n \cos n\vartheta + b_n \sin n\vartheta).$$

Die aus den Konstanten $c_0 = a_0$, $c_n = a_n + i b_n$, $c_{-n} = \bar{c}_n$, $n = 1, 2, 3, \ldots$ gebildeten *Hermite*schen Formen

$$T_n(f) = \sum_{\lambda=0}^{n} \sum_{\mu=0}^{n} c_{\mu-\lambda} x_\lambda \bar{x}_\mu$$

nennen wir die zu $f(\vartheta)$ gehörigen *Toeplitz*schen Formen. (Vgl. **43**).

67. Man bilde die *Toeplitz*schen Formen, welche zu den folgenden Funktionen gehören:

$$f(\vartheta) = c = \text{konst.}, \quad f(\vartheta) = a_0 + 2(a_1 \cos\vartheta + b_1 \sin\vartheta),$$

$$f(\vartheta) = \frac{1-r^2}{1-2r\cos\vartheta + r^2}, \quad 0 < r < 1.$$

68. Wenn die Funktion $f(\vartheta)$ im Intervall $0 \leqq \vartheta < 2\pi$ positiv ist, dann sind sämtliche *Toeplitz*schen Formen definit positiv. Genauer: Wenn $f(\vartheta)$ im Intervall $0 \leqq \vartheta < 2\pi$ zwischen den Grenzen $m \leqq f(\vartheta) \leqq M$ gelegen ist, dann ist

$$m \leqq T_n(f) \leqq M,$$

vorausgesetzt, daß die Variablen $x_0, x_1, \ldots, x_n$ der Bedingung $T_n(1) = 1$ unterworfen sind. Das Gleichheitszeichen kann hier nur dann eintreten, wenn $f(\vartheta) =$ konst. ist in jedem Stetigkeitspunkte von $f(\vartheta)$.

69. Man berechne die Determinante $D_n(f)$ der Form $T_n(f)$ für die Funktionen in **67** und zeige, daß, wenn $f(\vartheta)$ überall positiv ist,

$$\lim_{n\to\infty} \sqrt[n+1]{D_n(f)} = e^{\frac{1}{2\pi}\int_0^{2\pi} \log f(\vartheta)\, d\vartheta} = \mathfrak{G}(f).$$

70. Es sei $f(\vartheta)$ ein trigonometrisches Polynom erster Ordnung und h ein Parameter. Die Determinante $D_n(f-h)$ der zu $f(\vartheta)-h$ gehörigen *Toeplitz*schen Form $T_n(f-h)$ ist eine ganze rationale Funktion $(n+1)^{\text{ten}}$ Grades von h mit lauter reellen Nullstellen. Man berechne diese Nullstellen.

71. (Fortsetzung.) Die Nullstellen $h_{0n}, h_{1n}, \ldots, h_{nn}$ von $D_n(f-h)$ liegen alle zwischen dem Minimum und Maximum von $f(\vartheta)$, das heißt $m \leqq h_{\nu n} \leqq M$, wenn $m \leqq f(\vartheta) \leqq M$ ist im Intervalle $0, 2\pi$. Wenn ferner

$F(h)$ eine beliebige, im Intervall $m \leqq h \leqq M$ eigentlich integrable Funktion bezeichnet, dann ist

$$\lim_{n\to\infty} \frac{F(h_{0n}) + F(h_{1n}) + \cdots + F(h_{nn})}{n+1} = \frac{1}{2\pi}\int_0^{2\pi} F[f(\vartheta)]\, d\vartheta.$$

72. Die *Hermite*sche Form

$$\sum_{\lambda=0}^{n}\sum_{\mu=0}^{n} c_{\lambda-\mu} x_\lambda \bar{x}_\mu, \qquad c_{-\nu} = \bar{c}_\nu,$$

sei definit positiv. Dann liegen sämtliche Nullstellen des Polynoms

$$\begin{vmatrix} c_0 & c_1 & c_2 & \ldots & c_n \\ c_{-1} & c_0 & c_1 & \ldots & c_{n-1} \\ c_{-2} & c_{-1} & c_0 & \ldots & c_{n-2} \\ \cdots & \cdots & \cdots & \cdots & \cdots \\ c_{-n+1} & c_{-n+2} & c_{-n+3} & \ldots & c_1 \\ 1 & z & z^2 & \ldots & z^n \end{vmatrix}$$

im Innern des Einheitskreises.

Achter Abschnitt.

Zahlentheorie.

I. Kapitel.

Zahlentheoretische Funktionen.

Es sei x eine reelle Zahl. Man bezeichne mit $[x]$ den *ganzen Teil* von x, d. h. diejenige ganze Zahl, die den Ungleichungen

$$[x] \leqq x < [x] + 1$$

genügt. Es ist z. B.

$$[\pi] = 3, \quad [2] = 2, \quad [-0{,}73] = -1.$$

1. Es sei n ganz und x beliebig. Dann ist

$$[x + n] = [x] + n.$$

2. In der Entwicklung der n-zeiligen Determinante hat das Produkt der in der Nebendiagonale befindlichen Glieder $(-1)^{\left[\frac{n}{2}\right]}$ als Vorzeichen.

3. Es ist

$$[2x] - 2[x] = 0 \quad \text{oder} \quad 1,$$

je nachdem

$$x - [x] < \tfrac{1}{2} \quad \text{oder} \quad \geqq \tfrac{1}{2}.$$

4. Ist $0 < \alpha < 1$, so ist

$$[x] - [x - \alpha] = 0 \quad \text{oder} \quad 1,$$

je nachdem

$$x - [x] \geqq \alpha \quad \text{oder} \quad < \alpha.$$

5. Es liege x nicht in der Mitte zwischen zwei konsekutiven ganzen Zahlen. Man drücke die zu x *nächstliegende* ganze Zahl mit Hilfe des Symbols [ ] aus.

6. Man könnte $[x]$ als die zu x *linksbenachbarte* ganze Zahl bezeichnen. Man drücke die zu x *rechtsbenachbarte* ganze Zahl mit Hilfe des Symbols [ ] aus. (Postgebühren und dergleichen richten sich häufig nach der rechtsbenachbarten ganzen Zahl.)

7. Es ist

$$[\alpha]+[\beta] \text{ entweder } =[\alpha+\beta], \text{ oder } =[\alpha+\beta]-1,$$
$$[\alpha]-[\beta] \text{ entweder } =[\alpha-\beta], \text{ oder } =[\alpha-\beta]+1.$$

8. Es ist

$$[2\alpha]+[2\beta] \geqq [\alpha]+[\alpha+\beta]+[\beta].$$

9. Es sei n eine positive ganze Zahl; dann ist

$$[x]+\left[x+\frac{1}{n}\right]+\left[x+\frac{2}{n}\right]+\cdots+\left[x+\frac{n-1}{n}\right]=[nx].$$

10. Es sei n eine positive ganze Zahl, x beliebig. Man hat

$$\left[\frac{[nx]}{n}\right]=[x].$$

11. Es sei m positiv ganz. Die höchste Potenz von 2, die in

$$\left[(1+\sqrt{3})^{2m+1}\right]$$

aufgeht, ist 2^{m+1}.

---

12. Es seien a und n positive ganze Zahlen. Die Anzahl derjenigen unter den Zahlen $1, 2, 3, \ldots, n$, die durch a teilbar sind, ist $\left[\frac{n}{a}\right]$.

13. Wieviel Nullstellen hat die Funktion $\sin x$ im Intervalle $a < x \leqq b$? Wieviele im Intervalle $a \leqq x < b$?

14. Es sei $0 \leqq \alpha \leqq \pi$. Man bezeichne mit $V_n(\alpha)$ die Anzahl der Zeichenwechsel in der Folge

$$1, \quad \cos\alpha, \quad \cos 2\alpha, \quad \ldots, \quad \cos(n-1)\alpha, \quad \cos n\alpha;$$

dann ist

$$\lim_{n\to\infty} \frac{V_n(\alpha)}{n}=\frac{\alpha}{\pi}.$$

15. Es sei θ eine Irrationalzahl, $0<\theta<1$ und $g_n=0$ oder 1, je nachdem $[n\theta]$ und $[(n-1)\theta]$ gleich oder verschieden sind. Man zeige, daß

$$\lim_{n\to\infty} \frac{g_1+g_2+\cdots+g_n}{n}=\theta.$$

16. Wie groß ist die Anzahl $N(r, a, \alpha)$ der Nullstellen der ganzen Funktion $e^z - a e^{i\alpha}$ in der Kreisscheibe $|z| \leqq r$? (r, a, α reelle Konstanten, $r>0$, $a>0$.)

17. Es seien a und b ganze Zahlen, $f(x)$ eine in $a \leqq x \leqq b$ definierte Funktion, $f(x) > 0$. Man drücke die Anzahl der *Gitterpunkte* (Punkte mit ganzzahligen Koordinaten, I **28**), die sich in der durch die Ungleichungen

$$a \leqq x \leqq b, \quad 0 < y \leqq f(x)$$

abgegrenzten Fläche befinden, durch das Symbol [ ] aus.

18. Es seien p und q teilerfremde positive ganze Zahlen. Man beweise durch Abzählung von Gitterpunkten die Formel

$$\left[\frac{q}{p}\right] + \left[\frac{2q}{p}\right] + \left[\frac{3q}{p}\right] + \cdots + \left[\frac{(p-1)q}{p}\right] = \frac{(p-1)(q-1)}{2}.$$

19. Sind p und q ungerade teilerfremde positive ganze Zahlen, so gilt, wenn man $\frac{p-1}{2} = p'$, $\frac{q-1}{2} = q'$ setzt,

$$\left(\left[\frac{q}{p}\right] + \left[\frac{2q}{p}\right] + \cdots + \left[\frac{p'q}{p}\right]\right) + \left(\left[\frac{p}{q}\right] + \left[\frac{2p}{q}\right] + \cdots + \left[\frac{q'p}{q}\right]\right) = p'q'.$$

20. Es sei p eine Primzahl von der Form $4n+1$. Dann ist

$$[\sqrt{p}] + [\sqrt{2p}] + [\sqrt{3p}] + \cdots + \left[\sqrt{\frac{p-1}{4}p}\right] = \frac{p^2-1}{12}.$$

---

21. Es seien irgendwelche Objekte in der Anzahl N gegeben. Es sei N_α die Anzahl derjenigen Objekte, denen eine gewisse Eigenschaft α, N_β die Anzahl derjenigen, denen die Eigenschaft β, ..., $N_\varkappa$ bzw. N_λ die Anzahl derjenigen, denen die Eigenschaft $\varkappa$ bzw. λ zukommt. Ähnlich bezeichne $N_{\alpha\beta}, N_{\alpha\gamma}, \ldots, N_{\alpha\beta\gamma}, \ldots, N_{\alpha\beta\gamma\ldots\varkappa\lambda}$ die Anzahl derjenigen Objekte, denen *gleichzeitig* die Eigenschaften α und β, bzw. α und γ, ..., bzw. α, β und γ, ..., bzw. $\alpha, \beta, \gamma, \ldots, \varkappa$ und λ zukommen. Dann wird die Anzahl derjenigen Objekte, denen *keine* der Eigenschaften $\alpha, \beta, \gamma, \ldots, \varkappa, \lambda$ zukommt, gegeben durch

$$\begin{aligned} N &- N_\alpha - N_\beta - N_\gamma - \cdots - N_\varkappa - N_\lambda \\ &+ N_{\alpha\beta} + N_{\alpha\gamma} + \cdots + N_{\varkappa\lambda} \\ &- N_{\alpha\beta\gamma} - \cdots \\ &\cdots \\ &\pm N_{\alpha\beta\gamma\ldots\varkappa\lambda}. \end{aligned}$$

22. Es seien n Objekte gegeben, $n > 1$. Die Eigenschaft α komme allen zu, mit Ausnahme des ersten, die Eigenschaft β allen, mit Ausnahme des zweiten, ..., die Eigenschaft λ allen, mit Ausnahme des letzten n^{ten} Objektes. Was ergibt **21**, auf diesen Fall angewandt?

23. Wie viele der $n!$ Entwicklungsglieder einer Determinante n^{ter} Ordnung bleiben übrig, wenn alle Elemente der Hauptdiagonale gleich 0 gesetzt werden? [Man beachte **21**: die Eigenschaft α soll denjenigen Gliedern zukommen, die a_{11} als Faktor enthalten, usw.]

24. Es seien $a, b, c, \ldots, k, l$ zueinander teilerfremde positive ganze Zahlen. Welches ist die Anzahl derjenigen unter den Zahlen $1, 2, 3, \ldots, n$, die durch keine der Zahlen $a, b, c, \ldots, k, l$ teilbar sind? [**12**.]

25. Die verschiedenen Primfaktoren der Zahl n mögen $p, q, r, \ldots$ heißen. Die Anzahl der zu n teilerfremden Zahlen unterhalb n ist gleich

$$n\left(1-\frac{1}{p}\right)\left(1-\frac{1}{q}\right)\left(1-\frac{1}{r}\right)\cdots.$$

Diese Anzahl wird gewöhnlich mit $\varphi(n)$ bezeichnet. Es wird $\varphi(1) = 1$ gesetzt; $\varphi(n)$ ist also die Anzahl der zu n teilerfremden Zahlen *bis zur Grenze n inklusive.* Dies gilt für $n \geqq 1$, da 1 zu sich selbst teilerfremd ist.

26. Es seien irgendwelche Objekte in der Anzahl N gegeben, denen wie in **21** die Eigenschaften $\alpha, \beta, \gamma, \ldots, \varkappa, \lambda$ zukommen können. Jedem einzelnen Objekt sei ein *Wert* zugeordnet. Es bezeichne W_α den Gesamtwert (die Summe der Werte) derjenigen Objekte, denen die Eigenschaft α zukommt, W_β den Gesamtwert derjenigen mit der Eigenschaft β, usw. Ähnlich bezeichne $W_{\alpha\beta}, W_{\alpha\gamma}, \ldots, W_{\alpha\beta\gamma}, \ldots, W_{\alpha\beta\gamma\ldots\varkappa\lambda}$ den Gesamtwert derjenigen Objekte, denen *gleichzeitig* die Eigenschaften α und β, bzw. α und γ, ..., bzw. α, β und γ, ..., bzw. $\alpha, \beta, \gamma, \ldots, \varkappa$ und λ zukommen. Ist W der Gesamtwert sämtlicher Objekte, so ist der Gesamtwert der Objekte, denen *keine* der Eigenschaften $\alpha, \beta, \gamma, \ldots, \varkappa, \lambda$ zukommt, gleich

$$\begin{aligned} W - W_\alpha \;& - W_\beta - W_\gamma - \cdots - W_\varkappa - W_\lambda \\ & + W_{\alpha\beta} + W_{\alpha\gamma} + \cdots \qquad + W_{\varkappa\lambda} \\ & - W_{\alpha\beta\gamma} - \cdots \\ & \cdots \\ & \pm W_{\alpha\beta\gamma\ldots\varkappa\lambda}. \end{aligned}$$ [**21**.]

27. Es sei $n > 1$; $r_1, r_2, \ldots, r_{\varphi(n)}$ seien die zu n teilerfremden Zahlen unterhalb n. Dann ist

$$r_1^2 + r_2^2 + \cdots + r_{\varphi(n)}^2 = \frac{\varphi(n)}{3}\left(n^2 + \frac{(-1)^\nu}{2} p q r \cdots\right),$$

wenn $p, q, r, \ldots$ die verschiedenen Primfaktoren von n sind, und ν ihre Anzahl ist.

Es sei n nicht negativ und ganz. Unter einem „Teil" von n verstehen wir irgendeine nichtnegative ganze Zahl, die $\leqq n$ ist. Die

Zahlen 0 und n heißen „uneigentliche Teile". Die Zahl 0 enthält nur sich selbst als Teil, und zwar als uneigentlichen.

Es sei n positiv und ganz. Unter einem „Teiler" von n verstehen wir irgendeine positive ganze Zahl, die in n ohne Rest aufgeht. Die Zahlen 1 und n heißen „uneigentliche Teiler". Die Zahl 1 enthält nur sich selbst als Teiler, und zwar als uneigentlichen.

Es seien m und n nichtnegativ und ganz. Unter dem größten gemeinsamen Teil von m und n verstehen wir diejenige Zahl, deren Teile mit den gemeinsamen Teilen von m und n identisch sind. Dies ist die kleinere (nicht größere) der beiden Zahlen m und n, in Zeichen: $\mathrm{Min}(m, n)$.

Es seien m und n positiv und ganz. Unter dem größten gemeinsamen Teiler von m und n versteht man diejenige Zahl, deren Teiler mit den gemeinsamen Teilern von m und n identisch sind, in Zeichen: (m, n).

Unter $\mathrm{Min}(l, m, n, \ldots)$ versteht man allgemein die kleinste der Zahlen $l, m, n, \ldots$, unter $(l, m, n, \ldots)$ den größten gemeinsamen Teiler der Zahlen $l, m, n, \ldots$.

Es gibt eine kleinste Zahl, unter deren Teilen sowohl die von m wie auch die von n vorkommen, nämlich die größere (nicht kleinere) der beiden Zahlen m und n, in Zeichen: $\mathrm{Max}(m, n)$.

Es gibt eine kleinste Zahl, unter deren Teilern sowohl die von m wie auch die von n vorkommen. Dies ist das kleinste gemeinsame Vielfache von m und n.

Es seien $a_0, a_1, a_2, \ldots$ irgendwelche Zahlen. Unter $\sum\limits_{t \leqq n} a_t$ versteht man die Summe, erstreckt über sämtliche Teile von n (die uneigentlichen 0 und n eingeschlossen); $\sum\limits_{t \leqq n} a_t = \sum\limits_{t=0}^{n} a_t$.

Es seien $a_1, a_2, a_3, \ldots$ irgendwelche Zahlen. Unter $\sum\limits_{t/n} a_t$ versteht man die Summe, erstreckt über sämtliche Teiler von n (die uneigentlichen 1 und n eingeschlossen). Z. B. $\sum\limits_{t/6} a_t = a_1 + a_2 + a_3 + a_6$.

28. Es seien $a, b, c, \ldots, k, l$ irgendwelche nichtnegative ganze Zahlen. Es ist

$$\begin{aligned}\mathrm{Max}(a, b, c, \ldots, k, l) = {} & a + b + c + \cdots + k + l \\ & - \mathrm{Min}(a, b) - \mathrm{Min}(a, c) - \cdots - \mathrm{Min}(k, l) \\ & + \mathrm{Min}(a, b, c) + \cdots \\ & \ldots\ldots\ldots\ldots\ldots\ldots \\ & \pm \mathrm{Min}(a, b, c, \ldots, k, l).\end{aligned}$$

29. Das kleinste gemeinsame Vielfache M der positiven ganzen Zahlen $a, b, c, \ldots, k, l$ läßt sich folgendermaßen darstellen:

$$M = abc \cdots kl (a, b)^{-1} (a, c)^{-1} \cdots (k, l)^{-1} (a, b, c) \cdots (a, b, c, \ldots, k, l)^{\pm 1}.$$

30. Es ist

$$1 = \begin{vmatrix} 1 & 0 & 0 & 0 & \cdots & 0 \\ 1 & 1 & 0 & 0 & \cdots & 0 \\ 1 & 1 & 1 & 0 & \cdots & 0 \\ 1 & 1 & 1 & 1 & \cdots & 0 \\ \multicolumn{6}{c}{\dotfill} \\ 1 & 1 & 1 & 1 & \cdots & 1 \end{vmatrix}^2 = \begin{vmatrix} 1 & 1 & 1 & 1 & \cdots & 1 \\ 1 & 2 & 2 & 2 & \cdots & 2 \\ 1 & 2 & 3 & 3 & \cdots & 3 \\ 1 & 2 & 3 & 4 & \cdots & 4 \\ \multicolumn{6}{c}{\dotfill} \\ 1 & 2 & 3 & 4 & \cdots & n+1 \end{vmatrix}$$

Hierbei ist das allgemeine Element der ersten Determinante $\eta_{\lambda\mu} = 1$, wenn μ ein (eigentlicher oder uneigentlicher) Teil von λ ist, sonst 0 ($\lambda, \mu = 0, 1, \ldots, n$); in der zweiten ist das allgemeine Element $c_{\lambda\mu}$ gleich der Anzahl der gemeinsamen Teile von λ und μ, d. h. die kleinere von den beiden Zahlen $\lambda + 1$ und $\mu + 1$ ($\lambda, \mu = 0, 1, \ldots, n$).

31. Der Wert der Determinante, deren allgemeines Element $c_{\lambda\mu}$ gleich der Anzahl der gemeinsamen Teiler von λ und μ, mit andern Worten die Teileranzahl des größten gemeinsamen Teilers von λ und μ ist, $\lambda, \mu = 1, 2, \ldots, n$, ist $= 1$.

32. Es seien $a_0, a_1, \ldots, a_n$ beliebig, $A_\nu = \sum_{t \leqq \nu} a_t$, $\nu = 0, 1, \ldots, n$. Es ist

$$\begin{vmatrix} A_0 & A_0 & A_0 & A_0 & \cdots & A_0 \\ A_0 & A_1 & A_1 & A_1 & \cdots & A_1 \\ A_0 & A_1 & A_2 & A_2 & \cdots & A_2 \\ A_0 & A_1 & A_2 & A_3 & \cdots & A_3 \\ \multicolumn{6}{c}{\dotfill} \\ A_0 & A_1 & A_2 & A_3 & \cdots & A_n \end{vmatrix} = a_0 a_1 a_2 \cdots a_n .$$

Das allgemeine Element $c_{\lambda\mu}$ der Determinante ist $= A_r$ mit $r = \operatorname{Min}(\lambda, \mu)$, $\lambda, \mu = 0, 1, \ldots, n$. (Verallgemeinerung von **30.**)

33. Es seien $a_1, a_2, \ldots, a_n$ beliebig, $A_\nu = \sum_{t/\nu} a_t$, $\nu = 1, 2, \ldots, n$. Es ist

$$\begin{vmatrix} A_1 & A_1 & A_1 & A_1 & \cdots & A_1 \\ A_1 & A_2 & A_1 & A_2 & \cdots & A_{(2,n)} \\ A_1 & A_1 & A_3 & A_1 & \cdots & A_{(3,n)} \\ A_1 & A_2 & A_1 & A_4 & \cdots & A_{(4,n)} \\ \multicolumn{6}{c}{\dotfill} \\ A_1 & A_{(n,2)} & A_{(n,3)} & A_{(n,4)} & \cdots & A_n \end{vmatrix} = a_1 a_2 a_3 \cdots a_n .$$

Das allgemeine Element $c_{\lambda\mu}$ der Determinante ist $= A_r$ mit $r = (\lambda, \mu)$, $\lambda, \mu = 1, 2, \ldots, n$. (Verallgemeinerung von **31.**)

34. Sind $a_0, a_1, a_2, \ldots$ beliebig und $A_n = \sum_{t \leqq n} a_t$, $n = 0, 1, 2, \ldots$, so ist offenbar

$$a_0 = A_0, \quad a_1 = A_1 - A_0, \quad a_2 = A_2 - A_1, \quad \ldots, \quad a_n = A_n - A_{n-1}, \quad \ldots .$$

Sind a_1 a_2, a_3, ... beliebig und $A_n = \sum_{t/n} a_t$, $n = 1, 2, 3, \ldots$, so ist

$$a_1 = A_1,\quad a_2 = A_2 - A_1,\quad a_3 = A_3 - A_1,\quad a_4 = A_4 - A_2,$$
$$a_5 = A_5 - A_1,\quad a_6 = A_6 - A_3 - A_2 + A_1,\ \ldots$$

und allgemein

$$a_n = \sum_{t/n} \mu(t) A_{\frac{n}{t}}, \qquad n = 1, 2, 3, \ldots,$$

wobei $\mu(n)$ das *Möbius*sche Symbol ist (siehe die Definition auf S. 124).

35. Man bezeichne mit $\psi(y)$ eine beliebige für $0 \leqq y \leqq 1$ definierte Funktion. Es sei

$$g(n) = \sum_{\nu=1}^{n} \psi\left(\frac{\nu}{n}\right), \qquad f(n) = \sum_{(r,\,n)=1} \psi\left(\frac{r}{n}\right),$$

die letztere Summe über diejenigen Zahlen r erstreckt, die $\leqq n$ und zu n teilerfremd sind. Dann ist

$$f(n) = \sum_{t/n} \mu(t)\, g\left(\frac{n}{t}\right) = \sum_{t/n} \mu\left(\frac{n}{t}\right) g(t).$$

36. Es ist bekanntlich

$$\prod_{\nu=1}^{n} \left(x - e^{\frac{2\pi i \nu}{n}}\right) = x^n - 1.$$

Man setze

$$\prod_{(r,n)=1} \left(x - e^{\frac{2\pi i r}{n}}\right) = K_n(x),$$

das Produkt über diejenigen Zahlen r erstreckt, die $\leqq n$ und zu n teilerfremd sind. (Das n^{te} Kreisteilungspolynom.) Die Nullstellen von $x^n - 1$ sind die n^{ten} Einheitswurzeln, die Nullstellen von $K_n(x)$ sind die *primitiven* n^{ten} Einheitswurzeln. Man beweise die Formel

$$K_n(x) = \prod_{t/n} \left(x^{\frac{n}{t}} - 1\right)^{\mu(t)}$$

37. Ist $\mu(n)$ das *Möbius*sche Symbol, so ist

$$\sum_{(r,n)=1} e^{\frac{2\pi i r}{n}} = \mu(n).$$

Unter einer *zahlentheoretischen* Funktion $f(n)$ versteht man eine für $n = 1, 2, 3, \ldots$ definierte Funktion. In diesem allgemeinen Sinne ist die Angabe einer „zahlentheoretischen Funktion“ äquivalent mit der Angabe einer beliebigen unendlichen Zahlenfolge. Einige für die Zahlentheorie interessante Funktionen dieser Art sind die folgenden:

$\varphi(n)$ (*Euler*sche Funktion): Anzahl der zu n teilerfremden Zahlen unterhalb n [**25**];

$\tau(n) = \sum_{t/n} 1$: Anzahl der Teiler von n;

$\sigma(n) = \sum_{t/n} t$: Summe der Teiler von n;

$\sigma_\alpha(n) = \sum_{t/n} t^\alpha$: Summe der α^{ten} Potenzen der Teiler von n; $\sigma_1(n) = \sigma(n)$, $\sigma_0(n) = \tau(n)$;

$\nu(n)$: Anzahl der verschiedenen Primfaktoren von n;

$\mu(n)$ (*Möbius*sches Symbol): $\mu(1) = 1$, $\mu(n) = 0$, wenn n durch ein Quadrat (außer 1) teilbar ist und $\mu(n) = (-1)^{\nu(n)}$ in jedem anderen Falle;

$\lambda(n)$ (*Liouville*sches Symbol): $\lambda(1) = 1$, $\lambda(n) = (-1)^k$, wenn k die Anzahl der Primfaktoren von n (mehrfache mit der richtigen Multiplizität gezählt) bezeichnet;

$\Lambda(n)$ (*Mangoldt*sches Symbol): $\Lambda(n) = \log p$, wenn $n = p^m$ eine Primzahlpotenz ist, sonst $\Lambda(n) = 0$.

38. Man stelle sich eine Tafel dieser Funktionen her von $n = 1$ bis $n = 10$. (Bei $\sigma_\alpha(n)$ für $\alpha = 0, 1, 2$.)

Den Potenzreihen

$$a_0 + a_1 z + a_2 z^2 + \cdots + a_n z^n + \cdots = \sum_{n=0}^{\infty} a_n z^n$$

seien die *Dirichlet*schen Reihen

$$a_1 1^{-s} + a_2 2^{-s} + \cdots + a_n n^{-s} + \cdots = \sum_{n=1}^{\infty} a_n n^{-s}$$

gegenübergestellt. Die Potenzreihen sind das richtige Werkzeug für die *additive* (vgl. I, Kap. 1), die *Dirichlet*schen Reihen für die *multiplikative* Zahlentheorie[1]).

Das (*Cauchy*sche) Produkt von zwei Potenzreihen

$$\sum_{k=0}^{\infty} a_k z^k \sum_{l=0}^{\infty} b_l z^l = \sum_{n=0}^{\infty} c_n z^n$$

wird durch

$$c_n = \sum_{k+l=n} a_k b_l = \sum_{t \leqq n} a_t b_{n-t}$$

[1]) In diesem Kapitel wird von Konvergenzfragen abgesehen. Im Falle absoluter Konvergenz sind sämtliche Rechnungen zulässig.

definiert [I **34**]. Hierbei durchläuft t sämtliche Teile von n, die uneigentlichen 0 und n eingeschlossen. Das *Dirichlet*sche Produkt von zwei *Dirichlet*schen Reihen

$$\sum_{k=1}^{\infty} a_k k^{-s} \sum_{l=1}^{\infty} b_l l^{-s} = \sum_{n=1}^{\infty} c_n n^{-s}$$

wird durch

$$c_n = \sum_{kl=n} a_k b_l = \sum_{t/n} a_t b_{\frac{n}{t}}$$

definiert. Hierbei durchläuft t sämtliche Teiler von n, die uneigentlichen 1 und n eingeschlossen.

Werden sämtliche Koeffizienten einer Potenzreihe gleich 1 gesetzt, so entsteht die geometrische Reihe

$$1 + z + z^2 + \cdots + z^n + \cdots = \frac{1}{1-z}.$$

Werden sämtliche Koeffizienten einer *Dirichlet*schen Reihe gleich 1 gesetzt, so entsteht die *Zetafunktion*

$$1^{-s} + 2^{-s} + 3^{-s} + \cdots + n^{-s} + \cdots = \zeta(s).$$

39. Die Anzahl der Teile von n ist $\sum_{t \leqq n} 1 = n + 1$. Die Anzahl der Teiler von n ist $\sum_{t/n} 1 = \tau(n)$. Es ist

$$\sum_{n=0}^{\infty} (n+1) z^n = \frac{1}{(1-z)^2}, \qquad \sum_{n=1}^{\infty} \tau(n) n^{-s} = \zeta(s)^2.$$

40. Der n^{te} Koeffizient in der Entwicklung des Produktes

$$\frac{1}{1-z} \sum_{n=0}^{\infty} a_n z^n, \qquad \zeta(s) \sum_{n=1}^{\infty} a_n n^{-s}$$

ist

$$\sum_{t \leqq n} a_t, \quad \text{bzw.} \quad \sum_{t/n} a_t.$$

41. Man zeige, daß

$$1 - z = \frac{1}{1 + z + z^2 + \cdots + z^n + \cdots},$$

$$\mu(1)\,1^{-s} + \mu(2)\,2^{-s} + \mu(3)\,3^{-s} + \cdots + \mu(n)\,n^{-s} + \cdots$$
$$= \frac{1}{1^{-s} + 2^{-s} + 3^{-s} + \cdots + n^{-s} + \cdots} = \frac{1}{\zeta(s)}.$$

42. Es sei, wie in **32**: $\sum_{t \leqq n} a_t = A_n$, $n = 0, 1, 2, \ldots$; dann ist

$$(A_0 + A_1 z + A_2 z^2 + \cdots + A_n z^n + \cdots)(1-z)$$
$$= a_0 + a_1 z + a_2 z^2 + \cdots + a_n z^n + \cdots.$$

Ist jedoch, wie in **33**, $\sum_{t/n} a_t = A_n$, $n = 1, 2, 3, \ldots$, dann ist

$$(A_1 1^{-s} + A_2 2^{-s} + A_3 3^{-s} + \cdots + A_n n^{-s} + \cdots) \cdot$$
$$\cdot (\mu(1) 1^{-s} + \mu(2) 2^{-s} + \mu(3) 3^{-s} + \cdots + \mu(n) n^{-s} + \cdots)$$
$$= a_1 1^{-s} + a_2 2^{-s} + a_3 3^{-s} + \cdots + a_n n^{-s} + \cdots.$$

Unter einer *multiplikativen* zahlentheoretischen Funktion $f(n)$ versteht man eine solche, für die $f(1) = 1$ ist, und die für teilerfremde m und n die Gleichung

$$f(m) f(n) = f(mn)$$

erfüllt.

43. Man zeige, daß

$$n^\alpha, \quad \sigma_\alpha(n), \quad 2^{\nu(n)}, \quad \mu(n), \quad \lambda(n), \quad \varphi(n)$$

multiplikative zahlentheoretische Funktionen sind. [Für $\varphi(n)$ beachte man **25**.]

44. Es sei $n = p_1^{k_1} p_2^{k_2} \ldots p_\nu^{k_\nu}$, wobei $p_1, p_2, \ldots, p_\nu$ voneinander verschiedene Primzahlen sind. Dann ist

$$\sigma_\alpha(n) = \frac{1 - p_1^{\alpha(k_1+1)}}{1 - p_1^\alpha} \cdot \frac{1 - p_2^{\alpha(k_2+1)}}{1 - p_2^\alpha} \cdots \frac{1 - p_\nu^{\alpha(k_\nu+1)}}{1 - p_\nu^\alpha};$$

z. B.

$$\sigma(n) = \frac{1 - p_1^{k_1+1}}{1 - p_1} \cdot \frac{1 - p_2^{k_2+1}}{1 - p_2} \cdots \frac{1 - p_\nu^{k_\nu+1}}{1 - p_\nu}, \quad \tau(n) = (k_1 + 1)(k_2 + 1) \cdots (k_\nu + 1).$$

45. Man zeige, daß für $n > 30$

$$\varphi(n) > \tau(n)$$

ist.

46. Es seien $a, b, c, d, \ldots, k, l$ positive ganze Zahlen, M ihr kleinstes gemeinsames Vielfaches, (a, b), (a, c), … (a, b, c), … bezeichne wie gewöhnlich den größten gemeinsamen Teiler von a und b, bzw. von a und c, …, bzw. von a, b und c, …. Ist $f(n)$ eine multiplikative Funktion, so hat man

$$f(M) f((a,b)) f((a,c)) \cdots f((k,l)) f((a,b,c,d)) \cdots = f(a) f(b) \cdots f(l) f((a,b,c)) \cdots.$$

(Rechterhand stehen diejenigen $f(n)$, für die n der größte gemeinsame Teiler einer ungeraden Anzahl der Zahlen $a, b, c, \ldots, k, l$ ist.) [**29** ist der Spezialfall $f(n) = n$.]

47. Es sei $f(n)$ eine multiplikative zahlentheoretische Funktion. Dann ist

$$\sum_{n=1}^{\infty} f(n) n^{-s} = \prod_p (1^{-s} + f(p) p^{-s} + f(p^2) p^{-2s} + f(p^3) p^{-3s} + \cdots);$$

das unendliche Produkt ist über sämtliche Primzahlen p erstreckt und so gebildet, daß man nur aus endlich vielen Faktoren Glieder entnimmt, die von 1^{-s} verschieden sind.

48. $$\zeta(s) = \prod_p \frac{1}{1-p^{-s}}.$$

49. Man zeige, daß

$$\sum_{n=1}^{\infty} \sigma_\alpha(n) n^{-s} = \zeta(s)\,\zeta(s-\alpha), \qquad \sum_{n=1}^{\infty} 2^{\nu(n)} n^{-s} = \frac{\zeta(s)^2}{\zeta(2s)},$$

$$\sum_{n=1}^{\infty} \lambda(n) n^{-s} = \frac{\zeta(2s)}{\zeta(s)}, \qquad \sum_{n=1}^{\infty} \varphi(n) n^{-s} = \frac{\zeta(s-1)}{\zeta(s)}$$

ist. [**43**, **44**, **25**.]

50. Es sei $a(n)$ der größte ungerade Teiler von n. Dann ist

$$a(1)\,1^{-s} + a(2)\,2^{-s} + a(3)\,3^{-s} + \cdots + a(n)\,n^{-s} + \cdots = \frac{1-2^{1-s}}{1-2^{-s}}\zeta(s-1).$$

51. Man beweise, daß

$$\sum_{n=1}^{\infty} \Lambda(n) n^{-s} = -\frac{\zeta'(s)}{\zeta(s)} \quad \text{ist.}$$

52. $$\sum_{t/n} \mu(t) = \begin{cases} 1 & \text{für } n = 1, \\ 0 & \text{für } n > 1. \end{cases}$$

53. $$\sum_{t/n} \lambda(t) = \begin{cases} 1, & \text{wenn } n \text{ eine Quadratzahl ist.} \\ 0, & \text{wenn } n \text{ keine Quadratzahl ist.} \end{cases}$$

54. $$\sum_{t/n} \varphi(t) = n.$$

55. $$\sum_{t/n} \frac{\mu(t)}{t} = \frac{\varphi(n)}{n}.$$

56. $$\sum_{t/n} \Lambda(t) = \log n.$$

57. $$\begin{vmatrix} (1,1) & (1,2) & \cdots & (1,n) \\ (2,1) & (2,2) & \cdots & (2,n) \\ \cdots & \cdots & \cdots & \cdots \\ (n,1) & (n,2) & \cdots & (n,n) \end{vmatrix} = \varphi(1)\,\varphi(2)\cdots\varphi(n).$$

58. Man betrachte sämtliche möglichen Zerlegungen $n = \alpha\beta$ einer geraden Zahl n von der Art, daß α ungerade (auch 1), β gerade ist. Dann ist

$$\sum\beta - \sum\alpha$$

gleich der Teilersumme von $\frac{n}{2}$.

59. Es seien $f(n)$ und $g(n)$ multiplikative zahlentheoretische Funktionen. Dann ist auch die zahlentheoretische Funktion

$$h(n) = \sum_{t/n} f(t)\, g\left(\frac{n}{t}\right)$$

multiplikativ.

60. Die Anzahl der verschiedenartigen regulären geschlossenen n-Ecke ist gleich $\frac{1}{2}\varphi(n)$.

61. Die Summe sämtlicher positiven echten Brüche, die in reduzierter Form geschrieben den Nenner n haben, ist $= \frac{1}{2}\varphi(n)$, $n \geqq 2$.

62. Es seien a, b, c positive ganze Zahlen; unter den c Brüchen:

$$\frac{a}{c},\quad \frac{a+b}{c},\quad \frac{a+2b}{c},\quad \ldots,\quad \frac{a+(c-1)b}{c}$$

gibt es $\dfrac{\varphi(bc)}{\varphi(b)}$ unkürzbare, wenn $(a, b, c) = 1$. Ist $(a, b, c) > 1$, so lassen sich natürlich alle kürzen.

63. Wieviel unkürzbare gibt es unter den folgenden n^2 Brüchen:

$$\begin{array}{cccccc}
\frac{1}{1}, & \frac{1}{2}, & \frac{1}{3}, & \frac{1}{4}, & \ldots, & \frac{1}{n}, \\
\frac{2}{1}, & \frac{2}{2}, & \frac{2}{3}, & \frac{2}{4}, & \ldots, & \frac{2}{n}, \\
\frac{3}{1}, & \frac{3}{2}, & \frac{3}{3}, & \frac{3}{4}, & \ldots, & \frac{3}{n}, \\
\cdots & \cdots & \cdots & \cdots & \cdots & \cdots \\
\frac{n}{1}, & \frac{n}{2}, & \frac{n}{3}, & \frac{n}{4}, & \ldots, & \frac{n}{n}?
\end{array}$$

64. Es sei $\Phi(n)$ die Anzahl der unkürzbaren unter den folgenden n^2 Brüchen

$$\begin{array}{cccc}
\frac{1+i}{n}, & \frac{1+2i}{n}, & \ldots, & \frac{1+ni}{n}, \\
\frac{2+i}{n}, & \frac{2+2i}{n}, & \ldots, & \frac{2+ni}{n}, \\
\cdots & \cdots & \cdots & \cdots \\
\frac{n+i}{n}, & \frac{n+2i}{n}, & \ldots, & \frac{n+ni}{n}.
\end{array}$$

$\Big(i = \sqrt{-1}$; der Bruch $\dfrac{a+ib}{n}$ heißt kürzbar, wenn $(a, b, n) > 1$, unkürzbar, wenn $(a, b, n) = 1$ ist.) Die Funktion $\Phi(n)$ besitzt folgende Eigenschaften:

$$(1)\qquad \Phi(m)\,\Phi(n) = \Phi(m\,n) \quad \text{für} \quad (m, n) = 1, \quad \Phi(1) = 1,$$
$$\Phi(p^k) = p^{2k} - p^{2k-2}, \qquad p \text{ Primzahl}, \ k = 1, 2, 3, \ldots;$$

$$(2)\qquad \Phi(n) = n^2\left(1 - \frac{1}{p^2}\right)\left(1 - \frac{1}{q^2}\right)\left(1 - \frac{1}{r^2}\right)\cdots,$$

wenn $p, q, r, \ldots$ die verschiedenen Primfaktoren von n sind;

$$(3)\qquad \sum_{t/n}\Phi(t) = n^2;$$

$$(4)\qquad \sum_{n=1}^{\infty}\Phi(n)\,n^{-s} = \frac{\zeta(s-2)}{\zeta(s)}.$$

Man beweise (1), (2), (3) voneinander unabhängig direkt aus der Definition. Man zeige ferner

$$(1)\to(4),\quad (2)\to(4),\quad (3)\to(4),$$
$$(4)\to(1),\quad (4)\to(2),\quad (4)\to(3).$$ [1]

---

65. Aus der Identität

$$\zeta(s)\sum_{n=1}^{\infty}a_n n^{-s} = \sum_{n=1}^{\infty}A_n n^{-s}$$

folgt

$$\sum_{n=1}^{\infty}\frac{a_n x^n}{1 - x^n} = \sum_{n=1}^{\infty}A_n x^n$$

und umgekehrt; $a_1, a_2, a_3, \ldots, A_1, A_2, A_3, \ldots$ sind Konstanten. (Auf der linken Seite der zweiten Gleichung tritt eine sogenannte *Lambert*sche Reihe auf.)

66. Die beiden Identitäten

$$\zeta(s)(1 - 2^{1-s})\sum_{n=1}^{\infty}a_n n^{-s} = \sum_{n=1}^{\infty}B_n n^{-s}, \qquad \sum_{n=1}^{\infty}\frac{a_n x^n}{1 + x^n} = \sum_{n=1}^{\infty}B_n x^n$$

sind äquivalent.

67. Zwischen den Zahlen $a_1, a_2, a_3 \ldots$ und $A_1, A_2, A_3, \ldots$ bestehe die gleiche Beziehung wie in **65**. Dann ist

$$\prod_{n=1}^{\infty}\left(\frac{n}{x}\sin\frac{x}{n}\right)^{a_n} = \prod_{n=1}^{\infty}\left(1 - \frac{x^2}{n^2\pi^2}\right)^{A_n}.$$

---

[1] D. h. aus (1) folgt (4), aus (2) folgt (4) usw.

68. Zwischen den Zahlen $a_1, a_2, a_3, \ldots$ und $B_1, B_2, B_3, \ldots$ bestehe die gleiche Beziehung wie in **66**. Dann ist

$$\prod_{n=1}^{\infty}\left(\frac{x}{2n}\operatorname{ctg}\frac{x}{2n}\right)^{a_n}=\prod_{n=1}^{\infty}\left(1-\frac{x^2}{n^2\pi^2}\right)^{B_n}.$$

69. Man zeige, daß

$$\sum_{n=1}^{\infty}\frac{\mu(n)x^n}{1-x^n} \quad \text{und} \quad \sum_{n=1}^{\infty}\frac{\varphi(n)x^n}{1-x^n}$$

rationale Funktionen von x sind. Welche?

70.

$$\sum_{n=1}^{\infty}\frac{\lambda(n)x^n}{1-x^n}=x+x^4+x^9+x^{16}+x^{25}+\cdots.$$

71. Man zeige, daß

$$\sum_{n=1}^{\infty}\frac{\mu(n)x^n}{1+x^n}=x-2x^2, \qquad \sum_{n=1}^{\infty}\frac{\varphi(n)x^n}{1+x^n}=x\frac{1+x^2}{(1-x^2)^2} \quad \text{ist.}$$

72.

$$\sum_{n=1}^{\infty}\lambda(n)\frac{x^n}{1+x^n}$$
$$=x-2x^2+x^4-2x^8+x^9+x^{16}-2x^{18}+x^{25}-\cdots=\sum_{n=1}^{\infty}b_n x^n,$$

wo $b_n=1$, wenn n eine Quadratzahl, $b_n=-2$, wenn n das Doppelte einer Quadratzahl, und in jedem anderen Falle $b_n=0$ ist.

73.

$$\sum_{n=1}^{\infty}\Phi(n)\frac{x^n}{1-x^n}=x\frac{1+x}{(1-x)^3},$$
$$\sum_{n=1}^{\infty}\Phi(n)\frac{x^n}{1+x^n}=x\frac{1+2x+6x^2+2x^3+x^4}{(1-x^2)^3} \qquad [\mathbf{64}].$$

74.

$$\sum_{n=1}^{\infty}\tau(n)x^n=\sum_{n=1}^{\infty}\frac{x^n}{1-x^n}=x\frac{1+x}{1-x}+x^4\frac{1+x^2}{1-x^2}+x^9\frac{1+x^3}{1-x^3}+\cdots.$$

75.

$$\sum_{n=1}^{\infty}\sigma(n)x^n=\sum_{n=1}^{\infty}n\frac{x^n}{1-x^n}=\frac{x}{(1-x)^2}+\frac{x^2}{(1-x^2)^2}+\frac{x^3}{(1-x^3)^2}$$
$$+\frac{x^4}{(1-x^4)^2}+\cdots=\frac{x+2x^2-5x^5-7x^7+\cdots}{1-x-x^2+x^5+x^7-\cdots}.$$

Die im letzten Bruch auftretenden Exponenten haben die Form $\frac{1}{2}(3k^2\pm k)$. [I **54**.] Man leite hieraus eine Rekursionsformel für $\sigma(n)$ ab.

76. Der Ausdruck

$$\frac{1}{1-q}+\frac{p}{1-qx}+\frac{p^2}{1-qx^2}+\frac{p^3}{1-qx^3}+\cdots$$

bleibt unverändert, wenn p mit q vertauscht wird.

77.

$$\frac{x}{1+x^2}+\frac{x^2}{1+x^4}+\frac{x^3}{1+x^6}+\frac{x^4}{1+x^8}+\cdots=$$
$$=\frac{x}{1-x}-\frac{x^3}{1-x^3}+\frac{x^5}{1-x^5}-\frac{x^7}{1-x^7}+\cdots.$$

78.

$$\frac{x}{1-x}=\frac{x}{1-x^2}+\frac{x^2}{1-x^4}+\frac{x^4}{1-x^8}+\frac{x^8}{1-x^{16}}+\cdots$$
$$=\frac{x}{1+x}+\frac{2x^2}{1+x^2}+\frac{4x^4}{1+x^4}+\frac{8x^8}{1+x^8}+\cdots.$$

---

79. Es ist

$$\tau(1)+\tau(2)+\tau(3)+\cdots+\tau(n)=\left[\frac{n}{1}\right]+\left[\frac{n}{2}\right]+\left[\frac{n}{3}\right]+\cdots+\left[\frac{n}{n}\right].$$

[Beide Seiten bedeuten die Anzahl der Gitterpunkte in der Fläche $x>0,\ y>0,\ xy\leqq n$.][1])

80. Ist $\nu=[\sqrt{n}]$, so ist

$$\tau(1)+\tau(2)+\tau(3)+\cdots+\tau(n)=2\left[\frac{n}{1}\right]+2\left[\frac{n}{2}\right]+\cdots+2\left[\frac{n}{\nu}\right]-\nu^2.$$

81. Es sei

$$\sum_{k=1}^{\infty}a_k k^{-s}\sum_{l=1}^{\infty}b_l l^{-s}=\sum_{n=1}^{\infty}c_n n^{-s}.$$

Dann besteht zwischen den Koeffizientensummen

$$a_1+a_2+\cdots+a_n=A_n,\qquad b_1+b_2+\cdots+b_n=B_n,$$
$$c_1+c_2+\cdots+c_n=\Gamma_n$$

die folgende Beziehung:

$$\Gamma_n=\sum_{r=1}^{n}a_r B_{\left[\frac{n}{r}\right]}=\sum_{s=1}^{n}b_s A_{\left[\frac{n}{s}\right]}.$$

---

[1]) Die in **28—42** herausgearbeitete Analogie (Teil, Teiler) könnte hier bis zu einem gewissen Grade weiter verfolgt werden.

82. $$\log n! = \sum_{p \leqq n} \log p \left(\left[\frac{n}{p}\right] + \left[\frac{n}{p^2}\right] + \left[\frac{n}{p^3}\right] + \cdots \right),$$

wobei die Summation über sämtliche Primzahlen p zu erstrecken ist, die n nicht übertreffen. [Man wende **81** auf das *Dirichlet*sche Produkt

$$-\zeta'(s) = \sum_{k=1}^{\infty} \Lambda(k)\, k^{-s} \sum_{l=1}^{\infty} l^{-s}$$

an.]

83. Mit den Bezeichnungen von **81** gilt auch

$$\Gamma_n = \sum_{r=1}^{\nu} a_r B_{\left[\frac{n}{r}\right]} + \sum_{s=1}^{\nu} b_s A_{\left[\frac{n}{s}\right]} - A_\nu B_\nu,$$

wo $\nu = [\sqrt{n}]$ gesetzt ist.

2. Kapitel.

Ganzzahlige Polynome und ganzwertige Funktionen.

Ein Polynom

$$P(x) = a_0 x^m + a_1 x^{m-1} + \cdots + a_{m-1} x + a_m$$

ist *ganzzahlig*, wenn seine Koeffizienten $a_0, a_1, a_2, \ldots, a_{m-1}, a_m$ ganze Zahlen sind. Das Polynom $P(x)$ heißt *ganzwertig*, wenn die Werte $P(0), P(1), P(2), \ldots, P(n), \ldots$ ganze Zahlen sind. Wenn ein Polynom ganzzahlig ist, so ist es auch ganzwertig.

84. Das Polynom

$$\frac{x(x-1)(x-2)\cdots(x-m+1)}{1\cdot 2\cdot 3\cdots m} = \binom{x}{m}$$

ist ganzwertig, jedoch nicht ganzzahlig, falls $m \geqq 2$ ist.

85. Jedes Polynom $P(x)$ vom Grade m läßt sich auf die Form

$$P(x) = b_0 \binom{x}{m} + b_1 \binom{x}{m-1} + \cdots\; b_{m-1} \binom{x}{1} + b_m$$

bringen. $P(x)$ ist dann und nur dann ganzwertig, wenn die Zahlen $b_0, b_1, \ldots, b_{m-1}, b_m$ ganze Zahlen sind.

86. Ist das Polynom $P(x)$ vom Grade m ganzwertig, so ist $m!\,P(x)$ ganzzahlig.

87. Nimmt eine ganze rationale Funktion vom Grade m für $m+1$ konsekutive ganzzahlige Werte der Variablen ganzzahlige Werte an, so nimmt sie für sämtliche ganzzahligen Werte der Variablen ganzzahlige Werte an.

88. Jedes *ungerade* Polynom $P(x)$ vom Grade $2m-1$ läßt sich auf die Form

$$P(x) = c_1\binom{x}{1} + c_2\binom{x+1}{3} + c_3\binom{x+2}{5} + \cdots + c_m\binom{x+m-1}{2m-1}$$

bringen. $P(x)$ ist dann und nur dann ganzwertig, wenn die Zahlen $c_1, c_2, \ldots, c_{m-1}, c_m$ ganze Zahlen sind.

89. Jedes *gerade* Polynom $P(x)$ vom Grade $2m$ läßt sich auf die Form

$$P(x) = d_0 + d_1\frac{x}{1}\binom{x}{1} + d_2\frac{x}{2}\binom{x+1}{3} + \cdots + d_m\frac{x}{m}\binom{x+m-1}{2m-1}$$

bringen. $P(x)$ ist dann und nur dann ganzwertig, wenn die Zahlen $d_0, d_1, d_2, \ldots, d_{m-1}, d_m$ ganze Zahlen sind.

90. Es gibt ganzzahlige Polynome m^{ten} Grades, deren Absolutwert an $m+1$ ganzzahligen Stellen zu 1 ausfällt, wenn $m \leqq 3$, es gibt keine solchen, wenn $m \geqq 4$. [VI **70**.]

91. Nimmt eine rationale ganze Funktion vom Grade m an $m+1$ ganzzahligen Stellen rationale Werte an, so sind ihre Koeffizienten rationale Zahlen.

92. Nimmt eine rationale gebrochene Funktion an allen positiven ganzzahligen Stellen rationale Werte an, so ist sie der Quotient von zwei ganzzahligen, teilerfremden Polynomen. [Die Rationalität der Koeffizienten ist die Hauptsache.]

93. Wenn eine rationale Funktion für unendlich viele ganzzahlige Werte der Veränderlichen eine ganze Zahl darstellt, so ist sie eine rationale *ganze* Funktion.

---

94. In der Zahlenfolge

$$2^1+1, \quad 2^2+1, \quad 2^4+1, \quad 2^8+1, \quad \ldots, \quad 2^{2^n}+1, \ldots$$

sind je zwei Glieder zueinander teilerfremd. (Hieraus kann man entnehmen, daß unendlich viele Primzahlen existieren.)

95. In der Zahlenfolge

$$a, \quad a+d, \quad a+2d, \quad \ldots, \quad a+nd, \quad \ldots$$

gibt es mehrere, ja unendlich viele Glieder, die genau dieselben Primfaktoren haben; a, d sind ganze Zahlen, $d \gtrless 0$.

96. In der Zahlenfolge

$$5, \quad 11, \quad 17, \quad 23, \quad 29, \quad 35, \quad \ldots, \quad 6n-1, \quad \ldots$$

besitzt jedes Glied einen Primfaktor, der $\equiv -1 \pmod{6}$ ist.

97. Es sei $P(x)$ ein ganzwertiges Polynom. Ist es möglich, daß alle Glieder der Zahlenfolge

$$P(1),\quad P(2),\quad P(3),\quad \ldots,\quad P(n),\quad \ldots$$

Primzahlen sind? (Bei der speziellen Wahl $P(x) = x^2 - x + 41$ sind die ersten 40 Glieder Primzahlen, wie *Euler* bemerkte.)

Ist die Funktion $f(x)$ so beschaffen, daß die Werte

$$f(0),\quad f(1),\quad f(2),\quad \ldots,\quad f(n),\quad \ldots$$

sämtlich ganzzahlig sind, so heißt $f(x)$ *ganzwertig*. Z. B. ist 2^x ganzwertig. Eine rationale gebrochene Funktion kann nicht ganzwertig sein [**93**]. Eine Primzahl p heißt *Primteiler* der ganzwertigen Funktion $f(x)$, wenn es eine ganze Zahl n gibt, $n \geqq 0$, so beschaffen, daß $f(n) \gtrless 0$ und $f(n) \equiv 0 \pmod{p}$. 2^x besitzt nur den einzigen Primteiler 2. Nach **94** besitzt die Funktion $2^x + 1$ unendlich viele Primteiler.

98. Die Primteiler des Polynoms $x^2 + 1$ sind $2, 5, 13, 17, \ldots$, d. h. 2 und die ungeraden Primzahlen von der Form $4n + 1$; die Primzahlen von der Form $4n + 3$ sind keine Primteiler von $x^2 + 1$.

99. Man bestimme die Primteiler von $x^2 + 15$.

100. Es gibt unendlich viele Primzahlen, die keine Primteiler eines vorgelegten ganzzahligen irreduziblen Polynoms zweiten Grades sind. [Mit höheren Hilfsmitteln zu beweisen. Vgl. die Fußnote zu **110**.]

101. Wenn ein nicht identisch verschwindendes ganzwertiges Polynom eine rationale Nullstelle besitzt, so sind alle Primzahlen seine Primteiler, abgesehen ev. von endlich vielen Ausnahmen.

102. Alle Primzahlen sind Primteiler des Polynoms

$$x^6 - 11x^4 + 36x^2 - 36,$$

das keine rationalen Nullstellen hat.

103. Ein ungerader Primteiler von $K_m(x)$, dem m^{ten} Kreisteilungspolynom [**36**], ist entweder Teiler von m, oder $\equiv 1 \pmod{m}$. [**104.**]

104. Ist p Primzahl, $p > 2$, p kein Teiler von m und $K_m(a) \equiv 0 \pmod{p}$, so ist a zu p teilerfremd und gehört $\pmod{p}$ zum Exponenten m.

105. Es gibt unendlich viele Primzahlen von der Form $6n - 1$. [Man betrachte die Primfaktorenzerlegung von $6P - 1$, wo $P = 5 \cdot 11 \cdot 17 \cdot 23 \cdot 29 \cdot 41 \cdots$ das Produkt aller schon bekannten Primzahlen von der Form $6n - 1$ ist.]

106. Es gibt unendlich viele Primzahlen von der Form $4n - 1$.

107. Es seien a, b, c ganze Zahlen, $a \gtrless 0$, $b \geqq 2$, $c \gtrless 0$. Die ganzwertige Funktion $ab^x + c$ besitzt unendlich viele Primteiler. [$ab^x + c$

ist periodisch nach jedem Modul n, der zu b teilerfremd ist; der absolute Wert dieser Funktion wächst ins Unendliche.]

108. Es sei $P(x)$ ein ganzwertiges Polynom, jedoch keine Konstante. Dann besitzt $P(x)$ unendlich viele Primteiler.

109. Die in **108** erwähnte Tatsache kann auch so gefaßt werden: Ist $P(x)$ ein ganzwertiges Polynom, jedoch keine Konstante, so lassen sich nicht alle Glieder der Zahlenfolge

$$P(0),\quad P(1),\quad P(2),\quad \ldots,\quad P(n),\quad \ldots$$

aus endlich vielen Primzahlen zusammensetzen. Kann es vorkommen, daß *unendlich viele* Glieder der Folge sich aus endlich vielen Primzahlen zusammensetzen lassen?

110. Es sei m eine positive ganze Zahl. In der arithmetischen Progression

$$1,\quad 1+m,\quad 1+2m,\quad 1+3m,\quad \ldots$$

gibt es unendlich viele Primzahlen[1]).

111. Die beiden ganzwertigen Polynome $P(x)$ und $Q(x)$ seien teilerfremd. Dann gibt es beliebig große ganze Zahlen n, so beschaffen, daß das kleinste gemeinschaftliche Vielfache der Zahlen $P(n)$ und $Q(n)$ Primfaktoren enthält, die ihr größter gemeinsamer Teiler nicht enthält.

112. Es sei $P(x)$ ein *irreduzibles* ganzwertiges Polynom. (Vgl. unten S. 136.) Dann gibt es beliebig große ganze Zahlen n, so beschaffen, daß in $P(n)$ mindestens ein Primfaktor p einfach auftritt; d. h. $P(n) \equiv 0 \pmod{p}$, $P(n) \not\equiv 0 \pmod{p^2}$.

113. Es sei $P(x)$ ein ganzwertiges Polynom. Die Nullstelle von *kleinster Multiplizität*, die $P(x)$ besitzt, soll die Multiplizität m haben. (Dann müssen alle in $P(n)$ aufgehenden Primfaktoren, abgesehen eventuell von gewissen endlich vielen, mindestens zur m^{ten} Potenz darin aufgehen, $n = 0, 1, 2, \ldots$.) Es gibt beliebig große ganze Zahlen n, so beschaffen, daß in $P(n)$ mindestens ein Primfaktor *nicht mehr als m-fach* auftritt.

114. Stellt die ganze rationale Funktion $P(x)$ für jeden ganzen positiven Wert x eine Quadratzahl dar, so ist $P(x)$ das Quadrat einer ganzen rationalen Funktion. (Analoges gilt für höhere Potenzen.)

115. Es seien $b_1, b_2, \ldots, b_k$ voneinander verschiedene rationale ganze positive Zahlen, $0 < b_1 < b_2 < \cdots < b_k$ und $P_1(x), P_2(x), \ldots, P_k(x)$ ganzzahlige Polynome. Dann hat die Funktion

$$P_1(x)\, b_1^x + P_2(x)\, b_2^x + \cdots + P_k(x)\, b_k^x$$

unendlich viele Primteiler.

---

[1]) **105**, **108**, **110** sind Spezialfälle des wichtigen, von *Dirichlet* bewiesenen Satzes: In jeder arithmetischen Progression, deren Anfangsglied und Differenz teilerfremd sind, gibt es unendlich viele Primzahlen.

Ein Polynom vom Grade n mit rationalen Koeffizienten heißt *reduzibel*, wenn es das Produkt von zwei Polynomen ist, deren Grade $< n$ und deren Koeffizienten ebenfalls rational sind. Jedes Polynom ist entweder reduzibel oder *irreduzibel;* im ersteren Fall ist es ein Produkt irreduzibler Polynome.

116. Wenn ein ganzzahliges Polynom reduzibel ist, so ist es ein Produkt von *ganzzahligen* Polynomen niedrigeren Grades.

117. Ein ganzzahliges Polynom $f(x)$ kann an keiner ganzzahligen Stelle verschwinden, wenn $f(0)$ und $f(1)$ ungerade sind.

118. Nimmt das ganzzahlige Polynom $P(x)$ vom n^{ten} Grade an n voneinander verschiedenen ganzzahligen Stellen Werte an, die sämtlich von 0 verschieden und absolut genommen kleiner als $\dfrac{\left(n-\left[\frac{n}{2}\right]\right)!}{2^{n-\left[\frac{n}{2}\right]}}$ sind, so ist $P(x)$ irreduzibel. [VI **70**.]

119. Die in **118** angegebene Schranke läßt sich durch

$$\left(\frac{d}{2}\right)^{n-\left[\frac{n}{2}\right]}\left(n-\left[\frac{n}{2}\right]\right)!$$

ersetzen, wenn je zwei von den ganzzahligen Stellen, an denen $P(x)$ ganzzahlig ist, den Mindestabstand d haben.

120. Wenn der Wert des ganzzahligen Polynoms $P(x)$ für unendlich viele ganzzahlige Werte von x zu einer Primzahl ausfallen soll, so muß $P(x)$ irreduzibel und 1 der größte gemeinsame Teiler der Koeffizienten von $P(x)$ sein. Diese evidente Aussage läßt sich nicht umkehren: Das Polynom

$$x(x-(n!+1))(x-2(n!+1))\cdots(x-(n-1)(n!+1))+n! = x^n+\cdots$$

ist irreduzibel, aber es stellt für keinen ganzzahligen Wert von x eine Primzahl dar, $n \geqq 3$ vorausgesetzt.

121. Es seien $a_1, a_2, \ldots, a_n$ voneinander verschiedene ganze Zahlen. Es soll bewiesen werden, daß die Funktion

$$(x-a_1)(x-a_2)\cdots(x-a_n)-1$$

stets irreduzibel ist.

122. (Fortsetzung.) Es soll untersucht werden, in welchen Fällen

$$(x-a_1)(x-a_2)\cdots(x-a_n)+1$$

reduzibel ist.

123. (Fortsetzung.) Die Funktion

$$(x-a_1)^2(x-a_2)^2\cdots(x-a_n)^2+1$$

ist irreduzibel.

124. (Fortsetzung.) Irreduzibel ist auch die Funktion

$$(x-a_1)^4(x-a_2)^4\cdots(x-a_n)^4+1.$$

125. (Fortsetzung.) Ist $F(z)=z^4+Az^3+Bz^2+Az+1$ ein positiv definites irreduzibles ganzzahliges Polynom, so ist

$$F((x-a_1)(x-a_2)\cdots(x-a_n))$$

nur dann reduzibel, wenn $F(z)=z^4-z^2+1$ (das 12[te] Kreisteilungspolynom) und $(x-a_1)(x-a_2)\cdots(x-a_n)=(x-\alpha)(x-\alpha-1)(x-\alpha-2)$ mit ganzzahligem α ist.

126. (Fortsetzung.) Ist A positiv und ganz, so ist

$$A(x-a_1)^4(x-a_2)^4\cdots(x-a_n)^4+1$$

nur dann reduzibel, wenn $\frac{A}{4}$ die vierte Potenz einer ganzen Zahl ist.

127. $P(x)$ sei ein ganzzahliges Polynom und es existiere eine ganze Zahl n so, daß folgende drei Bedingungen erfüllt sind:

1. Die Nullstellen von $P(x)$ liegen in der Halbebene $\Re x < n-\frac{1}{2}$.
2. $P(n-1)\neq 0$.
3. $P(n)$ ist eine Primzahl.

Dann ist $P(x)$ irreduzibel.

128. Es sei

$$p=a_0a_1\ldots a_m=a_0 10^m+a_1 10^{m-1}+\cdots+a_m$$

eine Primzahl im Dezimalsystem geschrieben, $0\leqq a_\nu\leqq 9$, $\nu=0,1,\ldots,m$; $a_0\geqq 1$. Das Polynom

$$a_0x^m+a_1x^{m-1}+\cdots+a_{m-1}x+a_m$$

ist irreduzibel. [**127**, III **24**.]

129. Es seien r und s ungerade Primzahlen, so beschaffen, daß

$$r\equiv 1 \pmod{8} \quad \text{und} \quad \left(\frac{r}{s}\right)=\left(\frac{s}{r}\right)=1.$$

Solche Primzahlen sind z. B. $r=41$ und $s=5$. Das Polynom

$$(x-\sqrt{r}-\sqrt{s})(x-\sqrt{r}+\sqrt{s})(x+\sqrt{r}-\sqrt{s})(x+\sqrt{r}+\sqrt{s})$$
$$=x^4-2(r+s)x^2+(r-s)^2$$
$$(1)\qquad =(x^2+r-s)^2-4rx^2$$
$$(2)\qquad =(x^2-r+s)^2-4sx^2$$
$$(3)\qquad =(x^2-r-s)^2-4rs$$

ist irreduzibel, jedoch „reduzibel" (in zwei Faktoren 2ten Grades zerlegbar) *nach einem beliebigen Modul m*, wie mit Benutzung der Formeln (1), (2), (3) elementar zu zeigen ist.

3. Kapitel.

Zahlentheoretisches über Potenzreihen.

130. Das Produkt von irgendwelchen m konsekutiven ganzen Zahlen ist durch das Produkt der m ersten positiven ganzen Zahlen teilbar.

131. Das Produkt von m ganzen Zahlen in arithmetischer Progression ist durch $m!$ teilbar, wenn die Differenz der Progression zu $m!$ prim ist.

132. Das Differenzenprodukt von irgendwelchen m ganzen Zahlen ist durch das Differenzenprodukt der m ersten positiven ganzen Zahlen teilbar. (Das Differenzenprodukt $\prod_{j<k}^{1,2,\ldots,m} (x_k - x_j)$ der m Größen $x_1, x_2, \ldots, x_m$ besteht aus $\frac{1}{2} m(m-1)$ Faktoren.) [Lösung V **96**.]

133. Für welche ganzen Zahlen n ist $(n-1)!$ durch n *nicht* teilbar? Für welche ist $(n-1)!$ durch n^2 *nicht* teilbar?

134. Welches ist der Exponent der höchsten Potenz einer Primzahl p, die in $n!$ aufgeht?

135. Mit wieviel Nullen endet $1000!$, im Dezimalsystem geschrieben?

136. Es seien a und b positive ganze Zahlen. Dann ist $(2a)!\,(2b)!$ durch $a!\,(a+b)!\,b!$ teilbar.

137. Sind h und n positive ganze Zahlen, dann ist $\frac{(hn)!}{(h!)^n n!}$ eine ganze Zahl.

Eine nach wachsenden Potenzen von z geordnete Potenzreihe

$$a_0 + a_1 z + a_2 z^2 + \cdots + a_n z^n + \cdots$$

heißt *rationalzahlig*, wenn die Koeffizienten $a_0, a_1, a_2, \ldots, a_n, \ldots$ rationale Zahlen sind, und *ganzzahlig*, wenn die Koeffizienten $a_0, a_1, a_2, \ldots, a_n, \ldots$ rationale ganze Zahlen sind. Eine rationalzahlige Potenzreihe läßt sich in die Form

$$\frac{s_0}{t_0} + \frac{s_1}{t_1} z + \frac{s_2}{t_2} z^2 + \cdots + \frac{s_n}{t_n} z^n + \cdots$$

setzen, wo s_n, t_n rational ganz, $(s_n, t_n) = 1$, $t_n \geqq 1$ ist. s_n ist der Zähler, t_n der Nenner des n^{ten} Koeffizienten.

138. Es sei s eine ganze Zahl, t eine positive ganze Zahl, $(s, t) = 1$. Man zeige, daß in den Nennern der Koeffizienten der rationalzahligen Potenzreihe

$$(1+z)^{\frac{s}{t}} = \sum_{n=0}^{\infty} \frac{s}{t}\left(\frac{s}{t} - 1\right) \cdots \left(\frac{s}{t} - n + 1\right) \frac{z^n}{n!}$$

nur Primfaktoren von t aufgehen.

139. Es sei p ein Primfaktor von t, und es seien bzw. p^{α}, p^{α_0}, $p^{\alpha_1}, \ldots, p^{\alpha_n}, \ldots$ die höchsten Potenzen von p, die in $t, t_0, t_1, \ldots, t_n, \ldots$ aufgehen, wobei t_n den Nenner des n^{ten} Koeffizienten der Reihenentwicklung von $(1+z)^{\frac{s}{t}}$ bedeutet; $(s, t) = 1$. Man berechne $\lim\limits_{n\to\infty} \frac{\alpha_n}{n}$.

Die Funktion $f(z)$ heißt algebraisch, wenn sie einer Gleichung der Form

$$P_0(z)\cdot[f(z)]^l + P_1(z)\,[f(z)]^{l-1} + \cdots + P_{l-1}(z)\,f(z) + P_l(z) = 0$$

genügt; $P_0(z), P_1(z), \ldots, P_l(z)$ sind Polynome, $P_0(z) \not\equiv 0$.

Den richtigen Gesichtspunkt zur Beurteilung des speziellen Resultates in **138**, **139** gibt der folgende allgemeine Satz von *Eisenstein:*

„Wenn die rationalzahlige Potenzreihe

$$a_1 z + a_2 z^2 + a_3 z^3 + \cdots + a_n z^n + \cdots$$

eine algebraische Funktion von z darstellt, so gibt es eine ganze Zahl T, so beschaffen, daß die Reihe

$$a_1 T z + a_2 T^2 z^2 + a_3 T^3 z^3 + \cdots + a_n T^n z^n \ldots$$

ganzzahlig ist.“ [**153**.]

140. Man finde die kleinste ganze Zahl T von der Eigenschaft, daß sämtliche Koeffizienten der Reihenentwicklung von $(1 + Tz)^{\frac{s}{t}}$ ganze Zahlen sind.

141. Man beweise den *Eisenstein*schen Satz in dem einfachsten Spezialfall, nämlich für *rationale* Funktionen.

Man sagt, daß die Reihe

$$\frac{s_0}{t_0} + \frac{s_1}{t_1} z + \frac{s_2}{t_2} z^2 + \cdots + \frac{s_n}{t_n} z^n + \cdots$$

mit rationalen Koeffizienten (s_n, t_n ganz, $t_n \geqq 1$, $(s_n, t_n) = 1$) der *Eisensteinschen Bedingung* genügt, wenn eine ganze Zahl T existiert, so beschaffen, daß T^n durch t_n teilbar ist für $n = 1, 2, 3, \ldots$.

142. Erfüllen zwei rationalzahlige Potenzreihen $f(z)$ und $g(z)$ die *Eisenstein*sche Bedingung, so erfüllen sie auch die Reihen

$$f(z) + g(z), \quad f(z) - g(z), \quad f(z)\,g(z),$$

ferner

$$\frac{f(z)}{g(z)} \quad (g(0) \gtrless 0 \text{ vorausgesetzt}), \quad f(g(z)) \quad (g(0) = 0 \text{ vorausgesetzt}).$$

143. Genügen die beiden rationalzahligen Potenzreihen

$$a_0 + a_1 z + a_2 z^2 + \cdots + a_n z^n + \cdots, \qquad b_0 + b_1 z + b_2 z^2 + \cdots + b_n z^n + \cdots$$

der *Eisenstein*schen Bedingung, so genügt ihr auch die Reihe

$$a_0 b_0 + a_1 b_1 z + a_2 b_2 z^2 + \cdots + a_n b_n z^n + \cdots.$$

144. Man zeige, daß die *Eisenstein*sche Bedingung mit der simultanen Erfüllung der beiden folgenden Bedingungen äquivalent ist:

1. Die Nenner $t_1, t_2, t_3, \ldots, t_n, \ldots$ enthalten nur endlich viele verschiedene Primzahlen.

2. $\frac{\log t_n}{n}$ ist beschränkt, $n = 1, 2, 3, \ldots$.

145. Man entwickle nach Potenzen von z die beiden Funktionen

$$\frac{1}{1-z} + \frac{1}{2-z} + \frac{1}{4-z} + \cdots + \frac{1}{2^n - z} + \cdots,$$

$$\frac{z}{2-z} + \frac{z^2}{2^4 - z^2} + \frac{z^3}{2^9 - z^3} + \cdots + \frac{z^n}{2^{n^2} - z^n} + \cdots.$$

Erfüllen die erhaltenen Potenzreihen die beiden Bedingungen 1. 2. in **144**? Sind die dargestellten Funktionen algebraisch?

146. Als hypergeometrische Reihe bezeichnet man die Reihe

$$F(\alpha, \beta, \gamma; z) = \sum_{n=0}^{\infty} \frac{\alpha(\alpha+1)\cdots(\alpha+n-1)\cdot\beta(\beta+1)\cdots(\beta+n-1)}{1\cdot 2 \quad \cdots \quad n \quad \cdot\gamma(\gamma+1)\cdots(\gamma+n-1)} z^n.$$

Sind α und β rationale, aber nicht beide ganze Zahlen und ist γ eine positive ganze Zahl, so ist es möglich, eine positive ganze Zahl T so zu wählen, daß sämtliche Koeffizienten der hypergeometrischen Reihe $F(\alpha, \beta, \gamma; Tz)$ als ganze Zahlen ausfallen. (Es ist z. B.

$$\frac{2}{\pi}\int_0^1 \frac{dx}{\sqrt{(1-x^2)(1-zx^2)}} = \sum_{n=0}^{\infty} \left(\frac{\frac{1}{2}(\frac{1}{2}+1)\cdots(\frac{1}{2}+n-1)}{1\cdot 2\cdots n}\right)^2 z^n$$

keine algebraische Funktion [I **90**]: die *Eisenstein*sche Bedingung ist notwendig, aber *nicht hinreichend* dafür, daß die Funktion algebraisch sei.)

147. Es seien $\alpha \neq \gamma$, $\beta \neq \gamma$ und α, β, γ nicht sämtlich rational, hingegen sämtliche Koeffizienten der hypergeometrischen Reihe $F(\alpha, \beta, \gamma; z)$ rational. Die beiden Zahlen α und β sind dann Wurzeln einer irreduziblen quadratischen Gleichung mit rationalen Koeffizienten.

148. In dem in **147** erwähnten Fall stellt $F(\alpha, \beta, \gamma; z)$ keine algebraische Funktion von z dar. Man beweise es auf Grund des *Eisenstein*schen Satzes!

149. Eine rationale Funktion, in deren Entwicklung nach wachsenden Potenzen von z lauter rationale Zahlen als Koeffizienten auftreten, ist der Quotient von zwei Polynomen mit rationalen Koeffizienten.

150. Eine rationalzahlige Potenzreihe $f(z)$ genüge einer Gleichung von der Form

$$P_0(z)\,[f(z)]^l + P_1(z)\,[f(z)]^{l-1} + \cdots + P_{l-1}(z)\,f(z) + P_l(z) = 0;$$

$P_0(z), P_1(z), \ldots, P_l(z)$ sind Polynome, $P_0(z) \not\equiv 0$. Man zeige, daß $f(z)$ auch einer Gleichung von derselben Form genügt, worin die auftretenden Polynome *rationale ganze Zahlen* zu Koeffizienten haben.

151. Die rationalzahlige Potenzreihe

$$y = a_0 + a_1 z + a_2 z^2 + \cdots + a_n z^n + \cdots$$

genüge einer algebraischen Differentialgleichung, d. h. einer Gleichung von der Form

$$R(z, y, y', y'', \ldots, y^{(r)}) = 0;$$

R bedeutet eine rationale ganze Funktion ihrer $r+2$ Argumente. Man zeige, daß dann y sicherlich auch einer Gleichung von der Form

$$R^*(z, y, y', y'', \ldots, y^{(r)}) = 0$$

genügt; R^* bedeutet eine rationale ganze Funktion mit *ganzzahligen* Koeffizienten.

152. Es seien die Funktionen $f(z) = c_0 + c_1 z + c_2 z^2 + \cdots$, $F_0(z), F_1(z), F_2(z), \ldots, F_l(z)$ $(F_0(z) \not\equiv 0)$ regulär in einer Umgebung des Nullpunktes und durch die Gleichung

$$F_0(z)\,[f(z)]^l + F_1(z)\,[f(z)]^{l-1} + \cdots + F_{l-1}(z)\,f(z) + F_l(z) = 0$$

miteinander verbunden. Dann erfüllt die Potenzreihe

$$f^*(z) = c_m + c_{m+1} z + c_{m+2} z^2 + \cdots,$$

falls m passend gewählt ist, eine Gleichung von der Form

$$G_0(z)\,[f^*(z)]^k + G_1(z)\,[f^*(z)]^{k-1} + \cdots + G_{k-1}(z)\,f^*(z) + G_k(z) = 0,$$

wobei $k \leqq l$, $G_0(0) = G_1(0) = \cdots = G_{k-2}(0) = 0$, $G_{k-1}(0) \neq 0$, $G_0(z) \not\equiv 0$ und $G_\varkappa(z)$ ein rationaler ganzer Ausdruck mit ganzzahligen Koeffizienten in $F_0(z), F_1(z), \ldots, F_l(z), z, c_0, c_1, \ldots, c_{m-1}$ ist, dividiert eventuell durch eine Potenz von z; $\varkappa = 0, 1, 2, \ldots, k$. (Funktionentheoretische Vorbereitung zu **153**, **154**.)

153. Erfüllen die rationalzahligen Potenzreihen $P_0(z), P_1(z), \ldots, P_l(z)$ die *Eisenstein*sche Bedingung, und genügt die rationalzahlige Potenzreihe $f(z)$ der Gleichung

$$P_0(z)\,[f(z)]^l + P_1(z)\,[f(z)]^{l-1} + \cdots + P_{l-1}(z)\,f(z) + P_l(z) = 0,$$

so erfüllt auch $f(z)$ die *Eisenstein*sche Bedingung.

154. Es sei s_n, t_n ganz, $(s_n, t_n) = 1$, $t_n \geqq 1$, und der größte Primfaktor, der in t_n aufgeht, heiße P_n. Man sagt, daß die Potenzreihe

$$\frac{s_0}{t_0} + \frac{s_1}{t_1} z + \frac{s_2}{t_2} z^2 + \cdots + \frac{s_n}{t_n} z^n + \cdots$$

der *Tschebyscheff*schen Bedingung genügt, wenn $\frac{P_n}{n}$ beschränkt ist, und daß sie der *Hurwitz*schen Bedingung genügt, wenn $\frac{\log P_n}{\log n}$ beschränkt ist, $n = 2, 3, 4, \ldots$. Sowohl für die *Tschebyscheff*sche wie auch für die *Hurwitz*sche Bedingung gelten analoge Sätze wie **142**, **143**, **153** für die *Eisenstein*sche.

---

155. Die ganzzahlige Potenzreihe

$$a_0 + a_1 z + a_2 z^2 + \cdots + a_n z^n + \cdots$$

heiße *primitiv*, wenn die Zahlen $a_0, a_1, a_2, \ldots, a_n, \ldots$ außer ± 1 keinen gemeinsamen Teiler besitzen. Man beweise, daß das Produkt zweier primitiver Potenzreihen wieder eine primitive Potenzreihe ist.

156. Stellt die Potenzreihe

$$a_0 + a_1 z + a_2 z^2 + \cdots + a_n z^n + \cdots$$

mit ganzzahligen Koeffizienten eine rationale Funktion dar, so kann diese in die Form $\frac{P(z)}{Q(z)}$ gesetzt werden, wobei $P(z)$ und $Q(z)$ Polynome mit ganzzahligen Koeffizienten bedeuten und $Q(0) = 1$ ist. [**155**.]

157. Es sei

$$\theta = 0, a_1 a_2 a_3 \ldots a_n \ldots = \frac{a_1}{10} + \frac{a_2}{10^2} + \frac{a_3}{10^3} + \cdots + \frac{a_n}{10^n} + \cdots$$

eine positive Zahl $\leqq 1$ im Dezimalsystem geschrieben, $0 \leqq a_\nu \leqq 9$, $\nu = 1, 2, 3, \ldots$. Die ganzzahlige Potenzreihe

$$a_1 z + a_2 z^2 + a_3 z^3 + \cdots + a_n z^n + \cdots$$

stellt eine rationale Funktion dar, wenn θ rational, und keine rationale Funktion, wenn θ irrational ist.

158. Es seien in der unendlichen Zahlenfolge $a_0, a_1, a_2, \ldots, a_n, \ldots$ nur endlich viele verschiedene Werte vorhanden. Die Potenzreihe

$$a_0 + a_1 z + a_2 z^2 + \cdots + a_n z^n + \cdots$$

stellt dann und nur dann eine rationale Funktion dar, wenn die Koeffizientenfolge von einem gewissen Gliede an periodisch ist.

159. Es sei l ganz, $l \geqq 0$ und $P(z)$ ein ganzzahliges Polynom. In der Potenzreihenentwicklung von $P(z)(1-z)^{-l-1}$ sind die Koeffizienten ganze Zahlen, die, nach irgendeinem Primzahlmodul p genommen, eine *periodische* Folge bilden; die Periodenlänge ist eine Potenz von p.

160. Es sei D ganz und nicht teilbar durch die ungerade Primzahl p. Die Koeffizienten der Potenzreihenentwicklung von $\frac{(D-1)z}{(1-Dz)(1-z)}$ haben mod. p eine Periode, deren Länge ein eigentlicher oder uneigentlicher Teiler von $p-1$ ist.

161. Es seien die ganzen Zahlen D und p so beschaffen wie in **160**. In der Potenzreihenentwicklung von $(1-Dz^2)^{-1}$ sind die Koeffizienten, mod. p genommen, periodisch. Die Länge der Periode ist auf alle Fälle ein Teiler von $2(p-1)$; sie ist Teiler von $p-1$ oder nicht, je nachdem $\left(\frac{D}{p}\right) = +1$ oder -1 ist.

162. Die Folge der *Fibonacci*schen Zahlen (vgl. VII **53**) ist periodisch nach jedem Modul. Man berechne die Periodenlänge für alle Primzahlen unterhalb 30.

163. In einer ganzzahligen Potenzreihenentwicklung, die eine rationale Funktion darstellt, bilden die Koeffizienten, mod. m genommen, von einem gewissen Gliede an eine *periodische* Folge (m beliebig).

164. Die algebraische Funktion $\frac{1}{\sqrt{1-4z}}$ erzeugt, nach Potenzen von z entwickelt, eine Reihe mit ganzzahligen Koeffizienten. Diese Koeffizienten sind nach keinem ungeraden Primzahlmodul periodisch. (**163** läßt sich nicht auf algebraische Funktionen ausdehnen.)

---

165. Der Konvergenzradius einer nicht abbrechenden ganzzahligen Potenzreihe ist $\leqq 1$.

166. Eine nicht abbrechende ganzzahlige Potenzreihe, die im Innern des Einheitskreises konvergiert, kann daselbst keine beschränkte Funktion darstellen.

167. Stellt eine ganzzahlige Potenzreihe eine algebraische, nicht rationale Funktion dar, so ist ihr Konvergenzradius < 1.

168. In **167** ist die obere Schranke 1 die bestmögliche. Mit anderen Worten: Ist $\varepsilon > 0$, so gibt es eine ganzzahlige Potenzreihe, die eine algebraische, nicht rationale Funktion darstellt und deren Konvergenzradius $> 1 - \varepsilon$ ist.

169. Die Koeffizienten des Polynoms

$$P(x) = a_0 x^r + a_1 x^{r-1} + \cdots + a_{r-1} x + a_r, \qquad a_0 \neq 0, \qquad r \geqq 1$$

seien reell. Die durch die Potenzreihe

$$[P(0)] + [P(1)]\, z + [P(2)]\, z^2 + \cdots + [P(n)]\, z^n + \cdots$$

definierte analytische Funktion ist

1. eine rationale Funktion, wenn die r Zahlen $a_0, a_1, \ldots, a_{r-1}$ sämtlich rational sind,

2. keine rationale Funktion, wenn die r Zahlen $a_0, a_1, \ldots, a_{r-1}$ nicht sämtlich rational sind. (Vgl. II **168**.) [I **85**.]

170. Wenn die Folge der nichtnegativen ganzen Zahlen

$$a_1, \; a_2, \; a_3, \; \ldots, \; a_n, \; \ldots$$

beschränkt ist und unendlich viele von 0 verschiedene Glieder enthält, so stellt die Reihe

$$a_1 \frac{z}{1-z} + a_2 \frac{z^2}{1-z^2} + a_3 \frac{z^3}{1-z^3} + \cdots + a_n \frac{z^n}{1-z^n} + \cdots$$

keine rationale Funktion dar.

171. Unterliegt die Folge

$$a_1, \; a_2, \; a_3, \; \ldots, \; a_n, \; \ldots$$

denselben Voraussetzungen wie in **170**, so stellt

$$a_1 \frac{z}{1+z} + a_2 \frac{z^2}{1+z^2} + a_3 \frac{z^3}{1+z^3} + \cdots + a_n \frac{z^n}{1+z^n} + \cdots$$

keine rationale Funktion dar.

172. Man bezeichne mit Q_n die „Quersumme" der Zahl n, d. h. die Summe ihrer Ziffern. Z. B. ist $Q_{137} = 1 + 3 + 7 = 11$. Die Potenzreihe

$$Q_1 z + Q_2 z^2 + Q_3 z^3 + \cdots + Q_n z^n + \cdots$$

hat den Einheitskreis zur natürlichen Grenze.

173. Es seien in einer unendlichen Logarithmentafel die Logarithmen aller positiven ganzen Zahlen 1, 2, 3, ... ihrer natürlichen Reihenfolge nach untereinander geschrieben, und zwar so, daß gleich hohe Dezimalstellen in dieselbe vertikale Kolonne zu stehen kommen. Faßt man die Ziffern irgend einer vertikalen Kolonne als Koeffizienten einer Potenzreihe auf, so entsteht eine nicht fortsetzbare Potenzreihe.

Anders formuliert ist folgender Satz zu beweisen: Es sei j eine ganze Zahl und in der Dezimalbruchentwicklung von log 1, log 2, log 3, ..., log n, ... werde die j^{te} Ziffer nach dem Komma bzw. mit $d_1, d_2, d_3, \ldots, d_n, \ldots$ bezeichnet. Dann hat die durch die Potenzreihe

$$d_1 z + d_2 z^2 + d_3 z^3 + \cdots + d_n z^n + \cdots$$

definierte analytische Funktion den Kreis $|z| = 1$ zur natürlichen Grenze.

Die Potenzreihe

$$a_0 + \frac{a_1}{1!} z + \frac{a_2}{2!} z^2 + \cdots + \frac{a_n}{n!} z^n + \cdots$$

heißt im *Hurwitz*schen Sinne ganzzahlig, kurz „H-ganzzahlig", wenn $a_0, a_1, a_2, \ldots, a_n, \ldots$ rationale ganze Zahlen sind. [*A. Hurwitz*, Math. Ann. Bd. 51, S. 196—226, 1899.]

174. Ist $f(z)$ H-ganzzahlig, so sind auch

$$\frac{d f(z)}{d z} \quad \text{und} \quad \int_0^z f(z) d z$$

H-ganzzahlig.

175. Sind $f(z)$ und $g(z)$ H-ganzzahlig, so sind auch

$$f(z) + g(z), \quad f(z) - g(z), \quad f(z) g(z)$$

H-ganzzahlig, und unter der weiteren Voraussetzung, daß $g(0) = \pm 1$, auch

$$\frac{f(z)}{g(z)}.$$

176. Ist $f(z)$ H-ganzzahlig und $f(0) = 0$, so ist auch

$$\frac{[f(z)]^m}{m!}$$

H-ganzzahlig, $m = 1, 2, 3, \ldots$ [**174**].

177. Sind $f(z)$ und $g(z)$ H-ganzzahlig und $f(0) = 0$, so ist auch $g[f(z)]$ H-ganzzahlig.

178. Die durch die Differentialgleichung

$$\left(\frac{d\varphi(z)}{dz}\right)^2 = 1 - [\varphi(z)]^4$$

und durch die Anfangsbedingungen $\varphi(0) = 0$, $\varphi'(0) > 0$ wohlbestimmte Funktion $\varphi(z)$ läßt sich in eine H-ganzzahlige Potenzreihe entwickeln.

Eine Kongruenz zwischen zwei H-ganzzahligen Potenzreihen

$$a_0 + \frac{a_1}{1!} z + \frac{a_2}{2!} z^2 + \cdots + \frac{a_n}{n!} z^n + \cdots$$
$$\equiv b_0 + \frac{b_1}{1!} z + \frac{b_2}{2!} z^2 + \cdots + \frac{b_n}{n!} z^n + \cdots \quad (\text{mod. } m)$$

bedeute unendlich viele Kongruenzen

$a_0 \equiv b_0$ (mod. m), $a_1 \equiv b_1$ (mod. m), ..., $a_n \equiv b_n$ (mod. m),

zwischen den Koffizienten.

179.

$$(e^z - 1)^3 \equiv 2\left(\frac{z^3}{3!} + \frac{z^5}{5!} + \frac{z^7}{7!} + \cdots\right) \quad (\text{mod. } 4).$$

180. Für jede Primzahl p ist

$$(e^z - 1)^{p-1} \equiv -\left(\frac{z^{p-1}}{(p-1)!} + \frac{z^{2(p-1)}}{(2p-2)!} + \frac{z^{3(p-1)}}{(3p-3)!} + \cdots\right) \quad (\text{mod. } p).$$

181. Für jede 4 übersteigende zusammengesetzte Zahl m ist

$$(e^z - 1)^{m-1} \equiv 0 \quad (\text{mod. } m).$$

182. Die *Bernoulli*schen Zahlen B_n sind als Koeffizienten in der Reihenentwicklung

$$\frac{z}{e^z - 1} = 1 - \frac{z}{2} + \sum_{n=1}^{\infty} \frac{(-1)^{n-1} B_n}{(2n)!} z^{2n}$$

definiert (I **154**). Es ist

$$B_1 = \frac{1}{6} = 1 - \frac{1}{2} - \frac{1}{3}, \qquad B_2 = \frac{1}{30} = -1 + \frac{1}{2} + \frac{1}{3} + \frac{1}{5},$$

$$B_3 = \frac{1}{42} = 1 - \frac{1}{2} - \frac{1}{3} - \frac{1}{7}, \qquad B_4 = \frac{1}{30} = -1 + \frac{1}{2} + \frac{1}{3} + \frac{1}{5},$$

$$B_5 = \frac{5}{66} = 1 - \frac{1}{2} - \frac{1}{3} - \frac{1}{11}, \qquad B_6 = \frac{691}{2730} = -1 + \frac{1}{2} + \frac{1}{3} + \frac{1}{5} + \frac{1}{7} + \frac{1}{13},$$

$$B_7 = \frac{7}{6} = 2 - \frac{1}{2} - \frac{1}{3}, \qquad B_8 = \frac{3617}{510} = 6 + \frac{1}{2} + \frac{1}{3} + \frac{1}{5} + \frac{1}{17}.$$

Allgemein ist

$$B_n = G_n + (-1)^n\left(\frac{1}{2} + \frac{1}{3} + \frac{1}{\alpha} + \frac{1}{\beta} + \frac{1}{\gamma} + \cdots\right),$$

wobei G_n eine ganze Zahl und $2, 3, \alpha, \beta, \gamma, \ldots$ diejenigen Primzahlen bedeuten, die einen *Teiler von* $2n$ *um eine Einheit übertreffen.* [Man entwickle zuerst z, dann $\frac{z}{e^z - 1}$ nach wachsenden Potenzen von $(e^z - 1)$ und wende **179**—**181** an.]

183. Die Koeffizienten C_n der Reihe

$$\frac{z}{\varphi(z)} = \sum_{n=0}^{\infty} \frac{C_n}{(4n)!} z^{4n},$$

unter $\varphi(z)$ die in **178** erklärte Funktion verstanden, sind rationale Zahlen, und zwar ist der Nenner von C_n durch kein Quadrat außer 1 und nur durch solche Primzahlen teilbar, die $\equiv 1$ (mod. 4) sind. [Man entwickle zuerst z, dann $\frac{z}{\varphi(z)}$ nach wachsenden Potenzen von $\varphi(z)$.]

184. Die Differentialgleichung

$$\left(\frac{d\wp(z)}{dz}\right)^2 = 4[\wp(z)]^3 - 4\wp(z)$$

besitzt ein wohlbestimmtes Integral von der Form

$$\wp(z) = \frac{1}{z^2} + \sum_{n=1}^{\infty} \frac{D_n}{(4n)!} z^{4n-2}.$$

($\wp(z)$ ist eine spezielle elliptische, eine sogenannte „lemniskatische" Funktion; das Periodenparallelogramm ist ein Quadrat.) Die Zahlen D_n sind rational, und zwar ist der Nenner von D_n durch kein Quadrat außer 1 und nur durch solche Primzahlen teilbar, die $\equiv 1$ (mod. 4) sind. [Man zeige, daß $\wp(z) = [\varphi(z)]^{-2}$, vgl. **183**. Man entwickle zuerst z^2, dann $z^2[\varphi(z)]^{-2}$ nach wachsenden Potenzen von $\varphi(z)$; z^2 genügt als Funktion von $\varphi(z)$ einer linearen Differentialgleichung zweiter Ordnung.]

185. Genügt eine H-ganzzahlige Potenzreihe $\sum_{n=0}^{\infty} \frac{a_n}{n!} z^n$ einer homogenen linearen Differentialgleichung mit konstanten Koeffizienten, so ist die Folge der Koeffizienten $a_0, a_1, a_2, \ldots, a_n, \ldots$ nach jedem Modul periodisch von einem gewissen Gliede an. (Beispiele hierzu schon **179**, **180**.)

186. Die Potenzreihe

$$y = 1 + \frac{2x}{1!} + \frac{6x^2}{2!} + \frac{20x^3}{3!} + \cdots + \binom{2n}{n} \frac{x^n}{n!} + \cdots$$

zeigt, daß der Satz **185** nicht ohne weiteres auf homogene lineare Differentialgleichungen, deren Koeffizienten Polynome sind, ausgedehnt werden kann.

187. Wenn die Potenzreihe einer ganzen transzendenten Funktion $g(z)$ H-ganzzahlig ist, so gilt für den Maximalbetrag (IV, Kap. 1) von $g(z)$

$$\limsup_{r\to\infty} M(r) e^{-r} \sqrt{r} \geq \frac{1}{\sqrt{2\pi}}.$$

---

188. Die nach fallenden Potenzen von z geordnete Potenzreihe

$$b_m z^m + b_{m-1} z^{m-1} + \cdots + b_1 z + b_0 + \frac{b_{-1}}{z} + \frac{b_{-2}}{z^2} + \frac{b_{-3}}{z^3} + \cdots$$

soll außerhalb eines gewissen Kreises konvergieren. Die Zahlen $b_1, b_2, \ldots, b_m$ seien rational. Wenn die Reihe für unendlich viele ganzzahlige Werte von z ganzzahlige Werte annimmt, so ist b_0 rational und

$$b_{-1} = b_{-2} = b_{-3} = \cdots = 0.$$

(Verallgemeinerung von **93**.) [*Hurwitz-Courant*, S. 30.]

189. Die Reihe

$$\sqrt{2z^2+1} = \sqrt{2}z + \frac{\sqrt{2}}{4z} - \frac{\sqrt{2}}{32z^3} + \frac{\sqrt{2}}{128z^5} - \frac{5\sqrt{2}}{2048z^7} + \cdots$$

stellt für unendlich viele ganzzahlige Werte von z ganze Zahlen dar.

190. Man beweise **114** auf Grund von **188**.

191. Die nicht stets divergente Potenzreihe

$$F(z) = b_m z^m + b_{m-1} z^{m-1} + \cdots + b_1 z + b_0 + \frac{b_{-1}}{z} + \frac{b_{-2}}{z^2} + \frac{b_{-3}}{z^3} + \cdots$$

stelle für *sämtliche* genügend großen, ganzzahligen z ganzzahlige Werte dar. Dann ist $F(z)$ ein ganzwertiges Polynom.

192. Sind zwei Polynome so beschaffen, daß sie an denselben Stellen der komplexen Zahlenebene ganzzahlige Werte annehmen, so ist entweder ihre Summe oder ihre Differenz eine Konstante. (Diese Konstante ist natürlich eine ganze Zahl.)

193. Wenn ein Polynom $g(x)$ für alle jene x, für die ein zweites Polynom $f(x)$ Werte einer beiderseits unbeschränkten reellen Menge annimmt, reell ausfällt, so ist $g(x)$ überhaupt stets reell, wenn $f(x)$ reell ist. (Wenn $f(x)$ unpaaren Grades ist, so genügt schon die Annahme, daß die Menge nach einer Seite unbeschränkt ist.) Es besteht dann nämlich die identische Beziehung

$$g = \varphi(f),$$

worin $\varphi(y)$ ein Polynom in y mit reellen Koeffizienten bedeutet. (Hieraus folgt u. a. mit Leichtigkeit **192**.)

4. Kapitel.

Einiges über algebraische Zahlen.

Die reelle oder komplexe Zahl α heißt *algebraisch*, wenn sie Nullstelle eines ganzzahligen Polynoms [S. 132] ist, d. h. wenn rationale ganze Zahlen $a_0, a_1, a_2, \ldots, a_n$ existieren, $a_0 \neq 0$, so daß

(G) $$a_0 \alpha^n + a_1 \alpha^{n-1} + a_2 \alpha^{n-2} + \cdots + a_{n-1} \alpha + a_n = 0.$$

Ist $a_0 = 1$, so heißt α algebraische *ganze* Zahl, oder kurz „ganze Zahl", wie wir in **194—237** sagen werden. Es gibt also irrationale und auch komplexe ganze Zahlen. Wenn eine ganze algebraische Zahl rational ist, so ist sie eine gewöhnliche ganze Zahl.

$$\ldots, -3, -2, -1, 0, 1, 2, 3, \ldots.$$

Sind α, β algebraisch, so sind auch

$$\alpha + \beta, \quad \alpha - \beta, \quad \alpha\beta, \quad \frac{\alpha}{\beta}$$

algebraisch; die algebraischen Zahlen bilden einen *Rationalitätsbereich*. Sind α, β sogar ganz, so sind

$$\alpha + \beta, \quad \alpha - \beta, \quad \alpha\beta$$

ebenfalls ganz; die ganzen Zahlen bilden einen *Integritätsbereich.*

194. Wenn α eine ganze Zahl ist, so ist auch $\sqrt{\alpha}$ ganz.

195. Sind r und s rationale Zahlen, und soll $r + s\sqrt{-1}$ ganz sein, so müssen r und s rational *ganz* sein.

196. Sind r und s rationale Zahlen, und soll $r + s\sqrt{-5}$ ganz sein, so müssen r und s rational ganz sein.

197. Sind r und s rationale Zahlen, und soll $r + s\sqrt{-3}$ ganz sein, so müssen $2r$ und $2s$ ganz und $2r \equiv 2s$ (mod. 2) sein; r und s brauchen aber nicht unbedingt ganz zu sein.

Algebraische Zahlen, die Nullstellen desselben *irreduziblen* Polynoms [S. 136] sind, nennt man zueinander *konjugiert.* Algebraische Zahlen, die Nullstellen eines irreduziblen Polynoms n^{ten} Grades sind, heißen selbst auch *vom Grade n.* Die rationalen Zahlen sind vom Grade 1 und nur zu sich selbst konjugiert.

198. Es gibt nur endlich viele ganze Zahlen von gegebenem Grade n, die mit ihren sämtlichen Konjugierten in einem festen Kreis $|z| < k$ der komplexen Zahlenebene liegen.

199. Die einzige ganze Zahl, die mit allen ihren Konjugierten im offenen Einheitskreise liegt, ist die Zahl 0.

200. Sämtliche Nullstellen eines Polynoms mit ganzen rationalen Koeffizienten und dem höchsten Koeffizienten 1 sollen im abgeschlossenen Einheitskreise liegen. Eine solche Nullstelle muß entweder im Mittelpunkte oder am Rande des Einheitskreises liegen und im letzteren Fall eine Einheitswurzel sein. [D. h. sie muß einer Gleichung von der Form $x^h = x^k$ genügen, h, k ganz rational, $0 < h < k$; **198**.]

201. Wenn die ganze Zahl α mit ihren sämtlichen Konjugierten reell und dem Betrage nach < 2 ist, so ist $\alpha = 2\cos\frac{2\pi p}{q}$, wo p und q ganze rationale Zahlen sind.

Die Gesamtheit der Zahlen, die als rationale Funktionen einer algebraischen Zahl ϑ mit rationalen Koeffizienten darstellbar sind, heißt ein *algebraischer Zahlkörper*, kurz „Körper", und zwar der durch ϑ *erzeugte* Körper; der Grad der erzeugenden Zahl ϑ wird auch *Grad des Körpers* genannt. Z. B. wird ein von einer Zahl zweiten Grades erzeugter Körper quadratisch genannt, und zwar reell-quadratisch oder imaginär-quadratisch, je nachdem die erzeugende Zahl reell ist oder nicht.

202. Die irrationalen ganzen Zahlen

$$\sqrt{-1},\quad \sqrt{-3},\quad \sqrt{-5}$$

erzeugen drei von einander verschiedene imaginär-quadratische Zahlkörper, in denen die ganzen Zahlen bzw. die Form

$$a+b\sqrt{-1},\quad a+b\,\frac{1+\sqrt{-3}}{2},\quad a+b\sqrt{-5}$$

haben; a, b sind ganze *rationale* Zahlen.

203. Eine Menge $\mathfrak{M}$ komplexer (eventuell reeller) Zahlen heißt ein „diskontinuierlicher Integritätsbereich", wenn sie folgende beide Eigenschaften besitzt:

1. Gehören ζ' und ζ'' der Menge $\mathfrak{M}$ an, so gehören auch $\zeta'+\zeta''$, $\zeta'-\zeta''$, $\zeta'\zeta''$ der Menge $\mathfrak{M}$ an.

2. Der Punkt 0 ist kein Häufungspunkt der Zahlenmenge $\mathfrak{M}$. (Gemäß 1. ist $0=\zeta'-\zeta'$ eine Zahl der Menge $\mathfrak{M}$.)

Ein diskontinuierlicher Integritätsbereich besteht entweder aus sämtlichen oder aus einigen ganzen Zahlen eines imaginär-quadratischen Zahlkörpers. (Z. B. bloß aus den Zahlen 0, ± 6, ± 12, ± 18, ... oder bloß aus der einzigen Zahl 0.)

Man sagt, daß die ganze Zahl α durch die ganze Zahl ϑ *teilbar* ist, wenn eine ganze Zahl $\varkappa$ (der Quotient) existiert, so daß $\alpha=\varkappa\vartheta$. Man sagt auch „$\vartheta$ ist ein Teiler von α" oder „ϑ geht in α auf" usw. Ganze Zahlen, die Teiler von 1 sind, heißen *Einheiten*. ϑ heißt ein *größter gemeinsamer Teiler* (in Abkürzung gr. g. Teiler) der m ganzen Zahlen $\alpha_1, \alpha_2, \ldots, \alpha_m$, wenn es $2m$ ganze Zahlen $\varkappa_1, \varkappa_2, \ldots, \varkappa_m, \lambda_1, \lambda_2, \ldots, \lambda_m$ gibt, so daß

$$\alpha_1=\varkappa_1\vartheta,\quad \alpha_2=\varkappa_2\vartheta,\quad \ldots,\quad \alpha_m=\varkappa_m\vartheta,$$
$$\alpha_1\lambda_1+\alpha_2\lambda_2+\cdots+\alpha_m\lambda_m=\vartheta.$$

Zwei ganze Zahlen α, β, deren gr. g. Teiler $=1$ ist, heißen zueinander *teilerfremd*.

204. Würde man als „ganze Zahlen" nicht irgendwelche ganzen Zahlen, sondern nur solche bezeichnen, die dem durch $\sqrt{-5}$ erzeugten Körper angehören, so hätten die beiden Zahlen 3 und $1+2\sqrt{-5}$ im Sinne der obigen Definition *keinen* gr. g. Teiler. D. h. es ist unmöglich in dem durch $\sqrt{-5}$ erzeugten Körper, dem 3 und $1+2\sqrt{-5}$ angehören, fünf ganze Zahlen α, β, γ, δ, ϑ zu finden, so daß die Gleichungen

$$3=\alpha\vartheta,\quad 1+2\sqrt{-5}=\beta\vartheta,\quad 3\gamma+(1+2\sqrt{-5})\delta=\vartheta$$

gleichzeitig bestehen. [Man untersuche die kleinsten Werte von $(a+b\sqrt{-5})(a-b\sqrt{-5})$, wenn a, b rational und ganz sind; **202**.]

205. (Fortsetzung.) Die Quadrate $3^2=9$ und $(1+2\sqrt{-5})^2 = -19+4\sqrt{-5}$ besitzen einen gr. g. Teiler, sogar unter der in **204** erwähnten Einschränkung des Begriffes der „ganzen Zahl".

206. (Fortsetzung.) Man suche den (nicht im Körper $\sqrt{-5}$ liegenden!) gr. g. Teiler von 3 und $1+2\sqrt{-5}$. [**194.**]

Der tiefliegende Satz, daß irgend zwei ganze Zahlen einen gr. g. Teiler *besitzen* [*Hecke*, S. 121], soll im folgenden *nicht* benützt werden.

207. Ist ϑ gr. g. Teiler von $\alpha_1, \alpha_2, \ldots, \alpha_m$, so ist ϑ durch jeden gemeinsamen Teiler von $\alpha_1, \alpha_2, \ldots, \alpha_m$ teilbar.

208. Es sei ϑ ein gr. g. Teiler der Zahlen $\alpha_1, \alpha_2, \ldots, \alpha_m$ und ϑ' ein anderer gr. g. Teiler derselben Zahlen $\alpha_1, \alpha_2, \ldots, \alpha_m$, dann ist $\frac{\vartheta'}{\vartheta}$ eine Einheit.

209. Ist ϑ gr. g. Teiler von $\alpha_1, \alpha_2, \ldots, \alpha_m$, dann ist $\gamma\vartheta$ gr. g. Teiler von $\gamma\alpha_1, \gamma\alpha_2, \ldots, \gamma\alpha_m$.

210. Wenn α zu $\beta\gamma$ teilerfremd ist, dann ist α sowohl zu β wie zu γ teilerfremd.

211. Wenn α sowohl zu β wie zu γ teilerfremd ist, dann ist α auch zu $\beta\gamma$ teilerfremd.

212. Wenn α zu β teilerfremd ist, dann ist der gr. g. Teiler von α und γ auch gr. g. Teiler von α und $\beta\gamma$.

213. Wenn δ gr. g. Teiler von α und β ist, dann ist δ^n gr. g. Teiler von α^n und β^n, $n=1, 2, 3, \ldots$.

214. Wenn δ gr. g. Teiler von α und β ist, dann ist $\sqrt[n]{\delta}$ gr. g. Teiler von $\sqrt[n]{\alpha}$ und $\sqrt[n]{\beta}$, $n=1, 2, 3, \ldots$.

215. Sind die m Zahlen $\alpha_1, \alpha_2, \ldots, \alpha_m$ zu je zweien teilerfremd, und $\mu=\alpha_1\alpha_2\ldots\alpha_m$, dann ist 1 gr. g. Teiler der m Zahlen

$$\frac{\mu}{\alpha_1},\ \frac{\mu}{\alpha_2},\ \ldots,\ \frac{\mu}{\alpha_m}.$$

216. Abgesehen von endlich vielen sind alle rationalen Primzahlen zu einer gegebenen ganzen Zahl α, $\alpha \neq 0$, teilerfremd.

217. Die ganzen Zahlen $a_1, a_2, \ldots, a_n$ seien rational und $\alpha_1, \alpha_2, \ldots, \alpha_n$ seien die n Nullstellen des Polynoms $x^n + a_1 x^{n-1} + a_2 x^{n-2} + \cdots + a_{n-1} x + a_n$. Dann *besitzen* $\alpha_1, \alpha_2, \ldots, \alpha_n$ einen gr. g. Teiler δ; und zwar ist $\delta = \sqrt[N]{d}$, wobei $N = n!$ gesetzt ist und d den gr. g. Teiler von $a_1^{\frac{N}{1}}, a_2^{\frac{N}{2}}, a_3^{\frac{N}{3}}, \ldots, a_n^{\frac{N}{n}}$ bedeutet

Unter der *Norm* von α, in Zeichen $N(\alpha)$, einer zu dem Körper n^{ten} Grades K gehörigen Zahl α versteht man das Produkt ihrer n Konjugierten [*Hecke*, S. 81]. Das Wort „konjugiert" wird hier in einem anderen Sinne gebraucht, als in der Erklärung, die **198** vorangeht [*Hecke*, S. 70].

218. Wenn α und β zu K gehören und α ein Teiler von β ist, so ist $N(\alpha)$ ein Teiler von $N(\beta)$.

219. Es soll der Körper K so beschaffen sein, daß irgendwelche zwei zu K gehörige ganze Zahlen α, β einen zu K gehörigen gr. g. Teiler besitzen, in dem Sinne, daß fünf andere ganze Zahlen α', β', γ, δ, ϑ in K existieren, derart, daß

$$\alpha = \alpha'\vartheta, \qquad \beta = \beta'\vartheta, \qquad \alpha\gamma + \beta\delta = \vartheta.$$

(Nicht immer der Fall! Vgl. **204**.) Hierzu ist die Erfüllung folgender Forderung notwendig und hinreichend: Wenn α und β ganze Zahlen in K und so beschaffen sind, daß weder α Teiler von β, noch β Teiler von α ist, so soll es in K zwei ganze Zahlen ξ, η geben, derart, daß zugleich

$$0 < |N(\alpha\xi + \beta\eta)| < |N(\alpha)|, \qquad 0 < |N(\alpha\xi + \beta\eta)| < |N(\beta)|$$

ist. (Wenn a, b rationale ganze Zahlen sind, $|a| > |b|$, und b kein Teiler von a ist, dann hat der Rest der Division von a durch b, d. h. $r = a \cdot 1 - b\left[\frac{a}{b}\right]$ die jetzt von $\alpha\xi + \beta\eta$ geforderte Eigenschaft.)

220. Irgend zwei ganze Zahlen des durch $\sqrt{-1}$ erzeugten Körpers besitzen einen in demselben Körper liegenden gr. g. Teiler.

Es seien α, β, μ ganze Zahlen. Daß $\alpha - \beta$ durch μ teilbar ist, drückt man, wie in der Theorie der rationalen Zahlen, durch

$$\alpha \equiv \beta \pmod{\mu}$$

aus.

221. Die Relation der Kongruenz zwischen ganzen algebraischen Zahlen nach einem ganzen algebraischen Modul ist *wechselseitig* und *transitiv*. Dies bedeutet:

Aus $\alpha \equiv \beta \pmod{\mu}$ folgt $\beta \equiv \alpha \pmod{\mu}$.
Aus $\alpha \equiv \beta,\ \beta \equiv \gamma \pmod{\mu}$ folgt $\alpha \equiv \gamma \pmod{\mu}$.

222. Aus

$$\alpha \equiv \beta, \qquad \gamma \equiv \delta \pmod{\mu}$$

folgt

$$\alpha + \gamma \equiv \beta + \delta, \qquad \alpha - \gamma \equiv \beta - \delta, \qquad \alpha\gamma \equiv \beta\delta \pmod{\mu}.$$

223. Wenn 1 der gr. g. Teiler von α und μ, und μ keine Einheit ist, so ist

$$\alpha \not\equiv 0 \pmod{\mu}.$$

224. Es seien $\alpha, \beta, \ldots$ ganze Zahlen, $f(x, y, \ldots)$ ein Polynom mit ganzzahligen rationalen Koeffizienten und p eine rationale Primzahl. Dann ist

$$(f(\alpha, \beta, \ldots))^p \equiv f(\alpha^p, \beta^p, \ldots) \pmod{p}.$$

225. Es seien

$$\alpha_1, \alpha_2, \ldots, \alpha_m; \qquad \omega_1, \omega_2, \ldots, \omega_m$$
$$(\alpha_k \neq 0, \quad \omega_k \neq 0, \quad \omega_k \neq \omega_l \text{ für } k \gtrless l; \quad k, l = 1, 2, 3, \ldots, m)$$

ganze Zahlen. Dann können nicht alle Zahlen

$$\frac{\alpha_1\omega_1^n + \alpha_2\omega_2^n + \cdots + \alpha_m\omega_m^n}{n}, \qquad n = 1, 2, 3, \ldots$$

ganze Zahlen sein. [Man betrachte geeignete Primzahlen p und setze $n = p, 2p, 3p, \ldots, rp$: **216**, **224**.]

226. Die Nullstellen des Kreisteilungspolynoms $K_m(x)$ [**36**] sind auch Nullstellen von $x^m - 1$, also ganze Zahlen. Sie sind $\alpha^{r_1}, \alpha^{r_2}, \ldots, \alpha^{r_h}$, wenn $e^{\frac{2\pi i}{m}} = \alpha$, $\varphi(m) = h$ gesetzt wird, und $r_1, r_2, \ldots, r_h$ ein reduziertes Restsystem mod. m bilden, d. h. wenn die rationalen ganzen Zahlen $r_1, r_2, \ldots, r_h$ alle zu m teilerfremd und untereinander inkongruent (mod. m) sind. — Ist $K_m(x)$ reduzibel oder irreduzibel?

Lösung. Betrachten wir unter den irreduziblen ganzzahligen Faktoren von $K_m(x)$ [**116**] denjenigen Faktor $f(x)$, der α zur Nullstelle hat. Die Nullstellen von $f(x)$, d. h. die zu α konjugierten ganzen Zahlen, haben alle die Form α^g, g ganz, und ihre Anzahl ist $\leqq h$

[sogar $< h$, wenn $K_m(x)$ reduzibel ist]. Auf alle Fälle ist für beliebiges ganzes rationales g

$$(*) \qquad |f(\alpha^g)| \leqq 2^h,$$

da die Beträge der einzelnen Faktoren von $f(\alpha^g)$, als Sehnen am Einheitskreis, $\leqq 2$ sind. Es sei nun p eine Primzahl; da $f(\alpha) = 0$ ist, erhalten wir [**224**]

$$f(\alpha^p) \equiv (f(\alpha))^p \equiv 0 \pmod{p}.$$

$\frac{f(\alpha^p)}{p}$ ist somit eine ganze Zahl; ihre Konjugierten sind ebenfalls ganze Zahlen von der Form $\frac{f(\alpha^{gp})}{p}$. Ist also $p > 2^h$, so sind alle Konjugierten von $\frac{f(\alpha^p)}{p}$ kraft (*), dem Betrage nach <1, also ist [**199**] $f(\alpha^p) = 0$, und wir haben gefunden, daß auch α^p eine Nullstelle von $f(x)$ ist.

Nach einem *Dirichlet*schen Satz [S. 135, Fußnote] enthalten alle $\varphi(m) = h$ Progressionen

$$\begin{array}{l} r_1,\ r_1 + m,\ r_1 + 2m,\ \ldots; \\ r_2,\ r_2 + m,\ r_2 + 2m,\ \ldots; \\ \ldots\ldots\ldots\ldots\ldots\ldots\ldots\ldots \\ r_h,\ r_h + m,\ r_h + 2m,\ \ldots \end{array}$$

unendlich viele Primzahlen. Also kann man insbesondere ein reduziertes Restsystem mod. m herstellen, das aus Primzahlen, die alle $> 2^h$ sind, besteht; dann muß aber, laut Vorhergehendem, der Faktor $f(x)$ von $K_m(x)$ alle Nullstellen $\alpha^{r_1}, \alpha^{r_2}, \ldots, \alpha^{r_h}$ von $K_m(x)$ zu Nullstellen, den Grad von $K_m(x)$ zum Grade haben, überhaupt mit $K_m(x)$ identisch sein. D. h. $K_m(x)$ ist irreduzibel.

227. Man führe den vorangehenden Beweis für die Irreduzibilität von $K_m(x)$ ohne den *Dirichlet*schen Satz über die arithmetische Progression zu gebrauchen: man kann ihn durch einen mühsameren, aber mehr elementaren Aufbau des reduzierten Restsystems mod. m umgehen.

---

228. Wenn die Entwicklung einer rationalen Funktion sowohl nach steigenden wie nach fallenden Potenzen von z rational-ganzzahlig ausfällt, so liegen ihre von 0 und ∞ verschiedenen Pole in Einheiten.

229. Eine nach steigenden Potenzen geordnete Potenzreihe sei im Einheitskreis konvergent und stelle eine rationale gebrochene Funktion dar. Wenn ihre Koeffizienten ganze rationale Zahlen sind, so liegen ihre Pole in Einheitswurzeln. [**156**, **200**.]

230. Wenn die Potenzreihe

$$\alpha_0 + \frac{\alpha_1}{z} + \frac{\alpha_2}{z^2} + \cdots + \frac{\alpha_n}{z^n} + \cdots$$

eine rationale Funktion darstellt und ihre Koeffizienten $\alpha_0, \alpha_1, \alpha_2, \ldots$ algebraische ganze Zahlen sind, so sind auch die Pole der Funktion algebraische ganze Zahlen.

231. Sind

$$\alpha_1, \alpha_2, \ldots, \alpha_m, \quad \omega_1, \omega_2, \ldots, \omega_m$$

$$(\alpha_k \neq 0, \quad \omega_k \neq 0, \quad \omega_k \neq \omega_l \quad \text{für} \quad k \gtrless l; \quad k, l = 1, 2, \ldots, m)$$

algebraische ganze Zahlen, dann sind die Koeffizienten der Reihenentwicklung von

$$\frac{\alpha_1}{1 - \omega_1 z} + \frac{\alpha_2}{1 - \omega_2 z} + \cdots + \frac{\alpha_m}{1 - \omega_m z}$$

ebenfalls algebraische ganze Zahlen. Es gilt jedoch nicht das gleiche von der Entwicklung, die hieraus durch gliedweise Integration entsteht.

232. $f(z)$ sei durch eine rationalzahlige Potenzreihe dargestellt, und ihre Derivierte $f'(z)$ sei eine rationale Funktion. $f(z)$ ist rational, wenn ihre Potenzreihe der *Eisenstein*schen Bedingung genügt und transzendent, wenn sie ihr nicht genügt.

233. Die algebraische Funktion $f(z)$ sei durch eine Gleichung

$$P_0(z)\,[f(z)]^l + P_1(z)\,[f(z)]^{l-1} + \cdots + P_{l-1}(z)\,f(z) + P_l(z) = 0$$

definiert, wobei $P_0(z), P_1(z), \ldots, P_l(z)$ Polynome mit algebraischen Koeffizienten bedeuten. Ist α eine algebraische Zahl, so sind die Koeffizienten in der Entwicklung von $f(z)$ nach Potenzen von $(z - \alpha)$ ebenfalls algebraische Zahlen. [Spezialfall: Wenn $z = \alpha$ eine reguläre Stelle von $f(z)$ ist, so ist $f(\alpha)$ eine algebraische Zahl.]

234. Eine ganze rationale Funktion $F(z, y)$ der beiden Variablen z, y mit rationalen Koeffizienten heiße *irreduzibel,* wenn sie nicht in das Produkt von zwei ganzen Funktionen mit rationalen Koeffizienten zerlegt werden kann, die beide in bezug auf y von niedrigerem Grade sind.

Ist $F(z, y)$ irreduzibel, so ist entweder keine Lösung der Gleichung

$$F(z, y) = 0$$

eine rationale Funktion von z, oder alle Lösungen sind rationale Funktionen von z.

[Es gilt ferner: entweder ist keine Lösung eine rationale *ganze* Funktion von z, oder alle Lösungen sind solche. — Zu beachten ist **233** und das Hauptcharakteristikum irreduzibler Gleichungen: die Wurzeln einer solchen haben die schlechte Gewohnheit, sofort mit der ganzen Familie zu Besuch zu kommen. Vgl. *Hecke,* S. 64, Satz 49.]

235. Wenn die Koeffizienten der Potenzreihenentwicklung einer algebraischen Funktion algebraische Zahlen sind, so gehören diese Koeffizienten sämtlich einem *endlichen* Körper an (d. h. einem Körper, der durch eine einzige algebraische Zahl erzeugt wird, vgl. S. 150). [**151**, **152**.]

236. (Fortsetzung.) Ist die fragliche Potenzreihe

$$\alpha_0 + \alpha_1 z + \alpha_2 z^2 + \cdots,$$

so existiert eine ganze Zahl τ, so beschaffen, daß sämtliche Zahlen $\alpha_1 \tau$, $\alpha_2 \tau^2$, $\alpha_3 \tau^3, \ldots$ ganz sind. (Verallgemeinerung des *Eisenstein*schen Satzes.)

237. Die nach fallenden Potenzen von z geordnete Reihe

$$a_m z^m + a_{m-1} z^{m-1} + \cdots + a_1 z + a_0 + \frac{a_{-1}}{z} + \frac{a_{-2}}{z^2} + \frac{a_{-3}}{z^3} + \cdots$$

soll außerhalb eines gewissen Kreises konvergieren, und ihr Wert soll für unendlich viele rationale ganzzahlige Werte von z rational ganz ausfallen. Sind die Koeffizienten $a_m, a_{m-1}, \ldots, a_1, a_0, a_{-1}, a_{-2}, \ldots$ sämtlich rationale Zahlen, so stellt die Reihe eine rationale ganze Funktion dar (sie bricht ab, **188**); sind die Koeffizienten sämtlich einem endlichen Körper entnommen, so stellt die Potenzreihe eine algebraische Funktion dar. (Beispiel: **189**.)

5. Kapitel.

Vermischte Aufgaben.

238. Ein Dreieck, dessen drei Eckpunkte drei Gitterpunkte des ebenen quadratischen Gitters sind, ist nie gleichseitig.

239. Wie dick müssen die Baumstämme in einem regelmäßig gesetzten kreisrunden Wald wachsen, damit sie die Aussicht vom Mittelpunkte aus ganz versperren?

Es sei s gegeben, s ganz und positiv. Jeder Gitterpunkt p, q, der der Ungleichung $1 \leqq p^2 + q^2 \leqq s^2$ genügt, sei das Zentrum eines Kreises vom Radius r. Wenn r genügend klein ist, so gibt es Halbstrahlen, die vom Punkte 0, 0 aus ins Unendliche laufen, ohne die beschriebenen Kreise zu treffen (der Wald ist durchsichtig); solche Halbstrahlen gibt es nicht mehr, wenn r genügend groß ist $\left(\text{für } r = \frac{1}{2} \text{ berühren sich die Kreise}\right)$. Es sei $r = \varrho$ der Wert, der die beiden Fälle voneinander trennt (Grenze der Durchsichtigkeit). Dann ist

$$\frac{1}{\sqrt{s^2+1}} \leqq \varrho < \frac{1}{s}.$$

240. Man ziehe im ebenen quadratischen Punktgitter einen *möglichst breiten*, geraden, unendlichen „Weg", der mit der Ordinatenachse den Winkel $\operatorname{arctg} x$ einschließt. Die Breite dieses Weges mit $\varphi(x)$ bezeichnet, ist $f(x) = \varphi(x)\sqrt{1+x^2}$ zu bestimmen.

241. Zwei Gitterpunkte x, y und x', y' heißen kongruent mod. n, wenn

$$x \equiv x' \pmod{n}, \qquad y \equiv y' \pmod{n}.$$

Unter irgendwelchen kn^2+1 voneinander verschiedenen Gitterpunkten gibt es immer $k+1$ zueinander mod. n kongruente.

242. In der Ebene des ebenen quadratischen Gitters von Maschenbreite 1 sei ein Bereich vom (*Jordan*schen) Flächeninhalt F gelegen. Derselbe enthält eventuell keinen Gitterpunkt, aber kann auf alle Fälle parallel zu sich selbst so verschoben werden, daß $[F]+1$ Gitterpunkte darin liegen.

243. Die Gitterpunkte im abgeschlossenen ersten Quadranten sind *abzählbar*. D. h. es existieren für ganzzahlige, nichtnegative Wertepaare x, y definierte Funktionen $f(x, y)$, die folgende beiden Eigenschaften vereinigen:

1. Der Wertevorrat von $f(x, y)$ ist die Zahlenreihe $1, 2, 3, 4, 5, \ldots$.

2. Die Funktion $f(x, y)$ ist verschiedenwertig; d. h. wenn x, y, x', y' ganze Zahlen sind, $x \geqq 0$, $y \geqq 0$, $x' \geqq 0$, $y' \geqq 0$, $(x-x')^2 + (y-y')^2 > 0$, so ist $f(x, y) \neq f(x', y')$.

Es existieren sogar *ganze rationale* Funktionen $f(x, y)$, die die Gitterpunkte abzählen, d. h. die Eigenschaften 1. 2. besitzen, nämlich die Funktion

$$f(x, y) = \tfrac{1}{2}(x^2 + 2xy + y^2 + 3x + y + 2)$$
$$= \binom{x+y+1}{2} + x + 1$$

und die daraus mittels Vertauschung von x und y hervorgehende [die Gitterpunkte auf den Geradenstücken

$$x+y=0, \quad x+y=1, \quad x+y=2, \quad \ldots,$$
$$x \geqq 0, \quad y \geqq 0$$

werden sukzessive numeriert].

Es sei $f(x, y)$ eine ganze rationale Funktion m^{ten} Grades,

$$f(x, y) = \varphi_0(x, y) + \varphi_1(x, y) + \cdots + \varphi_m(x, y),$$

wobei $\varphi_\mu(x, y)$ eine ganze rationale homogene Funktion μ^{ten} Grades bezeichnet. Wenn $f(x, y)$ die Gitterpunkte abzählt, so ist offenbar $\varphi_m(x, y) \geqq 0$ für $x \geqq 0$, $y \geqq 0$. Wenn $\varphi_m(x, y) > 0$ für $x \geqq 0$, $y \geqq 0$,

$x + y > 0$ ist, und $f(x, y)$ die Gitterpunkte abzählt, so ist der Grad von $f(x, y)$

$$m = 2.$$

[Die Anzahl der Gitterpunkte innerhalb einer Niveaulinie $f(x, y) = \text{konst.}$ steht zur umschlossenen Fläche in Beziehung.]

244. Man fasse das Quadrat $\frac{1}{2} \leqq x \leqq n + \frac{1}{2}$, $\frac{1}{2} \leqq y \leqq n + \frac{1}{2}$ als ein „Schachbrett mit n^2 Feldern" auf, d. h. man teile es durch achsenparallele Geraden in n^2 Teilquadrate (Felder) vom Flächeninhalt 1 ein. Das „Problem der n Damen" verlangt aus den n^2 Gitterpunkten, die die Mittelpunkte der n^2 Felder bilden, n solche Gitterpunkte (x_1, y_1), (x_2, y_2), ..., (x_n, y_n) herauszugreifen, welche den $2n(n-1)$ Ungleichungen

$$x_\mu \neq x_\nu, \quad y_\mu \neq y_\nu, \quad x_\mu - x_\nu \neq y_\mu - y_\nu, \quad x_\mu - x_\nu \neq -(y_\mu - y_\nu)$$

genügen, $\mu \neq \nu$; $\mu, \nu = 1, 2, \ldots, n$. Man ersetze die Ungleichungen durch die mehr fordernden „Inkongruenzen"

$$x_\mu \not\equiv x_\nu, \quad y_\mu \not\equiv y_\nu, \quad x_\mu - x_\nu \not\equiv y_\mu - y_\nu, \quad x_\mu - x_\nu \not\equiv -(y_\mu - y_\nu)$$

(mod. n) und zeige, daß diese dann und nur dann eine Lösung besitzen, wenn n zu 6 teilerfremd ist.

---

245. Man bezeichne mit q eine ungerade Primzahl; es seien $r_1, r_2, \ldots, r_q$ und $s_1, s_2, \ldots, s_q$ zwei vollständige Restsysteme mod. q. Dann bilden die q Zahlen $r_1 s_1, r_2 s_2, \ldots, r_q s_q$ *kein* vollständiges Restsystem mod. q.

246. Die höchste Potenz der ungeraden Primzahl p, durch welche die Zahl n teilbar ist sei p^α, $\alpha \geqq 1$. Dann ist

$$1^\lambda + 2^\lambda + 3^\lambda + \cdots + n^\lambda \equiv -\frac{n}{p} \quad \text{oder} \quad 0 \quad (\text{mod. } p^\alpha),$$

je nachdem λ durch $p - 1$ teilbar ist oder nicht, $\lambda = 1, 2, 3, \ldots$

247. Es sei p die kleinste Primzahl, die in n aufgeht. Dann gibt es zwei vollständige Restsysteme mod. n

$$\begin{array}{llll} r_1, & r_2, & \ldots, & r_n, \\ s_1, & s_2, & \ldots, & s_n \end{array}$$

so beschaffen, daß auch jede der $p - 2$ Zeilen

$$\begin{array}{llll} r_1 + s_1, & r_2 + s_2, & \ldots, & r_n + s_n, \\ r_1 + 2s_1, & r_2 + 2s_2, & \ldots, & r_n + 2s_n, \\ \cdots & \cdots & \cdots & \cdots \\ r_1 + (p-2)s_1, & r_2 + (p-2)s_2, & \ldots, & r_n + (p-2)s_n \end{array}$$

ein vollständiges Restsystem mod. n darstellt. Sodann ist aber

$$r_1 + (p-1)s_1, \quad r_2 + (p-1)s_2, \quad \ldots, \quad r_n + (p-1)s_n$$

sicherlich kein vollständiges Restsystem mod. n.

248. Jede Potenz läßt sich als Summe von so vielen konsekutiven ungeraden Zahlen darstellen, wie ihre Basis Einheiten enthält.

249. Eine Zahl der Zahlenreihe 2, 3, 4, ..., $n\,(n > 2)$ ist dann und nur dann zu allen übrigen teilerfremd, wenn sie eine Primzahl ist, die $\frac{n}{2}$ übersteigt. (Daß eine derartige Primzahl für $n > 2$ stets existiert, wurde von *Tschebyscheff* bewiesen. Vgl. Oeuvres, Bd. 1, S. 63. St. Pétersbourg 1899.)

250. Die Partialsummen der harmonischen Reihe

$$\frac{1}{1} + \frac{1}{2} + \frac{1}{3} + \cdots + \frac{1}{n}$$

sind für $n > 1$ keine ganzen Zahlen. Dies folgt sofort aus dem Satz von *Tschebyscheff* [**249**], ist aber auch *ohne* dessen Benützung zu zeigen.

251. Die Summe von zwei oder mehr *konsekutiven* Gliedern der harmonischen Reihe, d. h. eine Summe von der Form

$$\frac{1}{n} + \frac{1}{n+1} + \cdots + \frac{1}{m}, \qquad n = 1, 2, 3, \ldots; \; n < m$$

kann nicht ganz ausfallen; wird sie als unkürzbarer Bruch geschrieben, so ist der Nenner gerade und der Zähler ungerade.

252. Ist die positive ganze Zahl n teilbar durch alle Zahlen, die $\leq \sqrt{n}$ sind, so ist n entweder 24 oder ein Teiler von 24.

Allgemeiner zeige man elementar: Ist $0 < \alpha < 1$, so gibt es nur eine endliche Anzahl positiver, ganzer n von der Beschaffenheit, daß n durch 1, 2, 3, ..., $[n^\alpha]$ teilbar ist.

253. Es sei Q eine Primzahl und teilerfremd zu $10P$. Das arithmetische Mittel der Ziffern in einer Periode der Dezimalbruchentwicklung von $\frac{P}{Q}$ ist dann und nur dann 4,5, wenn die Periodenlänge eine gerade Zahl ist.

254. Die Zahl $n = 2^h + 1$, $h \geq 2$ ist dann und nur dann Primzahl, wenn

$$3^{\frac{n-1}{2}} \equiv -1 \pmod{n}.$$

255. Der folgende, von *Euler* vermutungsweise ausgesprochene Satz ist richtig:

Die diophantische Gleichung

$$4xyz - x - y - t^2 = 0$$

hat keine Lösung in *positiven* ganzen Zahlen x, y, z, t.

256. Ist die Primzahl $q \geqq 11$, so gibt es stets positive ungerade Primzahlen p_1, p_2, p_3, p_4, die alle kleiner als q sind, nicht alle verschieden zu sein brauchen und bzw. den Gleichungen

$$\left(\frac{p_1}{q}\right) = +1, \quad \left(\frac{p_2}{q}\right) = -1,$$

$$\left(\frac{q}{p_3}\right) = +1, \quad \left(\frac{q}{p_4}\right) = -1$$

genügen. $\left[\left(\frac{p_1}{q}\right)\right.$ usw. sind *Legendre*sche Symbole.$\left.\right]$

257. Der Dezimalbruch

$$0{,}23571113171923\ldots$$

(alle Primzahlen hintereinander geschrieben) ist irrational. [**249, 110.**]

258. Die Zahl

$$e = 1 + \frac{1}{1!} + \frac{1}{2!} + \frac{1}{3!} + \frac{1}{4!} + \cdots$$

ist irrational.

259. Die Zahl e ist nicht nur irrational, sondern auch keine algebraische Zahl zweiten Grades, d. h. sie kann keiner Gleichung von der Form

$$ae + be^{-1} + c = 0$$

genügen, wo a, b, c ganze Zahlen und nicht alle $=0$ sind.

260. Wäre die *Euler-Mascheroni*sche Konstante $C = -\Gamma'(1)$ eine rationale Zahl, so müßte $\Gamma'(n+1)$ eine ganze Zahl sein, für alle ganzen Zahlen n von einem gewissen an.

261. Ob der Zahl π die Eigenschaft zukommt, daß das arithmetische Mittel ihrer ersten n Dezimalstellen gegen 4,5 konvergiert, muß dahingestellt bleiben. Wenn aber diese Eigenschaft der Zahl π zukommt, so kommt sie auch der Zahl $4 - \pi$ zu.

262. Man bezeichne mit q_n den Nenner der n^{ten} *Bernoulli*schen Zahl B_n [**182**]. Dann ist

$$\lim_{n\to\infty} \sqrt[n]{\frac{q_1 q_2 q_3 \cdots q_n}{(2n)!}} = \frac{1}{2}.$$

263. Die zahlentheoretische Funktion $f(n)$ sei multiplikativ [S. 126] und konvergiere gegen 0, wenn n die *Primzahlen und Primzahlpotenzen* durchlaufend ins Unendliche strebt. Dann gilt mehr, nämlich

$$\lim_{n\to\infty} f(n) = 0,$$

wenn n *sämtliche* positiven ganzen Zahlen durchlaufend ins Unendliche strebt.

264. Es gilt für jedes positive δ

$$\lim_{n\to\infty} \frac{n^{1-\delta}}{\varphi(n)} = 0, \qquad \lim_{n\to\infty} \frac{\tau(n)}{n^{\delta}} = 0.$$

265. Das ganzzahlige quadratische Polynom $ax^2 + bx + c$ sei durch den Gitterpunkt a, b, c des dreidimensionalen kubischen Gitters dargestellt. Die Anzahl derjenigen Gitterpunkte, die im Würfel

$$-n \leqq a \leqq n, \quad -n \leqq b \leqq n, \quad -n \leqq c \leqq n$$

liegen und einem *reduziblen* Polynom entsprechen, sei r_n. Man beweise, daß

$$\lim_{n\to\infty} \frac{r_n}{(2n+1)^3} = 0$$

ist. (Es ist in einem gewissen Sinne der „normale Fall", daß ein quadratisches Polynom irreduzibel ist.)

266. Die Wahrscheinlichkeit dafür, daß ein ganzzahliges Polynom gegebenen Grades reduzibel sei, ist gleich 0. Genauer: Es sei h ganz, $h \geqq 2$, und r_n bezeichne die Anzahl derjenigen Gitterpunkte des $(h+1)$-dimensionalen Raumes, die im Würfel

$$-n \leqq a_0 \leqq n, \quad -n \leqq a_1 \leqq n, \quad \ldots, \quad -n \leqq a_h \leqq n$$

liegen und einem *reduziblen* Polynom $a_0 x^h + a_1 x^{h-1} + \cdots + a_h$ entsprechen. Dann ist

$$r_n = O(n^h \log^2 n).$$

(Verallgemeinerung und Verschärfung von **265.**) [II **46.**]

Neunter Abschnitt.

Anhang.

Einige geometrische Aufgaben.

1. Wirft man ein schweres konvexes Polyeder mit beliebiger innerer Massenverteilung auf den horizontalen Boden, so bleibt es stabil auf einer seiner Seitenflächen liegen. D. h. es gibt zu einem beliebigen, im Innern des konvexen Polyeders gelegenen Punkte P (mindestens) eine Seitenfläche F von folgender Eigenschaft: Das Lot, gefällt von P auf die Ebene, in der F liegt, hat seinen Fußpunkt im *Innern* der Seitenfläche F. Man gebe für die Existenz der Seitenfläche F einen rein geometrischen, von mechanischen Vorstellungen freien Beweis an.

2. Wird auf einem kreisrunden Platz ein gegebenes Quantum Korn aufgestapelt, so ist die Maximalböschung des entstehenden Haufens dann am kleinsten, wenn er einen geraden Kreiskegel bildet. Man beweise die analytische Fassung dieser Tatsache, d. h. den folgenden Satz:

Die Funktion $f(x, y)$ soll beide partielle Ableitungen

$$\frac{\partial f}{\partial x} = f'_x(x, y), \quad \frac{\partial f}{\partial y} = f'_y(x, y)$$

besitzen. Ist $f(x, y) = 0$ am Rande des Einheitskreises $x^2 + y^2 = 1$, so gibt es einen Punkt ξ, η im Einheitskreise, so beschaffen, daß

$$\sqrt{[f'_x(\xi, \eta)]^2 + [f'_y(\xi, \eta)]^2} > \frac{3}{\pi} \iint f(x, y)\, dx\, dy,$$

das Doppelintegral über den Einheitskreis erstreckt.

3. Wenn ein materieller Punkt eine Längeneinheit während einer Zeiteinheit zurücklegend von Ruhelage in Ruhelage gelangt, so muß er zwischen den beiden Ruhelagen irgendwo eine Beschleunigung von größerem Betrage als 4 erfahren. Man fasse diese Tatsache analytisch.

4. Wenn eine Kurve vom Punkte O aus gesehen überall konvex erscheint, so nimmt sie einen Gesichtswinkel $< 180°$, wenn sie stets konkav erscheint und ins Unendliche läuft, einen Gesichtswinkel $>180°$ ein.

Es sei O der Mittelpunkt eines Systems von Polarkoordinaten r, φ und $r = \frac{1}{f(\varphi)}$ die Gleichung der Kurve, $f(x)$ zweimal stetig differentiierbar. Man wird durch die Berechnung des Krümmungsradius zu den folgenden beiden Sätzen geführt:

1. Ist die Funktion $f(x) > 0$ im Intervalle $a \leqq x \leqq a + \pi$, so existiert eine Stelle ξ, $a < \xi < a + \pi$, so daß

$$f(\xi) + f''(\xi) > 0.$$

2. Ist $f(x) > 0$, $f(x) + f''(x) > 0$ für $a < x < b$ und $f(a) = f(b) = 0$, so ist $b - a > \pi$.

Man beweise diese Sätze rein analytisch.

In der Ebene sei eine geschlossene, stetig gekrümmte konvexe Kurve $\mathfrak{L}$ gegeben. Die Stützfunktion von $\mathfrak{L}$ (bzw. des von $\mathfrak{L}$ umschlossenen konvexen Bereiches $\mathfrak{K}$, vgl. III, S. 106) sei $h(\varphi)$, der Krümmungsradius von $\mathfrak{L}$ in dem Punkt mit der Tangentenrichtung $\varphi + \frac{\pi}{2}$ sei $r(\varphi)$. Die Funktion $h(\varphi)$ ist zweimal stetig differentiierbar, $r(\varphi)$ ist stetig. Es ist

$$r(\varphi) = h(\varphi) + h''(\varphi).$$

Für den Flächeninhalt f von $\mathfrak{L}$ (d. h. von $\mathfrak{K}$) und für die Länge l von $\mathfrak{L}$ gelten die Formeln:

$$f = \tfrac{1}{2}\int_0^{2\pi} h(\varphi)\, r(\varphi)\, d\varphi, \qquad l = \int_0^{2\pi} h(\varphi)\, d\varphi.$$

5. Auf einer geschlossenen, konvexen und stetig gekrümmten Kurve gibt es immer mindestens drei verschiedene Punktepaare mit folgender Eigenschaft: Die Tangenten in den beiden Punkten eines Paares laufen parallel, und die Krümmungen der Kurve in den beiden Punkten sind gleich.

6. Wenn eine konvexe Kurve vom Umfang l und vom Flächeninhalt f im Innern einer anderen vom Umfang L und vom Flächeninhalt F ungehindert rollen kann, so ist

$$lL \leqq 2\pi(f + F).$$

Im Raume x, y, z sei eine geschlossene, konvexe, stetig gekrümmte Fläche $\mathfrak{F}$ gegeben. Der Ausdruck $x\cos\alpha + y\cos\beta + z\cos\gamma$, wobei $\cos^2\alpha + \cos^2\beta + \cos^2\gamma = 1$ ist, besitzt in dem von $\mathfrak{F}$ umschlossenen konvexen Bereiche $\mathfrak{K}$ ein bestimmtes Maximum $h(\alpha, \beta, \gamma)$. Die Größe $h(\alpha, \beta, \gamma)$ ist eine Funktion der Richtung α, β, γ und heißt *Stützfunktion* von $\mathfrak{K}$. Die Ebene

$$x\cos\alpha + y\cos\beta + z\cos\gamma - h(\alpha, \beta, \gamma) = 0$$

ist eine Tangentialebene (*Stützebene*) der Fläche $\mathfrak{F}$, und zwar diejenige, deren von $\mathfrak{F}$ abgewandte Normale die Richtungskosinus $\cos\alpha$, $\cos\beta$, $\cos\gamma$ besitzt. Es seien r und r' die beiden Hauptkrümmungsradien in dem Berührungspunkt. Man kann die Größen h, r, r' als Funktionen eines auf der Einheitskugel variierenden Punktes ω auffassen. Sie sind stetige Funktionen von ω. Wenn v, o, m das Volumen, die Oberfläche, das Integral der mittleren Krümmung von $\mathfrak{F}$ bezeichnen, dann gelten die Formeln

$$v = \tfrac{1}{3}\iint h r r' d\omega,$$
$$o = \iint r r' d\omega = \tfrac{1}{2}\iint h(r + r')\, d\omega,$$
$$m = \tfrac{1}{2}\iint (r^{-1} + r'^{-1})\, r r'\, d\omega = \iint h\, d\omega,$$

wobei die Integration längs der Einheitskugel erstreckt wird und $d\omega$ das Flächenelement der Einheitskugel bezeichnet.

7. Das Volumen, die Oberfläche und das Integral der mittleren Krümmung seien für zwei konvexe Flächen bzw. mit v, o, m und V, O, M bezeichnet. Wenn die erste im Innern der zweiten ungehindert rollen kann, so bestehen die Ungleichungen

$$mO + oM \leqq 12\pi(V + v),$$
$$mO - oM \leqq 4\pi(V - v).$$

8. Eine geschlossene Fläche bleibt unter allseitigem gleichförmigen Druck im Gleichgewicht. Um dies zu bestätigen, beweise man folgende für jede geschlossene Fläche gültige Formeln:

$$\iint \cos\alpha\, dS = 0, \quad \iint \cos\beta\, dS = 0, \quad \iint \cos\gamma\, dS = 0,$$
$$\iint (y\cos\gamma - z\cos\beta)\, dS = 0, \quad \iint (z\cos\alpha - x\cos\gamma)\, dS = 0,$$
$$\iint (x\cos\beta - y\cos\alpha)\, dS = 0.$$

Hierbei bedeuten $\cos\alpha$, $\cos\beta$, $\cos\gamma$ die Richtungskosinus der äußeren Normale, dS das Flächenelement.

9. Wirkt an jedem Element dS einer stetig gekrümmten, geschlossenen, starren Fläche eine nach der inneren Normale gerichtete Kraft von der Größe $\frac{1}{2}\left(\frac{1}{R_1} + \frac{1}{R_2}\right) dS$, wo R_1, R_2 die beiden Hauptkrümmungsradien bedeuten, so bleibt die Fläche im Gleichgewicht.

10. (Fortsetzung.) Ist die Größe der an dS wirkenden, nach der inneren Normalen gerichteten Kraft $\frac{1}{R_1 R_2} dS$ (also der *Gauß*schen, nicht, wie vorher, der mittleren Krümmung proportional), so bleibt die Fläche auch im Gleichgewicht.

11. An jeder Kante k eines starren Polyeders wirkt eine Kraft K. Der Angriffspunkt von K ist der Mittelpunkt von k. K steht senkrecht auf k und liegt in der Ebene, die den Innenwinkel der beiden, in k zusammenstoßenden Seitenflächen halbiert. Die Größe von K ist $l\left|\cos\frac{\alpha}{2}\right|$ wo l die Länge von k und α den eben betrachteten Innenwinkel an der Kante k bedeutet. K ist endlich nach innen oder nach außen gerichtet, je nachdem die Kante k konvex oder einspringend ist, d. h. je nach dem Vorzeichen von $\cos\frac{\alpha}{2}$.

Das System aller Kräfte K hält das Polyeder im Gleichgewicht.

12. Wirkt an jedem Element ds einer stetig gekrümmten, geschlossenen, starren Raumkurve eine nach der positiven Hauptnormale gerichtete Kraft von der Größe $\frac{ds}{r}$, wo r den Krümmungsradius bedeutet, so bleibt die Kurve im Gleichgewicht.

13. Man denke sich einen Einheitsvektor in der Tangentenrichtung einer stetig differentiierbaren Raumkurve vom Koordinatenanfangspunkt aus aufgetragen. Ihre Endpunkte liefern das *sphärische Bild* der Raumkurve. Ist die Raumkurve geschlossen, so wird das sphärische Bild von jedem Hauptkreis der Einheitskugel geschnitten.

14. Die Funktion $f(x)$ sei im endlichen Intervall $a \leqq x \leqq b$ definiert und erfülle dort die folgenden Bedingungen:

1. $f(x)$ ist positiv im Innern und $= 0$ in den Endpunkten des Intervalls a, b;
2. $f(x)$ ist zweimal stetig differentiierbar für $a < x < b$;
3. $f'(x)$ konvergiert gegen $+\infty$, wenn $x \to a$ und gegen $-\infty$, wenn $x \to b$.

Die Funktion

$$\frac{f''(x)}{f(x)\,(1+[f'(x)]^2)^2} = F(x)$$

kann unter diesen Voraussetzungen nicht im ganzen Intervall $a < x < b$ monoton sein, es sei denn, daß

$$f(x) = \sqrt{(x-a)(b-x)}\,, \qquad F(x) = -\left(\frac{2}{b-a}\right)^2$$

ist.

15. Auf einer stetig gekrümmten Rotationsfläche gibt es stets zwei verschiedene Breitenkreise mit demselben *Gauß*schen Krümmungsmaß.

16. Es seien a, b, c die Seiten, α, β, γ die Winkel eines Dreiecks, im Bogenmaß gemessen; α liegt a, β liegt b, γ liegt c gegenüber. Dann ist

$$\frac{\pi}{3} \leqq \frac{a\alpha + b\beta + c\gamma}{a + b + c} \leqq \frac{\pi}{2}.$$

Das Gleichheitszeichen gilt bei der ersten Ungleichung dann und nur dann, wenn das Dreieck gleichseitig ist, bei der zweiten Ungleichung dann und nur dann, wenn das Dreieck zu einer doppelt gerechneten Strecke entartet.

17. Es seien $k_1, k_2, \ldots, k_6$ die Längen der sechs Kanten eines Tetraeders und $\alpha_1, \alpha_2, \ldots, \alpha_6$ die Bogenmaße der Winkel, die durch die beiden in der betr. Kante zusammenstoßenden Seitenflächen des Tetraeders gebildet werden. Dann ist

$$\frac{\pi}{3} < \frac{k_1\alpha_1 + k_2\alpha_2 + \cdots + k_6\alpha_6}{k_1 + k_2 + \cdots + k_6} < \frac{\pi}{2}.$$

Die angegebenen Grenzen sind möglichst eng.

18. $P_0P_1P_2$ sei ein bei P_2 rechtwinkliges Dreieck, P_2P_3 das Lot von P_2 auf P_0P_1, ebenso $P_3P_4 \perp P_1P_2$, $P_4P_5 \perp P_2P_3$, usw. Es soll der Punkt $\lim\limits_{n\to\infty} P_n$ gefunden werden.

19. Es seien im Raume zwei Kreise K und K', jeder als Durchschnitt von einer Kugel und einer Ebene

$$(K) \quad x^2 + y^2 + z^2 + ax + by + cz + d = 0, \quad Ax + By + Cz + D = 0,$$
$$(K') \quad x^2 + y^2 + z^2 + a'x + b'y + c'z + d' = 0, \quad A'x + B'y + C'z + D' = 0$$

gegeben. Gesucht wird eine rationale ganze Funktion der 16 reellen Koeffizienten $a, b, \ldots, d$, $A, \ldots, D$, $a', \ldots, d'$, $A', \ldots, D'$, die dann und nur dann < 0 ist, wenn die beiden Kreise *verkettet* sind, d. h. in solcher gegenseitigen Lage sind, daß sie keinen gemeinsamen Punkt haben, aber, materiell aus Draht verfertigt gedacht, ohne Zerreißen nicht auseinander genommen werden können.

20. Es seien X_1, X_2, X_3 projektive Punktkoordinaten in der Ebene und X_0 sei definiert durch $X_0 + X_1 + X_2 + X_3 \equiv 0$. In der dreifach-unendlichen Schar von Kegelschnitten

$$\lambda_0 X_0^2 + \lambda_1 X_1^2 + \lambda_2 X_2^2 + \lambda_3 X_3^2 = 0$$

gibt es zweifach unendlich viele, welche in Geradenpaare ausarten; und zwar ist jeder Punkt der Ebene singulärer Punkt (Scheitel) eines solchen Geradenpaares. Es sind die Integralkurven dieser Geradenpaare zu ermitteln. (In irgendeinem Punkte P der gesuchten Kurve stimmt die Tangente mit der einen Geraden des Geradenpaares vom Scheitel P überein.)

21. Der Punkt P beschreibe eine ebene Kurve. Es sei ϱ der Krümmungsradius in P; das Stück der Normalen in P, das zwischen den beiden rechtwinkligen Koordinatenachsen liegt, habe die Länge ν. Zu berechnen sind diejenigen Kurven, bei welchen ϱ und ν in fester Proportion stehen:

$$\varrho = 2n\nu .$$

Die Konstante n darf als positiv vorausgesetzt werden, da n in $-n$ übergeht, wenn x mit y vertauscht wird. — Bei ganzzahligem n gibt es eine partikuläre Lösung in Gestalt einer *rationalen* Kurve der Ordnung $2n$, welche mit der unendlich fernen Geraden einen $2n$-fach zählenden Schnittpunkt besitzt. [Man führe als Parameter den Winkel τ zwischen der x-Achse und der Tangente in P ein.]

22. Die Schar der Flächen zweiter Ordnung

$$F(x_1, x_2, x_3, t) \equiv \frac{x_1^2}{a_1 - t} + \frac{x_2^2}{a_2 - t} + \frac{x_3^2}{a_3 - t} - t = 0$$

$$(0 < a_1 < a_2 < a_3)$$

mit dem Parameter t besitzt eine Hüllfläche H von der Ordnung 10 und von der Klasse 4. Es sind die Krümmungslinien von H zu berechnen. [Man suche die Differentialgleichung zwischen dem einen Krümmungsradius von H und dem Parameter t zu ermitteln.]

23. (Fortsetzung.) Man leite eine Parameterdarstellung von H mit den Krümmungslinien als Parameterlinien her. Letztere sind algebraische Kurven 12ter Ordnung.

24. (Fortsetzung.) Die Zentrafläche und die Parallelflächen von H lassen sich auch als Hüllflächen einer geeignet gewählten Schar von Flächen zweiter Ordnung auffassen.

25. Es sei $F(x, y)$ eine stetige, in den beiden Veränderlichen x, y periodische Funktion von der Periode 1; in Formel

$$F(x + 1, y) = F(x, y + 1) = F(x, y).$$

Außerdem sei die Funktion $F(x, y)$ von der Eigenschaft (sie soll etwa der *Lipschitz*schen Bedingung genügen), daß durch jeden Punkt der Ebene eine und nur eine unbeschränkt fortsetzbare Integralkurve der Differentialgleichung

$$\frac{dy}{dx} = F(x, y)$$

hindurchgeht. Dann existiert eine, der Funktion $F(x, y)$ zugeordnete Zahl ω, so beschaffen, daß für jede Integralkurve $y = f(x)$ die Differenz $f(x) - \omega x$ für alle Werte von x beschränkt bleibt.

Lösungen.

Vierter Abschnitt.

Funktionen einer komplexen Veränderlichen.

Spezieller Teil.

1. [Bezüglich **1—76** vgl. *A. Wiman*, Acta Math. Bd. 37, S. 305—326, 1914; weitere Literatur bei *G. Valiron*, General theory of integral functions. Toulouse: É. Privat 1923. Vgl. auch a. a. O. I **110**.] Es handelt sich um das Maximum der Folge

$$1, \quad \frac{r}{1}, \quad \frac{r}{1}\frac{r}{2}, \quad \frac{r}{1}\frac{r}{2}\frac{r}{3}, \quad \ldots, \quad \frac{r}{1}\frac{r}{2}\cdots\frac{r}{n}, \quad \ldots.$$

Die Faktoren $\frac{r}{1}, \frac{r}{2}, \ldots, \frac{r}{n}, \ldots$ nehmen von links nach rechts ab; ist

$$\frac{r}{n} \geqq 1 > \frac{r}{n+1}, \quad \text{d. h.} \quad n \leqq r < n+1,$$

so ist das n^{te} Glied $\frac{r^n}{n!}$ Maximalglied. Daher

$$\mu(r) = \frac{r^{[r]}}{[r]!}, \quad \nu(r) = [r].$$

2. Weil sämtliche Koeffizienten positiv sind, ist $M(r) = e^r$; $N(r) = 0$.

3. $\mu(r) = \dfrac{r^n}{(2n+1)!}$ für $2n(2n+1) \leqq r \leqq (2n+2)(2n+3)$,

$$\nu(r) = \left[\frac{\sqrt{1+4r}-1}{4}\right] \sim \frac{\sqrt{r}}{2}.$$

4. Weil die Koeffizienten abwechselndes Vorzeichen haben, wird der Maximalbetrag für negatives z erreicht.

$$M(r) = \frac{e^{\sqrt{r}} - e^{-\sqrt{r}}}{2\sqrt{r}}, \quad N(r) = \left[\frac{\sqrt{r}}{\pi}\right] \sim \frac{\sqrt{r}}{\pi}.$$

5. $\nu(r) = 0$.

6. $N(r) = 0$.

7. $|a_n| r^n$ ist größtes Glied, wenn r alle Zahlen $\left|\frac{a_0}{a_n}\right|^{\frac{1}{n}}, \left|\frac{a_1}{a_n}\right|^{\frac{1}{n-1}}, \ldots, \left|\frac{a_{n-1}}{a_n}\right|$ übersteigt.

8. Nach dem Fundamentalsatz der Algebra und weil der Betrag des Polynoms $\sim |a_n| |z|^n$ ist für $|z| \to \infty$.

9. Daß der zweite Grenzwert $= \infty$ ist, ergibt sich aus I **119**, I **120**. Aus $\mu(r) \geqq |a_n| r^n$ folgt ferner, wenn $a_n \neq 0$, daß

$$\liminf_{r\to\infty} \frac{\log \mu(r)}{\log r} \geqq n, \quad \text{d. h.} \quad \lim_{r\to\infty} \frac{\log \mu(r)}{\log r} = \infty.$$

10. Die erste Hälfte der Behauptung beweist man ähnlich, wie die erste Hälfte von **9**. Bezüglich der zweiten Hälfte vgl. z. B. **2**.

11. $\mu_k(r) = \mu_1(r^k), \qquad \nu_k(r) = k\nu_1(r^k)$.

Als Index des Gliedes $a_n z^{nk}$ gilt natürlich nk.

12. $M_k(r) = M_1(r^k), \qquad N_k(r) = kN_1(r^k)$.

13. 1. Für $(2n-1)\,2n \leqq r^2 < (2n+1)(2n+2)$ ist

$$\nu(r) = 2n \sim r, \quad \mu(r) = \frac{r^{2n}}{(2n)!},$$

$$\frac{\nu(r)}{\log \mu(r)} = -\frac{2n}{r} \frac{1}{\frac{1}{r}\left(\log\frac{1}{r} + \log\frac{2}{r} + \cdots + \log\frac{2n}{r}\right)} \sim -\frac{1}{\int_0^1 \log x\, dx} = 1;$$

2. für $\frac{(2n-1)\,2n}{4} \leqq r^2 < \frac{(2n+1)(2n+2)}{4}$ ist

$$\nu(r) = 2n \sim 2r \qquad \mu(r) = \frac{1}{2}\frac{(2r)^{2n}}{(2n)!},$$

$$\frac{\nu(r)}{\log\mu(r)} = -\frac{2n}{2r} \frac{1}{\frac{1}{2r}\left(\log\frac{1}{2r} + \log\frac{2}{2r} + \cdots + \log\frac{2n}{2r}\right) + \frac{\log 2}{2r}} \sim \frac{1}{\int_0^1 \log x\, dx} = 1.$$

Man sucht natürlicherweise einen Satz, der dieses Beispiel enthält und in Analogie zu **14** etwa folgendermaßen lautet: „Ist $f(z)$ eine ganze Funktion, und bezeichnet (im Gegensatz zu **11**) $\mu_k(r)$ und $\nu_k(r)$ das Maximalglied bzw. den Zentralindex der Entwicklung von $(f(z))^k$ nach wachsenden Potenzen von z, $k = 1, 2, 3, \ldots$, dann ist der Grenzwert

$$\lim_{r\to\infty} \frac{\nu_k(r)}{\log \mu_k(r)}$$

von k unabhängig.“ Dieser Satz ist in der gegebenen Allgemeinheit nicht richtig [der Grenzwert muß gar nicht existieren], wohl aber unter speziellen Voraussetzungen, z. B. unter der Voraussetzung **67** [**68**]. Vgl. auch **59**, **60**.

14. $M_k(r) = (M_1(r))^k, \quad N_k(r) = k N_1(r).$

15. [**19**.]

16. $N(r)$ ist eine Anzahlfunktion, vgl. II, Kap. 4, § 1.

17. Es sei $\nu(r_1) = l \geqq 1$, dann ist

$$\mu(r_2) \geqq |a_l| r_2^l \geqq |a_l| r_1^{l-1} r_2 = \mu(r_1) \frac{r_2}{r_1}.$$

18. [III **280**.]

19. Da ein Maximalglied existiert, *gibt es* Punkte, die zugleich in sämtlichen Halbebenen $\eta \geqq n\xi + \log|a_n|$, $n = 0, 1, 2, \ldots$ liegen. Ihre Gesamtheit $\mathfrak{G}$ erstreckt sich ins Unendliche und ist als gemeinsamer Teil unendlich vieler konvexer Bereiche (Halbebenen) selbst konvex. Die Begrenzung von $\mathfrak{G}$ bildet von unten ein Polygon, dessen Gleichung $\eta = \log\mu(e^\xi)$ lautet. Die Derivierte *von rechts* $\frac{d\log\mu(e^\xi)}{d\xi}$ existiert auch in den Eckpunkten und ist stets $= \nu(e^\xi)$. Die Derivierte ist streckenweise konstant und wegen der Konvexität nie abnehmend. Hieraus folgt **15**

20. [III **304**.]

21. Es sei $0 < r < r'$. Die beiden Punktepaare

$$(\log\alpha r, \log\mu(\alpha r)), \qquad (\log r', \log\mu(r'))$$

und

$$(\log r, \log\mu(r)), \qquad (\log\alpha r', \log\mu(\alpha r'))$$

liegen auf der Begrenzung von $\mathfrak{G}$ [Lösung **19**], und zwar schließt das erste das zweite ein. Die Mittelpunkte der Verbindungsstrecken (Sekanten) haben die gleiche Abszisse·

$$\frac{\log\alpha r + \log r'}{2} = \frac{\log r + \log\alpha r'}{2};$$

für die Ordinaten gilt wegen der Konvexität [**19**]

$$\frac{\log\mu(\alpha r) + \log\mu(r')}{2} \geqq \frac{\log\mu(r) + \log\mu(\alpha r')}{2}.$$

22. Aus **20**, wie **21** aus **19**.

23. Für Polynome ist die Behauptung klar [Lösung **7**]. Für Potenzreihen mit dem Konvergenzradius ∞ muß $\nu(r)$ ins Unendliche wachsen, da doch, falls $m < n$, das Glied $|a_m| r^m$ von $|a_n| r^n$ für $r > (|a_m| / |a_n|)^{\frac{1}{n-m}}$ übertroffen wird. Ist $\mu(\alpha r) = |a_m| (\alpha r)^m$, so ist $\mu(r) \geqq |a_m| r^m$, folglich $\mu(\alpha r) / \mu(r) \leqq \alpha^m$; m wird unendlich mit wachsendem r.

24. Der fragliche Grenzwert existiert und ist <1 für jede nichtkonstante ganze Funktion [**22**]. Ist er positiv und gleich α^k, wo k geeignet gewählt, $k > 0$, so ist

$$\frac{M(\alpha^{-n+1})}{M(\alpha^{-n})} \geqq \alpha^k, \qquad \text{also} \qquad M(\alpha^{-n}) \leqq \alpha^{-nk} M(1), \qquad n = 1, 2, 3, \ldots,$$

woraus folgt, daß die ganze Funktion ein Polynom vom Grade $\leqq k$ ist [**8, 10**]. Für Polynome ist die Behauptung klar.

25. Unter den Zahlen $\varrho_1, \varrho_2, \ldots$ gibt es $\nu(0)$ verschwindende, also keine, wenn $\nu(0) = 0$. — Ist ξ_0 die Abszisse eines Eckpunktes des $\mathfrak{G}$ [Lösung **19**] begrenzenden Polygons, in dem die beiden Seiten mit den Richtungskoeffizienten m, n. zusammenstoßen, $m < n$, so ist $\varrho_{m+1} = \varrho_{m+2} = \cdots = \varrho_{n-1} = \varrho_n = e^{\xi_0}$; zwischen dem fraglichen Eckpunkt und dem rechts benachbarten fungiert $|a_n| r^n$ als größtes Glied.

26. Unter den Zahlen $r_1, r_2, \ldots$ gibt es $N(0)$ verschwindende, also keine, wenn $N(0) = 0$ ist. — Vgl. **16**.

27. $\varrho_n = n$; $\varrho_n = 2n(2n+1)$; $\varrho_{2n-1} = \varrho_{2n} = \sqrt{(2n-1)2n}$.

28. $w_1 = -\dfrac{\pi i}{2}$, $w_2 = \dfrac{3\pi i}{2}$, $w_3 = -\dfrac{5\pi i}{2}$, $\ldots$, $r_n = (2n-1)\dfrac{\pi}{2}$;

$w_n = r_n = n^2\pi^2$; $r_{2n-1} = r_{2n} = (2n-1)\dfrac{\pi}{2}$.

29. Es ist $\varrho_n \leqq R$, $n = 1, 2, 3, \ldots$. Im Intervall $0, r$, $r < R$, liegt eine endliche Anzahl, nämlich $\nu(r)$ Glieder der Folge $\varrho_1, \varrho_2, \varrho_3, \ldots$, die sich also nur gegen den rechten Endpunkt des Intervalls $0, R$ häufen können.

30. Die Nullstellen können sich nicht im Innern des Konvergenzkreises häufen.

31. Der Beweis wird durch vollständige Induktion nacheinander in den Intervallen erbracht, in welche $\varrho_1, \varrho_2, \ldots$ die Zahlengerade zerlegen. Für $0 \leqq r < \varrho_1$ ist $\mu(r) = |a_0|$. Es sei $0 \leqq m < n$, und die Rolle des größten Gliedes soll von $|a_m| r^m$ auf $|a_n| r^n$ übergehen. Es sei angenommen, daß

$$\mu(r) = \frac{|a_0| r^m}{\varrho_1 \varrho_2 \cdots \varrho_m} = |a_m| r^m \quad \text{für} \quad \varrho_m \leqq r < \varrho_{m+1},$$

also $|a_m| = \dfrac{|a_0|}{\varrho_1 \varrho_2 \cdots \varrho_m}$ ist. $|a_n| r^n$ tritt sein Amt als größtes Glied im Punkt $r = \varrho_{m+1} = \varrho_{m+2} = \cdots = \varrho_{n-1} = \varrho_n$ an [**25**], es ist also

$$\mu(\varrho_{m+1}) = |a_m| \varrho_{m+1}^m = |a_n| \varrho_n^n = |a_n| \varrho_{m+1}^m \varrho_{m+1} \varrho_{m+2} \cdots \varrho_n,$$

$$|a_n| = \frac{|a_m|}{\varrho_{m+1} \varrho_{m+2} \cdots \varrho_n} = \frac{|a_0|}{\varrho_1 \varrho_2 \cdots \varrho_m \varrho_{m+1} \cdots \varrho_n},$$

und $\mu(r) = |a_n| r^n$ für $\varrho_n \leqq r < \varrho_{n+1}$, w. z. b. w.

32. Ungleichung von *Jensen* [III **120**]. Das Gleichheitszeichen wird für keine nichtkonstante ganze Funktion erreicht.

33. Durch vorsichtige Integration aus

$$r\frac{d\log\mu(r)}{dr}=\nu(r),$$

was in Lösung **19** bewiesen wurde.

34. Äquivalent mit **32**, da wegen II **147**

$$\int_0^r \frac{N(t)}{t}\,dt = N(r)\log r - \int_0^r \log r\,d\,N(r).$$

35. Die linksstehende Zahl sei mit α, die rechtsstehende mit β bezeichnet, α sei zunächst endlich. Es sei $\varepsilon>0$; für genügend große r ist $\nu(r)<r^{\alpha+\varepsilon}$, ferner $|a_{\nu(r)}|<1$, also

$$\mu(r)<r^{\nu(r)}<r^{r^{\alpha+\varepsilon}},\qquad \frac{\log\log\mu(r)}{\log r}<\alpha+\varepsilon+\frac{\log\log r}{\log r}.$$

Hieraus folgt $\beta\leqq\alpha$. Andererseits ist [**33**]

$$\int_r^{2r}\frac{\nu(t)}{t}\,dt=\log\mu(2r)-\log\mu(r).$$

Für genügend große r ist $\mu(r)>1$, also $\nu(r)\log 2<\log\mu(2r)$, d. h. $\alpha\leqq\beta$. Wenn α unendlich ist, so erübrigt sich die erste Hälfte des Beweises.

36. Vgl. die zweite Hälfte des Beweises von **35**. [**34**.]

37. Man nehme $a_0=1$ an. Es ergibt sich [**33**, II **147**]

$$-r^{-k}\nu(r)+\sum_{0<\varrho_\nu\leqq r}\varrho_\nu^{-k}=k\int_0^r t^{-k-1}\nu(t)\,dt=k\int_0^r t^{-k}d\log\mu(t)$$

$$=k\,r^{-k}\log\mu(r)+k^2\int_0^r t^{-k-1}\log\mu(t)\,dt.$$

Wenn $\int_1^\infty t^{-k-1}\log\mu(t)\,dt$ konvergiert, dann ist $\lim\limits_{r\to\infty} r^{-k}\log\mu(r)=0$ [II **113**], also $\sum\limits_{\nu=1}^{n}(\varrho_\nu^{-k}-\varrho_n^{-k})$ beschränkt [I **78**]. Wenn $\sum\limits_{n=1}^{\infty}\varrho_n^{-k}$ konvergiert, so ist der Schluß einfacher.

38. [*G. Valiron*, Darboux Bull. Serie 2, Bd. 45, S. 258—270, 1921.] Mit der Annahme $f(0)=1$ und der Bezeichnung von III **121** erhält man wie in **37**

$$-r^{-k}N(r)+\sum_{0<r_\nu\leqq r} r_\nu^{-k}=k\,r^{-k}\log\mathfrak{G}(r)+k^2\int_0^r t^{-k-1}\log\mathfrak{G}(t)\,dt.$$

Aus $\mathfrak{G}(r)\leqq M(r)$ schließt man wie in **37**.

39.

$$-(1-r)^{k+1}\nu(r)+\sum_{\varrho_\nu\leqq r}(1-\varrho_\nu)^{k+1}=(k+1)\int_0^r(1-t)^k\nu(t)\,dt \quad [\text{II } \mathbf{147}],$$

$$(1-r)^k\log\mu(r)+k\int_0^r(1-t)^{k-1}\log\mu(t)\,dt=\int_0^r(1-t)^k t^{-1}\nu(t)\,dt \qquad [\mathbf{33}].$$

Es ist $a_0=1$ angenommen. Die rechten Seiten verhalten sich gleich für $r=1$. Wenn das Integral in der zweiten Zeile links existiert, so ist $\lim\limits_{r\to 1-0}(1-r)^k\log\mu(r)=0$ [II **112**] und $\sum\limits_{\nu=1}^{n}[(1-\varrho_\nu)^{k+1}-(1-\varrho_n)^{k+1}]$ beschränkt [I **78**].

40. [*F.* und *R. Nevanlinna*, Acta Soc. Sc. Fennicae, Bd. 50, Nr. 5, 1922.] Verhält sich so zu **39**, wie **38** zu **37**.

41. [*J. Hadamard*, Journ. de Math. Serie 4, Bd. 9, S. 174, 1893.] Die Gerade durch $(n, -\log|a_n|)$ mit dem Richtungskoeffizienten $\log r$ hat die Gleichung

$$\eta=-\log|a_n|+\log r\,(\xi-n)$$

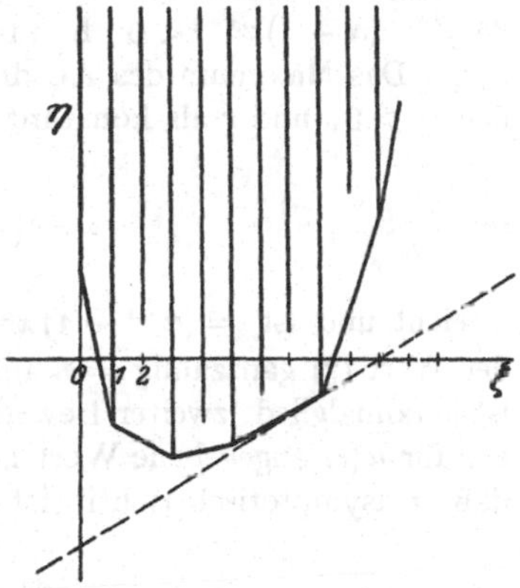

und schneidet von der η-Achse das Stück $-\log|a_n|r^n$ ab. Unter allen diesen Geraden hat die Stützgerade den tiefsten Schnittpunkt; folglich ist der vertikale Achsenabschnitt der Stützgeraden $=-\log\mu(r)$, die Abszisse des Eckpunktes, in dem die Stützgerade $\mathfrak{K}$ schneidet, $=\nu(r)$ (des Eckpunktes am weitesten rechts, wenn es mehrere gibt), der Richtungskoeffizient des Begrenzungsstückes von $\mathfrak{K}$ zwischen den Abszissen $n-1$, n ist $=\log\varrho_n$. Aus der Figur ist ersichtlich, daß $\log\varrho_{n+1}\geqq\log\varrho_n$ und daß, falls $a_0\neq 0$,

$$-\log|a_n|=-\log|a_0|+\log\varrho_1+\log\varrho_2+\cdots+\log\varrho_n,$$

wenn $(n, -\log|a_n|)$ auf der Begrenzung von $\mathfrak{K}$ liegt [**31**]; dreht sich die Stützgerade vom Richtungskoeffizienten $\log\varrho_n$ bis $\log\varrho_{n+1}$ um die gleiche Ecke von der Abszisse n, so ist $\log\mu(\varrho_{n+1})-\log\mu(\varrho_n)$ $=n(\log\varrho_{n+1}-\log\varrho_n)$, usw.

42. Mit dem kleinsten Wert von r, für den sämtliche Ungleichungen

$$|a_0| \leqq |a_m| r^m, \quad |a_1| r \leqq |a_m| r^m, \quad \ldots . \quad |a_{m-1}| r^{m-1} \leqq |a_m| r^m$$

erfüllt sind, tritt $|a_m| r^m$ als größtes Glied auf; dieser Wert von r ist also $= \varrho_m$. — In der Figur **41** sind die Richtungskoeffizienten

$$\frac{-\log|a_n| + \log|a_0|}{n-0}, \quad \frac{-\log|a_n| + \log|a_1|}{n-1}, \quad \ldots, \quad \frac{-\log|a_n| + \log|a_{n-1}|}{n-(n-1)}$$

sämtlich $\leqq$ als der Richtungskoeffizient $\log \varrho_n$.

43. Soll a_0 für einen Wert $r > 0$ Maximalglied sein, so ist $a_0 \neq 0$. Dann ist nach dem Beweis von **31**

$$|a_n| = \frac{|a_0|}{\varrho_1 \varrho_2 \ldots \varrho_n}, \qquad \left|\frac{a_n}{a_{n+1}}\right| = \varrho_{n+1} \geqq \varrho_n = \left|\frac{a_{n-1}}{a_n}\right|, \qquad n = 1, 2, 3, \ldots .$$

In der Figur **41** liegen alle Punkte $(n, -\log|a_n|)$ auf der Begrenzung, $\frac{-\log|a_{n-1}| - \log|a_{n+1}|}{2} \geqq -\log|a_n|$ drückt die Konvexität aus.

44. Die Kurve $y = \alpha^{-1} x^\alpha$, $x > 0$, ist von oben gesehen konvex, da $y'' = (\alpha - 1) x^{\alpha-2} < 0$; hieraus folgt [**43**] die Behauptung betreffend $\nu(r)$. Das Maximum des Ausdruckes $\alpha^{-1} x^\alpha + x \log r$, x als veränderlich, $x > 0$, und r als konstant betrachtet, wird für

$$(*) \qquad x = (-\log r)^{-\frac{1}{1-\alpha}}$$

erreicht und ist $= (\alpha^{-1} - 1) x^\alpha = (\alpha^{-1} - 1)(-\log r)^{-\frac{\alpha}{1-\alpha}}$. Fällt also der Wert (*) ganzzahlig $= n$ aus, so ist das n^{te} Glied $= e^{(\alpha^{-1}-1)n^\alpha}$ und ist Maximalglied [zweiter Beweis der Behauptung betreffend $\nu(r)$] und der für $\mu(r)$ angegebene Wert ist genau richtig (sonst etwas zu groß); daß er asymptotisch richtig ist, folgt aus

$$\lim_{n \to \infty} \frac{e^{(\alpha^{-1}-1)(n+1)^\alpha}}{e^{(\alpha^{-1}-1)n^\alpha}} = 1.$$

45. Man setze $-\log r = \tau$ und vergleiche die fragliche Reihe mit dem Integral

$$\int_0^\infty e^{\alpha^{-1}x^\alpha - \tau x} dx \sim \sqrt{\frac{2\pi}{1-\alpha}}\, \tau^{-\frac{\alpha}{2(1-\alpha)}-1} \exp\left(\frac{1-\alpha}{\alpha} \tau^{-\frac{\alpha}{1-\alpha}}\right) \quad [\text{II } \mathbf{208}].$$

Der Übergang von der Reihe zum Integral führt zu einem Fehler von der Größenordnung des Maximalgliedes der Reihe [vgl. II **8**]; das Verhältnis desselben zum Integral ist von der Ordnung $\tau^{\frac{\alpha}{2(1-\alpha)}+1}$ [**44**]: hierdurch ist der Übergang gerechtfertigt.

46. Die Kurve $y = \alpha x \log x$ ist von unten gesehen konvex, da $y'' = \frac{\alpha}{x} > 0$. Das Maximum von $-\alpha x \log x + x \log r$ wird bei veränderlichem x, $x > 0$, und festem r für $\alpha(1 + \log x) = \log r$ erreicht. Fällt der betreffende Wert x ganzzahlig $= n$ aus, so ist das n^{te} Glied Maximalglied. Ist der betreffende Wert $x = n + t$, $0 \leqq t \leqq 1$, so ist

$$r = (e(n+t))^{\alpha}, \quad n^{-n\alpha} r^n = e^{n\alpha}(1 + t n^{-1})^{n\alpha} \backsim e^{\alpha(n+t)} = \exp\left(\alpha e^{-1} r^{\frac{1}{\alpha}}\right);$$

$$\varrho_n = \frac{n^{n\alpha}}{(n-1)^{(n-1)\alpha}} \backsim (n e)^{\alpha} \qquad [\mathbf{43}].$$

47. [**46**, **45**, II **209**.]

48. Es genügt, die fragliche Reihe an einer einzigen Stelle, z. B. für $z = 0$ zu untersuchen [III **251**]. Man setze $g(z) = \sum_{n=0}^{\infty} \frac{a_n}{n!} z^n$, dann handelt es sich um $\sum_{n=0}^{\infty} a_n$. Es ist

$$|a_n| < n! \frac{M(r)}{r^n}.$$

a) Es sei $l < 1$, d. h. $M(r) < A e^{(l+\varepsilon)r}$, $A > 0$, $\varepsilon > 0$, $l + \varepsilon < 1$. Für $r = \frac{n}{l+\varepsilon}$ ergibt sich $|a_n| < A n! \left(\frac{e}{n}\right)^n (l+\varepsilon)^n$, also [I **69**] $\sum_{n=0}^{\infty} a_n$ konvergent. — Man findet den benutzten günstigsten Wert von r, indem man die Funktion $A n! r^{-n} e^{(l+\varepsilon)r}$ nach r differentiiert und *zum Minimum macht.*

b) Es sei $l > 1$, dann kann $\sum_{n=0}^{\infty} a_n$ niemals konvergieren; sonst wäre $|a_n| < K$, also $|f(z)| < K e^{|z|}$, Widerspruch zu $l > 1$.

c) Wenn $l = 1$, so kann $\sum_{n=0}^{\infty} a_n$ konvergieren und divergieren. Man wähle z. B. a_n so, daß $a_n > 0$, $\lim_{n\to\infty} \sqrt[n]{a_n} = 1$, $\sum_{n=0}^{\infty} a_n$ konvergiert. Dann ist $l \leqq 1$ [b)], ferner $M(r) > \frac{a_n}{n!} r^n$ bei beliebigem n. Für $n = [r]$ erhält man, daß $l \geqq 1$, d. h. $l = 1$. Man wähle andererseits a_n so, daß $\lim_{n\to\infty} a_n = 0$, $\sum_{n=0}^{\infty} a_n$ divergiert. Dann ist $l \leqq 1$ [b)], ferner $l \geqq 1$ [a)], also $l = 1$.

49. $N(r)$ ist die Anzahl der Gitterpunkte im Kreise $|z| \leq r$. — $\omega_1 = 1$, $\omega_2 = i$; weil zugleich mit w auch iw alle Perioden durchläuft,

$$(*) \qquad \sigma(iu) = i\,\sigma(u);$$

$$\sigma(u+1) = -e^{\eta_1(u+\frac{1}{2})}\sigma(u), \qquad \sigma(u+i) = -e^{\eta_2(u+\frac{1}{2}i)}\sigma(u).$$

Man ersetze in der ersten Gleichung u durch $iu - 1$ und multipliziere die so entstandene mit der zweiten; es wird

$$\sigma(iu)\,\sigma(u+i) = e^{(\eta_1 i + \eta_2)u + \frac{1}{2}(-\eta_1 + i\eta_2)}\,\sigma[i(u+i)]\,\sigma(u).$$

Hieraus folgt wegen (*) und $\eta_1\omega_2 - \eta_2\omega_1 = 2\pi i$ nacheinander

$$\eta_1 = i\eta_2 = \pi,$$

und für beliebige ganze Zahlen m_1, m_2

$$\sigma(u + m_1 + i m_2) = \pm\,\sigma(u)\,e^{\pi(m_1 - i m_2)u + \frac{\pi}{2}(m_1^2 + m_2^2)}.$$

Beschränkt man u auf das den Punkt $u = 0$ umschließende Periodenparallelogramm, $u \neq 0$, setzt man $z = u + m_1 + i m_2$ und läßt $m_1^2 + m_2^2$ ins Unendliche wachsen, so wird

$$|z|^2 \sim m_1^2 + m_2^2, \qquad \log|\sigma(z)| \sim \frac{\pi}{2}|z|^2.$$

50. Um $\mu(r)$ für $\dfrac{\sin\sqrt{z}}{\sqrt{z}}$ auszuwerten, bemerke man, daß, wenn das ganzzahlige n dem unendlich wachsenden r durch die doppelte Ungleichung

$$(*) \qquad 2n\sqrt{1 + \frac{1}{2n}} \leq \sqrt{r} < 2n\sqrt{\left(1 + \frac{1}{n}\right)\left(1 + \frac{3}{2n}\right)}$$

zugeordnet und $\sqrt{r} = 2n + t$ gesetzt wird, t beschränkt bleibt. Im Intervall (*) ist nach **3**

$$\mu(r) = \frac{\sqrt{r}^{\,2n}}{(2n+1)\cdot(2n)!} \sim \frac{\sqrt{r}^{\,2n}}{2n\cdot\sqrt{2\pi}\,(2n)^{2n+\frac{1}{2}}\,e^{-2n}} =$$

$$= \frac{1}{\sqrt{2\pi}}(2n)^{-\frac{3}{2}}\,e^{\sqrt{r}}\left(1 + \frac{t}{2n}\right)^{2n} e^{-t};$$

$$\mu(r) \sim \frac{1}{\sqrt{2\pi}}\,r^{-\frac{3}{4}}\,e^{\sqrt{r}}, \qquad \log\mu(r) \sim \sqrt{r}.$$

	$\frac{\sin\sqrt{z}}{\sqrt{z}}$	$\cos z$	$(\cos z)^2$	$e^z + i$	e^z	$\sigma(z)$
$\frac{r_n}{\varrho_n}$	$\frac{\pi^2}{4}$	$\frac{\pi}{2}$	$\frac{\pi}{2}$	π	—	—
$\frac{N(r)}{\nu(r)}$	$\frac{2}{\pi}$	$\frac{2}{\pi}$	$\frac{2}{\pi}$	$\frac{1}{\pi}$	0	—
$\frac{N(r)}{\log M(r)}$	$\frac{1}{\pi}$	$\frac{2}{\pi}$	$\frac{2}{\pi}$	$\frac{1}{\pi}$	0	2
$\frac{\nu(r)}{\log \mu(r)}$	$\frac{1}{2}$	1	1	1	1	—
$\frac{M(r)}{\sqrt{2\pi \log \mu(r)}\,\mu(r)}$	$\frac{1}{2}$	$\frac{1}{2}$	$\frac{1}{2}$	1	1	—
$\frac{\log N(r)}{\log r}$	$\frac{1}{2}$	1	1	1	—	2

Die an dieser Tabelle beobachtbaren Zusammenhänge werden zum Teil durch die nachfolgenden Sätze aufgeklärt.

51. $\mu(r) \leqq M(r)$ [Definition]. Wenn $\limsup_{r\to\infty} \frac{\log\log\mu(r)}{\log r} = \lambda$, λ endlich, $\lambda < \beta$, so ist für genügend großes ϱ

$$|a_n|\,\varrho^n \leqq \mu(\varrho) < e^{\varrho^\beta},$$

folglich [Lösung **48**, a)], $\varrho = \left(\frac{n}{\beta}\right)^{\frac{1}{\beta}}$ gewählt, für genügend großes n,

$$|a_n| < \left(\frac{e\beta}{n}\right)^{\frac{n}{\beta}}, \qquad |a_n|\,r^n < \left(\frac{e\beta r^\beta}{n}\right)^{\frac{n}{\beta}}.$$

Setzen wir $2e\beta = k$, so ist [1])

$$M(r) \leqq \sum_{n=0}^{k r^\beta} |a_n|\,r^n + \sum_{n=k r^\beta+1}^{\infty} |a_n|\,r^n < (k r^\beta + 1)\,\mu(r) + \sum_{n=k r^\beta}^{\infty} 2^{-\frac{n}{\beta}}.$$

52. [**51**, **35**, II **149**, I **113**.]

---

[1]) Sowohl für ganze wie für nicht ganze a und b, $a \leqq b$, ist im vorliegenden Kapitel unter $\sum_{n=a}^{b} c_n$

$$\sum_{n=[a]}^{[b]} c_n = c_{[a]} + c_{[a]+1} + \cdots + c_{[b]-1} + c_{[b]}$$

zu verstehen.

53. Ist λ die Ordnung, $\varepsilon > 0$, so ist gemäß Lösung **51** für genügend großes r

$$r f'(r) = \Big(\sum_{n=1}^{k r^{\lambda+\varepsilon}} + \sum_{n=k r^{\lambda+\varepsilon}+1}^{\infty}\Big) n a_n r^n < k r^{\lambda+\varepsilon} \sum_{n=0}^{k r^{\lambda+\varepsilon}} a_n r^n + \sum_{n=k r^{\lambda+\varepsilon}+1}^{\infty} n \cdot 2^{-\frac{n}{\beta}} < k r^{\lambda+\varepsilon} f(r) + k',$$

k, k' Konstanten, und hieraus

$$\limsup_{r\to\infty} \frac{\log (r f'(r) f(r)^{-1})}{\log r} \leqq \lambda + \varepsilon,$$

ε beliebig nahe an Null. Ist andererseits für $r > r_0$, $r f'(r) f(r)^{-1} < r^{\beta}$, so folgt durch Integration

$$\log f(r) < \frac{r^{\beta}}{\beta} + C$$

für $r > r_0$, C eine Konstante.

54. Es ist, wenn die Ordnung λ und $\varepsilon > 0$ ist, für genügend großes r [Lösung **51**]

$$\mu(r) < M(r) < k r^{\lambda+\varepsilon} \mu(r).$$

55. Es sei σ so gewählt, daß $\sigma(l-1) > 1$. Für genügend große t ist $M(t) > t^{\sigma}$ [**10**], also

$$\mu(t) M(t)^{-l} \leqq M(t)^{1-l} < t^{-\sigma(l-1)}.$$

Bezüglich $l = 1$ vgl. man den Spezialfall $f(z) = e^z$. Das Integral in III **156** divergiert in diesem Falle.

56. [*A. Wiman*, a. a. O. **1**.] Es gibt zu jedem $\varepsilon > 0$ Potenzreihen $1 + b_1 r + b_2 r^2 + \cdots + b_n r^n + \cdots$ mit endlichem Konvergenzradius und positiven Koeffizienten b_n, so beschaffen, daß, mit n den Zentralindex bezeichnet,

$$\sum_{\nu=0}^{\infty} \frac{b_\nu y^\nu}{b_n y^n} < (\log b_n y^n)^{\frac{1}{2}+\varepsilon},$$

sobald die positive Veränderliche y der Konvergenzgrenze genügend nahe ist [**45**]. Für eine ganze Funktion $\sum_{n=0}^{\infty} a_n z^n$ (es sei $a_0 = 1$ angenommen) gilt an einer Stelle r, zu der y im Sinne von I **122** zugeordnet ist,

$$\frac{|a_\nu| r^\nu}{|a_n| r^n} \leqq \frac{b_\nu y^\nu}{b_n y^n} \quad \text{für} \quad \nu = 0, 1, 2, \ldots,$$

also insbesondere für $\nu = 0$, $b_n y^n \leqq |a_n| r^n$; an einer derartigen Stelle r gilt die zu beweisende Ungleichung. Die Annahme $a_0 = 1$ schädigt die Allgemeinheit nicht.

57. [*A. Wiman*, a. a. O. **1**.] Es sei $\lambda < \beta < \lambda + \varepsilon = \frac{1}{\alpha}$. Dann ist [**52**] für genügend großes n, $\log n < \beta \log \varrho_n$, also

$$\varrho_n \cdot n^{-n\alpha}(n-1)^{(n-1)\alpha} \sim \varrho_n e^{-\alpha} n^{-\alpha} > n^{\frac{1}{\beta}-\alpha} e^{-\alpha} \to \infty .$$

Die Behauptung folgt jetzt ähnlich aus I **118** und **47**, wie **56** aus I **122** und **45**.

58. Es sei

$$\limsup_{r\to\infty} \frac{\log N(r)}{\log r} = \limsup_{n\to\infty} \frac{\log n}{\log r_n} = \lambda \qquad \text{[II **149**]};$$

dann ist $\lambda \leqq 1$. Nach **51**, **36** ist klar, daß die Ordnung $\geqq \lambda$ ist. Daß sie $\leqq \lambda$ ist, zeigt man folgendermaßen: Es ist

$$M(r) \leqq |c| r^q \prod_{n=q+1}^{\infty}\left(1 + \frac{r}{r_n}\right).$$

Wenn $\lambda = 1$ ist, so wähle man nach Angabe einer positiven Zahl ε die ganze Zahl N so, daß $N > q$, $\sum_{n=N+1}^{\infty} \frac{1}{r_n} < \varepsilon$. Dann ist

$$M(r) < |c| r^q \prod_{n=q+1}^{N}\left(1 + \frac{r}{r_n}\right) \cdot e^{\varepsilon r}, \quad \limsup_{r\to\infty} \frac{\log\log M(r)}{\log r} \leqq 1 .$$

Wenn $\lambda < 1$ ist, so wähle man die positive Zahl η so klein, daß $\lambda + \eta < 1$ ist; es ist [I **113**] für genügend große n: $\frac{1}{r_n} < \frac{1}{n^{\frac{1}{\lambda+\eta}}}$. Auf den Logarithmus der Funktion $\prod_{n=1}^{\infty}\left(1 + \frac{r}{n^{\frac{1}{\lambda+\eta}}}\right)$ ist II **37** anzuwenden.

59. [Für **59**—**63** vgl. auch *G. Pólya*, Math. Ann. Bd. 88, S. 177—183 1923.] Es sei $f(0) = 1$ vorausgesetzt, auch in **60** bis **65**, was keine Einschränkung ist. Es ist [**31**, II **159**]

$$\frac{\log \mu(r)}{\nu(r)} = \frac{1}{\nu(r)} \sum_{\varrho_n \leqq r} \log \frac{r}{\varrho_n} \sim \int_0^1 \log x^{-\frac{1}{\lambda}} \, dx .$$

Beispiele in **13**.

60. Wie **59**; man wende II **160** anstatt II **159** an.

61. $$\frac{1}{N(r)} \sum_{n=1}^{\infty} \log\left(1 + \frac{r e^{i\vartheta}}{r_n}\right) \sim \int_0^{\infty} \log\left(1 + x^{-\frac{1}{\lambda}} e^{i\vartheta}\right) dx .$$

62. Wie **61**; man wende II **161** anstatt II **159** an:

$$\frac{\log M(r)}{N(r)} \leqq \frac{1}{N(r)} \sum_{n=1}^{\infty} \log\left(1 + \frac{r}{r_n}\right).$$

63. Nach **32** ist

$$\limsup_{r\to\infty} \frac{\log M(r)}{N(r)} \geqq \limsup_{r\to\infty} \frac{1}{N(r)} \sum_{r_n \leqq r} \log\frac{r}{r_n} \geqq \int_0^1 \log x^{-\frac{1}{\lambda}} dx \qquad \text{[II **160**]}.$$

64. Es ist nach III **121**

$$\left(\frac{\mathfrak{g}(r)}{\mathfrak{G}(r)}\right)^{\frac{1}{N(r)}} = e^{-\frac{1}{2} + \frac{1}{2N(r)} \sum_{r_n \leqq r} \left(\frac{r_n}{r}\right)^2}.$$

Nach II **159** ist

$$\lim_{r\to\infty} \frac{1}{N(r)} \sum_{r_n \leqq r} \left(\frac{r_n}{r}\right)^2 = \int_0^1 x^{\frac{2}{\lambda}} dx = \frac{\lambda}{\lambda + 2}.$$

Für Polynome bleibt $\sum_{r_n \leqq r} r_n^2$ beschränkt.

65. Wie **64**; man wende II **160** anstatt II **159** an.

66. $f(z) = \sum_{n=0}^{\infty} a_n z^n$ gesetzt, ist [III **122**, III **130**]

$$\mathfrak{M}(r) = \sum_{n=0}^{\infty} |a_n|^2 r^{2n}, \qquad \mathfrak{m}(r) = \sum_{n=0}^{\infty} \frac{|a_n|^2 r^{2n}}{n+1}.$$

Man setze $g(z) = \sum_{n=0}^{\infty} \frac{|a_n|^2}{n+1} z^{2n+2}$; $g(z)$ hat dieselbe Ordnung λ wie $f(z)$, da

$$\frac{r^2 [\mu(r)]^2}{\nu(r)+1} < g(r) < r^2 [M(r)]^2$$

[**35**, **51**]; es ist **53** anzuwenden auf

$$\frac{\mathfrak{M}(r)}{\mathfrak{m}(r)} = \frac{r g'(r)}{2 g(r)}.$$

67. 1. $$|a_n| < r^{-n} M(r) < r^{-n} e^{b r^\alpha},$$

sobald $r > r_0$, wo r_0 von n frei ist. Die rechte Seite erreicht ihr Minimum $\left(\frac{\alpha b e}{n}\right)^{\frac{n}{\alpha}}$ für $r = \left(\frac{n}{\alpha b}\right)^{\frac{1}{\alpha}}$.

2. Wir führen den Beweis für beliebiges positives k und für hinreichend kleines ε. (Dies genügt!) Nach Voraussetzung ist

(*) $$e^{a(1-\varepsilon^3) r^\alpha} < M(r) < e^{a(1+\varepsilon^4) r^\alpha}$$

für genügend großes r. Hieraus und aus [III **122**]

$$|a_0|^2 + |a_1|^2 r^2 + |a_2|^2 r^4 + \cdots \leqq [M(r)]^2$$

folgt [II **80**]

$$\left(\sum_{n=1}^{m} |a_n| r^n\right)^2 \leqq \sum_{n=1}^{m} 1 \sum_{n=1}^{m} |a_n|^2 r^{2n} < m\, e^{2a(1+\varepsilon^4) r^\alpha},$$

$$(^{**}) \qquad \sum_{n=1}^{m} |a_n| n^k r^n < m^{k+\frac{1}{2}} e^{a(1+\varepsilon^4) r^\alpha}.$$

Man setze zur Abkürzung

$$\sum_{1}^{\alpha a r^\alpha (1-\varepsilon)} = \sum\nolimits^{I}, \quad \sum_{\alpha a r^\alpha (1+\varepsilon)}^{3 \alpha a r^\alpha} = \sum\nolimits^{II}, \quad \sum_{3 \alpha a r^\alpha}^{\infty} = \sum\nolimits^{III}$$

Es folgt aus dieser Definition und aus (**) für genügend großes r, wenn $(6\alpha a r^\alpha)^{k+\frac{1}{2}} < \exp[a(\varepsilon^3 - \varepsilon^4) r^\alpha]$, daß

$$\sum\nolimits^{I} |a_n| n^k r^n < e^{a(1+\varepsilon^3) r^\alpha}, \qquad \sum\nolimits^{II} |a_n| n^k r^n < e^{a(1+\varepsilon^3) r^\alpha};$$

man könnte die Summe links von irgendeiner unteren Grenze $\geqq 0$ bis zu irgendeiner oberen Grenze $\leqq 6\alpha a r^\alpha$ erstrecken. Daher können wir, was entscheidend ist, auf der rechten Seite und unter der Summe links r einmal durch $r(1-\lambda)$, das andere Mal durch $r(1+\lambda)$ ersetzen (λ fest, $0 < \lambda < 1$), *ohne* die Summationsgrenzen zu ändern. Es folgt

$$(1-\lambda)^{\alpha a r^\alpha (1-\varepsilon)} \sum\nolimits^{I} |a_n| n^k r^n < e^{a(1+\varepsilon^3)(1-\lambda)^\alpha r^\alpha}$$

$$(1+\lambda)^{\alpha a r^\alpha (1+\varepsilon)} \sum\nolimits^{II} |a_n| n^k r^n < e^{a(1+\varepsilon^3)(1+\lambda)^\alpha r^\alpha}$$

Also ist, die (bisher nicht benutzte) erste Hälfte von (*) herangezogen,

$$[M(r)]^{-1} \sum\nolimits^{I} |a_n| n^k r^n < \exp[-a(1-\varepsilon^3) r^\alpha + a(1+\varepsilon^3)(1-\lambda)^\alpha r^\alpha - \alpha a r^\alpha (1-\varepsilon) \log(1-\lambda)],$$

$$[M(r)]^{-1} \sum\nolimits^{II} |a_n| n^k r^n < \exp[-a(1-\varepsilon^3) r^\alpha + a(1+\varepsilon^3)(1+\lambda)^\alpha r^\alpha - \alpha a r^\alpha (1+\varepsilon) \log(1+\lambda)].$$

Entwickelt nach wachsenden Potenzen von ε und λ wird

$$-(1-\varepsilon^3) + (1+\varepsilon^3)(1 \mp \lambda)^\alpha - \alpha(1 \mp \varepsilon) \log(1 \mp \lambda)$$

$$= \frac{\alpha^2}{2}\lambda^2 - \alpha\lambda\varepsilon + \cdots = -\frac{\varepsilon^2}{2} + \cdots < 0,$$

wenn man $\alpha\lambda = \varepsilon$ setzt und ε so klein wählt, daß die Entwicklung gestattet ist, und sogar so klein, daß das Vorzeichen durch das Glied mit niedrigster Potenz bestimmt wird.

Hiermit ist der Beweis, soweit es auf $\sum^I$ und $\sum^{II}$ ankommt, geführt. $\sum^{III}$ spielt keine Rolle; denn sei $e < 3h < 3$, $3ah = be$, dann ist auf Grund von 1.

$$\sum^{III} n^k |a_n| r^n < \sum^{III} n^k \left(\frac{\alpha b e r^\alpha}{n}\right)^{\frac{n}{\alpha}}$$
$$= \sum^{III} n^k \left(\frac{3\alpha a r^\alpha}{n} h\right)^n < \sum^{III} n^k h^n,$$

was für $r \to \infty$, als Rest einer konvergenten Reihe, gegen 0 strebt.

68. (1) vorausgesetzt, ist die Funktion von endlicher Ordnung [**51**], und es folgt (2) [**54**]; es muß auch (3) richtig sein: denn würde sich $\nu(r)$ für beliebig große Werte von r außerhalb der Schranken $\alpha a r^\alpha (1 - \varepsilon)$ und $\alpha a r^\alpha (1 + \varepsilon)$ befinden, so müßte für diese Werte auch $\log \mu(r) < \log M(r) - \delta r^\alpha$ sein [**67**], im Widerspruch zu (2).

(2) vorausgesetzt, ist die Funktion von endlicher Ordnung [**51**], und es folgt (1) [**54**].

(3) vorausgesetzt, nehme man (keine wesentliche Beschränkung!) $a_0 \neq 0$ an und folgere (2) mit Hilfe von **33**.

69. 1. a_n ist abnehmend. Wenn $0 < \varepsilon < 1$ und

$$m - 1 \leqq \alpha a r^\alpha (1 - \varepsilon) < m < n < \alpha a r^\alpha (1 + \varepsilon) \leqq n + 1,$$

dann ist gemäß **67** 2. für genügend großes r

$$0 < f(r) - \sum_{\nu=m}^{n} a_\nu r^\nu < \varepsilon f(r),$$

$$a_m r^n \cdot 2\varepsilon \alpha a r^\alpha > f(r)(1 - \varepsilon), \qquad a_n r^m \cdot 2\varepsilon \alpha a r^\alpha < f(r)(1 + \varepsilon).$$

Hieraus folgt, wenn man $\log r \sim \frac{1}{\alpha} \log m \sim \frac{1}{\alpha} \log n$ und $\frac{m}{1-\varepsilon} \sim \frac{n}{1+\varepsilon}$ beachtet,

$$\liminf_{m\to\infty} \frac{\log a_m}{m \log m} \geqq -\frac{1}{\alpha}\frac{1+\varepsilon}{1-\varepsilon}, \qquad \limsup_{n\to\infty} \frac{\log a_n}{n \log n} \leqq -\frac{1}{\alpha}\frac{1-\varepsilon}{1+\varepsilon}.$$

2. Ist $\frac{a_1}{a_0} \geqq \frac{a_2}{a_1} \geqq \frac{a_3}{a_2} \geqq \cdots$, so wird $a_n r^n$ für einen geeigneten Wert von r *Maximalglied* [**43**]. Hieraus folgt, daß wir in dem zu untersuchenden Ausdruck, nämlich in $\log n^{\frac{1}{\alpha}} a_n^{\frac{1}{n}} = \frac{1}{\alpha} \log n + \frac{1}{n} \log a_n$, die Zahl n durch $\nu(r)$ ersetzen dürfen. Da $a_{\nu(r)} r^{\nu(r)} = \mu(r)$ ist, hat man nach **68**

$$\frac{1}{\alpha} \log \nu(r) + \frac{1}{\nu(r)} \log a_{\nu(r)} = \frac{1}{\alpha} \log \frac{\nu(r)}{r^\alpha} + \frac{\log \mu(r)}{\nu(r)} \to \frac{1}{\alpha} \log \alpha a + \frac{1}{\alpha}.$$

70. Sowohl in $\sum_{n=1}^{\infty} n^k a_n r^n$ als auch in $\sum_{n=0}^{\infty} a_n r^n$ überwiegt das Zentrum der Reihe, d. h. die Summe der Glieder, deren Index zwischen $\alpha a r^{\alpha}(1-\varepsilon)$ und $\alpha a r^{\alpha}(1+\varepsilon)$ fällt. [**67**.]

71. Spezialfall von **70**: $k = 1$. Ohne Regularitätsvoraussetzung gilt **53**.

72. Aus I **94** und **70**:

$$\frac{\sum_{n=0}^{\infty} a_n r^n}{(\beta b r^{\beta})^k \sum_{n=0}^{\infty} b_n r^n} = \frac{\sum_{n=1}^{\infty} a_n r^n}{\sum_{n=1}^{\infty} n^k b_n r^n} \cdot \frac{\sum_{n=1}^{\infty} n^k b_n r^n}{(\beta b r^{\beta})^k \sum_{n=0}^{\infty} b_n r^n}.$$

73. Ersetzt man r durch $\sqrt{r}$, so kommt man auf **72** zurück:

$$a_n = \frac{1}{n!\,n!}\,\frac{1}{2^{2n}}, \qquad b_n = \frac{1}{(2n)!}, \qquad f(r) = \cos i\sqrt{r} \sim \frac{e^{\sqrt{r}}}{2},$$

$$\beta = \frac{1}{2}, \qquad b = 1, \qquad k = -\frac{1}{2}, \qquad s = \frac{1}{\sqrt{\pi}}.$$

Es ist nämlich nach *Stirling* [II **205**, auch II **202**]

$$\frac{a_n}{b_n} = \frac{(2n)!}{n!^2\,2^{2n}} \sim \frac{1}{\sqrt{\pi n}}.$$

74. $\omega = e^{\frac{2\pi}{l}}$ gesetzt, ist

$$1 + \frac{x^l}{l!} + \frac{x^{2l}}{(2l)!} + \frac{x^{3l}}{(3l)!} + \cdots = \frac{e^x + e^{\omega x} + e^{\omega^2 x} + \cdots + e^{\omega^{l-1} x}}{l} \sim \frac{1}{l}\,e^x$$

für $x \to +\infty$. Man setzt $x = l r^{\frac{1}{l}}$. — Es ist [II **31**]

$$a(a+1)(a+2)\cdots(a+n-1) \sim \frac{1}{\Gamma(a)}\,n^{a-1}\,n!,$$

folglich

$$\frac{P(1)\,P(2)\ldots P(n)}{Q(1)\,Q(2)\ldots Q(n)}\,\frac{(nl)!}{l^{nl}} \sim \frac{\Gamma(b_1)\,\Gamma(b_2)\ldots\Gamma(b_q)}{\Gamma(a_1)\,\Gamma(a_2)\ldots\Gamma(a_p)}\,(2\pi)^{\frac{1-l}{2}}\,l^{\frac{1}{2}}\,n^{\Delta + \frac{l+1}{2}}$$

mit Anwendung der *Stirling*schen Formel. Jetzt ist **72** heranzuziehen.

75. Auf Grund der Rechnungen in Lösung **74**, der *Stirling*schen Formel und I **94** erhält man

$$1 + \sum_{n=1}^{\infty} \frac{P(1)\,P(2)\ldots P(n)}{Q(1)\,Q(2)\ldots Q(n)}\, r^n$$

$$\sim \frac{\Gamma(b_1)\,\Gamma(b_2)\ldots\Gamma(b_q)}{\Gamma(a_1)\,\Gamma(a_2)\ldots\Gamma(a_p)}\,(2\pi)^{-\frac{l}{2}} \sum_{n=1}^{\infty} n^{\Delta+\frac{l}{2}} \left(\frac{e\,r^{\frac{1}{l}}}{n}\right)^{ln}$$

Ersetzt man die letzte Reihe durch das Integral

$$\int_1^{\infty} x^{\Delta+\frac{l}{2}} \left(\frac{e\,r^{\frac{1}{l}}}{x}\right)^{lx} dx = l^{-\frac{l}{2}-\Delta-1} \int_l^{\infty} x^{\frac{l}{2}+\Delta+1} \left(\frac{e\,l\,r^{\frac{1}{l}}}{x}\right)^{x} \frac{dx}{x}$$

und dieses auf Grund von II **207** durch

$$l^{-\frac{l}{2}-\Delta-1} \sqrt{2\pi}\, \left(l\,r^{\frac{1}{l}}\right)^{\frac{l+1}{2}+\Delta} e^{l\,r^{\frac{1}{l}}},$$

so erhält man die gewünschte Formel. Der Übergang von der Reihe zum Integral führt zu einem Fehler von der Größenordnung des Maximalgliedes der Reihe [vgl. II **8**]; das Maximum von $\left(e\,r^{\frac{1}{l}}\,x^{-1}\right)^{lx}$ bei gegebenem r ist $e^{l\,r^{\frac{1}{l}}}$, das Maximalglied ist von der Ordnung $r^{\frac{2\Delta+l}{2l}}\, e^{l\,r^{\frac{1}{l}}}$, also sein Verhältnis zu dem Integral von der Ordnung $r^{-\frac{1}{2l}}$: hierdurch ist der Übergang gerechtfertigt. [**45**, **47**.]

76. Indem wir, wenn nötig, endlich viele Koeffizienten ändern, nehmen wir $a_0 = 1$, $a_n^2 > a_{n-1}\,a_{n+1}$ für $n = 1, 2, 3, \ldots$ an. Dann ist [**43**, **31**] $\varrho_n = \frac{a_{n-1}}{a_n}$ und

$$\lim_{n\to\infty} n \log \frac{\varrho_{n+1}}{\varrho_n} = \lim_{n\to\infty} n \log\left[1 + \left(\frac{a_n^2}{a_{n-1}\,a_{n+1}} - 1\right)\right] = \frac{1}{\lambda}$$

1. $$\frac{\log \varrho_n}{\log n} \sim \frac{\log \varrho_1 + \log \frac{\varrho_2}{\varrho_1} + \log \frac{\varrho_3}{\varrho_2} + \cdots + \log \frac{\varrho_n}{\varrho_{n-1}}}{1 + \frac{1}{2} + \frac{1}{3} + \cdots + \frac{1}{n}} \to \frac{1}{\lambda}$$ [I **70**; **52**].

2. Wenn $\varrho_n \leqq r < \varrho_{n+1}$, so ist $\nu(r) = n$, $\mu(r) = \frac{r^n}{\varrho_1\,\varrho_2 \cdots \varrho_n}$ [**25**, **31**] und

$$\frac{\log \mu(r)}{\nu(r)} = \log \frac{r}{\varrho_n} + \frac{(n-1)\log \frac{\varrho_n}{\varrho_{n-1}} + (n-2)\log \frac{\varrho_{n-1}}{\varrho_{n-2}} + \cdots + 1 \log \frac{\varrho_2}{\varrho_1}}{n}$$

$$\sim 0 + \frac{1}{\lambda} \qquad \text{[I 67]}.$$

3. Es sei $\varrho_n \leqq r < \varrho_{n+1}$, $l > 0$ ($l < 0$ ähnlich); dann ist

$$\log \frac{a_{n+l} r^{n+l}}{a_n r^n} = \log \frac{r^l}{\varrho_{n+1} \varrho_{n+2} \cdots \varrho_{n+l}} = l \log \frac{r}{\varrho_{n+1}} - (l-1) \log \frac{\varrho_{n+2}}{\varrho_{n+1}} - \cdots$$

$$- \log \frac{\varrho_{n+l}}{\varrho_{n+l-1}} \sim 0 - \frac{(l-1)+(l-2)+\cdots+1}{n} \cdot \frac{1}{\lambda} \sim -\frac{x^2}{2\lambda}.$$

Die Rechtecksumme ist $= \dfrac{M(r)}{\mu(r)\sqrt{\nu(r)}} \sim \dfrac{M(r)}{\mu(r)\sqrt{\log \mu(r)}}$, die Fläche ist $= \sqrt{2\pi\lambda}$; vgl. **57**.

77. Da die Ableitung einer in einem Gebiete schlichten Funktion daselbst überall von 0 verschieden ist, liegen sämtliche Nullstellen des Polynoms

$$1 + 2a_2 z + 3a_3 z^2 + \cdots + n a_n z^{n-1}$$

außerhalb des Einheitskreises. Der Betrag ihres Produktes ist also $\geqq 1$.

78. Es seien z_1 und z_2 beliebig im Einheitskreis $|z| < 1$ und $w_1 = f(z_1)$, $w_2 = f(z_2)$ gesetzt. Ist $\varphi[f(z_1)] = \varphi[f(z_2)]$, d. h. $\varphi(w_1) = \varphi(w_2)$, dann muß $w_1 = w_2$, also $z_1 = z_2$ sein.

79. $\varphi(z)$ ist jedenfalls regulär im Einheitskreis $|z| < 1$, weil daselbst $\dfrac{f(z^2)}{z^2}$ regulär und von 0 verschieden ist. Außerdem ist $\varphi(z)$ eine ungerade Funktion, $\varphi(-z) = -\varphi(z)$. Es seien nun z_1 und z_2 beliebig im Einheitskreis $|z| < 1$, und es sei $\varphi(z_1) = \varphi(z_2)$. Dann ist $f(z_1^2) = f(z_2^2)$, also $z_1^2 = z_2^2$. Die Möglichkeit $z_1 = -z_2 \neq 0$ fällt fort, weil dann $\varphi(z_1) = -\varphi(z_2) \neq 0$ wäre.

80. $[\varphi(z)]^2$ ist eine gerade Funktion, d. h. eine Funktion von $z^2 = \zeta$; es sei $[\varphi(z)]^2 = f(\zeta)$. Sind ζ_1 und ζ_2 zwei Zahlen, $|\zeta_1| < 1$, $|\zeta_2| < 1$, für welche $f(\zeta_1) = f(\zeta_2)$, dann wähle man z_1 und z_2 so, daß $z_1^2 = \zeta_1$, $z_2^2 = \zeta_2$ ist. Dann ist $[\varphi(z_1)]^2 = [\varphi(z_2)]^2$, $\varphi(z_1) = \pm\varphi(z_2) = \varphi(\pm z_2)$, also $z_1 = \pm z_2$, $\zeta_1 = \zeta_2$.

81. Wir nehmen an, daß der gemeinsame Mittelpunkt von $\mathfrak{K}$ und $\mathfrak{k}$ der Punkt $z = 0$, der Radius von $\mathfrak{K}$ gleich R und der von $\mathfrak{k}$ gleich r ist, $r < R$, endlich daß die Abbildung durch die Funktion

$w = f(z) = a_0 + a_1 z + a_2 z^2 + \cdots + a_n z^n + \cdots$ vermittelt wird. Es ist [III **124**]

$$|\mathfrak{G}| = \pi \sum_{n=1}^{\infty} n |a_n|^2 R^{2n}, \quad |\mathfrak{g}| = \pi \sum_{n=1}^{\infty} n |a_n|^2 r^{2n}, \quad |\mathfrak{K}| = \pi R^2, \quad |\mathfrak{k}| = \pi r^2,$$

$$\frac{|\mathfrak{G}|}{|\mathfrak{g}|} - \frac{|\mathfrak{K}|}{|\mathfrak{k}|} = \frac{r^2 R^2 \sum\limits_{n=2}^{\infty} n |a_n|^2 (R^{2n-2} - r^{2n-2})}{\sum\limits_{n=1}^{\infty} n |a_n|^2 r^{2n+2}} \geqq 0.$$

Das Zeichen $=$ ist nur dann richtig, wenn $a_2 = a_3 = a_4 = \cdots = 0$. Der benutzte Ausdruck für $\mathfrak{G}$ ist in III **124** nicht enthalten, da dort vorausgesetzt wurde, daß die Abbildungsfunktion am Rande von $\mathfrak{K}$ regulär ist. Man kann aber durch Grenzübergang zeigen, daß diese Formel allgemein den sogenannten *inneren Inhalt* von $\mathfrak{G}$ darstellt. Bei Benutzung irgendeines anderen Inhaltsbegriffes wäre der Satz a fortiori richtig.

82. $|\mathfrak{G}| = \pi(|a_1|^2 R^2 + 2|a_2|^2 R^4 + 3|a_3|^2 R^6 + \cdots + n|a_n|^2 R^{2n} + \cdots) \geqq \pi |a_1|^2 R^2 = \pi a^2 R^2$. Bezeichnungen und weitere Überlegungen wie in **81**.

83. Wir betrachten den Kreisring $0 < r < |z| < R$, die Abbildung sei durch die Funktion $w = \sum\limits_{n=-\infty}^{\infty} a_n z^n$ vermittelt. Die Bilder *sämtlicher* Kreislinien $|z| = \text{konst.}$ werden zu gleicher Zeit mit diesen in positivem Sinne umfahren [III **190**] und enthalten $\mathfrak{g}$ im Innern [Lösung III **188**]. Aus III **127** schließt man (die Flächen sind positiv!)

$$|\mathfrak{G}| = \pi \sum_{n=-\infty}^{\infty} n |a_n|^2 R^{2n}, \quad |\mathfrak{g}| = \pi \sum_{n=-\infty}^{\infty} n |a_n|^2 r^{2n}, \quad |\mathfrak{K}| = \pi R^2, \quad |\mathfrak{k}| = \pi r^2,$$

unter $|\mathfrak{G}|$ den inneren, unter $|\mathfrak{g}|$ den äußeren Inhalt verstanden [Lösung **81**; für andere Inhaltsdefinitionen gilt die zu beweisende Ungleichung um so mehr]. Den Fall $|\mathfrak{g}| = 0$ beiseite gelassen, gilt

$$\frac{|\mathfrak{G}|}{|\mathfrak{g}|} - \frac{|\mathfrak{K}|}{|\mathfrak{k}|} = \frac{r^2 R^2 \sum\limits_{n=-\infty}^{\infty} n |a_n|^2 (R^{2n-2} - r^{2n-2})}{\sum\limits_{n=-\infty}^{\infty} n |a_n|^2 r^{2n+2}} \geqq 0,$$

weil $n(R^{2n-2} - r^{2n-2}) > 0$ ist für ganzzahlige n, mit Ausnahme von 0 und 1.

84. Der Mittelpunkt des fraglichen Kreises sei $z = 0$ und die Abbildung durch die Funktion $w = f(z) = a_1 z + a_2 z^2 + \cdots + a_n z^n + \cdots$ vermittelt. 1. Es sei angenommen, daß $f(z)$ am Kreisrand stetig ist; da die Funktion $\frac{f(z)}{z}$ im Innern des Kreises regulär und (wegen der

Eineindeutigkeit der Abbildung) von 0 verschieden und am Rande von konstantem absolutem Betrage ist, ist sie eine Konstante [III **142**, III **274**]. 2. Ohne die einschränkende Annahme der Stetigkeit am Rande schließt man so: Nach **82** gilt im Mittelpunkt

$$\left|\left(\frac{dw}{dz}\right)_0\right|^2 = |f'(0)|^2 \leq 1,$$

und da die Beziehung zwischen z und w wechselseitig ist, auch

$$\left|\left(\frac{dz}{dw}\right)_0\right|^2 = \frac{1}{|f'(0)|^2} \leq 1,$$

d. h. $|f'(0)|^2 = 1$, also [**82**] $f(z) = f'(0)\,z$.

85. Da die Beziehung zwischen den beiden Ringgebieten wechselseitig ist, gilt bei der Anwendung von **83** in der dortigen Ungleichung das Gleichheitszeichen; die Abbildung ist also eine Drehstreckung, die infolge des Zusammenfallens der äußeren Ränder eine Drehung sein muß. Die Voraussetzung betreffs des Umlaufssinnes ist wesentlich: die Abbildung des Kreisringes $\frac{1}{2} < |z| < 2$ auf den Kreisring $\frac{1}{2} < |w| < 2$ mittels $zw = 1$ ist keine bloße Drehung.

86. Angenommen, es gäbe zwei Abbildungen, so gehe man mit Hilfe der einen Abbildung vom Einheitskreis auf $\mathfrak{G}$ über, dann vermittels der inversen der anderen Abbildung von $\mathfrak{G}$ auf den Einheitskreis zurück. Es resultiert hieraus eine Abbildung des Einheitskreises auf sich selbst mit Erhaltung des Mittelpunktes, die eine Drehung sein muß [**84**], und zwar die Drehung um den Winkel 0, da $f'(0) > 0$. — Die bewiesene Behauptung gilt auch dann, wenn man anstatt der gestellten Bedingung $f'(0) > 0$ irgendeinen festen Arcus für $f'(0)$ vorschreibt.

87. Die Funktion $w = f(z)$ bilde den Einheitskreis $|z| < 1$ schlicht auf sich selbst ab, $f(0) = w_0$, $\operatorname{arc} f'(0) = \alpha$. Die lineare Funktion

$$\frac{w_0 + e^{i\alpha} z}{1 + \overline{w}_0 e^{i\alpha} z} = w_0 + (1 - |w_0|^2)\, e^{i\alpha} z + \cdots$$

leistet dasselbe, ist also [**86**] mit $f(z)$ identisch. Man setze

$$-w_0 e^{-i\alpha} = z_0 .$$

88. [Bezüglich **88**—**96** vgl. *P. Koebe*, J. für Math. Bd. 145, S. 177—225, 1915; vgl. auch *E. Lindelöf*, Quatrième congrès des math. scandinaves à Stockholm, 1916, S. 59—75. Upsala: Almqvist & Wicksells 1920.] Die Punkte $z = a$ und $z = \frac{1}{\overline{a}}$ sind die Ausnahmepunkte

(Verzweigungspunkte), denen nur je ein Punkt, nämlich $w = \sqrt{a}\,\eta^{-1}$ bzw. $w = \dfrac{1}{\sqrt{a}\,\eta}$ entspricht. Durch Auflösung in bezug auf z ergibt sich

$$z = w\,\eta^2 \frac{2\eta^{-1}\sqrt{a} - (1 + |a|)\,w}{1 + |a| - 2\eta\sqrt{a}\,w};$$

η ist also so zu bestimmen, daß $\eta\sqrt{a} > 0$ wird. Eine gleichzeitige Änderung von $\sqrt{a}$ und η in $-\sqrt{a}$ und $-\eta$ läßt die Beziehung ungeändert.

89. Es ist $|a| < 1$ vorausgesetzt, d. h., daß $\mathfrak{G}$ nicht identisch mit $|z| < 1$ ist. Beide durch **88** bestimmte Bilder von z liegen im Einheitskreis, wenn z darin liegt [III **5**] und sind voneinander verschieden, wenn $z \neq a$; das Bild von $z = a$, d. h. $w = \sqrt{a}\,\eta^{-1}$ [**88**] ist aber kein Punkt von $\mathfrak{G}^*$ oder $\mathfrak{G}^{**}$, sondern gemeinsamer Randpunkt von beiden.

90. Es ist jetzt $a > 0$, also $\sqrt{a} > 0$ gewählt, $\eta = 1$. Die beiden Bildpunkte w^* und w^{**} von z sind Wurzeln der Gleichung

$$(1 + a)\,w^2 - 2\sqrt{a}\,(1 + z)\,w + (1 + a)\,z = 0.$$

Liegt z auf dem Schlitz, d. h. ist z reell, $a < z < 1$, so ist $(1 + a)^2 z - (1 + z)^2 a > 0$, also w^*, w^{**} konjugiert komplex, und wegen $w^* w^{**} = z$ ist $|w^*| = \sqrt{z}$. Der dem Nullpunkt nächstgelegene Punkt im Bilde des Schlitzes ist also $\sqrt{a}$. Dieses ist der gesuchte nächstgelegene Randpunkt; denn die Bilder der Randpunkte, die auf $|z| = 1$ liegen, liegen auf $|w| = 1$. Das *Koebe*sche Bildgebiet des Schlitzgebietes ist „mondsichelförmig"; dem Winkel von 360° um den Endpunkt des Schlitzes im Schlitzgebiet entspricht ein Winkel von 180° im *Koebe*schen Bildgebiet.

91. Sind die Bildpunkte w_1 und w_2 zweier am Kreisrand $|z| = a$ gelegenen Punkte z_1 und z_2 gleich weit vom Nullpunkt entfernt, d. h. liegen sie auf demselben Kreis $|w| =$ konst., so folgt aus

$$\frac{w}{z} = \frac{1 + a - 2\sqrt{a}\,w}{2\sqrt{a} - (1 + a)\,w},$$

daß auch w_1 und w_2 auf demselben Kreis $\left|\dfrac{1 + a - 2\sqrt{a}\,w}{2\sqrt{a} - (1 + a)\,w}\right| =$ konst. liegen, d. h. Schnittpunkte dieser Kreise sind, also w_2 zu w_1 und z_2 zu z_1 symmetrisch in bezug auf die reelle Achse liegt. Folglich variiert im Bild des Halbkreises $|z| = a$, $\mathfrak{J} z \geqq 0$ der Abstand vom Nullpunkt monoton, wenn z von $+a$ bis $-a$ läuft, und zwar monoton abnehmend, wie aus der letzten Gleichung folgt. Es ist $w = \sqrt{a}$, das Bild von

$z = +a$, der entfernteste und $w = \frac{\sqrt{a}}{1+a}\left(1 - a - \sqrt{2(1+a^2)}\right)$, das Bild von $z = -a$, der nächste Randpunkt des *Koebe*schen Bildgebietes.

92. Nach der Formel in Lösung **88** ist $\frac{z}{w}$ eine Funktion von w, die den Kreis $|w| < 1$ auf sich selbst abbildet [III **5**]. Das heißt, es ist für $|w| < 1$: $\left|\frac{z}{w}\right| < 1$, $|z| < |w|$.

93. Die Kreisscheibe $|z| < |a|$, ganz im Gebiet $\mathfrak{G}$ enthalten, wird in ein Gebiet übergeführt, das eine Kreisscheibe vom Radius $> |a|$ enthält [**92**]; daher ist $|a_1| > |a|$. Man kann [**91**] auch direkt zeigen, daß

$$\frac{|\sqrt{a}|}{1+|a|}\left(-1 + |a| + \sqrt{2(1+|a|^2)}\right) > |a|.$$

94. Durchlaufen $z, z_1, z_2, \ldots, z_n$ bzw. $\mathfrak{G}, \mathfrak{G}_1, \mathfrak{G}_2, \ldots, \mathfrak{G}_n$, so ist nach Lösung **88** der Anfang der Reihenentwicklung

$$z_1 = \frac{1+|a|}{2|\sqrt{a}|} z + \cdots$$

und ähnlich

$$z_2 = \frac{1+|a_1|}{2|\sqrt{a_1}|} z_1 + \cdots, \quad z_3 = \frac{1+|a_2|}{2|\sqrt{a_2}|} z_2 + \cdots, \quad \ldots, \quad z_n = \frac{1+|a_{n-1}|}{2|\sqrt{a_{n-1}}|} z_{n-1} + \cdots$$

also

$$f_n'(0) = \frac{1+|a|}{2|\sqrt{a}|} \cdot \frac{1+|a_1|}{2|\sqrt{a_1}|} \cdots \frac{1+|a_{n-1}|}{2|\sqrt{a_{n-1}}|}.$$

Da $f_n(z)$ im Kreise $|z| < |a|$ regulär und daselbst $|f_n(z)| < 1$ ist, so ist

$$|f_n'(0)|\,|a| \leqq 1.$$

95. Gemäß **94** konvergiert das unendliche Produkt

$$\left(1 + \frac{(1-|\sqrt{a}|)^2}{2|\sqrt{a}|}\right)\left(1 + \frac{(1-|\sqrt{a_1}|)^2}{2|\sqrt{a_1}|}\right) \cdots \left(1 + \frac{(1-|\sqrt{a_n}|)^2}{2|\sqrt{a_n}|}\right) \cdots \leqq \frac{1}{|a|},$$

daher ist

$$\lim_{n\to\infty}\left(1 - |\sqrt{a_n}|\right) = 0.$$

96. Da die Abbildung eineindeutig ist und der Punkt $z = 0$ in sich selbst abgebildet wird, sind die Funktionen

$$\frac{f_1(z)}{z}, \quad \frac{f_2(z)}{z}, \ldots, \quad \frac{f_n(z)}{z}, \ldots$$

in $\mathfrak{G}$ regulär und von 0 verschieden; ihre Beträge nehmen in jedem Punkt z mit zunehmendem Index zu [**92**]. Also sind die Funktionen

$$\psi_1(z) = \log\frac{f_1(z)}{z}, \quad \psi_n(z) = \log\frac{f_n(z)}{f_{n-1}(z)}, \qquad n = 2, 3, 4, \ldots$$

in $\mathfrak{G}$ regulär und ihre Realteile *positiv*. Die Bestimmung der Logarithmen ist so zu wählen, daß $\psi_n(0)$ reell ausfällt. Ferner ist im ganzen Gebiete $\mathfrak{G}$

$$\left|\frac{f_n(z)}{z}\right| \leqq \frac{1}{|a|}$$

[III **278**], also

$$\Re\,\psi_1(z) + \Re\,\psi_2(z) + \cdots + \Re\,\psi_n(z) \leqq -\log|a|.$$

Hieraus schließt man unmittelbar, daß der Realteil der Reihe $\sum_{n=1}^{\infty}\psi_n(z)$ und in Anwendung von III **257**, III **258** mit Rücksicht auf $z = 0$, daß auch der Imaginärteil dieser Reihe konvergiert. — Ist $|w| < 1$, so wird der Wert w von $f_n(z)$ angenommen, sobald $|a_n| > |w|$; auf Grund von **95** folgt hieraus, daß $f(z) = \lim_{n\to\infty} f_n(z)$ den Wert w auch annimmt [III **201**]. Daß $f(z)$ schlicht ist, folgt aus der Schlichtheit von $f_n(z)$ [III **202**].

97. Die normierte Abbildungsfunktion lautet [III **76**]:

$$f(a; z) = (\varrho^2 - |a|^2)\frac{z - a}{\varrho^2 - \bar{a}z}.$$

Es ist

$$r_a = \frac{\varrho^2 - |a|^2}{\varrho}, \qquad \bar{r} = \varrho.$$

98. $r_a = \dfrac{|a|^2 - \varrho^2}{\varrho}; \qquad \lim\limits_{a\to\infty} r_a = \infty.$

99. Die Hilfsabbildung $\zeta = z^{\frac{\pi}{\vartheta_0}}$ führt das gegebene Winkelgebiet in die obere Halbebene $\Im\zeta > 0$, den Punkt a in $\zeta_0 = a^{\frac{\pi}{\vartheta_0}}$ über. Die weitere Abbildung

$$w = r_a\frac{\zeta - \zeta_0}{\zeta - \bar{\zeta}_0}$$

bildet die obere Halbebene auf das Kreisinnere $|w| < r_a$ ab; hierbei ist r_a aus der Gleichung

$$\left|\frac{dw}{dz}\right|_{z=a} = \left|\frac{dw}{d\zeta}\right|_{\zeta=\zeta_0} \left|\frac{d\zeta}{dz}\right|_{z=a} = 1$$

zu bestimmen. Es ist, $a = |a| e^{i\alpha}$ gesetzt, $0 < \alpha < \vartheta_0$,

$$r_a = \frac{2\vartheta_0}{\pi} |a| \sin\frac{\alpha\pi}{\vartheta_0}.$$

100. Es sei $f(z)$ die zu dem Aufpunkt a gehörige normierte Abbildungsfunktion von $\mathfrak{G}$ und $\varphi(z')$ bedeute Ähnliches für a' und $\mathfrak{G}'$; dann besitzt $h^{-1}\varphi(hz + k)$ sämtliche charakteristischen Eigenschaften von $f(z)$, folglich ist $h^{-1}\varphi(hz+k) = f(z)$. — Ähnlich für den äußeren Radius.

101. Wir können annehmen, daß es sich um die reelle Strecke $-2 \leqq z \leqq 2$ handelt [**100**]; die zu dem unendlich fernen Punkt als Aufpunkt gehörige normierte Abbildungsfunktion lautet dann [III **79**]

$$w = f(z) = \frac{z + \sqrt{z^2 - 4}}{2} = z - \frac{1}{z} - \frac{1}{z^3} - \frac{2}{z^5} - \cdots.$$

Für $z = 2\cos\vartheta$ hat man $w = e^{i\vartheta}$, $0 \leqq \vartheta \leqq 2\pi$, d. h. $|w| = 1$, $\bar{r} = 1$.

102. Bei der in **101** benutzten Abbildung geht die Ellipse mit den Brennpunkten $-2, 2$ und der Achsensumme $4R = l$ in die Kreislinie $|w| = R = \frac{l}{4}$ über [III **80**].

103. $r_a = 2d$. [III **6** oder Spezialfall von **99**.]

104. [**100**.]

105. Die Abbildung $\zeta = z + \frac{1}{z}$ führt das Äußere der fraglichen Kurve in das Schlitzgebiet über, dessen Rand die reelle Strecke $-(a_2 + a_2^{-1}) \leqq z \leqq a_1 + a_1^{-1}$ ist. Hierbei ist der äußere Radius unverändert geblieben [**104**]; d. h. [**101**]

$$\bar{r} = \frac{a_1 + a_1^{-1} + a_2 + a_2^{-1}}{4} = \frac{(a_1 + a_2)(1 + a_1 a_2)}{4 a_1 a_2}.$$

106. $r_a = \frac{2D}{\pi}\sin\frac{\pi d}{D}$. Beim Beweis kann angenommen werden, daß es sich um den Streifen $|\mathfrak{J}z| < \frac{\pi}{2}$ handelt, $D = \pi$, daß ferner $a = i\left(\frac{\pi}{2} - d\right)$. Die Abbildung $z' = e^z$ führt diesen Streifen in die Halbebene $\mathfrak{R}z' > 0$, a in ie^{-id} über [**103, 104**].

107. Definition.

108. Die Transformation $\zeta = \frac{1}{z}$ führt die Aufgabe wegen **107** auf **105** zurück: $a_1 = b_1^{-1}$, $a_2 = b_2^{-1}$ gesetzt, erhält man

$$r_0 = \frac{4\, b_1^{-1} b_2^{-1}}{(b_1^{-1} + b_2^{-1})(1 + b_1^{-1} b_2^{-1})} = \frac{4\, b_1 b_2}{(b_1 + b_2)(1 + b_1 b_2)}.$$

109. Durch die Abbildung $\zeta = \frac{z - z_1}{z - z_2}$ geht das Äußere von K in den Winkelraum

$$\vartheta_2 - 2\pi < \operatorname{arc} \zeta < \vartheta_1,$$

der Punkt $z = \infty$ in $\zeta = 1$ über. Für den inneren Radius r_1 dieses Winkels in bezug auf $\zeta = 1$ gilt [**100, 107**]

$$r_1 = \frac{|z_2 - z_1|}{\bar{r}}.$$

Wegen **99** ist ferner

$$r_1 = \frac{2(\vartheta_1 + 2\pi - \vartheta_2)}{\pi} \sin \frac{\vartheta_1 \pi}{\vartheta_1 + 2\pi - \vartheta_2}.$$

Es ist also

$$\bar{r} = \frac{|z_2 - z_1|}{2(2 - \delta) \sin \frac{\vartheta_1}{2 - \delta}}, \qquad \text{wo} \quad \pi\delta = \vartheta_2 - \vartheta_1 \quad \text{ist.}$$

Wenn $\vartheta_1 + \vartheta_2 = 2\pi$, dann ist K „symmetrisch", $\bar{r} = |z_2 - z_1| \frac{\pi}{4\vartheta_1}$; vgl. die Spezialfälle $\vartheta_1 = \pi$ [**101**], $\vartheta_1 = \frac{\pi}{2}$ [**97**].

Für $\vartheta_2 = \vartheta_1$ ist K ein Kreisbogen, $\bar{r} = \frac{|z_2 - z_1|}{4 \sin \frac{\vartheta_1}{2}}$; dieses Resultat erhält eine andere Form durch Einführung des Krümmungsradius ϱ und des Zentriwinkels φ von K, nämlich $\bar{r} = \varrho \sin \frac{\varphi}{4}$. — Für $\vartheta_1 = \frac{\pi}{2}$, $\vartheta_2 = \pi$ ergibt sich der äußere Radius einer Halbkreisscheibe vom Durchmesser d, $\bar{r} = \frac{2d}{3\sqrt{3}}$.

110. Die zu dem Aufpunkt a gehörige normierte Abbildungsfunktion lautet [III **76**]

$$f(a; z) = c \frac{\frac{f(z)}{r_b} - \frac{f(a)}{r_b}}{1 - \frac{\overline{f(a)}}{r_b} \frac{f(z)}{r_b}} = c\, r_b \frac{f(z) - f(a)}{r_b^2 - \overline{f(a)}\, f(z)},$$

wobei die Konstante c gemäß $\left(\frac{df(a;z)}{dz}\right)_{z=a} = \frac{c r_b f'(a)}{r_b^2 - |f(a)|^2} = 1$ zu bestimmen ist. Es ist $r_a = |c|$.

111. Die Abbildung $\zeta = \frac{1}{z} - 2$ führt auf die längs des Intervalls $-2, 2$ aufgeschlitzte ζ-Ebene. Daher ist die gesuchte Abbildungsfunktion

$$w = f(z) = \frac{\zeta - \sqrt{\zeta^2 - 4}}{2} = \frac{1 - 2z - \sqrt{1 - 4z}}{2z}, \quad \frac{w}{(1+w)^2} = z.$$

Nach **110** ist für reelles a

$$r_a = \left(\frac{1 - f(a)}{1 + f(a)}\right)^2 = 1 - 4a.$$

Es ist speziell $r_0 = 1$. Wenn a das Intervall $-\infty, \frac{1}{4}$ durchläuft, dann nimmt r_a monoton von ∞ bis 0 ab.

112. Nach **110**; $|f'(a)|$ bleibt oberhalb einer festen positiven Zahl, wenn a sich von innen einem Punkt von L nähert. Gleichzeitig konvergiert $|f(a)|$ gegen r_b.

113. Man ersetze in **110** b durch a und a durch $a + \varepsilon$, wobei ε ein beliebiger Vektor ist, dessen Betrag gegen 0 konvergiert. Wenn $((\varepsilon^2))$ eine Größe bezeichnet, die mindestens so rasch wie ε^2 gegen 0 geht, so ist $|f'(a+\varepsilon)| = |1 + 2c_2\varepsilon + ((\varepsilon^2))| = 1 + 2\Re c_2 \varepsilon + ((\varepsilon^2))$, also

$$r_{a+\varepsilon} = r_a(1 - 2\Re c_2 \varepsilon) + ((\varepsilon^2)),$$

d. h. $\Re c_2 \varepsilon \geqq 0$ für genügend kleine $|\varepsilon|$, unabhängig von $\operatorname{arc} \varepsilon$. Hieraus schließt man, daß $c_2 = 0$.

114. Die fraglichen Punkte liegen auf den Geraden $\Im a =$ konst. [**103.**]

115. Aus dem Ausdruck (*) der normierten Abbildungsfunktion auf S. 17 ergibt sich durch Inversion

$$z - a = \varphi(w) = w + c_2' w^2 + c_3' w^3 + \cdots,$$

wobei $\varphi(w)$ im Kreisinnern $|w| < r_a$ schlicht ist und es auf $\mathfrak{G}$ abbildet. Die Funktion $\sqrt[n]{\varphi(w^n)} = w + c_2'' w^{1+n} + c_3'' w^{2+n} + \cdots$ ist dann schlicht im Kreis $|w| < r_a^{\frac{1}{n}}$ [**79**] und führt diesen genau in $\mathfrak{G}'$ über.

116. Es ist [Lösung **115**]

$$w = f(z) = \left(\frac{1 - 2z^n - \sqrt{1 - 4z^n}}{2z^n}\right)^{\frac{1}{n}} \qquad \frac{w}{(1 + w^n)^{\frac{2}{n}}} = z,$$

woraus leicht [**110**]

$$r_a = (1 - |f(a)|^2) \left|\frac{f(a)}{a}\right|^{n-1} \frac{|1 - [f(a)]^n|}{|1 + [f(a)]^n|^2}$$

folgt. Es ist speziell $r_0 = 1$. Wenn a den Halbstrahl $\operatorname{arc} z = \frac{2\pi\nu}{n}$ durchläuft, $0 \leq |a| < \sqrt[n]{\frac{1}{2}}$, dann beschreibt $f(a)$ denjenigen Radius des Einheitskreises, der mit der positiven reellen Achse den Winkel $\frac{2\pi\nu}{n}$ einschließt. Der fragliche Grenzwert ist 0 für alle Werte von ν.

117. Man wende **115** auf passende Weise auf das Schlitzgebiet an, dessen Rand die reelle Strecke $-\beta^2$, α^2 ist. Letztere hat den äußeren Radius $\frac{\alpha^2 + \beta^2}{4}$ [**101**], also

$$\bar{r} = \frac{\sqrt{\alpha^2 + \beta^2}}{2}.$$

118. Die Funktion $\varphi(z) = \frac{F(z)}{f(z)}$ ist regulär in $\mathfrak{G}$, auch im Punkte $z = a$; es ist $\varphi(a) = 1$. Es sei $0 < \varepsilon < r_a$. Um jeden Randpunkt von $\mathfrak{G}$ kann man eine so kleine Umgebung angeben, daß für sämtliche darin liegenden Punkte von $\mathfrak{G}$

$$|f(z)| > r_a - \varepsilon,$$

d. h.

$$|\varphi(z)| < \frac{M}{r_a - \varepsilon}$$

gilt. Es ist somit in $\mathfrak{G}$ [III **278**] $|\varphi(z)| \leq \frac{M}{r_a}$, insbesondere $1 = |\varphi(a)| \leq \frac{M}{r_a}$. Das Gleichheitszeichen gilt nur dann, wenn $\varphi(z) \equiv 1$, d. h. $F(z) \equiv f(z)$ ist.

119. Wenn

$$f(z) = z - a + c_2(z-a)^2 + \cdots + c_n(z-a)^n + \cdots$$

die normierte Abbildungsfunktion ist, dann ist die mit den konjugiert komplexen Koeffizienten gebildete Funktion

$$\bar{f}(z) = z - a + \bar{c}_2(z-a)^2 + \cdots + \bar{c}_n(z-a)^n + \cdots$$

ebenfalls regulär in $\mathfrak{G}$. Es sei nämlich z_0 ein beliebiger Punkt von $\mathfrak{G}$ und $F_0(z-a) = f(z)$, $F_1(z-a_1)$, ..., $F_{l-1}(z-a_{l-1})$, $F_l(z-a_l)$ die einzelnen Umbildungen, welche die Fortsetzung von $f(z)$ bis zu dem Punkt z_0 bewerkstelligen, $a_1, a_2, \ldots, a_{l-1}$ geeignete Punkte von $\mathfrak{G}$, $a_l = z_0$. Dann gelangt man von $\bar{f}(z)$ aus durch die Umbildungen

$\bar{F}_0(z-a) = \bar{f}(z)$, $\bar{F}_1(z-\bar{a}_1)$, ..., $\bar{F}_{l-1}(z-\bar{a}_{l-1})$, $\bar{F}_l(z-\bar{a}_l)$ zu dem Punkt $\bar{a}_l = \bar{z}_0$; $\bar{f}(z)$ ist somit regulär in dem Spiegelbild von $\mathfrak{G}$ in bezug auf die reelle Achse, d. h. in $\mathfrak{G}$ selbst. Es ist ferner $\bar{f}(\bar{z}) = \overline{f(z)}$, folglich $|\bar{f}(z)| < r_a$ in $\mathfrak{G}$. Nach **118** hat man somit $\bar{f}(z) = f(z)$.

120. $-f(-z)$ ist regulär in $\mathfrak{G}$, und es ist $|-f(-z)| < r_a$. Nach **118** hat man somit $-f(-z) = f(z)$.

121. Wenn $f(z)$ und $f^*(z)$ die zu dem Aufpunkt a gehörigen normierten Abbildungsfunktionen von $\mathfrak{G}$ bzw. $\mathfrak{G}^*$ sind, dann ist [**118**]

$$r_a = \underset{(\mathfrak{G})}{\mathrm{Max}}\,|f(z)| \geqq \underset{(\mathfrak{G}^*)}{\mathrm{Max}}\,|f(z)| \geqq \underset{(\mathfrak{G}^*)}{\mathrm{Max}}\,|f^*(z)| = r_a^*.$$

Beide Gleichheitszeichen können erreicht werden, jedoch nicht gleichzeitig.

122. Aus **121** mit Beachtung von **97**.

123. [**118, 121, 122.**]

124. [III **309.**]

125. [**82.**]

126. III **126**, vgl. auch Lösung **83**.

127. [*G. Pólya*, Deutsche Math.-Ver. Bd. 31, S. 111, Fußnote, 1922.] Den äußeren Inhalt des Innern von L mit $|L|_e$ und den inneren Inhalt desselben Gebietes mit $|L|_i$ bezeichnet, gilt [**125, 126**]

$$\pi r_a^2 \leqq |L|_i \leqq |L|_e \leqq \pi \bar{r}^2.$$

128. Wenn $f(z)$ die zu dem Nullpunkt als Aufpunkt gehörige normierte Abbildungsfunktion ist, dann ist $\dfrac{P(z)}{[f(z)]^k}$ regulär im Innern von L und $= a_k$ für $z = 0$. Ähnlich bei der zweiten Ungleichung.

129. Es sei $z = \varphi(\zeta)$ eine Funktion, welche das Kreisinnere $|\zeta| < 1$ auf das Innere von L abbildet. Die Abbildung ist eineindeutig und stetig für $|\zeta| \leqq 1$ [S. 17]. Man wende III **233** auf $f[\varphi(\zeta)]$ an.

130.

$$w = \frac{e^{\frac{\pi z}{D}} - e^{\frac{\pi i}{D}}}{e^{\frac{\pi z}{D}} - e^{-\frac{\pi i}{D}}}.$$

Die Länge des fraglichen Bogens ist $= 2\pi(1 - D^{-1})$; sie nimmt stets zu, wenn D wächst.

131. [*K. Löwner.*] Man kann annehmen, daß sowohl O, wie auch der Mittelpunkt des Bildkreises der Nullpunkt ist; der Radius des letzteren sei r. Wenn $f_1(z)$ die Abbildungsfunktion von L_1, $f_2(z)$ die von L_2 bezeichnet, dann ist

$$F(z) = \frac{f_1(z)}{f_2(z)}$$

regulär und von 0 verschieden im Innern von L_1. Es ist ferner auf den gemeinsamen Bögen von L_1 und L_2

$$|f_1(z)| = |f_2(z)| = r, \quad |F(z)| = 1,$$

während auf dem komplementären Teil von L_1

$$|f_1(z)| = r, \quad |f_2(z)| \leqq r, \quad |F(z)| \geqq 1.$$

Hieraus folgt $|F(z)| > 1$ im Innern von L_1. Derjenige reguläre Zweig von $\log F(z)$, der für $z = 0$ reell ist, erfüllt die Voraussetzungen von **129**. Beim positiven Durchlaufen eines gemeinsamen Bogens von L_1 und L_2 ist also die Änderung von $\mathfrak{J} \log F(z) = \mathfrak{J} \log f_1(z) - \mathfrak{J} \log f_2(z)$ negativ.

132. Die innere Belegung eines isolierten Zylinderkondensators sei drahtförmig. Wird die äußere Belegung, ohne die Isolierung zu gefährden, so deformiert, daß die neue Querschnittsfläche die alte als einen Teil enthält, darüber an einigen Stellen hinausragt, an anderen nicht, so wird an diesen letzteren Stellen, wo also die Kondensatorwand unverrückt geblieben ist, die elektrische Dichte zunehmen — was man auch durch physikalische Betrachtungen plausibel machen kann.

133. $\mathfrak{T}^*$ ist einfach zusammenhängend (geschlossene, doppelpunktlose Kurven innerhalb $\mathfrak{T}^*$ gehören sowohl dem Innern von L_1 wie auch dem von L_2 an). Man bilde auch $\mathfrak{T}^*$ auf den Einheitskreis ab, und es sei wieder der Kreismittelpunkt das Bild von O. Die folgende Tabelle betrifft die Gesamtlänge derjenigen Bögen, die bei der Abbildung I bzw. II bzw. III (Inneres von L_1 bzw. von L_2 bzw. $\mathfrak{T}^*$) am Rande des Einheitskreises liegen als Bilder der

	I	II	III
sichtbaren Bögen von L_1	σ_1	—	σ_1^*
verdeckten „ „ L_1	τ_1	—	—
sichtbaren „ „ L_2	—	σ_2	σ_2^*
verdeckten „ „ L_2	—	τ_2	—.

Es ist selbstverständlich

$$\sigma_1 + \tau_1 = 2\pi, \quad \sigma_2 + \tau_2 = 2\pi, \quad \sigma_1^* + \sigma_2^* = 2\pi.$$

Es ist gemäß **131**

$$\sigma_1^* \leqq \sigma_1, \quad \sigma_2^* \leqq \sigma_2.$$

Folglich ist

$$\tau_2 = 2\pi - \sigma_2 \leqq 2\pi - \sigma_2^* = \sigma_1^* \leqq \sigma_1,$$
$$\tau_1 = 2\pi - \sigma_1 \leqq 2\pi - \sigma_1^* = \sigma_2^* \leqq \sigma_2.$$

Nimmt man L_2 als Kreis vom Mittelpunkt O an, so kann man das Resultat unpräzis aber anschaulich so ausdrücken: Bei Kreisabbildung werden die dem Original des Kreismittelpunktes näherliegenden Teile der Randkurve mehr gedehnt als die fernerliegenden.

134. Der Beweis sei unter der Voraussetzung geführt, daß der Rand von $\mathfrak{B}$ eine geschlossene, doppelpunktlose Kurve ist, die den Kreis $|z-\zeta|=\varrho$ nur in endlich vielen Punkten schneidet. Aus $\mathfrak{B}$ entsteht nach Weglassen der Randkurve ein einfach zusammenhängendes Gebiet, dessen Durchschnitt mit der Kreisfläche $|z-\zeta|<\varrho$ einen einfach zusammenhängenden Teil $\mathfrak{T}$ hat, der O als inneren Punkt enthält [Lösung **133**]. Es sei $\varrho\gamma$ die Gesamtlänge der *gemeinsamen* Begrenzung von $\mathfrak{T}$ und des Kreises $|z-\zeta|<\varrho$. Dann ist

$$\gamma+\Omega\leqq 2\pi.$$

Bei Abbildung von $\mathfrak{T}$ auf den Einheitskreis $|w|<1$ gehe O in den Kreismittelpunkt und die Gesamtheit der in $\varrho\gamma$ mitgezählten Bögen in eine Gesamtheit von Kreisbögen von der Gesamtausdehnung δ über. Gemäß **131** ist

$$\delta\leqq\gamma.$$

Man bestimme eine im Kreise $|w|<1$ reguläre Funktion $\varphi(w)$, die in inneren Punkten der in δ mitgezählten Bögen der Gleichung

$$\Re\varphi(w)=\log A,$$

in den inneren Punkten der übrigen Bögen des Kreises $|w|=1$ der Gleichung

$$\Re\varphi(w)=\log a$$

genügt [III **231**]. Es ist

$$2\pi\Re\varphi(0)=\delta\log A+(2\pi-\delta)\log a$$

[III **118**]. Man setze

$$e^{\varphi(w)}=\Phi(w).$$

Es wird

$$|\Phi(0)|^{2\pi}=a^{2\pi}\left(\frac{A}{a}\right)^{\delta}\leqq a^{2\pi}\left(\frac{A}{a}\right)^{\gamma}\leqq a^{2\pi}\left(\frac{A}{a}\right)^{2\pi-\Omega}$$

Wird die in Rede stehende Abbildung von $\mathfrak{T}$ auf $|w|<1$ durch die Funktion

$$\psi(z)=w,\quad \psi(\zeta)=0$$

vermittelt, so ist $\Phi[\psi(z)]$ von 0 verschieden innerhalb $\mathfrak{T}$ und in allen Punkten des Randes von $\mathfrak{T}$, mit Ausnahme von endlich vielen, dem Betrage nach nicht kleiner als $f(z)$. Es folgt [III **335**]

$$|f(\zeta)|\leqq|\Phi[\psi(\zeta)]|=|\Phi(0)|.$$

Durch Umkehrung der Überlegung folgt ein Teil von **131**, **133** aus III **276**. Vgl. auch Lösung III **177**.

135. $f_n(z)$ verschwindet nur für $z = 0$ (eineindeutige Abbildung). Durch Anwendung von III **278** auf die beiden in $\mathfrak{G}_n$ regulären Funktionen $z^{-1}f_n(z)$ und $z f_n(z)^{-1}$ erhält man in $\mathfrak{G}_n$

$$\frac{1}{1} < \left|\frac{z}{f_n(z)}\right| < \frac{a}{1}.$$

Es sei die positive Zahl ε_n so bestimmt, daß

$$\left|\frac{e^{i\alpha_n}-1}{2}\right|^{\varepsilon_n} = \frac{1}{a};$$

dann ist $\lim\limits_{n\to\infty} \varepsilon_n = 0$. Man setze

$$\frac{z}{f_n(z)}\left(\frac{z-1}{2}\right)^{\varepsilon_n} = \varphi_n(z);$$

es folgt $|\varphi_n(z)| < 1$ für $|z| < 1$ [III **278**]. Aus

$$|z|\,|\tfrac{1}{2}(z-1)|^{\varepsilon_n} < |f_n(z)| < |z|$$

ergibt sich zunächst $|f_n(z)| \to |z|$ für $n \to \infty$ im Kreisinnern $|z| < 1$. Man beachte $f_n'(0) > 0$ und wende III **258** auf $\log(f_n(z)z^{-1})$ an.

136. [*L. Bieberbach*, Berl. Ber. 1916, S. 940—955; *G. Faber*, Münch. Ber. 1916, S. 39—42.] Aus III **126** folgt für jedes $R > 1$

$$\frac{|b_1|^2}{R^2} + \frac{2|b_2|^2}{R^4} + \frac{3|b_3|^2}{R^6} + \cdots < 1,$$

also ist auch der n^{te} Abschnitt < 1. Für $R \to 1$ schließt man

$$|b_1|^2 + 2|b_2|^2 + \cdots + n|b_n|^2 \leqq 1.$$

Dies gilt für jeden Wert von n, d. h. $\sum\limits_{n=1}^{\infty} n|b_n|^2 \leqq 1$. Ist $|b_1| = 1$, $b_1 = e^{i\beta}$, dann ist $b_2 = b_3 = \cdots = 0$, d. h. $g(z) = z + b_0 + \frac{e^{i\beta}}{z}$ [III **79**.]

137. [*K. Löwner*, Math. Zeitschr. Bd. 3, S. 69—72, 1919.] Durch Anwendung der *Cauchy*schen Ungleichung [II **80**] folgt [**136**]

$$|g'(z)| = \left|1 - \sum_{n=1}^{\infty}\frac{n b_n}{z^{n+1}}\right| \leqq 1 + \sum_{n=1}^{\infty}\frac{\sqrt{n}}{|z|^{n+1}}\sqrt{n}\,|b_n| \leqq 1 + \sqrt{\sum_{n=1}^{\infty}\frac{n}{|z|^{2n+2}}}$$

$$= \frac{1}{1-\frac{1}{|z|^2}}$$

Wenn $g'(\varrho\bar{\varepsilon}) = \frac{1}{1-\varrho^{-2}}$, $\varrho > 1$, $|\varepsilon| = 1$, dann muß $-b_n\varepsilon^{n+1}$ reell und nichtnegativ, ferner $\sqrt{n}\,|b_n| = \lambda\frac{\sqrt{n}}{\varrho^{n+1}}$ sein, wobei der von n freie

Faktor λ sich aus der Gleichung $\sum^{\infty} n\,|b_n|^2 = 1$ bestimmen läßt. Es ist

$$\lambda = \varrho^2 - 1\,, \quad b_n = -\frac{\varrho^2 - 1}{(\varrho\varepsilon)^{n+1}}\,, \quad g(z) = z + b_0 - \frac{1}{\varepsilon}\left(\varrho - \frac{1}{\varrho}\right)\frac{1}{\varrho\varepsilon z - 1}.$$

Diese Funktion ist schlicht für $|z| > 1$, weil

$$\left|\frac{1-\varrho^2}{\varrho\varepsilon z - 1} + 1\right| \leqq \varrho$$

für $|z| > 1$, daher

$$\frac{1-\varrho^2}{\varrho\varepsilon z_1 - 1} + 1 \neq \varrho\varepsilon z_2\,, \quad g(z_2) - g(z_1) \neq 0\,; \quad |z_1| > 1\,, \quad |z_2| > 1\,, \quad z_1 \neq z_2\,.$$

Die Umformung

$$\varepsilon\,[g(z) - b_0] - \left(\varrho - \frac{1}{\varrho}\right) = \frac{\varrho\varepsilon z\,(\varepsilon z - \varrho)}{\varrho\varepsilon z - 1}\,.$$

zeigt weiter, daß das Bild des Einheitskreises ein Kreisbogen vom Mittelpunkt $b_0 + \bar{\varepsilon}\left(\varrho - \frac{1}{\varrho}\right)$ und vom Radius ϱ ist.

138. Man beachte **120**.

139. [*G. Faber*, a. a. O. **136**.] Nach **79** ist

$$\sqrt{g(z^2)} = z + \frac{\frac{1}{2}b_0}{z} + \frac{\frac{1}{2}b_1 - \frac{1}{8}b_0^2}{z^3} + \cdots$$

regulär und schlicht für $|z| > 1$, also [**136**] $|\frac{1}{2}b_0| \leqq 1$. Es ist nur dann $|\frac{1}{2}b_0| = 1$, wenn $\sqrt{g(z^2)} = z + \frac{e^{i\beta}}{z}$, β reell, d. h. $g(z) = z + 2e^{i\beta} + \frac{e^{2i\beta}}{z}$.

140. [*L. Bieberbach*, a. a. O. **136**]. Mit h einen beliebigen Randpunkt von $\mathfrak{G}$ bezeichnet, wende man **139** auf $g(z) - h$ an. Der Nullpunkt ist dann ein Randpunkt des Bildgebietes. Der konforme Schwerpunkt ist $b_0 - h$, also $|b_0 - h| \leqq 2$.

141. [Vgl. *L. Bieberbach*, Math. Ann. Bd. 77, S. 153—172, 1916.] Die untere Abschätzung von D folgt ähnlich wie in III **239**, die obere Abschätzung aus **140** folgendermaßen: Wenn h_1 und h_2 zwei Randpunkte von $\mathfrak{G}$ sind, dann ist

$$|b_0 - h_1| \leqq 2, \quad |b_0 - h_2| \leqq 2, \quad \text{also} \quad |h_1 - h_2| \leqq 4.$$

142. Wenn d die Distanz der beiden Punkte, D den Durchmesser des verbindenden Kurvenstückes bezeichnet, dann ist [**141**]

$$d \leqq D \leqq 4\bar{r}$$

143. [*K. Löwner*, a. a. O. **137**, S. 74—75.] Es genügt $|g(\varrho)| \leqq \varrho + \frac{1}{\varrho}$ zu beweisen, $\varrho > 1$. Entfernt man von $\mathfrak{G}$ die beiden Kurvenstücke, die darin den Strecken $1 < z \leqq \varrho$ und $-\varrho \leqq z < -1$ vermöge der Abbildung $g(z) = w$ entsprechen, so entsteht ein Gebiet $\mathfrak{G}^*$. Schlitzt man das Kreisäußere $|z| > 1$ von 1 bis ϱ und von -1 bis $-\varrho$ auf, so läßt sich das so entstandene Gebiet auf das Kreisäußere $|\zeta| > \frac{\varrho + \frac{1}{\varrho}}{2}$ abbilden [**105**] und hat [**138**] den konformen Schwerpunkt 0. Auf die dabei entstehende Abbildung des Kreisäußeren $|\zeta| > \frac{\varrho + \frac{1}{\varrho}}{2}$ auf $\mathfrak{G}^*$ wende man **140** an.

144. [*G. Faber*, Münch. Ber. 1920, S. 49—64.] Da $g(z) - z$ für $|z| > 1$ regulär ist, ferner sämtliche Randwerte von $g(z) - z$ dem Betrage nach $\leqq 3$ sind [**140**], so ist auch $|g(z) - z| \leqq 3$, $|z| > 1$; III **280** liefert also $|g(z) - z| \leqq \frac{3}{|z|}$. Das Gleichheitszeichen kann, wenn überhaupt, nur für $g(z) - z = \frac{e^{i\alpha}}{z}$, α reell, gelten, dann ist aber $|g(z) - z| = \frac{1}{|z|}$; es gilt also niemals.

145. [*K. Löwner*.] Der äußere Radius $\bar{r}$ der in der Aufgabe genannten Kurve ist größer als der einer Strecke von der Länge $2a$ [**121**] und kleiner als der einer sie enthaltenden Ellipse, deren Achsensumme gegen 4 konvergiert, wenn $a \to 2$, $\delta \to 0$. Daraus folgt [**101**, **102**], daß $\bar{r} \to 1$ für $a \to 2$, $\delta \to 0$. Aus **119** folgt ferner, daß bei der fraglichen Abbildung die beiden in $z = -a$ an verschiedenen Ufern des Schlitzes gelegenen Randpunkte in $z = +1$ und $z = -1$ übergehen, so daß der eine Randpunkt die Verschiebung $1 + a$ erfährt. Wenn $a \to 2$, dann kommt $1 + a$ beliebig nahe an 3.

146. [*L. Bieberbach*, a. a. O. **136**.] Es ist, $\zeta = \frac{1}{z}$ gesetzt, $g(\zeta) = [f(\zeta^{-1})]^{-1} = \zeta - a_2 + \frac{a_2^2 - a_3}{\zeta} + \cdots \neq 0$ für $|\zeta| > 1$; **139**. Dann und nur dann ist $|a_2| = 2$, wenn $g(\zeta) = \zeta + 2e^{i\alpha} + \frac{e^{2i\alpha}}{\zeta}$, $f(z) = \frac{z}{(1 + e^{i\alpha} z)^2}$, α reell.

147. [*G. Faber*, a. a. O. **136**, **144**; *L. Bieberbach*, a. a. O. **136**. Der Satz findet sich, ohne Angabe der genauen Konstanten, bereits bei *P. Koebe*, Gött. Nachr. 1907, S. 197—210.] Es sei $R = 1$. Die Funktion

$$\frac{f(z)}{1 - h^{-1} f(z)} = z + \left(a_2 + \frac{1}{h}\right) z^2 + \cdots$$

ist schlicht für $|z| < 1$, also [**146**] $\left|a_2 + \frac{1}{h}\right| \leqq 2$, $\left|\frac{1}{h}\right| \leqq |a_2| + 2 \leqq 4$. [Diese Beweisvariante rührt von *F. Hausdorff* her.] Das Zeichen = tritt nur für

$$f(z) = \frac{z}{(1 + e^{i\alpha} z)^2}, \quad \alpha \text{ reell},$$

ein.

148. Es sei $\zeta = \frac{1}{z}$, $g(\zeta) = [f(\zeta^{-1})]^{-1}$ [Lösung **146**]. Anwendung von **140** auf $g(\zeta)$ liefert für irgendeinen Randpunkt h

$$\left|a_2 + \frac{1}{h}\right| \leqq 2, \quad \left|\frac{1}{h}\right| \leqq |a_2| + 2. \quad \text{[Vgl. auch Lösung } \mathbf{147}.]$$

149. [Vgl. *G. Szegö*, Deutsche Math.-Ver. Bd. 31, S. *42*, 1922; Bd. 32, S. *45*, 1923.] Es seien h_1 und h_2 zwei Randpunkte von $\mathfrak{G}$ mit $\operatorname{arc} h_1 - \operatorname{arc} h_2 = \pi$. Anwendung von **147** auf $\frac{f(z)}{1 - h_1^{-1} f(z)}$ liefert $\left|\frac{1}{h_2^{-1} - h_1^{-1}}\right| \geqq \frac{R}{4}$,

d. h.
$$\frac{2}{\frac{1}{|h_1|} + \frac{1}{|h_2|}} \geqq \frac{R}{2}.$$

Nach dem Satz über das arithmetische und harmonische Mittel (II, S. 50) ist somit erst recht $|h_1| + |h_2| \geqq R$. Wenn das Gleichheitszeichen eintritt, muß zunächst $|h_1| = |h_2| = \frac{R}{2}$, $h_1 = -h_2 = \frac{R}{2} e^{i\gamma}$, ferner $\frac{f(z)}{1 - h_1^{-1} f(z)} = \frac{R^2 z}{(R + e^{i\alpha} z)^2}$, γ, α reell sein. Diese Funktion hat im Kreis $|z| \leqq R$ nur für $z = R e^{-i\alpha}$ den Betrag $\frac{R}{4}$. Hieraus schließt man $e^{-i\alpha} = -e^{i\gamma}$ und $f(z) = \frac{R^2 z}{R^2 + e^{2i\alpha} z^2}$. [A. a. O. steht nur Max $(|h_1|, |h_2|) \geqq R$. Die Bemerkung, daß sogar $|h_1| + |h_2| \geqq R$ gilt, rührt von *T. Radó* her.]

150. [Vgl. *G. Pick*, a. a. O. **151**; ferner *L. Bieberbach*, Math. Zeitschr. Bd. 4, S. 295—305, 1919; *R. Nevanlinna*, Översikt av Finska Vetenskaps-Soc. Förh. Bd. 62 (A), Nr. 7, 1919—1920.] Es sei $|z_0| < 1$; man wende **146** auf die im Einheitskreis $|z| < 1$ gleichfalls schlichte Funktion

$$\varphi(z) = A + B f\left(\frac{z + z_0}{1 + \bar{z}_0 z}\right)$$

an. Die Konstanten A und B bestimme man aus den Bedingungen $\varphi(0) = 0$, $\varphi'(0) = 1$.

151. [Betreffs **151**, **152**, **156**, **157** vgl. *P. Koebe*, a. a. O. **147**; *G. Plemelj*, Verhandl. d. deutschen Naturforsch. Bd. 85, III, S. 163, 1913; *G. Pick*, Leipz. Ber. Bd. 68, S. 58–64, 1916; *G. Faber*, *L. Bieberbach*, a. a. O. **136**; ferner *T. H. Gronwall*, C. R. Bd. 162, S. 249–252, 1916.] Es ist

$$\log f'(z) + \log(1 - |z|^2) = \int_0^z \left(\frac{f''(z)}{f'(z)} - \frac{2\bar{z}}{1 - |z|^2}\right) dz,$$

wobei sich die Integration längs der geradlinigen Strecke von 0 bis z, $|z| = r < 1$, erstreckt; hieraus schließt man [**150**]

$$|\log f'(z) + \log(1 - |z|^2)| \leqq \int_0^r \frac{4}{1 - r^2} dr = 2 \log \frac{1 + r}{1 - r}.$$

Abspaltung des reellen Teiles ergibt

$$-2 \log \frac{1 + r}{1 - r} \leqq \log|f'(z)| + \log(1 - r^2) \leqq 2 \log \frac{1 + r}{1 - r}, \quad \text{w. z. b. w.}$$

Abspaltung des imaginären Teiles ergibt außerdem

$$|\Im \log f'(z)| \leqq 2 \log \frac{1 + r}{1 - r}$$

(Drehungssatz). Das Gleichheitszeichen kann niemals eintreten. [*L. Bieberbach*, a. a. O. **150**.]

152. Aus $f(z) = \int_0^z f'(z)\, dz$ folgt [**151**]

$$|f(z)| \leqq \int_0^r \frac{1 + r}{(1 - r)^3} dr = \frac{r}{(1 - r)^2}.$$

Die untere Abschätzung von $|f(z)|$ beweisen wir auf zweierlei Art folgendermaßen:

1. Wenn w der dem Nullpunkt nächstgelegene Punkt des Bildes der Kreislinie $|z| = r$ ist, wenn ferner L jene Kurve der z-Ebene ist, welche der Verbindungsstrecke von 0 bis w entspricht, so folgt aus $|w| = \int_L |f'(z)|\,|dz|$ wegen $|dz| \geqq dr$, daß

$$|w| \geqq \int_0^r |f'(z)|\, dr \geqq \int_0^r \frac{1 - r}{(1 + r)^3} dr = \frac{r}{(1 + r)^2}.$$

2. Man bilde das längs der reellen Strecke von r bis 1 aufgeschlitzte Kreisinnere $|z| < 1$ mittels einer Funktion $z = g(\zeta) = \zeta + b_2\zeta^2 + b_3\zeta^3 + \cdots$

auf das Kreisinnere $|\zeta| < \frac{4r}{(1+r)^2}$ ab [**108**] und wende dann **147** auf den Randpunkt $f(r)$ der Abbildung $w = f[g(\zeta)]$ an.

153. [*T. H. Gronwall*, Nat. Acad. Proc. Bd. 6, S. 300—302, 1920; *R. Nevanlinna*, a. a. O. **161**, S. 17, Fußnote.] Man wende, $\zeta = \frac{1}{z}$ gesetzt, **143** auf $[f(\zeta^{-1})]^{-1} + a_2$ an.

154. [*T. Radó*, Aufgabe; Deutsche Math.-Ver. Bd. 32, S. *15*, 1923.] Nach **80** ist $f(z) = \sqrt{g(z^2)}$, wo $g(z)$ im Einheitskreis $|z| < 1$ regulär und schlicht ist. Es ist also für $|z| = r$ [**152**]

$$\frac{r^2}{(1+r^2)^2} \leqq |g(z^2)| \leqq \frac{r^2}{(1-r^2)^2}.$$

155. Mit den Bezeichnungen von III **128** ist

$$J(\varrho) \leqq \pi \left(\frac{\varrho}{1-\varrho^2}\right)^2 \qquad [\mathbf{154}],$$

also, da $f(0) = 0$,

$$\int_0^{2\pi} |f(re^{i\vartheta})|^2 d\vartheta \leqq 4\pi \int_0^r \frac{\varrho}{(1-\varrho^2)^2} d\varrho.$$

156. Nach dem *Cauchy*schen Satz ist

$$f^{(n)}(z) = \frac{n!}{2\pi i} \oint \frac{f(\zeta)}{(\zeta - z)^{n+1}} d\zeta,$$

wobei sich die Integration längs eines Kreises $|\zeta - z| = \varrho$, $0 < \varrho < 1 - |z| = 1 - r$ erstreckt. Man hat, wenn unter $\omega_n(r)$ die *kleinste* Funktion von der genannten Art verstanden wird,

$$\omega_n(r) < \frac{n!}{\varrho^n} \frac{r+\varrho}{(1-r-\varrho)^2}.$$

157. [*L. Bieberbach*, Math. Zeitschr. Bd. 2, S. 161—162, Fußnote 5, 1918.] Es ist

$$\omega_n = \frac{\omega_n(0)}{n!} \qquad [\mathbf{156}],$$

also

$$\omega_n < \frac{1}{\varrho^{n-1}(1-\varrho)^2}, \qquad 0 < \varrho < 1.$$

Man setze hier $\varrho = \frac{n-1}{n+1}$.

158. Man ersetze in **155** $f(z)$ durch $\sqrt{f(z^2)}$ [**80**] und r durch $\sqrt{r}$. Es ergibt sich

$$\frac{1}{2\pi}\int_0^{2\pi}|f(re^{2i\vartheta})|\,d\vartheta = \frac{1}{2\pi}\int_0^{2\pi}|f(re^{i\varphi})|\,d\varphi \leqq \frac{r}{1-r}.$$

159. [*J. E. Littlewood.* Vgl. Lond. M. S. Proc. Serie 2, Bd. 22, Heft 4, 1923.] Daß $\omega_n \geqq n$ ist, folgt aus der Betrachtung der speziellen Funktion $f(z) = \frac{z}{(1-z)^2} = \sum_{n=1}^{\infty} n z^n$. Die obere Abschätzung von ω_n ergibt sich aus

$$|a_n| \leqq \frac{1}{2\pi r^n}\int_0^{2\pi}|f(re^{i\vartheta})|\,d\vartheta < \frac{1}{r^{n-1}(1-r)} \qquad [\mathbf{158}]$$

bei günstigster Wahl von r, $r = \frac{n-1}{n}$. Es ist

$$|a_n| < \frac{n^n}{(n-1)^{n-1}} = \left(1 + \frac{1}{n-1}\right)^{n-1} n < e n \qquad [\mathrm{I}\ \mathbf{170}].$$

160. [*G. Pick*, Wien. Ber. Bd. 126, S. 247—263, 1917.] Die Behauptung bezüglich M folgt aus **122** oder aus III **280**. Aus

$$\frac{f(z)}{[1 + e^{i\alpha}M^{-1}f(z)]^2} = z + (a_2 - 2e^{i\alpha}M^{-1})z^2 + \cdots$$

schließt man weiter $|a_2 - 2e^{i\alpha}M^{-1}| \leqq 2$ [**146**]. Durch günstigste Wahl von α, $\alpha = \pi + \operatorname{arc} a_2$ folgt hieraus die behauptete Ungleichung. Das Gleichheitszeichen gilt dann und nur dann, wenn

$$\frac{f(z)}{[1 + e^{i\alpha}M^{-1}f(z)]^2} = \frac{z}{(1 + e^{i\beta}z)^2}, \quad \beta \text{ reell.}$$

Dann erfüllen die Werte $w = e^{i\alpha}M^{-1}f(z)$ jenen Teil des Einheitskreises, dem bei der Abbildung $\frac{w}{(1+w)^2} = W$ [**111**] das Schlitzgebiet mit dem begrenzenden Halbstrahl $\operatorname{arc} W = \alpha - \beta$, $\frac{1}{4M} \leqq |W| < +\infty$ entspricht. Daher muß $\alpha = \beta$ sein; dem Schlitzteil $\frac{1}{4M} \leqq W \leqq \frac{1}{4}$ entspricht die Strecke $2M - 1 - 2\sqrt{M(M-1)} \leqq w \leqq 1$. Der äußerste Fall ist also dadurch gegeben, daß $f(z)$ die schlichte Abbildung des Einheitskreises auf dasjenige Schlitzgebiet vermittelt, das aus dem Kreis vom Radius M durch Aufschlitzen längs der von einem beliebigen Punkt der Peripherie unter einem rechten Winkel ins Innere gerichteten Strecke von der Länge $2M\sqrt{M-1}\,(\sqrt{M} - \sqrt{M-1})$ entsteht.

161. [*R. Nevanlinna*, Översikt av Finska Vetenskaps-Soc. Förh. Bd. 63 (A), Nr. 6, 1920—1921.] Nach III **109** ist

$$z\frac{f'(z)}{f(z)} = 1 + \gamma_1 z + \gamma_2 z^2 + \cdots$$

regulär für $|z| < 1$ und hat dort positiven Realteil. Es ist also [III **235**]

$$z\frac{f'(z)}{f(z)} \ll \frac{1+z}{1-z};$$

hieraus schließt man [I **63**]

$$|a_n| \leqq n, \qquad n = 2, 3, 4, \ldots.$$

Es kann nur dann $|a_n| = n$ sein (und zwar dann für alle n), wenn $z\frac{f'(z)}{f(z)} = \frac{1 + e^{i\alpha} z}{1 - e^{i\alpha} z}$, α reell.

162. [*T. H. Gronwall*, a. a. O. **151**; *K. Löwner*, Leipz. Ber. Bd. 69, S. 89—106, 1917.] Wenn $f(z)$ eine konvexe Abbildung vermittelt, ist das Bild bei der Abbildung $w = zf'(z)$ sternförmig [III **110**]. Es ist somit [**161**]

$$zf'(z) \ll \frac{z}{(1-z)^2}, \quad \text{d. h.} \quad |a_n| \leqq 1, \; n = 2, 3, 4, \ldots.$$

Es ist dann und nur dann $|a_n| = 1$ (und zwar dann für alle n) wenn $zf'(z) = \frac{z}{(1 - e^{i\alpha} z)^2}$, $f(z) = \frac{z}{1 - e^{i\alpha} z}$, α reell.

163. [Vgl. *E. Study*, Vorlesungen über ausgewählte Gegenstände der Geometrie, Heft 2. Leipzig: B. G. Teubner 1913. *R. Nevanlinna*, a. a. O. **161**.] Aus **150** schließt man für $|z| < r$

$$\Re\, z\frac{f''(z)}{f'(z)} > \frac{-4r + 2r^2}{1 - r^2};$$

die rechte Seite ist $\geqq -1$, wenn r die kleinere Wurzel der Gleichung $r^2 - 4r + 1 = 0$ nicht übertrifft. [III **108**.]

164. Mittels der Abbildung $\frac{e^{iz} - i}{e^{iz} + i} = \zeta$ läßt sich die Frage auf III **297** zurückführen. Wenn $f(z)$ nicht identisch verschwindet, so muß

$$\sum_{n=1}^{\infty}\left(1 - \left|\frac{e^{i(x_n + iy_n)} - i}{e^{i(x_n + iy_n)} + i}\right|\right)$$

konvergieren. Es ist ferner jedenfalls $y_n \to \infty$. Für positives, gegen Unendlich konvergierendes y ist aber

$$1 - \left|\frac{e^{i(x+iy)} - i}{e^{i(x+iy)} + i}\right| = 1 - \left(\frac{1 + e^{-2y} - 2e^{-y}\sin x}{1 + e^{-2y} + 2e^{-y}\sin x}\right)^{\frac{1}{2}} \sim 2e^{-y}\sin x.$$

Auf ähnliche Weise ersetzt man das allgemeine Glied der obigen Reihe bei negativem y durch $2e^{y}\sin x$.

165. Daß die Bedingung hinreicht, folgt aus dem allgemeinen Existenztheorem für lineare Differentialgleichungen. Andererseits ist sie notwendig. Denn es seien $u_1, u_2, \ldots, u_n$ n linear unabhängige ganze Funktionen, die die gegebene Gleichung befriedigen. Aus den Gleichungen

$$-u_j^{(n)} = f_1(z)\,u_j^{(n-1)} + f_2(z)\,u_j^{(n-2)} + \cdots + f_n(z)\,u_j, \quad j = 1, 2, \ldots, n$$

lassen sich die Koeffizienten $f_\nu(z)$ als Brüche berechnen, deren Zähler ganze Funktionen sind; der gemeinsame Nenner dieser Brüche ist die *Wronski*sche Determinante von $u_1, u_2, \ldots, u_n$ d. h. $e^{-\int f_1(z)\,dz}$ [VII, § 5], also eine ganze Funktion, die keine Nullstellen hat.

166. Für genügend kleine, von 0 verschiedene Werte von z gilt

$$\varphi(z) = \gamma_{-k} z^{-\frac{k}{q}} + \gamma_{-k+1} z^{-\frac{k-1}{q}} + \cdots + \gamma_0 + \gamma_1 z^{\frac{1}{q}} + \gamma_2 z^{\frac{2}{q}} + \cdots,$$

$q > 0$, q ganz, unter $z^{\frac{1}{q}}$ einen bestimmten Zweig verstanden. Aus der Voraussetzung folgt zunächst, daß $\varphi(z)$ für $z \to 0$ beschränkt bleibt, also $\gamma_{-k} = \gamma_{-k+1} = \cdots = \gamma_{-1} = 0$. Ferner ist $\gamma_0 = c_0$. Wäre $q > 1$ und nicht sämtliche Koeffizienten $\gamma_1, \gamma_2, \ldots, \gamma_{q-1}$ gleich 0, etwa $\gamma_1 = \gamma_2 = \cdots = \gamma_{s-1} = 0$, $\gamma_s \neq 0$, $1 \leqq s \leqq q-1$, so würde die Funktion

$$z^{-\frac{s}{q}}(\varphi(z) - c_0)$$

dem Betrage nach größer sein als eine feste positive Zahl, wenn $z \to 0$. Daraus könnte man

$$\lim_{z \to 0} z^{-1}(\varphi(z) - c_0) = \infty$$

schließen: Widerspruch. Also ist $\gamma_1 = \gamma_2 = \cdots = \gamma_{q-1} = 0$. Weiter ist $\gamma_q = c_1$, dann wieder $\gamma_{q+1} = \gamma_{q+2} \cdots = \gamma_{2q-1} = 0$ usw.

167. Wenn die Funktion $f(z)$ im halboffenen Ringgebiet $R \leqq |z| < \infty$ regulär und eindeutig ist, dann können sich ihre daselbst befindlichen Nullstellen nur im Unendlichen häufen. Man kann somit eine ganze Funktion $g(z)$ konstruieren, die in diesem Gebiet dieselben Nullstellen wie $f(z)$ besitzt. Dann ist die Funktion $\log \frac{f(z)}{g(z)}$ regulär, aber nicht notwendigerweise eindeutig für $R \leqq |z| < \infty$; ihr Realteil ist eindeutig, ihr

Imaginärteil ändert sich beim positiven Durchlaufen der Kreislinie $|z| = r$, $r > R$ um $2\pi i m$, wo m eine von r *unabhängige* ganze Zahl ist [III **190**, $a = 0$]. Daher ist

$$\log \frac{f(z)}{g(z)} - m \log z$$

eindeutig und regulär für $R \leqq |z| < \infty$ und daselbst durch eine *Laurent*sche Reihe darstellbar:

$$\log \frac{f(z)}{g(z)} - m \log z = \sum_{n=-\infty}^{\infty} c_n z^n = \gamma(z) + \sum_{n=-\infty}^{-1} c_n z^n = \gamma(z) + \psi(z),$$

wo $\gamma(z)$ eine ganze Funktion ist und die Reihe $\psi(z)$ für $|z| \geqq R$ konvergiert. Man kann $z^m g(z) e^{\gamma(z)} = z^{-p} G(z)$ setzen. — Ist $f(z)$ nur im offenen Ringgebiet $R < |z| < \infty$ als regulär vorausgesetzt, dann können sich ihre Nullstellen auch gegen den Kreisrand $|z| = R$ häufen.

168. Man setze $e^{-iz} = w$, also $e^y = |w|$. Wegen der Periodizität von $f(z)$ ist $f(i \log w) = F(w)$ eine eindeutige Funktion von w, die nur endlich viele Nullstellen und Pole im Ringgebiet $0 < |w| < \infty$ besitzt. Man kann also zwei Polynome $P(w)$, $Q(w)$ und eine für $0 < |w| < \infty$ konvergente Potenzreihe $\sum_{n=-\infty}^{\infty} c_n w^n = \psi(w)$ bestimmen [Lösung **167**], so daß daselbst

$$f(w) = \frac{P(w)}{Q(w)} e^{\psi(w)}$$

gilt. Man bezeichne mit $A(r)$ das Maximum von $\Re \psi(w)$ am Kreisrand $|w| = r$ und mit w_0 den Punkt, in dem $A(r)$ erreicht wird. Es ist

$$\log M(y) - \log |P(w_0)| + \log |Q(w_0)| \geqq A(r).$$

Aus der Voraussetzung folgt ferner, daß eine Zahl θ existiert, $0 < \theta < 1$, so daß

$$\log M(y) < e^{\theta |y|} = \begin{cases} |w|^{\theta} \\ |w|^{-\theta}, \end{cases}$$

je nachdem $|w| \geqq 1$ oder $|w| \leqq 1$ ist. Hieraus schließt man, daß $A(r) r^{-\theta}$ für $r > 1$ und $A(r) r^{\theta}$ für $r < 1$ beschränkt ist. Nach Lösung III **237** folgt also $\psi(w) = \text{konst.}$

169. [*H. A. Schwarz*; nach mündlicher Überlieferung.] Es sei

$$f(z) = a_0 + a_1 z + a_2 z^2 + \cdots + a_n z^n + \cdots$$

regulär und nicht konstant in einem Kreis $|z| < \varrho$ um den Nullpunkt, dann ist daselbst auch

$$F(z) = \overline{a_0} + \overline{a_1} z + \overline{a_2} z^2 + \cdots + \overline{a_n} z^n + \cdots$$

regulär und nicht konstant, ferner ist für reelle Werte von x und y, $x^2+y^2<\varrho^2$,

$$\varphi(x,y)=f(x+iy)\,F(x-iy)=\sum_{k=0}^{\infty}\sum_{l=0}^{\infty}a_k\bar{a}_l(x+iy)^k(x-iy)^l.$$

Diese Reihe konvergiert auch für *komplexe* x und y von genügend kleinem Absolutwert. Da sie eine algebraische Funktion von x und y darstellt, gilt identisch in x und y

$$\sum_{\nu=0}^{n}\Phi_\nu(x,y)\,[\varphi(x,y)]^\nu=\sum_{\nu=0}^{n}\Phi_\nu(x,y)\,[f(x+iy)\,F(x-iy)]^\nu=0,$$

wobei $\Phi_\nu(x,y)$ Polynome in x und y sind, $\Phi_n(x,y)\not\equiv 0$. Wir können annehmen, daß $\Phi_n(0,0)\neq 0$ ist, sonst hätten wir von vornherein $f(z-a)$ anstatt $f(z)$ mit passendem a betrachten können.

Es sei die Variable ζ auf den Einheitskreis eingeschränkt und die Konstante t folgendermaßen gewählt:

1. $t\neq 0$;
2. die betrachtete Potenzreihe von $\varphi(x,y)$ konvergiert für $|x|\leqq|t|$, $|y|\leqq|t|$;
3. $F(t)\neq 0$;
4. $\Phi_n\left(\frac{(\zeta+1)t}{2},\frac{(\zeta-1)t}{2i}\right)$ verschwindet nicht identisch in ζ.

Diese Bedingung kann stets erfüllt werden, weil das absolute Glied dieses Polynoms in ζ und t mit dem von $\Phi_n(x,y)$ übereinstimmt, also von 0 verschieden ist.

Es gilt nun identisch für $|\zeta|<1$

$$\sum_{\nu=0}^{n}\Phi_\nu\left(\frac{(\zeta+1)t}{2},\frac{(\zeta-1)t}{2i}\right)[F(t)]^\nu[f(\zeta t)]^\nu=0.$$

170. [*E. Landau.*] Nehmen wir an, daß der in der Aufgabe genannte Kreis der Einheitskreis ist. Derselbe enthält die reelle Strecke $-1<w<1$. Man betrachte die Menge derjenigen reellen Punkte z, in denen der Wert $w=f(z)$ reell und dem Betrage nach <1 ausfällt. Diese z haben mindestens einen Häufungspunkt z_0 im Endlichen; sonst wäre ihre Anzahl abzählbar, folglich könnte $f(z)$ nicht sämtliche Werte innerhalb der Strecke $-1<w<1$ annehmen, deren Mächtigkeit doch das Kontinum ist. $f(z_0)$ ist reell, ebenso

$$f'(z_0)=\lim\frac{f(z)-f(z_0)}{z-z_0},$$

wo uns ja freisteht, für z solche reellen Werte zu wählen, für welche $f(z)$ auch reell ausfällt. Ähnlich sieht man ein, daß sämtliche Koeffizienten der Entwicklung von $f(z)$ nach den Potenzen von $z - z_0$ reell sind, und durch Fortsetzung der Potenzreihe folgt, daß $f(z)$ für reelles z stets reell ausfällt: Widerspruch.

171. Solche Funktionen gibt es nicht. Es sei nämlich die fragliche Relation erfüllt. Wenn $f(z)$ identisch $= 0$ ist, so sind offenbar auch $f_1(z), f_2(z), \ldots, f_n(z)$ identisch $= 0$. Wenn $f(z)$ nicht identisch verschwindet, kann man annehmen, daß $f(z)$ in $\mathfrak{B}$ überhaupt nicht verschwindet (man ersetzt $\mathfrak{B}$ nötigenfalls durch einen Teilbereich). Also ist $f_\nu(z) f(z)^{-1}$ in $\mathfrak{B}$ regulär und die Funktion

$$\left|\frac{f_1(z)}{f(z)}\right| + \left|\frac{f_2(z)}{f(z)}\right| + \cdots + \left|\frac{f_n(z)}{f(z)}\right| = 1$$

erreicht ihr Maximum auch im Innern von $\mathfrak{B}$; folglich [III **300**] ist

$$f_\nu(z) f(z)^{-1} = \text{konstant}, \qquad \nu = 1, 2, \ldots, n.$$

172. Solche Funktionen gibt es nicht. Beschränken wir uns nämlich auf einen Teilbereich von $\mathfrak{B}$, worin $g(z) \neq 0$, $\sqrt{g(z)} = \varphi(z)$ regulär ist, dann ist $|g(z)| = |\varphi(z)|^2$. Laut Voraussetzung ist $|\varphi(z)|^2$ eine reguläre harmonische Funktion, d. h. [III **87**]

$$\left(\frac{\partial^2}{\partial x^2} + \frac{\partial^2}{\partial y^2}\right) |\varphi(x + iy)|^2 = 0.$$

Nach III **58** folgt hieraus $\varphi(z) = \text{konst.}$, $g(z) = \text{konst.}$, $f(z) = \text{konst.}$

173. Es sei $h(z)$ ganz. $f(z) = e^{h(z)}$ und $g(z) = e^{-h(z)}$ erfüllen die Bedingungen mit $a = 1$, $b = -1$, $c = 0$, denn

$$\frac{e^h - 1}{e^{-h} - 1} = -e^h, \qquad \frac{e^h + 1}{e^{-h} + 1} = e^h, \qquad \frac{e^h - 0}{e^{-h} - 0} = e^{2h}$$

sind ganze Funktionen ohne Nullstellen. — Zwei verschiedene ganze Funktionen endlichen Geschlechts, die in viererlei Stellen übereinstimmen, gibt es übrigens nicht [*G. Pólya*, Nyt Tidsskr. for Math. (B) Bd. 32, S. 21, 1921].

174. Leichter zu lösen ist auf Grund von Bekanntem die mehr fordernde Interpolationsaufgabe: Gegeben ist die „dreieckige" Zahlenfolge

$$\begin{array}{l} a_{00}, \\ a_{10}, \; a_{11}, \\ a_{20}, \; a_{21}, \; a_{22}, \\ \ldots\ldots\ldots\ldots\ldots, \end{array}$$

gesucht ist eine ganze Funktion $G(z)$, die sämtlichen Gleichungen

$$G^{(\nu)}(n) = \nu!\, a_{n\nu} \qquad (\nu = 0, 1, 2, \ldots, n;\ n = 0, 1, 2, 3, \ldots)$$

genügt, wobei $n!\,a_{nn} = a_n$. Zur Lösung dient die ganze Funktion

$$W(z) = z\prod_{n=1}^{\infty}\left[\left(1-\frac{z}{n}\right)e^{\frac{z}{n}+\frac{1}{2}\frac{z^2}{n^2}}\right]^{n+1}$$

[*Hurwitz-Courant*, S. 123]. In der Umgebung von $z = n$ gilt eine Entwicklung

$$\frac{1}{W(z)} = \frac{1}{(z-n)^{n+1}}[b_{n0} + b_{n1}(z-n) + b_{n2}(z-n)^2 + \cdots + b_{nn}(z-n)^n + \cdots],$$

$b_{n0} \neq 0$. Man setze

$$a_{n0}b_{n\nu} + a_{n1}b_{n,\nu-1} + a_{n2}b_{n,\nu-2} + \cdots + a_{n\nu}b_{n0} = c_{n\nu}$$

und suche eine meromorphe Funktion $F(z)$, die außer der Punkte $z = 0, 1, 2, \ldots$ regulär ist und für welche die Differenz

$$F(z) - (z-n)^{-n-1}[c_{n0} + c_{n1}(z-n) + \cdots + c_{nn}(z-n)^n]$$

auch im Punkte $z = n$ regulär bleibt, $n = 0, 1, 2, \cdots$ [*Hurwitz-Courant*, S. 108—111]. Dann ist die gesuchte ganze Funktion $G(z) = F(z)\,W(z)$.

175. Die erste Ungleichung ist klar. Aus

$$|a_n| \leqq \frac{M(r+\delta)}{(r+\delta)^n}, \qquad n = 0, 1, 2, \ldots$$

folgt ferner

$$\mathfrak{M}(r) \leqq M(r+\delta)\sum_{n=0}^{\infty}\left(\frac{r}{r+\delta}\right)^n = \frac{r+\delta}{\delta}M(r+\delta).$$

176. [*E. Landau.*] Es ist [**175**]

$$[M(r)]^n \leqq \mathfrak{M}_n(r) \leqq \frac{r+\delta}{\delta}[M(r+\delta)]^n,$$

daher

$$M(r) \leqq [\mathfrak{M}_n(r)]^{\frac{1}{n}} \leqq \left(\frac{r+\delta}{\delta}\right)^{\frac{1}{n}} M(r+\delta).$$

Man lasse n gegen ∞ konvergieren; $\delta > 0$ ist beliebig klein, $M(r)$ ist eine stetige Funktion von r, wie aus der Definition leicht einzusehen ist.

177. [*E. Landau.*] $\frac{1}{n}\log\mathfrak{M}_n(r)$ ist eine nichtkonkave Funktion von $\log r$ [II **123**.] Der Grenzwert von nichtkonkaven Kurven ist nichtkonkav.

178. [*I. Schur.*] Die Funktion

$$\varepsilon^{-1}Mf[\varepsilon M^{-1}f(z)] = z + A_2z^2 + A_3z^3 + \cdots + A_nz^n + \cdots$$

ist schlicht und dem Betrage nach $< M^2$ für $|z| < 1$. Der Koeffizient A_n ist ein Polynom $(n-1)^{\text{ten}}$ Grades von ε, und zwar ist das absolute Glied dieses Polynoms $= a_n$, sein höchster Koeffizient $= M^{-n+1} a_n$. Indem an Stelle von ε die $(n-1)^{\text{ten}}$ Einheitswurzeln der Reihe nach eingesetzt werden, erhält man durch Addition und durch Beachtung der Ungleichung $|A_n| \leqq \omega_n[M^2]$, daß

$$|a_n + M^{-n+1} a_n| \leqq \omega_n[M^2], \quad \text{d. h.} \quad \omega_n[M] \leqq \frac{\omega_n[M^2]}{1 + M^{-n+1}}.$$

Hierbei bedeutet $\omega_n[M]$ die obere Grenze von $|a_n|$ unter den Voraussetzungen von **160**. Wiederholte Anwendung liefert, da $\omega_n[M] \leqq \omega_n$,

$$\omega_n[M] \leqq \omega_n \prod_{\nu=0}^{\infty} \frac{1}{1 + M^{(-n+1)2^\nu}} = \omega_n(1 - M^{-n+1}) \quad \text{[Lösung I 14]}.$$

179. Es sei m eine beliebige positive ganze Zahl. Dann ist $\varphi(m\vartheta)$ ein trigonometrisches Polynom mn^{ter} Ordnung, das die Voraussetzung erfüllt. Es ist hiermit für alle Werte von ϑ

$$|m\varphi'(m\vartheta)| \leqq mn + K, \quad \text{d. h.} \quad |\varphi'(\vartheta)| \leqq n + \frac{K}{m}.$$

Man lasse m gegen ∞ konvergieren.

180. [*H. Poincaré*, American J. Bd. 14, S. 214, 1892; vgl. *H. Bohr*, Nyt Tidsskr. for Math. (B) Bd. 27, S. 73—78, 1916.] Man bestimme die positiven ganzen Zahlen $\lambda_1, \lambda_2, \ldots, \lambda_n, \ldots$ so, daß

$$\lambda_1 = 1, \quad \lambda_n > \lambda_{n-1}, \quad \left(\frac{n}{n-1}\right)^{\lambda_n} > \varphi(n+1), \qquad n = 2, 3, 4, \ldots$$

ist. Die Funktion

$$g(z) = \varphi(2) + 1 + \sum_{n=2}^{\infty} \left(\frac{z}{n-1}\right)^{\lambda_n}$$

ist ganz; für $n \leqq x \leqq n+1$, $n \geqq 2$, gilt

$$g(x) \geqq g(n) > \left(\frac{n}{n-1}\right)^{\lambda_n} > \varphi(n+1) \geqq \varphi(x).$$

181. Beispiel: $\dfrac{\sin\sqrt{z}}{\sqrt{z}} = 1 - \dfrac{z}{3!} + \dfrac{z^2}{5!} - \cdots$; ganze rationale Funktionen (die keine Konstanten sind), streben in allen Richtungen gegen ∞.

182. [*H. von Koch*, Ark. för Mat., Astron. och Fys. Bd. 1, S. 627 bis 641, 1903.] Beispiel: $e^z + z$. Beim Beweis sind zu unterscheiden die beiden Fälle: $-\dfrac{\pi}{2} < \operatorname{arc} z < \dfrac{\pi}{2}$, $\dfrac{\pi}{2} \leqq \operatorname{arc} z \leqq \dfrac{3\pi}{2}$. Gleichmäßigkeit ausgeschlossen. [*Hurwitz-Courant*, S. 96.]

183. [Vgl. *J. Malmquist*, Acta Math. Bd. 29, S. 203—215, 1905.] [III **158**, III **160**.] — Eine ganze Funktion endlicher Ordnung kann sich nicht so verhalten [III **330**].

184. [*G. Mittag-Leffler*, Verhandlungen des III. internationalen Mathematiker-Kongresses in Heidelberg 1904, S. 258—264; Leipzig: B. G. Teubner 1905. Atti del IV. congr. internaz. dei mat. Roma 1908, Bd. 1, S. 67—85; Roma: Tip. della Acc. dei Lincei 1909.]

$$e^{-E(z)} - e^{-E(2z)} \quad \text{oder} \quad E(z)\, e^{-E(z)}$$

wenn $E(z)$ die in **183** erwähnte Funktion bedeutet.

185. Die Funktion $E(z)$ [III **158**] besitzt entweder keine oder nur endlich viele negative Nullstellen [III **160**]. Man setze im ersten Falle

$$F(z) = E(z)$$

und im zweiten

$$F(z) = \frac{E(z)}{(z+\alpha_1)(z+\alpha_2)\ldots(z+\alpha_l)},$$

mit $-\alpha_1, -\alpha_2, \ldots, -\alpha_l$ sämtliche vorhandenen negativen Nullstellen von $E(z)$ bezeichnet. Auf alle Fälle ist $F(z)$ für reelles negatives z reell und von unveränderlichem Vorzeichen. Folglich ist

$$i\int_0^\infty F(-t^2)\,dt = C \neq 0\,;$$

die Existenz des Integrals folgt aus III **160**. Die ganze ungerade Funktion

$$g(z) = C^{-1}\int_0^z F(z^2)\,dz$$

liefert das gewünschte Beispiel, wie man durch Verlegung des Integrationsweges zeigt [III **160**].

186. [*G. Pólya*, Interméd. des math. Serie 2, Bd. 1, S. 81—82, 1922.] Es sei $0 < \alpha < 2\pi$, $g(z)$ die in **185** konstruierte ungerade ganze Funktion.. Die Funktion

$$\frac{1 + g(\sqrt{z})\, g(\sqrt{e^{i\alpha} z})}{2}$$

ist ganz und strebt, wenn das Vorzeichen der beiden Quadratwurzeln richtig gewählt ist, im Winkelraum $0 < \operatorname{arc} z < 2\pi - \alpha$ gegen 1 und im Winkelraum $2\pi - \alpha < \operatorname{arc} z < 2\pi$ gegen 0. Durch eine passende lineare Kombination derartiger Funktionen erhält man das gewünschte Beispiel.

187. Nein, weil die Menge aller Einteilungen eine höhere Mächtigkeit ($2^{\mathfrak{c}}$) hat, als das Kontinuum ($\mathfrak{c}$), während die Menge aller ganzen Funktionen die Mächtigkeit $\mathfrak{c}^{\aleph_0} = \mathfrak{c}$, d. h. die des Kontinuums hat.

188. Gäbe es eine ins Unendliche laufende stetige Kurve L, entlang welcher e^z sich einem von 0 und ∞ verschiedenen Grenzwert näherte, so gäbe es zu jedem ε, $\varepsilon > 0$, einen Punkt z_0 auf L, so beschaffen, daß $|\operatorname{arc} e^z - \operatorname{arc} e^{z_0}| < \varepsilon$ ist für alle nach z_0 folgenden Punkte z der Kurve L, die Bestimmungen der Arcus richtig gewählt. Ist $\varepsilon < \pi$, so folgt wegen der stetigen Änderung des Arcus $|\mathfrak{J} z - \mathfrak{J} z_0| < \varepsilon$, und so müßte L innerhalb eines zur reellen Achse parallelen Streifens von der Breite 2ε verlaufen. Innerhalb eines solchen kann sich z nur auf zwei Arten an ∞ nähern, entweder so, daß e^z gegen ∞, oder so, daß e^z gegen 0 strebt.

189. Die Funktion $\int\limits_0^z e^{\frac{x^2}{2}} dx = \sum\limits_{n=0}^{\infty} \frac{(-1)^n}{n!} \frac{z^{2n+1}}{2^n(2n+1)}$ konvergiert gegen ∞, wenn z längs der positiven oder negativen imaginären Achse ins Unendliche geht. Sie konvergiert ferner gleichmäßig gegen $\sqrt{\frac{\pi}{2}}$ bzw. $-\sqrt{\frac{\pi}{2}}$, wenn z in dem Winkelraum $-\frac{\pi}{4} \leqq \operatorname{arc} z \leqq \frac{\pi}{4}$ bzw. $\frac{3\pi}{4} \leqq \operatorname{arc} z \leqq \frac{5\pi}{4}$ ins Unendliche geht; es ist nämlich z. B. für $z = re^{i\vartheta}$, $r > 0$, $-\frac{\pi}{4} \leqq \vartheta \leqq \frac{\pi}{4}$

$$\int\limits_0^{re^{i\vartheta}} e^{-\frac{x^2}{2}} dx = \int\limits_0^r e^{-\frac{x^2}{2}} dx + \int\limits_r^{re^{i\vartheta}} e^{-\frac{x^2}{2}} dx,$$

und der Betrag des zweiten Gliedes ist kleiner als $r \int\limits_0^{\frac{\pi}{4}} e^{-\frac{r^2}{2}\cos 2\vartheta} d\vartheta$ [Lösung III **151**]. Wenn es eine stetige ins Unendliche gehende Kurve gäbe, längs welcher die fragliche Funktion gegen einen endlichen von $+\sqrt{\frac{\pi}{2}}$ verschiedenen Grenzwert konvergiert, so könnte diese Kurve in genügender Entfernung vom Nullpunkt keinen Punkt in den oben erwähnten Winkelräumen und keinen mit der imaginären Achse gemeinsam haben. Man kann also annehmen, daß sie z. B. ganz im Winkelraum $\frac{\pi}{4} < \operatorname{arc} z < \frac{\pi}{2}$ liegt. Dann wäre aber die Funktion in dem Gebiet zwischen dieser Kurve und dem Halbstrahl $\operatorname{arc} z = \frac{\pi}{4}$ beschränkt [man benutze eine Erweiterung von III **330**, die sich dazu wie III **324** zu III **322** verhält], also müßte sie [III **340**] auch längs der besagten Kurve gegen $\sqrt{\frac{\pi}{2}}$ konvergieren. [Vgl. *A. Hurwitz*, C. R. Bd. 143, S. 879, 1906 und Bd. 144, S. 65, 1907.]

190. Die fragliche Funktion konvergiert längs der $2n$ Halbstrahlen $\operatorname{arc} z = (2k-1)\frac{\pi}{2n}$, $k = 1, 2, \ldots, 2n$ gegen ∞, längs der Winkelhalbierenden der durch diese bestimmten $2n$ Winkelräume gegen endliche Grenzwerte, und zwar längs des Halbstrahls $\operatorname{arc} z = k\frac{\pi}{n}$ gegen

$$e^{ik\frac{\pi}{n}} \int_0^\infty \frac{\sin(x^n)}{x^n}\, dx = e^{ik\frac{\pi}{n}} \frac{1}{n-1}\, \Gamma\left(\frac{1}{n}\right) \sin\left(\frac{n-1}{n}\frac{\pi}{2}\right), \qquad k = 1, 2, \ldots, 2n.$$

[III **152**.] Weiter schließt man ähnlich wie in Lösung **189**.

191. [*F. Iversen*, Öfversikt av Finska Vetenskaps-Soc. Förh. Bd. 58 (A), Nr. 3, 1915—16.] Es sei $\delta_m = 2(1-\varepsilon_m)$, dann ist $\delta_m = 0$ oder 4, je nachdem $\varepsilon_m = +1$ oder -1 ist. Wenn z längs des Halbstrahls

$$\operatorname{arc} z = 2\pi \sum_{m=0}^{\infty} \frac{\delta_m}{8^{m+1}}$$

ins Unendliche geht, dann ist für $m = 0, 1, 2, \ldots$

$$\operatorname{arc} z^{8^m} = 2\pi\left(\frac{\delta_m}{8} + \frac{\delta_{m+1}}{8^2} + \cdots\right).$$

Da δ_m nur der beiden Werte 0 und 4 fähig ist, so liegt z^{8^m} entweder im Winkelraum $\left(0, \frac{\pi}{4}\right)$ oder im Winkelraum $\left(\pi, \frac{5\pi}{4}\right)$, und zwar im ersten, wenn $\varepsilon_m = +1$, im zweiten, wenn $\varepsilon_m = -1$ ist. Es ist also [**189**], wenn man zur Abkürzung $\gamma(z) = \sqrt{\frac{2}{\pi}} \int_0^z e^{-\frac{x^2}{2}}\, dx$ setzt,

$$\lim \gamma(z^{8^m}) = \varepsilon_m;$$

ferner gibt es [Lösung **189**] eine Zahl G derart, daß für alle z auf dem erwähnten Halbstrahl und für alle Werte von m

$$|\gamma(z^{8^m})| < G$$

gilt. Es sei nun $\varepsilon > 0$ und m so groß, daß $a_{m+1} + a_{m+2} + \cdots < \varepsilon$ sei. Die Funktion

$$a_0 \gamma(z) + a_1 \gamma(z^8) + \cdots + a_m \gamma(z^{8^m})$$

konvergiert bei der oben definierten speziellen Annäherung ins Unendliche gegen $\varepsilon_0 a_0 + \varepsilon_1 a_1 + \cdots + \varepsilon_m a_m$. Der Rest ist absolut $< G\varepsilon$ für alle z.

192. Die fragliche ganze Funktion $g(z)$ sei von der Ordnung λ, λ sei endlich, $\lambda > 0$, d. h. $|g(z)| < A e^{B|z|^{\lambda+\varepsilon}}$, $\varepsilon > 0$, $A > 0$, $B > 0$, ε, A, B

Konstanten. Es sei ferner $\lim g(z) = a$, wenn z längs eines Halbstrahls und $\lim g(z) = b \neq a$, wenn z längs eines anderen Halbstrahls (beide vom 0-Punkt auslaufend), ins Unendliche geht. Der Winkel zwischen den beiden Halbstrahlen sei γ. Es folgt aus III **330** [$\gamma = \beta - \alpha$], daß, wenn $(\lambda + \varepsilon)\gamma < \pi$ ist, $g(z)$ im Winkelgebiet zwischen den beiden Halbstrahlen beschränkt bleibt. Nach III **340** müßte aber dann $a = b$ sein: Widerspruch. Es ist also $(\lambda + \varepsilon)\gamma \geqq \pi$ für beliebige positive ε. D. h. $\lambda\gamma \geqq \pi$, $\lambda \geqq \frac{\pi}{\gamma}$. Laut Voraussetzung gibt es mindestens ein γ mit $\gamma \leqq \frac{2\pi}{n}$ d. h. $\lambda \geqq \frac{n}{2}$. [Weitergehendes bei *T. Carleman*, Ark. för Mat., Astron. och Fys. Bd. 15, Nr. 10, 1920.]

193. [Vgl. *F. Iversen*, Thèse, Helsingfors 1914.] Es sei $g(z)$ die gegebene ganze Funktion, $z^{-1}[g(z) - g(0)] = h(z)$ sei keine Konstante. Man bezeichne mit $\mathfrak{G}$ ein zusammenhängendes Gebiet, in dessen endlichen Randpunkten $|h(z)| = 1$ und in dessen Innern $|h(z)| > 1$ gilt. Der Punkt $z = \infty$ gehört zur Begrenzung von $\mathfrak{G}$ [III **338**]. Längs einer Linie, die in $z = \infty$ mündet und in $\mathfrak{G}$ oder am Rande von $\mathfrak{G}$ verläuft, ist

$$|g(z)| \geqq |z h(z)| - |g(0)| \geqq |z| - |g(0)|.$$

194. Es sei m die Anzahl der Nullstellen von $g(z) - a$; man bestimme das Polynom m^{ten} Grades $P(z)$ so, daß $\frac{P(z)}{g(z) - a}$ in der ganzen z-Ebene regulär und nachher das Polynom höchstens m^{ten} Grades $Q(z)$ so, daß auch

$$\frac{1}{z^{m+1}}\left(\frac{P(z)}{g(z) - a} - Q(z)\right)$$

in der ganzen z-Ebene regulär ist. Es gibt also [**193**] eine stetige, ins Unendliche laufende Kurve, längs welcher in genügender Entfernung

$$\left|\frac{P(z)}{g(z) - a} - Q(z)\right| > |z|^{m+1}.$$

Daselbst ist $|Q(z)| < A|z|^m$, $|P(z)| < B|z|^m$, A und B positive Konstanten, also

$$\left|\frac{P(z)}{g(z) - a}\right| > |z|^{m+1} - A|z|^m, \quad \left|\frac{1}{g(z) - a}\right| > \frac{|z| - A}{B}.$$

195. [*T. Carleman.*] Es sei $|f(z)| \leqq M$ im Ringgebiet $0 < |z| < 1$. Ist $|z_0| = \frac{1}{2}$, so ergibt sich nach *Cauchy*

$$\left|\frac{f^{(n)}(z_0)}{n!}\right| \leqq \frac{M}{(\frac{1}{2})^n}.$$

Da $f^{(n)}(z)$ als *beschränkt* vorausgesetzt wurde, gilt [III **337**]

$$|f^{(n)}(z)| \leqq n!\,2^n M \quad \text{im Ringgebiet} \quad 0 < |z| \leqq \tfrac{1}{2},$$

also insbesondere für $z = \frac{1}{4}$. Folglich ist

$$f(z) = f(\tfrac{1}{4}) + \frac{f'(\frac{1}{4})}{1!}(z - \tfrac{1}{4}) + \cdots + \frac{f^{(n)}(\frac{1}{4})}{n!}(z - \tfrac{1}{4})^n + \cdots$$

konvergent für $|z - \frac{1}{4}| < \frac{1}{2}$, also in einer den Punkt $z = 0$ bedeckenden Kreisscheibe.

196. Es sei $\quad w_\nu \neq 0, \ \nu = 1, 2, 3, \ldots$ und

$$g(z) = \prod_{\nu=1}^{\infty}\left(1 - \frac{z}{w_\nu}\right), \ g^*(z) = \prod_{\nu=1}^{\infty}\left(1 + \frac{z}{|w_\nu|}\right), \ M^*(r) = g^*(r), \ m^*(r) = |g^*(-r)|,$$

dann ist offenbar für $|z| = r$

$$m^*(r) \leqq |g(z)| \leqq M^*(r).$$

Wir versetzen uns in den ungünstigsten Fall und verlieren folglich nichts an Allgemeinheit, wenn wir annehmen, daß alle Nullstellen von $g(z)$ reell und negativ sind, d. h.

$$g(z) = \prod_{\nu=1}^{\infty}\left(1 + \frac{z}{|w_\nu|}\right)$$

Die Behauptung lautet dann: Es ist für alle genügend großen r: $g(r) < e^{\varepsilon r}$ und für beliebig große r: $|g(-r)| > e^{-\varepsilon r}$, wo ε eine gegebene positive Zahl ist. Die erste Ungleichung erledigt man wie in Lösung **58** den Fall $\lambda = 1$. Um die zweite zu beweisen, wende man auf $g(z)g(-z)$ als Funktion von z^2 den Satz III **332** an. Es ist für beliebig große r

$$|g(r)\,g(-r)| > 1, \quad |g(-r)| > \frac{1}{g(r)} > e^{-\varepsilon r}.$$

197. [*A. Wiman*, Ark. för Mat., Astron. och Fys. Bd. 2, Nr. 14, 1905; vgl. *E. Lindelöf*, Palermo Rend. Bd. 25, S. 228, 1908.] Wir setzen voraus, daß die Nullstellen der fraglichen ganzen Funktion $g(z)$, die nach *Hadamard* (vgl. S. 9) von Geschlecht Null sein muß, reell und negativ sind [Lösung **196**] und betrachten die Funktion $g(z)e^{-z^{\lambda-\varepsilon}}$ im Winkelraum $-\pi < \vartheta < +\pi$, in dem sie analytisch ist: sie ist stetig für $-\pi \leqq \vartheta \leqq +\pi$ und nimmt auf der positiven reellen Achse beliebig große Werte an [Voraussetzung bezüglich $M(r)$]. Wäre sie beschränkt auf der reellen negativen Achse, z. B. stets $\leqq 1$, so wäre sie überhaupt beschränkt [III **332**]; das ist sie nicht, wie eben gesagt, also muß für gewisse beliebig große Werte von r

$$m(r)\, e^{-r^{\lambda-\varepsilon}\cos\pi(\lambda-\varepsilon)} = \left|g(-r)\, e^{-(-r)^{\lambda-\varepsilon}}\right| > 1$$

sein, w. z. b. w.

198. [*Ch. H. Müntz*; vgl. Math. Abhd., H. A. Schwarz gewidmet, S. 303—312· Berlin: J. Springer 1914. *T. Carleman*, Ark. för Mat., Astron. och Fys. Bd. 17, Nr. 9, S. 15, 1923.] Das Integral

$$\int_0^1 t^z h(t)\, dt = f(z)$$

konvergiert, wenn z in der Halbebene $\Re z > -1$ liegt, und daselbst ist $f(z)$ analytisch. Für $\Re z \geqq 0$ ist das Integral eigentlich und $|f(z)|$ beschränkt, $|f(z)| \leqq \int_0^1 |h(t)|\, dt$. Gibt es unendlich viele λ_ν, die $\leqq 1$ sind, dann haben sie einen Häufungspunkt auf der Strecke $0 \leqq z \leqq 1$, und es ist $f(z)$ identisch $= 0$; sind alle λ_ν mit Ausnahme endlich vieler $\geqq 1$, so folgt aus der Divergenz von $\sum_{n=1}^{\infty} \lambda_n^{-1}$ ebenfalls, daß $f(z)$ identisch $= 0$ ist [III **298**]. Auf alle Fälle ist $f(n) = \int_0^1 t^n h(t)\, dt = 0$, $n = 0, 1, 2, \ldots$ [II **139**].

199. [*T. Carleman*.] Die Funktion $\int_0^1 g(zt)\, h(t)\, dt$ ist ganz und von der Ordnung $\leqq \lambda$, also ist laut Voraussetzung auch

$$\gamma(z) = \frac{\int_0^1 g(zt)\, h(t)\, dt}{g(z)}$$

ganz und von der Ordnung $\leqq \lambda$. Es sei $M(r)$ das Maximum von $|g(z)|$ auf der Kreislinie $|z| = r$. Das Minimum von $|\gamma(z)|$ auf der Kreislinie $|z| = r$ ist $\leqq \frac{M(\alpha r)}{M(r)} \int_0^\alpha |h(t)|\, dt + \int_\alpha^1 |h(t)|\, dt$, wo $0 < \alpha < 1$, α beliebig nahe an 1, konvergiert also für $r \to \infty$ gegen 0 [**24**], obwohl es [vgl. **197**] unbeschränkt sein sollte. Also ist $\gamma(z)$ eine Konstante, und zwar gleich 0. Folglich sind sämtliche Koeffizienten von $\int_0^1 g(zt)\, h(t)\, dt$ gleich 0, also nach Voraussetzung $\int_0^1 t^n h(t)\, dt = 0$, $n = 0, 1, 2, \ldots$. [II **139**.]

200. [*T. Carleman.*] Es sei $g(z) = \prod_{\nu=1}^{\infty}\left(1 - \frac{z}{w_\nu}\right)$, $w_\nu \neq 0$ (es genügt diesen Fall zu untersuchen). Dann ist $|g(iy)|^2 = \prod_{\nu=1}^{\infty}\left(1 + \frac{y^2}{w_\nu^2}\right)$.
Aus dieser Formel folgt $\lim_{y\to\infty} \frac{|g(i\alpha y)|}{|g(iy)|} = 0$, wenn $0 < \alpha < 1$, α fest ist [**24**]. Daher strebt die Funktion

$$\gamma(z) = \frac{\int_0^1 g(zt)\,h(t)\,dt}{g(z)}$$

gegen 0 längs der positiven und negativen imaginären Achse. Sie ist ferner ganz laut Voraussetzung. Auf allen genügend großen Kreisen $|z| = r$ ist $|g(z)| < e^{\varepsilon r}$ und auf beliebig großen ist $|g(z)| > e^{-\varepsilon r}$ [**196**]. Ferner ist $\left|g\left(re^{\frac{i\pi}{4}}\right)\right| > e^{-\varepsilon r}$, $\left|g\left(re^{\frac{3i\pi}{4}}\right)\right| > e^{-\varepsilon r}$ für alle genügend großen r. Es ist nämlich

$$|g(z)\,g(-z)|^2 = \prod_{\nu=1}^{\infty}\left|1 - \frac{z^2}{w_\nu^2}\right|^2 = \prod_{\nu=1}^{\infty}\left(1 - \frac{r^2\cos 2\vartheta}{w_\nu^2} + \frac{r^4}{w_\nu^4}\right) \geqq 1,$$

wenn $\vartheta = \frac{\pi}{4}, \frac{3\pi}{4}$.

Man wende III **325**, leicht modifiziert, auf die Funktion $\gamma(z)$ in den beiden Halbebenen $\Re z \geqq 0$ und $\Re z \leqq 0$ an. Voraussetzung 1. ist im Sinne von III **323** zu erweitern. An Stelle des Strahles $\vartheta = 0$ tritt jetzt $\vartheta = \frac{\pi}{4}$ bzw. $\frac{3\pi}{4}$. [Endbemerkung in Lösung III **325**]. Es folgt $|\gamma(z)| \leqq$ konst. in der ganzen Ebene, somit $\gamma(z) \equiv$ konst., $\gamma(z) \equiv 0$. Also ist $\int_0^1 t^n h(t)\,dt = 0$, wenn $g(z) = \sum_{n=0}^{\infty} a_n z^n$ und $a_n \gtrless 0$ ist. Weil aber die Wurzeln reell sind, so ist von a_n, a_{n+1} mindestens eines von 0 verschieden [V **166**]. Endlich ist **198** anzuwenden.

201. [*S. Bernstein*, C. R. Bd. 176, S. 1603–1605, 1923.] Es folgt aus $|a_n| \leqq K\varrho^n$, daß

$$|F(z)| \leqq \sum_{n=0}^{\infty} \frac{K\varrho^n |z|^n}{n!} = K e^{\varrho|z|}.$$

Die Funktion $F(z)\,e^{i\varrho z}$ erfüllt analoge Bedingungen, wie die in III **322** erwähnten, in den beiden Winkelräumen $0 \leqq \vartheta \leqq \frac{\pi}{2}$, $\frac{\pi}{2} \leqq \vartheta \leqq \pi$, denn es ist ($x, y$ reell, $y > 0$)

$$|F(x)\,e^{i\varrho x}| \leqq M, \quad |F(iy)\,e^{-\varrho y}| \leqq K.$$

Betrachtet man noch $F(z)e^{-i\varrho z}$ in der unteren Halbebene, so findet man auf Grund von III **322** in der ganzen Ebene

$$|F(x+iy)| \leqq L e^{\varrho|y|},$$

wo $L = \operatorname{Max}(M, K)$. Es folgt [III **165**] für reelles x

$$(*) \qquad \left|\frac{F'(x)}{\sin\varrho x}\right| = \left|\frac{\varrho F(x)\cos\varrho x}{\sin^2\varrho x} - \varrho\sum_{n=-\infty}^{\infty}\frac{(-1)^n F\left(\frac{n\pi}{\varrho}\right)}{(\varrho x - n\pi)^2}\right|$$

$$\leqq \frac{\varrho|F(x)\cos\varrho x|}{\sin^2\varrho x} + \varrho M\sum_{n=-\infty}^{\infty}\frac{1}{(\varrho x - n\pi)^2} = \frac{\varrho|F(x)\cos\varrho x| + \varrho M}{\sin^2\varrho x}.$$

Hieraus schließt man zunächst $\left|F'\left(\frac{\pi}{2\varrho}\right)\right| \leqq \varrho M$. Nun kann man den Beweis auch auf $F\left(z + x_0 - \frac{\pi}{2\varrho}\right)$ anwenden, x_0 reelle Konstante, da $\left|F\left(z + x_0 - \frac{\pi}{2\varrho}\right)\right| \leqq K e^{\varrho\left|x_0 - \frac{\pi}{2\varrho}\right|} e^{\varrho|z|}$. Gilt in (*) das Zeichen $=$, so ist $(-1)^n F(n\pi) = A$ (unabhängig von n) und $\frac{d}{dz}\left(\frac{F(z)}{\sin\varrho z}\right) = -\frac{\varrho A}{\sin^2\varrho z}$.

202. $F'(z)$ ist von derselben Natur wie $F(z)$. Durch sukzessive Anwendung von **201** folgt für alle reelle Werte von x

$$|F'(x)| \leqq M\varrho, \quad |F''(x)| \leqq M\varrho^2, \ldots, \quad |F^{(n)}(x)| \leqq M\varrho^n, \ldots,$$

also

$$|F(x+iy)| \leqq \sum_{n=0}^{\infty}\frac{|F^{(n)}(x)|}{n!}|y|^n \leqq M e^{\varrho|y|}.$$

203. Die Bedingungen von III **166** sind erfüllt [Lösung **201**]. Es ist also für reelles z, $\varrho|z| < \frac{\pi}{2}$,

$$\frac{|G(z)|}{2\varrho|z|\cos\varrho z} \leqq \sum_{n=0}^{\infty}\frac{M}{((n+\frac{1}{2})\pi)^2 - \varrho^2 z^2} = M\frac{\sin\varrho z}{2\varrho z\cos\varrho z} \leqq M\frac{\varrho|z|}{2\varrho|z|\cos\varrho z}.$$

(Für $z = 0$ ist $\frac{G(z)}{z} = G'(0)$, $\frac{\sin\varrho z}{\varrho z} = 1$ zu setzen.) Gilt hier das Zeichen $=$, so ist $(-1)^n G\left(\frac{(n+\frac{1}{2})\pi}{\varrho}\right) = cM$, $|c| = 1$, $n = 0, 1, 2, \ldots$, $z = 0$. Für $\varrho|z| \geqq \frac{\pi}{2}$ ist die fragliche Ungleichung (sogar mit $<$) trivial.

204. Anwendung von **203** auf

$$G(z) = \frac{F(z_0 + z) - F(z_0 - z)}{2},$$

z_0 reell, liefert **201**. (Vgl. VI **82**.)

205. Es sei $\lambda < \mu < 2\lambda$. Die Funktion $f(z)\, e^{i z^\mu}$ ist beschränkt auf den beiden Halbstrahlen $\operatorname{arc} z = 0$ und $\operatorname{arc} z = \frac{\pi}{2\mu}$, folglich [III **330**] auch in dem dazwischen liegenden Winkelraum von der Öffnung $\frac{\pi}{2\mu} < \frac{\pi}{2\lambda} \leqq \pi$. Man findet, daß die Funktion $f(z)\,(\sin z^\mu)^{-1}$ beschränkt ist auf den beiden Halbstrahlen $\operatorname{arc} z = -\frac{\pi}{2\mu}$ und $\operatorname{arc} z = \frac{\pi}{2\mu}$, ferner auf denjenigen Bögen der Kreise $|z|^\mu = (n + \frac{1}{2})\pi$, $n = 1, 2, 3, \ldots$, die in dem Winkelraum $-\frac{\pi}{2\mu} \leqq \operatorname{arc} z \leqq \frac{\pi}{2\mu}$ verlaufen. Folglich ist

$$\frac{1}{2\pi i}\oint \frac{f(\zeta)}{\sin \zeta^\mu}\,\frac{d\zeta}{(\zeta - z)^2} = \frac{d}{dz}\left(\frac{f(z)}{\sin z^\mu}\right) + \sum_{n=1}^{\infty} \frac{(-1)^n f\left((n\pi)^{\frac{1}{\mu}}\right)}{\mu (n\pi)^{1-\frac{1}{\mu}}\left(z - (n\pi)^{\frac{1}{\mu}}\right)^2},$$

das Integral längs des Randes des unendlichen Sektors $-\frac{\pi}{2\mu} < \operatorname{arc} z < \frac{\pi}{2\mu}$, $|z| > \varrho$ im positiven Sinne erstreckt, wo $0 < \varrho < \pi^{\frac{1}{\mu}}$ ist. Da die Reihe $\sum_{n=1}^{\infty} n^{-1-\frac{1}{\mu}}$ konvergiert und $f(x)$ für $x > 0$ beschränkt ist, findet man auf Grund von I **182**, daß $f'(x) = O(x^{\mu-1})$, wenn x die Intervalle $((n + \frac{1}{4})\pi)^{\frac{1}{\mu}} \leqq x \leqq ((n + 1 - \frac{1}{4})\pi)^{\frac{1}{\mu}}$, $n = 1, 2, 3, \ldots$ durchlaufend ins Unendliche strebt. Mit Hilfe einer analogen Formel, worin $\sin z^\mu$ mit $\cos z^\mu$ vertauscht wird, zeigt man, daß $f'(x) = O(x^{\mu-1})$ auch in den übrigen Intervallen.

Fünfter Abschnitt.

Die Lage der Nullstellen.

1. [Bezüglich des ganzen Kapitels vgl. *Laguerre,* Oeuvres, Bd. 1. Paris: Gauthier-Villars 1898.] Klar.

2. Man betrachte das Wegstreichen eines Gliedes $a_\mu \neq 0$ und nehme z. B. den Fall an, daß

$$a_{\mu-k} \neq 0, \quad a_{\mu-k+1} = \cdots = a_{\mu-1} = a_{\mu+1} = \cdots = a_{\mu+l-1} = 0, \quad a_{\mu+l} \neq 0$$

ist. Die Folge $a_0, a_1, \ldots, a_{\mu-1}, a_{\mu+1}, \ldots$ hat zwei Zeichenwechsel weniger als die Folge $a_0, a_1, \ldots, a_{\mu-1}, a_\mu, a_{\mu+1}, \ldots$, wenn

$$\operatorname{sg} a_{\mu-k} = -\operatorname{sg} a_\mu = \operatorname{sg} a_{\mu+l}$$

und ebensoviel Zeichenwechsel bei den übrigen Konstellationen der Zeichen. Im Falle, daß a_μ das erste oder das letzte nicht verschwindende Glied ist, geht mit ihm ein oder kein Zeichenwechsel der Folge verloren.

3. Die beiden Folgen $a_0, a_1, \ldots, a_\mu, a_{\mu+1}, \ldots$ und $a_0, a_1, \ldots, a_\mu, b, a_{\mu+1}, \ldots$ haben gleichviel Zeichenwechsel in den folgenden drei Fällen: 1. $b = 0$, 2. $\operatorname{sg} b = \operatorname{sg} a_\mu$, 3. $\operatorname{sg} b = \operatorname{sg} a_{\mu+1}$: klar!

4. $a_0, a_0 + a_1, a_1, a_1 + a_2, a_2, a_2 + a_3, \ldots, a_\mu, a_\mu + a_{\mu+1}, a_{\mu+1}, \ldots$ hat ebensoviel Zeichenwechsel wie $a_0, a_1, a_2, \ldots, a_\mu, \ldots$, da $a_\mu + a_{\mu+1} = b$ gesetzt, einer von den drei in Lösung **3** erwähnten Fällen eintreten muß. Man beachte **2**.

5. [*A. Hurwitz.*] Die Anzahl der Zeichenwechsel nimmt nie zu, wenn wir die Folgen

$$\begin{array}{llllll}
a_0, & a_1, & a_2, & a_3, & \ldots, a_l, & a_{l+1}, \ldots \\
a_0, & a_0 + a_1, & a_1 + a_2, & a_2 + a_3, & \ldots, a_{l-1} + a_l, & a_l + a_{l+1}, \ldots \\
a_0, & a_0 + a_1, & a_0 + 2a_1 + a_2, & a_1 + 2a_2 + a_3, & \ldots, & a_{l-1} + 2a_l + a_{l+1}, \ldots \\
a_0, & a_0 + a_1, & a_0 + 2a_1 + a_2, & a_0 + 3a_1 + 3a_2 + a_3, \ldots & &
\end{array}$$

von oben nach unten durchmustern. [Lösung **4**.] Nun stimmt aber die n^{te} so konstruierte Folge mit der zu erreichenden in ihren n ersten Gliedern überein: *dieselben* können also nicht mehr als W Zeichenwechsel aufweisen; n ist beliebig, und so folgt w. z. b. w.

6. Klar, auch im Falle mehrfacher Nullstellen.

7. Klar.

8. Da $f(x)$ analytisch ist, enthält das Intervall a, b nur endlich viele Nullstellen. Beim Überschreiten einer Nullstelle ändert sich das Vorzeichen von $f(x)$ oder nicht, je nachdem die betreffende Nullstelle von ungerader oder gerader Vielfachheit ist.

9. Klar. Vgl. **8**.

10. Es sei $\varepsilon > 0$, ε genügend klein;

$$f(a+\varepsilon) = f(a+\varepsilon) - f(a) = \varepsilon f'(a+\varepsilon_1), \quad 0 < \varepsilon_1 < \varepsilon,$$
$$-f(b-\varepsilon) = f(b) - f(b-\varepsilon) \quad = \varepsilon f'(b-\varepsilon_2), \quad 0 < \varepsilon_2 < \varepsilon.$$

Aus $\operatorname{sg} f(a+\varepsilon) = \operatorname{sg} f(b-\varepsilon) \neq 0$ folgt $\operatorname{sg} f'(a+\varepsilon_1) = -\operatorname{sg} f'(b-\varepsilon_2) \neq 0$. Man wende **8** auf $f'(x)$ im Intervall $a+\varepsilon_1$, $b-\varepsilon_2$ an. — Die gegebene Fassung des *Rolle*schen Satzes sagt über eine engere Funktionenklasse Präziseres aus, als die in der Differentialrechnung übliche.

11. Nach Voraussetzung ist

$$\operatorname{sg} a_{j+1} = \operatorname{sg}(a_{j+1} - a_j), \qquad \operatorname{sg} a_{k+1} = \operatorname{sg}(a_{k+1} - a_k).$$

Aus $\operatorname{sg} a_{j+1} = -\operatorname{sg} a_{k+1} \neq 0$ folgt $\operatorname{sg}(a_{j+1} - a_j) = -\operatorname{sg}(a_{k+1} - a_k) \neq 0$. Man wende **9** auf die Folge der Differenzen an.

12. α) Wenn $f(x)$ im Punkte $x = x_1$ eine N-fache Nullstelle hat, $N > 0$, dann besitzt $f'(x)$ daselbst eine $(N-1)$-fache Nullstelle. Dies für den Fall, daß das Intervall sich auf einen Punkt reduziert. — β) Wenn $a < b$, seien die Punkte, in denen $f(x)$ verschwindet, $x_1, x_2, \ldots, x_l, a \leq x_1 < x_2 < \cdots < x_l \leq b$. Das abgeschlossene Intervall $x_1 \leq x \leq x_l$ teilen wir in folgende l Teile ein: Der Punkt x_1 und die halb offenen Intervalle $x_1 < x \leq x_2$, $x_2 < x \leq x_3$, $\ldots$, $x_{l-1} < x \leq x_l$. Beim Übergang von $f(x)$ zu $f'(x)$ geht im Punkt x_1 *eine* Nullstelle verloren [Fall α)], im halb offenen Intervall $x_1 < x \leq x_2$ keine [**10** und Fall α)]; ähnlich für die übrigen halb offenen Intervalle.

13. Die fraglichen Wechselstellen bezeichnen wir mit $\nu_1 + 1$, $\nu_2 + 1, \ldots, \nu_W + 1$, $0 \leq \nu_1 < \nu_2 < \cdots < \nu_W \leq n-1$. Jede der W Teilfolgen

$$a_{\nu_1+1} - a_{\nu_1},\ a_{\nu_1+2} - a_{\nu_1+1},\ \ldots,\ a_{\nu_2+1} - a_{\nu_2},$$
$$a_{\nu_2+1} - a_{\nu_2},\ a_{\nu_2+2} - a_{\nu_2+1},\ \ldots,\ a_{\nu_3+1} - a_{\nu_3},$$
$$\cdots\cdots\cdots\cdots\cdots\cdots\cdots\cdots\cdots\cdots$$
$$a_{\nu_{W-1}+1} - a_{\nu_{W-1}},\ a_{\nu_{W-1}+2} - a_{\nu_{W-1}+1},\ \ldots,\ a_{\nu_W+1} - a_{\nu_W}$$

enthält mindestens einen Zeichenwechsel [**11**].

14. Es sei $\operatorname{sg} f(a) = \operatorname{sg} f'(a) \neq 0$. Die Punkte, in denen $f(x)$ verschwindet, seien $x_1, x_2, \ldots, x_l$, $a < x_1 < x_2 < \cdots < x_l < b$. Wir teilen das Intervall $a < x \leq x_l$ in die Teilintervalle

$$a < x \leq x_1,\ x_1 < x \leq x_2,\ \ldots,\ x_{l-1} < x \leq x_l$$

ein. Es sei $\varepsilon > 0$, ε genügend klein. Aus

$$-f(x_1-\varepsilon) = f(x_1) - f(x_1-\varepsilon) = \varepsilon f'(x_1-\eta), \qquad 0<\eta<\varepsilon$$

folgt nach Voraussetzung

$$\operatorname{sg} f'(a) = \operatorname{sg} f(a) = \operatorname{sg} f(x_1-\varepsilon) = -\operatorname{sg} f'(x_1-\eta) \neq 0,$$

also hat $f'(x)$ mindestens eine Nullstelle zwischen a und $x_1-\eta$ [**8**]. Betreffs des Punktes x_1 und der anderen Teilintervalle vgl. Lösung **12**. Man beweist ähnlich: Wenn $\operatorname{sg} f(b) = -\operatorname{sg} f'(b) \neq 0$ ist, so kommt im Intervall $x_l < x < b$ noch eine Nullstelle von $f'(x)$ hinzu.

15. Wir behalten die Bezeichnungen von **13** bei. Außer den dort angeführten $W-1$ Teilfolgen enthalten die beiden folgenden Teilfolgen

$$a_0, \quad a_1-a_0, \quad \ldots, \quad a_{\nu_1+1}-a_{\nu_1},$$

$$a_{\nu_W+1}-a_{\nu_W}, \quad a_{\nu_W+2}-a_{\nu_W+1}, \quad \ldots, \quad a_n-a_{n-1}, \quad -a_n$$

noch je einen Zeichenwechsel. Denn ist a_α das erste nichtverschwindende Glied der ersten Folge, dann ist $0 \leqq \alpha \leqq \nu_1$, $\operatorname{sg}(a_\alpha - a_{\alpha-1}) = \operatorname{sg} a_\alpha = -\operatorname{sg} a_{\nu_1+1} = -\operatorname{sg}(a_{\nu_1+1}-a_{\nu_1})$; man wende **9** an. Ähnlich bei der zweitangeführten Teilfolge.

16. Im Falle unendlich vieler Nullstellen ist die Behauptung klar [**10**]. — Es sei x_l die letzte Nullstelle von $f(x)$. Im Intervalle $a \leqq x \leqq x_l$ hat $f'(x)$ höchstens eine Nullstelle weniger als $f(x)$ [**12**]. Da $\lim\limits_{x\to\infty} f(x) = \int\limits_{x_l}^{\infty} f'(x)\,dx = 0$ ist, kann $f'(x)$ im Intervalle $x_l < x < \infty$ nicht von konstantem Vorzeichen sein.

17. Im Falle unendlich vieler Wechselstellen ist die Behauptung klar [**11**]. Es soll die Folge $a_0, a_1, a_2, \ldots$ W Zeichenwechsel enthalten, $\nu_W + 1$ sei die letzte Wechselstelle. Die Folge

$$a_0, \quad a_1-a_0, \quad \ldots, \quad a_{\nu_W+1}-a_{\nu_W}$$

enthält mindestens W Zeichenwechsel [Lösung **13**, **15**]. Ferner ist

$$\operatorname{sg} a_{\nu_W+1} = \operatorname{sg}(a_{\nu_W+1}-a_{\nu_W}) \neq 0.$$

Da die unendliche Reihe

$$a_{\nu_W+1} + (a_{\nu_W+2}-a_{\nu_W+1}) + (a_{\nu_W+3}-a_{\nu_W+2}) + \cdots = 0$$

ist, können ihre von Null verschiedenen Glieder nicht sämtlich dasselbe Vorzeichen haben.

18. Man wende **12** bzw. **16** auf die Funktion $e^{\alpha x} f(x)$ an [**6**]; die Derivierte ist $e^{\alpha x}[\alpha f(x) + f'(x)]$.

19. Man betrachte die Folgen:

$$\begin{array}{llllll} a_0, & a_1, & a_2, & \ldots, & a_n, & \ldots \\ a_0, & a_1\alpha, & a_2\alpha^2, & \ldots, & a_n\alpha^n, & \ldots \\ a_0, & a_1\alpha - a_0, & a_2\alpha^2 - a_1\alpha, & \ldots, & a_n\alpha^n - a_{n-1}\alpha^{n-1}, & \ldots \\ a_0\alpha, & a_1\alpha - a_0, & a_2\alpha - a_1, & \ldots, & a_n\alpha - a_{n-1}, & \ldots \end{array}$$

Man vgl. **7**, dann Lösung **15** und **17**, dann wieder **7**.

20. $\int_0^x f(x)\,dx = F(x)$ gesetzt, sind $F(x)$ und $F'(x) = f(x)$ in der rechten Nachbarschaft von $x = 0$ von gleichem Vorzeichen. [**14**.]

21. Man setze $a_0 + a_1 + \cdots + a_n = A_n$, $n = 0, 1, 2, \ldots$ und wende die erste Hälfte von **19** mit $\alpha = 1$ auf die Folge $A_0, A_1, A_2, \ldots, A_n, \ldots$ an.

22. Klar.

23. Die stetige Kurve $y = \int_0^x f(x)\,dx$ besteht aus $Z + 1$ monotonen Zügen. Der erste Zug beginnt im Punkte $x = 0$ $y = 0$ und verursacht keine Zeichenänderung; jeder der übrigen Z Züge kann höchstens einmal von der einen Seite der x-Achse auf die andere dringen. (Genauere Fassung leicht.) Wenn $f(x)$ analytisch, vgl. noch **20**, **24**.

24. Das Intervall sei $a < x < b$. Nimmt man $f(x)$ analytisch an, so gibt es ein ε, $\varepsilon > 0$, so daß $f(x) \neq 0$ für $a < x < a + \varepsilon$ und $b - \varepsilon < x < b$ [**8**, **22**].

25. Vgl. **10**, **24**.

26. $f(x) = \dfrac{P(x)}{Q(x)}$, wobei $Q(x) = (x - a_1)(x - a_2) \cdots (x - a_n)$ und $P(x)$ ein reelles Polynom vom Grade $\leqq n - 1$ bedeutet.

1. Wenn $\varepsilon > 0$, ε genügend klein, ist $\operatorname{sg} f(a_1 + \varepsilon) = +1$, $\operatorname{sg} f(a_2 - \varepsilon) = -1$, folglich hat $f(x)$, also $P(x)$ eine Nullstelle im Intervall $a_1 < x < a_2$ [**8**]. Ähnlicherweise kann man insgesamt $n - 2$ Nullstellen von $P(x)$ nachweisen (für $a_1 < x < a_2$, $a_2 < x < a_3, \ldots$, $a_{n-2} < x < a_{n-1}$); die noch eventuell übrigbleibende einzige Nullstelle kann nicht imaginär sein, denn die imaginären Nullstellen reeller Polynome treten *paarweise* auf.

2. Man zeigt wie unter 1., daß $f(x)$ in den $n - 3$ Intervallen $(a_1, a_2), (a_2, a_3), \ldots, (a_{k-2}, a_{k-1}), (a_{k+1}, a_{k+2}), \ldots, (a_{n-1}, a_n)$ je eine Nullstelle haben muß. Ist ε genügend klein, ω genügend groß, $\varepsilon > 0$, $\omega > 0$, so ist

$$\operatorname{sg} f(-\omega) = -\operatorname{sg} f(a_1 - \varepsilon) = \operatorname{sg} f(a_n + \varepsilon) = -\operatorname{sg} f(\omega) = +1;$$

somit existiert auch im Innern von $-\infty$, a_1 und a_n, $+\infty$ je eine Nullstelle [**8**].

27. $f(0) > 0, \quad f\left(\frac{\pi}{n}\right) < 0, \quad f\left(\frac{2\pi}{n}\right) > 0, \ldots, \quad f\left(\frac{2n\pi}{n}\right) > 0.$
Folglich [**8**] hat $f(x)$ $2n$ reelle Nullstellen im Streifen $0 < \Re x < 2\pi$; andere Nullstellen besitzt $f(x)$ daselbst nicht [VI **14**].

28. Vgl. **7**.

29. Es sei $a_0 = a_1 = \cdots = a_{\alpha-1} = 0$, $a_\alpha \neq 0$; mit $a_k x^k$ und $a_l x^l$ bezeichnen wir zwei solche Glieder, daß

$$a_k \neq 0, \quad a_{k+1} = a_{k+2} = \cdots = a_{l-1} = 0, \quad a_l \neq 0,$$
$$P(x) = a_\alpha x^\alpha + \cdots + a_k x^k + a_l x^l + \cdots.$$

Es muß α als ein spezieller Wert von k aufgefaßt werden. Wenn $l-k$ ungerade ist, dann steuert das Paar $a_k x^k + a_l x^l$ entweder zu W^+ oder zu W^- eine Einheit bei. Wenn $l-k$ gerade ist, so erhalten von $a_k x^k + a_l x^l$ entweder beide Größen W^+ und W^- je eine Einheit, oder keine von den beiden erhält etwas. Hieraus folgt, $a_n \neq 0$ angenommen,

$$(n-\alpha) - (W^+ + W^-) = \Sigma^I (l-k-1) + \Sigma^{II}[l-k-(1-\operatorname{sg} a_k a_l)].$$

Σ^I ist erstreckt über die ungeraden $l-k$, Σ^{II} über die geraden: es ist nämlich $n-\alpha = \Sigma^I(l-k) + \Sigma^{II}(l-k)$. Sowohl in Σ^I wie in Σ^{II} ist jedes Glied $\geqq 0$.

30. Man setze αx für x [**28**] und wende **15** an.

31. [*G. Pólya*, Arch. d. Math. u. Phys. Serie 3, Bd. 23, S. 22, 1914.] Aus **19** folgt noch etwas mehr: zum zweiten Teil genügt statt Konvergenz von $\sum_{n=0}^{\infty} a_n \alpha^n$ schon $\lim_{n\to\infty} a_n \alpha^n = 0$.

32. Für $\alpha = 1$ folgt es aus **4**. Vgl. **28**.

33. Identisch mit **21**. Auch aus **31**.

34. [*Laguerre*, a. a. O. **1**, S. 22. Der Beweis ist lückenhaft.] Für $\alpha = 1$ aus **5** [**28**].

35. Wenn unter den Zahlen $a_0, a_1, a_2, \ldots, a_n$ nur eine, etwa a_α, von Null verschieden ist, so handelt es sich um das Produkt

$$\frac{a_\alpha}{p_1 p_2 \cdots p_\alpha}\left(1+\frac{x}{p_1}+\frac{x^2}{p_1^2}+\cdots\right)\left(1+\frac{x}{p_2}+\frac{x^2}{p_2^2}+\cdots\right)\cdots\left(1+\frac{x}{p_\alpha}+\frac{x^2}{p_\alpha^2}+\cdots\right),$$

das ausmultipliziert offenbar keinen Zeichenwechsel aufweist. Nehmen wir den Satz als bewiesen für alle Zahlenfolgen an, die ein nicht verschwindendes Glied weniger enthalten als die vorgelegte $a_0, a_1, a_2, \ldots, a_n$. Es sei a_α das erste nicht verschwindende Glied, $0 \leqq \alpha < n$; man setze

$$0 + \frac{a_{\alpha+1}x}{p_{\alpha+1}-x} + \frac{a_{\alpha+2}x^2}{(p_{\alpha+1}-x)(p_{\alpha+2}-x)} + \cdots + \frac{a_n x^{n-\alpha}}{(p_{\alpha+1}-x)\cdots(p_n-x)}$$
$$= 0 + B_1 x + B_2 x^2 + \cdots.$$

Man bezeichne die Anzahl der Zeichenwechsel in der Folge

$$\begin{array}{llll}
a_0, \ a_1, \ \ldots, \ a_\alpha, \ a_{\alpha+1}, \ \ldots, \ a_n & \text{mit} & \{a\}, \\
0, \ a_{\alpha+1}, \ a_{\alpha+2}, \ \ldots, \ a_n & \text{mit} & \{b\}, \\
A_0, \ A_1, \ A_2, \ A_3, \ \ldots & \text{mit} & \{A\}, \\
0, \ B_1, \ B_2, \ B_3, \ \ldots & \text{mit} & \{B\}.
\end{array}$$

Nach Annahme der vollständigen Induktion ist

$$\{B\} \leqq \{b\}.$$

Es sei a_β das erste nicht verschwindende Glied der Folge $0, a_{\alpha+1}, a_{\alpha+2}, \ldots, a_n$. Dann ist

$$\{a\} = \{b\} + \frac{1 - \operatorname{sg} a_\alpha a_\beta}{2}.$$

Das erste nicht verschwindende Glied von $0, B_1, B_2, \ldots$ besitzt das Vorzeichen von a_β. Daher ist die Anzahl der Zeichenwechsel in der Folge

$$a_\alpha, \ B_1, \ B_2, \ B_3 \ \ldots. \qquad \text{gleich} \qquad \{B\} + \frac{1 - \operatorname{sg} a_\alpha a_\beta}{2}.$$

Nun ist

$$(A_0 + A_1 x + A_2 x^2 + \cdots)(p_1 - x)(p_2 - x) \cdots (p_\alpha - x)$$
$$= x^\alpha (a_\alpha + B_1 x + B_2 x^2 + \cdots),$$

folglich [**31**]

$$\{A\} \leqq \{B\} + \frac{1 - \operatorname{sg} a_\alpha a_\beta}{2}.$$

Aus den drei angeschriebenen Relationen folgt $\{A\} \leqq \{a\}$, w. z. b. w.

36. Es seien $\alpha_1, \alpha_2, \ldots, \alpha_N$ die positiven Nullstellen von $P(x) = a_0 + a_1 x + \cdots + a_n x^n$. Dann ist $P(x) = Q(x)(\alpha_1 - x)(\alpha_2 - x) \cdots (\alpha_N - x)$, wo $Q(x)$ ein Polynom $(n - N)^{\text{ten}}$ Grades mit reellen Koeffizienten bedeutet. Die Anzahl der Zeichenwechsel von $Q(x)$ ist $\geqq 0$, die von $Q(x)(\alpha_1 - x)$ ist $\geqq 1$ [**30**], die von $Q(x)(\alpha_1 - x)(\alpha_2 - x)$ ist $\geqq 2, \ldots$, die von $Q(x)(\alpha_1 - x)(\alpha_2 - x) \ldots (\alpha_N - x)$ ist $\geqq N$, w. z. b. w.

37. Es sei a_α der erste, a_ω der letzte nichtverschwindende Koeffizient von $P(x)$, $\alpha \leqq \omega$ (nur $\alpha < \omega$ interessant), $0 < \xi < \alpha_1 \leqq \alpha_2 \leqq \cdots \leqq \alpha_N < X < \infty$. Wenn ξ genügend nahe an 0 und X an ∞ ist, dann wird ersichtlich, daß

$$\operatorname{sg} P(\xi) = \operatorname{sg} a_\alpha, \quad \operatorname{sg} P(X) = \operatorname{sg} a_\omega \qquad [\mathbf{8}, \mathbf{9}].$$

Es folgt im Verein mit **36**: Wenn $W = 1$, ist auch $N = 1$; dies ist auch direkt leicht zu sehen [III **16**].

38. [*Laguerre*, a. a. O. **1**, S. 5.] Wenn W endlich ist (nur dieser Fall hat hier Interesse), sind alle nicht verschwindenden Koeffizienten von einem gewissen a_ω an von gleichem Vorzeichen; folglich verschwindet die ω^{te} Ableitung der Potenzreihe für $0 < x < \varrho$ überhaupt nicht; also hat daselbst die Potenzreihe nur endlich viele positive Nullstellen [**12**]; man bezeichne sie mit $\alpha_1, \alpha_2, \ldots, \alpha_N$. Die Potenzreihe

$$\frac{a_0 + a_1 x + a_2 x^2 + \cdots}{(\alpha_1 - x)(\alpha_2 - x) \ldots (\alpha_N - x)} = b_0 + b_1 x + b_2 x^2 + \cdots$$

ist im Konvergenzkreise von $a_0 + a_1 x + a_2 x^2 + \cdots$ regulär, folglich daselbst konvergent [*Hurwitz-Courant*, S. 49, S. 266]. Die Anzahl der Zeichenwechsel von $b_0 + b_1 x + b_2 x^2 + \cdots$ ist $\geqq 0$; nun folgt der Satz ähnlich aus dem zweiten Fall von **31**, wie **36** aus **30**.

39. Der Konvergenzradius ist $= 1$. Die Potenzreihe hat den Wert 2 für $x = 0$ und den Wert $2 - (1 - \frac{1}{2}) - (\frac{1}{2} - \frac{1}{3}) - \cdots = 1$ für $x = 1$. Die Anzahl der Nullstellen im Intervalle $0 < x < 1$ ist somit gerade [**8**], andererseits ist sie $\leqq 1$ [**38**], folglich $= 0$. Man sieht auch direkt, daß für komplexes z, $|z| < 1$,

$$\left|2 - \frac{z}{1.2} - \frac{z^2}{2.3} - \cdots\right| \geqq 2 - \frac{|z|}{1.2} - \frac{|z|^2}{2.3} - \cdots > 2 - \frac{1}{1.2} - \frac{1}{2.3} - \cdots = 1.$$

40. Es sei a_α der erste nicht verschwindende Koeffizient und ω die letzte Wechselstelle. Es ist

$$\lim_{x \to 0} x^{-\alpha}(a_0 + a_1 x + a_2 x^2 + \cdots) = a_\alpha,$$

$$\lim_{x \to \varrho - 0} (a_0 + a_1 x + a_2 x^2 + \cdots) = +\infty \cdot \operatorname{sg} a_\omega \qquad [\mathbf{8}, \mathbf{9}].$$

41. [*C. Runge*, vgl. a. a. O. **31**, S. 25.] Den Fall der Nullstellen $< \xi_\alpha$ führt man mittels Vertauschung von x mit $-x$ auf den Fall der Nullstellen $> \xi_\omega$ zurück, und letzteren Fall mittels Vertauschung von x mit $x +$ konst. auf denjenigen Spezialfall, in dem $\xi_\alpha > 0$ ist. In diesem Spezialfall setze man

$$\frac{a_0 + a_1(x - \xi_1) + a_2(x - \xi_1)(x - \xi_2) + \cdots + a_n(x - \xi_1)(x - \xi_2)\ldots(x - \xi_n)}{(x - \xi_1)(x - \xi_2)\ldots(x - \xi_n)}$$

$$= a_n + \frac{a_{n-1}}{\xi_n}\frac{1}{x}\frac{1}{\frac{1}{\xi_n} - \frac{1}{x}} + \cdots + \frac{a_0}{\xi_1 \xi_2 \ldots \xi_n}\frac{1}{x^n}\frac{1}{\left(\frac{1}{\xi_1} - \frac{1}{x}\right)\left(\frac{1}{\xi_2} - \frac{1}{x}\right)\ldots\left(\frac{1}{\xi_n} - \frac{1}{x}\right)}$$

$$= A_0 + \frac{A_1}{x} + \frac{A_2}{x^2} + \frac{A_3}{x^3} + \cdots;$$

die Potenzreihe konvergiert für $x > \xi_\omega$ und besitzt alle die fraglichen Nullstellen, deren Anzahl $\leqq$ ist als die Anzahl der Zeichenwechsel der

Folge $A_0, A_1, A_2, \ldots$ [**38**], welch' letztere $\leqq$ ist als die Anzahl der Zeichenwechsel der Folge $a_0, a_1, a_2, \ldots, a_{n-1}, a_n$ [**35, 6, 7**], w. z. b. w. Daß die Differenz zwischen den beiden Anzahlen nicht ungerade sein kann, beweist man wie in **37**.

42. Bezeichnungen wie in **38**, **40**. Für die Potenzreihe

$$f_n(x) = 1 + \frac{x}{1!} + \frac{x^2}{2!} + \cdots + \frac{x^n}{n!} - \lambda e^x$$
$$= (1-\lambda) + \frac{(1-\lambda)}{1!}x + \cdots + \frac{(1-\lambda)}{n!}x^n - \frac{\lambda}{(n+1)!}x^{n+1} - \cdots$$

ist $W = 1$, somit $N \leqq 1$ [**38**], ferner $\varrho = \infty$, somit $1 - N$ gerade [**40**], folglich $1 - N = 0$. Es sei x_n die einzige positive Nullstelle von $f_n(x)$. Wenn x die Stelle x_n passiert, ändert sich $\operatorname{sg} f_n(x)$ von $+1$ in -1 [Lösung **40**]; folglich ist, wenn $f_n(a) > 0$, auch $x_n - a > 0$. Nun ist bei festem a: $\lim_{n\to\infty} f_n(a) = (1-\lambda)\, e^a$, woraus ($a$ beliebig!) $\lim_{n\to\infty} x_n = \infty$ folgt. Endlich ist

$$f_n(x_{n-1}) = f_{n-1}(x_{n-1}) + \frac{x_{n-1}^n}{n!} = \frac{x_{n-1}^n}{n!} > 0\,, \text{ d. h. } x_n > x_{n-1}\,.$$

43. $x^{-5}(e^x - 1)$ hat ein Minimum und kein Maximum, da

$$\frac{d}{dx}[x^{-5}(e^x-1)] = -x^{-6}(5e^x - 5 - xe^x) = -x^{-6}\sum_{n=1}^{\infty}\frac{(5-n)\,x^n}{n!}$$

und diese Reihe nur eine Wechselstelle besitzt, nämlich $n = 6$ [**38, 40**]. (*Planck*sches Strahlungsgesetz.)

44. Die fraglichen Nullstellen gehören auch der Reihe

$$(1-x)^{-1}(a_0 + a_1 x + a_2 x^2 \cdots) = a_0 + (a_0 + a_1)\,x + (a_0 + a_1 + a_2)\,x^2 + \cdots$$

an [**38**].

45. [Vgl. *M. Fekete*, Palermo Rend. Bd. 34, S. 89, 1912.] Das Polynom hat $x = 1$ zur Nullstelle und ergibt mit $(1-x)^{-2}$ multipliziert eine Potenzreihe ohne negative Koeffizienten.

46. [*G. Pólya*, Deutsche Math.-Ver. Bd. 28, S. 37, 1919.]

$$f(x) = \sum_{\nu=1}^{163}\left(\frac{\nu}{163}\right)x^\nu$$

gesetzt, findet man, daß

$$(1-x)^{-2} f(x) = x + x^2 - x^5 - x^6 - \cdots - x^{65} + 7x^{66} + 14x^{67} + \cdots$$
$$+ 163\,x^{161} + 163\,x^{162}(1-x)^{-1}$$

zwei Wechselstellen aufweist. Die Anzahl der Nullstellen im Intervall $0 < x < 1$ ist also $= 0$ oder $= 2$ [**38**, **40**]; sie ist tatsächlich $= 2$, da für $0 < x < 1$

$$x^{-1} f(x) = \sum_{\nu=1}^{10} \left(\frac{\nu}{163}\right) x^{\nu-1} - x^{10} - x^{11} - x^{12} + x^{13} + x^{14} + x^{15} + \cdots$$

$$< \sum_{\nu=1}^{10} \left(\frac{\nu}{163}\right) x^{\nu-1} + x^{16}(1-x)^{-1},$$

und die rechte Seite ist $= -0{,}00995\ldots$, wenn $x = 0{,}7$.

47. Die Anzahl der negativen Nullstellen sei N^-, die der positiven N^+, also $n = N^- + \alpha + N^+$ mit der Bezeichnung von Lösung **29**. Es ist [Lösung **29**]

$$n - (W^- + \alpha + W^+) = (N^- - W^-) + (N^+ - W^+) \geqq 0$$

und [**36**]

$$N^- - W^- \leqq 0, \quad N^+ - W^+ \leqq 0,$$

also

$$N^- - W^- = 0, \quad N^+ - W^+ = 0, \quad \text{w. z. b. w.}$$

48. Würde die Determinante verschwinden, so könnte man eine nicht identisch verschwindende Lösung des zugehörigen homogenen Systems, d. h. n reelle Zahlen $c_1, c_2, \ldots, c_n$ finden, $c_1^2 + c_2^2 + \cdots + c_n^2 > 0$, so daß das Polynom

$$c_1 x^{\nu_1} + c_2 x^{\nu_2} + \cdots + c_n x^{\nu_n}$$

für $x = \alpha_1, \alpha_2, \ldots, \alpha_n$ verschwindet: Widerspruch zu **36**! Denn die Koeffizientenfolge enthält nicht mehr als n von 0 verschiedene Glieder, kann also nicht n Zeichenwechsel besitzen und um so weniger das Polynom n positive Nullstellen $\alpha_1, \alpha_2, \ldots, \alpha_n$ haben. Die Determinante ist also $\neq 0$; sie ist > 0, wenn $n = 1$; nehmen wir an, sie ist > 0, wenn sie $n - 1$ Zeilen hat und betrachten wir α_n als veränderlich. Wenn α_n von α_{n-1} bis $+\infty$ wächst, ist die Determinante $\neq 0$, hat also konstantes Vorzeichen; letzteres stellt sich für $\alpha_n \to +\infty$ als das eines gleich gebauten Minors $(n-1)^{\text{ter}}$ Ordnung, also $= +1$ heraus.

49. Die Anzahl der reellen Nullstellen ist nach **36**, mit der Bezeichnung von Lösung **29**: $\leqq W^- + \alpha + W^+$, also die der imaginären $\geqq n - (W^- + \alpha + W^+) = \Sigma^I (l - k - 1) + \Sigma^{II} [l - k - (1 - \operatorname{sg} a_k a_l)]$. Wenn $a_k \neq 0$, $a_{k+1} = a_{k+2} = \cdots = a_{k+2m} = 0$, so ist das entsprechende k und l so beschaffen, daß $l - k$ entweder ungerade, $\geqq 2m + 1$, oder gerade, $\geqq 2m + 2$ ausfällt.

50. [*Laguerre*, a. a. O. **1**, S. 111.]

$$P(x)(1 + b_1 x + b_2 x^2 + \cdots + b_{2m} x^{2m}) = 1 - b_{2m+1} x^{2m+1} + \cdots;$$

der Ausdruck rechts ist keine Konstante, da $P(x)$ es nicht ist, folglich ein Polynom, das sicher $2m$ imaginäre Nullstellen hat [**49**]; diese müssen nach Voraussetzung sämtlich dem Faktor $1+b_1x+b_2x^2+\cdots+b_{2m}x^{2m}$ zur Last gelegt werden.

51. [*J. Grommer*, J. für Math. Bd. 144, S. 130—131, 1914.] Ist $P(x)=(1-x_1x)(1-x_2x)\ldots(1-x_nx)$, so ist [**50**] $b_{2m}=S(x_1, x_2, \ldots, x_n)$. Wäre $b_{2m}\leqq 0$, so hätte $1+b_1x+b_2x^2+\cdots+b_{2m}x^{2m}$ nicht $2m$ imaginäre Nullstellen.

52. Erster Beweis. Aus der Darstellung durch die Nullstellen von $P(x)$ evident [**51**].

Zweiter Beweis. Man nehme zur Vereinfachung

$$P(x)=(x-a_1)(x-a_2)\cdots(x-a_n) \qquad \text{mit} \qquad 0<a_1<a_2<\cdots<a_n$$

an. Dann ist [VI, § 9]

$$1=\sum_{\nu=1}^{n}\frac{1}{P'(a_\nu)}\frac{P(x)}{x-a_\nu}, \qquad \text{also} \qquad B_k=\sum_{\nu=1}^{n}\frac{a_\nu^k}{P'(a_\nu)}.$$

Man betrachte das Polynom p^{ten} Grades, $p\geqq n$,

$$x^p-\sum_{\nu=1}^{n}\frac{a_\nu^p}{P'(a_\nu)}\frac{P(x)}{x-a_\nu}=x^p-B_px^{n-1}+\cdots=L_p(x);$$

$L_p(x)$ verschwindet für $x=a_1, a_2, \ldots, a_n$, hat also [**36**] mindestens n Zeichenwechsel. Die Anzahl seiner Koeffizienten ist jedoch $\leqq n+1$, folglich ist $B_p>0$.

53. Sind der Grad, die Anzahl der reellen und die der imaginären Nullstellen bzw. $=n,\ r,\ n-r$ für das Polynom, so sind dieselben Größen für die Ableitung bzw. $=n-1$, $\geqq r-1$ [**12**], $\leqq n-1-(r-1)$.

54. Das Polynom sei n^{ten} Grades. Außer den in Lösung **12** nachgewiesenen $n-1$ Nullstellen hat die Ableitung keine weiteren.

55. [**53**, **54**.]

56. Setzt man $\frac{d^\nu}{dx^\nu}(1+x^2)^{-\frac{1}{2}}=Q_\nu(x)(1+x^2)^{-\nu-\frac{1}{2}}$, dann ist $Q_0(x)=1$, $Q_{\nu+1}(x)=-(2\nu+1)xQ_\nu(x)+(1+x^2)Q'_\nu(x)$. Folglich ist $Q_\nu(x)$ ein Polynom ν^{ten} Grades. Angenommen, $Q_\nu(x)$ habe ν reelle voneinander verschiedene Nullstellen, so besitzt $Q_{\nu+1}(x)$ zwischen je zwei Nullstellen von $Q_\nu(x)$ je eine Nullstelle [**10**], zwischen $-\infty$ und der kleinsten von $Q_\nu(x)$, ebenso zwischen dessen größter und $+\infty$ noch je eine [**16**], und außer diesen $(\nu-1)+2$ keine weiteren Nullstellen.

57. Beweisgang wie in **56**. Auch direkte Verifikation möglich, da die n Wurzeln der Gleichung

$$\frac{d^{n-1}}{dx^{n-1}}\frac{x}{1+x^2}=\frac{(-1)^{n-1}(n-1)!}{2}\left(\frac{1}{(x+i)^n}+\frac{1}{(x-i)^n}\right)=0$$

folgende Werte haben:

$$\operatorname{cotg}\frac{\pi}{2n}, \quad \operatorname{cotg}\frac{3\pi}{2n}, \ldots, \quad \operatorname{cotg}\frac{(2n-1)\pi}{2n}.$$

58. Im Falle von $H_n(x)$ ist der Beweisgang **56** unverändert, in den beiden anderen Fällen wenig verändert zu befolgen [**16**].

Die Funktionen	$(1-x^2)^n$;	$e^{-x}x^n$;	e^{-x^2},
verschwinden für $x =$	$-1, +1$;	$0, +\infty$;	$-\infty, +\infty$,
bzw. von der Ordnung	n, n;	n, ∞;	∞, ∞.

59. Der Grad von $Q_n(x)$ ist $= n(q-1)$ [Rekursionsformel ähnlich wie in **56**], die Anzahl der positiven Nullstellen sei $= p_n$, die der verschwindenden $= v_n$. Aus

$$(1+x^q)^n \frac{d^{n-1}}{dx^{n-1}}(x^{q-1} - x^{2q-1} + x^{3q-1} - \cdots) = Q_n(x)$$

folgt

$$v_1 = q-1, \quad v_2 = q-2, \quad v_3 = q-3, \quad \ldots, \quad v_q = 0, \quad v_{q+1} = q-1, \ldots$$

usw. mit der Periode q. Da ferner, $\omega = e^{\frac{2\pi i}{q}}$ gesetzt, $Q_n(\omega x) = \omega^{v_n} Q_n(x)$, so entspricht jeder im Innern der positiven reellen Achse gelegenen Nullstelle je eine gleich gelegene auf den $q-1$ übrigen erwähnten Halbstrahlen. Nimmt man den zu beweisenden Satz für ein bestimmtes n als richtig an (vollständige Induktion), so hat man somit

$$v_n + q p_n = n(q-1).$$

Da die $(n-1)^{\text{te}}$ Ableitung von $x^{q-1}(1+x^q)^{-1}$ für $x = +\infty$ verschwindet, ist [**16**]

$$p_{n+1} \geqq p_n, \quad \text{falls} \quad v_n = 0; \qquad p_{n+1} \geqq p_n + 1, \quad \text{falls} \quad v_n > 0.$$

Auf alle Fälle ist

$$v_{n+1} + q p_{n+1} \leqq n(q-1) + q - 1 = v_n + q p_n + q - 1,$$

$$p_{n+1} \leqq p_n + \frac{v_n - v_{n+1} + q - 1}{q} = \begin{cases} p_n\,, & \text{wenn} \quad v_n = 0, \\ p_n + 1, & \text{wenn} \quad v_n > 0. \end{cases}$$

Daher sind alle Zeichen $\leqq$ durch $=$ zu ersetzen,

$$v_{n+1} + q p_{n+1} = (n+1)(q-1).$$

Betreffend die Einfachheit der Nullstellen vgl. **55**, **56**. Ähnlich ist der Beweis für $R_n(x)$. Die fraglichen q Halbstrahlen sind die *Symmetralen* von zwei benachbarten Polen der Funktion $\frac{1}{1+z^q}$, bzw. dadurch unter den übrigen vom Nullpunkt auslaufenden Halbstrahlen ausgezeichnet, daß die Funktion e^{-z^q} auf ihnen am schnellsten abnimmt. (Vgl. *G. Pólya*, Math. Zeitschr. Bd. 12, S. 38, 1922.)

60. Der Übergang von

$$a_0 + \binom{n}{1} a_1 x \quad + \binom{n}{2} a_2 x^2 \quad + \cdots + a_n x^n$$

zu

$$a_0 x^n + \binom{n}{1} a_1 x^{n-1} + \binom{n}{2} a_2 x^{n-2} + \cdots + a_n$$

ändert die Anzahl der imaginären Nullstellen nicht, der Übergang zu

$$n\left[a_1 + \binom{n-1}{1} a_2 x + \binom{n-1}{2} a_3 x^2 + \cdots + a_n x^{n-1}\right]$$

vermehrt sie nicht [**53**].

61. Durch Verschärfung von **60** [vgl. **54**] findet man, daß die Polynome

$$x^2 + 2m_1 x + m_2^2, \quad m_1 x^2 + 2m_2^2 x + m_3^3, \ldots, \quad m_{n-2}^{n-2} x^2 + 2m_{n-1}^{n-1} x + m_n^n$$

reelle *einfache* Nullstellen besitzen. Daher ist

$$m_1^2 > m_2^2, \quad m_2^4 > m_1 m_3^3, \quad \ldots, \quad m_{n-1}^{2n-2} > m_{n-2}^{n-2} m_n^n,$$

woraus sukzessiv

$$m_1 > m_2, \quad m_2^4 > m_2 m_3^3, \quad \ldots, \quad m_{n-1}^{2n-2} > m_{n-1}^{n-2} m_n^n$$

folgt.

62. Es handelt sich um die Nullstellen von $e^{-\alpha x}\frac{d}{dx}[e^{\alpha x}P(x)]$ [**6**, **16**].

63. Ohne Verlust an Allgemeinheit kann $a_n \neq 0$ angenommen werden. Setzt man

$$a_0 + a_1 x + a_2 x^2 + \cdots + a_n x^n = a_n(x+\alpha_1)(x+\alpha_2)\ldots(x+\alpha_n),$$

so handelt es sich um die Nullstellen von

$$a_n e^{-\alpha_n x}\frac{d}{dx} e^{(\alpha_n - \alpha_{n-1})x}\frac{d}{dx} \cdots \frac{d}{dx} e^{(\alpha_2-\alpha_1)x}\frac{d}{dx} e^{\alpha_1 x} P(x).$$

Iterierte Anwendung von **62**.

64. Grenzfall von **63**; man beachte III **201** und setze $n = 2m$,

$$a_0 + a_1 x + a_2 x^2 + \cdots + a_{2m} x^{2m} = \left(1 - \frac{x^2}{m}\right)^m \to e^{-x^2} \quad \text{für} \quad m \to \infty.$$

65. Auch $a_0 x^n + a_1 x^{n-1} + \cdots + a_n$ hat nur reelle Nullstellen und daher auch [**63**]

$$\frac{1}{n!}\left(a_n x^n + a_{n-1}\frac{d x^n}{d x} + a_{n-2}\frac{d^2 x^n}{d x^2} + \cdots\right)$$
$$= \frac{a_n}{n!} x^n + \frac{a_{n-1}}{(n-1)!} x^{n-1} + \frac{a_{n-2}}{(n-2)!} x^{n-2} + \cdots.$$

66.

$$\alpha P(x) + x P'(x) = x^{-\alpha+1}\frac{d}{dx}[x^\alpha P(x)] = -(-x)^{1-\alpha}\frac{d}{dx}[(-x)^\alpha P(x)]$$

besitzt weder an verschwindenden, noch an positiven, noch an negativen Nullstellen weniger als $P(x)$. Denn $\lim\limits_{x\to\infty} x^\alpha P(x) = 0$, wenn $\alpha < -n$ [**16**] und $\lim\limits_{x\to 0} x^\alpha P(x) = 0$, wenn $\alpha > 0$.

67. [*Laguerre*, a. a. O. **1**, S. 200.]

$$a_0(0+\alpha) + a_1(1+\alpha)x + a_2(2+\alpha)x^2 + \cdots + a_n(n+\alpha)x^n = 0$$

hat nicht mehr imaginäre Wurzeln als

$$a_0 + a_1 x + a_2 x^2 + \cdots + a_n x^n = 0 \qquad [\mathbf{66}].$$

Dies ist der Fall $Q(x) = x + \alpha$; iterierte Anwendung.

68. Grenzfall von **67**. Man wähle m genügend groß und setze

$$Q(x) = \left(1 + \frac{x^2 \log q}{m}\right)^m \to q^{x^2}.$$

69. [*Laguerre*, Aufgabe; Lösung von *G. Pólya*, Interméd. des math. Bd. 20, S. 127, 1913.] Es sei α reell. Das Polynom

$$Q(x) = \left(1 + \frac{\alpha\sqrt{x}}{m}\right)^m + \left(1 - \frac{\alpha\sqrt{x}}{m}\right)^m$$

hat nur reelle negative Nullstellen, nämlich [**57**]

$$x = -\left(\frac{m}{\alpha}\operatorname{tg}\frac{\pi}{2m}\right)^2, \quad -\left(\frac{m}{\alpha}\operatorname{tg}\frac{3\pi}{2m}\right)^2, \quad \ldots, \quad -\left(\frac{m}{\alpha}\operatorname{tg}\frac{(2m-1)\pi}{2m}\right)^2.$$

Setzt man $q = e^\alpha$, so handelt es sich um den Grenzfall der Gleichung

$$a_0 Q(0) + a_1 Q(1)x + a_2 Q(2)x^2 + \cdots + a_n Q(n)x^n = 0$$

für $m \to \infty$ [**67**, III **201**].

70. Ist $\Phi(x) = f(x) - a - bx$, $\Phi(x_1) = \Phi(x_2) = \Phi(x_3) = 0$, $x_1 < x_2 < x_3$, so hat $\Phi'(x)$ je eine Nullstelle im Innern der Intervalle $x_1 \leqq x \leqq x_2$ und $x_2 \leqq x \leqq x_3$ [**10**] und folglich $\Phi''(x) = f''(x)$ eine Zeichenänderung zwischen x_1 und x_3 [**25**].

71. Vorausgesetzt ist, daß

$$\Phi(x) = f(x) - a_0 - a_1 x - \cdots - a_{n-1} x^{n-1}, \quad a_0, a_1, \ldots, a_{n-1} \text{ Konstanten,}$$

$n+1$ Nullstellen im Intervalle $a \leqq x \leqq b$ besitzt. Durch n-malige Anwendung von **10** folgt die Existenz eines inneren Punktes ξ, in dem $\Phi^{(n)}(\xi) = f^{(n)}(\xi) = 0$ ist.

72. Die Differenz hat n im Punkte $x = 0$ zusammenfallende Nullstellen; hätte sie im Intervalle $-1 < x < \infty$ noch eine $(n+1)^{\text{te}}$ Nullstelle, so müßte $(1+x)^{\alpha-n}$ daselbst verschwinden [**71**], was nicht der Fall ist.

73. $e^x - 1 - \frac{x}{1!} - \frac{x^2}{2!} - \cdots - \frac{x^{n-1}}{(n-1)!}$ hat n im Punkte $x = 0$ zusammenfallende, e^x überhaupt keine Nullstellen. Die Behauptung folgt aus **71** ähnlich wie **72**; sie ist übrigens im wesentlichen äquivalent mit der Tatsache, daß die Funktion e^x für $x < 0$ durch ihre *Maclaurin*sche Reihe umhüllt wird [I **141**].

74. [*J. J. Sylvester*, Mathematical Papers, Bd. 2, S. 516. Cambridge: University press 1908.] Es genügt zu zeigen, daß

$$1 + \frac{x}{1!} + \frac{x^2}{2!} + \cdots + \frac{x^n}{n!} = f_n(x)$$

nicht zwei *konsekutive negative* Nullstellen hat; wären a und b solche, so wäre

$$f_n(a) = f_n'(a) + \frac{a^n}{n!} = 0, \quad f_n(b) = f_n'(b) + \frac{b^n}{n!} = 0, \quad \operatorname{sg} f_n'(a) = \operatorname{sg} f_n'(b) \neq 0;$$

$f_n'(x)$ hätte gemäß **8** eine gerade, gemäß **10** eine ungerade Anzahl von Nullstellen im Intervalle $a < x < b$!

75. Für $l = 1$ klar. Für den Fall von $l - 1$ Exponentialfunktionen sei der Satz als richtig angenommen. Hat $g(x)$ N und

$$g^*(x) = \frac{d^{m_l}}{dx^{m_l}} [e^{-a_l x} g(x)] = \frac{d^{m_l}}{dx^{m_l}} [e^{-a_l x} g(x) - P_l(x)]$$

N^* reelle Nullstellen, dann ist

$$N^* \geqq N - m_l \qquad [\mathbf{12}].$$

Andererseits treten in $g^*(x)$ bloß $l - 1$ Exponentialfunktionen auf [mit den Exponenten $(a_1 - a_l)x, \ldots, (a_{l-1} - a_l)x$; betreffs der Grade der auftretenden Polynome vgl. **62**]. Gemäß Annahme ist somit

$$m_1 + m_2 + \cdots + m_{l-1} - 1 \geqq N^*.$$

76. [Vgl. *G. Pólya*, Aufgabe; Arch. d. Math. u. Phys. Serie 3, Bd. 28, S. 173, 1920.] Würde die Determinante verschwinden, so existierte eine nicht identisch verschwindende Lösung des zugehörigen homogenen Systems, d. h. n reelle Zahlen $c_1, c_2, \ldots, c_n$ so beschaffen, daß die ganze Funktion

$$c_1 e^{\beta_1 x} + c_2 e^{\beta_2 x} + \cdots + c_n e^{\beta_n x}$$

zwar nicht identisch, aber für $x = \alpha_1, \alpha_2, \ldots, \alpha_n$ verschwindet. Widerspruch, denn eine so gebaute Funktion hat höchstens $n - 1$ reelle Nullstellen [**75**]. Für die Bestimmung des Vorzeichens vgl. **48**.

77. [*Laguerre*, a. a. O. **1**, S. 3.]

78.[1]) Man darf die „*Dirichlet*sche Reihe" $\sum_{n=1}^{\infty} a_n e^{-\lambda_n s}$ im Innern ihres Konvergenzbereiches gliedweise differentiieren; der Beweisgang **77** ist unverändert zu befolgen.

79. [*J. J. Sylvester*, a. a. O. **74**, S. 360, S. 401; vgl. a. a. O. **31**, S. 30.] 1. Sind $a_1, a_2, \ldots, a_n$ alle eines Zeichens und m gerade, so ist $W = 0$ und offenbar auch $N = 0$. 2. Sind $a_1, a_2, \ldots, a_n$ eines Zeichens und m ungerade, so ist $W = 1$ und, da

$$P'(x) = m\,[a_1(x - \lambda_1)^{m-1} + a_2(x - \lambda_2)^{m-1} + \cdots + a_n(x - \lambda_n)^{m-1}]$$

nie verschwindet, vgl. Fall 1, $N \leqq 1$ [**10**]. 3. Es sei $a_\alpha a_{\alpha+1} < 0$, $1 \leqq \alpha < n$, und der Satz für $W - 1$ Zeichenwechsel als richtig angenommen. Es sei $P(x) = b_0 x^m + b_1 x^{m-1} + \cdots + b_m$. Man wähle λ so, daß

$$\lambda_\alpha < \lambda < \lambda_{\alpha+1}, \qquad P(\lambda) \neq 0$$

und, falls $b_0 \neq 0$, $b_1 + \lambda m b_0 \neq 0$. Man setze

$$P(x)\,(x - \lambda)^{-m} = F(x), \qquad (x - \lambda)^{m+1} F'(x) =$$
$$= a_1^*(x - \lambda_1)^{m-1} + a_2^*(x - \lambda_2)^{m-1} + \cdots + a_n^*(x - \lambda_n)^{m-1} = P^*(x),$$

wobei $a_\nu^* = m(\lambda_\nu - \lambda)\,a_\nu$, $\nu = 1, 2, \ldots, n$. Die Anzahl der Zeichenwechsel der Folge $a_1^*, a_2^*, \ldots, a_n^*, (-1)^{m-1} a_1^*$ ist

$$W^* = W - 1.$$

Mit N^* die Anzahl der reellen Nullstellen von $P^*(x)$ bezeichnet, ist nach Annahme

$$W^* \geqq N^*.$$

3a. $$\lim_{x \to \pm\infty} \frac{F(x)}{x^2 F'(x)} = -\frac{b_0}{b_1 + \lambda m b_0} \neq 0, \quad \text{falls } b_0 \neq 0.$$

---

[1]) In den Lösungen **78**, **80–84** sind die nötigen Konvergenzbetrachtungen nicht gegeben, aber ihr Resultat benutzt. Vgl. z. B. *E. Landau*, Münch. Ber. Bd. 36, S. 151, 1906.

Entweder ist $\operatorname{sg} F(x) = \operatorname{sg} F'(x)$ in einer Umgebung von $x = -\infty$, *oder* $\operatorname{sg} F(x) = -\operatorname{sg} F'(x)$ in einer Umgebung von $x = +\infty$; wendet man entweder **14** auf $-\infty$, λ (sinngemäß!) und zugleich **12** auf λ, $+\infty$ an oder, wenn nötig, umgekehrt, so findet man auf alle Fälle

$$N^* \geqq N - 1 .$$

3b.

$$\lim_{x \to \infty} \frac{F(x)}{x F'(x)} = -\frac{1}{s}, \quad \text{falls} \quad b_0 = b_1 = \cdots = b_{s-1} = 0, \quad b_s \neq 0.$$

Jetzt ist $\operatorname{sg} F(x) = \operatorname{sg} F'(x)$ für $x \to -\infty$, $\operatorname{sg} F(x) = -\operatorname{sg} F'(x)$ für $x \to +\infty$, also folgt durch Anwendung von **14** auf $-\infty$, λ und λ, $+\infty$ sogar $N^* \geqq N$.

80. [*Laguerre* a. a. O. **1**, S. 29; vgl. *G. Pólya*, C. R. Bd. 156, S. 996, 1913.] Wenn $Z = 0$, so ist offenbar $N = 0$. Wenn $Z > 0$, so sei λ_0 der gemeinsame Endpunkt zweier benachbarter Intervalle konstanten, einander entgegengesetzten Vorzeichens von $\varphi(\lambda)$ [S. 40]. Die Anzahl der Zeichenänderungen von

$$\varphi^*(\lambda) = (\lambda_0 - \lambda)\,\varphi(\lambda)$$

ist dann $Z^* = Z - 1$. Die Anzahl der fraglichen Nullstellen der Funktion

$$F^*(x) = e^{-\lambda_0 x} \frac{d}{dx} [e^{\lambda_0 x} F(x)] = \int_0^\infty \varphi^*(\lambda) e^{-\lambda x} d\lambda$$

ist $N^* \geqq N - 1$ [**12**]. Vollständige Induktion, wie in **77**, **79**.

81. [Vgl. *L. Fejér*, C. R. Bd. 158, S. 1328—1331, 1914.] Die Anzahl der reellen Nullstellen N der Funktion

$$F(x) = \int_0^\infty f(t)\, t^x dt = \int_{-\infty}^\infty e^{-\lambda} f(e^{-\lambda}) e^{-\lambda x} d\lambda$$

ist nicht geringer als die Anzahl der Zeichenwechsel der Folge $a_0, a_1, a_2, \ldots$, wie bei vollständiger Aufzählung ersichtlich [**8**, **9**]; es ist $F(n) = a_n$ im Falle 1., $F(n) = 0$ in den Fällen 2. 3. Die Wahl der Integrationsgrenzen (ob $0, \infty$ oder $-\infty, \infty$) ist auf den Beweis **80** ohne Einfluß.

82. Die Umformung durch partielle Integration ergibt

$$\int_0^\infty \varphi(\lambda) e^{-\lambda x} d\lambda = x \int_0^\infty \Phi(\lambda) e^{-\lambda x} d\lambda,$$

wenn das Integral links konvergiert und $x > 0$ [**80**].

83. Die Umformung durch partielle Summation ergibt

$$\sum_{n=1}^\infty a_n e^{-\lambda_n x} = \sum_{n=1}^\infty (a_1 + a_2 + \cdots + a_n) (e^{-\lambda_n x} - e^{-\lambda_{n+1} x}),$$

wenn die Reihe links konvergiert und $x > 0$ ist. Man setze

$$\varphi(\lambda) = a_1 + a_2 + \cdots + a_n, \quad \text{wenn} \quad \lambda_n \leqq x < \lambda_{n+1}, \quad n = 1, 2, 3, \ldots;$$

dann wird die betrachtete Reihe

$$= x\sum_{n=1}^{\infty}(a_1 + a_2 + \cdots + a_n)\int_{\lambda_n}^{\lambda_{n+1}} e^{-\lambda x}\,d\lambda = x\int_{\lambda_1}^{\infty}\varphi(\lambda)e^{-\lambda x}\,d\lambda.$$

Die Anzahl der Zeichenänderungen der stückweise konstanten Funktion $\varphi(\lambda)$ ist $=$ der Anzahl der Zeichenwechsel der Folge a_1, $a_1 + a_2$, $a_1 + a_2 + a_3$, ... [**80**].

84.

$$\sum_{n=1}^{\infty}\frac{n!\,a_n}{x(x+1)\cdots(x+n)} = \sum_{n=0}^{\infty} a_n \frac{\Gamma(x)\Gamma(n+1)}{\Gamma(x+n+1)} = \sum_{n=0}^{\infty} a_n \int_0^1 t^{x-1}(1-t)^n\,dt$$

$$= \int_0^1 t^{x-1} f(1-t)\,dt = \int_0^{\infty} e^{-\lambda x} f(1-e^{-\lambda})\,d\lambda. \qquad [\textbf{80, 24, 44.}]$$

85. [*Laguerre*, a. a. O. **1**, S. 28.] Setzt man

$$f(x) = a_n\left(\frac{1}{\alpha_n}\right)^{-x} + a_{n-1}\left(\frac{1}{\alpha_{n-1}}\right)^{-x} + \cdots + a_1\left(\frac{1}{\alpha_1}\right)^{-x},$$

so gibt es höchstens $n - 1$ ganze Zahlen k mit $f(k) = 0$ [**75**, auch **48**]. Daher ist das identische Verschwinden der Reihe

$$\Phi(x) = \sum_{\nu=1}^{n} a_\nu F(\alpha_\nu x) = \sum_{k=0}^{\infty} p_k(a_1\alpha_1^k + a_2\alpha_2^k + \cdots + a_n\alpha_n^k)x^k = \sum_{k=0}^{\infty} p_k f(k) x^k$$

ausgeschlossen. Die folgenden vier Anzahlen: positive Nullstellen von $\Phi(x)$ — Zeichenwechsel von $p_0 f(0)$, $p_1 f(1)$, $p_2 f(2)$, ... — positive Nullstellen von $f(x)$ — Zeichenwechsel von a_n, $a_n + a_{n-1}$, $a_n + a_{n-1} + a_{n-2}$, ... sind monoton, nicht abnehmend geordnet; Übergang: mittels **38**, **8**, **83**.

86. Eine Funktion von der Form

$$c_1 F(x\beta_1) + c_2 F(x\beta_2) + \cdots + c_n F(x\beta_n)$$

kann nicht mehr als $n - 1$ positive Nullstellen haben [**85**], also sicher nicht für $x = \alpha_1, \alpha_2, \ldots, \alpha_n$ verschwinden. Man schließt wie in **48**, **76**. — Die Determinante ist übrigens > 0; im Falle $\alpha_\nu = \beta_\nu$ läßt sich nämlich ihr Vorzeichen mit Hilfe der Theorie der quadratischen Formen daraus feststellen, daß

$$\sum_{\lambda=1}^{n}\sum_{\mu=1}^{n} F(\alpha_\lambda\alpha_\mu)x_\lambda x_\mu = \sum_{k=0}^{\infty} p_k(\alpha_1^k x_1 + \alpha_2^k x_2 + \cdots + \alpha_n^k x_n)^2 \geqq 0.$$

87. Die *Descartes*sche Regel ist als gültig angenommen. 1. Ist

$$1 \leqq \nu_1 < \nu_2 < \nu_3 < \cdots < \nu_l \leqq n,$$

so ist $W[h_{\nu_1}(x), \ldots, h_{\nu_l}(x)] \neq 0$ für $a < x < b$. Denn würde diese *Wronski*sche Determinante für $x = x_0$ verschwinden, so gäbe es l nicht durchweg verschwindende Konstanten $c_1, c_2, \ldots, c_l$, die den l simultanen Gleichungen

$$\begin{array}{llll} c_1 h_{\nu_1}(x_0) & + c_2 h_{\nu_2}(x_0) & + \cdots + c_l h_{\nu_l}(x_0) & = 0, \\ c_1 h'_{\nu_1}(x_0) & + c_2 h'_{\nu_2}(x_0) & + \cdots + c_l h'_{\nu_l}(x_0) & = 0, \\ \cdots\cdots & \cdots\cdots & \cdots\cdots & \cdots \\ c_1 h_{\nu_1}^{(l-1)}(x_0) & + c_2 h_{\nu_2}^{(l-1)}(x_0) & + \cdots + c_l h_{\nu_l}^{(l-1)}(x_0) & = 0 \end{array}$$

genügten, d. h. die Funktion $c_1 h_{\nu_1}(x) + c_2 h_{\nu_2}(x) + \cdots + c_l h_{\nu_l}(x)$ hätte l (mit x_0 zusammenfallende) Nullstellen im Intervall $a < x < b$, während die Koeffizienten $c_1, c_2, \ldots, c_l$ höchstens $l - 1$ Zeichenwechsel aufweisen können: Widerspruch! 2. Beweisen wir z. B., daß alle $(n-1)$-zeiligen *Wronski*schen Determinanten dasselbe Zeichen besitzen. Es sei $a < x_0 < b$; man bestimme $a_1, a_2, \ldots, a_n$ aus dem System

$$\begin{array}{llll} a_1 h_1(x_0) & + a_2 h_2(x_0) & + \cdots + a_n h_n(x_0) & = 0, \\ a_1 h'_1(x_0) & + a_2 h'_2(x_0) & + \cdots + a_n h'_n(x_0) & = 0, \\ \cdots\cdots & \cdots\cdots & \cdots\cdots & \cdots \\ a_1 h_1^{(n-2)}(x_0) & + a_2 h_2^{(n-2)}(x_0) & + \cdots + a_n h_n^{(n-2)}(x_0) & = 0, \\ a_1 h_1^{(n-1)}(x_0) & + a_2 h_2^{(n-1)}(x_0) & + \cdots + a_n h_n^{(n-1)}(x_0) & = 1, \end{array}$$

dessen Determinante nicht verschwindet (vgl. 1.). Die Funktion

$$a_1 h_1(x) + a_2 h_2(x) + \cdots + a_n h_n(x)$$

besitzt $n - 1$ Nullstellen im Innern von a, b (sie sind alle $= x_0$); darum muß die Koeffizientenfolge $a_1, a_2, \ldots, a_n$ genau $n - 1$ Vorzeichenwechsel aufweisen, also müssen, $(-1)^{n-1} W[h_1(x_0), h_2(x_0), \ldots, h_n(x_0)] = W$ gesetzt, die Zahlen

$$a_1 W = W(h_2, h_3, \ldots, h_n), \quad -a_2 W = W(h_1, h_3, \ldots, h_n),$$
$$a_3 W = W(h_1, h_2, h_4, \ldots, h_n), \ldots$$

(alles ist an der Stelle $x = x_0$ genommen) von gleichem Vorzeichen sein, w. z. b. w.

88. Spezialisiert auf die Zeilenzahlen $l = 1, 2$ besagt das Kriterium **87**, daß einerseits $h_1(x), h_2(x), \ldots, h_n(x)$, andererseits

$$W(h_1, h_2) = h_1^2 \frac{d}{dx} \frac{h_2}{h_1}, \quad W(h_2, h_3) = h_2^2 \frac{d}{dx} \frac{h_3}{h_2}, \ldots$$

von gleichem Vorzeichen sein müssen. Auch direkt einzusehen.

89. Es sei $l \leqq n-1$, $1 \leqq \nu_1 < \cdots < \nu_j < \alpha < \nu_{j+1} < \cdots < \nu_l \leqq n$. Es ist [VII **57**]

$$W(h_{\nu_1}, h_{\nu_2}, \ldots, h_{\nu_j}, h_\alpha, h_{\nu_{j+1}}, \ldots, h_{\nu_l}) =$$
$$= h_\alpha^{l+1} W\left[\frac{h_{\nu_1}}{h_\alpha}, \frac{h_{\nu_2}}{h_\alpha}, \ldots, \frac{h_{\nu_j}}{h_\alpha}, 1, \frac{h_{\nu_{j+1}}}{h_\alpha}, \ldots, \frac{h_{\nu_l}}{h_\alpha}\right]$$
$$= h_\alpha^{l+1} W\left[-\left(\frac{h_{\nu_1}}{h_\alpha}\right)', \ldots, -\left(\frac{h_{\nu_j}}{h_\alpha}\right)', \left(\frac{h_{\nu_{j+1}}}{h_\alpha}\right)', \ldots, \left(\frac{h_{\nu_l}}{h_\alpha}\right)'\right].$$

90. Es sei die *Descartes*sche Regel als gültig angenommen für ein System von irgendwelchen $n-1$ Funktionen, die die Determinantenbedingungen erfüllen. Es soll die Funktion

$$F(x) = a_1 h_1(x) + a_2 h_2(x) + \cdots + a_n h_n(x)$$

N Nullstellen im Innern von a, b und die Koeffizientenfolge $a_1, a_2, \ldots, a_n$ W Zeichenwechsel besitzen. Der Fall $W = 0$ ist klar. Es sei also $\alpha + 1$ eine Wechselstelle. Mit den Bezeichnungen von **89** erhält man

$$\frac{d}{dx}\frac{F(x)}{h_\alpha(x)} = a_1 \frac{d}{dx}\frac{h_1}{h_\alpha} + \cdots + a_{\alpha-1}\frac{d}{dx}\frac{h_{\alpha-1}}{h_\alpha} + a_{\alpha+1}\frac{d}{dx}\frac{h_{\alpha+1}}{h_\alpha} + \cdots + a_n \frac{d}{dx}\frac{h_n}{h_\alpha}$$
$$= -a_1 H_1(x) - \cdots - a_{\alpha-1} H_{\alpha-1}(x) + a_{\alpha+1} H_\alpha(x) + \cdots + a_n H_{n-1}(x)$$
$$= F^*(x).$$

Es sei N^* die Anzahl der Nullstellen von $F^*(x)$ im Intervall $a < x < b$ und W^* die Anzahl der Zeichenwechsel der Folge

$$-a_1, \quad -a_2, \quad \ldots, \quad -a_{\alpha-1}, \quad a_{\alpha+1}, \quad \ldots, \quad a_n,$$

oder, was dasselbe ist [**3**], die der Zeichenwechsel der Folge

$$-a_1, \quad -a_2, \quad \ldots, \quad -a_{\alpha-1}, \quad -a_\alpha, \quad a_{\alpha+1}, \quad \ldots, \quad a_n.$$

Es ist [**12**]

$$N^* \geqq N - 1, \qquad W^* = W - 1.$$

Die Funktionen $H_1(x), H_2(x), \ldots, H_{n-1}(x)$ erfüllen die Determinantenbedingungen **87** [**89**]; die Annahme der vollständigen Induktion ergibt

$$N^* \leqq W^*.$$

91. $W(e^{\lambda_1 x}, e^{\lambda_2 x}, \ldots, e^{\lambda_n x}) = e^{(\lambda_1+\lambda_2+\cdots+\lambda_n)x} \prod\limits_{j<k}^{1,2,\ldots,n} (\lambda_k - \lambda_j) > 0.$

92. Mit den Bezeichnungen von Lösung **63** hat man

$$a_n e^{-\alpha_n x}\frac{d}{dx} e^{(\alpha_n-\alpha_{n-1})x}\frac{d}{dx}\cdots\frac{d}{dx} e^{(\alpha_2-\alpha_1)x}\frac{d}{dx} e^{\alpha_1 x} f(x)$$
$$= a_0 f(x) + a_1 f'(x) + \cdots + a_n f^{(n)}(x).$$

Man wende **12** n mal, **6** $n+1$ mal an.

93. [*G. Pólya*, American M. S. Trans. Bd. 24, S. 312—324, 1924; vgl. *H. Poincaré*, Interméd. des math. Bd. 1, S. 141—144, 1894.] Mit Benutzung von Formel VII **62** Beweis wie für **92**.

94. Es ist also vorausgesetzt, daß

$$h^{(n)}(x) + \varphi_1(x)\, h^{(n-1)}(x) + \varphi_2(x)\, h^{(n-2)}(x) + \cdots + \varphi_n(x)\, h(x) = 0$$

identisch gilt und daß $f(x) - h(x)$ im besagten Intervall $n+1$ mal verschwindet. Man wende **93** auf $f(x) - h(x)$ an.

95. [Vgl. *H. A. Schwarz*, Gesammelte Mathematische Abhandlungen, Bd. 2, S. 296. Berlin: J. Springer 1890. *T. J. Stieltjes*, Oeuvres, Bd. 2, S. 110. Groningen: P. Noordhoff 1918.] Man nehme $|\varphi_\lambda(x_\mu)| \neq 0$ an. Den Wert des Quotienten $|f_\lambda(x_\mu)| : |\varphi_\lambda(x_\mu)|$ mit Q bezeichnet, verschwindet die Funktion von x

$$|f_k(x_1)\, f_k(x_2) \ldots f_k(x_{n-1})\, f_k(x)| - Q\, |\varphi_k(x_1)\, \varphi_k(x_2) \ldots \varphi_k(x_{n-1})\, \varphi_k(x)|$$

für $x = x_{n-1}$ und $x = x_n$. Nach *Rolle* wird

$$|f_k(x_1)\, f_k(x_2) \ldots f_k(x_{n-1})\, f_k'(\eta_n)| - Q\, |\varphi_k(x_1)\, \varphi_k(x_2) \ldots \varphi_k(x_{n-1})\, \varphi_k'(\eta_n)| = 0,$$

wo $x_{n-1} < \eta_n < x_n$. Man ersetze jetzt x_{n-1} durch x; die entstehende Funktion von x verschwindet für $x = x_{n-2}$ und $x = x_{n-1}$ usw. Nachher ersetze man η_n durch x usw. Man gelangt so nach $(n-1) + (n-2) + \cdots + 2 + 1$ maliger Anwendung des *Rolle*schen Satzes zu der linearen Gleichung für Q, die zu beweisen war.

96. Spezialfall von **95**:

$$\varphi_1(x) = 1, \quad \varphi_2(x) = x, \quad \varphi_3(x) = x^2, \quad \ldots \quad \varphi_n(x) = x^{n-1}.$$

Durch Addition von Zeilen erhält man

$$\frac{1}{1^{n-1}\, 2^{n-2}\, 3^{n-3} \ldots (n-1)^1} \begin{vmatrix} 1 & 1 & 1 & \ldots & 1 \\ x_1 & x_2 & x_3 & \ldots & x_n \\ \ldots & \ldots & \ldots & \ldots & \ldots \\ x_1^{n-1} & x_2^{n-1} & x_3^{n-1} & \ldots & x_n^{n-1} \end{vmatrix}$$

$$= \begin{vmatrix} 1 & 1 & \ldots & 1 \\ \binom{x_1}{1} & \binom{x_2}{1} & \ldots & \binom{x_n}{1} \\ \ldots & \ldots & \ldots & \ldots \\ \binom{x_1}{n-1} & \binom{x_2}{n-1} & \ldots & \binom{x_n}{n-1} \end{vmatrix} = \frac{\prod\limits_{j<k}^{1,2,\ldots,n} (x_k - x_j)}{\prod\limits_{j<k}^{1,2,\ldots,n} (k-j)}.$$

97. Spezialfall von **96**:

$$f_1(x) = 1, \quad f_2(x) = x, \quad f_3(x) = x^2, \quad \ldots, \quad f_{n-1}(x) = x^{n-2}.$$

98. Spezialfall von **97**:

$$x_1 = x, \quad x_2 = x + h, \quad x_3 = x + 2h, \quad \ldots, \quad x_n = x + (n-1)h.$$

99. [A. a. O. **93**.] Für $n = 2$ ergibt **93** (**) nur eine Bedingung: $h(x) > 0$. Nach dem Mittelwertsatz ist

$$\frac{1}{h(x_1)\,h(x_2)} \begin{vmatrix} h(x_1) & h(x_2) \\ f(x_1) & f(x_2) \end{vmatrix} = \frac{f(x_2)}{h(x_2)} - \frac{f(x_1)}{h(x_1)} = \frac{x_2 - x_1}{[h(\xi)]^2} \begin{vmatrix} h(\xi) & h'(\xi) \\ f(\xi) & f'(\xi) \end{vmatrix}$$

Man setze

$$\frac{d}{dx}\frac{h_2(x)}{h_1(x)} = H_1(x), \ldots, \qquad \frac{d}{dx}\frac{h_{n-1}(x)}{h_1(x)} = H_{n-2}(x), \qquad \frac{d}{dx}\frac{f(x)}{h_1(x)} = F(x).$$

Man erhält durch $(n-1)$ malige Anwendung des *Rolle*schen Satzes [Lösung **95**]

$$\frac{1}{h_1(x_1)\,h_1(x_2)\ldots h_1(x_n)} \begin{vmatrix} h_1(x_1) & h_1(x_2) & \ldots & h_1(x_n) \\ h_2(x_1) & h_2(x_2) & \ldots & h_2(x_n) \\ \cdots & \cdots & \cdots & \cdots \\ h_{n-1}(x_1) & h_{n-1}(x_2) & \ldots & h_{n-1}(x_n) \\ f(x_1) & f(x_2) & \ldots & f(x_n) \end{vmatrix}$$

$$(x_n - x_{n-1})(x_{n-1} - x_{n-2}) \ldots (x_2 - x_1) \begin{vmatrix} 1 & 0 & \ldots & 0 \\ h_2(x_1)/h_1(x_1) & H_1(\xi_1) & \ldots & H_1(\xi_{n-1}) \\ \cdots & \cdots & \cdots & \cdots \\ h_{n-1}(x_1)/h_1(x_1) & H_{n-2}(\xi_1) & \ldots & H_{n-2}(\xi_{n-1}) \\ f(x_1)/h_1(x_1) & F(\xi_1) & \ldots & F(\xi_{n-1}) \end{vmatrix}$$

mit $x_1 < \xi_1 < x_2 < \xi_2 < \cdots < x_{n-1} < \xi_{n-1} < x_n$. Man forme die auf der rechten Seite der behaupteten Gleichung auftretende *Wronski*sche Determinante nach Ausklammern von $[h_1(\xi)]^n$ gemäß VII **58** um. Die Bedingungen **93** (**) sind durch $H_1(x), H_2(x), \ldots, H_{n-2}(x)$ erfüllt. [**89**.] Nimmt man den Satz für die $n-1$ Funktionen $H_1(x), H_2(x), \ldots, H_{n-2}(x)$, $F(x)$ als bewiesen an, so folgt er aus der vorgenommenen Umformung für die n Funktionen $h_1(x), h_2(x), \ldots, h_{n-1}(x), f(x)$.

100. Spezialfall von **99**:

$$h_\nu(x) = e^{\beta_\nu x}, \quad \nu = 1, 2, \ldots, n-1, \quad f(x) = e^{\beta_n x}, \quad x_\mu = \alpha_\mu, \quad \mu = 1, 2, \ldots, n.$$

Die fraglichen *Wronski*schen Determinanten sind > 0 [**91**].

101. Die fraglichen Abbildungen der Z-Ebene auf die Z'-Ebene haben die Form $Z' = aZ + b$. Aus

$$\zeta = m_1 z_1 + m_2 z_2 + \cdots + m_n z_n, \quad m_1 + m_2 + \cdots + m_n = 1,$$
$$z_1' = a z_1 + b, \quad z_2' = a z_2 + b, \quad \ldots, \quad z_n' = a z_n + b,$$
$$\zeta' = m_1 z_1' + m_2 z_2' + \cdots + m_n z_n'$$

folgt

$$\zeta' = a\zeta + b.$$

102. Es seien zunächst $z, z_1, z_2, \ldots, z_n$ endlich. Die fraglichen Transformationen haben die Form

$$Z' = \frac{a}{Z - z} + b, \qquad a \neq 0.$$

Aus

$$z_1' = \frac{a}{z_1 - z} + b, \quad z_2' = \frac{a}{z_2 - z} + b, \quad \ldots, \quad z_n' = \frac{a}{z_n - z} + b,$$
$$\zeta' = m_1 z_1' + m_2 z_2' + \cdots + m_n z_n', \qquad m_1 + m_2 + \cdots + m_n = 1,$$
$$\zeta' = \frac{a}{\zeta - z} + b$$

folgt

$$(*) \qquad \frac{1}{\zeta - z} = \frac{m_1}{z_1 - z} + \frac{m_2}{z_2 - z} + \cdots + \frac{m_n}{z_n - z},$$

unabhängig von a und b. — Ist $z_\nu = \infty$ für ein gewisses ν, also z endlich, dann ist das ν^{te} Glied auf der rechten Seite von (*) wegzulassen. Ist $z = \infty$, folglich $z_1, z_2, \ldots, z_n$ endlich, dann ist die Transformation eine Drehstreckung und ζ stimmt mit dem gewöhnlichen Schwerpunkt überein [**101**].

103. Die Verhältnisse sind wohlbekannt, wenn der Aufpunkt $z = \infty$. Durch lineare Abbildung erhält man nun: ein Kreis durch z_i, z_k und z begrenzt zwei Kreisbereiche ($z_i \neq z_k$); von den endlich vielen derartigen Kreisbereichen streiche man das Innere aller derjenigen fort, die keinen der Punkte $z_1, z_2, \ldots, z_n$ im Innern enthalten. Der nicht fortgestrichene abgeschlossene Teil der Ebene ist $\mathfrak{K}_z$. Die Konstruktion ist zu modifizieren, wenn $z_1, z_2, \ldots, z_n$ und z sämtlich auf einem Kreise liegen: in diesem Falle ist $\mathfrak{K}_z$ derjenige Bogen des fraglichen Kreises, der $z_1, z_2, \ldots, z_n$ enthält und z nicht enthält.

104. Vgl. **103** oder direkt durch Abbildung aus dem Fall $z = \infty$.

105. [**103**.]

106. Verallgemeinerung des Falles $z = \infty$ durch lineare Abbildung.

107. Wenn z und ζ_z beide außerhalb K liegen würden, so würde ein durch z und ζ_z, aber nicht durch K gehender Kreis $z_1, z_2, \ldots, z_n$ nicht trennen, im Widerspruch zu **106**. Wenn z außerhalb und ζ_z auf dem Rande von K liegt, so wende man **106** auf den, durch z und ζ_z gehenden, K von außen berührenden Kreis an.

108. Gemäß **102** ist, da jetzt alle Massen $=\frac{1}{n}$, der Schwerpunkt ζ_z durch

$$\frac{1}{\zeta_z - z} = \frac{1}{n}\left(\frac{1}{z_1 - z} + \frac{1}{z_2 - z} + \cdots + \frac{1}{z_n - z}\right)$$

$$= \frac{n_1}{n}\frac{1}{w_1 - z} + \frac{n_2}{n}\frac{1}{w_1 - z} + \cdots + \frac{n_k}{n}\frac{1}{w_k - z}$$

gegeben, mit $n_1, n_2, \ldots, n_k$ die Anzahl derjenigen $z_1, z_2, \ldots, z_n$ bezeichnet, die in w_1, bzw. in $w_2, w_3, \ldots, w_k$ zusammenfallen. Durch die rationalen Massen $\frac{n_1}{n}, \frac{n_2}{n}, \ldots, \frac{n_k}{n}$ können irgendwelche k Massen von der Summe 1 beliebig angenähert werden. Dies für endliches $w_1, w_2, \ldots, w_k, z$. Bezüglich $w_\nu = \infty$ oder $z = \infty$ vgl. Lösung **102**.

109. Dem betreffenden Punkt z_1, auch wenn z_1 im Unendlichen gelegen ist, vgl. die Formel in Lösung **102**.

110. Gemäß **102** ist, da jetzt alle Massen $=\frac{1}{n}$,

$$\zeta_z = z - \frac{n}{\frac{1}{z - z_1} + \frac{1}{z - z_2} + \cdots + \frac{1}{z - z_n}}$$

$$= \frac{z_1 + z_2 + \cdots + z_n}{n} + \frac{\sum\limits_{\mu=1}^{n}\sum\limits_{\nu=1}^{n}(z_\mu - z_\nu)^2}{2n^2}\frac{1}{z} + \cdots.$$

111. Nach Lösung **110** ist

$$\zeta = z - \frac{n f(z)}{f'(z)} = -\frac{a_0 + \binom{n-1}{1}a_1 z + \binom{n-1}{2}a_2 z^2 + \cdots + a_{n-1}z^{n-1}}{a_1 + \binom{n-1}{1}a_2 z + \binom{n-1}{2}a_3 z^2 + \cdots + a_n z^{n-1}},$$

wenn z endlich, $\zeta = -\frac{a_{n-1}}{a_n}$, wenn $z = \infty$; $f(z)$ ist wie auf S. 57 bezeichnet. Für $f(z) = z^n$ ist $\zeta = 0$, was an und für sich klar ist [**107**]. — *Laguerre* bezeichnet ζ als „point dérivé du point z" [a. a. O. **1**, S. 56].

112. [*Laguerre*, a. a. O. **1**, S. 61.] Sind alle Nullstellen von $f(z)$ reell, so liegen sie in der abgeschlossenen unteren (oberen) Halbebene, in deren Innern auch ζ liegen muß, wenn der Imaginärteil von z positiv (negativ) ist, abgesehen von dem Fall, daß sämtliche Nullstellen von $f(z)$ zusammenfallen [**107**]. Besitzt $f(z)$ eine imaginäre Nullstelle z_1, so nähern sich z und ζ gleichzeitig z_1 [**109**], ihre Imaginärteile sind also in genügender Nähe von z_1 von gleichem Vorzeichen.

113. Auf Grund von **111** ist, $a_n \neq 0$ vorausgesetzt, dann und nur dann $\zeta = \infty$, wenn z eine solche Nullstelle der Derivierten $f'(z)$ ist, die nicht mit einer Nullstelle von $f(z)$ zusammenfällt. Jede Gerade durch eine solche Nullstelle von $f'(z)$ trennt die Nullstellen von $f(z)$ [**106**], und jede Kreisscheibe, die sämtliche Nullstellen von $f(z)$ bedeckt, bedeckt auch die von $f'(z)$ [**107**]. Sowohl aus **106**, wie aus **107** ergibt sich so von neuem der *Gauß*sche Satz [III **31**], insbesondere aus **107** durch folgende Bemerkung: der größte gemeinsame Teil (oder „Durchschnitt") sämtlicher Kreischeiben (Kreisbereiche, die ∞ nicht enthalten), die die Punkte $z_1, z_2, \ldots, z_n$ bedecken, ist das kleinste konvexe Polygon, das $z_1, z_2, \ldots, z_n$ umspannt.

114. Ist x eine Nullstelle von $e^{-\frac{z}{c}}\left(-\frac{f(z)}{c} + f'(z)\right)$ und $f(x) \neq 0$, also auch $f'(x) \neq 0$, so ist der Schwerpunkt von $f(z)$ in Bezug auf x [**111**]

$$= x - \frac{nf(x)}{f'(x)} = x - nc = \zeta.$$

Würde x weder in K noch in $K + nc$ liegen, so würden x und ζ beide außerhalb K liegen, was jedoch nach **107** unstatthaft ist.

115. [*J. v. Sz. Nagy*; vgl. *L. Fejér*, Deutsche Math.-Ver. Bd. 26, S. 119, 1917.] Es sei z_1 endlich; $f(z) = (z - z_1)g(z)$ gesetzt, ist $(x - z_1)g'(x) + g(x) = 0$. Der Schwerpunkt ζ von $g(z)$ in bezug auf x ist [**111**]

$$\zeta = x - \frac{(n-1)g(x)}{g'(x)} = x - (n-1)(z_1 - x). \qquad [\mathbf{106}]$$

Für $z_1 = \infty$ vgl. III **31**.

116. [*Laguerre*, a. a. O. **1**, S. 56, 133.] Es sei z eine der Nullstellen von $\alpha_1 z f'(z) - \alpha_2 f(z)$ und $f(z) \neq 0$, folglich z endlich, $f'(z) \neq 0$; der Schwerpunkt von $f(z)$ in bezug auf z ist

$$\zeta = z - n\frac{\alpha_1}{\alpha_2}z = \left(1 - n\frac{\alpha_1}{\alpha_2}\right)z.$$

Wäre also $|z| < \operatorname{Min}\left(1, \left|1 - n\frac{\alpha_1}{\alpha_2}\right|^{-1}\right)$, so müßte auch $|\zeta| < 1$ sein, gegen **107**.

117. [**116**].

118. [*Laguerre*, a. a. O. **1**, S. 161.] z_1 muß eine einfache Nullstelle sein, damit der fragliche Schwerpunkt einen Sinn hat; $f(z) = (z - z_1)g(z)$ gesetzt, ist $f'(z_1) = g(z_1)$, $f''(z_1) = 2g'(z_1)$ und der Schwerpunkt [**111**]

$$= z_1 - \frac{(n-1)g(z_1)}{g'(z_1)}.$$

Für $z_1 = \infty$ müssen die übrigen Nullstellen endlich sein, $a_n = 0$, $a_{n-1} \neq 0$. Der Schwerpunkt ist dann [**111**]

$$= -\frac{1}{2}\frac{a_{n-2}}{a_{n-1}}.$$

119. [*Laguerre*, a. a. O. **1**, S. 142.] In bezug auf die Nullstelle $z_1 = \alpha + i\beta$ vom größten Imaginärteil muß der Schwerpunkt der übrigen $n - 1$ Nullstellen einen Imaginärteil $< \beta$ haben, falls $\beta > 0$ wäre [**107**]. Tatsächlich ist für $\beta > 0$ wegen der Differentialgleichung, wenn $f(z_1) = 0$, folglich $f'(z_1) \neq 0$, $f''(z_1) \neq 0$, [**118**]

$$\Im\left(z_1 - \frac{2(n-1)f'(z_1)}{f''(z_1)}\right) = \Im\left(z_1 - \frac{2(n-1)}{z_1}\right) = \beta + \frac{2(n-1)\beta}{\alpha^2 + \beta^2} > \beta.$$

120. Für $f(z_1) = 0$, $z_1 = \alpha + i\beta$, $\beta > 0$ würde

$$\Im\left(z_1 - \frac{2(n-1)f'(z_1)}{f''(z_1)}\right) = \Im\left(z_1 + \frac{(n-1)(z_1^2 - 1)}{z_1}\right)$$
$$= \beta + (n-1)\left(\beta + \frac{\beta}{\alpha^2 + \beta^2}\right) > \beta$$

folgen. Vgl. **119**.

121. Falsch. Es sei $a \neq b$ und K_1, K_2 Kreise um a bzw. um b, deren Radien so klein sind, daß sie $\frac{a+b}{2}$ nicht mehr enthalten. Man betrachte dann $f(z) = (z - a)(z - b)$.

122. $$\frac{n_1 z_2 + n_2 z_1}{n_1 + n_2} - \frac{n_1 z_2^{(0)} + n_2 z_1^{(0)}}{n_1 + n_2} = \frac{n_1(z_2 - z_2^{(0)}) + n_2(z_1 - z_1^{(0)})}{n_1 + n_2}.$$

Es ist $(z^{(0)} - z_1^{(0)}) : (z_2^{(0)} - z^{(0)}) = (r - r_1) : (r_2 - r) = n_1 : n_2$.

123. Man kann annehmen, daß K_1 und K_2 die Halbebenen $\Re z \geqq c_1$, $\Re z \geqq c_2$ sind. Dann ist

$$\Re\frac{n_1 z_2 + n_2 z_1}{n_1 + n_2} \geqq \frac{n_1 c_2 + n_2 c_1}{n_1 + n_2}.$$

Außerdem ist bei passender Wahl von z_1 und z_2 der Mittelwert $\frac{n_1 z_2 + n_2 z_1}{n_1 + n_2}$ gleich einer beliebigen Zahl c mit $\Re c \geqq \frac{n_1 c_2 + n_2 c_1}{n_1 + n_2}$.

124. [*J. L. Walsh*, American M. S. Trans. Bd. 22, S. 115, 1921.] Es sei z eine Nullstelle von $f_1'(z)f_2(z) + f_1(z)f_2'(z)$ und z möge außerhalb von K_1 und K_2 liegen. Es ist also $f_1(z) \neq 0$, $f_1'(z) \neq 0$, $f_2(z) \neq 0$, $f_2'(z) \neq 0$, z endlich. Den Schwerpunkt von $f_1(z)$ in bezug auf z mit ζ_1, den von $f_2(z)$ mit ζ_2 bezeichnet, ist

$$\zeta_1 = z - \frac{n_1 f_1(z)}{f_1'(z)}, \qquad \zeta_2 = z - \frac{n_2 f_2(z)}{f_2'(z)}.$$

ζ_1 liegt in K_1, ζ_2 liegt in K_2 [**107**]. Hieraus folgt durch Multiplikation mit n_2 bzw. n_1 und Addition

$$z = \frac{n_1 \zeta_2 + n_2 \zeta_1}{n_1 + n_2}.$$

125. [*J. L. Walsh*, a. a. O. **124**.] Man setze analog wie in **124**: $f(z) = \frac{f_1(z)}{f_2(z)}$. Ist z eine Nullstelle von $f'(z)$ außerhalb von K_1 und K_2, ferner ζ_1 und ζ_2 die Schwerpunkte von $f_1(z)$ bzw. $f_2(z)$ in bezug auf z, so ist [**124**]

$$z = \frac{n_1 \zeta_2 - n_2 \zeta_1}{n_1 - n_2}, \qquad \text{wenn} \qquad n_1 \gtrless n_2.$$

Ist $n_1 = n_2$, so folgt $\zeta_1 = \zeta_2$, was bei Kreisbereichen K_1, K_2, die keine gemeinsamen Punkte haben, unmöglich ist.

126. [*R. Jentzsch*, Arch. d. Math. u. Phys. Serie 3, Bd. 25, S. 196, 1917; vgl. *M. Fekete*, Deutsche Math.-Ver. Bd. 31, S. 42—48, 1922.] Es seien a und b zwei Zahlen, für die sämtliche Nullstellen von $f(z) - a$ und $f(z) - b$ in O_1 liegen. Es ist zu beweisen, daß die Nullstellen von $f(z) - c$ auch in O_1 liegen, wenn c auf der Verbindungsstrecke von a und b liegt. [Definition der Konvexität!] Die Nullstellen von $F(z) = [f(z) - a]^m [f(z) - b]^n$, m und n positiv ganz, liegen sicher in O_1. Es ist

$$F'(z) = (m + n) [f(z) - a]^{m-1} [f(z) - b]^{n-1} f'(z) \left(f(z) - \frac{n a + m b}{m + n} \right),$$

so daß sämtliche Nullstellen von $f(z) - \frac{n a + m b}{m + n}$ auch in O_1 liegen [III **31**]. Die Zahlen $\frac{n a + m b}{m + n}$ liegen aber überall dicht auf der Verbindungsstrecke von a und b, wenn m und n alle positiven ganzen Zahlen durchlaufen.

127. Man wende **124** auf $F(z) = [f(z) - a]^{n_1} [f(z) - b]^{n_2}$ an [Lösung **126**].

128.

$$a_0 + a_1 \zeta, \quad a_1 + a_2 \zeta, \quad a_2 + a_3 \zeta, \quad \ldots, \quad a_{n-1} + a_n \zeta,$$

bzw.

$$a_1, \quad a_2, \quad a_3, \quad \ldots, \quad a_n,$$

je nachdem ζ endlich bzw. unendlich ist. D. h. es ist, wenn ζ endlich,

$$(\zeta - z) f'(z) + n f(z) = n \sum_{\nu=0}^{n-1} \binom{n-1}{\nu} (a_\nu + a_{\nu+1} \zeta) z^\nu.$$

129. Definition.

130. Für $\zeta=\infty$ geläufig; sonst

$$g(z)[(\zeta-z)h'(z)+l\,h(z)]+h(z)[(\zeta-z)g'(z)+k\,g(z)]$$
$$=(\zeta-z)[g(z)h'(z)+g'(z)h(z)]+(k+l)g(z)h(z).$$

131. Wenn ζ_1, ζ_2 beide $=\infty$, geläufig. Wenn beide endlich, so ist

$$(\zeta_1-z)[(\zeta_2-z)f'(z)+n\,f(z)]'+(n-1)[(\zeta_2-z)f'(z)+n\,f(z)]$$
$$=(\zeta_1-z)(\zeta_2-z)f''(z)+(n-1)(\zeta_1+\zeta_2-2z)f'(z)+n(n-1)f(z)$$

symmetrisch in ζ_1, ζ_2. Wenn $\zeta_1=\zeta$ endlich, $\zeta_2=\infty$ ist,

$$[(\zeta-z)f'(z)+n\,f(z)]'=(\zeta-z)f''(z)+(n-1)f'(z).$$

Auch durch die symbolische Rechnung in **137** darzulegen.

132. Für $\zeta=\infty$ folgt aus $f'(z)\equiv 0$, daß $f(z)$ eine Konstante ist, d. h., daß alle n Nullstellen $=\infty$ sind. Wenn ζ endlich, so ist die Lösung der homogenen linearen Differentialgleichung erster Ordnung

$$(\zeta-z)f'(z)+n\,f(z)=0,$$

$f(z)=c(z-\zeta)^n$, c Konstante.

133. Es sei z' ein Punkt des abgeleiteten Systems.

1. z' endlich, $f(z')\neq 0$, $z'\neq\zeta$, also auch $f'(z')\neq 0$; $\zeta=z'-\dfrac{n\,f(z')}{f'(z')}$ [**111**].

2. z' endlich, $f(z')=0$, $f(z)=(z-z')^k\varphi(z)$, $\varphi(z')\neq 0$, $z'\neq\zeta$; $(z-z')^{-k+1}A_\zeta f(z)$ reduziert sich für $z=z'$ auf $k(\zeta-z')\varphi(z')\neq 0$.

3. $z'=\zeta$; $f(z)=(z-\zeta)^k\varphi(z)$, $\varphi(\zeta)\neq 0$, $k<n$; $(z-\zeta)^{-k}A_\zeta f(z)$ reduziert sich für $z=\zeta$ auf $(n-k)\varphi(\zeta)\neq 0$.

4. Ist $a_n\neq 0$ und $a_{n-1}+a_n\zeta=0$ [**128**], so ist $\zeta=-\dfrac{a_{n-1}}{a_n}$ [**111**].

134. Für $\zeta=\infty$ vgl. III **31**. Bei endlichem ζ betrachte man die unter **133** aufgezählten Fälle; entweder ist ζ der Schwerpunkt von $f(z)$ in bezug auf z', wie in 1. und 4., und dann gilt **106**, oder ist z' selbst Nullstelle von $f(z)$, und dann liegt z' im Kreisbereiche, nämlich auf dessen Rand.

135. Folgt aus **107** durch dieselbe Überlegung, wie **134** aus **106**.

136. Auf Grund von **135**; das fragliche Kreisbogenpolygon wird als der größte gemeinsame Teil von Kreisbereichen aufgefaßt, die z_1, $z_2, \ldots, z_n$ enthalten und ζ nicht enthalten [Lösung **113**].

137. Wenn $\zeta=\infty$, dann ergibt $f^{(n-1)}(z)=0$ den gewöhnlichen Schwerpunkt von $f(z)$, oder ∞, oder nichts Bestimmtes, je nachdem der genaue Grad von $f(z)$ n, $n-1$ oder $\leqq n-2$ ist. — Es sei ζ endlich. Man sage, daß das Polynom m^{ten} Grades $\sum_{\nu=0}^{m}\binom{m}{\nu} b_\nu z^\nu$ und die Potenzreihe $\sum_{\nu=-\infty}^{\infty} c_\nu u^\nu$ einander zugeordnet sind, im Zeichen:

$$b_0+\binom{m}{1}b_1 z+\binom{m}{2}b_2 z^2+\cdots+b_m z^m \wedge \cdots + c_{-1}u^{-1}+c_0+c_1 u+\cdots$$

wenn $c_0=b_0$, $c_1=b_1,\ldots,$ $c_m=b_m$, c_{-1}, $c_{-2}\ldots,$ c_{m+1}, $c_{m+2},\ldots$ *beliebig*. Dann ist [**128**]

$$f(z)=a_0+\binom{n}{1}a_1 z+\binom{n}{2}a_2 z^2+\cdots+a_n z^n$$
$$\wedge\, a_0+a_1 u+a_2 u^2+\cdots+a_n u^n,$$

$$f'(z)=n\left[a_1+\binom{n-1}{1}a_2 z+\binom{n-1}{2}a_3 z^2+\cdots+a_n z^{n-1}\right]$$
$$\wedge\,(a_0+a_1 u+a_2 u^2+\cdots+a_n u^n)\,\frac{n}{u},$$

$$A_\zeta f(z)=n\left[(a_0+a_1\zeta)+\binom{n-1}{1}(a_1+a_2\zeta)z+\cdots+(a_{n-1}+a_n\zeta)z^{n-1}\right]$$
$$\wedge\,(a_0+a_1 u+\cdots+a_n u^n)\,n\left(1+\frac{\zeta}{u}\right),$$

$$A_\zeta^{n-1} f(z)\wedge(a_0+a_1 u+\cdots+a_n u^n)\,n(n-1)\cdots 2\left(1+\frac{\zeta}{u}\right)^{n-1},$$

$$A_\zeta^{n-1} f(z)=n!\Bigg(a_0+\binom{n-1}{1}a_1\zeta+\binom{n-1}{2}a_2\zeta^2+\cdots+a_{n-1}\zeta^{n-1}$$
$$+\left[a_1+\binom{n-1}{1}a_2\zeta+\binom{n-1}{2}a_3\zeta^2+\cdots+a_n\zeta^{n-1}\right]z\Bigg).$$

Hieraus ist die fragliche Nullstelle der Schwerpunkt von $f(z)$ in bezug auf ζ [**111**].

138. Nach Lösung **137** ist

$$A_{\zeta_1}A_{\zeta_2}\cdots A_{\zeta_n}f(z)\wedge n!\,(a_0+a_1 u+\cdots+a_n u^n)\left(1+\frac{\zeta_1}{u}\right)\left(1+\frac{\zeta_2}{u}\right)\cdots\left(1+\frac{\zeta_n}{u}\right),$$

wenn ζ_1, ζ_2, $\ldots$, ζ_n endlich, im andern Falle

$$A_{\zeta_1}A_{\zeta_2}\cdots A_{\zeta_n}f(z)\wedge n!\,(a_0+a_1 u+\cdots+a_n u^n)\left(1+\frac{\zeta_1}{u}\right)\left(1+\frac{\zeta_2}{u}\right)\cdots$$
$$\left(1+\frac{\zeta_{n-k}}{u}\right)\frac{1}{u^k}.$$

139. Es seien $\zeta_1, \zeta_2, \ldots, \zeta_n$ alle endlich, d. h. $b_n \neq 0$. Dann ist [**138**]

$$\Sigma_\nu = (-1)^\nu \binom{n}{n-\nu} \frac{b_{n-\nu}}{b_n}, \qquad \nu = 0, 1, 2, \ldots, n$$

also

$$A(\zeta_1, \zeta_2, \ldots, \zeta_n) f(z)$$

$$\frac{1}{b_n}\left[a_0 b_n - \binom{n}{1} a_1 b_{n-1} + \binom{n}{2} a_2 b_{n-2} - \cdots + (-1)^{n-1} \binom{n}{n-1} a_{n-1} b_1 + (-1)^n a_n b_0\right].$$

Sind die k letzten von $\zeta_1, \zeta_2, \ldots, \zeta_n$ und nur diese unendlich, so ist [**138**]

$$\Sigma_0 = \Sigma_1 = \cdots = \Sigma_{k-1} = 0,$$

$$\Sigma_\nu = (-1)^{\nu-k} \frac{\binom{n}{\nu} b_{n-\nu}}{\binom{n}{k} b_{n-k}}, \qquad \nu = k, k-1, \ldots, n, \; b_{n-k} \neq 0,$$

also

$$A(\zeta_1, \zeta_2, \ldots, \zeta_n) f(z)$$

$$= \frac{(-1)^k}{\binom{n}{k} b_{n-k}} \left[(-1)^k \binom{n}{k} a_k b_{n-k} + (-1)^{k+1} \binom{n}{k+1} a_{k+1} b_{n-k-1} + \cdots \right.$$

$$\left. + (-1)^{n-1} \binom{n}{n-1} a_{n-1} b_1 + (-1)^n a_n b_0 \right]$$

[für $k = n$ ist dies so zu lesen: $(-1)^n a_n$]. In jedem Falle ist also

$$A(\zeta_1, \zeta_2, \ldots, \zeta_n) f(z) = \lambda_f \left[a_0 b_n - \binom{n}{1} a_1 b_{n-1} + \binom{n}{2} a_2 b_{n-2} - \cdots \right.$$

$$\left. + (-1)^{n-1} \binom{n}{n-1} a_{n-1} b_1 + (-1)^n a_n b_0 \right],$$

wobei $\lambda_f^{-1} = (-1)^k \binom{n}{k} b_{n-k}$, wenn b_{n-k} den höchsten, von 0 verschiedenen Koeffizienten von $g(z)$ bezeichnet. Es ist

$$\lambda_f^{-1} A(\zeta_1, \zeta_2, \ldots, \zeta_n) f(z) = \lambda_g^{-1} A(z_1, z_2, \cdots, z_n) g(z).$$

140. Die Apolarität von z_1 und ζ_1 heißt: $z_1 = \zeta_1$. Die Apolarität von z_1, z_2 und ζ_1, ζ_2 bedeutet (abgesehen von leicht diskutierbaren Ausnahmefällen)

$$(z_1 - \zeta_1)(z_2 - \zeta_2) + (z_1 - \zeta_2)(z_2 - \zeta_1) = 0, \quad \frac{(z_1 - \zeta_1)(z_2 - \zeta_2)}{(z_1 - \zeta_2)(z_2 - \zeta_1)} = -1,$$

d. h. die beiden Punktepaare liegen auf einem Kreis in harmonischer Lage.

141. Nach **139** muß $\Sigma_0 - \Sigma_n = 0$ sein, d. h. $\zeta_1, \zeta_2, \ldots, \zeta_n$ sind alle endlich und

$$\zeta_1 \zeta_2 \ldots \zeta_n = 1.$$

142. $\zeta = z_1, z_2, \ldots, z_n$.

143.

$$A(\zeta_1, \zeta_2, \ldots, \zeta_n) f(z) = \Sigma_0 - \frac{\Sigma_1}{n} + c\,\Sigma_n = 1 - \frac{\zeta_1 + \zeta_2 + \cdots + \zeta_n}{n} + c\,\zeta_1 \zeta_2 \ldots \zeta_n .$$

144. Es ist **135** wiederholt anzuwenden.

145. [*J. H. Grace*, Cambr. Phil. Soc. Proc. Bd. 11, S. 352—357, 1900—1902; vgl. *G. Szegö*, Math. Zeitschr. Bd. 13, S. 31, 1922; *J. Egerváry*, Acta Univ. Hung. Francisco-Josephinae, Bd. 1, S. 39—45; Math. és phys. lapok, Bd. 29, S. 21—43, 1922.] Es mögen $z_1, z_2, \ldots, z_n$ innerhalb, $\zeta_1, \zeta_2, \ldots, \zeta_k$ außerhalb des Kreisbereiches K liegen und $A_{\zeta_1} A_{\zeta_2} \ldots A_{\zeta_k} f(z)$ soll nicht, hingegen $A_{\zeta_1} A_{\zeta_2} \ldots A_{\zeta_k} A_{\zeta_{k+1}} f(z)$ soll identisch verschwinden, $k \leqq n - 1$. Nach **144** liegen die Nullstellen von $A_{\zeta_1} A_{\zeta_2} \ldots A_{\zeta_k} f(z)$ auch innerhalb K, nach **132** müssen sie alle mit dem Punkte ζ_{k+1} zusammenfallen; dieser liegt also innerhalb K.

146. [**145**.] Wenn nämlich zwei konvexe Polygone keinen gemeinsamen Punkt haben, dann gibt es Geraden, welche die beiden Polygone trennen. Z. B. ist die Mittelsenkrechte des kürzesten Abstandes eine solche.

147. [*E. Landau*, Ann. de l'Ec. Norm. Bd. 24, S. 180, 1907.] [**148**.]

148. [*A. Hurwitz*; vgl. *E. Landau*, a. a. O. **147**.] Nach **143** ist das fragliche Polynom apolar zu dem mit den Nullstellen

$$\zeta_\nu = 1 - e^{\frac{2\pi i \nu}{n}}, \qquad \nu = 1, 2, \ldots, n,$$

die im Kreisbereich $|z - 1| \leqq 1$ liegen [**145**].

149. [*L. Fejér*, C. R. Bd. 145, S. 459, 1907; Math. Ann. Bd. 65, S. 413—423, 1908; Deutsche Math.-Ver. Bd. 26, S. 114—128, 1917. Vgl. auch *S. Sarantopoulos*, C. R. Bd. 174, S. 592, 1922; *P. Montel*, C. R. Bd. 174, S. 851, S. 1220, 1922, Ann. de l'Éc. Norm. Serie 3, Bd. 40, S. 1—34, 1923.] Für $k = 2$ wende man **135** mit $\zeta = 0$ an. Es ist

$$A_0\left(1 - z + c_2 z^{\nu_2}\right) = \nu_2 - (\nu_2 - 1)\, z,$$

das abgeleitete System besteht aus $\frac{\nu_2}{\nu_2 - 1}$ und aus dem $(\nu_2 - 2)$-fach genommenen unendlich fernen Punkt. Das Kreisäußere $|z| > \frac{\nu_2}{\nu_2 - 1}$ kann also nicht sämtliche Nullstellen von $1 - z + c_2 z^{\nu_2}$ enthalten.

Für $k > 2$ ist wiederholte Anwendung von **135**, also vollständige Induktion nötig. Das fragliche Polynom mit $f(z)$ bezeichnet, ist

$$A_0 f(z) = \nu_k - (\nu_k - 1) z + c_2 (\nu_k - \nu_2) z^{\nu_2} + \cdots + c_{k-1} (\nu_k - \nu_{k-1}) z^{\nu_{k-1}}.$$

Mindestens ein Punkt des abgeleiteten Systems liegt im Kreise

$$|z| \leqq \left(\frac{\nu_2}{\nu_2 - 1} \frac{\nu_3}{\nu_3 - 1} \cdots \frac{\nu_{k-1}}{\nu_{k-1} - 1}\right) \frac{\nu_k}{\nu_k - 1}.$$

Man ersetze nämlich z durch $\frac{\nu_k}{\nu_k - 1} u$ und verwerte bei der Gleichung für u die Annahme der vollständigen Induktion. — Es ist

$$\left[\left(1 - \frac{1}{\nu_2}\right)\left(1 - \frac{1}{\nu_3}\right) \cdots \left(1 - \frac{1}{\nu_k}\right)\right]^{-1} \leqq \left[\left(1 - \frac{1}{2}\right)\left(1 - \frac{1}{3}\right) \cdots \left(1 - \frac{1}{k}\right)\right]^{-1} = k$$

Man bemerke, daß das $(k+1)$-gliedrige Polynom

$$\left(1 - \frac{z}{k}\right)^k = 1 - z + \cdots$$

die einzige Nullstelle k besitzt.

150. [*J. H. Grace*, a. a. O. **145**, S. 356; vgl. auch *P. J. Heawood*, Quart. J. Bd. 38, S. 84—107, 1907.] Bezeichnet $f(z) = a_0 + \binom{n-1}{1} a_1 z + \binom{n-1}{2} a_2 z^2 + \cdots + a_{n-1} z^{n-1}$ die Ableitung des fraglichen Polynoms, dann ist

$$\int_a^b f(z)\, dz = a_0 b_{n-1} - \binom{n-1}{1} a_1 b_{n-2} + \binom{n-1}{2} a_2 b_{n-3} + \cdots$$
$$+ (-1)^{n-1} a_{n-1} b_0 = 0,$$

wo $b_0, b_1, \ldots, b_{n-1}$ für alle Polynome $f(z)$, d. h. bei variablen $a_0, a_1, \ldots, a_{n-1}$ festbleiben. Die beiden Polynome $(n-1)^{\text{ten}}$ Grades $f(z)$ und

$$g(z) = b_0 + \binom{n-1}{1} b_1 z + \binom{n-1}{2} b_2 z^2 + \cdots + b_{n-1} z^{n-1}$$

sind somit apolar. Den expliziten Ausdruck von $g(x)$ erhält man durch die spezielle Wahl $a_\nu = (-1)^\nu x^{n-1-\nu}$, d. h. $f(z) = (x-z)^{n-1}$. Aus

$$g(x) = \int_a^b (x-z)^{n-1} dz = \frac{(x-a)^n - (x-b)^n}{n}$$

ergeben sich die Nullstellen von $g(x)$ zu

$$\zeta_\nu = \frac{a+b}{2} + i \frac{a-b}{2} \operatorname{ctg} \frac{\nu\pi}{n}, \quad \nu = 1, 2, \ldots, n-1.$$

Man wende jetzt **145** an.

151. [Vgl. *G. Szegö*, a. a. O. **145**, S. 35.] Ist $\gamma = 0$, so muß entweder unter den Nullstellen von $f(z)$, oder unter denen von $g(z)$ die Null vorkommen. Dann ist die Behauptung klar. (Für $\beta_1 = \beta_2 = \cdots = \beta_n = \infty$ ist $k = 0$ zu setzen: $0 \cdot \infty$ ist unbestimmt.) Ähnlich schließt man für $\gamma = \infty$. Es sei nun $\gamma \neq 0, \infty$. Die beiden Polynome $f(z)$ und $z^n g(-\gamma z^{-1})$ sind dann apolar. Von den Nullstellen des letzteren, nämlich $-\gamma \beta_\nu^{-1}$, $\nu = 1, 2, \ldots, n$ $(-\gamma \cdot 0^{-1} = \infty$, $-\gamma \cdot \infty^{-1} = 0$ zu setzen) liegt also nach **145** mindestens eine in K, d. h. $-\gamma \beta_\nu^{-1} = k$.

152. [**151**.]

153. [*I. Schur*, vgl. *G. Szegö*, a. a. O. **145**, S. 37.] $\mathfrak{K}$ sei als Durchschnitt von abgeschlossenen Kreisscheiben K, die den Nullpunkt und sämtliche Nullstellen von $f(z)$ enthalten, aufgefaßt. Nach **151** hat jede Nullstelle γ des komponierten Polynoms die Form ϑk, wo $0 \leqq \vartheta \leqq 1$ und k in K liegt. Dann liegt aber γ in allen K, also auch in $\mathfrak{K}$.

154. [Betreffs der Fragestellung vgl. *Laguerre*, a. a. O. **1**, S. 199—200, 1898. *G. Pólya*, Interméd. des math. Bd. 20, S. 145—146, 1913. — *G. Szegö*, a. a. O. **145**, S. 38 und *J. Egerváry*, a. a. O. **145**.] Man ersetze $g(z)$ durch $g(bz)$ oder $g(-bz)$, je nachdem die Nullstellen von $g(z)$ in $-b$, 0 oder in 0, b liegen und wende dann **153** an.

155. [*E. Malo*, Journ. de math. spéc. Serie 4, Bd. 4, S. 7. 1895.] Nach VI **85** ist

$$Q_n(z) = 1 + \binom{n}{1}^2 z + \binom{n}{2}^2 z^2 + \cdots + \binom{n}{n-1}^2 z^{n-1} + z^n = (1-z)^n P_n\left(\frac{1+z}{1-z}\right),$$

wo $P_n(x)$ das n^{te} *Legendre*sche Polynom bezeichnet. Daher hat $Q_n(z)$ lauter negative Nullstellen [VI **97**]. Man komponiere zunächst das erste Polynom mit $Q_n(cz)$ und das so entstandene

$$a_0 + \binom{n}{1} a_1 z + \binom{n}{2} a_2 z^2 + \cdots + a_n z^n$$

mit dem zweiten, in welchem nötigenfalls z durch dz ersetzt wird; c, d sind so gewählt, daß sämtliche Nullstellen der bezüglichen Polynome im Intervall -1, 0 liegen. Hierbei wende man beide Male **153** an, und zwar so, daß für $\mathfrak{K}$ die obere bzw. untere (abgeschlossene) Halbebene gewählt wird. Es ergibt sich dann, daß die Nullstellen des fraglichen Polynoms alle in der oberen und zugleich alle in der unteren Halbebene liegen. — Folgt auch aus **154** durch zweimalige Anwendung von **65**.

156. [*I. Schur*, J. für Math. Bd. 144, S. 75—88, 1914.] Ähnlich wie in **155**, mit Rücksicht darauf, daß die Polynome [VI **99**]

$$1 + \binom{n}{1}\frac{z}{1!} + \binom{n}{2}\frac{z^2}{2!} + \cdots + \binom{n}{n-1}\frac{z^{n-1}}{(n-1)!} + \frac{z^n}{n!}$$

lauter negative reelle Nullstellen haben.

157. Da die Nullstellen von $\left(1+\frac{iz}{n}\right)^n$ in der Halbebene $\Im z > 0$ liegen, sind die von

$$1-\binom{n}{2}\frac{z^2}{n^2}+\binom{n}{4}\frac{z^4}{n^4}-\cdots \to \cos z$$

reell [III **25**]. Man beachte III **203**.

158. $\frac{d^\nu}{dz^\nu}\left(1-\frac{z^2}{n}\right)^n$ hat nur reelle Nullstellen [**58**] und strebt bei festem ν für $n\to\infty$ in jedem endlichen Bereiche gegen $\frac{d^\nu e^{-z^2}}{dz^\nu}$ [*Hurwitz-Courant*, S. 63]. Hieraus fließt die Behauptung [III **203**].

159. a) [*A. Hurwitz*, Math. Ges. Hamburg, Festschrift, S. 25, 1890.]

$$(-1)^n\left(1+\frac{z^2}{4n^2}\right)^n P_n\left(\frac{z^2-4n^2}{z^2+4n^2}\right)$$

$$=1-\binom{n}{1}^2\left(\frac{z}{2n}\right)^2+\binom{n}{2}^2\left(\frac{z}{2n}\right)^4-\binom{n}{3}^2\left(\frac{z}{2n}\right)^6+\cdots,$$

$P_n(z)$ hat nur reelle, im Intervall $-1, +1$ liegende Nullstellen [VI **97**].

b) $$L_n\left(\frac{z^2}{4n}\right)$$

$$=1-\frac{z^2}{2\cdot 2}+\frac{z^4}{2\cdot 4\cdot 2\cdot 4}\left(1-\frac{1}{n}\right)-\frac{z^6}{2\cdot 4\cdot 6\cdot 2\cdot 4\cdot 6}\left(1-\frac{1}{n}\right)\left(1-\frac{2}{n}\right)+\cdots,$$

$L_n(z)$ hat nur reelle positive Nullstellen [VI **99**, Lösung i)].

c) Aus $\int_{-\pi}^{\pi}\frac{d\vartheta}{\sin\vartheta - iz}=\frac{2\pi i}{\sqrt{1+z^2}}$ [III **148**] folgt durch n-maliges Differentiieren und Variablenvertauschung

$$\frac{1}{2\pi}\int_{-\pi}^{\pi}\left(1+\frac{iz\sin\vartheta}{n}\right)^{-n-1}d\vartheta$$

$$=\frac{1}{n!}\left(-\frac{z}{n}\right)^n Q_n\left(\frac{n}{z}\right)\left(1+\frac{z^2}{n^2}\right)^{-n-\frac{1}{2}}\to\frac{1}{2\pi}\int_{-\pi}^{\pi}e^{-iz\sin\vartheta}\,d\vartheta$$

für $n\to\infty$; $Q_n(z)$ ist das in Lösung **56** betrachtete Polynom, das nur reelle Nullstellen hat.

d) Aus III **205**, $f(t)=(1-t^2)^{-\frac{1}{2}}$ gesetzt. — a), b), c) stützen sich unmittelbar, d) mittelbar auf III **203**.

160. [*G. Pólya*, Tôhoku Math. J. Bd. 19, S. 241, 1921.]

$$\frac{d^{n-1}}{d z^{n-1}}\left(\frac{z^{q-1}}{z^q-1}\right)=\frac{\bar{Q}_n(z)}{(z^q-1)^n}, \qquad \frac{d^n e^{z^q}}{d z^n}=\bar{R}_n(z)\, e^{z^q}$$

gesetzt, liegen die Nullstellen von $\bar{Q}_n(z)$, $\bar{R}_n(z)$ auf q, vom Punkt $z=0$ auslaufenden Halbstrahlen, die die Ebene in q gleiche Winkel zerschneiden, von denen einer von der positiven reellen Achse halbiert wird [**59**]. Nun liegen die Nullstellen von $F(z^q)$ auf denselben Halbstrahlen, denn es ist, $e^{\frac{2\pi i}{q}}=\omega$ gesetzt,

$$\bar{R}_{qn}(z)e^{z^q}=\sum_{k=0}^{\infty}\frac{(qn+qk)!}{(n+k)!}\frac{z^{qk}}{(qk)!}, \qquad \frac{n!}{(qn)!}\bar{R}_{qn}\left(z q^{-1} n^{-\frac{q-1}{q}}\right) e^{z^q q^{-qn-q+1}}$$

$$=\sum_{k=0}^{\infty}\frac{qn+1}{q(n+1)}\,\frac{qn+2}{q(n+2)}\cdots\frac{qn+k}{q(n+k)}\left(1+\frac{k+1}{qn}\right)\left(1+\frac{k+2}{qn}\right)\cdots$$

$$\left(1+\frac{qk}{qn}\right)\frac{z^{qk}}{(qk)!}\to\sum_{k=0}^{\infty}\frac{z^{qk}}{(qk)!}=F(z^q)$$

für $n\to\infty$ [III **203**]. Der zweite Beweis operiert analog mit $\bar{Q}_n(z)$.

161. [*G. Pólya* und *I. Schur*, J. für Math. Bd. 144, S. 89—113, 1914.] Man setze

$$\left(1-\frac{\alpha z}{k}\right)^k\left(1-\frac{z}{\alpha_1}\right)\left(1-\frac{z}{\alpha_2}\right)\cdots\left(1-\frac{z}{\alpha_k}\right)=P_k(z).$$

Es ist gleichmäßig in jedem endlichen Bereich $\lim\limits_{k\to\infty} P_k(z)=g(z)$.

162. [*J. L. W. V. Jensen*, Acta Math. Bd. 36, S. 181, 1912.] Setzt man das in **161** betrachtete Polynom

$$P_k(z)=a_{0k}+\frac{a_{1k}}{1!}z+\frac{a_{2k}}{2!}z^2+\cdots+\frac{a_{nk}}{n!}z^n+\cdots,$$

so ist [*Hurwitz-Courant*, S. 61—64]

$$\lim_{k\to\infty} a_{nk}=a_n,$$

und das Polynom

$$a_{0k}z^n+\frac{a_{1k}}{1!}\frac{d z^n}{d z}+\frac{a_{2k}}{2!}\frac{d^2 z^n}{d z^2}+\cdots$$

$$=a_{0k}z^n+\binom{n}{1}a_{1k}z^{n-1}+\binom{n}{2}a_{2k}z^{n-2}+\cdots+a_n$$

hat nur reelle Nullstellen [**63**]. Durch Grenzübergang $k \to \infty$ [III **203**] und Vertauschung von z mit $\frac{1}{z}$ folgt, daß die Nullstellen der fraglichen Polynome *reell* sind. Daß sie auch positiv sind, folgt daraus, daß die Koeffizienten der Reihenentwicklung

$$g(-z) = 1 - \frac{a_1}{1!} z + \frac{a_2}{2!} z^2 - \cdots$$

offenbar alle positiv sind, also

$$a_1 < 0, \quad a_2 > 0, \quad a_3 < 0, \quad \ldots \qquad [\mathbf{47}].$$

163. Es folgt aus **161**, **55** (etwas abgeändert) und III **201**, daß keine Derivierte von $g(x)$ im Intervall $-\infty < x < \alpha_1$ verschwindet. Hieraus schließt man, wie in **72**, daß die Differenz

$$g(x) - a_0 - \frac{a_1}{1!} x - \cdots - \frac{a_{n-1}}{(n-1)!} x^{n-1}$$

außer für $x = 0$, im Intervalle $-\infty < x \leqq \alpha_1$ nirgends verschwindet. Ihr Vorzeichen im Intervall $0 < x < \alpha_1$ stimmt also mit dem von a_n überein. [I **144**.]

164.

$$e^{-z^2} = \frac{2}{\sqrt{\pi}} \int_0^\infty e^{-t^2} \cos 2zt\, dt$$

kann als Grenzwert von Polynomen mit nur reellen Nullstellen aufgefaßt werden [**158**]. Hieraus folgt [**63**], wenn $p > 0$, daß

$$e^{-z^2} - p \frac{d^2 e^{-z^2}}{dz^2} = \frac{2}{\sqrt{\pi}} \int_0^\infty e^{-t^2} (1 + 4pt^2) \cos 2zt\, dt$$

nur reelle Nullstellen hat. Durch Iteration des Verfahrens gelangt man zu Polynomen, durch Grenzübergang [**161**] zu $g(z)$ unter dem Integralzeichen.

165. [A. a. O. **161**.] Man bestimme die ganze Zahl m_k so, daß $\beta + \beta_1^{-1} + \beta_2^{-1} + \cdots + \beta_k^{-1} = B_k$ gesetzt, im Kreis $|z| \leqq k$

$$\left| \left(1 + \frac{B_k z}{m_k}\right)^{m_k} - e^{B_k z} \right| < \frac{1}{k}$$

sei. Dann gilt gleichmäßig in jedem endlichen Bereich

$$\lim_{k \to \infty} \left(1 - \frac{\alpha z^2}{k}\right)^k \left(1 + \frac{B_k z}{m_k}\right)^{m_k} \left(1 - \frac{z}{\beta_1}\right) \cdots \left(1 - \frac{z}{\beta_k}\right) = G(z).$$

166. Man zeigt, wie in **162**, daß das Polynom

$$1 + \binom{n}{1} b_1 z + \binom{n}{2} b_2 z^2 + \cdots + b_n z^n$$

nur reelle Wurzeln hat; darum können darin, wenn es genau vom n^{ten} Grade ist, nicht zwei *benachbarte* Koeffizienten verschwinden [**49**]; $G(z)$ ist transzendent; man bestimme $n > m + 1$ so, daß $b_n \neq 0$ ist.

167. Es ist nach Voraussetzung $\beta_\nu < 0$, $\nu = 1, 2, 3, \ldots$. Es sei $\sqrt{k} > n\sqrt{\alpha}$ und

$$\left(1 - \frac{\alpha x^2}{k}\right)^k \left(1 - \frac{x}{\beta_1}\right)\left(1 - \frac{x}{\beta_2}\right) \cdots \left(1 - \frac{x}{\beta_k}\right) = Q(x),$$

$$B = \beta + \beta_1^{-1} + \beta_2^{-1} + \cdots + \beta_k^{-1}$$

gesetzt. Beim Übergang von

$$a_0 + a_1 z + a_2 z^2 + \cdots + a_n z^n = 0$$

zur Gleichung

$$a_0 + a_1 e^B z + a_2 e^{2B} z^2 + \cdots + a_n e^{nB} z^n = 0$$

bleibt die Anzahl der imaginären Nullstellen unverändert und sie nimmt beim weiteren Übergang zur Gleichung

$$a_0 Q(0) + a_1 Q(1)\, e^B z + a_2 Q(2)\, e^{2B} z^2 + \cdots + a_n\, Q(n)\, e^{nB} z^n = 0$$

nicht zu [**67**]. Nun sei $k \to \infty$ [III **201**].

168.

$$\frac{1}{\Gamma(z+1)} = e^{Cz}\left(1 + \frac{z}{1}\right)e^{-\frac{z}{1}}\left(1 + \frac{z}{2}\right)e^{-\frac{z}{2}} \cdots \left(1 + \frac{z}{n}\right)e^{-\frac{z}{n}} \cdots$$

ist von der Form **165** und ihre Nullstellen sind negativ. Das Polynom

$$\left(1 - \frac{z^2}{4n}\right)^n = 1 - \frac{1}{1!}\left(\frac{z}{2}\right)^2 + \frac{1}{2!}\left(\frac{z}{2}\right)^4\left(1 - \frac{1}{n}\right) - \frac{1}{3!}\left(\frac{z}{2}\right)^6\left(1 - \frac{1}{n}\right)\left(1 - \frac{2}{n}\right) + \cdots$$

hat nur reelle Nullstellen und daher $\left[\mathbf{167},\ G(z) = \Gamma\left(\frac{z}{2} + 1\right)^{-1}\right]$ auch das folgende:

$$\frac{1}{\Gamma(1)} - \frac{1}{\Gamma(2)\,1!}\left(\frac{z}{2}\right)^2 + \frac{1}{\Gamma(3)\,2!}\left(\frac{z}{2}\right)^4\left(1 - \frac{1}{n}\right) - \cdots \to J_0(z)$$

für $n \to \infty$ [III **203**]. Man sieht, daß **65** auch Spezialfall von **167** ist.

169. [A. a. O. **160**.] Wenn q eine positive ganze Zahl ist, so ist die Funktion

$$\frac{\Gamma(z+1)}{\Gamma(qz+1)} = G(z)$$

ganz, denn die Pole des Zählers $-\frac{q}{q}, -\frac{2q}{q}, \cdots$ sind unter denen des Nenners $-\frac{1}{q}, -\frac{2}{q}, \cdots$ enthalten, und zwar ist sie von der Form **165** [Lösung **168**]. Man wende **167** auf dieses $G(z)$ und auf das Polynom

$$\left(1+\frac{z}{n}\right)^n = 1 + \frac{z}{1!} + \frac{z^2}{2!}\left(1-\frac{1}{n}\right) + \cdots$$

an. Nachher $n \to \infty$ [III **203**].

170. [*G. Pólya*, Messenger, Bd. 52, S. 185—188, 1923.]

$$\alpha F_\alpha(z) = \sum_{k=0}^{\infty} (-1)^k \frac{z^{2k}}{(2k)!} \alpha \int_0^\infty e^{-t^\alpha} t^{2k}\, dt = \sum_{k=0}^{\infty} (-1)^k \frac{z^{2k}}{k!} \frac{\Gamma(k+1)\,\Gamma\left(\frac{2k+1}{\alpha}\right)}{\Gamma(2k+1)}$$

Man wende **167** auf das Polynom

$$\left(1-\frac{z^2}{n}\right)^n = \sum_{k=0}^{n} (-1)^k \frac{z^{2k}}{k!}\left(1-\frac{1}{n}\right)\cdots\left(1-\frac{k-1}{n}\right)$$

und auf die ganze Funktion

$$\frac{\Gamma\left(\frac{z}{2}+1\right)\Gamma\left(\frac{z+1}{2q}\right)}{\Gamma(z+1)} = G(z)$$

an, $\alpha = 2q$, q ganz; nachher Grenzübergang [III **203**]. Die Funktion $G(z)$ ist ganz, denn die Pole des Zählers

$$-2,\ -4,\ -6,\ \ldots; \qquad -1,\ -(1+2q),\ -(1+4q),\ \ldots$$

werden von denen des Nenners $-1, -2, -3, \ldots$ absorbiert; $G(z)$ ist auch von der Form **165** [Lösung **168**]. — Die Funktion $F_2(z) = \frac{\sqrt{\pi}}{2} e^{-\frac{z^2}{4}}$ hat überhaupt keine Nullstellen.

171. Es ist, wenn $\alpha \neq 2, 4, 6, \ldots$ und x durch *reelle* Werte hindurch gegen ∞ strebt, $\lim\limits_{x\to\infty} x^{\alpha+1} F_\alpha(x) \neq 0$ [III **154**]. Lehrreich ist, daß die Funktion $F_\alpha(x)$ für $\alpha \neq 2$ unendlich viele Nullstellen besitzt [a. a. O. **170**]; sie besitzt also unendlich viele reelle und keine imaginären Nullstellen, wenn $\alpha = 4, 6, 8, \ldots$, endlich viele reelle und unendlich viele imaginäre im anderen Falle. Vgl. III **201**.

172. [*Cauchy*, Exercices de mathématiques (anciens exercices) 1826. Oeuvres, Serie 2, Bd. 6, S. 354—400. Paris: Gauthiers-Villars 1887.]

a) [*A. Hurwitz*, a. a. O. **159**.] Abgesehen von der Wurzel $z = 0$ handelt es sich um die Nullstellen der meromorphen Funktion

$$\operatorname{ctg} z - \frac{1}{z} = \lim_{n\to\infty}\left(\frac{1}{z+n\pi} + \cdots + \frac{1}{z+2\pi} + \frac{1}{z+\pi} + \frac{1}{z-\pi} + \frac{1}{z-2\pi} + \cdots + \frac{1}{z-n\pi}\right).$$

Unter dem Limeszeichen steht eine rationale echtgebrochene Funktion, deren Zähler vom Grade $\leqq 2n-1$ ist. Zwischen den $2n$ Nullstellen des Nenners liegen $2n-1$ Intervalle, und im Inneren von jedem liegt je eine Nullstelle des Zählers [**26**]. Der Zähler ist folglich vom genauen Grad $2n-1$ und hat keine imaginären Nullstellen. Grenzübergang [III **203**].

b) $$z^{-2}\cos z\,(\operatorname{tg} z - z) = \int_0^1 t \sin zt\,dt;$$

dem auf Kosinuspolynome bezüglichen Satz III **185** stelle man einen analogen, auf Sinuspolynome bezüglichen zur Seite (Beweis derselbe) und schließe daraus durch Grenzübergang ein Analogon zu III **205**, das auf das vorliegende Integral anwendbar ist.

c) $$2z^{-3}\cos z\,(\operatorname{tg} z - z) = \int_0^1 (1-t^2)\cos zt\,dt;$$

173 liefert außer Realität auch die Existenz unendlich vieler Nullstellen.

173. $z^2F(z) = z f(1)\sin z - f'(0)(1-\cos z) + \int_0^1 f''(t)(\cos z - \cos zt)\,dt$ (zweimalige partielle Integration), woraus

$$F[(2m-1)\pi] > 0, \qquad F(2m\pi) < 0, \qquad m = 1, 2, 3, \ldots,$$

also die Existenz unendlich vieler Nullstellen folgt. Es ist $F(0) > 0$. Daher hat die echtgebrochene rationale Funktion

$$(-1)^n\frac{F(-n\pi)}{z+n\pi} + \cdots + \frac{F(-2\pi)}{z+2\pi} - \frac{F(-\pi)}{z+\pi} + \frac{F(0)}{z} - \frac{F(\pi)}{z-\pi} + \frac{F(2\pi)}{z-2\pi} - \cdots + (-1)^n\frac{F(n\pi)}{z-n\pi}$$

$2n-2$ reelle und höchsten zwei imaginäre Nullstellen [vgl. **26**]; sie strebt gegen $\dfrac{F(z)}{\sin z}$ [vgl. III **165**], folglich [III **201**] hat $F(z)$ entweder

0 oder 2 imaginäre Nullstellen. $F(z)$ ist eine gerade Funktion; hätte sie genau zwei imaginäre Nullstellen, so wären diese rein imaginär; nun ist, wenn y reell,

$$F(iy) = \int_0^1 f(t) \frac{e^{yt} + e^{-yt}}{2} dt > 0.$$

174. Es genügt den Fall $\int_0^1 |\varphi(t)|\, dt < 1$ zu betrachten [III **203**]. Dann ist für genügend großes ganzes n

$$\frac{1}{n}\left|\varphi\left(\frac{1}{n}\right)\right| + \frac{1}{n}\left|\varphi\left(\frac{2}{n}\right)\right| + \cdots + \frac{1}{n}\left|\varphi\left(\frac{n-1}{n}\right)\right| < 1$$

folglich hat

$$\sin\frac{nz}{n} - \frac{1}{n}\varphi\left(\frac{1}{n}\right)\sin\frac{z}{n} - \frac{1}{n}\varphi\left(\frac{2}{n}\right)\sin\frac{2z}{n} - \cdots - \frac{1}{n}\varphi\left(\frac{n-1}{n}\right)\sin\frac{(n-1)z}{n}$$

keine imaginären Nullstellen [Schlußweise **27**]; $n \to \infty$ [III **203**].

175. Den trivialen Fall $f(1) = 0$ bei Seite gelassen, gilt

$$\frac{z}{f(1)}\int_0^1 f(t)\cos zt\, dt = \sin z - \int_0^1 \frac{f'(t)}{f(1)} \sin zt\, dt \qquad [\mathbf{174}].$$

176. Die Beträge der Glieder nehmen vom Anfangsglied 1 bis zum Maximalglied ständig zu und dann vom Maximalglied bis ins Unendliche ständig ab [I **117**]. Aus diesem Grunde ist, wenn n den Zentralindex, d. h. $(-x)^n a^{-n^2}$ das Maximalglied für $z = -x$, $x > 0$, bedeutet,

$$\begin{aligned}(-1)^n F(-x) &= x^n a^{-n^2} - x^{n-1} a^{-(n-1)^2} + x^{n-2} a^{-(n-2)^2} - \cdots \\ &\quad - x^{n+1} a^{-(n+1)^2} + x^{n+2} a^{-(n+2)^2} - \cdots \\ &> x^n a^{-n^2} - x^{n-1} a^{-(n-1)^2} - x^{n+1} a^{-(n+1)^2}.\end{aligned}$$

Wenn $x = a^{2n}$ ist, dann ist n der Zentralindex [III **200**]; es folgt

$$(-1)^n F(-a^{2n}) > a^{n^2} - 2a^{n^2-1} \geqq 0.$$

Die Überlegung gilt mit sinngemäßer Änderung auch für die Partialsumme

$$F_n(-x) = 1 - \frac{x}{a} + \frac{x^2}{a^4} + \cdots + (-1)^n \frac{x^n}{a^{n^2}}.$$

Man findet

$$F_n(0) > 0, \quad F_n(-a^2) < 0, \quad F_n(-a^4) > 0, \quad \ldots, \quad (-1)^n F_n(-a^{2n}) > 0,$$

(in der zweiten Ungleichung steht $=$ anstatt $<$ für $n = 2$, $a = 2$), woraus folgt, daß $F_n(x)$ nur reelle einfache Nullstellen hat, und zwar im

Innern jedes Intervalles $(-a^2, 0)$, $(-a^4, -a^2)$, $(-a^6 - a^4)$, ..., $(-a^{2n}, -a^{2n-2})$ genau eine. Mittels Grenzüberganges [III **201**] wird auf $F(z)$ geschlossen. (Vgl. III **200**.)

177. [Vgl. *G. Pólya*, Math. Zeitschr. Bd. 2, S. 355—358, 1918.] Die Umformung von $p_0 + p_1 z + \cdots + p_n z^n$ im Beweis von III **22** ist im wesentlichen eine partielle Summation. — Die Funktion $F(z)$ hat keine reellen Nullstellen. Es sei $f'(t) > 0$, $z = x + iy$, $x \geqq 0$, $y > 0$, $e^{xt} f(t) = f_1(t)$, also auch $f_1(t) > 0$, $f_1'(t) > 0$; es sei ferner $0 < \tau < 1$. Durch partielle Integration wird

$$i y F(z) - i y \int_\tau^1 f_1(t)\, e^{i y t}\, dt = f_1(\tau)\, e^{i y \tau} - f_1(0) - \int_0^\tau f_1'(t)\, e^{i y t}\, dt,$$

$$y\,|F(z)| + y\left|\int_\tau^1 f_1(t)\, e^{i y t}\, dt\right| \geqq f_1(\tau) - f_1(0) - \left|\int_0^\tau f_1'(t)\, e^{i y t}\, dt\right|.$$

Die rechte Seite ist gleich $\int_0^\tau f_1'(t)\, dt - \left|\int_0^\tau f_1'(t)\, e^{i y t}\, dt\right|$ und nimmt stets zu, wenn τ zunimmt [III **14**]. Das zweite Glied links wird gleich 0, wenn $\tau \to 1$. Daher ist $y\,|F(z)| > 0$.

178.

$$\frac{1}{z}\int_0^z e^{-u^2}\, du = \frac{1}{2}\int_0^1 e^{-z^2 t}\, t^{-\frac{1}{2}}\, dt;$$

$t^{-\frac{1}{2}}$ ist abnehmend, folglich [**177**] liegen keine Nullstellen im Gebiet $\Re(-z^2) \leqq 0$.

179.

$$\frac{1}{\mu+1} + \frac{z}{(\mu+1)(\mu+2)} + \frac{z^2}{(\mu+1)(\mu+2)(\mu+3)} + \cdots$$
$$= \sum_{n=0}^{\infty} \frac{z^n}{n!}\,\frac{\Gamma(n+1)\Gamma(\mu+1)}{\Gamma(n+\mu+2)} = \sum_{n=0}^{\infty} \frac{z^n}{n!}\int_0^1 t^n (1-t)^\mu\, dt$$
$$= \int_0^1 e^{zt}(1-t)^\mu\, dt = \int_0^1 e^{(z-\mu)t}\left[e^t(1-t)\right]^\mu dt; \qquad \mu > -1.$$

Nun ist $e^t(1-t)$ für $0 < t < 1$ stets abnehmend (differentiieren). Daher [**177**] liegen die Nullstellen der Reihe

für $\mu > 0$ sämtlich in der Halbebene $\Re z > \mu$,

für $-1 < \mu < 0$ sämtlich in der Halbebene $\Re z < \mu$,

für $\mu = 0$ sämtlich auf der Geraden $\Re z = 0$.

In der Aufgabe ist $\mu = n$ ganzzahlig.

180. a) [*G. Pólya*, Ens. math. Bd. 21, S. 217, 1920.] Man stütze sich auf folgenden wichtigen Satz [*I. Schur*, Math. Ann. Bd. 66,

S. 489—501, 1909]: Bezeichnen $\omega_1, \omega_2, \ldots, \omega_n$ die Wurzeln der Gleichung

$$\begin{vmatrix} z-a_{11} & -a_{12} & \cdots & -a_{1n} \\ -a_{21} & z-a_{22} & \cdots & -a_{2n} \\ \cdots & \cdots & \cdots & \cdots \\ -a_{n1} & -a_{n2} & \cdots & z-a_{nn} \end{vmatrix} = 0,$$

dann ist

$$|\omega_1|^2 + |\omega_2|^2 + \cdots + |\omega_n|^2 \leqq \sum_{\lambda=1}^{n} \sum_{\mu=1}^{n} |a_{\lambda\mu}|^2.$$

Hieraus folgt [VII **11**], wenn die Nullstellen des Polynoms

$$a_0 + a_1 z + a_2 z^2 + \cdots + a_n z^n$$

mit $z_{1n}, z_{2n}, \ldots, z_{nn}$ bezeichnet werden, daß

$$\frac{1}{|z_{1n}|^2} + \frac{1}{|z_{2n}|^2} + \cdots + \frac{1}{|z_{nn}|^2} \leqq 2\left(\left|\frac{a_1}{a_0}\right|^2 + \left|\frac{a_2}{a_1}\right|^2 + \cdots + \left|\frac{a_{n-1}}{a_{n-2}}\right|^2\right) + \left|\frac{a_n}{a_{n-1}}\right|^2;$$

Grenzübergang [III **201**].

b) [*G. Valiron*, Darboux Bull. Serie 2, Bd. 45, S. 269, 1921.] Man setze $|a_{n-1} a_n^{-1}| = l_n$, $n = 1, 2, 3, \ldots$. Da $\lim_{n\to\infty} l_n = \infty$, so kann man aus $l_1, l_2, l_3, \ldots, l_p, \ldots$ durch Umordnung eine stets wachsende Folge $l_{n_1}, l_{n_2}, l_{n_3}, \ldots, l_{n_p}, \ldots$ herstellen:

$$l_{n_1} \leqq l_{n_2} \leqq l_{n_3} \leqq \cdots \leqq l_{n_p} \leqq \cdots.$$

Es ist

$$|a_p| = \frac{|a_0|}{l_1 l_2 \ldots l_p} \leqq \frac{|a_0|}{l_{n_1} l_{n_2} \ldots l_{n_p}}, \qquad p = 1, 2, 3, \ldots.$$

Man bezeichne mit $M(r)$ das Maximum von $|F(z)|$ für $|z| \leqq r$ und mit $\mu(r)$ das Maximalglied der stets konvergenten Reihe [IV **29**]

$$|a_0| + \frac{|a_0|}{l_{n_1}} z + \frac{|a_0|}{l_{n_1} l_{n_2}} z^2 + \cdots = \Phi(z).$$

Es folgt aus der Voraussetzung bzw. aus IV **37**, IV **54**, IV **38** sukzessive die Konvergenz von

$$\sum_{p=1}^{\infty} l_{n_p}^{-2}, \quad \int_1^{\infty} \mu(r) r^{-3} dr, \quad \int_1^{\infty} \Phi(r) r^{-3} dr, \quad \int_1^{\infty} M(r) r^{-3} dr, \quad \sum_{p=1}^{\infty} |\alpha_p|^{-2}.$$

Dieser Schluß ist, im Gegensatz zu dem unter a), nicht auf den Exponenten 2 zugeschnitten.

181. Nein. Beispiel: $f(z) = (z^2 - 4)e^{\frac{z^2}{8}}$, $f'(z) = \frac{1}{4} z(z^2 - 1)e^{\frac{z^2}{8}}$. *H. M. Macdonald*, Lond. M. S. Proc. Bd. 29, S. 578, 1898, behauptete das Gegenteil.

182. [*G. Pólya*, Arch. der Math. u. Phys. Serie 3, Bd. 25, S. 337, 1917. Lösung von *H. Prüfer*, ebenda, Serie 3, Bd. 27, S. 92—94, 1918.] Bei $H'(x) = g(x)$, ist der Satz im folgenden genaueren enthalten: Wenn das Polynom $g(x)$ vom Grade n nur reelle Nullstellen hat, so hat $G(x) = [g(x)]^2 + g'(x)$ höchstens $n+1$ reelle Nullstellen ($2n > n+1$ für $n \geqq 2$). Es seien $x_1, x_2, \ldots, x_k$ die verschiedenen Nullstellen von $g(x)$,

$$g(x) = a(x-x_1)^{m_1}(x-x_2)^{m_2}\cdots(x-x_k)^{m_k}.$$

a) Nullstellen von $G(x)$, die zugleich Nullstellen von $g(x)$ sind, sind in der Anzahl $n-k$ vorhanden.

b) Eine reelle Nullstelle von $G(x)$, die keine Nullstelle von $g(x)$ ist, genügt der Gleichung

$$\frac{g'}{g^2} = -1 \quad \text{oder} \quad \left(\frac{a}{g}\right)^2 \frac{g'}{a} = -a.$$

Ist also mindestens eine derartige Nullstelle vorhanden, so ist a reell. Nun ist

$$g\frac{d}{dx}\left(\frac{g'}{g^2}\right) = \left(\frac{g'}{g}\right)' - \left(\frac{g'}{g}\right)^2$$

$$= -\frac{m_1}{(x-x_1)^2} - \frac{m_2}{(x-x_2)^2} - \cdots - \frac{m_k}{(x-x_k)^2} - \left(\frac{g'}{g}\right)^2 < 0.$$

Die Nullstellen von $g(x)$ zerlegen die reelle Achse in $k+1$ Intervalle. In jedem Intervall ist die Kurve $y = g'(x)[g(x)]^{-2}$ monoton und schneidet die Gerade $y = -1$ höchstens einmal. Die Gesamtanzahl der unter a) und b) genannten Nullstellen von $G(x)$ ist also $\leqq (n-k) + k + 1$.

183. $A_n^{(k)} = P\left(\frac{n}{k}, \frac{1}{k}\right), \quad B_n^{(k)} = Q\left(\frac{n}{k}, \frac{1}{k}\right), \quad C_n^{(k)} = R\left(\frac{n}{k}, \frac{1}{k}\right).$

Der Ausdruck für $B_n^{(k)}$ ist auch für nicht ganzes $k > m-1$ gültig.

184. $\frac{Q(z,\omega)}{\omega^m} =$

$$= \frac{1}{\Gamma\left(\frac{1+z}{\omega} - \overline{m-1}\right)\Gamma\left(-\frac{z}{\omega}\right)} \sum_{\nu=0}^{m} (-1)^\nu a_\nu \Gamma\left(\frac{1+z}{\omega} - \overline{\nu-1}\right)\Gamma\left(-\frac{z}{\omega}+\nu\right)$$

$$= \frac{\Gamma\left(\frac{1}{\omega}+1\right)}{\Gamma\left(\frac{1+z}{\omega} - \overline{m-1}\right)\Gamma\left(-\frac{z}{\omega}\right)} \sum_{\nu=0}^{m} (-1)^\nu a_\nu \int_0^1 (1-t)^{\frac{1+z}{\omega}-\nu}\, t^{-\frac{z}{\omega}-1+\nu}\, dt;$$

$$\frac{R(z,\omega)}{\omega^m} = \frac{\Gamma\left(m + \frac{1-z}{\omega}\right)}{\Gamma\left(\frac{1}{\omega}\right)\Gamma\left(-\frac{z}{\omega}\right)} \int_0^1 t^{-\frac{z}{\omega}-1}(1-t)^{\frac{1}{\omega}-1} f(-t)\,dt,$$

gültig für $\omega > 0$, $\Re z < 0$;

$$\frac{R(z,\omega)}{(-\omega)^m} = \frac{\Gamma\left(\frac{\omega+z}{\omega}\right)}{\Gamma\left(\frac{(1-m)\omega + z - 1}{\omega}\right)\Gamma\left(\frac{1}{\omega}\right)} \int_0^1 t^{\frac{z-1}{\omega}}(1-t)^{\frac{1}{\omega}-1} f\left(-\frac{1}{t}\right)dt,$$

gültig für $\omega > 0$, $\Re z > 1 + (m-1)\omega$;

$$P(z,\omega) = \frac{1}{\Gamma\left(-\frac{z}{\omega}\right)} \int_0^\infty e^{-t} t^{-\frac{z}{\omega}-1} f(-\omega t)\,dt.$$

gültig für $\omega > 0$, $\Re z < 0$.

185. [Vgl. *Laguerre*, a. a. O. **1**, S. 23; *G. Pólya*, Aufgabe, Arch. der Math. u. Phys. Serie 3, Bd. 24, S. 84, 1916.] Die drei Relationen der ersten Kolonne ergeben sich aus **183**, **38**, **8**, die vier übrigen aus **184**, **80** (Variablenvertauschung!), **24**.

186. Wir haben schon vorausgesetzt, daß $a_m \gtrless 0$ ist. Das Zeichen $\|$ zwischen zwei reelle Zahlen α und β gesetzt (so: $\alpha \| \beta$) soll bedeuten, daß α und β gleiches Vorzeichen haben. Dann ist

$$f(-\infty) \| P(-\infty), \qquad f(0) \| P(0), \qquad f(\infty) \| P(\infty),$$

$$f(-\infty) \| Q(-1 + \overline{m-1}\,\omega), \qquad f(0) \| Q(0), \qquad f(1) \| Q(+\infty),$$

$$f(-1) \| R(-\infty), \qquad f(0) \| R(0), \qquad f(+\infty) \| R(1 + m - 1\,\omega),$$

$$f(-\infty) \| (-1)^m R(1 + \overline{m-1}\,\omega), \qquad f(-1) \| (-1)^m R(+\infty).$$

187. [*Laguerre*, a. a. O. **1**, S. 13—25; *M. Fekete* und *G. Pólya*, Palermo Rend. Bd. 34, S. 89—120, 1912; *E. Bálint*, Diss. Budapest, 1916; *D. R. Curtiss*, Annals of Math. Serie 2, Bd. 19, S. 251—278, 1918.] 1. aus **38**, 2. aus **34**, **33**, **32**, 3. aus **183**, **24**, III **201** mit Rücksicht darauf, daß $P(z,\omega)$, $Q(z,\omega)$, $R(z,\omega)$ stetig von ω abhängen und

$$P(z,0) = f(z), \quad Q(z,0) = (1+z)^m f\left(\frac{z}{1+z}\right), \quad R(z,0) = (1-z)^m f\left(\frac{z}{1-z}\right)$$

ist. Der zweitbewiesene Satz gestattet theoretisch die genaue Ermittlung der Anzahl der Nullstellen von $f(z)$ im Intervall $0 < x < 1$. Daß die Methode auch häufig praktisch von Vorteil ist, zeigen **45**, **46**.

188. [*G. Pólya*, a. a. O. **80**.] Aus der für $\Re z > m\omega$ gültigen Formel [VI, § 9]

$$\frac{m!\,f(z)}{\frac{z}{\omega}\left(\frac{z}{\omega}-1\right)\cdots\left(\frac{z}{\omega}-m\right)}=\sum_{\nu=0}^{m}(-1)^{m-\nu}\binom{m}{\nu}\frac{f(\nu\omega)}{\frac{z}{\omega}-\nu}$$
$$=\omega\int_0^\infty J(e^{-\lambda\omega},\omega)\,e^{-\lambda(z-m\omega)}\,d\lambda$$

folgt $\mathfrak{Z}_{n\omega}^{\infty}\leqq\mathfrak{Z}_0^1$ [**80**, **24**], aus der analogen für $\Re z > 0$ gültigen

$$\frac{(-1)^m m!\,f(-z)}{\frac{z}{\omega}\left(\frac{z}{\omega}+1\right)\cdots\left(\frac{z}{\omega}+m\right)}=\omega\int_0^\infty e^{-\lambda m\omega}J(e^{\lambda\omega},\omega)\,e^{-\lambda z}\,d\lambda$$

folgt ebenso $\mathfrak{Z}_{-\infty}^{0}\leqq\mathfrak{Z}_1^{\infty}$, endlich aus der Definition von $J(z,\omega)$ folgt [**36**], daß $\mathfrak{Z}_{-\infty}^{0}\leqq$ Anzahl der Zeichenwechsel der Folge $f(0), f(\omega), \ldots, f(n\omega)$. Man beachte endlich (vgl. Lösung **186**)

$$f(-\infty)\parallel(-1)^m J(1,\omega),\quad f(0)\parallel(-1)^m J(+\infty,\omega)\parallel J(-\infty,\omega),$$
$$f(m\omega)\parallel J(0,\omega),\qquad f(+\infty)\parallel J(1,\omega).$$

189. Man findet [**188**]

$$J(1,\omega)=\Delta^m f(0),\quad J'(1,\omega)=-m\Delta^{m-1}f(0),\quad \ldots.$$

Daher ist das fragliche Polynom gleich $J(1-z,\omega)$.

190. [*H. Poincaré*, C. R. Bd. 97, S. 1418, 1883; *E. Meissner*, Math. Ann. Bd. 70, S. 223—235, 1911.]

$$f(z)=\frac{f(z)\,(1+z)^k}{(1+z)^k}$$

Man wähle k genügend groß [**187**, 3].

191. Daß $f(x)=a(\alpha_1-x)(\alpha_2-x)\ldots(\alpha_m-x)$ ist, $\alpha_1, \alpha_2, \ldots, \alpha_m$ reell und positiv, ist hinreichend [**30**]; ferner auch notwendig: man wähle $P(x)=(1+x)^k$, k genügend groß [**187**, 3].

192. Hinreichend: denn $e^{-ax+\frac{1}{2}bx^2}\frac{d}{dx}P(x)\,e^{ax-\frac{1}{2}bx^2}$ hat nicht mehr imaginäre Nullstellen als $P(x)$ (Beweisgang **58**). Notwendig: man wähle $P(x)=1+\varepsilon x$; es folgt, daß $(1+\varepsilon x)f(x)+\varepsilon$ und $[\varepsilon\to 0]\,f(x)$ nur reelle Nullstellen hat. Man wähle $P(x)=f(x)$; es folgt [**182**], daß der Grad von $f(x)$ entweder $=0$ oder $=1$ ist. Im letzten Falle, wo also $f(x)=a-bx$ ist, setze man wieder $P(x)=f(x)$; es ist stets $(a-bx)(a-bx)-b>0$, wenn $b<0$.

193. [*G. Pólya*, Aufgabe; Arch. d. Math. u. Phys. Serie 3, Bd. 21, S. 289, 1913. Lösung von *G. Szegö*, ebenda, Serie 3, Bd. 23, S. 81—82, 1915.]

194. Der fragliche Ausdruck ist die Resultante von $f(x)$ und $g(x)$, d. h. $= b_0^2 f(\beta_1) f(\beta_2)$, wenn β_1, β_2 die beiden Nullstellen von $g(x)$ bezeichnen. Wenn β_1 nicht reell, also $\beta_2 = \overline{\beta}_1$ ist, dann wird die Resultante $\geqq 0$. Wenn β_1, β_2 reell sind und die Resultante < 0 ist, dann muß $\operatorname{sg} f(\beta_1) = -\operatorname{sg} f(\beta_2) \neq 0$ sein [**8**].

195. Der Fall $n = 1$ ist klar. Wenn $n = 2$ ist und die Nullstellen von $P(x)$ mit x_1, x_2 bezeichnet werden, $x_1 \leqq x_2$, dann bestimme man a so, daß $a \leqq x_1$, $\int\limits_a^{\frac{x_1+x_2}{2}} P(x)\,dx = 0$. Es genügt also, den Fall $n \geqq 3$ zu betrachten. Wir nehmen zunächst an, daß die drei ersten von den Nullstellen $x_1, x_2, \ldots, x_n$ von $P(x)$, $x_1 \leqq x_2 \leqq \cdots \leqq x_n$, voneinander verschieden sind, $x_1 < x_2 < x_3$. Man bestimme δ so, daß $x_1 < x_2 - \delta < x_2 < x_2 + \delta < x_3$ und $\int\limits_{x_2-\delta}^{x_2+\delta} P(x)\,dx = 0$ ist, dann a so, daß $a < x_1$ und $\int\limits_a^{x_2-\delta} P(x)\,dx = 0$ ist. Das Polynom $Q(x)$ hat dann sicher die Nullstellen $x = a$, $x = x_2 - \delta$, $x = x_2 + \delta$. Wenn ferner n ungerade ist, so ist die Existenz einer vierten reellen Nullstelle von $Q(x)$ deshalb gesichert, weil die imaginären Nullstellen von $Q(x)$ paarweise auftreten. — Hat $P(x)$ eine mehrfache Nullstelle, von der Multiplizität $m \geqq 2$, so wähle man dieselbe als a, und $Q(x)$ wird mindestens $m + 1 \geqq 3$ Nullstellen haben. — Das Gleichheitszeichen wird z. B. erreicht für

$$P(x) = x(x-1)^2(x-2)^2(x-3)^2 \ldots \left(x - \frac{n-1}{2}\right)^2, \quad n \text{ ungerade},$$

$$P(x) = (x-1)^2(x-2)^2(x-3)^2 \ldots \left(x - \frac{n}{2}\right)^2, \quad n \text{ gerade}.$$

196. [*I. Schur*; vgl. *C. Siegel*, Math. Zeitschr. Bd. 10, S. 175, 1921.] Durch Multiplikation der Ungleichungen

$$1 + |z_\nu| \leqq 2\operatorname{Max}(1, |z_\nu|) = 2e^{\frac{1}{2\pi}\int\limits_0^{2\pi} \log|e^{i\vartheta} - z_\nu|\,d\vartheta}, \quad \nu = 1, 2, \ldots, n \quad [\text{II } \mathbf{52}]$$

folgt

$$\prod_{\nu=1}^{n}(1 + |z_\nu|) \leqq 2^n e^{\frac{1}{2\pi}\int\limits_0^{2\pi} \log|f(e^{i\vartheta})|\,d\vartheta} \leqq 2^n \sqrt{\frac{1}{2\pi}\int\limits_0^{2\pi} |f(e^{i\vartheta})|^2\,d\vartheta}$$

$$= 2^n\sqrt{1 + |a_1|^2 + |a_2|^2 + \cdots + |a_n|^2} \quad [\text{II } \mathbf{69}, \text{ III } \mathbf{122}].$$

Sechster Abschnitt.

Polynome und trigonometrische Polynome.

1. Die Nullstellen von $T_n(x)$ sind $\cos(2\nu-1)\frac{\pi}{2n}$, die von $U_n(x)$ sind $\cos\nu\frac{\pi}{n+1}$, $\quad \nu = 1, 2, \ldots, n$.

2. Identisch mit

$$\cos(n+1)\vartheta = \cos\vartheta\cos n\vartheta - \sin\vartheta\sin n\vartheta,$$
$$\sin(n+1)\vartheta = \sin\vartheta\cos n\vartheta + \cos\vartheta\sin n\vartheta.$$

3. In den Differentialgleichungen

$$\frac{d^2\cos n\vartheta}{d\vartheta^2} = -n^2\cos n\vartheta, \qquad \frac{d^2\sin n\vartheta}{d\vartheta^2} = -n^2\sin n\vartheta$$

führe man die neue unabhängige Variable $\cos\vartheta = x$ ein. Spezialfall von **98**; vgl. Lösung g).

4. Setzt man $x = \cos\vartheta$, so lauten die fraglichen Integrale

$$t_{mn} = \int_0^\pi \cos m\vartheta\cos n\vartheta\, d\vartheta, \qquad u_{mn} = \int_0^\pi \sin(m+1)\vartheta\sin(n+1)\vartheta\, d\vartheta.$$

Es ist also $t_{mn} = u_{mn} = 0$, wenn $m \gtrless n$, und $t_{nn} = u_{nn} = \frac{\pi}{2}$ für $n > 0$, $t_{00} = \pi$, $u_{00} = \frac{\pi}{2}$.

Die in der Aufgabe genannte Orthogonalitätseigenschaft bestimmt die Polynome $T_n(x)$ und $U_n(x)$ bis auf einen konstanten Faktor. Sie ist gleichwertig mit der Bedingung

$$\int_{-1}^{1} \frac{T_n(x)}{\sqrt{1-x^2}} K(x)\, dx = 0 \quad \text{bzw.} \quad \int_{-1}^{1} \sqrt{1-x^2}\, U_n(x) K(x)\, dx = 0$$

für alle Polynome $(n-1)^{\text{ten}}$ Grades $K(x)$ (vgl. S. 91).

5. Spezialfall von **98**; vgl. Lösung a).

6. [*Jacobi*, J. für Math. Bd. 15, S. 3, 1836.] Aus **5** folgt durch partielle Integration, da sämtliche Ableitungen von $(1-x^2)^{n-\frac{1}{2}}$, die von niedrigerer als der n^{ten} Ordnung sind, für $x=-1$ und $x=1$ verschwinden,

$$\int_{-1}^{1} f(x)\frac{T_n(x)}{\sqrt{1-x^2}}\,dx = \frac{1}{1\cdot 3\cdot 5\cdots(2n-1)}\int_{-1}^{1} f^{(n)}(x)\,(1-x^2)^{n-\frac{1}{2}}\,dx.$$

7. $|\cos n\vartheta|\leqq 1$, $n=1, 2, 3, \ldots$; das Gleichheitszeichen gilt nur dann, wenn $n\vartheta$ gleich einem Vielfachen von π ist [**1**]. Aus

$$\frac{\sin(n+1)\vartheta}{\sin\vartheta} = \cos n\vartheta + \cos\vartheta\frac{\sin n\vartheta}{\sin\vartheta}$$

folgert man ferner mit Hilfe vollständiger Induktion die zweite Ungleichung. Hier tritt das Gleichheitszeichen nur für $|\cos\vartheta|=1$ ein.

8. $\cos\nu\vartheta$ ist ein Polynom ν^{ten} Grades von $\cos\vartheta$; $\cos^\nu\vartheta$ ist ein Kosinuspolynom ν^{ter} Ordnung.

9. $\dfrac{\sin(\nu+1)\vartheta}{\sin\vartheta}$ ist ein Polynom ν^{ten} Grades von $\cos\vartheta$; $\sin\vartheta\cos^\nu\vartheta$ ist ein Sinuspolynom $(\nu+1)^{\text{ter}}$ Ordnung.

10. $\cos p\vartheta\cos q\vartheta$, $\cos p\vartheta\sin q\vartheta$, $\sin p\vartheta\sin q\vartheta$, p, q ganz, $p\geqq 0$, $q\geqq 0$, sind trigonometrische Polynome $(p+q)^{\text{ter}}$ Ordnung.

11. Es ist

$$\cos\nu\vartheta = \frac{z^\nu+z^{-\nu}}{2},\quad \sin\nu\vartheta = \frac{z^\nu-z^{-\nu}}{2i},\quad z=e^{i\vartheta},\quad \nu=0, 1, 2, \ldots, n.$$

Einsetzen dieser Ausdrücke in $g(\vartheta)$ und Multiplikation mit $e^{in\vartheta}$ liefert

$$G(z) = \lambda_0 z^n + \sum_{\nu=1}^{n}\left(\frac{1}{2}\lambda_\nu(z^{n+\nu}+z^{n-\nu}) + \frac{1}{2i}\mu_\nu(z^{n+\nu}-z^{n-\nu})\right).$$

Es ist

$$u_\nu = \bar{u}_{2n-\nu} = \frac{\lambda_{n-\nu}+i\mu_{n-\nu}}{2},\qquad \nu=0, 1, 2, \ldots, n-1;$$

ferner ist $u_n=\lambda_0$. $G(z)$ ist genau vom $2n^{\text{ten}}$ Grade (und verschwindet nicht für $z=0$), wenn $g(\vartheta)$ genau von der n^{ten} Ordnung ist. Das Umgekehrte gilt auch.

12. Es sei $G(z)=u_0+u_1z+u_2z^2+\cdots+u_{2n}z^{2n}$; dann ist

$$u_\nu = \bar{u}_{2n-\nu},\qquad \nu=0, 1, 2, \ldots, 2n,$$

so daß u_n reell ist und

$$g(\vartheta)-u_n = e^{-in\vartheta}\sum_{\nu=0}^{n-1}(u_\nu e^{i\nu\vartheta}+u_{2n-\nu}e^{i(2n-\nu)\vartheta}) = 2\Re\sum_{\nu=0}^{n-1}u_\nu e^{i(\nu-n)\vartheta}$$

ein trigonometrisches Polynom n^{ter} Ordnung mit lauter reellen Koeffizienten darstellt.

13. Es sei z_0 eine von 0 verschiedene Nullstelle von $G(z)$. Dann ist $z_0^{2n}\bar{G}(z_0^{-1}) = 0$, d. h. $G(\bar{z}_0^{-1}) = 0$, so daß $\bar{z}_0^{-1}$ (das Spiegelbild von z_0 in bezug auf den Einheitskreis) gleichfalls eine Nullstelle ist. Durch Differentiation zeigt man auch, daß, wenn z_0 eine k-fache Nullstelle ist, $\bar{z}_0^{-1}$ ebenfalls eine solche ist. Hat ferner $G(z)$ die k-fache Nullstelle $z = 0$, so erniedrigt sich der Grad von $G(z)$ beim Übergang zu $z^{2n}\bar{G}(z^{-1})$ genau um k Einheiten [d. h. $z^{2n}\bar{G}(z^{-1})$, als Polynom $2n^{\text{ten}}$ Grades betrachtet, besitzt k Nullstellen im Unendlichen].

Die Nullstellen von $G(z)$ liegen also spiegelbildlich in bezug auf den Einheitskreis.

14. Bezeichnen $z_1, z_2, \ldots, z_{2n}$ die Nullstellen des in **11** definierten Polynoms $G(z)$, $z_\nu \neq 0$, $\nu = 1, 2, \ldots, 2n$, dann sind die Nullstellen von $g(\vartheta)$

$$\vartheta_\nu = \frac{1}{i}\log z_\nu, \quad 0 \leqq \Re\vartheta_\nu < 2\pi, \qquad \nu = 1, 2, \ldots, n.$$

15. Mit den Bezeichnungen von **11** muß identisch in α und β

$$\sum_{k,l=0}^{2n} u_k u_l \sum_{\nu=0}^{n} e^{i(k-n)\left(\alpha - \frac{\nu\pi}{n+1}\right) + i(l-n)\left(\frac{\nu\pi}{n+1} - \beta\right)} = \sum_{k=0}^{2n} u_k e^{i(k-n)(\alpha-\beta)}$$

gelten. Es ist

$$\sum_{\nu=0}^{n} e^{i(l-k)\frac{\nu\pi}{n+1}} = \begin{cases} n+1 & \text{für } k = l, \\ \dfrac{1-(-1)^{l-k}}{1-e^{i\frac{(l-k)\pi}{n+1}}} = \gamma_{kl} & \text{für } k \neq l, \end{cases}$$

folglich

$$(n+1)\sum_{k=0}^{2n} u_k^2 e^{i(k-n)(\alpha-\beta)} + \sum_{\substack{k,l=0\\k\neq l}}^{2n} \gamma_{kl} u_k u_l e^{i(k-n)\alpha + i(n-l)\beta}$$
$$= \sum_{k=0}^{2n} u_k e^{i(k-n)(\alpha-\beta)}$$

Man hat offenbar $\gamma_{kl} = 0$ für gerades, $\gamma_{kl} \neq 0$ für ungerades $l-k$. Hieraus schließen wir, da

$$\sum_{\substack{k,l=0\\k\neq l}}^{2n} \gamma_{kl} u_k u_l e^{i(k\alpha - l\beta)}$$

ein Polynom von $e^{i(\alpha-\beta)}$ sein soll, daß $u_k u_l = 0$, wenn $l-k$ ungerade ist, und außerdem, daß

$$(n+1)\,u_k^2 = u_k, \quad u_k = 0 \quad \text{oder} \quad = \frac{1}{n+1}.$$

Die fraglichen trigonometrischen Polynome sind also durch folgende Bedingungen gekennzeichnet:

1. Sie sind Kosinuspolynome und enthalten entweder nur Glieder mit ungeraden oder Glieder mit geraden Vielfachen von ϑ.

2. Ihre tatsächlich vorhandenen Glieder haben alle den gleichen Koeffizienten $\frac{2}{n+1}$, mit Ausnahme des absoluten Gliedes, das, soweit vorhanden, $=\frac{1}{n+1}$ ist.

Die Anzahl von derartigen trigonometrischen Polynomen beträgt

$$2^{\left[\frac{n+1}{2}\right]}+2^{\left[\frac{n+2}{2}\right]}-1.$$

Beispiel:

$$g(\vartheta)=\frac{1}{n+1}\,\frac{\sin(n+1)\vartheta}{\sin\vartheta}. \qquad [\mathbf{16}.]$$

16. Die erste Summe ist, wenn man $z=e^{i\vartheta}$ setzt,

$$=\Re\left(\tfrac{1}{2}+z+z^2+\cdots+z^n\right)=\Re\,\frac{1+z-2z^{n+1}}{2(1-z)}$$

$$=\Re\,\frac{e^{-\frac{i\vartheta}{2}}+e^{\frac{i\vartheta}{2}}-2e^{i\left(n+\frac{1}{2}\right)\vartheta}}{2\left(e^{-\frac{i\vartheta}{2}}-e^{\frac{i\vartheta}{2}}\right)}.$$

Ähnlich berechnet man die drei anderen Summen. — Man kann den Beweis auch durch vollständige Induktion führen.

17. Nach der letzten Formel von **16** ist der fragliche Ausdruck

$$=\frac{1}{\sin\vartheta}\left(\frac{\sin n\vartheta\sin\frac{2n+1}{2}\vartheta}{\sin\frac{\vartheta}{2}}-\frac{\sin n\vartheta\sin(n+1)\vartheta}{\sin\vartheta}\right).$$

(Oder durch direkte Rechnung.) Für $\vartheta=0$ folgt, daß die Summe der n ersten ungeraden Zahlen gleich der n^{ten} Quadratzahl ist.

18. Durch Kombination von **16** und **17**:

$$\tfrac{1}{2}+\sum_{\nu=1}^{n}\left(\tfrac{1}{2}+\cos\vartheta+\cos 2\vartheta+\cdots+\cos\nu\vartheta\right)$$

$$=\sum_{\nu=0}^{n}\frac{\sin\frac{2\nu+1}{2}\vartheta}{2\sin\frac{\vartheta}{2}}=\frac{1}{2}\left(\frac{\sin(n+1)\frac{\vartheta}{2}}{\sin\frac{\vartheta}{2}}\right)^2.$$

19. Aus **16**—**18**: 1. $\nu\frac{2\pi}{2n+1}$, $\nu=1, 2, \ldots, 2n$; 2. $\nu\frac{2\pi}{n}$, $\nu=1, 2, \ldots, n-1$ und $(2\nu-1)\frac{\pi}{n+1}$, $\nu=1, 2, \ldots, n+1$; 3. $\nu\frac{\pi}{2n}$, $\nu=1, 2, \ldots, 2n-1, 2n+1, \ldots, 4n-1$; 4. $\nu\frac{2\pi}{n}$, $\nu\frac{2\pi}{n+1}$, $\nu=1, 2, \ldots, n$; 5. $\nu\frac{\pi}{n}$, $\nu=1, 2, \ldots, 2n$, alle doppelt, mit Ausnahme von $\nu=n$ und $\nu=2n$; 6. $\nu\frac{2\pi}{n+1}$, $\nu=1, 2, \ldots, n$, alle doppelt.

20. Aus **16**, 2. oder 1.

21. Die fragliche Summe ist

$$=\frac{\sum_{\nu=1}^{n}\sin\nu\vartheta+\sum_{\nu=1}^{n+1}\sin\nu\vartheta}{2}=\sin^2(n+1)\frac{\vartheta}{2}\operatorname{ctg}\frac{\vartheta}{2} \qquad [\mathbf{16}].$$

22. [*L. Fejér*, Math. Ann. Bd. 58, S. 53, 1903.] Aus **18**.

23. [Vgl. *T. H. Gronwall*, Math. Ann. Bd. 72, S. 229—230, 1912.] Nach **16** ist

$$\frac{dA(n,\vartheta)}{d\vartheta}=\frac{\sin\frac{n}{2}\vartheta\cos\frac{n+1}{2}\vartheta}{\sin\frac{\vartheta}{2}}.$$

Dieser Ausdruck verschwindet nur an den in der Aufgabe genannten Stellen im Intervall $0\leqq\vartheta<\pi$ und geht dort abwechselnd vom Positiven ins Negative und vom Negativen ins Positive über. Wenn n gerade ist, so verschwindet er auch für $\vartheta=\pi$. Der Punkt $x=\pi$, $y=0$ ist aber für die Kurve $y=A(n,x)$ Symmetriezentrum [**29**], also keinesfalls Maximum oder Minimum.

24. [*D. Jackson*, Palermo Rend. Bd. 32, S. 257—258, 1911; *T. H. Gronwall*, a. a. O. **23**, S. 231; die Gleichung $\operatorname{Max}A(n,\vartheta)=A\left(n,\frac{\pi}{n+1}\right)$ rührt von *Fejér* her, vgl. *D. Jackson*, a. a. O.] Nach **20** ist

$$A\left(n,(2\nu+1)\frac{\pi}{n+1}\right)-A\left(n,(2\nu-1)\frac{\pi}{n+1}\right)$$

$$=\int\limits_{(2\nu-1)\frac{\pi}{n+1}}^{(2\nu+1)\frac{\pi}{n+1}}\frac{dA(n,\vartheta)}{d\vartheta}d\vartheta\leqq\frac{1}{2}\int\limits_{(2\nu-1)\frac{\pi}{n+1}}^{(2\nu+1)\frac{\pi}{n+1}}\sin(n+1)\vartheta\operatorname{ctg}\frac{\vartheta}{2}d\vartheta$$

$$= \frac{1}{2}\int\limits_{(2\nu-1)\frac{\pi}{n+1}}^{2\nu\frac{\pi}{n+1}} \sin(n+1)\vartheta\left(\operatorname{ctg}\frac{\vartheta}{2} - \operatorname{ctg}\frac{\vartheta+\frac{\pi}{n+1}}{2}\right)d\vartheta,$$

$$\nu = 1, 2, \ldots, q-1;\ n \geqq 3.$$

Im letzten Integral ist $\sin(n+1)\vartheta \leqq 0$, der Klammerausdruck ist positiv, weil $\operatorname{ctg} x$ für $0 < x < \frac{\pi}{2}$ monoton abnimmt.

25. [*L. Fejér*; vgl. *D. Jackson*, a. a. O. **24**, S. 259; *T. H. Gronwall*, a. a. O. **23**, S. 233.] Nach **24** ist

$$A\left(n, \frac{\pi}{n+1}\right) > A\left(n, \frac{\pi}{n}\right) = A\left(n-1, \frac{\pi}{n}\right).$$

Betreffs des Grenzwertes $\lim\limits_{n\to\infty} A\left(n, \frac{\pi}{n+1}\right)$ vgl. II **6**.

26. [*W. H. Young*, Lond. M. S. Proc. Serie 2, Bd. 11, S. 359, 1913.] Nach **16** ist

$$\frac{dB(n,\vartheta)}{d\vartheta} = -\frac{\sin\frac{n}{2}\vartheta\sin\frac{n+1}{2}\vartheta}{\sin\frac{\vartheta}{2}} \qquad [\mathbf{19}, \mathbf{23}].$$

27. [*W. H. Young*, a. a. O. **26**.] Es sei $n \geqq 3$, $\varkappa$, λ ganz, $1 \leqq \varkappa < \lambda \leqq \left[\frac{n+1}{2}\right]$. Dann ist [**21**]

$$B\left(n, \lambda\frac{2\pi}{n+1}\right) - B\left(n, \varkappa\frac{2\pi}{n+1}\right) = \int\limits_{\varkappa\frac{2\pi}{n+1}}^{\lambda\frac{2\pi}{n+1}} \frac{dB(n,\vartheta)}{d\vartheta}\,d\vartheta$$

$$= -\int\limits_{\varkappa\frac{2\pi}{n+1}}^{\lambda\frac{2\pi}{n+1}} \left(\sin\vartheta + \sin 2\vartheta + \cdots + \sin n\vartheta + \frac{\sin(n+1)\vartheta}{2}\right)d\vartheta < 0.$$

28. [*W. H. Young*, a. a. O. **26**.] Nach **27** ist

$$\operatorname{Min} B(n,\vartheta) = \begin{cases} B(n,\pi), & \text{wenn } n \text{ ungerade ist},\\ B\left(n, n\frac{\pi}{n+1}\right), & \text{wenn } n \text{ gerade ist}. \end{cases}$$

Im ersten Falle hat man

$$B(n,\pi) = -1 + \frac{1}{2} - \frac{1}{3} + \cdots + \frac{1}{n-1} - \frac{1}{n} \geqq -1 .$$

Für $n \geqq 5$, n ungerade, hat man sogar

$$B(n,\vartheta) \geqq -1 + \frac{13}{60} > -1 + \frac{1}{n}.$$

Im zweiten Falle ist

$$B\left(n, n\frac{\pi}{n+1}\right) = B\left(n+1, n\frac{\pi}{n+1}\right) - \frac{1}{n+1},$$

d. h. für $n \geqq 4$, n gerade, gilt

$$B\left(n, n\frac{\pi}{n+1}\right) > -1 + \frac{1}{n+1} - \frac{1}{n+1} = -1 .$$

Für $n = 2$ ist

$$B\left(2, \frac{2\pi}{3}\right) = \cos\frac{2\pi}{3} + \frac{1}{2}\cos\frac{4\pi}{3} = -\frac{1}{2} - \frac{1}{4} = -\frac{3}{4} > -1 .$$

29. Im folgenden ist $n = 0, \pm 1, \pm 2, \pm 3, \ldots$ zu setzen; solche Symmetrieelemente, die durch Bewegungen der Ebene der Bildkurve nicht zur Deckung gebracht werden können, sind besonders erwähnt.

1. Die vertikalen Geraden $x = 2n\pi$ und $x = (2n-1)\pi$ sind Symmetrieachsen; $b_1 = b_2 = b_3 = \cdots = 0$.

2. Die Punkte $x = 2n\pi$ und $x = (2n-1)\pi$ der Abszissenachse $y = 0$ sind Symmetriezentra; $a_0 = a_1 = a_2 = a_3 = \cdots = 0$.

3. Die Bildkurve wird nach Horizontalverschiebung um π und nachfolgender Spiegelung an der Abszissenachse mit sich selbst zur Deckung gebracht (die Abszissenachse ist „Gleitspiegelachse"); $a_0 = a_2 = b_2 = a_4 = b_4 = a_6 = b_6 = \cdots = 0$.

4a. Die vertikalen Geraden $x = n\pi$ sind Symmetrieachsen, die Punkte $x = (n+\frac{1}{2})\pi$, $y = 0$ Symmetriezentra; $b_1 = b_2 = b_3 = \cdots = 0$, $a_0 = a_2 = a_4 = \cdots = 0$.

4b. Die vertikalen Geraden $x = (n+\frac{1}{2})\pi$ sind Symmetrieachsen, die Punkte $x = n\pi$, $y = 0$ Symmetriezentra; $a_0 = a_1 = a_2 = a_3 = \cdots = 0$, $b_2 = b_4 = b_6 = \cdots = 0$. (Rein geometrisch keine neue Symmetrieart gegenüber 4a.)

5. Schon die Hälfte von 2π ist Periode; $a_1 = b_1 = a_3 = b_3 = a_5 = b_5 = \cdots = 0$. Die Symmetrie besteht bloß in der Invarianz bei Horizontalverschiebung um ganzzahlige Multipla von π. (Rein geometrisch keine neue Symmetrieart gegenüber der allgemeinen *Fourier*schen Reihe.)

(Es gibt außer den 5 hervorgehobenen noch 2 (durch Spiegelung an der x-Achse bewirkten), also insgesamt 7 Symmetriearten für periodische „Bordürenmuster", d. h. 7 verschiedene Bewegungsgruppen, die eine unbegrenzte Reihe äquidistanter Punkte und eine hindurchgelegte Ebene mit sich selbst zur Deckung bringen.)

30. Die $2n+1$ ersten *Fourier*schen Konstanten von $f(\vartheta)$ sind gleich den entsprechenden Koeffizienten von $f(\vartheta)$ (mit den Bezeichnungen von **11**: $a_0 = \lambda_0$, $2a_\nu = \lambda_\nu$, $2b_\nu = \mu_\nu$, $\nu = 1, 2, \ldots, n$), alle anderen sind gleich 0.

31.

$$\left(2\cos\frac{\vartheta}{2}\right)^n = \left(e^{i\frac{\vartheta}{2}} + e^{-i\frac{\vartheta}{2}}\right)^n = \sum_{\nu=0}^{n}\binom{n}{\nu}\left(e^{i\frac{\vartheta}{2}}\right)^{n-\nu}\left(e^{-i\frac{\vartheta}{2}}\right)^{\nu}$$

$$= \Re\sum_{\nu=0}^{n}\binom{n}{\nu}e^{i\left(\frac{n}{2}-\nu\right)\vartheta} = \sum_{\nu=0}^{n}\binom{n}{\nu}\cos\left(\frac{n}{2}-\nu\right)\vartheta. \qquad \text{[III 117.]}$$

32. Multiplikation mit $\cos n\vartheta$ bzw. $\sin n\vartheta$, $n = 0, 1, 2, \ldots$, und Integration zwischen 0 und 2π liefert, daß die *Fourier*schen Konstanten von $f(\vartheta)$ mit $a_0, a_1, b_1, a_2, b_2, \ldots$ übereinstimmen, d. h. daß die *Fourier*sche Reihe von $f(\vartheta)$ mit der gegebenen trigonometrischen Reihe identisch ist.

33. Man entwickle die Funktion $f(\vartheta)$, definiert durch

$$f(\vartheta) = \begin{cases} \dfrac{\pi-\vartheta}{2}, & \text{für } 0 < \vartheta < 2\pi, \\ 0 & \text{, für } \vartheta = 0 \end{cases}$$

in eine *Fourier*sche Reihe.

34. Direkte Ausrechnung der *Fourier*schen Konstanten liefert die erste Reihe. Setzt man hier $\vartheta = 0$ und zieht die so erhaltene Reihe ab, so folgt die zweite Reihe.

35. [*G. Szegö*, Math. Zeitschr. Bd. 9, S. 163, 1921.] Nach **34** ist

$$\varrho_m = \frac{16}{\pi^2}\sum_{n=1}^{\infty}\frac{1}{4n^2-1}\int_0^{\frac{\pi}{2}}\frac{\sin^2 nm\vartheta}{\sin\vartheta}\,d\vartheta \qquad \text{[17]}$$

36. Daß die Sinusglieder sowie die Kosinusglieder ungerader Ordnung verschwinden, folgt aus **29**, 1. und 5. Es ist

$$-c_n = \frac{1}{\pi}\int_0^{2\pi} f(\vartheta)\cos 2n\vartheta\,d\vartheta = \frac{2}{\pi}\int_0^{\pi} f(\vartheta)\cos 2n\vartheta\,d\vartheta =$$

$$= \frac{2}{\pi}\sum_{\nu=1}^{n}\int_0^{\frac{\pi}{4n}}\Bigg[f\left(\frac{\nu\pi}{n}+\vartheta\right) - f\left(\frac{\nu\pi}{n}+\frac{\pi}{2n}-\vartheta\right)$$

$$- f\left(\frac{\nu\pi}{n}+\frac{\pi}{2n}+\vartheta\right) + f\left(\frac{\nu\pi}{n}+\frac{\pi}{n}-\vartheta\right)\Bigg]\cos 2n\vartheta\,d\vartheta.$$

Im Intervall $0, \frac{\pi}{4n}$ ist $\cos 2n\vartheta$ positiv, ferner gilt [II **74**] für irgend eine, im Intervalle a, b von oben konvexe Funktion $f(x)$, wenn $a < x - v < x - u < x + u < x + v < b$ ist,

$$f(x-u) \geqq \frac{(v+u)\,f(x-v) + (v-u)\,f(x+v)}{2v},$$

$$f(x+u) \geqq \frac{(v-u)\,f(x-v) + (v+u)\,f(x+v)}{2v},$$

also, was geometrisch auch sonst klar,

$$f(x-v) - f(x-u) - f(x+u) + f(x+v) \leqq 0\,.$$

37. Beweis wie in dem Spezialfall **35** durch Benützung von **36**.

38. Mit den Bezeichnungen von **26**—**28** ist [**34**]

$$\Gamma(n,\vartheta) = \frac{2}{\pi}\sum_{\nu=1}^{n}\frac{1}{\nu} - \frac{4}{\pi}\sum_{\nu=1}^{\infty}\frac{B(n,2\nu\vartheta)}{4\nu^2-1} \leqq \frac{2}{\pi}\sum_{\nu=1}^{n}\frac{1}{\nu} + \frac{4}{\pi}\sum_{\nu=1}^{\infty}\frac{1}{4\nu^2-1}$$
$$= \frac{2}{\pi}\sum_{\nu=1}^{n}\frac{1}{\nu} + \frac{2}{\pi}\,.$$

Ferner ist

$$M_n > \frac{1}{\pi}\int_0^{\pi}\Gamma(n,\vartheta)\,d\vartheta = \frac{2}{\pi}\sum_{\nu=1}^{n}\frac{1}{\nu}\,.$$

39. Setzt man $z = e^{i\vartheta}$ und

$$|x_0 + x_1 z + x_2 z^2 + \cdots + x_n z^n|^2$$
$$= \lambda_0 + \lambda_1\cos\vartheta + \mu_1\sin\vartheta + \lambda_2\cos 2\vartheta + \mu_2\sin 2\vartheta + \cdots + \lambda_n\cos n\vartheta + \mu_n\sin n\vartheta,$$

so ist

$$\lambda_0 = |x_0|^2 + |x_1|^2 + |x_2|^2 + \cdots + |x_n|^2,$$
$$\tfrac{1}{2}(\lambda_\nu + i\mu_\nu) = x_0\bar{x}_\nu + x_1\bar{x}_{\nu+1} + \cdots + x_{n-\nu}\bar{x}_n, \qquad \nu = 1, 2, \ldots, n;$$

es ist $\lambda_n + i\mu_n = 2x_0\bar{x}_n \neq 0$. (Für $x_0 = x_1 = x_2 = \cdots = x_n$ folgt hieraus ein neuer Beweis von **18**.)

40. [*F. Riesz;* vgl. *L. Fejér*, J. für Math. Bd. 146, S. 53—82, 1916.] Das in **11** definierte Polynom $G(z)$ setzt sich aus folgenden drei multiplikativen Bestandteilen zusammen, von denen einer oder auch zwei fehlen können [**13**]:

$$\prod_{\mu=1}^{k}(z-\zeta_\mu), \qquad \prod_{\nu=1}^{l}(z-z_\nu)\left(z-\frac{1}{\bar{z}_\nu}\right), \qquad c\,z^r,$$
$$k + 2l + 2r = 2n,$$

wo k, l, r ganz, $k \geqq 0$, $l \geqq 0$, $r \geqq 0$, $|\zeta_\mu| = 1$, $0 < |z_\nu| < 1$, $\mu = 1, 2, \ldots, k$, $\nu = 1, 2, \ldots, l$ und c beliebig komplex. Die Nullstellen $\zeta_\mu = e^{i\vartheta_\mu}$ von $G(z)$ auf dem Einheitskreis entsprechen den Nullstellen ϑ_μ von $g(\vartheta)$ im reellen Intervall $0 \leqq \vartheta < 2\pi$. Und zwar tritt, wie man durch Differentiation der Identität $g(\vartheta) = e^{-in\vartheta} G(e^{i\vartheta})$ einsieht, eine Nullstelle $\zeta_\mu = e^{i\vartheta_\mu}$ von $G(z)$ mit derselben Multiplizität auf wie die entsprechende Nullstelle ϑ_μ von $g(\vartheta)$. Wegen $g(\vartheta) \geqq 0$ muß also jedes ζ_μ von gerader Multiplizität sein. Es sei etwa

$$\prod_{\mu=1}^{k} (z - \zeta_\mu) = \prod_{\mu=1}^{\frac{k}{2}} (z - \zeta_\mu)^2.$$

Hieraus folgt

$$g(\vartheta) = |g(\vartheta)| = |G(e^{i\vartheta})| = |c| \prod_{\mu=1}^{\frac{k}{2}} |e^{i\vartheta} - \zeta_\mu|^2 \prod_{\nu=1}^{l} \frac{|e^{i\vartheta} - z_\nu|^2}{|z_\nu|}.$$

41. [**40**.] Das Polynom $G(z)$ besitzt in diesem Falle lauter reelle Koeffizienten, so daß die komplexen Nullstellen ζ_μ und z_ν paarweise konjugiert auftreten.

42. Man kann irgendeinen Linearfaktor $z - z_0$ von $h(z)$ durch $1 - \bar{z}_0 z$ ersetzen, weil auf dem Einheitskreis $|z - z_0| = |1 - \bar{z}_0 z|$ ist [III **5**]. Hierbei kann auch $z_0 = 0$ sein.

43. Auf die in Lösung **42** gesagte Weise lassen sich sämtliche Nullstellen von $h(z)$, die dem Betrage nach kleiner als 1 sind, entfernen. Der Bedingung 2. kann durch Multiplikation mit einer passend gewählten Konstante γ, $|\gamma| = 1$, Genüge geleistet werden. Aus III **274** folgt übrigens, daß dieses Polynom $h(z)$ eindeutig bestimmt ist.

44. Die fragliche ganze rationale Funktion zerfällt in Faktoren der Form $(x - x_0)^2 + y_0^2$, x_0, y_0 reell. Man beachte die Identität

$$(p_1^2 + q_1^2)(p_2^2 + q_2^2) = (p_1 p_2 + q_1 q_2)^2 + (p_1 q_2 - p_2 q_1)^2.$$

45. Die fragliche ganze rationale Funktion zerfällt in Faktoren der Form

$$(x - x_0)^2 + y_0^2, \qquad x_0,\ y_0 \text{ reell}; \qquad x + x_1, \qquad x_1 \geqq 0.$$

Man beachte die Identität

$$\begin{aligned}
&[p_1^2 + q_1^2 + x(r_1^2 + s_1^2)]\,[p_2^2 + q_2^2 + x(r_2^2 + s_2^2)] \\
&= [(p_1^2 + q_1^2)(p_2^2 + q_2^2) + x^2(r_1^2 + s_1^2)(r_2^2 + s_2^2)] \\
&+ x[(p_1^2 + q_1^2)(r_2^2 + s_2^2) + (r_1^2 + s_1^2)(p_2^2 + q_2^2)]
\end{aligned}$$

Es ist ferner **44** zweimal anzuwenden.

46. [*M. Fekete.*] Setzt man $P(x)$ für das fragliche Polynom, so wende man **41** auf $P(\cos\vartheta)$ an und beachte **8**, **9**. Es ist

$$P(\cos\vartheta) = |A(\cos\vartheta) + i\sin\vartheta\, B(\cos\vartheta)|^2,$$

wo $A(x)$ und $B(x)$ Polynome mit lauter reellen Koeffizienten bezeichnen.

47. [*F. Lukács.*] Es sei $P(x)$ vom Grade $2m$. Nach **41** ist

$$P(\cos\vartheta) = |h(e^{i\vartheta})|^2 = |e^{-im\vartheta} h(e^{i\vartheta})|^2,$$

$$e^{-im\vartheta} h(e^{i\vartheta}) = A(\cos\vartheta) + i\sin\vartheta\, D(\cos\vartheta),$$

wo $h(z)$ ein Polynom $2m^{\text{ten}}$ Grades mit reellen Koeffizienten, $A(x)$ vom Grade m, $D(x)$ vom Grade $m-1$ ist. Ist $P(x)$ vom Grade $2m+1$, so ist

$$P(x) = (x-\alpha)P_1(x) = (x+1)P_1(x) + (-\alpha-1)P_1(x),$$

oder

$$P(x) = (\beta - x)\,P_1(x) = (\beta-1)\,P_1(x) + (1-x)\,P_1(x)$$

mit $\alpha \leqq -1$ bzw. $\beta \geqq 1$, wobei auf $P_1(x)$ die vorige Überlegung anzuwenden ist.

48. [*Ch. Hermite*, Aufgabe; Interméd. des math. Bd. 1, S. 65, 1894. Lösung von *J. Franel, E. Goursat, J. Sadier*, ebenda, Bd. 1, S. 251, 1894.] Nein. Im gegenteiligen Falle könnte nämlich

$$x^2 + \varepsilon = \sum A(\varepsilon)(1-x)^\alpha (1+x)^\beta$$

geschrieben werden, $\varepsilon > 0$, $A(\varepsilon) \geqq 0$; es ist hierbei $\alpha + \beta \leqq 2$, α, β nichtnegativ ganz, so daß die Gliederanzahl für jedes ε genau 6 ist. Hieraus folgt, $x = 0$ gesetzt, daß $A(\varepsilon)$ für $0 < \varepsilon \leqq 1$ beschränkt ist. Läßt man nun ε derart gegen 0 konvergieren, daß $\lim A(\varepsilon) = A$ existiert, und zwar in allen 6 Gliedern, dann folgt

$$x^2 = \sum A(1-x)^\alpha (1+x)^\beta.$$

Für $x = 0$ führt dies auf Widerspruch.

49. [*F. Hausdorff*, Math. Zeitschr. Bd. 9, S. 98—99, 1921.] Erste Lösung. Es genügt, die folgenden beiden Spezialfälle zu betrachten:

1. $P(x)$ ist linear:

$$P(x) = \frac{P(-1)}{2}(1-x) + \frac{P(1)}{2}(1+x).$$

2. $P(x)$ ist quadratisch, $P(x) = a + 2b(1-x) + c(1-x)^2$, $c > 0$, $ac - b^2 > 0$. Man setze mit noch zu bestimmendem p, p ganz, $p \geqq 2$,

$$2^p P(x) = a\sum_{\nu=0}^{p}\binom{p}{\nu}(1-x)^\nu(1+x)^{p-\nu}$$

$$+ 2b(1-x)2\sum_{\nu=1}^{p}\binom{p-1}{\nu-1}(1-x)^{\nu-1}(1+x)^{p-\nu}$$

$$+ c(1-x)^2 4\sum_{\nu=2}^{p}\binom{p-2}{\nu-2}(1-x)^{\nu-2}(1+x)^{p-\nu}$$

$$= \sum_{\nu=0}^{p}\frac{(p-2)!}{\nu!(p-\nu)!}f(\nu)(1-x)^\nu(1+x)^{p-\nu}.$$

Hierbei ist

$$\begin{aligned} f(\nu) &= ap(p-1) + 4b(p-1)\nu + 4c\nu(\nu-1) \\ &= 4c\nu^2 + 2(2bp-2b-2c)\nu + (ap^2-ap) \end{aligned}$$

ein Polynom zweiten Grades in ν, das definit positiv wird, sobald p genug groß, nämlich so gewählt ist, daß

$$4c(ap^2-ap) - (2bp-2b-2c)^2 = 4(ac-b^2)p^2 + \cdots > 0.$$

Zweite Lösung. Man führe mittels der Gleichung

$$(1+x)(1+z) = 2$$

z als neue Variable ein. Es sei $P(x)$ vom n^{ten} Grade. Dann ist

$$P\left(\frac{1-z}{1+z}\right)(1+z)^n = f(z)$$

ein Polynom n^{ten} Grades, $f(z) > 0$ für $z > 0$. Folglich gilt für genügend großes ganzes p die Darstellung

$$f(z)(1+z)^{p-n} = \sum_{\alpha=0}^{p} A_\alpha z^\alpha,$$

$A_\alpha \geqq 0$ für $\alpha = 0, 1, 2, \ldots, p$ [Lösung V **187**]. Hieraus folgt

$$P(x) = f\left(\frac{1-x}{1+x}\right)\left(\frac{1+x}{2}\right)^n = 2^{-p}\sum_{\alpha=0}^{p} A_\alpha(1-x)^\alpha(1+x)^{p-\alpha}.$$

50. Erster Beweis [*L. Fejér*, C. R. Bd. 157, S. 506—509, 1913; Gleichheitszeichen wird nicht diskutiert]. Setzt man

$$Q(z) = n + 1 - \sum_{\nu=1}^{n}\frac{1+ze^{i\vartheta_\nu}}{1-ze^{i\vartheta_\nu}}, \qquad \vartheta_\nu = \nu\frac{2\pi}{n+1}, \qquad \nu = 1, 2, \ldots, n,$$

dann ist [vgl. III **6**]

$$\Re Q(z) < n+1, \qquad |z|<1,$$

ferner [vgl. den zweiten Beweis]

$$Q(z) = 1 + 2z + 2z^2 + \cdots + 2z^n + q_{n+1}z^{n+1} + q_{n+2}z^{n+2} + \cdots.$$

Es ist für $0 \leqq r < 1$

$$\lambda_0 + \lambda_1 r + \lambda_2 r^2 + \cdots + \lambda_n r^n$$

$$= \frac{1}{2\pi}\int_0^{2\pi} g(\vartheta)\,(1 + 2r\cos\vartheta + \cdots + 2r^n \cos n\vartheta)\,d\vartheta$$

$$= \frac{1}{2\pi}\int_0^{2\pi} g(\vartheta)\,[\Re Q(re^{i\vartheta})]\,d\vartheta < (n+1)\frac{1}{2\pi}\int_0^{2\pi} g(\vartheta)\,d\vartheta = n+1.$$

Man lasse r gegen 1 konvergieren, um für $g(0)$ die gewünschte Abschätzung zu erhalten. Man betrachte ferner $g(\vartheta + \vartheta_0)$, ϑ_0 fest.

Zweiter Beweis [*L. Fejér*, C. R. Bd. 157, S. 571—572, 1913]. Es genügt, $g(0) \leqq n+1$ zu beweisen. Setzt man $\vartheta_\nu = \nu\dfrac{2\pi}{n+1}$, $\nu = 0, 1, 2, \ldots, n$, dann ist

$$\sum_{\nu=0}^{n} \cos k\vartheta_\nu = \sum_{\nu=0}^{n} \sin k\vartheta_\nu = 0, \qquad k = 1, 2, \ldots, n,$$

weil ja

$$\sum_{\nu=0}^{n} e^{ik\vartheta_\nu} = \frac{1 - e^{i(n+1)k\frac{2\pi}{n+1}}}{1 - e^{ik\frac{2\pi}{n+1}}} = 0$$

ist. Man hat also

$$g(0) + g(\vartheta_1) + g(\vartheta_2) + \cdots + g(\vartheta_n) = n+1, \quad \text{d. h.} \quad g(0) \leqq n+1.$$

Gilt hier das Zeichen $=$, so muß $g(\vartheta_1) = g(\vartheta_2) = \cdots = g(\vartheta_n) = 0$ sein, d. h. $g(\vartheta)$ besitzt dann die wegen $g(\vartheta) \geqq 0$ doppelten Nullstellen $\vartheta_\nu = \nu\dfrac{2\pi}{n+1}$, $\nu = 1, 2, \ldots, n$. Diese Eigenschaft, zusammen mit der Bedingung $\lambda_0 = 1$, bestimmt $g(\vartheta)$ eindeutig. [**18**.]

Dritter Beweis [*L. Fejér*, a. a. O. **40**, S. 65—66]. Nach **40** hat das allgemeinste trigonometrische Polynom $g(\vartheta)$ von der fraglichen Art die Form

$$g(\vartheta) = |x_0 + x_1 z + x_2 z^2 + \cdots + x_n z^n|^2, \qquad z = e^{i\vartheta}$$

mit

$$\lambda_0 = |x_0|^2 + |x_1|^2 + |x_2|^2 + \cdots + |x_n|^2 = 1 \qquad [\mathbf{39}].$$

II **80** liefert für jeden Wert $\vartheta = \vartheta_0$

$$g(\vartheta_0) \leqq (n+1)(|x_0|^2 + |x_1|^2 + |x_2|^2 + \cdots + |x_n|^2) = n + 1;$$

das Gleichheitszeichen gilt nur für $x_\nu = \gamma e^{-i\nu\vartheta_0}$, $\nu = 0, 1, 2, \ldots, n$;

$$|\gamma| = \frac{1}{\sqrt{n+1}}.$$

51. [*L. Fejér*, a. a. O. **40**, S. 73.] Es ist $\lambda_n + i\mu_n = 2x_0\bar{x}_n$ und

$$2|x_0\bar{x}_n| \leqq |x_0|^2 + |x_n|^2 \leqq |x_0|^2 + |x_1|^2 + \cdots + |x_n|^2 = 1.$$

Gleichheit gilt nur für $x_1 = x_2 = \cdots = x_{n-1} = 0$, $|x_0| = |x_n| = \dfrac{1}{\sqrt{2}}$,

d. h. für $g(\vartheta) = \dfrac{1}{2}|1 + \gamma e^{in\vartheta}|^2$, $|\gamma| = 1$.

52. [*L. Fejér*, a. a. O. **40**, S. 79.] Nach **39, 40** handelt es sich um das Maximum von

$$4|x_0\bar{x}_1 + x_1 x_2 + \cdots + x_{n-1}\bar{x}_n|^2$$

unter der Nebenbedingung $|x_0|^2 + |x_1|^2 + |x_2|^2 + \cdots + |x_n|^2 = 1$. Man kann sich auf reelle $x_0, x_1, x_2, \ldots, x_n$ beschränken. Das Maximum von

$$2|x_0 x_1 + x_1 x_2 + \cdots + x_{n-1} x_n|$$

ist [vgl. *Kowalewski*, S. 275] gleich dem Betrag der absolut größten Nullstelle der Determinante $D_n(f-h)$ von VII **70**, $f(\vartheta) = 2\cos\vartheta$, d. h. gleich $h_{n,n} = 2\cos\dfrac{\pi}{n+2}$.

53. Es sei $h(z) = c(1 + z_1 z)(1 + z_2 z)\ldots(1 + z_n z)$, $|z_\nu| \leqq 1$, $\nu = 1, 2, \ldots, n$, c reell, $c > 0$. Nach II **52** ist

$$\frac{1}{2\pi}\int_0^{2\pi} \log|1 + z_\nu e^{i\vartheta}|^2 d\vartheta = 0,$$

also

$$\frac{1}{2\pi}\int_0^{2\pi} \log g(\vartheta)\, d\vartheta = \log c^2.$$

54. Man erhält sämtliche trigonometrischen Polynome $g(\vartheta)$ von der fraglichen Art, wenn man $g(\vartheta) = |h(e^{i\vartheta})|^2$ betrachtet, wobei

$$h(z) = (1 + z_1 z)(1 + z_2 z)\ldots(1 + z_n z) = x_0 + x_1 z + x_2 z^2 + \cdots + x_n z^n$$

und $z_1, z_2, \ldots, z_n$ beliebige komplexe Zahlen bezeichnen, die dem Betrage nach $\leqq 1$ sind. Daher ist für $|z| \leqq 1$

$$|h(z)| \leqq (1 + 1)^n = 2^n.$$

Das Gleichheitszeichen gilt nur dann, wenn alle z_ν gleich und vom absoluten Betrage 1 sind, wenn ferner $z = \bar{z}_\nu$ ist.

55. Es ist

$$h(z) \ll (1+z)^n,$$

also

$$\lambda_0 = |x_0|^2 + |x_1|^2 + |x_2|^2 + \cdots + |x_n|^2 \leqq 1 + \binom{n}{1}^2 + \binom{n}{2}^2 + \cdots + \binom{n}{n}^2$$

[I **32**], Gleichheitszeichen wie in **54**.

56. Wie in **55**:

$$|\lambda_\nu + i\mu_\nu| = 2\,|x_0\bar{x}_\nu + x_1\bar{x}_{\nu+1} + \cdots + x_{n-\nu}\bar{x}_n|$$

$$\leqq 2\left[\binom{n}{0}\binom{n}{\nu} + \binom{n}{1}\binom{n}{\nu+1} + \cdots + \binom{n}{n-\nu}\binom{n}{n}\right] = 2\binom{2n}{n+\nu}.$$

57. Erster Beweis. Gemäß **40** und **39** folgt aus $g(\vartheta) \geqq 0$, $\lambda_0 = 0$,

$$g(\vartheta) = |x_0 + x_1 e^{i\vartheta} + x_2 e^{2i\vartheta} + \cdots + x_n e^{ni\vartheta}|^2,$$

$$|x_0|^2 + |x_1|^2 + |x_2|^2 + \cdots + |x_n|^2 = 0,$$

d. h. $x_0 = x_1 = x_2 = \cdots = x_n = 0$.

Zweiter Beweis [*L. Fejér*, a. a. O. **50**, zweiter Beweis]. Man schließt wie in Lösung **50**, zweiter Beweis, daß, wenn

$$\vartheta_\nu = \nu\frac{2\pi}{n+1}, \qquad \nu = 1, 2, \ldots, n$$

gesetzt wird,

$$g(0) + g(\vartheta_1) + g(\vartheta_2) + \cdots + g(\vartheta_n) = 0,$$

d. h.

$$g(0) = g(\vartheta_1) = g(\vartheta_2) = \cdots = g(\vartheta_n) = 0;$$

$g(\vartheta)$ hat somit die Nullstellen $0, \vartheta_1, \vartheta_2, \ldots, \vartheta_n$, und zwar wegen $g(\vartheta) \geqq 0$ alle doppelt. Nach **14** folgt hieraus $g(\vartheta) \equiv 0$.

Dritter Beweis. Vollständige Induktion. Für $n = 1$ ist

$$\lambda_1\cos\vartheta + \mu_1\sin\vartheta = \sqrt{\lambda_1^2 + \mu_1^2}\cos(\vartheta - \vartheta_0), \qquad \operatorname{tg}\vartheta_0 = \frac{\mu_1}{\lambda_1},$$

also die Behauptung klar. Für $n > 1$ ist, wenn $g(\vartheta) \geqq 0$,

$$g^*(\vartheta) = \frac{g(\vartheta) + g(\vartheta+\pi)}{2} = \lambda_2\cos 2\vartheta + \mu_2\sin 2\vartheta + \lambda_4\cos 4\vartheta + \mu_4\sin 4\vartheta + \cdots$$
$$+ \lambda_{2p}\cos 2p\vartheta + \mu_{2p}\sin 2p\vartheta,$$

$p = \left[\frac{n}{2}\right]$, ein nichtnegatives trigonometrisches Polynom p^{ter} Ordnung von 2ϑ, und zwar ohne absolutes Glied. Aus $g^*(\vartheta) \equiv 0$, $g(\vartheta) \geqq 0$ folgt auch $g(\vartheta) \equiv 0$.

58. [*L. Fejér*, a. a. O. **40**, S. 67—68; a. a. O. **50**, zweiter Beweis, S. 573—574.] Wenn $g(\vartheta) \not\equiv 0$ ist, dann ist $m > 0$, $M > 0$ [**57**]. Man wende **50** auf $\frac{g(\vartheta)+m}{m}$ bzw. $\frac{M-g(\vartheta)}{M}$ an.

59. [*L. Fejér*, a. a. O. **40**, S. 69.] Man wende **58** auf

$$g(\vartheta) - \frac{1}{2\pi}\int_0^{2\pi} g(\vartheta)\,d\vartheta$$

an.

60. [*L. Fejér*, a. a. O. **40**, S. 80—81.] Es sei $g(\vartheta) \not\equiv$ konst. Anwendung von **51** auf $\frac{g(\vartheta)+m}{\lambda_0+m}$ bzw. $\frac{M-g(\vartheta)}{M-\lambda_0}$ liefert

$$\sqrt{\lambda_n^2+\mu_n^2} \leqq \lambda_0 + m, \qquad \sqrt{\lambda_n^2+\mu_n^2} \leqq M - \lambda_0,$$

$$\sqrt{\lambda_n^2+\mu_n^2} \leqq \frac{m+M}{2} \leqq \operatorname{Max}(m, M).$$

61. [*O. Szász*, Münch. Ber. 1917, S. 307—320.] Nach **40** kann

$$M - \sum_{\nu=1}^{n}(\lambda_\nu \cos\nu\vartheta + \mu_\nu \sin\nu\vartheta) = |x_0 + x_1 z + x_2 z^2 + \cdots + x_n z^n|^2$$

gesetzt werden, $z = e^{i\vartheta}$, woraus [**39**]

$$\sqrt{\lambda_\nu^2+\mu_\nu^2} \leqq 2\,(|x_0|\,|x_\nu| + |x_1|\,|x_{\nu+1}| + \cdots + |x_{n-\nu}|\,|x_n|),$$
$$\nu = 1, 2, \ldots, n$$

folgt. Es ist ferner

$$M = |x_0|^2 + |x_1|^2 + \cdots + |x_n|^2,$$

folglich

$$\sum_{\nu=1}^{n}\sqrt{\lambda_\nu^2+\mu_\nu^2} \leqq (|x_0| + |x_1| + \cdots + |x_n|)^2 - (|x_0|^2 + |x_1|^2 + \cdots + |x_n|^2)$$
$$\leqq (n+1)\,M - M = nM. \qquad \text{[II } \mathbf{80}.]$$

62. [*Tschebyscheff*, Oeuvres, Bd. 1, S. 387—469. St. Pétersbourg 1899; vgl. *L. Fejér*, a. a. O. **40**, S. 81—82.] Hat $P(x)$ lauter reelle Koeffizienten, so wende man **60** auf das trigonometrische Polynom $P(\cos\vartheta) = 2^{1-n}\cos n\vartheta + \cdots$ an. Hat $P(x)$ beliebige komplexe Koeffizienten, so läßt es sich in solche mit reellen Koeffizienten zerspalten: $P(x) = P_1(x) + i\,P_2(x)$, wo der Koeffizient von x^n in $P_1(x)$ wiederum 1 und $P_2(x)$ von $(n-1)^{\text{tem}}$ Grade ist. Aus $|P(x)|^2 = [P_1(x)]^2 + [P_2(x)]^2$ folgt

$$\operatorname{Max}|P(x)| \geqq \operatorname{Max}|P_1(x)| \geqq \frac{1}{2^{n-1}}, \qquad -1 \leqq x \leqq 1.$$

Gilt hier das Zeichen $=$, so muß $P_1(x) = 2^{1-n}T_n(x)$ sein und an jeder Stelle, wo $|P_1(x)|$ sein Maximum erreicht (an $n+1$ Stellen), muß $P_2(x) = 0$ sein, d. h. $P_2(x) \equiv 0$. Besagt etwas mehr, als der Grenzfall in III **270**.

63. Bei der linearen Transformation $\frac{2}{\beta-\alpha}(x-\alpha) - 1 = y$ geht das Intervall $\alpha \leqq x \leqq \beta$ in das Intervall $-1 \leqq y \leqq 1$, ferner $P(x)$ in $\left(\frac{\beta-\alpha}{2}\right)^n Q(y)$ über, wo $Q(y)$ dieselbe Form in y wie $P(x)$ in x hat.

64. Man kann annehmen, daß $\beta > 0$, $\alpha = -\beta$, $d < 2\beta$ ist. Wenn $P(x)$ irgend ein zulässiges Polynom ist, dann ist

$$\frac{P(x) + (-1)^n P(-x)}{2} = \begin{cases} Q(x^2), & \text{für gerades } n, \\ x\,Q(x^2), & \text{für ungerades } n, \end{cases}$$

wobei $Q(\xi)$ ein Polynom $\left[\frac{n}{2}\right]^{\text{ten}}$ Grades von $\xi = x^2$ mit dem höchsten Koeffizienten 1 bezeichnet. Die Variable x durchläuft die beiden Intervalle $-\beta \leqq x \leqq -\frac{d}{2}$, $\frac{d}{2} \leqq x \leqq \beta$, die Variable ξ das Intervall $\left(\frac{d}{2}\right)^2 \leqq \xi \leqq \beta^2$.

Es ist somit [**63**], wenn man $2\left(\dfrac{\beta^2 - \left(\frac{d}{2}\right)^2}{4}\right)^{\left[\frac{n}{2}\right]} = \mu$ setzt,

$$(*) \quad \operatorname{Max}|P(x)| \geqq \operatorname{Max}\left|\frac{P(x) + (-1)^n P(-x)}{2}\right| \begin{cases} = \operatorname{Max}|Q(\xi)| \geqq \mu, \\ \geqq \frac{d}{2}\operatorname{Max}|Q(\xi)| \geqq \frac{d}{2}\mu, \end{cases}$$

je nachdem n gerade oder ungerade ist. Dieselbe Abschätzung gilt somit für μ_n. Andererseits sei $Q_0(\xi)$ das Polynom $\left[\frac{n}{2}\right]^{\text{ten}}$ Grades mit dem höchsten Koeffizienten 1, für welches $\operatorname{Max}|Q_0(\xi)| = \mu$ ist [**62, 63**]; man setze $P_0(x) = Q_0(x^2)$ bzw. $x\,Q_0(x^2)$, je nachdem n gerade oder ungerade ist. Es ist

$$\mu_n \leqq \operatorname{Max}|P_0(x)| \begin{cases} = \mu, \\ \leqq \beta\mu, \end{cases}$$

je nachdem n gerade oder ungerade ist.

In dem ersten Falle wird μ_n erreicht, und zwar *nur* für $P(x) = P_0(x)$. Ist nämlich $\operatorname{Max}|P(x)| = \mu$, so ist nach (*) auch

$$\operatorname{Max}\left|\frac{P(x)+P(-x)}{2}\right| = \mu, \quad \text{also} \quad \frac{P(x)+P(-x)}{2} = Q_0(x^2).$$

Man hat ferner

$$\left|\frac{P(x_\nu)+P(-x_\nu)}{2}\right| = \mu$$

an $\frac{n}{2}+1$ verschiedenen Stellen x_ν des Intervalls $\frac{d}{2} \leqq x \leqq \beta$. Nun gilt aber

$$\mu = \left|\frac{P(x_\nu)+P(-x_\nu)}{2}\right| \leqq \frac{|P(x_\nu)|+|P(-x_\nu)|}{2} \leqq \mu,$$

d. h. $P(x_\nu) = P(-x_\nu)$. Das Polynom $(n-1)^{\text{ten}}$ Grades $P(x) - P(-x)$ verschwindet somit an $n+2$ Stellen, $P(x) = P(-x) = Q_0(x^2) = P_0(x)$.

65. Es sei $M = \operatorname{Max}|Q(z)|$ für $|z| = 1$. Das trigonometrische Polynom $(n+1)^{\text{ter}}$ Ordnung

$$\Re\left(1 + \frac{1}{M} e^{i\vartheta} Q(e^{i\vartheta})\right)$$

ist nichtnegativ, hat das absolute Glied 1 und das höchste Glied $\frac{1}{M}\cos(n+1)\vartheta$ [**51**]. Vgl. III **269**.

66. Wenn der Punkt P eine beliebige Strecke der Geraden g durchläuft und P_0 ein beliebiger Punkt im Raume ist, dann ist $\overline{PP_0} \geqq \overline{PP_0'}$, wenn P_0' die Projektion von P_0 auf g bezeichnet. Das fragliche „minimum maximorum" kann also in beiden Fällen nur für solche Punktsysteme $P_1, P_2, \ldots, P_n$ erreicht werden, die in derselben Ebene liegen wie die gegebene Strecke bzw. der gegebene Kreis.

67. Aus der *Lagrange*schen Interpolationsformel erhält man

$$x^k = \frac{x_1^k}{f'(x_1)}\frac{f(x)}{x-x_1} + \frac{x_2^k}{f'(x_2)}\frac{f(x)}{x-x_2} + \cdots + \frac{x_n^k}{f'(x_n)}\frac{f(x)}{x-x_n},$$
$$k = 0, 1, 2, \ldots, n-1.$$

Vergleichung der Koeffizienten von x^{n-1} liefert σ_k. Für $k=0$ erhält man ferner mittels Entwicklung nach fallenden Potenzen von x

$$1 = f(x)\left(\sigma_0 x^{-1} + \sigma_1 x^{-2} + \sigma_2 x^{-3} + \cdots\right).$$

Der Koeffizient von x^{-h-1} liefert die Rekursionsformel

$$a_0\sigma_{n+h} + a_1\sigma_{n+h-1} + \cdots + a_{n-1}\sigma_{h+1} + a_n\sigma_h = 0, \qquad h \geqq 0,$$

so daß

$$\begin{aligned}
&a_0\sigma_n + a_1\sigma_{n-1} = 0,\\
&a_0\sigma_{n+1} + a_1\sigma_n + a_2\sigma_{n-1} = 0,\\
&\cdots\cdots\cdots\cdots\cdots\cdots\cdots\cdots\\
&a_0\sigma_{2n-2} + a_1\sigma_{2n-3} + \cdots + a_{n-1}\sigma_{n-1} = 0,\\
&a_0\sigma_{2n-1} + a_1\sigma_{2n-2} + \cdots + a_{n-1}\sigma_{n-2} + a_n\sigma_{n-1} = 0.
\end{aligned}$$

68. [*I. Schur.*] Die Nullstellen des Polynoms $f(x)+\varepsilon$ seien $x_\nu = x_\nu(\varepsilon)$, $\nu = 1, 2, \ldots, n$; sie sind für genügend kleine ε differentiierbare Funktionen von ε. Es ist $x_\nu(0) = x_\nu$; aus $f[x_\nu(\varepsilon)] + \varepsilon = 0$ folgt ferner durch Differentiation $f'(x_\nu)x'_\nu(0) = -1$. Man wende **67** auf $f(x)+\varepsilon$ an, differentiiere nach ε und setze nachher $\varepsilon = 0$.

69. Man setze in (*) (S. 87) $P(x) = x^n f(x^{-1}) + (-1)^{n-1} x_1 x_2 \ldots x_n f(x)$ und $x = -1$. Es ist

$$\sum_{\nu=1}^{n} \frac{P(x_\nu)}{f'(x_\nu)(1+x_\nu)} = -\frac{P(-1)}{f(-1)} = (-1)^{n-1} + (-1)^n x_1 x_2 \ldots x_n.$$

70. Es sei $P(x)$ das fragliche Polynom,

$$f(x) = (x-x_0)(x-x_1)(x-x_2)\ldots(x-x_n).$$

Aus

$$P(x) = \sum_{\nu=0}^{n} \frac{P(x_\nu)}{f'(x_\nu)} \frac{f(x)}{x-x_\nu}$$

folgt durch Vergleichen der Koeffizienten von x^n

$$1 = \sum_{\nu=0}^{n} \frac{P(x_\nu)}{f'(x_\nu)}, \quad \text{also} \quad 1 \leqq M \sum_{\nu=0}^{n} \frac{1}{|f'(x_\nu)|},$$

wenn M den größten von den Beträgen $|P(x_\nu)|$, $\nu = 0, 1, 2, \ldots, n$ bezeichnet. Es ist

$$\begin{aligned}
|f'(x_\nu)| &= |(x_\nu - x_0)(x_\nu - x_1)\cdots(x_\nu - x_{\nu-1})(x_\nu - x_{\nu+1})\cdots(x_\nu - x_n)|\\
&\geqq \nu!\,(n-\nu)!\,,
\end{aligned}$$

$$\sum_{\nu=0}^{n} \frac{1}{|f'(x_\nu)|} \leqq \sum_{\nu=0}^{n} \frac{1}{\nu!\,(n-\nu)!} = \frac{2^n}{n!}.$$

71. $$T'_n(x_\nu) = (-1)^{\nu-1} \frac{n}{\sqrt{1-x_\nu^2}}, \qquad \nu = 1, 2, \ldots, n.$$

72. $$U'_n(x_\nu) = (-1)^{\nu-1} \frac{n+1}{1-x_\nu^2}, \qquad \nu = 1, 2, \ldots, n.$$

73. [Vgl. *I. Schur*, Math. Zeitschr. Bd. 4, S. 273—274, 1919.] Für $\nu = 1, 2, \ldots, n-1$ ist

$$\left[\frac{d}{dx}[U_{n-1}(x)(x^2-1)]\right]_{x=x_\nu} = U'_{n-1}(x_\nu)(x_\nu^2-1) = (-1)^\nu n,$$

ferner

$$\left[\frac{d}{dx}[U_{n-1}(x)(x^2-1)]\right]_{x=\pm 1} = \pm 2U_{n-1}(\pm 1) = 2n \text{ bzw. } (-1)^n 2n.$$

74. $$\left[\frac{d}{dx}(x^n-1)\right]_{x=\varepsilon_\nu} = n\varepsilon_\nu^{n-1} = n\varepsilon_\nu^{-1}, \quad \nu = 1, 2, \ldots, n.$$

75. Die letzte Gleichung besagt, daß die höchsten Glieder der beiden Polynome $P(x)$ und $Q(x)$ einander gleich sind. Dann schließt man aus der vorletzten Gleichung, daß auch die zweithöchsten Glieder einander gleich sind, usw. Anders gesagt: Wird

$$P(x) = a_0 x^n + a_1 x^{n-1} + \cdots + a_{n-1}x + a_n$$

gesetzt, und sind die Zahlen $c_0, c_1, \ldots, c_n$ gegeben, so werden die Koeffizienten $a_0, a_1, a_2, \ldots, a_n$ aus den Gleichungen

$$\begin{aligned}
P^{(n)}(x_n) &= n!\, a_0 &&= c_n,\\
P^{(n-1)}(x_{n-1}) &= n!\, a_0 x_{n-1} + (n-1)!\, a_1 &&= c_{n-1},\\
&\cdots\cdots\cdots\cdots\cdots\cdots\cdots\cdots\cdots\cdots\cdots\cdots\\
P'(x_1) &= n a_0 x_1^{n-1} + (n-1) a_1 x_1^{n-2} + \cdots + a_{n-1} &&= c_1,\\
P(x_0) &= a_0 x_0^n + a_1 x_0^{n-1} + \cdots + a_{n-1}x_0 + a_n &&= c_0
\end{aligned}$$

sukzessive *eindeutig* bestimmt.

76. [*G. H. Halphen*, Oeuvres, Bd. 2, S. 520. Paris: Gauthier Villars 1918.] Es ist $A_n(x)$ durch die Bedingungen

$$A_n(0) = A_n'(1) = A_n''(2) = \cdots = A_n^{(n-1)}(n-1) = 0, \quad A_n^{(n)}(n) = 1$$

eindeutig bestimmt. Offenbar ist $A_0(x) = 1$, $A_1(x) = x$ und $A_n'(1+x)$ erfüllt allgemein die dem Polynom $A_{n-1}(x)$ auferlegten Bedingungen. Folglich gilt

$$A_n'(x) = A_{n-1}(x-1).$$

Aus dieser Rekursionsformel folgt durch sukzessive Integration

$$A_n(x) = \frac{x(x-n)^{n-1}}{n!}, \qquad n = 1, 2, 3, 4, \ldots.$$

Nachträgliche Verifikation durch Differentiieren ist einfacher. — Anders bewiesen in III **221**.

77. Aus **71** folgt mit den dortigen Bezeichnungen

$$a_0 = \frac{2^{n-1}}{n} \sum_{\nu=1}^{n} (-1)^{\nu-1} \sqrt{1 - x_\nu^2}\, P(x_\nu),$$

also $|a_0| \leqq \frac{2^{n-1}}{n} n = 2^{n-1}$. Gleichheit gilt hier dann und nur dann, wenn

$$\sqrt{1 - x_\nu^2}\, P(x_\nu) = (-1)^{\nu-1} \gamma, \quad |\gamma| = 1, \qquad \nu = 1, 2, \ldots, n$$

ist. Durch diese n Bedingungen ist das Polynom $(n-1)^{\text{ten}}$ Grades $P(x)$ eindeutig bestimmt. Da $\gamma U_{n-1}(x)$ diese Bedingungen erfüllt, so muß $P(x) = \gamma U_{n-1}(x)$ sein.

78. Durch Vergleichen der höchsten Glieder in der Interpolationsformel **73** erhält man für den höchsten Koeffizienten a_0 von $P(x)$ die Darstellung

$$a_0 = \frac{2^{n-2}}{n} [P(1) + (-1)^n P(-1)] + \frac{2^{n-1}}{n} \sum_{\nu=1}^{n-1} (-1)^\nu P(x_\nu).$$

Ist also $|P(x)| \leqq 1$, $-1 \leqq x \leqq 1$, dann ist

$$|a_0| \leqq \frac{2^{n-2}}{n} \cdot 2 + \frac{2^{n-1}}{n} \cdot (n-1) = 2^{n-1}.$$

Das Gleichheitszeichen tritt dann und nur dann ein, wenn

$$P(1) = \gamma, \quad P(-1) = (-1)^n \gamma, \quad P(x_\nu) = (-1)^\nu \gamma,$$
$$\nu = 1, 2, \ldots, n-1, \quad |\gamma| = 1$$

ist. Durch diese $n+1$ Bedingungen ist $P(x)$ eindeutig bestimmt; $\gamma T_n(x)$ erfüllt aber diese Bedingungen, also muß $P(x) = \gamma T_n(x)$ sein.

79. Wenn $P(z)$ ein Polynom $(n-1)^{\text{ten}}$ Grades mit dem höchsten Koeffizienten a_0 bezeichnet, dann ist [**74**]

$$a_0 = \frac{1}{n} \sum_{\nu=1}^{n} \varepsilon_\nu P(\varepsilon_\nu).$$

Ist also $|P(z)| \leqq 1$ für $|z| = 1$, so ist

$$|a_0| \leqq \frac{1}{n} \cdot n = 1.$$

Das Gleichheitszeichen tritt nur dann ein, wenn $P(\varepsilon_\nu) = \gamma \bar{\varepsilon}_\nu$, $\nu = 1, 2, \ldots, n$, $|\gamma| = 1$, d. h. $P(z) = \gamma z^{n-1}$ ist.

80. Aus **71** folgt für $x_1 = \cos\frac{\pi}{2n} \leqq x \leqq 1$

$$|P(x)| \leqq \frac{1}{n}\sum_{\nu=1}^{n} \frac{T_n(x)}{x - x_\nu} = \frac{T'_n(x)}{n} = U_{n-1}(x),$$

d. h. nach **7**: $|P(x)| \leqq n$; Gleichheit nur für $P(x) = \gamma U_{n-1}(x)$, $|\gamma| = 1$, $x = 1$. Ähnliches gilt für $-1 \leqq x \leqq x_n = -x_1$. Für $x_n \leqq x \leqq x_1$, $n > 1$ hat man $\sqrt{1-x^2} \geqq \sin\frac{\pi}{2n} > \frac{2}{\pi}\frac{\pi}{2n} = \frac{1}{n}$.

81. [Vgl. *M. Riesz*, Deutsche Math.-Ver. Bd. 23, S. 354, 1914.] Man wende **80** auf

$$P(x) = P(\cos\vartheta) = \frac{S(\vartheta)}{\sin\vartheta} \quad \text{an}. \qquad [\mathbf{9}.]$$

82. [*S. Bernstein*, Belg. Mém. 1912, S. 19, vgl. *M. Riesz*, a. a. O. **81**; der hier angewandte Kunstgriff rührt von *Fejér* her. Vgl. *M. Fekete*, J. für Math. Bd. 146, S. 88—94, 1915.] Nach **81** ist

$$|S'(0)| = |g'(\vartheta_0)| \leqq n.$$

83. [*A. Markoff*, Abh. der Akad. der Wiss. zu St. Petersburg, Bd. 62, S. 1—24, 1889.] Man wende **82** auf $P(\cos\vartheta)$ und **80** auf $n^{-1}P'(x)$ an. Das Gleichheitszeichen kann nur dann eintreten, wenn $n^{-1}P'(x) = \gamma U_{n-1}(x)$, $|\gamma| = 1$, d. h. $P(x) = c + \gamma T_n(x)$ ist, c eine Konstante. Wegen $|c \pm \gamma| \leqq 1$ ist $c = 0$.

84. Partielle Integration liefert

$$\int_{-1}^{1}\left(\frac{1}{2^n n!}\frac{d^n}{dx^n}(x^2-1)^n\right)x^\nu dx = \frac{(-1)^n}{2^n n!}\int_{-1}^{1}(x^2-1)^n\frac{d^n x^\nu}{dx^n}dx,$$

da sämtliche Ableitungen von niedrigerer als der n^{ten} Ordnung von $(x^2-1)^n$ für $x = 1$ und $x = -1$ verschwinden. Hieraus folgt, daß 1. (S. 91) erfüllt ist und 2. ebenfalls, da nach 1.

$$\int_{-1}^{1}\left(\frac{1}{2^n n!}\frac{d^n}{dx^n}(x^2-1)^n\right)^2 dx = \frac{(2n)!}{2^n n!^2}\int_{-1}^{1}\left(\frac{1}{2^n n!}\frac{d^n}{dx^n}(x^2-1)^n\right)x^n dx$$

$$= \frac{(2n)!}{2^{2n} n!^2}\int_{-1}^{1}(1-x^2)^n dx$$

ist; 3. ist klar. Der Koeffizient von x^n in $P_n(x)$ ist

$$k_n = \frac{(2n)!}{2^n n!^2}.$$

85. Aus **84** folgt nach der *Leibniz*schen Regel

$$P_n(x) = \frac{1}{2^n n!} \sum_{\nu=0}^{n} \binom{n}{\nu} \frac{n!}{(n-\nu)!} (x+1)^{n-\nu} \frac{n!}{\nu!} (x-1)^{\nu}.$$

86. Es ist [III **117**]

$$\frac{1}{2\pi}\int_0^{2\pi}\left(\sqrt{\frac{x+1}{2}}+\sqrt{\frac{x-1}{2}}\,e^{i\varphi}\right)^n\left(\sqrt{\frac{x+1}{2}}+\sqrt{\frac{x-1}{2}}\,e^{-i\varphi}\right)^n d\varphi$$

$$=\frac{1}{2\pi}\int_0^{2\pi}\left(\sum_{k=0}^{n}\binom{n}{k}\left(\frac{x+1}{2}\right)^{\frac{n-k}{2}}\left(\frac{x-1}{2}\right)^{\frac{k}{2}}e^{ik\varphi}\right)\left(\sum_{l=0}^{n}\binom{n}{l}\left(\frac{x+1}{2}\right)^{\frac{n-l}{2}}\left(\frac{x-1}{2}\right)^{\frac{l}{2}}e^{-il\varphi}\right)d\varphi$$

$$=\sum_{\nu=0}^{n}\binom{n}{\nu}^2\left(\frac{x+1}{2}\right)^{n-\nu}\left(\frac{x-1}{2}\right)^{\nu}=P_n(x) \qquad [85].$$

87. Es sei k_n der Koeffizient von x^n in $P_n(x)$, $k_n = \frac{(2n)!}{2^n n!^2}$ [**84**]. Man stelle das Polynom $(n-1)^{\text{ten}}$ Grades $P_n(x) - \frac{k_n}{k_{n-1}} x P_{n-1}(x)$ als lineare Kombination von *Legendre*schen Polynomen

$$P_n(x) - \frac{k_n}{k_{n-1}} x P_{n-1}(x) = c_0 P_0(x) + c_1 P_1(x) + \cdots + c_{n-1} P_{n-1}(x)$$

dar. 1. (S. 91) ergibt $c_0 = c_1 = \cdots = c_{n-3} = 0$. Aus $P_n(1) = 1$, $P_n(-1) = (-1)^n$ [**85**] erhält man c_{n-2} und c_{n-1}.

88. Gäbe es noch ein Polynom $S_n^*(x)$ von der genannten Beschaffenheit, dann wäre

$$\int_{-1}^{1}[S_n(x)-S_n^*(x)]^2 dx = \int_{-1}^{1} S_n(x)[S_n(x)-S_n^*(x)]dx - \int_{-1}^{1} S_n^*(x)[S_n(x)-S_n^*(x)]\,dx$$
$$= S_n(1) - S_n^*(1) - [S_n(1) - S_n^*(1)] = 0,$$

d. h. $S_n(x) = S_n^*(x)$. Man setze nun

$$S_n(x) = \sum_{\nu=0}^{n} s_\nu P_\nu(x), \qquad K(x) = \sum_{\nu=0}^{n} t_\nu P_\nu(x).$$

Wenn die Gleichung

$$\int_{-1}^{1} S_n(x) K(x)\, dx = \sum_{\nu=0}^{n} \frac{2}{2\nu+1} s_\nu t_\nu = K(1) = \sum_{\nu=0}^{n} t_\nu$$

identisch in $t_0, t_1, t_2, \ldots, t_n$ bestehen soll, so muß $s_\nu = \frac{2\nu+1}{2}$ sein, d. h.

$$S_n(x) = \frac{1}{2}P_0(x) + \frac{3}{2}P_1(x) + \frac{5}{2}P_2(x) + \cdots + \frac{2n+1}{2}P_n(x).$$

Es sei ferner

$$(1-x)S_n(x) = u_0P_0(x) + u_1P_1(x) + \cdots + u_nP_n(x) + u_{n+1}P_{n+1}(x).$$

Aus

$$\int_{-1}^{1}(1-x)S_n(x)x^\nu\,dx = 0, \qquad \nu = 0, 1, 2, \ldots, n-1;\ n \geqq 1$$

schließt man $u_0 = u_1 = \cdots = u_{n-1} = 0$. Setzt man dann $x = 1$ und $x = -1$ und beachtet, daß

$$P_n(1) = 1,\ P_n(-1) = (-1)^n,\ S_n(1) = \frac{(n+1)^2}{2},\ S_n(-1) = (-1)^n\frac{n+1}{2},$$

so ergibt sich

$$S_n(x) = \sum_{\nu=0}^{n}\frac{2\nu+1}{2}P_\nu(x) = \frac{n+1}{2}\,\frac{P_n(x)-P_{n+1}(x)}{1-x}$$

(*Christoffel*sche Formel).

89. Man setze in **88**: $K(x) = (1-x)x^\nu$, dann ergibt sich

$$\int_{-1}^{1}(1-x)\,S_n(x)\,x^\nu\,dx = 0, \qquad \nu = 0, 1, 2, \ldots, n-1;\ n \geqq 1.$$

Es ist [Lösung **88**]

$$\int_{-1}^{1}(1-x)[S_n(x)]^2\,dx = \frac{n+1}{2}\int_{-1}^{1}[P_n(x)-P_{n+1}(x)]\left(\sum_{\nu=0}^{n}\frac{2\nu+1}{2}P_\nu(x)\right)dx$$

$$= \frac{n+1}{2}\cdot\frac{2n+1}{2}\int_{-1}^{1}[P_n(x)]^2\,dx = \frac{n+1}{2}.$$

90. Partielle Integration liefert

$$\int_{-1}^{1}\left(\frac{d}{dx}(1-x^2)P_n'(x)\right)x^\nu\,dx = -\int_{-1}^{1}(1-x^2)P_n'(x)\cdot\nu x^{\nu-1}\,dx$$

$$= \int_{-1}^{1}P_n(x)\frac{d}{dx}\left((1-x^2)\,\nu x^{\nu-1}\right)dx = 0,$$

$$\nu = 0, 1, 2, \ldots, n-1,$$

d. h. $\frac{d}{dx}(1-x^2)P_n'(x) = cP_n(x)$, c konstant. Die Konstante c bestimmt man z. B. durch Vergleichung der Glieder n^{ten} Grades.

91. Der Koeffizient von w^n in der Entwicklung von $(1-2xw+w^2)^{-\frac{1}{2}}$ nach wachsenden Potenzen von w ist sicherlich ein Polynom n^{ten} Grades in x mit positivem höchsten Koeffizienten [S. 91, Bedingung 3.]. Nennt man es $P_n(x)$, so gilt identisch in u und v

$$\sum_{k=0}^{\infty}\sum_{l=0}^{\infty}\int_{-1}^{1} P_k(x)P_l(x)dx\cdot u^k v^l$$

$$=\int_{-1}^{1}\frac{dx}{\sqrt{1-2xu+u^2}\sqrt{1-2xv+v^2}} = \frac{1}{\sqrt{uv}}\log\frac{1+\sqrt{uv}}{1-\sqrt{uv}} = \sum_{n=0}^{\infty}\frac{2}{2n+1}u^n v^n$$

[S. 91, Bedingungen 1. 2.]. Die erzeugende Reihe ist auch aus **84** direkt herzuleiten [III **219**].

92. a) Man lese III **219** in umgekehrter Richtung.

b) [III **157**.] In umgekehrter Richtung verläuft die Rechnung so:

$$\sum_{n=0}^{\infty}\frac{1}{\pi}\int_0^{\pi}(x+\sqrt{x^2-1}\cos\varphi)^n d\varphi\cdot w^n = \frac{1}{\pi}\int_0^{\pi}\frac{d\varphi}{1-(x+\sqrt{x^2-1}\cos\varphi)w}.$$

Dieses Integral ist $=(1-2xw+w^2)^{-\frac{1}{2}}$ für genügend kleines positives w und für $x>1$ [III **149**, $n=0$].

c) Es sei $F(x, w) = \sum_{n=0}^{\infty} P_n(x) w^n$ gesetzt. Dann ist

$$\sum_{n=2}^{\infty}[nP_n(x)-(2n-1)xP_{n-1}(x)+(n-1)P_{n-2}(x)]w^{n-1}$$

$$=(1-2xw+w^2)\frac{\partial F}{\partial w}+(w-x)F\equiv 0.$$

d)

$$\sum_{n=0}^{\infty}[(1-x^2)P_n''(x)-2xP_n'(x)+n(n+1)P_n(x)]w^n$$

$$=(1-x^2)\frac{\partial^2 F}{\partial x^2}-2x\frac{\partial F}{\partial x}+w\frac{\partial^2(wF)}{\partial w^2}\equiv 0.$$

93. Aus **91** folgt

$$\frac{1}{\sqrt{1-2\cos\vartheta\cdot w+w^2}} = \frac{1}{\sqrt{1-e^{i\vartheta}w}}\;\frac{1}{\sqrt{1-e^{-i\vartheta}w}}$$

$$=\left(\sum_{k=0}^{\infty}\frac{1\cdot 3\cdots(2k-1)}{2\cdot 4\cdots 2k}e^{ik\vartheta}w^k\right)\left(\sum_{l=0}^{\infty}\frac{1\cdot 3\cdots(2l-1)}{2\cdot 4\cdots 2l}e^{-il\vartheta}w^l\right).$$

Also nach Ausführung der Multiplikation [I **34**] und Vergleichen der Koeffizienten

$$P_n(\cos\vartheta) = g_0 g_n \cos n\vartheta + g_1 g_{n-1} \cos(n-2)\vartheta + g_2 g_{n-2} \cos(n-4)\vartheta + \cdots + g_n g_0 \cos n\vartheta,$$

wenn der Kürze halber

$$g_0 = 1, \qquad g_n = \frac{1\cdot 3\cdots(2n-1)}{2\cdot 4\cdots 2n}, \qquad n = 1, 2, 3, \ldots$$

gesetzt wird. Daraus folgt

$$|P_n(\cos\vartheta)| \leqq g_0 g_n + g_1 g_{n-1} + g_2 g_{n-2} + \cdots + g_n g_0 = P_n(1) = 1.$$

Das Gleichheitszeichen kann nur dann gelten, wenn $n\vartheta$, $(n-2)\vartheta, \ldots$ gleichzeitig gerade oder ungerade Multipla von π sind, d. h. nur für $\vartheta = k\pi$, k ganz.

94. Wenn man $x = 1 + \xi$, $\xi > 0$ setzt, so ist

$$1 + \sum_{n=1}^{\infty}[P_n(x) - P_{n-1}(x)]\,w^n = \frac{1-w}{\sqrt{(1-w)^2 - 2\xi w}} = \frac{1}{\sqrt{1 - 2\xi\dfrac{w}{(1-w)^2}}}$$
$$= 1 + \sum_{n=1}^{\infty} \frac{1\cdot 3\cdots(2n-1)}{2\cdot 4\cdots 2n}\left(\frac{2\xi w}{(1-w)^2}\right)^n.$$

Die Potenzreihe $w(1-w)^{-2} = w + 2w^2 + 3w^3 + \cdots$ hat lauter positive Koeffizienten.

95. [*L. Fejér*, Math. Ann. Bd. 67, S. 83, 1909.] Nach **17** und III **157** ist

$$P_0(\cos\vartheta) + P_1(\cos\vartheta) + P_2(\cos\vartheta) + \cdots + P_n(\cos\vartheta)$$
$$= \frac{2}{\pi}\int_{\vartheta}^{\pi} \frac{\left(\sin(n+1)\dfrac{t}{2}\right)^2}{\sin\dfrac{t}{2}\sqrt{2(\cos\vartheta - \cos t)}}\,dt.$$

96. Für $x \geqq 1$ ist $P_n(x) > 0$. Für $x < -1$ ist $\operatorname{sg} P_n(x) = (-1)^n$, und $|P_n(x)| = |P_n(-x)|$ wächst monoton mit n [**94**]. Es ist $P_n(-1) = (-1)^n$ [**85**].

97. Spezialfall von II **140**: $a = -1$, $b = +1$, $f(x) = P_n(x)$. — Anders aus **84** und V **58**, oder aus **85** und V **65**, oder aus **90** und III **34**, oder aus **90** und V **120**.

98. a) $(1-x)^{\alpha}(1+x)^{\beta}P_n^{(\alpha,\beta)}(x)=\dfrac{(-1)^n}{2^n n!}\dfrac{d^n}{dx^n}(1-x)^{\alpha+n}(1+x)^{\beta+n}$,

der Koeffizient von x^n in $P_n^{(\alpha,\beta)}(x)$ ist

$$k_n=\frac{1}{2^n}\binom{2n+\alpha+\beta}{n};$$

b)
$$(t-1)^n P_n^{(\alpha,\beta)}\left(\frac{t+1}{t-1}\right)=\sum_{\nu=0}^{n}\binom{n+\alpha}{\nu}\binom{n+\beta}{n-\nu}t^{\nu},$$

hieraus folgt

$$(-1)^n P_n^{(\alpha,\beta)}(-1)=\binom{n+\beta}{n},\qquad P_n^{(\alpha,\beta)}(1)=\binom{n+\alpha}{n};$$

c) $P_n^{(\alpha,\beta)}(x)$

$$=\frac{1}{2\pi}\int_0^{2\pi}\left(x+\sqrt{x^2-1}\cos\varphi\right)^n\left(1+\sqrt{\frac{x+1}{x-1}}\,e^{i\varphi}\right)^{\alpha}\left(1+\sqrt{\frac{x-1}{x+1}}\,e^{i\varphi}\right)^{\beta}d\varphi,$$

wenn x in der längs des Intervalls -1, $+1$ aufgeschlitzten Ebene liegt. Hierbei sind diejenigen Bestimmungen der Quadratwurzeln bzw. der α-ten und β-ten Potenz zu wählen, welche für $x>1$ und $\varphi=0$ positiv ausfallen; für $\Re x\geqq 0$ muß α ganzzahlig sein (β beliebig), für $\Re x\leqq 0$ muß β ganzzahlig sein (α beliebig), für imaginäres x gilt die Formel ohne Einschränkung.

d) $P_n^{(\alpha,\beta)}(x)=\left(A_n^{(\alpha,\beta)}x+B_n^{(\alpha,\beta)}\right)P_{n-1}^{(\alpha,\beta)}(x)-C_n^{(\alpha,\beta)}P_{n-2}^{(\alpha,\beta)}(x)$,

$$A_n^{(\alpha,\beta)}=\frac{(2n+\alpha+\beta)(2n+\alpha+\beta-1)}{2n(n+\alpha+\beta)},$$

$$B_n^{(\alpha,\beta)}=\frac{\alpha^2-\beta^2}{2n}\,\frac{2n+\alpha+\beta-1}{(n+\alpha+\beta)(2n+\alpha+\beta-2)},$$

$$C_n^{(\alpha,\beta)}=\frac{(n+\alpha-1)(n+\beta-1)(2n+\alpha+\beta)}{n(n+\alpha+\beta)(2n+\alpha+\beta-2)},\qquad n=2,3,4,\ldots;$$

e) $S_n^{(\alpha,\beta)}(x)$ sei das Polynom n^{ten} Grades, für welches

$$\int_{-1}^{1}(1-x)^{\alpha}(1+x)^{\beta}S_n^{(\alpha,\beta)}(x)K(x)\,dx=K(1)$$

gilt, $K(x)$ ein beliebiges Polynom n^{ten} Grades. Es ist

$$S_n^{(\alpha,\beta)}(x) = \sum_{\nu=0}^{n} \frac{2\nu+\alpha+\beta+1}{2^{\alpha+\beta+1}} \frac{\Gamma(\nu+\alpha+\beta+1)}{\Gamma(\alpha+1)\Gamma(\nu+\beta+1)} P_\nu^{(\alpha,\beta)}(x)$$

$$= \frac{1}{2^{\alpha+\beta}} \frac{n+\alpha+1}{2n+\alpha+\beta+2} \frac{\Gamma(n+\alpha+\beta+2)}{\Gamma(\alpha+1)\Gamma(n+\beta+1)} \frac{P_n^{(\alpha,\beta)}(x) - \frac{n+1}{n+\alpha+1} P_{n+1}^{(\alpha,\beta)}(x)}{1-x}$$

(*Christoffel*sche Formel);

f) $$\int_{-1}^{1} (1-x)^{\alpha+1}(1+x)^\beta S_m^{(\alpha,\beta)}(x)\, S_n^{(\alpha,\beta)}(x)\, dx$$

$$= \begin{cases} 0, & \text{wenn} \quad m \gtrless n, \\ \dfrac{2^{-\alpha-\beta}}{[\Gamma(\alpha+1)]^2(2n+\alpha+\beta+2)} \dfrac{\Gamma(n+\alpha+2)\Gamma(n+\alpha+\beta+2)}{\Gamma(n+1)\Gamma(n+\beta+1)}, & \\ \qquad \text{wenn } m = n; \quad m, n = 0, 1, 2, \ldots; \end{cases}$$

g) $$(1-x^2) P_n^{(\alpha,\beta)''}(x) + [\beta - \alpha - (\alpha+\beta+2)x] P_n^{(\alpha,\beta)'}(x) + n(n+\alpha+\beta+1) P_n^{(\alpha,\beta)}(x) = 0;$$

h)

$$\frac{2^{\alpha+\beta}}{\sqrt{1-2xw+w^2}} \left(1 - w + \sqrt{1-2xw+w^2}\right)^{-\alpha} \left(1 + w + \sqrt{1-2xw+w^2}\right)^{-\beta}$$

$$= P_0^{(\alpha,\beta)}(x) + P_1^{(\alpha,\beta)}(x)\, w + P_2^{(\alpha,\beta)}(x)\, w^2 + \cdots + P_n^{(\alpha,\beta)}(x)\, w^n + \cdots;$$

i) Die Nullstellen der *Jacobi*schen Polynome sind reell, einfach und liegen im Innern des Intervalls -1, 1.

Beweise ähnlich wie in **84**—**91**, **97**. Beim Beweis von c) schreibe man zunächst b) in der Form

$$P_n^{(\alpha,\beta)}(x) = \sum_{\nu=0}^{n} \binom{n+\alpha}{\nu} \binom{n+\beta}{n-\nu} \left(\frac{x-1}{2}\right)^{n-\nu} \left(\frac{x+1}{2}\right)^{\nu}$$

$$= \frac{1}{2\pi i} \oint \left(1 + \frac{x+1}{2} z\right)^{n+\alpha} \left(1 + \frac{x-1}{2} z\right)^{n+\beta} \frac{dz}{z^{n+1}}.$$

Man integriere längs der Kreislinie $|z| = 2|x^2 - 1|^{-\frac{1}{2}}$; der Integrand ist stetig auf dieser Kreislinie ($n \geqq 1$).

99. a) $$e^{-x} x^\alpha L_n^{(\alpha)}(x) = \frac{1}{n!} \frac{d^n}{dx^n} e^{-x} x^{n+\alpha},$$

der Koeffizient von x^n in $L_n^{(\alpha)}(x)$ ist

$$k_n = \frac{(-1)^n}{n!};$$

b) $$L_n^{(\alpha)}(x) = \sum_{\nu=0}^{n} \binom{n+\alpha}{n-\nu} \frac{(-x)^\nu}{\nu!}$$

hieraus folgt

$$L_n^{(\alpha)}(0) = \binom{n+\alpha}{n};$$

d) $$n L_n^{(\alpha)}(x) = (-x + 2n + \alpha - 1) L_{n-1}^{(\alpha)}(x) - (n + \alpha - 1) L_{n-2}^{(\alpha)}(x),$$

$$n = 2, 3, 4, \ldots;$$

e) $S_n^{(\alpha)}(x)$ sei das Polynom n^{ten} Grades, für welches

$$\int_0^\infty e^{-x} x^\alpha S_n^{(\alpha)}(x) K(x)\, dx = K(0)$$

gilt, $K(x)$ ein beliebiges Polynom n^{ten} Grades. Es ist

$$S_n^{(\alpha)}(x) = \frac{1}{\Gamma(\alpha+1)} \sum_{\nu=0}^{n} L_\nu^{(\alpha)}(x) = \frac{n+\alpha+1}{\Gamma(\alpha+1)} \frac{L_n^{(\alpha)}(x) - \frac{n+1}{n+\alpha+1} L_{n+1}^{(\alpha)}(x)}{x}$$

(*Christoffel*sche Formel);

f)

$$\int_0^\infty e^{-x} x^{\alpha+1} S_m^{(\alpha)}(x) S_n^{(\alpha)}(x)\, dx = \begin{cases} 0, & \text{wenn } m \gtrless n, \\ \dfrac{\alpha+1}{\Gamma(\alpha+1)} \dbinom{n+\alpha+1}{n}, & \text{wenn } m = n, \end{cases}$$

$$m, n = 0, 1, 2, \ldots;$$

g) $x L_n^{(\alpha)\prime\prime}(x) + (\alpha + 1 - x) L_n^{(\alpha)\prime}(x) + n L_n^{(\alpha)}(x) = 0;$

h)

$$\frac{e^{-\frac{xw}{1-w}}}{(1-w)^{\alpha+1}} = L_0^{(\alpha)}(x) + L_1^{(\alpha)}(x) w + L_2^{(\alpha)}(x) w^2 + \cdots + L_n^{(\alpha)}(x) w^n + \cdots;$$

i) die Nullstellen der (verallgemeinerten) *Laguerre*schen Polynome sind reell, positiv und einfach.

Beweise ähnlich, wie in **84**, **85**, **87**–**91**, **97**.

100. a) $$e^{-\frac{x^2}{2}} H_n(x) = \frac{1}{n!} \frac{d^n}{dx^n} e^{-\frac{x^2}{2}};$$

hieraus ergibt sich übrigens durch Differentiation

$$H_n'(x) - x H_n(x) = (n+1) H_{n+1}(x),$$

woraus für den Koeffizienten von x^n in $H_n(x)$

$$k_n = \frac{(-1)^n}{n!}$$

folgt;

d) $n H_n(x) = -x H_{n-1}(x) - H_{n-2}(x), \qquad n = 2, 3, 4, \ldots;$

e) $S_n(x)$ sei das Polynom n^{ten} Grades, für welches

$$\int_{-\infty}^{\infty} e^{-\frac{x^2}{2}} S_n(x) K(x)\, dx = K(0)$$

gilt, $K(x)$ ein beliebiges Polynom n^{ten} Grades. Es ist

$$S_n(x) = \frac{1}{\sqrt{2\pi}} \sum_{\nu=0}^{p} (-1)^\nu \frac{(2\nu)!}{2^\nu \nu!} H_{2\nu}(x)$$

$$= \frac{(-1)^{p+1}}{\sqrt{2\pi}} \frac{(2p+1)!}{2^p p!} \frac{H_{2p+1}(x)}{x}, \quad p = \left[\frac{n}{2}\right] \text{ (\textit{Christoffel}sche Formel);}$$

g) $H_n''(x) - x H_n'(x) + n H_n(x) = 0;$

h) $e^{-xw - \frac{w^2}{2}} = H_0(x) + H_1(x) w + H_2(x) w^2 + \cdots + H_n(x) w^n + \cdots;$

i) die Nullstellen der *Hermite*schen Polynome sind alle reell und einfach.

Beweis von a), d), e), h), i) ähnlich wie in **84**, **87**, **88**, **91**, **97**; g) schließe man aus a).

101. Aus Lösung **98** b); wenn man $\frac{t+1}{t-1} = 1 - \varepsilon, \quad t = 1 - \frac{2}{\varepsilon}$ setzt, so ist nämlich

$$\lim_{\beta \to +\infty} \binom{n+\beta}{n-\nu} \frac{t^\nu}{(t-1)^n} = \frac{(-x)^{n-\nu}}{(n-\nu)!} \qquad \text{[Lösung \textbf{99} b)].}$$

102. Es ist

$$\int_{-\infty}^{\infty} e^{-\frac{x^2}{2}} L_q^{(-\frac{1}{2})}\left(\frac{x^2}{2}\right) x^{2k+1}\, dx = 0, \qquad k = 0, 1, 2, \ldots, q-1,$$

weil der Integrand eine ungerade Funktion ist und

$$\int_{-\infty}^{\infty} e^{-\frac{x^2}{2}} L_q^{(-\frac{1}{2})}\left(\frac{x^2}{2}\right) x^{2k}\, dx = 2^{k+\frac{1}{2}} \int_0^{\infty} e^{-y} L_q^{(-\frac{1}{2})}(y)\, y^{k-\frac{1}{2}}\, dy = 0, \quad k = 0, 1, 2, \ldots, q-1$$

nach der Definition von $L_q^{(-\frac{1}{2})}(y)$. Es ist also $L_q^{(-\frac{1}{2})}\left(\frac{x^2}{2}\right) = \text{konst.}\, H_{2q}(x)$. Ähnlich zeigt man $x L_q^{(\frac{1}{2})}\left(\frac{x^2}{2}\right) = \text{konst.}\, H_{2q+1}(x)$. Den konstanten Faktor erhält man durch Vergleichen der Koeffizienten von x^{2q} bzw. x^{2q+1} [Lösung **99** a), **100** a)].

103. Setzt man

$$P(x) = \sum_{\nu=0}^{n} t_\nu \sqrt{\frac{2\nu+1}{2}}\, P_\nu(x),$$

dann ist

$$\int_{-1}^{1} [P(x)]^2\, dx = t_0^2 + t_1^2 + t_2^2 + \cdots + t_n^2 = 1 .$$

Ferner ist nach II **80**

$$[P(x)]^2 \leqq \sum_{\nu=0}^{n} t_\nu^2 \sum_{\nu=0}^{n} \frac{2\nu+1}{2} [P_\nu(x)]^2 = \sum_{\nu=0}^{n} \frac{2\nu+1}{2} [P_\nu(x)]^2 .$$

In dieser Ungleichung gilt das Gleichheitszeichen bei einem beliebigen Wert $x = x_0$ nur für $t_\nu = t\sqrt{\frac{2\nu+1}{2}}\, P_\nu(x_0)$, $\nu = 0, 1, 2, \ldots, n$, wo t gemäß der Bedingung $t_0^2 + t_1^2 + t_2^2 + \cdots + t_n^2 = 1$ zu bestimmen ist. Vgl. ferner **93**.

104. Setzt man

$$P(x) = \sum_{\nu=0}^{n} t_\nu \sqrt{\frac{2}{\nu+1}}\, S_\nu(x),$$

dann ist

$$\int_{-1}^{1} (1-x)[P(x)]^2\, dx = t_0^2 + t_1^2 + t_2^2 + \cdots + t_n^2 = 1 \qquad [\mathbf{89}].$$

Ferner ist nach II **80**

$$[P(x)]^2 \leqq \sum_{\nu=0}^{n} t_\nu^2 \sum_{\nu=0}^{n} \frac{2}{\nu+1} [S_\nu(x)]^2 = \sum_{\nu=0}^{n} \frac{2}{\nu+1} [S_\nu(x)]^2 .$$

Es ist [Lösung **88**]

$$S_n(1) = \frac{(n+1)^2}{2}, \qquad S_n(-1) = (-1)^n \frac{n+1}{2} .$$

Die Schranken werden für $t_\nu = t\sqrt{\frac{2}{\nu+1}}\, S_\nu(\pm 1)$, $\nu = 0, 1, 2, \ldots, n$ erreicht, wo t beidemal so zu bestimmen ist, daß $t_0^2 + t_1^2 + t_2^2 + \cdots + t_n^2 = 1$ ist.

105. Es ist [**103**, Lösung **98** e)]

$$\operatorname{Max} [P(1)]^2 = S_n^{(\alpha,\beta)}(1) =$$

$$\frac{1}{2^{\alpha+\beta}} \frac{n+\alpha+1}{2n+\alpha+\beta+2} \frac{\Gamma(n+\alpha+\beta+2)}{\Gamma(\alpha+1)\Gamma(n+\beta+1)} \left(\frac{n+1}{n+\alpha+1} P_{n+1}^{(\alpha,\beta)\prime}(1) - P_n^{(\alpha,\beta)\prime}(1) \right).$$

Aus Lösung **98** g) und b) erhält man

$$P_n^{(\alpha,\beta)\prime}(1) = \frac{n(n+\alpha+\beta+1)}{2(\alpha+1)} P_n^{(\alpha,\beta)}(1) = \frac{n(n+\alpha+\beta+1)}{2(\alpha+1)} \binom{n+\alpha}{n},$$

und also

$$\operatorname{Max}[P(1)]^2 = S_n^{(\alpha,\beta)}(1) = \frac{1}{2^{\alpha+\beta+1}} \frac{\Gamma(n+\alpha+2)\Gamma(n+\alpha+\beta+2)}{\Gamma(\alpha+1)\Gamma(\alpha+2)\Gamma(n+1)\Gamma(n+\beta+1)}$$

$$\sim \frac{1}{2^{\alpha+\beta+1}} \frac{n^{2\alpha+2}}{\Gamma(\alpha+1)\Gamma(\alpha+2)}.$$

Es ist ferner

$$\operatorname{Max}[P(-1)]^2 = S_n^{(\beta,\alpha)}(1) = \frac{1}{2^{\alpha+\beta+1}} \frac{\Gamma(n+\beta+2)\Gamma(n+\alpha+\beta+2)}{\Gamma(\beta+1)\Gamma(\beta+2)\Gamma(n+1)\Gamma(n+\alpha+1)}$$

$$\sim \frac{1}{2^{\alpha+\beta+1}} \frac{n^{2\beta+2}}{\Gamma(\beta+1)\Gamma(\beta+2)}.$$

Für $\alpha = 1$, $\beta = 0$ erhält man **104**.

106. Man erhält wie in **103** [**99**]

$$\operatorname{Max}[P(0)]^2 = S_n^{(\alpha)}(0) = \frac{\Gamma(n+\alpha+2)}{\Gamma(\alpha+1)\Gamma(\alpha+2)\Gamma(n+1)} \sim \frac{n^{\alpha+1}}{\Gamma(\alpha+1)\Gamma(\alpha+2)}.$$

107. Es ist [**103**, **100**]

$$\operatorname{Max}[P(0)]^2 = S_n(0) = \frac{(-1)^{p+1}}{\sqrt{2\pi}} \frac{(2p+1)!}{2^p p!} H'_{2p+1}(0)$$

$$= \frac{1}{\sqrt{2\pi}} \frac{1\cdot 3 \cdots (2p+1)}{2\cdot 4 \cdots 2p}, \quad p = \left[\frac{n}{2}\right].$$

Nach II **202** ist

$$\operatorname{Max}[P(0)]^2 = S_n(0) \sim \frac{1}{\pi}\sqrt{n}.$$

108. [*F. Lukács*, Math. Zeitschr. Bd. 2, S. 299, 304, 1918.] Spezialfall von **110**: $\alpha = \beta = 0$. Beim Beweis sind **103**, **104** zu benutzen, **105** nicht.

109. [*F. Lukács*, a. a. O. **108**.] Es genügt, die eine Ungleichung zu beweisen; man ersetze nämlich dann $P(x)$ durch $-P(x)$. Man kann ferner annehmen, daß $m = 0$ ist. Wenn $a < \xi < b$ ist, dann ist [**108**]

$$P(\xi) \leqq \frac{\alpha_n}{\xi - a}\int_a^\xi P(x)\,dx, \qquad P(\xi) \leqq \frac{\alpha_n}{b-\xi}\int_\xi^b P(x)\,dx.$$

Hieraus folgt

$$P(\xi) \leqq \frac{\alpha_n}{b-a}\int_a^b P(x)\,dx, \qquad M \leqq \frac{\alpha_n}{b-a}\int_a^b P(x)\,dx.$$

110. Wir setzen [**47**]

$$P(x) = [A(x)]^2 + (1-x)[B(x)]^2 + (1+x)[C(x)]^2 + (1-x^2)[D(x)]^2,$$

wobei $A(x)$, $B(x)$, $C(x)$, $D(x)$ Polynome bzw. vom Grade $\left[\frac{n}{2}\right] = p$, $\left[\frac{n-1}{2}\right] = q-1$, $\left[\frac{n-1}{2}\right] = q-1$, $\left[\frac{n}{2}\right] - 1 = p-1$ sind. Nach **105** ist also, $S_n^{(\alpha,\beta)}(1) = S_n^{(\alpha,\beta)}$ gesetzt,

$$P(1) = [A(1)]^2 + 2[C(1)]^2$$

$$\leqq S_p^{(\alpha,\beta)} \int_{-1}^{1} (1-x)^\alpha (1+x)^\beta [A(x)]^2 dx + 2 S_{q-1}^{(\alpha,\beta+1)} \int_{-1}^{1} (1-x)^\alpha (1+x)^{\beta+1} [C(x)]^2 dx$$

$$\leqq \operatorname{Max}\left[S_p^{(\alpha,\beta)},\ 2 S_{q-1}^{(\alpha,\beta+1)}\right] \int_{-1}^{1} (1-x)^\alpha (1+x)^\beta P(x)\, dx$$

$$\leqq \operatorname{Max}\left[S_p^{(\alpha,\beta)},\ 2 S_{q-1}^{(\alpha,\beta+1)}\right].$$

111. Wir setzen [**45**]

$$P(x) = [A(x)]^2 + [B(x)]^2 + x\{[C(x)]^2 + [D(x)]^2\},$$

wobei $A(x)$ und $B(x)$ Polynome vom Grade $\left[\frac{n}{2}\right] = p$, $C(x)$ und $D(x)$ Polynome vom Grade $\left[\frac{n-1}{2}\right]$ sind. Nach **106** ist also, $S_p^{(\alpha)}(0) = S_p^{(\alpha)}$ gesetzt,

$$P(0) = [A(0)]^2 + [B(0)]^2 \leqq S_p^{(\alpha)} \int_0^\infty e^{-x} x^\alpha \{[A(x)]^2 + [B(x)]^2\}\, dx$$

$$\leqq S_p^{(\alpha)} \int_0^\infty e^{-x} x^\alpha P(x)\, dx = S_p^{(\alpha)}.$$

112. Spezialfall von **111**: $\alpha = 0$.

113. Man wende **112** auf

$$\frac{P(x+\xi)}{\int_0^\infty e^{-x} P(x+\xi)\, dx}$$

an. Es ist

$$P(\xi) \leqq \left(\left[\frac{n}{2}\right] + 1\right) \int_0^\infty e^{-x} P(x+\xi)\, dx = \left(\left[\frac{n}{2}\right] + 1\right) e^\xi \int_\xi^\infty e^{-x} P(x)\, dx$$

$$\leqq \left(\left[\frac{n}{2}\right] + 1\right) e^\xi.$$

Siebenter Abschnitt.

Determinanten und quadratische Formen.

1. Die Vertauschung zweier Nummern in der Numerierung der Ecken kommt auf eine simultane Vertauschung von zwei Zeilen und zwei Kolonnen hinaus. Gibt man gegenüberliegenden Ecken des Oktaeders Nummern, die sich um 3 unterscheiden, so ist die Determinante

$$\begin{vmatrix} 0 & 1 & 1 & 0 & 1 & 1 \\ 1 & 0 & 1 & 1 & 0 & 1 \\ 1 & 1 & 0 & 1 & 1 & 0 \\ 0 & 1 & 1 & 0 & 1 & 1 \\ 1 & 0 & 1 & 1 & 0 & 1 \\ 1 & 1 & 0 & 1 & 1 & 0 \end{vmatrix} = 0.$$

Die Determinante für das Tetraeder ist $= -3$, für das Hexaeder $= 9$.

2. Man addiere die mit $-a_1$ multiplizierte erste Zeile zur zweiten. Vollständige Induktion liefert

$$(a_1 - b_1)(a_2 - b_2) \cdots (a_n - b_n).$$

3. [*Cauchy*, Exercices d'analyse et de phys. math. Bd. 2, Zweite Auflage, S. 151—159. Paris: Bachelier 1841.] Man subtrahiere die letzte Zeile von den $n-1$ vorangehenden. Dann kann man aus den Kolonnen bzw. die Faktoren

$$\frac{1}{a_n + b_1}, \quad \frac{1}{a_n + b_2}, \quad \ldots, \quad \frac{1}{a_n + b_{n-1}}, \quad \frac{1}{a_n + b_n},$$

und aus den Zeilen die Faktoren

$$a_n - a_1, \quad a_n - a_2, \quad \ldots, \quad a_n - a_{n-1}, \quad 1$$

vor die Determinante ziehen. In der verbleibenden Determinante subtrahiere man die letzte Kolonne von allen vorangehenden und ziehe aus den Kolonnen bzw. Zeilen die Faktoren

$$b_n - b_1,\quad b_n - b_2,\quad \ldots,\quad b_n - b_{n-1},\quad 1,$$
$$\frac{1}{a_1+b_n},\quad \frac{1}{a_2+b_n},\quad \ldots,\quad \frac{1}{a_{n-1}+b_n},\quad 1$$

heraus. Es verbleibt ein $(n-1)$-zeiliger Eckminor der gegebenen Determinante. Vollständige Induktion.

4. Spezialfall von **3**: $a_\lambda = \lambda,\quad b_\mu = \mu + \alpha.$ Es ist

$$D_n(\alpha) = [1!\,2!\cdots(n-1)!]^2 \frac{\Gamma(2+\alpha)\Gamma(3+\alpha)\cdots\Gamma(n+1+\alpha)}{\Gamma(n+2+\alpha)\Gamma(n+3+\alpha)\cdots\Gamma(2n+1+\alpha)}.$$

5. Durch zeilenweise Multiplikation [vgl. auch II **51**, VIII **2**] von

$$\left|a_\lambda^{n-1}, -\binom{n-1}{1}a_\lambda^{n-2}, \binom{n-1}{2}a_\lambda^{n-3}, \ldots, (-1)^{n-1}\right| \cdot \left|1, b_\mu, b_\mu^2, \ldots, b_\mu^{n-1}\right|.$$

6.
$$\left\|\begin{matrix} p_0 & p_1\alpha_1 & p_2\alpha_1^2 & \cdots \\ p_0 & p_1\alpha_2 & p_2\alpha_2^2 & \cdots \\ \cdots & \cdots & \cdots & \cdots \\ p_0 & p_1\alpha_n & p_2\alpha_n^2 & \cdots \end{matrix}\right\| \cdot \left\|\begin{matrix} 1 & \beta_1 & \beta_1^2 & \cdots \\ 1 & \beta_2 & \beta_2^2 & \cdots \\ \cdots & \cdots & \cdots & \cdots \\ 1 & \beta_n & \beta_n^2 & \cdots \end{matrix}\right\| =$$

$$= \sum\cdots\sum p_{\nu_1}p_{\nu_2}\cdots p_{\nu_n} \begin{vmatrix} \alpha_1^{\nu_1} & \alpha_1^{\nu_2} & \cdots & \alpha_1^{\nu_n} \\ \alpha_2^{\nu_1} & \alpha_2^{\nu_2} & \cdots & \alpha_2^{\nu_n} \\ \cdots & \cdots & \cdots & \cdots \\ \alpha_n^{\nu_1} & \alpha_n^{\nu_2} & \cdots & \alpha_n^{\nu_n} \end{vmatrix} \begin{vmatrix} \beta_1^{\nu_1} & \beta_1^{\nu_2} & \cdots & \beta_1^{\nu_n} \\ \beta_2^{\nu_1} & \beta_2^{\nu_2} & \cdots & \beta_2^{\nu_n} \\ \cdots & \cdots & \cdots & \cdots \\ \beta_n^{\nu_1} & \beta_n^{\nu_2} & \cdots & \beta_n^{\nu_n} \end{vmatrix}$$

Die Summation ist hier über sämtliche Gruppen nichtnegativer ganzer Zahlen $\nu_1, \nu_2, \ldots, \nu_n$ mit $0 \leqq \nu_1 < \nu_2 < \cdots < \nu_n$ erstreckt. Sämtliche Glieder der letzten Summe sind nichtnegativ; es gibt darunter auch positive, wenn unter den Zahlen $p_0, p_1, p_2, \ldots$ mindestens n nicht verschwinden.

7. [*A. Hurwitz*; vgl. *O. Hölder*, Leipz. Ber. Bd. 65, S. 110—120, 1913.] Subtrahiert man in der auf die angegebene Art mit x versetzten Determinante $D(x)$ die erste Kolonne von den folgenden $n-1$ Kolonnen, so verbleibt x nur in der ersten Kolonne; daher ist $D(x)$ linear in x, $D(x) = D + x\Delta$. Für $x = -a$ und $x = -b$ reduziert sich $D(x)$ auf das Produkt der Hauptelemente:

$$D - \Delta a = (r_1 - a)(r_2 - a)\cdots(r_n - a) = f(a),$$
$$D - \Delta b = (r_1 - b)(r_2 - b)\cdots(r_n - b) = f(b).$$

Im Falle $b = a$ [*M. Roberts*, Aufgabe; Nouv. Ann. Serie 2, Bd. 3, S. 139, 1864] ist die Determinante $= f(a) - a f'(a)$, wie auch sonst leicht ersichtlich.

8. [*T. Muir*, Amer. Math. Monthly, Bd. 29, S. 12, 1922.] Allgemein ist

$$\frac{\partial(\varphi f_1, \varphi f_2, \ldots, \varphi f_n)}{\partial(x_1, x_2, \ldots, x_n)} = \varphi^{n-1} \begin{vmatrix} \varphi & f_1 & f_2 & \cdots & f_n \\ -\frac{\partial \varphi}{\partial x_1} & \frac{\partial f_1}{\partial x_1} & \frac{\partial f_2}{\partial x_1} & \cdots & \frac{\partial f_n}{\partial x_1} \\ -\frac{\partial \varphi}{\partial x_2} & \frac{\partial f_1}{\partial x_2} & \frac{\partial f_2}{\partial x_2} & \cdots & \frac{\partial f_n}{\partial x_2} \\ \cdots & \cdots & \cdots & \cdots & \cdots \\ -\frac{\partial \varphi}{\partial x_n} & \frac{\partial f_1}{\partial x_n} & \frac{\partial f_2}{\partial x_n} & \cdots & \frac{\partial f_n}{\partial x_n} \end{vmatrix};$$

in Anwendung hiervon ist die vorgelegte Determinante $= \Delta^3$, multipliziert mit

$$\begin{vmatrix} ad - bc & a & b & c & d \\ -d & 1 & 0 & 0 & 0 \\ c & 0 & 1 & 0 & 0 \\ b & 0 & 0 & 1 & 0 \\ -a & 0 & 0 & 0 & 1 \end{vmatrix} = 3\Delta.$$

9. [Aufgabe, Collège d'Aberystwyth; Mathesis, Serie 2, Bd. 3, S. 79, 1893. Lösung von *Retali*, usw., ebenda, S. 172.] Die fragliche Determinante gehört bei reellem l, m, n zur quadratischen Form

$$(\varrho - 2)(x^2 + y^2 + z^2) + 2\left(\frac{x}{l} + \frac{y}{m} + \frac{z}{n}\right)(lx + my + nz),$$

die für $\varrho = 2$ gleich

$$2\left(\frac{x}{l} + \frac{y}{m} + \frac{z}{n}\right)(lx + my + nz)$$
$$= \frac{1}{2}\left[\left(\frac{1}{l} + l\right)x + \left(\frac{1}{m} + m\right)y + \left(\frac{1}{n} + n\right)z\right]^2$$
$$- \frac{1}{2}\left[\left(\frac{1}{l} - l\right)x + \left(\frac{1}{m} - m\right)y + \left(\frac{1}{n} - n\right)z\right]^2$$

ist. Ihr Rang ist also für $\varrho = 2$ kleiner als 3. (Der Rang ist $= 2$, ausgenommen, wenn $l^2 = m^2 = n^2$; dann ist er $= 1$.) Man setze ferner $\varrho = (\varrho - 2) + 2$ und entwickle nach Potenzen von $\varrho - 2$. Es ergibt sich

$$(\varrho - 2)^3 + (2 + 2 + 2)(\varrho - 2)^2 + \left(\begin{vmatrix} 2 & \frac{l}{m} + \frac{m}{l} \\ \frac{l}{m} + \frac{m}{l} & 2 \end{vmatrix} + \cdots\right)(\varrho - 2) + 0$$
$$= (\varrho - 2)^3 + 6(\varrho - 2)^2 + (9 - P)(\varrho - 2),$$

wenn $P = \left(\frac{1}{l^2} + \frac{1}{m^2} + \frac{1}{n^2}\right)(l^2 + m^2 + n^2)$ gesetzt wird. Die beiden anderen Faktoren sind

$$\varrho + 1 - \sqrt{P}, \qquad \varrho + 1 + \sqrt{P}.$$

10. Man ermittle aus dem Gleichungssystem

$$(-1)^{n-1} S_n + x_\nu (-1)^{n-2} S_{n-1} + x_\nu^2 (-1)^{n-3} S_{n-2} + \cdots + x_\nu^{n-1} S_1 = x_\nu^n$$
$$(\nu = 1, 2, \ldots, n)$$

den Wert der Unbekannten $(-1)^{q-1} S_q$.

11. Man kann sich aus Stetigkeitsgründen auf den Fall beschränken, daß das Polynom $a_0 z^n + a_1 z^{n-1} + \cdots + a_n$ n voneinander verschiedene Nullstellen besitzt. Irgendeine solche Nullstelle mit z bezeichnet und

$$a_0 z^{n-1} = x_0, \quad a_1 z^{n-2} = x_1, \quad a_2 z^{n-3} = x_2, \quad \ldots, \quad a_{n-2} z = x_{n-2}, \quad a_{n-1} = x_{n-1}$$

gesetzt, genügen $x_0, x_1, \ldots, x_{n-1}$ dem homogenen System

$$\left(z + \frac{a_1}{a_0}\right) x_0 + \frac{a_2}{a_1} x_1 + \frac{a_3}{a_2} x_2 + \cdots + \frac{a_{n-1}}{a_{n-2}} x_{n-2} + \frac{a_n}{a_{n-1}} x_{n-1} = 0,$$

$$-\frac{a_1}{a_0} x_0 + z x_1 = 0, \quad -\frac{a_2}{a_1} x_1 + z x_2 = 0, \quad \ldots, \quad -\frac{a_{n-1}}{a_{n-2}} x_{n-2} + z x_{n-1} = 0,$$

dessen Determinante $= 0$ sein muß. Die vorgelegte Determinante ist also ein Polynom n^{ten} Grades in z mit dem höchsten Koeffizienten 1, das dieselben Nullstellen besitzt wie $a_0 z^n + a_1 z^{n-1} + \cdots + a_n$.

12. Es handelt sich um den Rang der beiden Matrices

$$\begin{pmatrix} 0 & -a_3 & a_2 \\ a_3 & 0 & -a_1 \\ -a_2 & a_1 & 0 \\ a_1 & a_2 & a_3 \end{pmatrix}, \qquad \begin{pmatrix} 0 & -a_3 & a_2 & b_1 \\ a_3 & 0 & -a_1 & b_2 \\ -a_2 & a_1 & 0 & b_3 \\ a_1 & a_2 & a_3 & c \end{pmatrix},$$

Die dreispaltige Matrix enthält vier Determinanten dritter Ordnung bzw. vom Wert

$$a_1(a_1^2 + a_2^2 + a_3^2), \quad -a_2(a_1^2 + a_2^2 + a_3^2), \quad a_3(a_1^2 + a_2^2 + a_3^2), \quad 0;$$

folglich besitzt sie entweder den Rang 0 oder den Rang 3. Im ersten Falle ist die Bedingung der Verträglichkeit $b_1 = b_2 = b_3 = c = 0$, im zweiten Falle $a_1 b_1 + a_2 b_2 + a_3 b_3 = 0$. Sind die vier Gleichungen verträglich, so sind im ersten Falle x_1, x_2, x_3 völlig unbestimmt, im zweiten völlig bestimmt. Bei Kenntnis der Vektormultiplikation ist das Resultat evident.

13. Es gilt identisch in z

$$1+u_1^{(n)}z+u_2^{(n)}z^2+\cdots+u_n^{(n)}z^n=\left(1-\frac{z}{a_1}\right)\left(1-\frac{z}{a_2}\right)\cdots\left(1-\frac{z}{a_n}\right).$$

Da das unendliche Produkt $\prod_{n=1}^{\infty}\left(1-\frac{z}{a_n}\right)$ in jedem endlichen Bereiche gleichmäßig konvergiert, so trifft dasselbe für die Polynomfolge

$$1+u_1^{(n)}z+u_2^{(n)}z^2+\cdots+u_n^{(n)}z^n,\qquad n=1,2,3,\ldots$$

zu. Daraus folgt, daß sämtliche Grenzwerte

$$\lim_{n\to\infty}u_k^{(n)}=u_k,\qquad k=1,2,3,\ldots$$

existieren, und es ist

$$1+u_1z+u_2z^2+u_3z^3+\cdots=\prod_{n=1}^{\infty}\left(1-\frac{z}{a_n}\right)\qquad [\text{I } \mathbf{179}].$$

Im allgemeinen unterscheidet sich diese Funktion von der gegebenen in einem exponentiellen Faktor $e^{g(z)}$, $g(z)$ eine ganze Funktion.

14. Die folgenden Determinanten sind als Determinanten $2n^{\text{ter}}$ Ordnung zu verstehen (nicht etwa als solche von der zweiten Ordnung, deren Elemente $|a_{\lambda\mu}|$, $|-b_{\lambda\mu}|$, $|b_{\lambda\mu}|$, $|a_{\lambda\mu}|$ sind!). Es ist

$$\begin{vmatrix}(a_{\lambda\mu}) & (-b_{\lambda\mu})\\ (b_{\lambda\mu}) & (a_{\lambda\mu})\end{vmatrix}=\begin{vmatrix}(a_{\lambda\mu}+i\,b_{\lambda\mu}) & (-b_{\lambda\mu}+i\,a_{\lambda\mu})\\ (b_{\lambda\mu}) & (a_{\lambda\mu})\end{vmatrix}$$

$$=\begin{vmatrix}(a_{\lambda\mu}+i\,b_{\lambda\mu}) & (0)\\ (b_{\lambda\mu}) & (a_{\lambda\mu}-i\,b_{\lambda\mu})\end{vmatrix}=|a_{\lambda\mu}+i\,b_{\lambda\mu}|\cdot|a_{\lambda\mu}-i\,b_{\lambda\mu}|=A^2+B^2,$$

wenn man $|a_{\lambda\mu}+i\,b_{\lambda\mu}|=A+iB$ setzt, A, B reell. Das Verschwinden von A^2+B^2 ist äquivalent mit dem gleichzeitigen Verschwinden von A und B.

15. [*G. Rados*, Aufgabe; Math. és phys. lapok, Bd. 15, S. 389, 1906. Lösung von *M. Fekete*, usw. ebenda, Bd. 16, S. 310, 1907.] Das Produkt der drei Glieder $a_{11}a_{22}a_{33}$, $a_{12}a_{23}a_{31}$, $a_{13}a_{21}a_{32}$ ist dem der übrigen drei entgegengesetzt gleich.

16. [*G. Pólya*, Aufgabe; Arch. d. Math. u. Phys. Serie 3, Bd. 20, S. 271, 1913. Lösung von *G. Szegö*, ebenda, Serie 3, Bd. 21, S. 291, 1913.] Wären $\varepsilon_{\lambda\mu}$ die fraglichen Vorzeichen, so wäre nach dem hypothetischen Gesetz die Determinante $|\varepsilon_{\lambda\mu}|_{\lambda,\mu=1,2,\ldots,n}=n!$, im Widerspruch zu dem *Hadamard*schen Determinantensatz $|\varepsilon_{\lambda\mu}|_{\lambda,\mu=1,2,\ldots,n}\leqq n^{\frac{n}{2}}$ [*Kowalewski*, S. 460], da $n^n<n!^2$ für $n\geqq 3$. Es genügt übrigens, den Beweis bloß für die Determinante dritter Ordnung zu führen [**15**].

17. Ist der Nenner $z^q - c_1 z^{q-1} - c_2 z^{q-2} - \cdots - c_q$, so reduziert sich das Produkt

$$(a_0 + a_1 z + a_2 z^2 + \cdots + a_n z^n + \cdots)(z^q - c_1 z^{q-1} - \cdots - c_q)$$

auf ein Polynom vom Grade $p - 1$. Daher ist in der Produktreihe der Koeffizient von z^{q+n}

$$(*) \qquad a_n - a_{n+1} c_1 - a_{n+2} c_2 - \cdots - a_{n+q} c_q = 0$$

für $n = p - q,\ p - q + 1, \ldots,$ wenn $p \geqq q$ und für $n = 0, 1, 2, \ldots,$ wenn $p \leqq q$. Die Verträglichkeit der $q + 1$ sukzessiven linearen Gleichungen, die man aus (*) für $n = k,\ k + 1,\ k + 2, \ldots, k + q$ erhält, zieht $A_k^{(q+1)} = 0$ nach sich.

18. Aus $A_n^{(q+1)} = 0$, $A_n^{(q)} \neq 0$ folgt, daß $L_{n+q}(x)$ linear abhängig von $L_n(x), L_{n+1}(x), \ldots, L_{n+q-1}(x)$ ist [*Kowalewski*, S. 53]. Daher hängt $L_n(x)$ für $n \geqq d$ linear von $L_d(x), L_{d+1}(x), \ldots, L_{d+q-1}(x)$ ab, und die Gleichung $L_n(x) = 0$ wird durch eine gemeinsame Lösung der q Gleichungen

$$L_d(x) = 0, \quad L_{d+1}(x) = 0, \quad \ldots, \quad L_{d+q-1}(x) = 0$$

befriedigt. Diese Gleichungen haben, weil $A_{d+1}^{(q)} \neq 0$, eine Lösung von der Form

$$x_0 = 1, \quad x_1 = -c_1, \quad x_2 = -c_2, \quad \ldots, \quad x_q = -c_q.$$

Dies bedeutet das Verschwinden der Koeffizienten von $z^{q+d}, z^{q+d+1}, \ldots$ in dem Produkt

$$(a_0 + a_1 z + a_2 z^2 + \cdots)(z^q - c_1 z^{q-1} - c_2 z^{q-2} - \cdots - c_q).$$

19. [*Kowalewski*, S. 80, 109.]

20. Es folgt aus der Voraussetzung kraft **19**

$$(A_{m+1}^{(q)})^2 = A_m^{(q)} A_{m+2}^{(q)}, \qquad (A_{m+2}^{(q)})^2 = A_{m+1}^{(q)} A_{m+3}^{(q)}, \ \ldots,$$

$$(A_{m+t-1}^{(q)})^2 = A_{m+t-2}^{(q)} A_{m+t}^{(q)}, \qquad (A_{m+t}^{(q)})^2 = A_{m+t-1}^{(q)} A_{m+t+1}^{(q)}.$$

Also zieht das Verschwinden einer der fraglichen t q-zeiligen Determinanten das Verschwinden ihrer beiden Nachbarn (ihres Nachbarn) nach sich. Übersichtlicher aus **22**.

21. Klar. Beispiel: $A_0^{(3)}$

22. [*A. Stoll.*] 1. aus **19**, 2. 3. aus **19** und 1. Man beachte die „kreuzförmige" Lagerung der fünf in **19** auftretenden Determinanten im Schema **21**. Um die Gültigkeit am Rande einzusehen, stelle man a_{-1} vor $a_0, a_1, a_2, \ldots$ und eine entsprechende Schrägreihe vor das Schema **21**.

23. [Vgl. *É. Borel*, Darboux Bull. Serie 2, Bd. 18, S. 22—25, 1894.] Wenn in der ersten Zeile des Schemas **21** nur endlich viele von 0 verschiedene Elemente vorhanden sind, so reduziert sich die Potenzreihe $a_0 + a_1 z + \cdots$ auf eine *ganze* rationale Funktion. Im anderen Falle ergibt sich durch Wiederholung des Schlusses **20**, daß es zwei ganze Zahlen d und q gibt, $1 \leqq q \leqq k$, für welche die in **18** erwähnte Situation vorliegt.

24. [*L. Kronecker*, Monatsber. d. Akad. Berlin, 1881, S. 566—567.] Durch wiederholte Anwendung von **22**, 1. auf **23** zurückzuführen.

25. [*G. Pólya*, Math. Ann. Bd. 77, S. 507, 1916.] Durch wiederholte Anwendung von **22**, 1. auf **23** zurückführen! Man stelle die Determinantenbedingungen **23**, **24**, **25** durch „Wege" im Schema **21** dar.

26. Vgl. **27**.

27. Wenn der Rang endlich ist, so verschwinden sämtliche in **23** erwähnten Determinanten für ein genügend großes k, also ist die Potenzreihe rational. Wenn die Potenzreihe rational ist, so behalte man die Bezeichnungen von **17** bei und betrachte die Linearformen

$$A_n(x) = a_n x_0 + a_{n+1} x_1 + a_{n+2} x_2 + \cdots;$$

die Anzahl der Variablen ist beliebig (nicht unendlich!) groß. Gemäß den Gleichungen (*) in Lösung **17** ist

$$A_n = c_1 A_{n+1} + c_2 A_{n+2} + \cdots + c_q A_{n+q}$$

für $n = d, d+1, d+2, \ldots$. Daher hängen die Formen $A_d, A_{d+1}, \ldots, A_{d+\nu}, \nu \geqq q$, von den q letzten unter ihnen ab. Da so zwischen irgendwelchen $q+1$ von diesen Formen eine lineare Abhängigkeit besteht, verschwinden alle in $\mathfrak{H}_d$ enthaltenen Determinanten von der Ordnung $q+1$.

28. Vgl. **29**.

29. Es sei, nach Voraussetzung von **28**,

$$A_0^{(p)} \neq 0, \qquad A_0^{(p+1)} = A_0^{(p+2)} = A_0^{(p+3)} = \cdots = 0,$$
$$A_1^{(p)} = A_2^{(p-1)} = A_3^{(p-2)} = \cdots = A_{p-q}^{(q+1)} = 0, \qquad A_{p-q+1}^{(q)} \neq 0.$$

Es sei ferner der Bestimmtheit halber angenommen, daß

$$0 < q < p.$$

Aus diesen Voraussetzungen folgt, wenn man die Lage der erwähnten Determinanten im Schema **21** beachtet, gemäß **22**, 1., daß

$$(**) \qquad \begin{cases} A_{p-q}^{(q)} \neq 0, & A_{p-q+1}^{(q)} \neq 0, & A_{p-q+2}^{(q)} \neq 0, & \ldots, \\ A_{p-q-1}^{(q+1)} \neq 0, & A_{p-q}^{(q+1)} = 0, & A_{p-q+1}^{(q+1)} = 0, & \ldots. \end{cases}$$

D. h. die Berandung eines aus lauter Nullen bestehenden unendlichen trapezförmigen Gebietes im Schema **21** muß aus lauter von Null verschiedenen Determinanten bestehen.

Gemäß **23** ist der Grad des Nenners $\leqq q$; vgl. zweite Zeile (**).

Gemäß **17** ist der Grad des Nenners $\geqq q$; vgl. erste Zeile (**).

Der Nettorang ist $\leqq$ Rang von $\mathfrak{H}_{p-q}$, also $\leqq q$, gemäß Lösung **27**.

Der Nettorang ist $\geqq q$; vgl. erste Zeile (**).

Gemäß **18** ist der Grad des Zählers $\leqq q + (p - q) - 1$; vgl. (**).

Gemäß **17** ist der Grad des Zählers $> q + (p - q - 1) - 1$, da $A_{p-q-1}^{(q+1)} \neq 0$.

Es ist der Rang von $\mathfrak{H}_{p-q}$ genau $= q$, also der von $\mathfrak{H}_0$ sicher $\leqq q + (p - q)$.

Der Bruttorang, = Rang von $\mathfrak{H}_0$, ist $\geqq p$, da $A_0^{(p)} \neq 0$.

30. [*E. Beke*, Math. és term. ért. Bd. 34, S. 25, 1916.] Die genannte Eigenschaft der Potenzreihe $\sum_{n=0}^{\infty} \frac{a_n}{n!} z^n$ trifft dann und nur dann zu, wenn die Potenzreihe $\sum_{n=0}^{\infty} a_n z^n$ eine rationale Funktion darstellt. [**24**, **26**.] In beiden Fällen handelt es sich um dieselbe Rekursionsformel zwischen den Koeffizienten $a_0, a_1, a_2, \ldots$.

31. [*G. Pólya*, Lond. M. S. Proc. Serie 2, Bd. 21, S. 25—26, 1922.] Durch Addition von Zeilen und Kolonnen. Für den Fall $Q_n(z) = (1 - z)^n$, $n = 0, 1, 2, \ldots$ vgl. *Kowalewski*, S. 112.

32. Der Zähler ist vom Grade $\leqq q - 1$, daher ist

$$a_n c_q + a_{n+1} c_{q-1} + a_{n+2} c_{q-2} + \cdots + a_{n+q-1} c_1 = a_{n+q} \quad \text{für } n = 0, 1, 2, \ldots.$$

Wird also die λ^{te} Zeile (Kolonne) von $\mathfrak{A}_m$ mit der μ^{ten} Kolonne von $\mathfrak{C}$ multipliziert, so entsteht $a_{m+\lambda+\mu-1}$, $\lambda, \mu = 1, 2, \ldots, q$, also $\mathfrak{A}_m \mathfrak{C} = \mathfrak{A}_{m+1}$.

33. Der Rang sei r und die Determinente

$$\begin{vmatrix} a_{1\nu_1} & a_{1\nu_2} & \ldots & a_{1\nu_r} \\ a_{2\nu_1} & a_{2\nu_2} & \ldots & a_{2\nu_r} \\ \ldots & \ldots & \ldots & \ldots \\ a_{r\nu_1} & a_{r\nu_2} & \ldots & a_{r\nu_r} \end{vmatrix} \neq 0,$$

$0 \leqq \nu_1 < \nu_2 < \cdots < \nu_r$. Wenn $c_1 f_1(z) + c_2 f_2(z) + \cdots + c_r f_r(z) \equiv 0$, so müssen insbesondere die Koeffizienten von $z^{\nu_1}, z^{\nu_2}, \ldots, z^{\nu_r}$ links $= 0$ sein. Aus den hieraus resultierenden r homogenen linearen Gleichungen mit nichtverschwindender Determinante folgt $c_1 = c_2 = \cdots = c_r = 0$. Wenn $m > r$, setze man $a_{1\nu} x_1 + a_{2\nu} x_2 + \cdots + a_{r\nu} x_r + a_{r+1,\nu} x_{r+1} \equiv L_\nu(x)$. Irgend eine Anzahl von Linearformen $L_1, L_2, \ldots, L_n$ ist, nach Voraussetzung, von $L_{\nu_1}, L_{\nu_2}, \ldots, L_{\nu_r}$ linear abhängig [*Kowalewski*, S. 53]. Es gibt ein Wertsystem $x_1 = c_1$, $x_2 = c_2$, $\ldots$, $x_r = c_r$, $x_{r+1} = -1$, das den simultanen Gleichungen

(*) $$L_{\nu_1}(x) = 0, \quad L_{\nu_2}(x) = 0, \quad \ldots, \quad L_{\nu_r}(x) = 0$$

genügt; dieses Wertsystem bringt irgendeine Form $L_\nu(x)$ zum Verschwinden, d. h. es gilt identisch in z

$$c_1 f_1(z) + c_2 f_2(z) + \cdots + c_r f_r(z) = f_{r+1}(z).$$

34. Aus **33** und den Definitionen. Man beachte insbesondere, daß ein N existiert, so daß die Matrices, die aus $\mathfrak{M}$ (S. 105) durch Weglassung von N bzw. $N+1$, $N+2, \ldots$ Kolonnen entstehen, alle denselben Rang, = dem Nettorang von $\mathfrak{M}$, besitzen.

35. [*I. Schur,* J. für Math. Bd. 140, S. 14, 1911.] Beweis unter den engeren Voraussetzungen. Es gibt eine orthogonale Matrix $(l_{\lambda\mu})$ so beschaffen, daß die erste Form folgende Zerlegung zuläßt:

$$\sum_{\lambda=1}^{n}\sum_{\mu=1}^{n} a_{\lambda\mu} x_\lambda x_\mu = \sum_{\nu=1}^{n} h_\nu (l_{\nu 1} x_1 + l_{\nu 2} x_2 + \cdots + l_{\nu n} x_n)^2,$$

wobei $h_1, h_2, \ldots, h_n$ positive, durch die Form eindeutig bestimmte Zahlen, die Eigenwerte sind [*Kowalewski,* S. 275]. Aus

$$a_{\lambda\mu} = \sum_{\nu=1}^{n} h_\nu l_{\nu\lambda} l_{\nu\mu}, \qquad \lambda, \mu = 1, 2, \ldots, n$$

folgt, $h = \operatorname{Min}(h_1, h_2, \ldots, h_n)$ gesetzt,

$$\begin{aligned}\sum_{\lambda=1}^{n}\sum_{\mu=1}^{n} a_{\lambda\mu} b_{\lambda\mu} x_\lambda x_\mu &= \sum_{\nu=1}^{n} h_\nu \left\{\sum_{\lambda=1}^{n}\sum_{\mu=1}^{n} b_{\lambda\mu} (l_{\nu\lambda} x_\lambda)(l_{\nu\mu} x_\mu)\right\}\\ &\geqq h \sum_{\lambda=1}^{n}\sum_{\mu=1}^{n} b_{\lambda\mu} x_\lambda x_\mu \left(\sum_{\nu=1}^{n} l_{\nu\lambda} l_{\nu\mu}\right)\\ &= h\,(b_{11} x_1^2 + b_{22} x_2^2 + \cdots + b_{nn} x_n^2).\end{aligned}$$

36. $$\sum_{\lambda=1}^{n}\sum_{\mu=1}^{n} e^{a_{\lambda\mu}} x_\lambda x_\mu = \sum_{k=0}^{\infty} \frac{1}{k!} \sum_{\lambda=1}^{n}\sum_{\mu=1}^{n} a_{\lambda\mu}^k x_\lambda x_\mu,$$

woraus der erste Teil des Satzes kraft **35** folgt. Wegen der Positivität ist

$$\sum_{\lambda=1}^{n}\sum_{\mu=1}^{n} a_{\lambda\mu} x_\lambda x_\mu = \xi_1^2 + \xi_2^2 + \cdots + \xi_l^2,$$

wo

$$\begin{aligned}\xi_1 &= \alpha_1' x_1 + \alpha_2' x_2 + \cdots + \alpha_n' x_n,\\ \xi_2 &= \alpha_1'' x_1 + \alpha_2'' x_2 + \cdots + \alpha_n'' x_n,\\ &\cdots\cdots\cdots\cdots\cdots\cdots\cdots\cdots\\ \xi_l &= \alpha_1^{(l)} x_1 + \alpha_2^{(l)} x_2 + \cdots + \alpha_n^{(l)} x_n.\end{aligned}$$

Sind in der Matrix $(a_{\lambda\mu})$ keine zwei Zeilen identisch, so sind keine zwei unter den n l-dimensionalen Vektoren $(\alpha'_\nu, \alpha''_\nu, \ldots, \alpha_\nu^{(l)})$, $\nu = 1, 2, \ldots, n$, einander gleich. Es gibt also l Zahlen $\beta', \beta'', \ldots, \beta^{(l)}$, so beschaffen, daß $\beta'^2 + \beta''^2 + \cdots + \beta^{(l)2} = 1$ und $\alpha'_\nu \beta' + \alpha''_\nu \beta'' + \cdots + \alpha_\nu^{(l)} \beta^{(l)} = \gamma_\nu$ gesetzt, keine zwei unter den n Zahlen $\gamma_1, \gamma_2, \ldots, \gamma_n$ einander gleich sind; d. h. geometrisch: die Projektionen der n verschiedenen Vektoren auf den Einheitsvektor $(\beta', \beta'', \ldots, \beta^{(l)})$ fallen alle voneinander verschieden aus; oder: $(\beta', \beta'', \ldots, \beta^{(l)})$ liegt außerhalb gewisser $\frac{1}{2} n(n-1)$ Ebenen. Man erhält durch eine passend gewählte orthogonale Transformation der $\xi_1, \xi_2, \ldots, \xi_l$ in $\eta_1, \eta_2, \ldots, \eta_l$, wobei

$$\eta_1 = \beta' \xi_1 + \beta'' \xi_2 + \cdots + \beta^{(l)} \xi_l = \gamma_1 x_1 + \gamma_2 x_2 + \cdots + \gamma_n x_n,$$

$$\sum_{\lambda=1}^{n} \sum_{\mu=1}^{n} a_{\lambda\mu} x_\lambda x_\mu = \eta_1^2 + \eta_2^2 + \cdots + \eta_l^2 = \sum_{\lambda=1}^{n} \sum_{\mu=1}^{n} \gamma_\lambda \gamma_\mu x_\lambda x_\mu + \sum_{\lambda=1}^{n} \sum_{\mu=1}^{n} a'_{\lambda\mu} x_\lambda x_\mu;$$

beide Formen rechts sind $\geqq 0$. Die Differenz $\exp(\gamma_\lambda \gamma_\mu + a'_{\lambda\mu}) - \exp(\gamma_\lambda \gamma_\mu)$ setzt sich aus Potenzprodukten von $\gamma_\lambda \gamma_\mu$ und $a'_{\lambda\mu}$ mit positiven Koeffizienten zusammen. Hieraus folgt auf Grund von **35**, ähnlich wie der bereits bewiesene erste Teil der Behauptung, daß

$$\sum_{\lambda=1}^{n} \sum_{\mu=1}^{n} e^{a_{\lambda\mu}} x_\lambda x_\mu = \sum_{\lambda=1}^{n} \sum_{\mu=1}^{n} e^{\gamma_\lambda \gamma_\mu} x_\lambda x_\mu + \sum_{\lambda=1}^{n} \sum_{\mu=1}^{n} b_{\lambda\mu} x_\lambda x_\mu$$

gesetzt, die zweite Form rechts positiv ist; die erste ist sogar definit [V **76**].

37. Ähnlich wie in **36** [**35**, V **86**]. Daß die Einschränkungen nicht überflüssig sind, sieht man am Beispiel der Matrix $\begin{pmatrix} 1 & -1 \\ -1 & 1 \end{pmatrix}$.

38. [*R. Remak*, Math. Ann. Bd. 72, S. 153, 1912; vgl. auch *A. Hurwitz*, ebenda, Bd. 73, S. 173, 1913.] Weil mit $f(x)$ auch $f(x + x_0)$, x_0 beliebig, zulässig, ist die in der Aufgabe genannte Forderung gleichwertig mit

$$A(f) = a_0 f(0) + \frac{a_1}{1!} f'(0) + \frac{a_2}{2!} f''(0) + \cdots + \frac{a_n}{n!} f^{(n)}(0) \geqq 0 \text{ (bzw. } > 0).$$

Nach VI **44** genügt es

$$f(x) = (t_0 + t_1 x + \cdots + t_n x^n)^2 = \sum_{\lambda=0}^{n} \sum_{\mu=0}^{n} t_\lambda t_\mu x^{\lambda+\mu}$$

zu setzen, mit beliebigen $t_0, t_1, t_2, \ldots, t_n$. Es ist dann

$$A(f) = \sum_{\lambda=0}^{n} \sum_{\mu=0}^{n} A(x^{\lambda+\mu}) t_\lambda t_\mu = \sum_{\lambda=0}^{n} \sum_{\mu=0}^{n} a_{\lambda+\mu} t_\lambda t_\mu.$$

39. [Vgl. *G. Pólya*, Math. és term. ért. Bd. 32, S. 662—665, 1914.] Weil mit $f(x)$ auch $f(x + x_0)$, $x_0 \geqq 0$, zulässig, ist die Forderung der Aufgabe mit

$$A(f) = a_0 f(0) + \frac{a_1}{1!} f'(0) + \frac{a_2}{2!} f''(0) + \cdots + \frac{a_n}{n!} f^{(n)}(0) \geqq 0 \text{ (bzw. } > 0)$$

gleichwertig. Man setze [VI **45**]

$$f(x) = (t_0 + t_1 x + \cdots + t_p x^p)^2 + x(u_0 + u_1 x + \cdots + u_{q-1} x^{q-1})^2,$$
$$p = \left[\frac{n}{2}\right], \quad q = \left[\frac{n+1}{2}\right].$$

Es ist dann

$$A(f) = \sum_{\lambda=0}^{p} \sum_{\mu=0}^{p} a_{\lambda+\mu} t_\lambda t_\mu + \sum_{\lambda=0}^{q-1} \sum_{\mu=0}^{q-1} a_{\lambda+\mu+1} u_\lambda u_\mu .$$

40. Wenn erstens $f(x) = (1-x)\sum_{\lambda=0}^{q-1} \sum_{\mu=0}^{q-1} t_\lambda t_\mu (x-1)^{\lambda+\mu}$, $x=1$, zweitens $f(x) = (1+x)\sum_{\lambda=0}^{q-1} \sum_{\mu=0}^{q-1} t_\lambda t_\mu (x+1)^{\lambda+\mu}$, $x=-1$ gesetzt wird, $q = \left[\frac{n+1}{2}\right]$, dann ergibt sich aus der Voraussetzung

$$-\sum_{\lambda=0}^{q-1} \sum_{\mu=0}^{q-1} a_{\lambda+\mu+1} t_\lambda t_\mu \geqq 0, \qquad \sum_{\lambda=0}^{q-1} \sum_{\mu=0}^{q-1} a_{\lambda+\mu+1} t_\lambda t_\mu \geqq 0,$$

also $a_1 = a_2 = \cdots = a_{2q-1} = 0$. Für ungerades n ist hieraus die Behauptung klar. Für gerades n muß noch

$$(1) \qquad a_0(t_0 + t_1 x + \cdots + t_p x^p)^2 + a_n t_p^2 \geqq 0,$$

$$(2) \quad a_0(1-x^2)(u_0 + u_1 x + \cdots + u_{p-1} x^{p-1})^2 - a_n u_{p-1}^2 \geqq 0$$

sein für alle Werte von $t_0, t_1, \ldots, t_p, u_0, u_1, \ldots, u_{p-1}, p = \frac{n}{2}$ und für $-1 \leqq x \leqq 1$. Aus (1) folgt für $t_0 = t_1 = \cdots = t_{p-1} = 0, t_p = 1, x = 0$, daß $a_n \geqq 0$ ist. Aus (2) folgt für $x = 1, u_{p-1} = 1$, daß $a_n \leqq 0$ ist.

41. [Vgl. a. a. O. **39**, S. 665—667. Vgl. auch *M. Fujiwara*, Tôhoku, Math. J. Bd. 6, S. 20—26, 1914—15.] Die beiden Wertsysteme $a_0, a_1, a_2, \ldots, a_{2n}$ und $b_0, b_1, b_2, \ldots, b_{2n}$ besitzen die in **38** definierte Eigenschaft. Ist $f(x)$ zulässig im Sinne von **38**, so ist auch

$$f^*(x) = a_0 f(x) + \frac{a_1}{1!} f'(x) + \frac{a_2}{2!} f''(x) + \cdots + \frac{a_{2n}}{(2n)!} f^{(2n)}(x)$$

zulässig. Es ist somit

$$b_0 f^*(x) + \frac{b_1}{1!} f^{*\prime}(x) + \frac{b_2}{2!} f^{*\prime\prime}(x) + \cdots + \frac{b_{2n}}{(2n)!} f^{*(2n)}(x)$$
$$= c_0 f(x) + \frac{c_1}{1!} f'(x) + \frac{c_2}{2!} f''(x) + \cdots + \frac{c_{2n}}{(2n)!} f^{(2n)}(x) \geqq 0 \quad (\text{bzw.} > 0)$$

für alle Werte von x. Also besitzt auch das System $c_0, c_1, c_2, \ldots, c_{2n}$ dieselbe Eigenschaft.

42. [Vgl. a. a. O. **39**, S. 667—668.] Folgt ähnlich aus **39** wie **41** aus **38**. Man setze $n = 2m$ bzw. $n = 2m + 1$.

43. [Vgl. *O. Szász*, Math. Zeitschr. Bd. 1, S. 150—152, 1918.] Weil mit $g(\vartheta)$ auch $g(\vartheta + \vartheta_0)$, ϑ_0 beliebig, zulässig, ist die Forderung mit

$$A(g) = \sum_{\nu=-n}^{n} c_\nu \gamma_\nu \geqq 0 \quad (\text{bzw. } > 0)$$

gleichwertig. Setzt man [VI **40**]

$$g(\vartheta) = |x_0 + x_1 e^{i\vartheta} + x_2 e^{2i\vartheta} + \cdots + x_n e^{in\vartheta}|^2,$$

so ergibt sich

$$A(g) = \sum_{\lambda=0}^{n} \sum_{\mu=0}^{n} A(e^{i(\lambda-\mu)\vartheta}) x_\lambda \bar{x}_\mu = \sum_{\lambda=0}^{n} \sum_{\mu=0}^{n} c_{\mu-\lambda} x_\lambda \bar{x}_\mu .$$

44. [*I. Schur*, Aufgabe; Arch. d. Math. u. Phys. Serie 3, Bd. 19, S. 276, 1912. Lösung von *G. Pólya*, ebenda, Serie 3, Bd. 24, S. 369, 1916.]

45. [*I. Schur*, Aufgabe; Arch. d. Math. u. Phys. Serie 3, Bd. 27, S. 162, 1918.] Vgl. **46**.

46. [*I. Schur*, Aufgabe; Arch. d. Math. u. Phys. Serie 3, Bd. 27, S. 163, 1918.] Man betrachte insgesamt vier Fälle: a) beliebige Determinante; b) Hauptelemente $= 0$, übrige Elemente beliebig; c) symmetrische Determinante [**45**]; d) symmetrische Determinante mit Hauptelementen $= 0$ [**46**]. Die Bezeichnungen der Anzahlen sind in folgender Tabelle zusammengefaßt:

	Unabhängige Elemente	Verschiedene Entwicklungsglieder positive	negative		
a)	n^2	S'_n	S''_n	$S'_n + S''_n = S_n$,	$S'_n - S''_n = D_n$,
b)	$n^2 - n$	Σ'_n	Σ''_n	$\Sigma'_n + \Sigma''_n = \Sigma_n$,	$\Sigma'_n - \Sigma''_n = \Delta_n$,
c)	$\frac{n^2+n}{2}$	s'_n	s''_n	$s'_n + s''_n = s_n$,	$s'_n - s''_n = d_n$,
d)	$\frac{n^2-n}{2}$	σ'_n	σ''_n	$\sigma'_n + \sigma''_n = \sigma_n$,	$\sigma'_n - \sigma''_n = \delta_n$.

Dem Entwicklungsglied $a_{1k_1} a_{2k_2} \ldots a_{nk_n}$ ordnen wir die Permutation $\begin{pmatrix} 1 & 2 & \ldots & n \\ k_1 & k_2 & \ldots & k_n \end{pmatrix}$ zu. Enthält das Entwicklungsglied das Produkt $a_{\alpha\beta} a_{\beta\gamma} \ldots a_{\varkappa\lambda} a_{\lambda\alpha}$, so enthält die zugeordnete Permutation den Zyklus $(\alpha\,\beta\,\gamma \ldots \varkappa\,\lambda)$; gehört das fragliche Entwicklungsglied einer symmetrischen Determinante an, so enthält die zu einem anderen Glied von gleichem Wert gehörige Permutation *entweder* den Zyklus $(\alpha\,\beta\,\gamma \ldots \varkappa\,\lambda)$ *oder* den inversen Zyklus $(\lambda\,\varkappa \ldots \gamma\,\beta\,\alpha)$.

Die Anzahl solcher Permutationen von n Elementen, die k_1 eingliedrige, k_2 zweigliedrige, k_3 dreigliedrige, ... Zyklen enthalten, ist bekanntlich [vgl. *J. A. Serret*, Handbuch der höheren Algebra, Bd. 2, S. 188—189; Leipzig: B. G. Teubner 1868]

$$\frac{n!}{k_1!\,1^{k_1}\cdot k_2!\,2^{k_2}\cdot k_3!\,3^{k_3}\cdots}=Z_{k_1k_2k_3\ldots},$$

wobei $1k_1+2k_2+3k_3+\cdots=n$ ist. Wird diese Anzahl mit $+1$ oder -1 multipliziert, je nachdem die fraglichen Permutationen gerade oder ungerade sind, so entsteht

$$(-1)^{k_2+k_4+k_6+\cdots}Z_{k_1k_2k_3\ldots}=\frac{n!}{k_1!\,1^{k_1}\cdot k_2!\,(-2)^{k_2}\cdot k_3!\,3^{k_3}\cdot k_4!\,(-4)^{k_4}\cdots}$$

[*Kowalewski*, S. 16] (betrifft die Berechnung von D_n, Δ_n). Werden solche Permutationen, die dadurch auseinander hervorgehen, daß gewisse Zyklen durch die *inversen Zyklen* ersetzt werden, als nicht verschieden betrachtet, so ist die Anzahl der verschiedenen

$$2^{-k_3-k_4-k_5-\cdots}Z_{k_1k_2k_3\ldots}=\frac{n!}{k_1!\,1^{k_1}\cdot k_2!\,2^{k_2}\cdot k_3!\,6^{k_3}\cdot k_4!\,8^{k_4}\cdots}$$

(betrifft die Berechnung von s_n, d_n, σ_n, δ_n). Es ist offenbar

$$S_n=\Sigma Z_{k_1k_2k_3\ldots}, \qquad D_n=\Sigma(-1)^{k_2+k_4+k_6+\cdots}Z_{k_1k_2k_3\ldots},$$

$$\Sigma_n=\Sigma^* Z_{0k_2k_3\ldots}, \qquad \Delta_n=\Sigma^*(-1)^{k_2+k_4+k_6+\cdots}Z_{0k_2k_3\ldots},$$

$$s_n=\Sigma 2^{-k_3-k_4-\cdots}Z_{k_1k_2k_3\ldots}, \qquad d_n=\Sigma(-1)^{k_2+k_4+\cdots}2^{-k_3-k_4-\cdots}Z_{k_1k_2k_3\ldots},$$

$$\sigma_n=\Sigma^* 2^{-k_3-k_4-\cdots}Z_{0k_2k_3\ldots}, \qquad \delta_n=\Sigma^*(-1)^{k_2+k_4+\cdots}2^{-k_3-k_4-\cdots}Z_{0k_2k_3\ldots}.$$

Σ ist über solche nichtnegativen Wertsysteme $k_1, k_2, k_3, \ldots$ erstreckt, für welche $k_1+2k_2+3k_3+\cdots=n$, Σ^* über solche, für welche $k_1=0$, $2k_2+3k_3+\cdots=n$ ist. Es ist

$$\frac{S_n x^n}{n!}=\sum\frac{x^{k_1}}{k_1!\,1^{k_1}}\cdot\frac{x^{2k_2}}{k_2!\,2^{k_2}}\cdot\frac{x^{3k_3}}{k_3!\,3^{k_3}}\cdots,$$

$$\sum_{n=0}^{\infty}\frac{S_n x^n}{n!}=\sum_{k_1=0}^{\infty}\frac{x^{k_1}}{k_1!\,1^{k_1}}\cdot\sum_{k_2=0}^{\infty}\frac{x^{2k_2}}{k_2!\,2^{k_2}}\cdot\sum_{k_3=0}^{\infty}\frac{x^{3k_3}}{k_3!\,3^{k_3}}\cdots$$

$$=e^x\cdot e^{\frac{x^2}{2}}\cdot e^{\frac{x^3}{3}}\cdots=e^{x+\frac{x^2}{2}+\frac{x^3}{3}+\cdots}$$

$$=\frac{1}{1-x}=1+x+x^2+\cdots,$$

woraus $S_n = n!$ folgt, was zur Bestätigung der Überlegung dient. Auf dieselbe Art ergibt sich

$$\sum_{n=0}^{\infty} \frac{D_n x^n}{n!} = e^{x - \frac{x^2}{2} + \frac{x^3}{3} - \cdots} = 1 + x, \quad D_n = 0 \quad \text{für} \quad n \geqq 2,$$

klar.

$$\sum_{n=0}^{\infty} \frac{\Sigma_n x^n}{n!} = e^{\frac{x^2}{2} + \frac{x^3}{3} + \cdots} = \frac{e^{-x}}{1-x}, \quad \frac{\Sigma_n}{n!} = 1 - \frac{1}{1!} + \frac{1}{2!} - \cdots + \frac{(-1)^n}{n!}$$

[VIII **23**].

$$\sum_{n=0}^{\infty} \frac{\Delta_n x^n}{n!} = e^{-\frac{x^2}{2} + \frac{x^3}{3} - \frac{x^4}{4} + \cdots} = (1+x)\,e^{-x}, \quad \Delta_n = (-1)^n (1-n);$$

Spezialfall von **7** für $r_1 = r_2 = \cdots = r_n = 0$, $a = b = 1$.

$$\sum_{n=0}^{\infty} \frac{s_n x^n}{n!} = e^{x + \frac{x^2}{2} + \frac{1}{2}\left(\frac{x^3}{3} + \frac{x^4}{4} + \cdots\right)} = \frac{1}{\sqrt{1-x}}\, e^{\frac{x}{2} + \frac{x^2}{4}},$$

$$\sum_{n=0}^{\infty} \frac{d_n x^n}{n!} = e^{x - \frac{x^2}{2} + \frac{1}{2}\left(\frac{x^3}{3} - \frac{x^4}{4} + \cdots\right)} = \sqrt{1+x}\, e^{\frac{x}{2} - \frac{x^2}{4}},$$

$$\sum_{n=0}^{\infty} \frac{\sigma_n x^n}{n!} = e^{\frac{x^2}{2} + \frac{1}{2}\left(\frac{x^3}{3} + \frac{x^4}{4} + \cdots\right)} = \frac{1}{\sqrt{1-x}}\, e^{-\frac{x}{2} + \frac{x^2}{4}},$$

$$\sum_{n=0}^{\infty} \frac{\delta_n x^n}{n!} = e^{-\frac{x^2}{2} + \frac{1}{2}\left(\frac{x^3}{3} - \frac{x^4}{4} + \cdots\right)} = \sqrt{1+x}\, e^{-\frac{x}{2} - \frac{x^2}{4}}.$$

Die vier letzten Reihen genügen bzw. den Differentialgleichungen

$$2(1-x)y' = (2-x^2)y, \qquad 2(1+x)y' = (2-x^2)y,$$
$$2(1-x)y' = x(2-x)y, \qquad 2(1+x)y' = -x(2+x)y,$$

woraus die zu beweisenden Rekursionsformeln folgen. Die Grenzwertformeln erhält man aus I **178** für

$$f(x) = e^{\frac{x}{2} + \frac{x^2}{4}} \quad \text{bzw.} \quad e^{\frac{x}{2} - \frac{x^2}{4}}, \quad e^{-\frac{x}{2} + \frac{x^2}{4}}, \quad e^{-\frac{x}{2} - \frac{x^2}{4}},$$

$$b_n = \frac{1.3 \ldots (2n-1)}{2.4 \ldots 2n} \sim \frac{1}{\sqrt{\pi n}} \quad \text{bzw.} \quad (-1)^{n-1} \frac{1.3 \ldots (2n-3)}{2.4 \ldots 2n} \sim \frac{(-1)^{n-1}}{2\sqrt{\pi} \cdot n^{\frac{3}{2}}}$$

[II **202**],

$$q = 1 \quad \text{bzw.} \quad -1.$$

47. [*I. Schur*, Aufgabe; Arch. d. Math. u. Phys. Serie 3, Bd. 27, S. 163, 1918.] Setzt man

$$\varphi = \frac{1}{1 - x_1 x_2 \ldots x_n} \overline{\varphi},$$

dann ist

$$\Sigma \pm \varphi(x_{\lambda_1}, x_{\lambda_2}, \ldots, x_{\lambda_n})$$

$$= \frac{1}{1 - x_1 x_2 \ldots x_n} \sum_{\nu=1}^{n} (-1)^{n-\nu} [\Sigma_\nu \pm \overline{\varphi}(x_{\mu_1}, x_{\mu_2}, \ldots, x_{\mu_{n-1}})],$$

wo Σ_ν über alle Permutationen von $x_1, x_2, \ldots, x_{\nu-1}, x_{\nu+1}, \ldots, x_n$ zu erstrecken ist und die Vorzeichenbestimmung analog geschieht, wie in der linksstehenden Summe.

Angenommen also, daß die Behauptung richtig ist, wenn n durch $n-1$ ersetzt wird, lautet die zu beweisende Identität

$$\Delta \Phi = \frac{1}{1 - x_1 x_2 \cdots x_n} \sum_{\nu=1}^{n} (-1)^{n-\nu} \Delta_\nu \Phi_\nu,$$

worin Δ_ν und Φ_ν analog aus $x_1, x_2, \ldots, x_{\nu-1}, x_{\nu+1}, \ldots, x_n$ gebildet werden wie Δ und Φ aus $x_1, x_2, \ldots, x_n$; Φ ist in der am Ende der Aufgabe stehenden Produktform zu denken, die Φ_ν enthalten weniger Faktoren. Man wende jetzt VI **69** an, mit Beachtung der Gleichungen (Bezeichnungen und Voraussetzungen wie dort, $a_0 = 1$)

$$\frac{\Delta_\nu}{\Delta} = \frac{1}{(x_1 - x_\nu) \cdots (x_{\nu-1} - x_\nu)(x_\nu - x_{\nu+1}) \cdots (x_\nu - x_n)} = \frac{(-1)^{\nu-1}}{f'(x_\nu)},$$

$$\frac{\Phi_\nu}{\Phi} = (1 - x_\nu)(1 - x_\nu x_1) \cdots (1 - x_\nu x_{\nu-1})(1 - x_{\nu+1} x_\nu) \cdots (1 - x_n x_\nu) = \frac{x_\nu^n f(x_\nu^{-1})}{1 + x_\nu}.$$

48. [*P. Epstein*, Aufgabe; Arch. d. Math. u. Phys. Serie 3, Bd. 8, S. 262, 1905.] Aus $\alpha_\varrho x_\lambda = \sum_{\mu=1}^{n} a_{\lambda\mu} x_\mu$, $\lambda = 1, 2, \ldots, n$, erschließt man mit Rücksicht auf $\sum_{\lambda=1}^{n} a_{\lambda\mu} \chi_{\lambda\sigma}(z) = z \chi_{\mu\sigma}(z) + \varepsilon_{\mu\sigma} \chi(z)$, $\varepsilon_{\mu\sigma} = 1$ für $\mu = \sigma$, $\varepsilon_{\mu\sigma} = 0$ für $\mu \gtrless \sigma$, die Gleichungen

$$(\alpha_\varrho - z) \sum_{\lambda=1}^{n} x_\lambda \chi_{\lambda\sigma}(z) = x_\sigma \chi(z), \qquad \sigma = 1, 2, \ldots, n.$$

49. [*M. Riesz.*] Vgl. **50**.

50. Die Forderung der Aufgabe ist gleichbedeutend mit den Relationen

$$\sum_{\nu=0}^{n} g\left(\frac{\pi}{n+1}(p-\nu+\alpha)\right) g\left(\frac{\pi}{n+1}(\nu-q+\beta)\right) = g\left(\frac{\pi}{n+1}(p-q+\alpha+\beta)\right).$$

Vgl. VI **15**. In **49** ist (wenn man x_p durch $(-1)^p x_p$ und y_p durch $(-1)^p y_p$ ersetzt)

$$g(\vartheta) = \frac{1}{n+1} \frac{\sin(n+1)\vartheta}{\sin\vartheta}.$$

51. Die Determinante $D(\alpha)$ von S_α genügt der Funktionalgleichung

$$D(\alpha)\, D(\beta) = D(\alpha+\beta).$$

Außerdem ist $D(\alpha)$ reell, stetig und periodisch (mit der Periode $2n+2$), also $D(\alpha) = 0$ oder 1. Der erste Fall tritt dann und nur ein, wenn das System von linearen Gleichungen

$$\sum_{q=0}^{n} g\left(\frac{\pi}{n+1}(p-q)\right) x_q = 0, \qquad p = 0, 1, \ldots, n$$

Lösungen besitzt, die von $x_q = 0$, $q = 0, 1, \ldots, n$, verschieden sind. Dies ist sicher der Fall, wenn $x_0, x_1, \ldots, x_n$ den folgenden Gleichungen genügen:

$$(*) \qquad \sum_{q=0}^{n} x_q e^{ikq\frac{\pi}{n+1}} = 0, \qquad \sum_{q=0}^{n} x_q e^{-ikq\frac{\pi}{n+1}} = 0,$$

wo k sämtliche Werte durchläuft, für welche der Koeffizient von $\cos k\vartheta$ in $g(\vartheta)$ von 0 verschieden ist. (Für $k = 0$ ist bloß die eine von den beiden Gleichungen zu behalten.) Nach Lösung VI **15** ist k entweder nur gerader oder nur ungerader Werte fähig; die Anzahl jener Koeffizienten ist also $\leqq 1 + \left[\frac{n}{2}\right]$ bzw. $\leqq \left[\frac{n+1}{2}\right]$. Die Anzahl der Gleichungen (*) ist im ersten Falle $\leqq 1 + 2\left[\frac{n}{2}\right] \leqq n+1$, im zweiten Falle $\leqq 2\left[\frac{n+1}{2}\right] \leqq n+1$. Das Gleichheitszeichen in diesen Ungleichungen ist dann und nur dann gültig, wenn

$$g(\vartheta) = \frac{1}{n+1} \frac{\sin(n+1)\vartheta}{\sin\vartheta} \qquad [49]$$

und n gerade bzw. ungerade ist. Abgesehen von diesem Falle ist die

Anzahl der Gleichungen (*) stets kleiner als $n+1$, d. h. kleiner als die der Unbekannten. Es gibt also Lösungen von der besagten Art.

In **49** erhält man den konstanten Wert der Determinante, indem man $\alpha \to 0$ setzt.

52. [*M. Riesz.*] Setzt man

$$g(\vartheta) = \frac{1}{n+1} \frac{\sin(n+1)\vartheta}{\sin\vartheta},$$

so handelt es sich um die Summe

$$\sum_{p=0}^{n} \sum_{k,l=0}^{n} (-1)^{k+l} x_k x_l g\left(\frac{\pi}{n+1}(p-k+\alpha)\right) g\left(\frac{\pi}{n+1}(p-l+\alpha)\right)$$

$$= \sum_{k,l=0}^{n} (-1)^{k+l} x_k x_l \sum_{p=0}^{n} g\left(\frac{\pi}{n+1}(k-\alpha-p)\right) g\left(\frac{\pi}{n+1}(p+\alpha-l)\right)$$

Nach VI **15** ist dies

$$= \sum_{k,l=0}^{n} (-1)^{k+l} x_k x_l g\left(\frac{\pi}{n+1}(k-l)\right),$$

d. h. $\sum_{p=0}^{n} y_p^2$ von α unabhängig. Man setze $\alpha = 0$.

53. [*I. Schur.*] Die zu beweisenden Gleichungen lauten:

$$u_1^2 + u_2^2 + \cdots + u_n^2 + u_n^2 = u_n u_{n+2},$$

$$u_1^2 + u_2^2 + \cdots + u_n^2 = u_n u_{n+1},$$

$$\frac{u_{n-1}}{u_{n+1}} + u_n^2\left(\frac{1}{u_n u_{n+2}} + \frac{1}{u_{n+1} u_{n+3}} + \frac{1}{u_{n+2} u_{n+4}} + \cdots\right) = 1,$$

$$-\frac{1}{u_{n+2}} + u_{n+1}\left(\frac{1}{u_{n+1} u_{n+3}} + \frac{1}{u_{n+2} u_{n+4}} + \frac{1}{u_{n+3} u_{n+5}} + \cdots\right) = 0,$$

$$n = 1, 2, 3, \ldots.$$

Aus der Definition der u_n folgt

$$\sum_{\nu=1}^{n} u_\nu^2 = \sum_{\nu=1}^{n} u_\nu (u_{\nu+1} - u_{\nu-1}) = \sum_{\nu=1}^{n} u_\nu u_{\nu+1} - \sum_{\nu=1}^{n-1} u_\nu u_{\nu+1} = u_n u_{n+1},$$

d. h. die zweite Gleichung. Die erste ergibt sich, indem man in der zweiten $u_{n+1} = u_{n+2} - u_n$ setzt. Man beachte ferner, daß

$$\frac{1}{u_n u_{n+2}} + \frac{1}{u_{n+1} u_{n+3}} + \frac{1}{u_{n+2} u_{n+4}} + \cdots$$

$$= \frac{1}{u_{n+1}}\left(\frac{1}{u_n} - \frac{1}{u_{n+2}}\right) + \frac{1}{u_{n+2}}\left(\frac{1}{u_{n+1}} - \frac{1}{u_{n+3}}\right) + \frac{1}{u_{n+3}}\left(\frac{1}{u_{n+2}} - \frac{1}{u_{n+4}}\right) + \cdots$$

$$= \frac{1}{u_{n+1} u_n} \text{ ist.}$$

54. [*E. C. Titchmarsh*, Lond. M. S. Proc. Serie 2, Bd. 22, Heft 5, III, 1924.] Offenbar ist

$$\sum_{n=-\infty}^{+\infty}\left(\frac{1}{\lambda + n - \alpha} - \frac{1}{\mu + n - \alpha}\right) = 0$$

für $\lambda \lesseqgtr \mu$; $\lambda, \mu = \ldots, -1, 0, 1, \ldots$. Bekanntlich ist

$$\sum_{n=-\infty}^{+\infty}\frac{1}{(m + n - \alpha)^2} = \sum_{n=-\infty}^{+\infty}\frac{1}{(n - \alpha)^2} = \left(\frac{\pi}{\sin \alpha\pi}\right)^2.$$

55. Multiplikationssatz.

56. Addition von Kolonnen.

57. *Leibniz*sche Regel für $(uv)^{(n)}$, Addition von Kolonnen.

58. Man setze in **57**: $\varphi = f_1^{-1}$.

59. Nach Ausführung der Differentiation ist der Zähler eine zweizeilige Determinante, deren Elemente $n-1$-zeilige Minoren von $W(f_1, f_2, \ldots, f_n)$ sind. [*Kowalewski*, S. 80, 109.]

60. Man bestimme die $n - 1$ Funktionen $\varphi_1(x), \varphi_2(x), \ldots, \varphi_{n-1}(x)$ aus den $n - 1$ Gleichungen

$$\begin{aligned}
&\varphi_1 f_1 + \varphi_2 f_2 + \cdots + \varphi_{n-1} f_{n-1} = f_n,\\
&\varphi_1 f_1' + \varphi_2 f_2' + \cdots + \varphi_{n-1} f_{n-1}' = f_n',\\
&\cdots\cdots\cdots\cdots\cdots\cdots\cdots\cdots\cdots\cdots\cdots\\
&\varphi_1 f_1^{(n-2)} + \varphi_2 f_2^{(n-2)} + \cdots + \varphi_{n-1} f_{n-1}^{(n-2)} = f_n^{(n-2)},
\end{aligned}$$

deren Determinante $\neq 0$ ist. Es ist gemäß **59** und Voraussetzung,

$$\frac{d\varphi_{n-1}}{dx} = \frac{d}{dx}\,\frac{W(f_1, \ldots, f_{n-2}, f_n)}{W(f_1, \ldots, f_{n-2}, f_{n-1})} = 0$$

und ähnlich

$$\varphi_1' = \varphi_2' = \cdots \varphi_{n-2}' = 0.$$

61. Man eliminiere $\varphi_n, \varphi_{n-1}, \ldots, \varphi_1, 1$ aus den $n+1$ homogenen Gleichungen

$$\begin{aligned}
&\varphi_n f_1 + \varphi_{n-1} f_1' + \cdots + \varphi_1 f_1^{(n-1)} + 1 \cdot f_1^{(n)} \qquad = 0,\\
&\ldots\ldots\ldots\ldots\ldots\ldots\ldots\ldots\ldots\ldots\ldots\ldots\\
&\varphi_n f_n + \varphi_{n-1} f_n' + \cdots + \varphi_1 f_n^{(n-1)} + 1 \cdot f_n^{(n)} \qquad = 0,\\
&\varphi_n y + \varphi_{n-1} y' + \cdots + \varphi_1 y^{(n-1)} + 1(y^{(n)} - L) = 0,
\end{aligned}$$

und berechne L durch Nullsetzen der Determinante.

62.

$$y = Y_0, \quad W(f_1, y) = Y_1, \quad W(f_1, f_2, y) = Y_2, \quad \ldots, \quad W(f_1, f_2, \ldots, f_n, y) = Y_n$$

gesetzt, findet man gemäß **59**

$$\frac{d}{dx}\frac{Y_0}{W_1} = \frac{W_0 Y_1}{W_1^2}, \quad \frac{d}{dx}\frac{Y_1}{W_2} = \frac{W_1 Y_2}{W_2^2}, \quad \ldots, \quad \frac{d}{dx}\frac{Y_{n-1}}{W_n} = \frac{W_{n-1} Y_n}{W_n^2}.$$

Man soll hieraus $\frac{Y_n}{W_n}$ berechnen [**61**].

63. [*J. P. Gram*, J. für Math. Bd. 94, S. 41—73, 1883.] Die entsprechende quadratische Form lautet:

$$\int_a^b [t_1 f_1(x) + t_2 f_2(x) + \cdots + t_n f_n(x)]^2\, dx.$$

Dieses Integral ist nicht negativ, und zwar dann und nur dann $= 0$, wenn im Intervall $a \leqq x \leqq b$ identisch $t_1 f_1(x) + t_2 f_2(x) + \cdots + t_n f_n(x) = 0$ gilt. Vgl. auch II **68**.

64. [*G. Pólya*, Aufgabe; Arch. d. Math. u. Phys. Serie 3, Bd. 20, S. 271, 1913.] Die entsprechende quadratische Form

$$\int_a^b \{(t_1^2 + t_2^2 + \cdots + t_n^2)\,[(f_1(x))^2 + (f_2(x))^2 + \cdots + (f_n(x))^2]$$
$$- [t_1 f_1(x) + t_2 f_2(x) + \cdots + t_n f_n(x)]^2\}\, dx = \int_a^b \sum_{j>k}^{1,2,\ldots,n} [t_j f_k(x) - t_k f_j(x)]^2\, dx$$

ist positiv. Sie verschwindet dann und nur dann für ein Wertsystem $t_1, t_2, \ldots, t_n$ mit $t_1^2 + t_2^2 + \cdots + t_n^2 > 0$, wenn $f_\nu(x) = t_\nu \varphi(x)$, $\nu = 1, 2, \ldots, n$ ist, wobei $\varphi(x)$ von ν nicht abhängt.

65. [*E. H. Moore*, Aufgabe; Amer. Math. Monthly, Bd. 24, S. 293, 1916. Lösung von *C. F. Gummer*, ebenda, S. 293, 333—334 (die erste Lösung auf S. 293 ist falsch, wie dies auf S. 333 bemerkt wird).] [**36**, **63**.] Wenn z. B. die beiden ersten Zeilen identisch sind, so gilt insbesondere

$$\frac{a_{11} a_{22}}{a_{21} a_{12}} = e^{\int_a^b [f_1(x) - f_2(x)]^2 dx} = 1, \qquad f_1(x) = f_2(x).$$

66. [*G. Pólya*, Aufgabe; Arch. d. Math. u. Phys. Serie 3, Bd. 28, S. 174, 1920.] Wegen II **112**, II **113** ist

$$(a_\lambda + a_\mu + 1)\int_0^\infty x^{a_\lambda+a_\mu} f(x)\,dx = x^{a_\lambda+a_\mu+1} f(x)\Big|_0^\infty - \int_0^\infty x^{a_\lambda+a_\mu+1}\,d f(x),$$
$$= -\int_0^\infty x^{a_\lambda+a_\mu+1}\,d f(x),$$

das letzte Integral im *Stieltjes*schen Sinne genommen; also ist

$$\sum_{\lambda=1}^{n}\sum_{\mu=1}^{n}(a_\lambda + a_\mu + 1)\int_0^\infty x^{a_\lambda+a_\mu} f(x)\,dx\cdot t_\lambda t_\mu$$
$$= -\int_0^\infty (t_1 x^{a_1} + t_2 x^{a_2} + \cdots + t_n x^{a_n})^2\, x\, d f(x) \geqq 0.$$

Falls $f(x)$ streckenweise konstant ist, und mindestens n Punkte mit negativem Sprung existieren, so kann das letzte Integral nur dann verschwinden, wenn $t_1 = t_2 = \cdots = t_n = 0$ ist [V **76**].

67. [Betreffs **67**, **68** vgl. *O. Toeplitz*, Gött. Nachr. 1907, S. 110—115; 1910, S. 489—506.] Für $f(\vartheta) = a_0 + 2(a_1\cos\vartheta + b_1\sin\vartheta)$ erhält man

$$T_n(f) = a_0(|x_0|^2 + |x_1|^2 + \cdots + |x_n|^2)$$
$$+ 2\Re(a_1 + i b_1)(x_0\bar{x}_1 + x_1\bar{x}_2 + \cdots + x_{n-1}\bar{x}_n)\,.$$

Für

$$f(\vartheta) = \frac{1-r^2}{1-2r\cos\vartheta + r^2} = 1 + 2r\cos\vartheta + 2r^2\cos 2\vartheta + \cdots + 2r^n\cos n\vartheta + \cdots$$

erhält man

$$T_n(f) = \sum_{\lambda=0}^{n}\sum_{\mu=0}^{n} r^{|\mu-\lambda|} x_\lambda \bar{x}_\mu\,.$$

68. Es ist

$$c_n = \frac{1}{2\pi}\int_0^{2\pi} f(\vartheta)\, e^{i n\vartheta}\, d\vartheta\,, \qquad n = 0, \pm 1, \pm 2, \pm 3, \ldots;$$

für die *Toeplitz*sche Form $T_n(f)$ gilt also die Darstellung

$$T_n(f) = \frac{1}{2\pi}\int_0^{2\pi} f(\vartheta)\,|x_0 + x_1 e^{-i\vartheta} + x_2 e^{-2i\vartheta} + \cdots + x_n e^{-in\vartheta}|^2\, d\vartheta\,.$$

Hieraus folgt die Behauptung mit Beachtung der Gleichung

$$T_n(1) = \frac{1}{2\pi}\int_0^{2\pi} |x_0 + x_1 e^{-i\vartheta} + x_2 e^{-2i\vartheta} + \cdots + x_n e^{-in\vartheta}|^2\, d\vartheta$$
$$= |x_0|^2 + |x_1|^2 + |x_2|^2 + \cdots + |x_n|^2\,.$$

69. [Betreffs **69**—**71** vgl. *G. Szegö*, Math. Ann. Bd. 76, S. 490—503, 1915; Math. és term. ért. Bd. 35, S. 185—222, 1917; Math. Zeitschr. Bd. 6, S. 167—202, 1920.] Für $f(\vartheta) = a_0 + 2(a_1 \cos\vartheta + b_1 \sin\vartheta)$ ist

$$D_n(f) = \begin{vmatrix} a_0 & a_1 + ib_1 & 0 & \dots & 0 \\ a_1 - ib_1 & a_0 & a_1 + ib_1 & \dots & 0 \\ 0 & a_1 - ib_1 & a_0 & \dots & 0 \\ \dots & \dots & \dots & \dots & \dots \\ 0 & 0 & 0 & \dots & a_0 \end{vmatrix}$$

Durch Entwicklung nach der letzten Zeile folgt hieraus die Rekursion

$$D_n(f) = a_0 D_{n-1}(f) - (a_1^2 + b_1^2) D_{n-2}(f),$$
$$n = 2, 3, 4, \dots; \; D_0(f) = a_0, \; D_1(f) = a_0^2 - (a_1^2 + b_1^2).$$

Es seien α und β die beiden Wurzeln der quadratischen Gleichung:

$$x^2 = a_0 x - (a_1^2 + b_1^2).$$

Vollständige Induktion liefert

$$D_n(f) = \begin{cases} \dfrac{[D_1(f) - D_0(f)\beta]\alpha^n - [D_1(f) - D_0(f)\alpha]\beta^n}{\alpha - \beta}, & \text{wenn } \alpha \neq \beta, \\ (n+2)\alpha^{n+1} = (n+2)\beta^{n+1} = (n+2)\left(\dfrac{a_0}{2}\right)^{n+1}, & \text{wenn } \alpha = \beta. \end{cases}$$

Für $f(\vartheta) = \dfrac{1 - r^2}{1 - 2r\cos\vartheta + r^2}$ ist

$$D_n(f) = \begin{vmatrix} 1 & r & r^2 & \dots & r^n \\ r & 1 & r & \dots & r^{n-1} \\ r^2 & r & 1 & \dots & r^{n-2} \\ \dots & \dots & \dots & \dots & \dots \\ r^n & r^{n-1} & r^{n-2} & \dots & 1 \end{vmatrix}$$

Zieht man das r-fache der zweiten Zeile von der ersten, dann das r-fache der dritten von der zweiten usw. ab, so erhält man $D_n(f) = (1 - r^2)^n$.

Wenn $f(\vartheta) = a_0 + 2(a_1 \cos\vartheta + b_1 \sin\vartheta)$ positiv ist, dann sind α und β positiv, $\alpha \neq \beta$. Es sei $\alpha > \beta > 0$, dann ist $\lim\limits_{n\to\infty} \sqrt[n+1]{D_n(f)} = \alpha$. Im zweiten Falle ist dieser Grenzwert $= 1 - r^2$. Das geometrische Mittel [II **48**] $\mathfrak{G}(f)$ von $a_0 + 2(a_1 \cos\vartheta + b_1 \sin\vartheta)$ im Intervall $0, 2\pi$ ist identisch mit dem von $a_0 - 2\sqrt{a_1^2 + b_1^2}\cos\vartheta = \alpha(1 + \varrho^2 - 2\varrho\cos\vartheta)$, wenn ϱ gemäß $\sqrt{a_1^2 + b_1^2} = \alpha\varrho$ bestimmt wird; $0 \leqq \varrho < 1$, $a_0 = \alpha(1 + \varrho^2)$. Betreffs $\mathfrak{G}(1 + \varrho^2 - 2\varrho\cos\vartheta)$ vgl. II **52**.

70. Weil $D_n(f)$ eine *Hermite*sche Determinante ist, sind alle Nullstellen von $D_n(f-h)$ reell und liegen zwischen dem Minimum und Maximum der Form $T_n(f)$ für $|x_0|^2+|x_1|^2+\cdots+|x_n|^2=1$. [*Kowalewski*, S. 130, 283.] Nach **68** haben sie also die Form

$$h=a_0-2\sqrt{a_1^2+b_1^2}\cos\varphi\,,\qquad 0<\varphi<\pi\,.$$

Es folgt somit, in Lösung **69** überall a_0 durch a_0-h ersetzt,

$$D_n(f-h)=(a_1^2+b_1^2)^{\frac{n+1}{2}}\frac{\sin(n+2)\varphi}{\sin\varphi}\,.$$

Hieraus ergeben sich die Nullstellen von $D_n(f-h)$:

$$h_{\nu n}=a_0-2\sqrt{a_1^2+b_1^2}\cos\frac{\nu+1}{n+2}\pi\,,\qquad \nu=0,1,2,\ldots,n\,.$$

71. Vgl. **70**.

$$\frac{F(h_{0n})+F(h_{1n})+\cdots+F(h_{nn})}{n+1}$$

$$=\frac{1}{n+1}\sum_{\nu=0}^{n}F\left(a_0-2\sqrt{a_1^2+b_1^2}\cos\frac{\nu+1}{n+2}\pi\right)\to\frac{1}{\pi}\int_0^{\pi}F(a_0-2\sqrt{a_1^2+b_1^2}\cos\vartheta)\,d\vartheta$$

$$=\frac{1}{2\pi}\int_0^{2\pi}F[f(\vartheta)]\,d\vartheta\,.$$

Die in der Aufgabe formulierte Eigenschaft der Zahlen $h_{\nu n}$ gilt nicht nur in dem speziellen Falle, wo $f(\vartheta)$ ein trigonometrisches Polynom erster Ordnung ist, sondern allgemein für eine beliebige eigentlich integrable Funktion $f(\vartheta)$. [Vgl. *G. Szegö*, a. a. O. **69**.]

72. Erste Lösung. Wir gebrauchen folgende symbolische Schreibweise [vgl. *M. Riesz*, Ark. för Mat., Astron. och Fys. Bd. 17, Nr. 16, S. 1, 1923]. Es sei

$$f(z)=\sum_{\lambda=0}^{n}\sum_{\mu=0}^{n}a_{\lambda\mu}z^{\lambda}\bar{z}^{\mu}\,,$$

$a_{\lambda\mu}$ beliebige Konstanten. Wir setzen

$$f(c)=\sum_{\lambda=0}^{n}\sum_{\mu=0}^{n}a_{\lambda\mu}c_{\lambda-\mu}\,.$$

Die Voraussetzung der Aufgabe besagt z. B., daß

$$|x_0+x_1c+x_2c^2+\cdots+x_nc^n|^2>0$$

ist, wenn das Polynom $x_0+x_1z+x_2z^2+\cdots+x_nz^n$ nicht identisch verschwindet. Es sei $P(z)$ das fragliche Polynom, z_0 eine Nullstelle von ihm, $P(z) = (z - z_0)\,Q(z)$. Unter $\overline{Q}(z)$ das Polynom mit den konjugiert komplexen Koeffizienten verstanden, setzen wir

$$Q(c)\,\overline{Q}(\bar{c}) = C_0, \quad Q(c)\,\overline{Q}(\bar{c})\,c = C_1, \quad Q(c)\,\overline{Q}(\bar{c})\,\bar{c} = C_{-1}.$$

Dann ist, x_0, x_1 beliebig,

$$\begin{aligned} &C_0(|x_0|^2 + |x_1|^2) + C_{-1}x_0\bar{x}_1 + C_1\bar{x}_0x_1 \\ &= Q(c)\,\overline{Q}(\bar{c})\,(|x_0|^2 + |x_1|^2 + \bar{c}\,x_0\bar{x}_1 + c\,\bar{x}_0x_1) \\ &= Q(c)\,(x_0 + x_1c)\,\overline{Q}(\bar{c})\,(\bar{x}_0 + \bar{x}_1\bar{c}) > 0, \end{aligned}$$

wenn $|x_0|^2 + |x_1|^2 > 0$. Es ist somit $|C_1| < C_0$.

Nun ist

$$P(c)\,\bar{c}^\nu = 0, \qquad \nu = 0, 1, \ldots, n-1,$$

also

$$(c - z_0)\,Q(c)\,\overline{Q}(\bar{c}) = 0, \qquad z_0 = \frac{Q(c)\,\overline{Q}(\bar{c})\,c}{Q(c)\,\overline{Q}(\bar{c})} = \frac{C_1}{C_0}.$$

Zweite Lösung. Nach einem Satz von *C. Carathéodory* [Palermo Rend. Bd. 32, S. 205, 1911] gibt es $2n$ Zahlen

$$\begin{array}{llll} \varrho_1, & \varrho_2, & \ldots, & \varrho_n, \\ \varepsilon_1, & \varepsilon_2, & \ldots, & \varepsilon_n, \end{array}$$

so beschaffen, daß $\varrho_\nu \geqq 0$, $|\varepsilon_\nu| = 1$, $\nu = 1, 2, \ldots, n$, daß ferner

$$c_k = \varrho_1\varepsilon_1^k + \varrho_2\varepsilon_2^k + \cdots + \varrho_n\varepsilon_n^k, \qquad k = 1, 2, \ldots, n$$

gilt. Es ist

$$c_0 - h = \varrho_1 + \varrho_2 + \cdots + \varrho_n,$$

wobei h das Minimum der in der Aufgabe genannten Form unter der Nebenbedingung $|x_0|^2 + |x_1|^2 + \cdots + |x_n|^2 = 1$ bezeichnet. In unserem Falle ist $h > 0$. Hieraus folgt

$$\begin{aligned} \sum_{\lambda=0}^{n-1}\sum_{\mu=0}^{n-1} c_{\lambda-\mu}x_\lambda\bar{x}_\mu &= h(|x_0|^2 + |x_1|^2 + \cdots + |x_{n-1}|^2) \\ &\quad + \sum_{\nu=1}^{n}\varrho_\nu\,|x_0 + x_1\varepsilon_\nu + \cdots + x_{n-1}\varepsilon_\nu^{n-1}|^2, \\ \sum_{\lambda=0}^{n-1}\sum_{\mu=0}^{n-1} c_{\lambda-\mu+1}x_\lambda\bar{x}_\mu &= h(x_0\bar{x}_1 + x_1\bar{x}_2 + \cdots + x_{n-2}\bar{x}_{n-1}) \\ &\quad + \sum_{\nu=1}^{n}\varrho_\nu\varepsilon_\nu\,|x_0 + x_1\varepsilon_\nu + \cdots + x_{n-1}\varepsilon_\nu^{n-1}|^2, \end{aligned}$$

also

$$\left|\sum_{\lambda=0}^{n-1}\sum_{\mu=0}^{n-1} c_{\lambda-\mu+1}x_\lambda\bar{x}_\mu\right| < \sum_{\lambda=0}^{n-1}\sum_{\mu=0}^{n-1} c_{\lambda-\mu}x_\lambda\bar{x}_\mu,$$

vorausgesetzt, daß die Zahlen $x_0, x_1, \ldots, x_{n-1}$ nicht alle gleich Null sind.

Nun läßt sich unsere Gleichung so schreiben:

$$|c_{\lambda-\mu+1} - z\,c_{\lambda-\mu}|_{\lambda,\mu=0,1,\ldots,n-1} = 0\,.$$

Wenn also z_0 eine Wurzel bezeichnet, so gibt es Zahlen $x_0, x_1, \ldots, x_{n-1}$, die nicht sämtlich verschwinden und das Gleichungssystem

$$\sum_{\mu=0}^{n-1}(c_{\lambda-\mu+1} - z_0\,c_{\lambda-\mu})\,\bar{x}_\mu = 0\,, \qquad \lambda = 0, 1, \ldots, n-1$$

erfüllen. Man erhält

$$z_0 = \frac{\sum\limits_{\lambda=0}^{n-1}\sum\limits_{\mu=0}^{n-1} c_{\lambda-\mu+1}\,x_\lambda\,\bar{x}_\mu}{\sum\limits_{\lambda=0}^{n-1}\sum\limits_{\mu=0}^{n-1} c_{\lambda-\mu}\,x_\lambda\,\bar{x}_\mu}\,, \qquad |z_0| < 1\,.$$

Achter Abschnitt.

Zahlentheorie.

1.

$$x+n-1<[x+n]\leqq x+n, \quad x-1<[x+n]-n\leqq x;$$

folglich, weil $[x+n]-n$ ganz ist,

$$[x+n]-n=[x].$$

2. Es ist $(n-1)+(n-2)+\cdots+1=\frac{n(n-1)}{2}\equiv\left[\frac{n}{2}\right] \pmod{2}$ zu zeigen. Man zeigt dies für $n=0, 1, 2, 3$ durch Ausrechnung. Beide Seiten vermehren sich beim Übergang von n zu $n+4$ um eine gerade Zahl.

3. Wenn $x-[x]<\frac{1}{2}$ ist, so ist $0\leqq 2x-2[x]<1$. Ist $x-[x]\geqq\frac{1}{2}$, so ist $1\leqq 2x-2[x]<2$. Nach **1** ist

$$[2x-2[x]]=[2x]-2[x].$$

4. Auf Grund von **1**, ähnlich wie **3**.

5. Auf Grund von **3**,

$$[2x]-2[x]+[x]=[2x]-[x].$$

6. Für die gesuchte ganze Zahl n gilt:

$$n-1<x\leqq n, \quad \text{also} \quad -n\leqq -x<-n+1,$$

folglich $n=-[-x]$.

7.

$$0\leqq\alpha+\beta-[\alpha]-[\beta]=\alpha-[\alpha]+\beta-[\beta]<2,$$
$$-1<\alpha-\beta-[\alpha]+[\beta]=\alpha-[\alpha]-(\beta-[\beta])<1.$$

8. Auf Grund von **1** ändern sich die beiden Seiten um gleichviel, wenn α oder β sich um eine ganze Zahl ändert. Es genügt also, den Satz allein für den Fall $0\leqq\alpha<1$, $0\leqq\beta<1$ zu beweisen. Dann lautet er so:

$$[2\alpha]+[2\beta]\geqq[\alpha+\beta].$$

Ist $[\alpha+\beta]=0$, so ist nichts zu beweisen; ist $[\alpha+\beta]=1$, so ist $\alpha+\beta\geqq 1$, also mindestens eine der beiden Zahlen, etwa $\alpha\geqq\frac{1}{2}$, also $[2\alpha]+[2\beta]\geqq[2\alpha]\geqq 1$.

9. [*Ch. Hermite*, Acta Math. Bd. 5, S. 315, 1884.] Es genügt, den Fall $0\leqq x<1$ zu betrachten [Lösung **8**]. Es sei k so bestimmt, daß

$$x+\frac{k-1}{n}<1\leqq x+\frac{k}{n}, \quad \text{d. h.} \quad -k=[nx-n]=[nx]-n$$

ist. Beide Seiten sind $=n-k$.

10. Man kann $0\leqq x<1$ annehmen [Lösung **8**, Lösung **9**]. Für $0\leqq x<1$ steht rechterhand 0, ferner ist

$$[nx]\leqq nx, \quad \frac{[nx]}{n}\leqq x<1, \quad \left[\frac{[nx]}{n}\right]=0.$$

11. [*J. J. Sylvester*, Aufgabe; Nouv. Ann. Serie 1, Bd. 16, S. 125, 1857. Lösungen von *E. Prouhet*, *Lebesgue*, ebenda, Serie 1, Bd. 16, S. 184, S. 262, 1857.]

$$\left[(1+\sqrt{3})^{2m+1}\right]=(1+\sqrt{3})^{2m+1}+(1-\sqrt{3})^{2m+1},$$

weil $-1<(1-\sqrt{3})^{2m+1}<0$ und die rechte Seite ganz. Man erhält weiter

$$(1+\sqrt{3})(4+2\sqrt{3})^m+(1-\sqrt{3})(4-2\sqrt{3})^m$$
$$=2^m\left\{(1+\sqrt{3})(2+\sqrt{3})^m+(1-\sqrt{3})(2-\sqrt{3})^m\right\}.$$

Der Ausdruck in geschweiften Klammern hat die Form

$$2(a+b\sqrt{3})+(1+\sqrt{3})(\sqrt{3})^m+2(a-b\sqrt{3})+(1-\sqrt{3})(-\sqrt{3})^m,$$

a, b ganz rational, enthält also nur die erste Potenz von 2.

12. Die fraglichen Zahlen sind $a, 2a, 3a, \ldots, ka$, wo $ka\leqq n<(k+1)a$, also $k=\left[\frac{n}{a}\right]$. Man kann die Frage auch so stellen: Wieviele von den Brüchen $\frac{1}{a}, \frac{2}{a}, \ldots, \frac{n}{a}$ sind ganz, d. h. wieviel ganze Zahlen enthält das Intervall $0<x\leqq\frac{n}{a}$?

13. Die Anzahl der ganzen Zahlen im Intervall $\frac{a}{\pi}<x\leqq\frac{b}{\pi}$ ist [Lösung **12**]

$$\left[\frac{b}{\pi}\right]-\left[\frac{a}{\pi}\right];$$

die Anzahl der ganzen Zahlen im Intervall $-\frac{b}{\pi} < x \leqq -\frac{a}{\pi}$ ist

$$\left[-\frac{a}{\pi}\right] - \left[-\frac{b}{\pi}\right].$$

14. [*J. König*, Math. Ann. Bd. 9, S. 530, 1876. Aufgabe; Nouv. Corresp. Math. Bd. 5, S. 222, 1879. Lösung von *Radicke*, ebenda, Bd. 6, S. 82, 1880.] Für $\alpha = 0$ und $\alpha = \pi$ ist die Behauptung klar, es sei also $0 < \alpha < \pi$; dann können in der Folge niemals zwei aufeinanderfolgende Glieder gleichzeitig verschwinden. Bilden zwei *benachbarte* Glieder $\cos \nu\alpha$, $\cos(\nu+1)\alpha$ einen Zeichenwechsel, so liegt zwischen $\nu\alpha$ und $(\nu+1)\alpha$ eine und nur eine Nullstelle von $\cos x$. Auch zwei *nicht benachbarte* Glieder $\cos(\nu-1)\alpha$ und $\cos(\nu+1)\alpha$ können einen Zeichenwechsel bilden, nämlich wenn $\cos \nu\alpha = 0$ ist. Es ist also $V_n(\alpha)$ gleich der Anzahl der Nullstellen von $\cos x$ im Intervall $0 \leqq x < n\alpha$, d. h. der Anzahl der Nullstellen von $\sin x$ im Intervall $\frac{\pi}{2} - n\alpha < x \leqq \frac{\pi}{2}$. Diese Anzahl ist gleich $-\left[\frac{1}{2} - n\frac{\alpha}{\pi}\right]$ [**13**].

15. $g_n = [n\theta] - [(n-1)\theta]$.

16. $N(r, a, \alpha) = 0$ für $r < |\log a|$; $N(r, a, \alpha) = l - k$ für $r \geqq |\log a|$, wo

$$\alpha + 2l\pi \leqq \sqrt{r^2 - (\log a)^2} < \alpha + 2(l+1)\pi,$$
$$\alpha + 2k\pi < -\sqrt{r^2 - (\log a)^2} \leqq \alpha + 2(k+1)\pi,$$

d. h. in diesem Falle

$$N(r, a, \alpha) = 1 + \left[\frac{\sqrt{r^2 - (\log a)^2} - \alpha}{2\pi}\right] + \left[\frac{\sqrt{r^2 - (\log a)^2} + \alpha}{2\pi}\right].$$

Vgl. III **73**.

17. $[f(a)] + [f(a+1)] + [f(a+2)] + \cdots + [f(b-1)] + [f(b)]$.

18. Die linke Seite bedeutet [**17**] die Anzahl der Gitterpunkte im Gebiet $1 \leqq x \leqq p-1$, $0 < y \leqq \frac{q}{p}x$. Im Rechteck

$$1 \leqq x \leqq p-1, \quad 1 \leqq y \leqq q-1$$

liegen insgesamt $(p-1)(q-1)$ Gitterpunkte. Sie sind symmetrisch in bezug auf den Punkt $x = \frac{p}{2}$, $y = \frac{q}{2}$ verteilt, und es befinden sich ebensoviele oberhalb wie unterhalb der Geraden $y = \frac{q}{p}x$, auf der Geraden selbst aber keine, denn auf dieser liegt nur dann ein Gitterpunkt, wenn x ein ganzzahliges Vielfaches von p ist.

19. [*Gauß*, Theorematis arithmetici demonstratio nova, 1808, Werke, Bd. 2, S. 1—8. Göttingen: Königl. Ges. der Wiss. 1863. *G. Eisenstein*, Aufgabe; J. für Math. Bd. 27, S. 281, 1844.] Es handelt sich um die Gitterpunkte im Rechteck

$$1 \leqq x \leqq p', \qquad 1 \leqq y \leqq q'.$$

Ihre Gesamtanzahl ist $p'q'$. Die ersten p' Glieder links ergeben die Anzahl der Gitterpunkte unterhalb, die letzten q' Glieder die der Gitterpunkte oberhalb der Geraden $y = \frac{q}{p} x$ [**17**].

20. [*V. Bouniakowski*, C. R. Bd. 94, S. 1459—1461, 1882.] Die Variable x soll die Zahlen $1, 2, \ldots, n$, die Variable y bei gegebenem x die Zahlen $[\sqrt{(x-1)p}] + 1$, $[\sqrt{(x-1)p}] + 2$, $\ldots$, $[\sqrt{xp}]$ durchlaufen. Setzt man $r = r(x, y) = xp - y^2$, so ist $0 < r < p$ und $-r$ ist ein quadratischer Rest mod. p. Da -1 quadratischer Rest ist, so gilt dasselbe für r. Die Anzahl aller r ist, weil $4n = p - 1$,

$$= \sum_{x=1}^{n} \left([\sqrt{xp}] - [\sqrt{(x-1)p}]\right) = [\sqrt{np}] = \frac{p-1}{2},$$

also so viel, als quadratische Reste mod. p existieren. Sie sind ferner alle verschieden: aus $x_1 p - y_1^2 = x_2 p - y_2^2$ folgt, daß p in $y_1^2 - y_2^2 = (y_1 + y_2)(y_1 - y_2)$ aufgeht, d. h. $y_1 = y_2$, also auch $x_1 = x_2$. Die Summe aller r

$$\sum_{x=1}^{n} \sum_{y=[\sqrt{(x-1)p}]+1}^{[\sqrt{xp}]} r(x, y) = p \sum_{x=1}^{n} x \left([\sqrt{xp}] - [\sqrt{(x-1)p}]\right) - \sum_{y=1}^{2n} y^2$$

$$= -p \sum_{x=1}^{n} [\sqrt{xp}] + (n+1) p [\sqrt{np}] - \frac{n}{3}(2n+1)(4n+1)$$

ist also gleich der Summe aller kleinsten positiven quadratischen Reste mod. p, d. h. $= \frac{p-1}{4} p$.

21. [*J. J. Sylvester*, C. R. Bd. 96, S. 463, 1883.] Es sei n die Anzahl der Eigenschaften $\alpha, \beta, \gamma, \ldots, \varkappa, \lambda$. Besitzt ein Objekt im ganzen k dieser Eigenschaften $(1 \leqq k \leqq n)$, so trägt es zu der in der Aufgabe angeschriebenen Summe genau

$$1 - \binom{k}{1} + \binom{k}{2} - \binom{k}{3} + \cdots + (-1)^k \binom{k}{k} = 0$$

Einheiten bei. Kommt hingegen einem Objekt überhaupt keine Eigenschaft $\alpha, \beta, \gamma, \ldots, \varkappa, \lambda$ zu, so liefert es genau eine Einheit, nämlich für den ersten Summanden N. — Für einen auf vollständiger Induktion beruhenden Beweis dieses Satzes, der eigentlich in die formale Logik gehört, vgl. etwa *U. Yule*, An introduction to the theory of statistics, Kap. 2. London: Griffin 1916.

22. $N = n$, $N_\alpha = N_\beta = \cdots = n - 1$, $N_{\alpha\beta} = N_{\alpha\gamma} = \cdots = n - 2, \ldots$; es ist

$$n - \binom{n}{1}(n-1) + \binom{n}{2}(n-2) - \cdots + (-1)^n \binom{n}{n}(n-n) = 0,$$

da es Objekte, denen keine der Eigenschaften $\alpha, \beta, \gamma, \ldots, \varkappa, \lambda$ zukommen würde, nicht gibt [I **37**.]

23. [In anderer Einkleidung als „jeu de rencontre" bei *Montmort, A. de Moivre*. Vgl. *Euler*, Opera Omnia, Serie 1, Bd. 7, S. 11. Leipzig und Berlin: B. G. Teubner 1923.] Die Anzahl der Entwicklungsglieder ist im ganzen $n!$. Die Anzahl derjenigen Glieder, die $a_{\nu\nu}$ enthalten, ist $(n-1)!$, die $a_{\mu\mu} a_{\nu\nu}$ enthalten, ist $(n-2)!$ usw. Nach **21** ist also die gesuchte Anzahl gleich

$$n! - \binom{n}{1}(n-1)! + \binom{n}{2}(n-2)! - \binom{n}{3}(n-3)! + \cdots + (-1)^n \binom{n}{n}$$
$$= n!\left(1 - \frac{1}{1!} + \frac{1}{2!} - \frac{1}{3!} + \cdots + \frac{(-1)^n}{n!}\right).$$

(Vgl. auch Lösung VII **46**.)

24. Die Anzahl der Zahlen unter n, die durch a teilbar sind (Eigenschaft α), ist [**12**] gleich $\left[\frac{n}{a}\right]$. Die Anzahl derjenigen, die durch a und b gleichzeitig teilbar sind (Eigenschaften α und β), ist gleich der Anzahl derer, die durch ab teilbar sind, d. h. $\left[\frac{n}{ab}\right]$, usw. Die gesuchte Anzahl ist somit [**21**] gleich

$$\begin{aligned} n &- \left[\frac{n}{a}\right] - \left[\frac{n}{b}\right] - \left[\frac{n}{c}\right] - \cdots - \left[\frac{n}{k}\right] - \left[\frac{n}{l}\right] \\ &+ \left[\frac{n}{ab}\right] + \left[\frac{n}{ac}\right] + \cdots + \left[\frac{n}{kl}\right] \\ &- \left[\frac{n}{abc}\right] - \cdots \\ &\cdots\cdots\cdots\cdots\cdots\cdots \\ &\pm \left[\frac{n}{abc\ldots kl}\right]. \end{aligned}$$

25. [*Euler.*] Man setze in **24**: $a = p$, $b = q$, $c = r$, ... Die gesuchte Anzahl ist gleich

$$n - \frac{n}{p} - \frac{n}{q} - \frac{n}{r} - \cdots$$
$$+ \frac{n}{pq} + \frac{n}{pr} + \cdots$$
$$- \frac{n}{pqr} - \cdots$$
$$\cdots\cdots\cdots\cdots\cdots\cdots$$
$$\pm \frac{n}{pqr\cdots} = n\left(1 - \frac{1}{p}\right)\left(1 - \frac{1}{q}\right)\left(1 - \frac{1}{r}\right)\cdots.$$

26. Durch analoge Überlegung wie im Spezialfalle **21**, wo allen Objekten der gleiche Wert 1 zugeordnet ist.

27. Man wende **26** an. Die Objekte seien die Zahlen $1, 2, 3, \ldots, n$, die Eigenschaft α sei Teilbarkeit durch p, die Eigenschaft β sei Teilbarkeit durch q usw. Unter dem *Wert* eines Objektes verstehe man das Quadrat der betreffenden Zahl. Es ist

$$W = 1^2 + 2^2 + 3^2 + \cdots + n^2 = \frac{n(n+1)(2n+1)}{6}$$
$$= An^3 + Bn^2 + Cn + D, \quad A = \frac{1}{3}, \quad B = \frac{1}{2}, \quad C = \frac{1}{6}, \quad D = 0,$$
$$W_\alpha = p^2 + (2p)^2 + (3p)^2 + \cdots + \left(\frac{n}{p}p\right)^2 = p^2\left[A\left(\frac{n}{p}\right)^3 + B\left(\frac{n}{p}\right)^2 + C\frac{n}{p} + D\right], \ldots,$$
$$W_{\alpha\beta} = p^2 q^2\left[A\left(\frac{n}{pq}\right)^3 + B\left(\frac{n}{pq}\right)^2 + C\frac{n}{pq} + D\right], \ldots.$$

Die fragliche Summe ist also

$$= An^3 + Bn^2 + Cn + D$$
$$- \sum p^2\left[A\left(\frac{n}{p}\right)^3 + B\left(\frac{n}{p}\right)^2 + C\frac{n}{p} + D\right]$$
$$+ \sum p^2 q^2\left[A\left(\frac{n}{pq}\right)^3 + B\left(\frac{n}{pq}\right)^2 + C\frac{n}{pq} + D\right]$$
$$\cdots\cdots\cdots\cdots\cdots\cdots$$
$$\pm p^2 q^2 r^2 \cdots\left[A\left(\frac{n}{pqr\ldots}\right)^3 + B\left(\frac{n}{pqr\cdots}\right)^2 + C\frac{n}{pqr\cdots} + D\right]$$
$$= an^3 + bn^2 + cn + d,$$

wo $a = A\left(1 - \sum \frac{1}{p} + \sum \frac{1}{pq} - \cdots \pm \frac{1}{pqr\cdots}\right)$

$$= \frac{1}{3}\left(1-\frac{1}{p}\right)\left(1-\frac{1}{q}\right)\left(1-\frac{1}{r}\right)\cdots = \frac{\varphi(n)}{3n},$$

$$b = B(1 - \sum 1 + \sum 1 - \cdots \pm 1) = \frac{1}{2}(1-1)(1-1)(1-1)\cdots = 0,$$

$$c = C(1 - \sum p + \sum pq - \cdots \pm pqr\cdots)$$

$$= \frac{1}{6}(1-p)(1-q)(1-r)\cdots = \frac{(-1)^\nu \varphi(n)}{6}\frac{}{n}pqr\cdots,$$

$$d = 0.$$

28. Es sei $N = \text{Max}(a, b, c, \ldots, k, l)$. Für $N = 0$ ist nichts zu beweisen; für $N > 0$ wende man **21** auf die Zahlen $1, 2, \ldots, N$ als Objekte an. Die Eigenschaft α komme einer Zahl zu, wenn sie Teil von $a (\leqq a)$ ist, β, wenn sie Teil von b ist, usw. Die Anzahl derjenigen Objekte, denen weder α, noch β, ... zukommt, ist offenbar $= 0$. Man trenne N ab.

29. Es sei p irgend eine Primzahl und $a = p^\alpha a'$, $b = p^\beta b'$, $c = p^\gamma c'$, ..., $k = p^\varkappa k'$, $l = p^\lambda l'$, wo $a', b', c', \ldots, k', l'$ durch p nicht teilbar sind. Der Exponent von p ist linker Hand $\text{Max}(\alpha, \beta, \gamma, \ldots, \varkappa, \lambda)$, rechter Hand

$$\alpha + \beta + \gamma + \cdots + \varkappa + \lambda - \text{Min}(\alpha, \beta) - \text{Min}(\alpha, \gamma) - \cdots - \text{Min}(\varkappa, \lambda)$$
$$+ \text{Min}(\alpha, \beta, \gamma) + \cdots$$
$$\cdots\cdots\cdots\cdots\cdots\cdots$$
$$\pm \text{Min}(\alpha, \beta, \gamma, \ldots, \varkappa, \lambda).$$

Nach **28** sind diese beiden Ausdrücke einander gleich. Da dies für jede Primzahl p gilt, folgt die Behauptung. Vgl. **46**.

30. Durch Multiplikation nach Zeilen.

31. Die fragliche Determinante ist gleich dem Quadrat derjenigen Determinante $|\eta_{\lambda\mu}|_{\lambda, \mu = 1, 2, \ldots, n}$, worin $\eta_{\lambda\mu} = 1$, wenn μ ein Teiler von λ, sonst $\eta_{\lambda\mu} = 0$ ist. Die Bildung des Quadrates geschieht durch Multiplikation nach Zeilen.

32. Man multipliziere nach Zeilen die beiden Determinanten

$$\begin{vmatrix} 1 & 0 & 0 & 0 & \cdots & 0 \\ 1 & 1 & 0 & 0 & \cdots & 0 \\ 1 & 1 & 1 & 0 & \cdots & 0 \\ 1 & 1 & 1 & 1 & \cdots & 0 \\ \multicolumn{6}{c}{\cdots\cdots\cdots\cdots} \\ 1 & 1 & 1 & 1 & \cdots & 1 \end{vmatrix} \qquad \begin{vmatrix} a_0 & 0 & 0 & 0 & \cdots & 0 \\ a_0 & a_1 & 0 & 0 & \cdots & 0 \\ a_0 & a_1 & a_2 & 0 & \cdots & 0 \\ a_0 & a_1 & a_2 & a_3 & \cdots & 0 \\ \multicolumn{6}{c}{\cdots\cdots\cdots\cdots} \\ a_0 & a_1 & a_2 & a_3 & \cdots & a_n \end{vmatrix}$$

33. Man multipliziere nach Zeilen die beiden Determinanten

$$\begin{vmatrix} 1 & 0 & 0 & 0 & \cdots & 0 \\ 1 & 1 & 0 & 0 & \cdots & 0 \\ 1 & 0 & 1 & 0 & \cdots & 0 \\ 1 & 1 & 0 & 1 & \cdots & 0 \\ \cdots & \cdots & \cdots & \cdots & \cdots & \cdots \\ 1 & \eta_{n2} & \eta_{n3} & \eta_{n4} & \cdots & 1 \end{vmatrix} \cdot \begin{vmatrix} a_1 & 0 & 0 & 0 & \cdots & 0 \\ a_1 & a_2 & 0 & 0 & \cdots & 0 \\ a_1 & 0 & a_3 & 0 & \cdots & 0 \\ a_1 & a_2 & 0 & a_4 & \cdots & 0 \\ \cdots & \cdots & \cdots & \cdots & \cdots & \cdots \\ a_1 & \cdot & \cdot & \cdot & \cdots & a_n \end{vmatrix};$$

die $\eta_{\lambda\mu}$ haben dieselbe Bedeutung wie in **31**; die zweite Determinante entsteht aus der ersten dadurch, daß $\eta_{\lambda\mu}$ durch $a_\mu \eta_{\lambda\mu}$ ersetzt wird.

34. Der erste Teil ist klar. — Es seien $p, q, r, \ldots$ die Primfaktoren von n. Man wende **26** auf die Teiler t von n an. Der Wert von t möge a_t sein. Einem Teiler soll die Eigenschaft α zukommen, wenn er nicht nur in n, sondern auch in $\frac{n}{p}$ aufgeht, die Eigenschaft β, wenn er nicht nur in n, sondern auch in $\frac{n}{q}$ aufgeht, usw. Der Gesamtwert derjenigen Teiler t, die weder in $\frac{n}{p}$, noch in $\frac{n}{q}$, noch in $\frac{n}{r}, \ldots$ aufgehen, ist dann gleich

$$\begin{aligned} &\sum_{t/n} a_t - \sum_{t/\frac{n}{p}} a_t - \sum_{t/\frac{n}{q}} a_t - \sum_{t/\frac{n}{r}} a_t - \cdots \\ &\qquad + \sum_{t/\frac{n}{pq}} a_t + \sum_{t/\frac{n}{pr}} a_t + \cdots \\ &\qquad - \sum_{t/\frac{n}{pqr}} a_t - \cdots \\ &\qquad \cdots\cdots\cdots\cdots\cdots \\ &\qquad \pm \sum_{t/\frac{n}{pqr\ldots}} a_t = \sum_{t/n} \mu(t) A_{\frac{n}{t}} \end{aligned}$$

nach Definition von $\mu(n)$. Der einzige Teiler aber, dem weder die Eigenschaft α, noch β, noch $\gamma, \ldots$ zukommt, ist n und sein Wert ist a_n.

35. [*A. Hurwitz.*] Nach **34** genügt es,

$$g(n) = \sum_{t/n} f(t)$$

zu zeigen. Dies ist aber evident: bringt man die Brüche $\frac{1}{n}, \frac{2}{n}, \frac{3}{n}, \ldots, \frac{n}{n}$ auf kleinsten Nenner, so erhält man die Brüche von der Form $\frac{r}{t}$, wobei $r \leqq t$, $(r, t) = 1$, t Teiler von n ist, und zwar jeden einmal.

36. Man setze in **35**

$$\psi(y) = \log(x - e^{2\pi i y}),$$

dann ist $g(n) = \log(x^n - 1)$, $f(n) = \log K_n(x)$, also

$$\log K_n(x) = \sum_{t/n} \mu(t) \log\left(x^{\frac{n}{t}} - 1\right).$$

37. Man setze in **35**: $\psi(y) = e^{2\pi i y}$, dann ist

$$g(1) = 1, \quad g(n) = 0 \quad \text{für} \quad n > 1, \quad \text{also} \quad f(n) = \sum_{(r,n)=1} e^{\frac{2\pi i r}{n}} = \mu(n).$$

38.

n	$\varphi(n)$	$\tau(n)$	$\sigma(n)$	$\sigma_2(n)$	$\nu(n)$	$\mu(n)$	$\lambda(n)$	$e^{\Lambda(n)}$
1	1	1	1	1	0	1	1	1
2	1	2	3	5	1	−1	−1	2
3	2	2	4	10	1	−1	−1	3
4	2	3	7	21	1	0	1	2
5	4	2	6	26	1	−1	−1	5
6	2	4	12	50	2	1	1	1
7	6	2	8	50	1	−1	−1	7
8	4	4	15	85	1	0	−1	2
9	6	3	13	91	1	0	1	3
10	4	4	18	130	2	1	1	1

39. Nach der *Cauchy*schen bzw. *Dirichlet*schen Multiplikationsregel, vgl. S. 124—125, $a_n = b_n = 1$.

40. Nach der *Cauchy*schen bzw. *Dirichlet*schen Multiplikationsregel, vgl. S. 124—125, $b_n = 1$.

41. Spezialfall von **42**: $A_0 = A_1 = A_2 = A_3 = \cdots = 1$.

42. Durch *Cauchy*sche bzw. *Dirichlet*sche Multiplikation mit Rücksicht auf **34**.

43. Sind m und n teilerfremd, so entsteht jeder Teiler von mn durch Multiplikation von je einem Teiler von m mit je einem Teiler von n. Daher ist

$$\sum_{t_1/m} t_1^\alpha \cdot \sum_{t_2/n} t_2^\alpha = \sum_{t/mn} t^\alpha, \quad \text{d. h.} \quad \sigma_\alpha(m)\,\sigma_\alpha(n) = \sigma_\alpha(mn).$$

Für $\varphi(n)$ folgt die Behauptung aus **25**. Für die anderen Funktionen ist die Behauptung klar. — Für $f(n) = n^\alpha$, $\lambda(n)$ gilt $f(mn) = f(m)\,f(n)$ nicht nur für teilerfremde, sondern sogar für beliebige m und n.

44. Nach **43** genügt es den Fall $n = p^k$, p Primzahl, zu betrachten. Die Teiler sind dann $1, p, p^2, \ldots, p^k$, also

$$\sigma_\alpha(n) = 1 + p^\alpha + p^{2\alpha} + \cdots + p^{k\alpha} = \frac{1 - p^{\alpha(k+1)}}{1 - p^\alpha}.$$

45. Die Werte des Quotienten

$$\frac{\tau(p^k)}{\varphi(p^k)} = \frac{k+1}{p^{k-1}(p-1)}$$

sind in eine Tafel mit zwei Eingängen anzuordnen. In der beiliegenden Tafel sind die Werte $\geqq 1$ fett gedruckt. Die Werte nehmen sowohl mit

$p \backslash k$	1	2	3	4
2	$\frac{2}{1}$	$\frac{3}{2}$	$\frac{4}{4}$	$\frac{5}{8}$
3	$\frac{2}{2}$	$\frac{3}{6}$	$\frac{4}{18}$	$\frac{5}{54}$
5	$\frac{2}{4}$	$\frac{3}{20}$	$\frac{4}{100}$	$\frac{5}{500}$

wachsendem p als auch mit wachsendem k ab (differentiieren!) und streben gegen 0. Da $\frac{\tau(n)}{\varphi(n)}$ eine multiplikative Funktion von n ist, handelt es sich darum, sämtliche Produkte vom Wert $\geqq 1$ zu bilden, deren Faktoren (in der Anzahl $\geqq 1$) *verschiedenen* Zeilen der Tafel entnommen sind. Solche Produkte gibt es nur zehn, entsprechend den Zahlen $n = 2, 3, 4, 6, 8, 10, 12, 18, 24, 30$, die, zusammen mit $n = 1$, sämtliche Lösungen der Ungleichung $\tau(n) \geqq \varphi(n)$ bilden.

46. Es genügt, eine einzelne feste Primzahl p und eine spezielle multiplikative Funktion zu betrachten, die zu p folgendermaßen zugeordnet ist: $f(n) = g(k)$, wenn p^k die höchste Potenz von p ist, die in n aufgeht, $g(0) = 1$, sonst $g(k)$ eine beliebige Funktion des Exponenten k. Sämtliche multiplikative Funktionen lassen sich aus derartigen durch Multiplikation zusammensetzen. Für eine solche Funktion lautet aber der Satz:

$$g(\mathrm{Max}(\alpha, \beta, \gamma, \delta, \ldots, \varkappa, \lambda))\, g(\mathrm{Min}(\alpha, \beta))\, g(\mathrm{Min}(\alpha, \gamma)) \cdots$$
$$g(\mathrm{Min}(\alpha, \lambda))\, g(\mathrm{Min}(\alpha, \beta, \gamma, \delta)) \cdots = g(\alpha)\, g(\beta) \cdots g(\lambda)\, g(\mathrm{Min}(\alpha, \beta, \gamma)) \cdots,$$

wenn $\alpha, \beta, \gamma, \delta, \ldots, \varkappa, \lambda$ die nichtnegativen Exponenten von p in $a, b, c, d, \ldots, k, l$ sind. Dies ist nun eine Verallgemeinerung von **28**, die sich analog wie jenes beweisen läßt, mit dem einzigen Unterschied, daß dabei nicht **21**, sondern **26** benutzt werden muß, und zwar so, daß der Wert einer Zahl m gleich $\log g(m) - \log g(m-1)$, $\log g(-1) = 0$ gesetzt wird.

47. Jede positive ganze Zahl läßt sich auf eine und nur eine Art als Produkt von Primzahlpotenzen schreiben. Nach dem Bildungsgesetz des fraglichen unendlichen Produktes erhält man also jedes

Glied $f(n)n^{-s}$, wo $n = p_1^{k_1} p_2^{k_2} \cdots p_\nu^{k_\nu}$ ist, einmal und genau einmal, nämlich als $f(p_1^{k_1})p_1^{-k_1 s} f(p_2^{k_2})p_2^{-k_2 s} \cdots f(p_\nu^{k_\nu})p_\nu^{-k_\nu s}$. Der Satz ist vollständig gleichwertig mit der multiplikativen Eigenschaft von $f(n)$.

48. [*Euler*, Introductio in analysin infinitorum, Bd. 1. Opera Omnia, Serie 1, Bd. 8, S. 288. Leipzig und Berlin: B. G. Teubner 1922.] $f(n) = 1$, $n = 1, 2, 3, 4, \ldots$ ist multiplikativ [**47**].

49. Wegen der multiplikativen Eigenschaft ist

$$\sum_{n=1}^{\infty} \sigma_\alpha(n) n^{-s} = \prod_p \frac{(1-p^\alpha)1^{-s} + (1-p^{2\alpha})p^{-s} + (1-p^{3\alpha})p^{-2s} + \cdots}{1-p^\alpha}$$

$$= \prod_p \frac{1}{(1-p^{-s})(1-p^{\alpha-s})},$$

$$\sum_{n=1}^{\infty} 2^{\nu(n)} n^{-s} = \prod_p (1 + 2p^{-s} + 2p^{-2s} + 2p^{-3s} + \cdots) = \prod_p \frac{1-p^{-2s}}{(1-p^{-s})^2},$$

$$\sum_{n=1}^{\infty} \lambda(n) n^{-s} = \prod_p (1 - p^{-s} + p^{-2s} - p^{-3s} + \cdots) = \prod_p \frac{1-p^{-s}}{1-p^{-2s}},$$

$$\sum_{n=1}^{\infty} \varphi(n) n^{-s} = \prod_p \left[1 + \left(1-\frac{1}{p}\right)p^{1-s} + \left(1-\frac{1}{p}\right)p^{2-2s} + \cdots\right] = \prod_p \frac{1-p^{-s}}{1-p^{1-s}}.$$

50. [*E. Cesàro*, Aufgabe; Mathesis, Bd. 6, S. 192, 1886. Lösung von *Mantel*, ebenda, Bd. 8, S. 208, 1888.] $a(n)$ ist eine multiplikative Funktion, also [**47**]

$$\sum_{n=1}^{\infty} a(n) n^{-s} = \prod_p [1 + a(p)p^{-s} + a(p^2)p^{-2s} + \cdots]$$

$$= (1^{-s} + 2^{-s} + 2^{-2s} + \cdots) \prod_{p>2} (1 + p^{1-s} + p^{2(1-s)} + \cdots)$$

$$= \frac{1}{1-2^{-s}} \prod_{p>2} \frac{1}{1-p^{1-s}}.$$

51. Nach **48** ist:

$$-\frac{\zeta'(s)}{\zeta(s)} = \sum_p \frac{p^{-s}\log p}{1-p^{-s}}.$$

52.
$$\sum_{n=1}^{\infty} n^{-s} \sum_{n=1}^{\infty} \mu(n) n^{-s} = 1.$$

Gleichbedeutend mit dem zweiten Teil von **41**. — **52—56**, **58** lassen sich auch ohne Benützung *Dirichlet*scher Reihen beweisen.

53. Nach **49** ist:

$$\sum_{n=1}^{\infty}(n^2)^{-s}=\sum_{n=1}^{\infty}n^{-s}\cdot\sum_{n=1}^{\infty}\lambda(n)\,n^{-s}.$$

54. Nach **49** ist:

$$\sum_{n=1}^{\infty}n\cdot n^{-s}=\sum_{n=1}^{\infty}n^{-s}\sum_{n=1}^{\infty}\varphi(n)\,n^{-s}.$$

55. Nach **49** ist:

$$\sum_{n=1}^{\infty}n\cdot n^{-s}\sum_{n=1}^{\infty}\mu(n)\,n^{-s}=\sum_{n=1}^{\infty}\varphi(n)\,n^{-s};$$

oder durch Anwendung von **34** auf **54**. Gleichbedeutend mit **25**.

56. $-\zeta'(s)=\left(-\frac{\zeta'(s)}{\zeta(s)}\right)\zeta(s)$, d. h. $\sum_{n=1}^{\infty}\log n\cdot n^{-s}=\sum_{n=1}^{\infty}\Lambda(n)n^{-s}\sum_{n=1}^{\infty}n^{-s}$.

57. Aus **33**, **54**. Weitere Spezialfälle von **33** folgen aus **52**—**56**.

58. [*Jacobi*, Aufgabe; Nouv. Ann. Bd. 11, S. 45, 1852. Lösung von *A. Dallot* usw. ebenda, Bd. 11, S. 126, S. 186, 1852.]

$$\sum\alpha^{-s}=1^{-s}+3^{-s}+5^{-s}+\cdots=(1-2^{-s})\zeta(s),$$
$$\sum\beta^{-s}=2^{-s}+4^{-s}+6^{-s}+\cdots=2^{-s}\zeta(s),$$

also ist

$$\begin{aligned}\sum\sum(\beta-\alpha)(\alpha\beta)^{-s}&=\sum\sum\alpha^{-s}\beta^{1-s}-\sum\sum\alpha^{1-s}\beta^{-s}\\&=(1-2^{-s})\zeta(s)2^{1-s}\zeta(s-1)-(1-2^{1-s})\zeta(s-1)2^{-s}\zeta(s)\\&=2^{-s}\zeta(s)\zeta(s-1)=\sum_{m=1}^{\infty}\sigma(m)(2m)^{-s}.\end{aligned}$$

59. Nach **47** ist eine Funktion $h(n)$ multiplikativ, wenn

$$\prod_p(1^{-s}+h(p)p^{-s}+h(p^2)p^{-2s}+\cdots)=\sum_{n=1}^{\infty}h(n)\,n^{-s}$$

ist. In unserem Falle hat man aber

$$\begin{aligned}&1^{-s}+h(p)p^{-s}+h(p^2)p^{-2s}+\cdots\\&=(1^{-s}+f(p)p^{-s}+f(p^2)p^{-2s}+\cdots)(1^{-s}+g(p)p^{-s}+g(p^2)p^{-2s}+\cdots),\end{aligned}$$

woraus die Behauptung folgt.

60. Die Ecken des *konvexen* regulären n-Ecks seien, der Reihe nach numeriert, $A_1, A_2, A_3, \ldots, A_n$. Die Verbindungsstrecke der

Ecken A_k und A_l gehört einem (konvexen oder überschlagenen) regulären $\frac{n}{t}$-Eck an, wenn $t = (n, l - k)$: man gelangt nach $\frac{n}{t}$-maligem Auftragen dieser Verbindungsstrecke in den Ausgangspunkt zurück. Von jeder Ecke gehen somit, $t = 1$ entsprechend, $\varphi(n)$ Verbindungslinien aus, die einem der n-Ecke angehören; diese haben also insgesamt $\frac{n\varphi(n)}{2}$ Seiten.

61. Ist $\frac{k}{n}$ unkürzbar, so ist es auch $\frac{n-k}{n}$. Die Summe der beiden ist $=1$.

62. [*G. Frobenius*, vgl. *A. Errera*, Palermo Rend. Bd. 35, S. 110, 1913.] Es sei $(b, c) = d$. Wenn $(a, b, c) = 1$ ist, dann können sich nur solche Brüche kürzen lassen, deren Zähler durch Primzahlen teilbar sind, die in c, aber nicht in b, also nicht in d aufgehen. Analog wie in **25** folgt daher, daß die Anzahl der unkürzbaren Brüche

$$N = c\prod_{\substack{p/c\\(p,d)=1}}\left(1-\frac{1}{p}\right) = \frac{c\prod\limits_{q/c}\left(1-\frac{1}{q}\right)}{\prod\limits_{r/d}\left(1-\frac{1}{r}\right)} = \frac{\varphi(c)}{\frac{\varphi(d)}{d}}$$

ist. Nun ist $\varphi(bc) = d\varphi\left(\frac{bc}{d}\right)$, weil bc und $\frac{bc}{d}$ dieselben Primzahlen enthalten; ferner ist, nach **46**, $\varphi\left(\frac{bc}{d}\right)\varphi(d) = \varphi(b)\varphi(c)$.

63. $\varphi(1) + 2[\varphi(2) + \varphi(3) + \cdots + \varphi(n)]$.

64. (1) Die Anzahl jener Spalten des Systems, in denen die Imaginärteile des Zählers mit n den festen größten gemeinsamen Teiler t haben, ist $\varphi\left(\frac{n}{t}\right)$. In jeder dieser Spalten ist die Anzahl der unkürzbaren Brüche gleich der Anzahl der zu t teilerfremden Zahlen unterhalb n, also $\frac{n}{t}\varphi(t)$. Die Anzahl aller unkürzbaren Brüche ist daher

$$\sum_{t/n}\varphi(t)\cdot\frac{n}{t}\,\varphi\left(\frac{n}{t}\right),$$

also [**43**, **59**] multiplikativ. — Für $n = p^k$ ist die Anzahl der kürzbaren Brüche $p^{k-1}\cdot p^{k-1}$, die der unkürzbaren also $p^{2k} - p^{2k-2}$. — Aus $\Phi(n) = \sum\limits_{t/n}\varphi(t)\,\frac{n}{t}\,\varphi\left(\frac{n}{t}\right)$ folgt übrigens sofort auch (4), denn man erhält

$$\sum_{n=1}^{\infty}\Phi(n)\,n^{-s} = \sum_{k=1}^{\infty}\varphi(k)\,k^{-s}\cdot\sum_{l=1}^{\infty}\varphi(l)\,l^{1-s} = \frac{\zeta(s-1)}{\zeta(s)}\cdot\frac{\zeta(s-2)}{\zeta(s-1)} \qquad [\mathbf{49}].$$

(2) Folgt aus **21**, wie **25**.

(3) Die Anzahl der Brüche des Systems, die sich genau durch t kürzen lassen, ist $\Phi\left(\frac{n}{t}\right)$. Summiert man über alle $\frac{n}{t}$, so folgt

$$n^2 = \sum_{t/n} \Phi\left(\frac{n}{t}\right) = \sum_{t/n} \Phi(t).$$

Aus (4) folgt (1) nach **47** und umgekehrt.

Aus (4) folgt (2) und umgekehrt; denn es ist

$$\sum_{n=1}^{\infty} \Phi(n)\, n^{-s} = \frac{\zeta(s-2)}{\zeta(s)} = \sum_{n=1}^{\infty} \sum_{d/n} \mu(d) \frac{n^2}{d^2} n^{-s}$$

[**41**], also ist

$$\Phi(n) = \sum_{d/n} \mu(d) \frac{n^2}{d^2} = n^2\left(1 - \frac{1}{p^2} - \frac{1}{q^2} - \cdots + \frac{1}{p^2 q^2} + \cdots\right)$$

$$= n^2\left(1 - \frac{1}{p^2}\right)\left(1 - \frac{1}{q^2}\right)\cdots.$$

Aus (4) folgt (3) und umgekehrt durch *Dirichlet*sche Multiplikation.

65. Aus der ersten Identität folgt

$$A_n = \sum_{t/n} a_t,$$

aus der zweiten

$$\sum_{n=1}^{\infty} \frac{a_n x^n}{1 - x^n} = \sum_{m=1}^{\infty} a_m (x^m + x^{2m} + x^{3m} + \cdots) = \sum_{n=1}^{\infty} \left(\sum_{t/n} a_t\right) x^n.$$

66. Es ist

$$(1 - 2^{1-s})\,\zeta(s) = 1^{-s} - 2^{-s} + 3^{-s} - 4^{-s} + \cdots.$$

Aus der ersten Identität folgt also

$$B_n = \sum_{t/n} (-1)^{t-1} a_{\frac{n}{t}},$$

aus der zweiten:

$$\sum_{n=1}^{\infty} \frac{a_n x^n}{1 + x^n} = \sum_{m=1}^{\infty} a_m (x^m - x^{2m} + x^{3m} - \cdots) = \sum_{n=1}^{\infty} \left(\sum_{t/n} (-1)^{t-1} a_{\frac{n}{t}}\right) x^n.$$

67. Indem man A_n in der Form $A_n = \sum_{t/n} a_t$ schreibt und die Faktoren mit dem Exponenten a_m zusammenfaßt, entsteht rechter Hand das Produkt

$$\left(1 - \frac{x^2}{m^2 \pi^2}\right)^{a_m} \left(1 - \frac{x^2}{(2m)^2 \pi^2}\right)^{a_m} \left(1 - \frac{x^2}{(3m)^2 \pi^2}\right)^{a_m} \cdots.$$

Dem entspricht linker Hand die a_m^{te} Potenz von

$$\frac{m}{x}\sin\frac{x}{m} = \left(1-\frac{x^2}{m^2\pi^2}\right)\left(1-\frac{x^2}{(2m)^2\pi^2}\right)\left(1-\frac{x^2}{(3m)^2\pi^2}\right)\cdots.$$

68. Vgl. Lösung **66**:

$$\prod_{k=1}^{\infty}\left(1-\frac{x^2}{(km)^2\pi^2}\right)^{(-1)^{k-1}} = \frac{x}{2m}\operatorname{ctg}\frac{x}{2m}.$$

69. Aus **65** folgt mit Beachtung von **41** und **49**, daß die fraglichen Funktionen x und $\dfrac{x}{(1-x)^2}$ sind.

70. [*Baschwitz*, Aufgabe; Mathesis, Serie 2, Bd. 3, S. 80, 1893. Lösung von *E. Cesàro*, ebenda, Serie 2, Bd. 3, S. 205, 1893. *Laguerre*, Oeuvres, Bd. 1, S. 216. Paris: Gauthier-Villars 1898.] Aus **65** und **49**.

71. Aus **66** mit Beachtung von **41**, **49**.

72. Aus **66** mit Beachtung von **49**. — Nach I **93** konvergiert die Summe der Reihe

$$\sum_{n=1}^{\infty}\lambda(n)\frac{x^n}{1+x^n}$$

für $x\to 1$ gegen $-\infty$. Eine analoge Feststellung bezüglich der Reihe $\sum_{n=1}^{\infty}\lambda(n)x^n$ würde die *Riemann*sche Vermutung entscheiden.

73. Vgl. **64**, **65**, **66**.

74. Nach **39**, **65** ist

$$\begin{aligned}\sum_{n=1}^{\infty}\tau(n)x^n = \sum_{n=1}^{\infty}\frac{x^n}{1-x^n} &= x + x^2 + x^3 + x^4 + \cdots\\ &\quad + x^2 + x^4 + x^6 + x^8 + \cdots\\ &\quad + x^3 + x^6 + x^9 + x^{12} + \cdots\\ &\quad \cdots\cdots\cdots\cdots\cdots\cdots\end{aligned}$$

Man summiere der Reihe nach diejenigen Glieder, die *rechts und unterhalb* der einzelnen Diagonalelemente x. x^4, x^9, ... liegen. Vgl. auch II **32**.

75. [*Euler*, Opera Omnia, Serie 1, Bd. 2, S. 373. Leipzig: B. G. Teubner 1915.] Nach **49**, **65** ist

$$\begin{aligned}\sum_{n=1}^{\infty}\sigma(n)x^n = \sum_{n=1}^{\infty}n\frac{x^n}{1-x^n} &= x + x^2 + x^3 + x^4 + \cdots\\ &\quad + 2x^2 + 2x^4 + 2x^6 + 2x^8 + \cdots\\ &\quad + 3x^3 + 3x^6 + 3x^9 + 3x^{12} + \cdots\\ &\quad \cdots\cdots\cdots\cdots\cdots\cdots\end{aligned}$$

Man summiere die Doppelreihe nach Kolonnen. Die fragliche Reihe ist außerdem (abgesehen vom Faktor $-x$) die logarithmische Ableitung des *Euler*schen Produktes

$$(1-x)(1-x^2)(1-x^3)\cdots(1-x^n)\cdots=\sum_{k=-\infty}^{\infty}(-1)^k x^{\frac{3k^2+k}{2}}$$

[I **54**]. Multipliziert man mit dem Nenner $1-x-x^2+x^5+x^7-\cdots$ und vergleicht den Koeffizienten von x^n, so ergibt sich:

$$\sigma(n)-\sigma(n-1)-\sigma(n-2)+\sigma(n-5)+\sigma(n-7)-\cdots=0.$$

Links stehen die Ausdrücke $(-1)^k\sigma\left(n-\frac{3k^2\pm k}{2}\right)$, $0\leqq\frac{3k^2\pm k}{2}\leqq n$; das bisher undefinierte Symbol $\sigma(0)$ ist, wenn es auftritt, durch n zu ersetzen.

76. $$\sum_{n=0}^{\infty}\frac{p^n}{1-qx^n}=\sum_{m=0}^{\infty}\sum_{n=0}^{\infty}p^n q^m x^{mn}=\sum_{m=0}^{\infty}\frac{q^m}{1-px^m}.$$

77. Man ersetze in **76** p durch x, q durch $-x^2$, x durch x^2.

78. Die Entwicklung von $\frac{x}{1-x^2}$ ergibt als Exponenten die ungeraden Zahlen, die von $\frac{x^2}{1-x^4}$ die Zahlen, welche durch 2, aber nicht durch 4 teilbar sind, die von $\frac{x^4}{1-x^8}$ die Zahlen, welche durch 4, aber nicht durch 8 teilbar sind, usw. Vgl. Lösung I **19**, wo auch eine Einteilung sämtlicher Zahlen nach der höchsten in ihnen aufgehenden Potenz von 2 eine Rolle spielt. Die fragliche Identität ergibt sich auch aus I **164** durch logarithmische Differentiation. — Die andere Identität folgt aus **66** oder aus Lösung I **14** durch logarithmische Differentiation.

79. [Vgl. *P. G. Lejeune-Dirichlet*, Werke, Bd. 2, S. 52. Berlin: G. Reimer 1897.] Die fraglichen Gitterpunkte lassen sich auf zwei verschiedene Arten abzählen. Die Anzahl der Gitterpunkte auf der Hyperbel $xy=k$ beträgt $\tau(k)$; für $k=1, 2, \ldots, n$ ergibt sich hieraus die linke Seite. Die Anzahl der Gitterpunkte auf der zur y-Achse parallelen Geraden $x=k$ beträgt $\left[\frac{n}{k}\right]$; für $k=1, 2, \ldots, n$ ergibt sich hieraus die rechte Seite. Vgl. II **46**.

80. Die in **79** genannten Gitterpunkte lassen sich auch so abzählen, daß man die Anzahl der Gitterpunkte in den beiden Streifen

$$1\leqq x\leqq\nu,\quad xy\leqq n \quad\text{und}\quad 1\leqq y\leqq\nu,\quad xy\leqq n$$

nimmt und hiervon die Anzahl der Gitterpunkte in $1\leqq x\leqq\nu$, $1\leqq y\leqq\nu$,

d. h. ν^2 abzieht. [In dem Gebiet $x > \nu$, $y > \nu$, $xy \leqq n$ liegt kein einziger Gitterpunkt, weil $(\nu + 1)^2 > n$ ist.]

81. Jedem Gitterpunkt (k, l) in dem Gebiet $x > 0$, $y > 0$, $xy \leqq n$ sei der Wert $a_k b_l$ zugeordnet. Durch ähnliche Abzählungen wie in **79** ergeben sich verschiedene Darstellungen von Γ_n, das den „Gesamtwert" sämtlicher genannten Gitterpunkte angibt.

82. Man setze in **81**: $a_n = \Lambda(n)$, $b_n = 1$, dann ist $c_n = \log n$ und $B_n = n$, $\Gamma_n = \log n!$, also

$$\log n! = \sum_{r=1}^{n} a_r B_{\left[\frac{n}{r}\right]} = \sum_{r=1}^{n} \Lambda(r)\left[\frac{n}{r}\right] = \sum_{p \leqq n} \sum_{m=1}^{\infty} \log p \left[\frac{n}{p^m}\right].$$

83. [**80.**]

84. Die Binomialkoeffizienten sind ganze Zahlen. $\binom{x}{m}$ ist auch für negatives ganzzahliges x ganzzahlig, wegen $\binom{-x}{m} = (-1)^m \binom{x+m-1}{m}$.

85. Die Funktionen $1, x, x^2, \ldots, x^n$ lassen sich sukzessiv linear mit konstanten Koeffizienten durch $1, \frac{x}{1}, \frac{x(x-1)}{2!}, \ldots \frac{x(x-1)\cdots(x-n+1)}{n!}$ ausdrücken. Die Koeffizienten $b_0, b_1, \ldots, b_m$ lassen sich aus

$$\begin{aligned}
P(0) &= b_m, \\
P(1) &= b_m + \binom{1}{1} b_{m-1}, \\
P(2) &= b_m + \binom{2}{1} b_{m-1} + \binom{2}{2} b_{m-2}, \\
&\cdots\cdots\cdots\cdots\cdots\cdots \\
P(m) &= b_m + \binom{m}{1} b_{m-1} + \cdots + \binom{m}{m} b_0
\end{aligned}$$

bestimmen. Sind $P(0), P(1), \ldots, P(m)$ ganz, so ergeben sich hieraus $b_m, b_{m-1}, \ldots, b_0$ als ganze Zahlen.

86. [**85.**]

87. Man kann annehmen, daß die Stellen, an denen $P(x)$ laut Voraussetzung ganzzahlige Werte annimmt, $0, 1, \ldots, m$ sind. Dann folgt die Behauptung aus Lösung **85**.

88. [*G. Pólya*, Palermo Rend. Bd. 40, S. 5, 1915.]

$$\binom{x+m-1}{2m-1} = \frac{x(x^2-1^2)(x^2-2^2)\cdots[x^2-(m-1)^2]}{(2m-1)!}.$$

Die Koeffizienten $c_1, c_2, \ldots, c_m$ bestimmen sich sukzessiv aus

$$P(1) = c_1,$$
$$P(2) = c_1\binom{2}{1} + c_2,$$
$$P(3) = c_1\binom{3}{1} + c_2\binom{4}{3} + c_3,$$
$$\cdots\cdots\cdots\cdots\cdots\cdots$$

[Lösung **85**.]

89. Es ist das Polynom $2m^{\text{ten}}$ Grades

$$\frac{x}{m}\binom{x+m-1}{2m-1} = 1, \quad 0, \quad \ldots, \quad 0, 0, 0, \ldots, 0, \quad 1$$

$$\text{für} \quad x = -m, -m+1, \ldots, -1, 0, 1, \ldots, m-1, m,$$

also ganzwertig [**87**]. Ferner

$$P(0) = d_0,$$
$$P(1) = d_0 + d_1,$$
$$P(2) = d_0 + d_1\frac{2}{1}\binom{2}{1} + d_2,$$
$$\cdots\cdots\cdots\cdots\cdots\cdots$$

[Lösung **85**, **88**.]

90. [*G. Pólya*, Deutsche Math.-Ver. Bd. 28, S. 31—40, 1919.] Nach VI **70** nimmt ein ganzzahliges Polynom $P(x) = a_0x^m + a_1x^{m-1} + \cdots + a_m$, $a_0 \neq 0$ an $m+1$ verschiedenen ganzzahligen Stellen mindestens einen Wert an, dessen Betrag $\geqq \frac{m!}{2^m}|a_0| \geqq \frac{m!}{2^m}$ ist. Für $m \geqq 4$ ist $\frac{m!}{2^m} > 1$. Bezüglich $m \leqq 3$ vgl. die Beispiele:

$$m = 1, \quad P(x) = x \quad \text{für} \quad x = -1, 1,$$
$$m = 2, \quad P(x) = x(x-1) - 1 \quad \text{für} \quad x = -1, 0, 1,$$
$$m = 3, \quad P(x) = (x+1)x(x-2) + 1 \quad \text{für} \quad x = -1, 0, 1, 2.$$

91. Aus der *Lagrange*schen Interpolationsformel, vgl. S. 87.

92. Erste Lösung. Die fragliche Funktion sei $R(x) = \frac{P(x)}{Q(x)}$, $P(x)$, $Q(x)$ teilerfremde Polynome, r die Summe der Gradzahlen von $P(x)$ und $Q(x)$. Für $r = 0$ ist der Satz offenbar. Man betrachte, wenn nötig, $R(x)^{-1}$ an Stelle von $R(x)$ und nehme an, daß der Grad von $P(x)$ nicht niedriger als der von $Q(x)$, daß ferner a positiv ganz, $Q(a) \neq 0$ ist. Dann ist $\frac{P(a)}{Q(a)}$ rational und $\frac{1}{x-a}\left(R(x) - \frac{P(a)}{Q(a)}\right) = \frac{P^*(x)}{Q(x)}$ eine rationale Funktion, deren Wert für ganzzahliges x, $x > a$, rational ausfällt, und der Grad von $P^*(x) = \frac{P(x)Q(a) - Q(x)P(a)}{Q(a)(x-a)}$ ist niedriger als der von $P(x)$; also ist die Summe der Grade von $P^*(x)$ und $Q(x)$ kleiner als die von $P(x)$ und $Q(x)$. Hieraus folgt die Behauptung durch vollständige Induktion.

Zweite Lösung. Die fragliche Funktion sei $R(x) = \frac{P(x)}{Q(x)}$, $P(x)$, $Q(x)$ teilerfremde Polynome vom Grade m bzw. n. Die Werte der Funktion für $x = 0, 1, 2, \ldots, m+n$ seien die rationalen Zahlen $r_0, r_1, r_2, \ldots, r_{m+n}$. Betrachten wir das System der $m+n+1$ homogenen linearen Gleichungen

$$u_0 + u_1 k + u_2 k^2 + \cdots + u_m k^m - v_0 r_k - v_1 r_k k - v_2 r_k k^2 - \cdots - v_n r_k k^n = 0$$
$$(k = 0, 1, 2, \ldots, m+n)$$

für die $m+n+2$ Unbekannten $u_0, u_1, \ldots, u_m, v_0, v_1, \ldots, v_n$. Zwei Auflösungen dieses Systems entsprechen zwei Paare von Polynomen $P(x)$, $Q(x)$ und $P^*(x)$, $Q^*(x)$, $P(x)$ und $P^*(x)$ vom Grade $\leqq m$, $Q(x)$ und $Q^*(x)$ vom Grade $\leqq n$, so daß

$$P(k) - r_k Q(k) = 0, \qquad P^*(k) - r_k Q^*(k) = 0, \qquad k = 0, 1, \ldots, m+n.$$

Nun folgt aber aus dem Verschwinden der Funktion $P(x)Q^*(x) - P^*(x)Q(x)$ vom Grade $\leqq m+n$, für $x = 0, 1, \ldots, m+n$ ihr identisches Verschwinden. Da $P(x)$ und $Q(x)$ zueinander teilerfremd sind, muß $P(x)$ in $P^*(x)$ aufgehen, also $P^*(x) = cP(x)$, $Q^*(x) = cQ(x)$, c konstant. D. h. das System hat, abgesehen von Proportionalitätsfaktoren, nur eine Auflösung. Sein Rang ist also $m+n+1$. Folglich gibt es in der Matrix des Systems eine Determinante von der Ordnung $m+n+1$, die $\neq 0$ ist. Alle Elemente dieser Matrix sind rationale Zahlen. Daher kann man eine Auflösung $u_0, u_1, \ldots, u_m, v_0, v_1, \ldots, v_n$ als ganzzahlig annehmen.

Es würde genügen, anzunehmen, daß $R(x)$ für $m+n+1$ verschiedene rationale Werte von x endlich und rational ausfällt.

93. Die fragliche Funktion $f(x)$ ist [Lösung **92**, vgl. die letzte Bemerkung] $= \frac{P(x)}{Q(x)}$, wo $P(x)$ und $Q(x)$ ganzzahlige Polynome sind. Man kann eine ganze Zahl g finden, derart, daß $gf(x) = G(x) + r(x)$, wobei $G(x)$ ein *ganzzahliges* Polynom, $r(x)$ eine rationale Funktion bezeichnet, deren Zähler niedrigeren Grades als ihr Nenner ist. Der Wert von $r(x)$ fällt an unendlich vielen ganzzahligen Stellen ganzzahlig aus. Da $\lim_{x\to\infty} r(x) = 0$, muß von einer gewissen solchen Stelle an $|r(x)| < 1$, also $r(x) = 0$ sein, folglich $r(x) \equiv 0$ denn eine nicht identisch verschwindende rationale Funktion kann nur an endlich vielen Stellen $= 0$ sein.

94. Aus

$$2^m \equiv -1 \quad (\text{mod. } p)$$

folgt

$$2^{2^k m} \equiv 1\,, \quad 2^{2^k m} + 1 \equiv 2 \quad (\text{mod. } p)\,,$$

m und k positiv ganz, p ungerade Primzahl. Hieraus geht hervor, daß die Anzahl der Primzahlen bis zur Grenze x sicherlich $\geqq$ konst. $\log\log x$ ist.

95. [*G. Pólya*, Math. Zeitschr. Bd. 1, S. 144, 1918.] Den Fall $a = 0$ beiseite gelassen, darf $(a, d) = 1$, $d \geqq 1$, $a > d$ vorausgesetzt werden. Die Zahlen

$$n = \frac{a}{d}\left(a^{\varphi(d)\nu} - 1\right)$$

sind ganz, $\nu = 1, 2, 3, \ldots$, und die Zahlen

$$a + nd = a^{\varphi(d)\nu + 1}$$

enthalten nur die Primfaktoren von a.

96. Ein Produkt von Zahlen der Form $6n + 1$ ist wieder von derselben Form.

97. [*Goldbach;* vgl. *Euler*, Opera Omnia, Serie 1, Bd. 3, S. 4, S. 337. Leipzig: B. G. Teubner 1917.] Erste Lösung. Es sei [**85**]

$$P(x + n) = b_0\binom{x}{m} + b_1\binom{x}{m-1} + \cdots + b_{m-1}\binom{x}{1} + b_m\,, \qquad b_m = P(n)$$

und b_0 positiv vorausgesetzt. Hierbei sei n so groß gewählt, daß die Primzahl $P(n) = p$ größer ist als m und $P(p + n) > p$. [$P(x)$ wächst ins Unendliche, und zwar monoton für große x.] Für $x = p$ sind dann sämtliche Glieder durch p teilbar, also p ein echter Teiler von $P(p + n)$.

Zweite Lösung. Ist $P(x)$ vom m^{ten} Grade, so ist $m!\,P(x)$ ganzzahlig [**86**]. Es seien a und b positiv ganz, $P(a) = p$ und $P(b) = q$; p, q Primzahlen, $q > p > m$. Es sei $c \equiv a$ (mod. p), $c \equiv b$ (mod. q) gewählt. Dann ist $m!\,P(c) \equiv 0$ (mod. pq), also $P(c) \equiv 0$ (mod. pq).

98. Die ungerade Primzahl p ist dann und nur dann Primteiler von $x^2 + 1$, wenn $\left(\frac{-1}{p}\right) = (-1)^{\frac{p-1}{2}} = 1$ ist.

99. Die Primzahl p, $p \neq 2, 3, 5$ ist dann und nur dann Primteiler von $x^2 + 15$, wenn $\left(\frac{-15}{p}\right) = \left(\frac{-1}{p}\right)\left(\frac{3}{p}\right)\left(\frac{5}{p}\right) = 1$. Wegen

$$\left(\frac{-1}{p}\right) = (-1)^{\frac{p-1}{2}}, \qquad \left(\frac{3}{p}\right) = (-1)^{\frac{p-1}{2}}\left(\frac{p}{3}\right), \qquad \left(\frac{5}{p}\right) = \left(\frac{p}{5}\right),$$

$$\left(\frac{p}{3}\right) \equiv p \text{ (mod. 3)}, \qquad \left(\frac{p}{5}\right) \equiv p^2 \text{ (mod. 5)}$$

ist dann und nur dann $\left(\frac{-15}{p}\right) = \left(\frac{p}{3}\right)\left(\frac{p}{5}\right) = 1$, wenn p entweder in beiden Folgen

$$4, 7, 10, 13, 16, 19, \ldots, \qquad 4, 6, 9, 11, 14, 16, 19, 21, 24, 26, \ldots$$

oder in keiner von den beiden enthalten ist. Die fraglichen Primteiler sind 3, 5 und alle Primzahlen von der Form $15x + y$, $y = 1, 2, 4, 8$.

100. Das Polynom $ax^2 + bx + c$ ist dann und nur dann irreduzibel, wenn $b^2 - 4ac$ kein Quadrat ist. Es sei p kein Teiler von $b^2 - 4ac$. Aus

$$4a(ax^2 + bx + c) = (2ax + b)^2 + 4ac - b^2 \equiv 0 \pmod{p}$$

folgt $\left(\frac{b^2 - 4ac}{p}\right) = 1$; nach dem Reziprozitätssatz, angewandt wie in Lösung **99**, und nach dem *Dirichlet*schen Satz über die Primzahlen in einer arithmetischen Progression [vgl. die Fußnote zu **110**], gibt es unendlich viele Primzahlen mit $\left(\frac{b^2 - 4ac}{p}\right) = -1$. Mit höheren Hilfsmitteln kann man den Satz auf irreduzible Polynome beliebigen Grades ausdehnen. Vgl. *G. Frobenius*, Berl. Ber. 1896 I, S. 689—703.

101. Nach Multiplikation mit einer ganzen Zahl $\neq 0$ schreibt man das fragliche Polynom in der Form $(ax + b)Q(x)$, a, b ganz, $a \neq 0$, $Q(x)$ ganzwertig, $Q(x) \not\equiv 0$. Wenn p Primzahl ist und in a nicht aufgeht, so gibt es unendlich viele x, so daß $ax + b \equiv 0 \pmod{p}$, d. h. $(ax + b)Q(x) \equiv 0 \pmod{p}$.

102. $x^6 - 11x^4 + 36x^2 - 36 = (x^2 - 2)(x^2 - 3)(x^2 - 6)$.

Ist $p > 3$, so kann nicht gleichzeitig $\left(\frac{2}{p}\right) = \left(\frac{3}{p}\right) = \left(\frac{6}{p}\right) = -1$ sein, weil $\left(\frac{2}{p}\right)\left(\frac{3}{p}\right)\left(\frac{6}{p}\right) = 1$.

103. Aus **104** folgt, daß m ein Teiler von $p - 1$ ist.

104. Aus

$$x^m - 1 = K_m(x) \prod_{t/m,\, t<m} K_t(x)$$

[**36**] folgt, daß $a^m - 1 \equiv 0 \pmod{p}$, also ist a teilerfremd zu p. Gehörte a nicht zum Exponenten $m \pmod{p}$, so wäre schon $a^t - 1 \equiv 0 \pmod{p}$, wo t ein echter Teiler von m ist; daher wäre wegen

$$x^t - 1 = \prod_{t'/t} K_{t'}(x)$$

mindestens noch ein Faktor von $x^m - 1$ außer $K_m(x)$ durch p teilbar. Es wäre somit $a^m - 1 \equiv 0 \pmod{p^2}$ und ebenso $(a + p)^m - 1 \equiv 0$ mod. p^2), was unmöglich ist, weil $(a + p)^m - 1 \equiv a^m - 1 + mpa^{m-1} \pmod{p^2}$.

105. $6P-1$ besitzt einen Primfaktor von der Form $6n-1$ [**96**]; derselbe ist kein Teiler von P, also von allen schon bekannten Primzahlen von der Form $6n-1$ verschieden.

106. Vgl. Lösung **105**.

107. [*G. Pólya*, J. für Math. Bd. 151, S. 19—21, 1921.] Es seien $p_1, p_2, \ldots, p_k, q_1, q_2, \ldots, q_l$ Primteiler von ab^x+c, wobei jedes q und kein p in b aufgehen soll. Jedes q muß dann auch in c aufgehen; ist die höchste Potenz von q_ν, die in c aufgeht, $q_\nu^{\beta_\nu}$, so ist, für $x>\beta_\nu$, $q_\nu^{\beta_\nu}$ auch die höchste Potenz von q_ν, die in ab^x+c aufgeht. Es sei x_0 eine ganze Zahl, für welche $ab^{x_0}+c \gtrless 0$, und $p_\mu^{\alpha_\mu}$ die höchste Potenz von p_μ, die in $ab^{x_0}+c$ aufgeht. Setzt man

$$\varphi(p_1^{\alpha_1+1}p_2^{\alpha_2+1}\cdots p_k^{\alpha_k+1})=r,$$

so ist für jedes ganze $x\geqq 0$ und für $\mu=1, 2, \ldots, k$

$$ab^{x_0+rx}+c\equiv ab^{x_0}+c \not\equiv 0 \pmod{p_\mu^{\alpha_\mu+1}}.$$

Wären nun $p_1, p_2, \ldots, p_k, q_1, q_2, \ldots, q_l$ *sämtliche* Primteiler von ab^x+c, so wäre für alle genügend großen ganzzahligen Werte von x

$$ab^{x_0+rx}+c\not\equiv 0 \pmod{p_1^{\alpha_1+1}}, \pmod{p_2^{\alpha_2+1}}, \ \ldots, \pmod{q_l^{\beta_l+1}},$$

$$|ab^{x_0+rx}+c|\leqq p_1^{\alpha_1}p_2^{\alpha_2}\cdots p_k^{\alpha_k}q_1^{\beta_1}q_2^{\beta_2}\cdots q_l^{\beta_l},$$

also beschränkt, was doch nicht der Fall ist.

108. Jedes nichtkonstante ganzwertige Polynom hat mindestens einen Primteiler, denn es nimmt die Werte 0, 1, -1 nur an endlich vielen Stellen an. Es sei $P(x)$ als ganzzahlig angenommen [**86**], $P(a)=b\neq 0$, und es seien $p_1, p_2, \ldots, p_l$ als Primteiler von $P(x)$ bekannt. Das Polynom $b^{-1}P(a+bp_1p_2\cdots p_l x)$ ist ganzzahlig, $\equiv 1 \pmod{p_1p_2\cdots p_l}$ für ganzzahliges x, hat also einen von $p_1, p_2, \ldots, p_l$ *verschiedenen* Primteiler; derselbe ist auch Primteiler von $P(x)$. Auch nach der Methode von **107** [vgl. a. a. O. **107**].

109. Ja, wenn $P(x)$ linear oder Potenz einer linearen Funktion ist [**95**], aber in keinem anderen Falle, wie sich mit höheren Hilfsmitteln zeigen läßt. Vgl. a. a. O. **95** und *C. Siegel*, Math. Zeitschr. Bd. 10, S. 204—205, 1921.

110. [*J. A. Serret* und andere; vgl. *E. Landau*, Handbuch der Lehre von der Verteilung der Primzahlen, S. 436, S. 897. Leipzig und Berlin: B. G. Teubner 1909.] [**108, 103**.]

111. Es existieren zwei ganzzahlige Polynome $p(x)$ und $q(x)$ so, daß $p(x)P(x)+q(x)Q(x)=m\neq 0$, m ganz ist. Folglich ist $(P(n), Q(n))$ ein Teiler von m, während $P(x)$, $Q(x)$ Primteiler haben, die in m nicht aufgehen [**108**].

112. Es sei zuerst $P(x)$ ganzzahlig. $P(x)$ ist zu $P'(x)$ teilerfremd. Es gibt unendlich viele Primteiler p von $P(x)$, so daß $P(n)\equiv P(n+p)\equiv 0 \pmod{p}$ und $P'(n)\not\equiv 0 \pmod{p}$ ist [**111**]. Wegen $P(n+p)-P(n)\equiv pP'(n)$

(mod. p^2) [**130**] können nicht beide Zahlen $P(n)$, $P(n+p)$ durch p^2 teilbar sein. Allgemein betrachte man $m!\,P(x)$, m der Grad von $P(x)$.

113. Es seien $J(x)$, $J_1(x)$, $J_2(x)$, ... die voneinander verschiedenen irreduziblen Faktoren von $P(x)$, nach Multiplizität geordnet, so daß $P(x) = [J(x)]^m [J_1(x)]^{m_1} [J_2(x)]^{m_2} \ldots$, $m \leqq m_1 \leqq m_2 \leqq \cdots$. Es gibt [**111**] unbeschränkt viele Primteiler p von $J(x)$, so daß aus $J(n) \equiv 0$ (mod. p) sicherlich $J'(n) \not\equiv 0$, $J_1(n) \not\equiv 0$, $J_2(n) \not\equiv 0$, $\cdots$ (mod. p) folgt. Eine der beiden Zahlen $J(n)$ und $J(n+p)$ ist bloß durch p teilbar [**112**] und folglich eine der beiden Zahlen $P(n)$ und $P(n+p)$ bloß durch p^m, durch keine höhere Potenz von p.

114. [*Ch. Brisse*, Aufgabe; Interméd. des math. Bd. 1, S. 10, 1894. *R. Jentzsch*, Aufgabe; Arch. d. Math. u. Phys. Serie 3, Bd. 19, S. 361, 1912. Lösung von *W. Grosch*, ebenda, Serie 3, Bd. 21, S. 368, 1913. Vgl. auch Serie 3, Bd. 25, S. 86, 1917.] Ist $P(x)$ keine exakte k^{te} Potenz, so gibt es eine ganze Zahl a und zwei ganzzahlige Polynome $Q(x)$, $R(x)$ derart, daß $a^k P(x) = [Q(x)]^k R(x)$, wobei $Q(x)$ eventuell $=1$ ist, aber $R(x)$ auf alle Fälle eine Nullstelle besitzt, deren Multiplizität $<k$ ist (aus der Zerlegung von $P(x)$ in irreduzible Faktoren ersichtlich). Es gibt beliebig große ganze Zahlen n, für welche $R(n)$ durch eine Primzahl p teilbar ist, ohne durch p^k teilbar zu sein [**113**]: folglich stellt weder $R(n)$ noch $P(n)$ eine exakte k^{te} Potenz dar. Andere Lösung in **190**.

115. Verfeinerung der Methode in **107**. [Vgl. a. a. O. **107**, S. 19—21.]

116. [*Gauß*. Vgl. *Hecke*, S. 14, S. 78.]

117. [*Gauß*. Vgl. Nouv. Ann. Serie 1, Bd. 15, S. 383, 1856. Lösung von *De Rochas*, usw. ebenda, Serie 1, Bd. 16, S. 9, S. 10, S. 71, 1857.] Ist $f(a) = 0$, a ganz, so ist $f(x) = (x-a)\varphi(x)$, wobei $\varphi(x)$ ganzzahlig [**116**]. Von den beiden Zahlen $-a$, $1-a$ ist eine, daher von den beiden Zahlen $f(0) = -a\varphi(0)$, $f(1) = (1-a)\varphi(1)$ mindestens eine gerade

118. [A. a. O. **90**.] Es sei $f(x) = a_0 x^m + a_1 x^{m-1} + \cdots + a_m$, $a_0 \neq 0$, ein ganzzahliger Faktor von $P(x)$ von möglichst hohem Grade m. Dann ist $n - \left[\frac{n}{2}\right] \leqq m < n$. Nach Voraussetzung müßte $f(x)$ an n, d. h. an mindestens $m+1$ Stellen ganze Werte annehmen, die absolut genommen kleiner sind als

$$\frac{\left(n-\left[\frac{n}{2}\right]\right)!}{2^{n-\left[\frac{n}{2}\right]}} \leqq \frac{m!}{2^m};$$

aus (*L*) S. 87 folgt dann [VI **70**] $|a_0| < 1$, also $a_0 = 0$: Widerspruch. Vgl. **116**.

119. [A. a. O. **90**.] Durch Modifikation der Schlußweise von **118**.

120. [*P. Stäckel*, J. für Math. Bd. 148, S. 104, 1918; *G. Pólya*, a. a. O. **90**.] Das fragliche Polynom mit $P(x)$ bezeichnet, ist für ganze x

$$P(x) \equiv x(x-1)(x-2)\cdots(x-n+1) \equiv 0 \pmod{n!} \qquad \textbf{[130]}.$$

Die Irreduzibilität von $P(x)$ folgt aus **119** wegen

$$n! < \left(\frac{n!+1}{2}\right)^{n-\left[\frac{n}{2}\right]}\left(n-\left[\frac{n}{2}\right]\right)!, \qquad n \geqq 3.$$

Das angegebene irreduzible Polynom hat den maximalen ständigen Zahlenfaktor $n!$, der einem ganzzahligen Polynom n^{ten} Grades mit teilerfremden Koeffizienten zukommen kann [**86**]. — Anderes Gegenbeispiel [*A.* und *R. Brauer*]: Das Polynom $x^n + 105x + 12$ hat den ständigen Zahlenfaktor 2, und ist, nach dem bekannten *Eisenstein*schen Kriterium, irreduzibel. Aber auch die Werte ± 2 kann es nicht annehmen, da, nach demselben Kriterium, auch

$$x^n + 105x + 10, \qquad x^n + 105x + 14$$

irreduzibel sind.

121. [*I. Schur*, Aufgabe; Arch. d. Math. u. Phys. Serie 3, Bd. 13, S. 367, 1908. Lösung von *W. Flügel*, ebenda, Serie 3, Bd. 15, S. 271—272, 1909.] Sind $\varphi(x)$, $\psi(x)$ ganzzahlige Polynome [**116**] und

$$(x-a_1)(x-a_2)\cdots(x-a_n) - 1 = \varphi(x)\psi(x),$$

so muß $\varphi(a_\nu) = -\psi(a_\nu) = \pm 1$ sein für $\nu = 1, 2, \ldots, n$. Wären die Polynome $\varphi(x)$, $\psi(x)$, also auch $\varphi(x) + \psi(x)$ vom Grade $\leqq n-1$, so müßte $\varphi(x) + \psi(x) \equiv 0$ sein, weil es an n Stellen $= 0$ ist; folglich müßte

$$(x-a_1)(x-a_2)\cdots(x-a_n) - 1 \equiv -[\varphi(x)]^2$$

sein: unmöglich wegen des Koeffizienten von x^n.

122. [A. a. O. **121**.] Sind $\varphi(x)$, $\psi(x)$ ganzzahlige Polynome vom Grade $\leqq n-1$ und

$$F(x) \equiv x(x-a_1)(x-a_2)\cdots(x-a_{n-1}) + 1 \equiv \varphi(x)\psi(x),$$

wobei $0 < a_1 < a_2 < \cdots < a_{n-1}$ ist, so folgt nach der Schlußweise in **121**

$$\varphi(x) \equiv \psi(x), \qquad F(x) \equiv [\varphi(x)]^2, \qquad n = 2m,$$

wobei m ganz ist. Nun ist $F\left(\frac{1}{2}\right) = 1 - \frac{1}{2}\,\frac{2a_1-1}{2}\,\frac{2a_2-1}{2}\cdots\frac{2a_{n-1}-1}{2}$ $\leqq 1 - \frac{1}{2}\cdot\frac{1}{2}\cdot\frac{3}{2}\cdots\frac{4m-3}{2} < 0$ für $m \geqq 3$, also $F(x)$ kein Quadrat. Nur für

$F\left(\frac{1}{2}\right) > 0$ ist weitere Diskussion nötig. $F(x)$ ist nur in folgenden beiden Fällen reduzibel (also ein Quadrat):

$$m = 2, \quad n = 4, \quad a_1 = 1, \quad a_2 = 2, \quad a_3 = 3,$$
$$m = 1, \quad n = 2, \quad a_1 = 2.$$

123. [*I. Schur*, Aufgabe; Arch. d. Math. u. Phys. Serie 3, Bd. 15, S. 259, 1909.] Wenn $\varphi(x)$, $\psi(x)$ ganzzahlig sind vom Grade k, l bzw., wenn ferner der höchste Koeffizient von $\varphi(x)$ positiv ist und

$$(x - a_1)^2 (x - a_2)^2 \cdots (x - a_n)^2 + 1 \equiv \varphi(x)\, \psi(x)$$

gilt, dann sind $\varphi(x)$, $\psi(x)$ für reelle Werte von x stets > 0, $\varphi(a_\nu) = \psi(a_\nu) = 1$, $\varphi(x) = x^k + \cdots$, $\psi(x) = x^l + \cdots$, $k + l = 2n$. Ist $k < l$, so ist $\varphi(x) \equiv 1$, weil der Wert von $\varphi(x)$ an $n \geqq k + 1$ Stellen $= 1$ ist. Ist $k = l = n$, so verschwindet das Polynom $(n-1)^{\text{ten}}$ Grades $\varphi(x) - \psi(x)$ an n Stellen, also identisch. Eine Identität

$$\begin{aligned} 1 &\equiv [\varphi(x)]^2 - (x - a_1)^2 (x - a_2)^2 \cdots (x - a_n)^2 \\ &\equiv [\varphi(x) + (x - a_1)(x - a_2) \cdots (x - a_n)]\,[\varphi(x) - (x - a_1)(x - a_2) \cdots (x - a_n)] \end{aligned}$$

ist aber unmöglich.

124. [*I. Schur*, Aufgabe; a. a. O. **123**. Lösung von *A.* und *R. Brauer.*] Wir setzen $p_0(x) = (x - a_1)(x - a_2) \cdots (x - a_n)$. Wäre $p_0^4(x) + 1$ reduzibel, so wäre es zerlegbar in der Form

$$(1) \qquad p_0^4(x) + 1 = [1 - p_0(x)\, p_{-1}(x)][1 - p_0(x)\, p_1(x)],$$

$p_{-1}(x)$ und $p_1(x)$ ganzzahlige Polynome mit dem ersten Koeffizienten -1. Aus (1) folgt

$$p_0^4(x) = -[p_{-1}(x) + p_1(x)] \cdot p_0(x) + p_{-1}(x) \cdot p_0^2(x) \cdot p_1(x),$$
$$(2) \qquad p_{-1}(x) + p_1(x) = -p_0(x) \cdot t(x),$$

$t(x)$ ein ganzzahliges Polynom. Folglich ist

$$(3) \qquad p_0^2(x) = t(x) + p_{-1}(x) \cdot p_1(x).$$

Sind nun die Grade n_{-1} und n_1 von $p_{-1}(x)$ und $p_1(x)$ gleich, so folgt aus (1): $n_{-1} = n_1 = n$. Durch Vergleichen der höchsten Koeffizienten in (2) schließt man $t(x) = 2$. Aus (2) folgt ferner $p_{-1}(a_\nu) = -p_1(a_\nu)$, also nach (3): $p_1^2(a_\nu) = 2$, $\nu = 1, 2, \ldots, n$. Da $p_1(a_\nu)$ ganz und rational ist, ist dies unmöglich.

Es sei also $n_{-1} > n_1$; es ist

$$1 \equiv p_1^4(x)\, p_0^4(x) \quad [\text{mod. } 1 - p_1(x) \cdot p_0(x)].$$

Aus (1) folgt daher

$$p_1^4(x) + 1 \equiv p_1^4(x) + p_1^4(x) \cdot p_0^4(x) \equiv 0 \ [\text{mod. } 1 - p_1(x) \cdot p_0(x)],$$

$$(4) \qquad p_1^4(x) + 1 = [1 - p_1(x) \cdot p_0(x)][1 - p_1(x) \cdot p_2(x)],$$

wo $p_2(x)$, wie im folgenden allgemein $p_\lambda(x)$ und $t_\lambda(x)$, ein ganzzahliges Polynom bedeutet. Bei der Ableitung von (4) aus (1) sind die Eigenschaften der Wurzeln von $p_0(x)$ nicht benutzt worden; daher erhält man analog zu (4), (2) und (3)

$$(5) \qquad p_\lambda^4(x) + 1 = [1 - p_\lambda(x) \cdot p_{\lambda-1}(x)][1 - p_\lambda(x) \cdot p_{\lambda+1}(x)],$$

$$(6) \qquad p_{\lambda-1}(x) + p_{\lambda+1}(x) = -p_\lambda(x)\, t_\lambda(x),$$

$$(7) \qquad p_\lambda^2(x) = t_\lambda(x) + p_{\lambda-1}(x) \cdot p_{\lambda+1}(x), \qquad \lambda = 0, 1, 2, \ldots.$$

Durch Elimination von $p_{\lambda-1}(x)$ bzw. $p_{\lambda+1}(x)$ aus (6) und (7) folgt

$$\frac{p_\lambda^2(x) + p_{\lambda+1}^2(x)}{1 - p_\lambda(x) \cdot p_{\lambda+1}(x)} = t_\lambda(x) = \frac{p_\lambda^2(x) + p_{\lambda-1}^2(x)}{1 - p_\lambda(x)\, p_{\lambda-1}(x)} = t_{\lambda-1}(x) = t_{\lambda-2}(x) = \cdots = t(x).$$

Die Grade n_λ von $p_\lambda(x)$ nehmen immer um denselben Betrag ab, denn aus (5) folgt wegen $n_{-1} > n_1$

$$2n_\lambda = n_{\lambda-1} + n_{\lambda+1}, \qquad n_{\lambda-1} - n_\lambda = n_\lambda - n_{\lambda+1}, \qquad n_{\lambda+1} < n_\lambda.$$

Daher muß es ein erstes identisch verschwindendes Polynom $p_{\nu+1}(x)$ geben. Man setze $p_\nu(x) = y$. Aus (7) folgt für $\lambda = \nu$: $y^2 = t(x)$, also aus (6)

$$p_{\nu-1}(x) = -y^3, \quad p_{\nu-2}(x) = -p_{\nu-1}(x) \cdot y^2 - p_\nu(x) = y^5 - y, \quad \ldots.$$

Aus (6) folgt ferner, daß alle p_λ Polynome in y werden, $p_\lambda(x) = q_\lambda(y)$; in jedem q_λ sind alle Exponenten (mod. 4) kongruent. Mit α ist daher auch $i\alpha$ Wurzel von $q_\lambda(y) = 0$. Außer $q_\nu(y)$ und $q_{\nu-1}(y)$ haben alle $q_\lambda(y)$ von 0 verschiedene, also auch nicht reelle Nullstellen. Dasselbe gilt für $p_\lambda(x)$, da $y(x)$ rationale Koeffizienten hat. Da $p_0(x)$ lauter reelle Nullstellen hat, muß entweder $\nu = 1$ oder $\nu = 0$ sein. Die erste Möglichkeit fällt fort, weil dann $p_0(x) = -p_1^3(x)$ sein müßte, was unmöglich ist, da die Nullstellen von $p_0(x)$ sämtlich voneinander verschieden sind.

125. [*A.* und *R. Brauer.*] Analog wie in **124** erhält man eine Reihe von ganzzahligen Polynomen $p_{-1}(x)$, $p_0(x)$, $p_1(x)$, ..., die den folgenden Gleichungen genügen:

$$(1) \quad F[p_\lambda(x)] = \{1 - p_\lambda(x) \cdot p_{\lambda-1}(x)\}\{1 - p_\lambda(x) \cdot p_{\lambda+1}(x)\},$$

$$(2) \quad p_{\lambda-1}(x) + p_{\lambda+1}(x) = -p_\lambda(x) \cdot t(x) - A,$$

$$(3) \quad p_\lambda^2(x) + A\, p_\lambda(x) + B = t(x) + p_{\lambda-1}(x)\, p_{\lambda+1}(x), \quad \lambda = 0, 1, 2, \ldots,$$

wo $t(x)$ ein von λ unabhängiges ganzzahliges Polynom bedeutet. Haben $p_{-1}(x)$ und $p_1(x)$ denselben Grad, so wird analog wie in **124**

$$p_1(a_k) = \frac{-A}{2} \pm \frac{1}{2}\sqrt{A^2 - 4B + 8}, \qquad k = 1, 2, \ldots, n.$$

Also muß $A^2 - 4B + 8 = C^2$ sein; ist dies aber der Fall, so wird $F(z)$ reduzibel:

(4) $$F(z) = \{z^2 + \tfrac{1}{2}(A + C)z + 1\}\{z^2 + \tfrac{1}{2}(A - C)z + 1\}.$$

Ist $n_{-1} > n_1$, so sei wieder $p_{\nu+1}(x)$ das erste identisch verschwindende Polynom, $p_\nu(x) = y$; dann wird $t(x) = u(y) = y^2 + Ay + B$; $p_\lambda(x) = q_\lambda(y)$ werden ganzzahlige Polynome in y. Mit $p_0(x)$ hat $q_0(y)$ lauter verschiedene ganzzahlige Nullstellen $b_1, b_2, \ldots, b_m$. Für $y = b_\mu$, $\mu = 1, 2, \ldots, m$ wird, wenn man $q_1(b_\mu) = b_\mu^*$ setzt,

(5) $$q_1^2(b_\mu) + Aq_1(b_\mu) + B = u(b_\mu) = b_\mu^2 + Ab_\mu + B \quad [\text{aus (3) für } \lambda = 1],$$

folglich

(6) $$u(b_\mu^*) = b_\mu^{*2} + Ab_\mu^* + B = u(b_\mu) = b_\mu^2 + Ab_\mu + B.$$

Entweder ist also $b_\mu^* = b_\mu$ oder $b_\mu^* = -A - b_\mu$. Nun ist $q_0(b_\mu) = q_{\nu+1}(b_\mu^*) = 0$, $b_\mu^* = q_1(b_\mu) = q_\nu(b_\mu^*)$, da $q_\nu(y) = y$ ist. Aus $q_\lambda(b_\mu) = q_{\nu-\lambda+1}(b_\mu^*)$ und $q_{\lambda+1}(b_\mu) = q_{\nu-\lambda}(b_\mu^*)$ folgt aus (2):

$$\begin{aligned} q_{\lambda+2}(b_\mu) &= -A - q_{\lambda+1}(b_\mu)\,u(b_\mu) - q_\lambda(b_\mu) \\ &= -A - q_{\nu-\lambda}(b_\mu^*)\,u(b_\mu^*) - q_{\nu-\lambda+1}(b_\mu^*) = q_{\nu-\lambda-1}(b_\mu^*), \\ &\qquad\qquad \lambda = 0, 1, \ldots, \nu - 1, \end{aligned}$$

folglich

(7) $$b_\mu = q_\nu(b_\mu) = q_1(b_\mu^*).$$

Diejenigen b_μ, für die $b_\mu^* = b_\mu$ wird, genügen der Gleichung

(8) $$q_1(y) = y,$$

diejenigen, für die $b_\mu^* = -A - b_\mu$ wird, der Gleichung

(9) $$q_1(y) = -y - A.$$

(8) und (9) sind vom Grade $m - 2$, wenn $\nu > 1$ ist. Also genügen mindestens 2 der b_μ, etwa b_1 und b_2 der Gleichung (8) und mindestens 2 der Gleichung (9), etwa b_3 und b_4. Da $b_3 \neq b_4$ ist, kann man $b_3 \neq -\frac{A}{2}$, also $b_3 \neq b_3^*$ annehmen. Nun sind nach (7) $\dfrac{q_1(b_3) - q_1(b_1)}{b_3 - b_1} = \dfrac{b_3^* - b_1}{b_3 - b_1}$ und $\dfrac{q_1(b_3^*) - q_1(b_1)}{b_3^* - b_1} = \dfrac{b_3 - b_1}{b_3^* - b_1}$ ganze Zahlen; also ist $b_3^* - b_1 = \pm(b_3 - b_1)$.

Das Zeichen $+$ ist unbrauchbar, da $b_3^* \neq b_3$ ist; also erhält man $b_1 = \frac{b_3^* + b_3}{2}$ und analog $b_2 = \frac{b_3^* + b_3}{2}$; folglich $b_1 = b_2$. Das ist unmöglich. Also ist $\nu = 1$, $q_0(y) = -y(y^2 + Ay + B) - A = -(y^3 + Ay^2 + By + A)$. Aus $b_1 + b_2 + b_3 = -A = b_1 b_2 b_3$ folgt bei passender Numerierung $b_1 = 1$, $b_2 = 2$, $b_3 = 3$ oder $b_1 = -1$, $b_2 = -2$, $b_3 = -3$ oder $b_1 = -b_2 > 0$, $b_3 = 0$. In den beiden ersten Fällen wird $F(z) = z^4 \pm 6z^3 + 11z^2 \pm 6z + 1$ nach (4) reduzibel, im letzten $F(z) = z^4 - b_1^2 z^2 + 1$ nur für $b_1^2 = 1$ positiv definit. Also wird $F(z) = z^4 - z^2 + 1$; $b_1 = 1$,

$$b_2 = -1, \quad b_3 = 0; \quad q_0(y) = -y(y-1)(y+1) = p_0(x) = \prod_{\nu=1}^{n}(x - a_\nu).$$

$y(x)$ kann nur einen Linearfaktor enthalten, da sonst $y(x)$ und $y(x) - 1$ nicht nur ganzzahlige Wurzeln a_ν hätten. Folglich wird $p_0(x) = (x - \alpha)(x - \alpha - 1)(x - \alpha - 2)$ In diesem Fall wird tatsächlich $F[p_0(x)]$ reduzibel.

126. [*A.* und *R. Brauer.*] Vgl. Lösung **124**, **125**. Die Rekursionsformeln werden hier

$$\left.\begin{aligned} A p_\lambda^4(x) + 1 &= [1 - p_\lambda(x) p_{\lambda-1}(x)][1 - p_\lambda(x) p_{\lambda+1}(x)] \\ p_{\lambda-1}(x) + p_{\lambda+1}(x) &= -p_\lambda(x) \cdot t(x) \\ A p_\lambda^2(x) &= t(x) + p_{\lambda-1}(x) p_{\lambda+1}(x) \end{aligned}\right\} \text{für gerades } \lambda,$$

$$\left.\begin{aligned} \frac{1}{A} p_\lambda^4(x) + 1 &= [1 - p_\lambda(x) p_{\lambda-1}(x)][1 - p_\lambda(x) p_{\lambda+1}(x)] \\ p_{\lambda-1}(x) + p_{\lambda+1}(x) &= -p_\lambda(x) \cdot \frac{1}{A} t(x) \\ \frac{1}{A} p_\lambda^2(x) &= \frac{1}{A} t(x) + p_{\lambda-1}(x) \quad p_{\lambda+1}(x) \end{aligned}\right\} \text{für ungerades } \lambda.$$

$p_{-1}(x)$ und $p_1(x)$ werden ganzzahlig, ihre höchsten Koeffizienten seien A_{-1} und A_1; die übrigen $p_\lambda(x)$ brauchen nicht ganzzahlig zu sein. Trotzdem schließt man im Falle $n_{-1} > n_1$ wie in **124**, **125**.

Für $n_{-1} = n_1$ folgt aus den Rekursionsformeln wegen $A_{-1} A_1 = A > 0$ $[p_{-1}(x) - p_1(x)]^2 = p_0^2(x)(A_{-1} - A_1)^2 - 4(A_{-1} + A_1)$,

$$\{p_{-1}(x) - p_1(x) + p_0(x)(A_{-1} - A_1)\}\{p_{-1}(x) - p_1(x) - p_0(x)(A_{-1} - A_1)\}$$
$$= -4(A_{-1} + A_1).$$

Aus $A_{-1} A_1 > 0$ folgt $A_{-1} + A_1 \neq 0$; die beiden Faktoren der linken Seite sind Konstanten; der höchste Koeffizient im ersten Faktor ist also $2A_{-1} - 2A_1 = 0$. Folglich ist $A_{-1} = A_1$, $[p_{-1}(x) - p_1(x)]^2 = -8A_1$, $2A_1 = -C^2$, $A_1 = -2D^2$, $A = 4D^4$. Umgekehrt ist $4D^4 z^4 + 1 = (2D^2 z^2 + 2Dz + 1)(2D^2 z^2 - 2Dz + 1)$ reduzibel.

127. [Verallgemeinerung einer Bemerkung von *O. Gmelin*, vgl. *P. Stäckel*, a. a. O. **120**, S. 109—110.] Es sei $\varphi(x)$ ein ganzzahliger

Faktor von $P(x) = \varphi(x)\psi(x)$ [**116**]; dann liegen auch sämtliche Nullstellen von $\varphi(x)$ in der Halbebene $\Re x < n - \frac{1}{2}$. Daraus folgt, daß $|\varphi(n-\frac{1}{2}-t)| < |\varphi(n-\frac{1}{2}+t)|$, wenn $t > 0$. Da $\varphi(n-1) \neq 0$, $\varphi(n-1)$ ganz, ist $|\varphi(n-1)| \geqq 1$, und $\varphi(n)$ ganz, $|\varphi(n)| > 1$. Ähnliches gilt für $\psi(x)$. Mithin hätte $P(n)$ die echten Teiler $\varphi(n)$ und $\psi(n)$: Widerspruch.

128. [*A. Cohn.*] **127** mit $n = 10$ anwendbar [III **24**].

129. [*D. Hilbert*, Gött. Nachr. 1897, S. 53; Beweis von *A. Hurwitz.*] $\sqrt{r}$, $\sqrt{s}$, $\sqrt{rs}$, $\sqrt{r}+\sqrt{s}$, $\sqrt{r}-\sqrt{s}$ sind irrationale Zahlen; daher sind in jedem Linearfaktor die Verhältnisse der Koeffizienten irrational und ebenso in jedem quadratischen Faktor, den man durch Kombination je zweier Linearfaktoren erhält. Daher ist das fragliche Polynom irreduzibel im absoluten Sinne [S. 136]. Gilt die Funktionenkongruenz [*Hecke*, S. 11—12]

$$P(x) \equiv (x^2 + a_1 x + a_2)(x^2 + a_3 x + a_4) \pmod{a},$$
$$P(x) \equiv (x^2 + b_1 x + b_2)(x^2 + b_3 x + b_4) \pmod{b}$$

und ist $(a, b) = 1$, so gibt es Zahlen c_1, c_2, c_3, c_4, so daß

$$c_\nu \equiv a_\nu \pmod{a}, \qquad c_\nu \equiv b_\nu \pmod{b}, \qquad \nu = 1, 2, 3, 4,$$
$$P(x) \equiv (x^2 + c_1 x + c_2)(x^2 + c_3 x + c_4) \pmod{ab}.$$

Es genügt also, die Zerlegbarkeit nach Primzahlpotenzmoduln darzutun. r ist quadratischer Rest mod. 8, also mod. 2^n, wo n beliebig: $P(x)$ erscheint in (1) als eine Differenz von zwei Quadraten mod. 2^n, zerfällt also in zwei Faktoren zweiten Grades. $P(x)$ zerfällt mod. r^n wegen (2), mod. s^n wegen (1). Wenn p Primzahl ist, $p \neq 2$, $p \neq r$, $p \neq s$, ist eines der drei Symbole $\left(\frac{r}{p}\right)$, $\left(\frac{s}{p}\right)$, $\left(\frac{rs}{p}\right)$ sicher $=1$, da $\left(\frac{r}{p}\right)\left(\frac{s}{p}\right)\left(\frac{rs}{p}\right) = 1$: je nachdem $\left(\frac{r}{p}\right)$, $\left(\frac{s}{p}\right)$ oder $\left(\frac{rs}{p}\right) = 1$ ausfällt, zeigt (1), (2) oder (3) die Zerlegbarkeit mod. p^n. Den Grund für die Möglichkeit derartiger Beispiele sieht man bei *G. Frobenius*, a. a. O. **100**.

130. $\dfrac{a(a+1)\cdots(a+m-1)}{m!} = \dbinom{a+m-1}{m}$. [**84**, Lösung **136**.]

131. Sind die fraglichen Zahlen $a, a+d, a+2d, \ldots, a+(m-1)d$ und $(d, m!) = 1$, so gibt es ein d' mit $(d', m!) = 1$, so beschaffen, daß $dd' \equiv 1 \pmod{m!}$. Es ist, $ad' = a'$ gesetzt,

$$d'^m a(a+d)(a+2d)\cdots(a+(m-1)d)$$
$$\equiv a'(a'+1)(a'+2)\cdots(a'+m-1) \pmod{m!} \qquad [\mathbf{130}].$$

132. [*K. Hensel*, J für Math. Bd. 116, S. 354, 1896.] [Lösung V **96**.]

133. a) $n = 4$ oder eine Primzahl. Ist nämlich n zusammengesetzt, $n = ab$ und $a < b < n-1$, so ist $(n-1)!$ durch n teilbar. Ist n das Quadrat einer Primzahl, $n = p^2$ und $p > 2$, so ist $n - 1 > 2p$ und $(n-1)!$ wieder durch p^2 teilbar.

b) $n = 8, 9, p, 2p$, wenn p eine Primzahl bezeichnet. Wenn n *nicht* die Form $p, 2p, p^2$ hat und $n \neq 8, 16$, so ist $n = ab$, wo $3 \leqq a < b$. Entweder sind die Zahlen $a, 2a, b, 2b$ alle voneinander verschieden, oder die Zahlen $a, b, 3a, 2b$: auf alle Fälle resultiert aus $2b < n$ die Teilbarkeit von $(n-1)!$ durch $a^2 b^2$. Nun ist

$$\left[\frac{p^2-1}{p}\right] = p - 1 \geqq 4 \quad \text{für} \quad p \geqq 5,$$

$$\left[\frac{2^n-1}{2}\right] + \left[\frac{2^n-1}{4}\right] + \left[\frac{2^n-1}{8}\right] + \cdots = 2^n - 1 - n > 2n \quad \text{für} \quad n \geqq 4,$$

und so bleiben kraft **134** nur die aufgezählten Ausnahmefälle übrig.

134. Nach **82** ist der fragliche Exponent

$$\left[\frac{n}{p}\right] + \left[\frac{n}{p^2}\right] + \left[\frac{n}{p^3}\right] + \cdots = \sum \left[\frac{n}{p^\nu}\right].$$

Die Summe ist auf l Glieder zu erstrecken, wo $p^l \leqq n < p^{l+1}$, oder auf unendlich viele Glieder: $\nu = 1, 2, 3, \ldots$.

135. [*E. Lucas*, Théorie des nombres, Bd. 1, S. 363. Paris: Gauthier-Villars 1891.] · Die höchste Potenz von 10, die 1000! teilt, hat offenbar den gleichen Exponenten wie die höchste Potenz von 5, die 1000! teilt. Der Exponent ist [**134**]

$$\left[\frac{1000}{5}\right] + \left[\frac{1000}{25}\right] + \left[\frac{1000}{125}\right] + \left[\frac{1000}{625}\right] = 200 + 40 + 8 + 1 = 249.$$

136. [*E. Catalan*, Nouv. Ann. Serie 2, Bd. 13, S. 207, 1874; *E. Landau*, ebenda, Serie 3, Bd. 19, S. 344—362, 1900.] Es sei p eine Primzahl, ν positiv ganz; setzt man $ap^{-\nu} = a'$, $bp^{-\nu} = b'$, so genügt es [**134**], folgendes zu beweisen:

$$[2a'] + [2b'] \geqq [a'] + [b'] + [a' + b'].$$

Vgl. **8**.

137. [*F. G. Teixeira*, C. R. Bd. 92, S. 1066, 1881; *M. Weill*, S. M. F. Bull. Bd. 9, S. 172, 1881.] Es genügt [**134**]

$$\left[\frac{hn}{p}\right] + \left[\frac{hn}{p^2}\right] + \cdots \geqq n\left(\left[\frac{h}{p}\right] + \left[\frac{h}{p^2}\right] + \cdots\right) + \left[\frac{n}{p}\right] + \left[\frac{n}{p^2}\right] + \cdots$$

zu zeigen, p prim.

a) $(h, p) = 1$: $h \geqq \left[\frac{h}{p^\nu}\right] p^\nu + 1$, also

$$\left[\frac{nh}{p^\nu}\right] \geqq n\left[\frac{h}{p^\nu}\right] + \left[\frac{n}{p^\nu}\right], \qquad \nu = 1, 2, 3, \ldots.$$

b) $h = p^\alpha h'$, $(h', p) = 1$; dann fallen linker und rechter Hand die α ersten Glieder fort, und die Behauptung lautet:

$$\left[\frac{h'n}{p}\right] + \left[\frac{h'n}{p^2}\right] + \cdots \geqq n\left(\left[\frac{h'}{p}\right] + \left[\frac{h'}{p^2}\right] + \cdots\right) + \left[\frac{n}{p}\right] + \left[\frac{n}{p^2}\right] + \cdots.$$

Vgl. a).

138. Es sei $m! = \tau M$, wo τ nur Primfaktoren von t enthält und $(M, t) = 1$ ist. Es sei $tt' \equiv 1 \pmod{M}$. Dann ist, ähnlich wie in **131**,

$$t'^m s(s-t)(s-2t)\cdots[s-(m-1)t] \equiv t's(t's-1)\cdots[t's-(m-1)] \equiv 0$$

(mod. M).

139. Nach **134** und **138** ist

$$\alpha_n = n\alpha + \left[\frac{n}{p}\right] + \left[\frac{n}{p^2}\right] + \left[\frac{n}{p^3}\right] + \cdots, \qquad \lim_{n\to\infty} \frac{\alpha_n}{n} = \alpha + \frac{1}{p-1}.$$

140. Ist $t = p^\alpha q^\beta r^\gamma \cdots$, $p, q, r, \cdots$ voneinander verschiedene Primzahlen, so ist $T = p^{\alpha+1} q^{\beta+1} r^{\gamma+1} \cdots$ [**139**], weil

$$n\alpha + \left[\frac{n}{p}\right] + \left[\frac{n}{p^2}\right] + \cdots < n\left(\alpha + \frac{1}{p-1}\right) \leqq n(\alpha+1),$$

$$n\beta + \left[\frac{n}{q}\right] + \left[\frac{n}{q^2}\right] + \cdots < n(\beta+1), \ldots, \text{ usw.}$$

141. Es ist $f(z) = \frac{P(z)}{Q(z)}$, $Q(0) \neq 0$, $P(z)$ und $Q(z)$ sind Polynome mit ganzzahligen Koeffizienten [**140**]. $Q(0)\, f[z\,Q(0)]$ kann, nach Kürzen durch $Q(0)$, als Quotient zweier ganzzahliger Polynome dargestellt werden, wobei der Nenner für $z = 0$ den Wert 1 annimmt. Vgl. das Ende von Lösung **142**.

142. Genügen $f(z)$, $g(z)$ der *Eisenstein*schen Bedingung, so können $f(z) - f(0)$ und $g(z) - g(0)$ auch *simultan* zu ganzzahligen Reihen gemacht werden durch Vertauschung von z mit Tz (T geeignete positive ganze Zahl).

Sind $F(z)$ und $G(z)$ *ganzzahlige* Potenzreihen, so sind es auch $F(z) + G(z)$, $F(z) - G(z)$, $F(z)\,G(z)$, ferner $F[G(z)]$, $G(0) = 0$ vorausgesetzt, und $\frac{F(z)}{G(z)}$, $G(0) = 1$ vorausgesetzt. Denn ist

$$G(z) = 1 - a_1 z - a_2 z^2 - \cdots = 1 - H(z),$$

$a_1, a_2, \ldots$ ganz, so erweist sich

$$[G(z)]^{-1} = [1 - H(z)]^{-1} = 1 + H(z) + [H(z)]^2 + [H(z)]^3 + \cdots$$

nach aufsteigenden Potenzen von z geordnet als ganzzahlig.

143. Aus der Definition.

144. [Vgl. *G. Pólya*, Acta Math. Bd. 42, S. 314, 1920.] Die Bedingungen 1. 2. fließen unmittelbar aus der *Eisenstein*schen. Daß 1. 2. die *Eisenstein*sche Bedingung nach sich ziehen, zeigt man folgendermaßen: Es sei

$$\frac{\log t_n}{n} < A, \qquad n = 1, 2, 3, \ldots,$$

dann ist, wenn ein Primfaktor p in t_n genau ν_n-mal vorkommt,

$$\frac{\nu_n}{n} \log p < A, \qquad \frac{\nu_n}{n} < \frac{A}{\log 2} = B.$$

Bezeichnet P das Produkt der Primzahlen, die in $t_1, t_2, t_3, \ldots$ aufgehen, und k eine ganze Zahl, $k > B$, so kann $T = P^k$ gesetzt werden. In T^n kommt nämlich jeder Faktor p von P genau kn-mal vor, und $kn > \nu_n$ für $n = 1, 2, 3, \ldots$.

145. $$\sum_{n=0}^{\infty} \frac{2^{n+1}}{2^{n+1} - 1} z^n, \qquad \sum_{n=1}^{\infty} \frac{u_n}{2^{n^2}} z^n,$$

wo $\frac{u_n}{2^{n^2}} = \sum_{t/n} \frac{1}{2^{nt}}$, also u_n ungerade ist. Die erste Reihe erfüllt 2. aber nicht 1. [**107**], die zweite Reihe erfüllt 1. aber nicht 2., keine der beiden erfüllt die volle *Eisenstein*sche Bedingung, keine ist algebraisch.

146. $$(1 - z)^{-\alpha} = \sum_{n=0}^{\infty} a_n z^n, \qquad (1 - z)^{-\beta+\gamma-1} = \sum_{n=0}^{\infty} b_n z^n$$

gesetzt, ist

$$\frac{\beta - \gamma + 1}{1} \cdot \frac{\beta - \gamma + 2}{2} \cdots \frac{\beta - 1}{\gamma - 1} F(\alpha, \beta, \gamma; z) = \sum_{n=0}^{\infty} a_n b_{n+\gamma-1} z^n$$

[**140, 143**]. Weitere Untersuchungen und Literatur: *A. Errera*, Palermo Rend. Bd. 35, S. 107—144, 1913.

147. Der Quotient von zwei konsekutiven Koeffizienten ist $\frac{(\alpha + n)(\beta + n)}{(1 + n)(\gamma + n)}$. Wenn $\alpha \neq \gamma$, $\beta \neq \gamma$ und $\frac{(\alpha + x)(\beta + x)}{(1 + x)(\gamma + x)}$ für $x = 0, 1, 2, \ldots$ rational ausfällt, so sind $\alpha\beta$, $\alpha + \beta$ und γ rationale Zahlen [**92**].

148. Es sei $a \gtrless 0$ so gewählt, daß $a(\alpha + x)(\beta + x) = ax^2 + bx + c$, wo a, b, c ganz. Wäre $F(\alpha, \beta, \gamma; z)$ algebraisch, so müßte [**144**, 1] jede Primzahl p (abgesehen von endlich vielen) Primteiler von $ax^2 + bx + c$ sein. Vgl. jedoch **100**.

149. Spezialfall von **150**.

150. Spezialfall von **151**.

151. [Vgl. *E. Heine*, J. für Math. Bd. 48, S. 269—271, 1854. Theorie der Kugelfunktionen, 2. Aufl., S. 52—53. Berlin: Reimer 1878.]

Erster Beweis. Man betrachte die Koeffizienten von R. Wenn die Funktion R nicht identisch verschwindet, so läßt sie sich in die Form $R_0 + \alpha_1 R_1 + \alpha_2 R_2 + \cdots + \alpha_l R_l$ bringen, wobei $R_0, R_1, R_2, \ldots, R_l$ ganz rational in $z, y, y', \ldots, y^{(r)}$ mit rationalzahligen Koeffizienten und $1, \alpha_1, \alpha_2, \ldots, \alpha_l$ *rational unabhängig* sind; d. h. aus $n_0 + n_1\alpha_1 + n_2\alpha_2 + \cdots + n_l\alpha_l = 0$, $n_0, n_1, n_2, \ldots, n_l$ rational, folgt $n_0 = n_1 = n_2 = \cdots = n_l = 0$. Wird in $R_0, R_1, R_2, \ldots, R_l$ für y die Potenzreihe $a_0 + a_1 z + \cdots + a_n z^n + \cdots$ eingesetzt, so ergeben sich bzw. die Potenzreihen $\sum_{n=0}^{\infty} t_n^{(\nu)} z^n$, $\nu = 0, 1, \ldots, l$, $t_n^{(\nu)}$ rational. Durch Vergleichung der Koeffizienten von z^n folgt $t_n^{(0)} + \alpha_1 t_n^{(1)} + \cdots + \alpha_l t_n^{(l)} = 0$, d. h. $t_n^{(0)} = t_n^{(1)} = \cdots = t_n^{(l)} = 0$, so daß $\sum_{n=0}^{\infty} t_n^{(\nu)} z^n \equiv 0$, $\nu = 0, 1, \ldots, l$.

Zweiter Beweis. Man betrachte die Koeffizienten von y. Das Bestehen der Relation $R = 0$ bedeutet, daß die Potenzreihen einer gewissen endlichen Anzahl von Funktionen von der Form $z^\mu y^\nu (y')^{\nu_1} (y'')^{\nu_2} \ldots (y^{(r)})^{\nu_r}$ voneinander linear abhängig sind [S. 106]. Man drücke eine dieser Potenzreihen durch andere unabhängige linear aus; die hierzu erforderlichen konstanten Faktoren sind kraft des in Lösung VII **33** auftretenden Gleichungssystems (*) aus den Koeffizienten der Potenzreihe y rational aufgebaut, also im vorliegenden Falle rationale Zahlen.

152. [*E. Heine*, a. a. O. **151**, S. 50.] Die Diskriminante der Gleichung l^{ten} Grades in w

$$(*) \qquad F_0(z)\, w^l + F_1(z)\, w^{l-1} + \cdots + F_{l-1}(z)\, w + F_l(z) = 0$$

ist ein ganzer rationaler Ausdruck in $F_0, F_1, \ldots, F_{l-1}, F_l$, folglich eine in einer Umgebung von $z = 0$ reguläre analytische Funktion. Falls sie identisch verschwindet, kann man durch rationale Operationen eine Gleichung herstellen, der $f(z)$ genügt und deren Diskriminante nicht identisch verschwindet; nehmen wir also an, daß schon die Diskriminante von (*) nicht identisch verschwindet. Dann existieren l voneinander verschiedene Funktionen $w_1 = f(z), w_2, \ldots, w_l$, die in einem gewissen Ringgebiet $0 < |z| < \varrho$, $\varrho > 0$, regulär, vielleicht mehrdeutig sind und die Gleichung (*) erfüllen; im Punkte $z = 0$

haben sie eventuell eine algebraische Singularität. Falls eine wie w_λ beschaffene Funktion $\varphi(z)$ die Eigenschaft hat, daß

$$(\varphi(z) - c_0 - c_1 z - \cdots - c_{n-1} z^{n-1}) z^{-n}$$

für beliebig große Werte von n in der Umgebung von $z = 0$ beschränkt bleibt, so gilt identisch $\varphi(z) = f(z)$ [IV **166**]. Man betrachte einen Wert m, so daß die $l - 1$ Funktionen

$$(w_\lambda - c_0 - c_1 z - \cdots - c_{m-1} z^{m-1}) z^{-m}, \qquad \lambda = 2, 3, \ldots, l$$

alle unbeschränkt sind in der Umgebung von $z = 0$. Setzt man in (*)

$$w = c_0 + c_1 z + \cdots + c_{m-1} z^{m-1} + z^m y$$

ein, so entsteht eine wie (*) beschaffene Gleichung für y; nach Division der Koeffizienten durch eine passende Potenz von z kann dieselbe in die Form

$$(**) \qquad G_0(z) y^l + G_1(z) y^{l-1} + \cdots + G_{l-1}(z) y + G_l(z) = 0$$

gesetzt werden, wobei nicht alle Zahlen $G_0(0), G_1(0), \ldots, G_{l-1}(0), G_l(0)$ verschwinden. Ist $G_0(0) = G_1(0) = \cdots = G_{h-1}(0) = 0$, $G_h(0) \neq 0$, so hat (**) (etwa nach dem *Weierstraß*schen Vorbereitungssatz) $l - h$ für $z = 0$ beschränkte Lösungen. (**) hat tatsächlich nur eine für $z = 0$ beschränkte Lösung, nämlich $c_m + c_{m+1} z + c_{m+2} z^2 + \cdots$; also ist $l - h = 1$, $h = l - 1$, w. z. b. w.

153. [A. a. O. **151**.] Wir können annehmen, daß, wenn $f(z) = c_0 + c_1 z + c_2 z^2 + \cdots$ gesetzt ist, $P_0(0) = P_1(0) = \cdots = P_{l-2}(0) = 0$, $P_{l-1}(0) = a \neq 0$ [**152**], $P_0(z), P_1(z), \ldots, P_l(z)$ ganzzahlig, $c_0 \neq 0$ und c_0 eine ganze Zahl ist. Setzt man $z = 0$, so wird $a c_0 + P_l(0) = 0$, also $P_l(0)$ durch a teilbar. Folglich ist $a^{-1} P_\lambda(a z)$ ganzzahlig, $\lambda = 0, 1, 2, \ldots, l$, und insbesondere $a^{-1} P_{l-1}(0) = 1$. Somit kann

$$(*) \qquad f(a z) = Q_0(z) + Q_2(z) [f(a z)]^2 + \cdots + Q_l(z) [f(a z)]^l$$

gesetzt werden, wobei $Q_\lambda(z) = -\dfrac{a^{-1} P_{l-\lambda}(a z)}{a^{-1} P_{l-1}(a z)}$ wieder ganzzahlig ist [Lösung **142**], $\lambda = 0, 2, 3, \ldots, l$, und $Q_\lambda(0) = 0$ für $\lambda = 2, 3, \ldots, l$. Aus (*) bestimmt sich $a^n c_n$ durch Koeffizientenvergleichung als ganze ganzzahlige Funktion von $c_0, a c_1, a^2 c_2, \ldots, a^{n-1} c_{n-1}$, also [rekursiver Schluß] als ganze Zahl.

154. $P(z), Q(z), Q_1(z), Q_2(z), \ldots$ seien rationalzahlige Potenzreihen, man setze $y = c_0 + c_1 z + c_2 z^2 + \cdots$. Besteht eine der sechs

Gleichungen

$$y = P(z) + Q(z), \qquad y = P(z) - Q(z), \qquad y = P(z)\,Q(z),$$
$$y = \frac{P(z)}{Q(z)}, \qquad Q(0) = 1 \text{ vorausgesetzt [142]},$$
$$y = P[Q(z)], \qquad Q(0) = 0 \text{ vorausgesetzt},$$
$$y = Q(z) + Q_2(z)\,y^2 + Q_3(z)\,y^3 + \cdots + Q_l(z)\,y^l,$$
$$Q_2(0) = Q_3(0) = \cdots = Q_l(0) = 0 \text{ vorausgesetzt [152]},$$

so ergibt sich c_n als eine eindeutig bestimmte rationale Zahl, rational und *ganz* aus den Koeffizienten von $1, z, z^2, \ldots, z^n$ in den Entwicklungen von $P(z), Q(z), Q_1(z), \ldots$ zusammengesetzt, die also nur solche Primzahlen im Nenner haben kann, die auch in den Nennern der besagten Koeffizienten auftreten. [Vgl. a. a. O. **144**.]

155. [*A. Hurwitz*; vgl. *G. Pólya*, Math. Ann. Bd. 77, S. 510—512, 1916.] Es sei p eine Primzahl, die in allen $c_n = \sum_{\nu=0}^{n} a_\nu b_{n-\nu}$, aber nicht in allen a_n, $n = 0, 1, 2, \ldots$ aufgeht. Es seien z. B. $a_0, a_1, \ldots, a_{k-1} \equiv 0$, $a_k \not\equiv 0$ (mod. p). Aus $c_k \equiv a_k b_0$ (mod. p) folgt dann $b_0 \equiv 0$ (mod. p), aus $c_{k+1} \equiv a_k b_1 \equiv 0$ (mod. p) folgt $b_1 \equiv 0$ (mod. p), aus $c_{k+2} \equiv a_k b_2 \equiv 0$ (mod. p) folgt $b_2 \equiv 0$ (mod. p) usw.

156. [*P. Fatou*, Acta Math. Bd. 30, S. 369, 1906. Die hier angegebene Lösung rührt von *A. Hurwitz* her; vgl. *G. Pólya*, a. a. O. **155**.] Es genügt, den Satz für primitive Potenzreihen $f(z) = a_0 + a_1 z + a_2 z^2 + \cdots$ zu beweisen [**155**]. Nach **149** ist $f(z) = \frac{P(z)}{Q(z)}$, $P(z)$ und $Q(z)$ ganzzahlig und ihre Koeffizienten teilerfremd. Die (abbrechende) Potenzreihe $Q(z)$ ist primitiv; hätten nämlich ihre Koeffizienten den gemeinsamen Teiler t, so müßte t wegen $P(z) = t\,\frac{Q(z)}{t}\,f(z)$ auch in denen von $P(z)$ aufgehen. Man bestimme zwei ganzzahlige Polynome $p(z)$, $q(z)$ derart, daß $p(z)\,P(z) + q(z)\,Q(z) = m \neq 0$; m ist ganz. Es ist, $q(z) + p(z)\,f(z) = R(z)$ gesetzt, $m = Q(z)\,R(z)$. Hier ist $R(z)$ ganzzahlig und nicht primitiv, falls $m \neq \pm 1$ (sonst müßte [**155**] m auch primitiv sein); seine Koeffizienten sind auf alle Fälle durch m teilbar. Aus $1 = Q(0)\,\frac{R(0)}{m}$ folgt $Q(0) = \pm 1$.

157. Für rationales θ ist die Folge $a_1, a_2, a_3, \ldots$ von einem gewissen Gliede an periodisch, also $f(z) = a_1 z + a_2 z^2 + \cdots + a_n z^n + \cdots$ rational. Für irrationales θ kann $f(z)$ nicht rational sein, weil es dann [**149**] Quotient von zwei ganzzahligen Polynomen, also $f\left(\frac{1}{10}\right)$ rational wäre.

158. [Vgl. *E. Landau*, Nouv. Ann. Serie 4, Bd. 3, S. 333—336, 1903. *R. Jentzsch*, Math. Ann. Bd. 78, S. 277, 1918.] „Wenn Koeffizientenfolge periodisch, dann dargestellte Funktion rational" ergibt sich leicht (geometrische Reihe). Umgekehrt: Es seien die Zahlen $a_0, a_1, a_2, \ldots$ nur m verschiedener Werte fähig, und der Nenner sei $= 1 + l_1 z + l_2 z^2 + \cdots + l_k z^k$. Es ist $a_n + l_1 a_{n-1} + l_2 a_{n-2} + \cdots + l_k a_{n-k} = 0$ für genügend großes n. Da es nur m^k verschiedene Systeme a_{n-1}, $a_{n-2}, \ldots, a_{n-k}$ gibt, existieren zwei Zahlen μ, ν, $\mu < \nu \leqq \mu + m^k$, derart, daß

$$a_{\mu-1} = a_{\nu-1}, \quad a_{\mu-2} = a_{\nu-2}, \quad \ldots, \quad a_{\mu-k} = a_{\nu-k}.$$

Dann folgt aber $a_\mu = a_\nu$, also auch $a_{\mu+1} = a_{\nu+1}$, $a_{\mu+2} = a_{\nu+2}, \ldots$.

159. Die Koeffizienten von

$$(1-z)^{-l-1} = \sum_{n=0}^{\infty} \binom{l+n}{l} z^n$$

sind nach jedem Primzahlmodul p periodisch. Ist $p > l$, so ist $l!$ zu p teilerfremd und

$$(n+1)(n+2)\cdots(n+l) \equiv (n+p+1)(n+p+2)\cdots(n+p+l) \pmod{p}.$$

Ist $p \leqq l$, $l! = p^a L$, $(L, p) = 1$, so ist $\binom{n+p^{a+1}}{l} \equiv \binom{n}{l} \pmod{p}$, weil die symbolischen Zähler dieser Binomialkoeffizienten kongruent (mod. p^{a+1}) sind. — Die nach Multiplikation mit $P(z)$ entstehende Koeffizientenfolge ist von einem gewissen Gliede an periodisch.

160.
$$\frac{(D-1)z}{(1-Dz)(1-z)} = \sum_{n=1}^{\infty} (D^n - 1) z^n.$$

Ist k die kleinste Zahl, so beschaffen, daß $D^{n+k} \equiv D^n \pmod{p}$, d. h. $D^k \equiv 1 \pmod{p}$, so ist k ein Teiler von $p-1$.

161.
$$(1 - Dz^2)^{-1} = \sum_{n=0}^{\infty} D^n z^{2n}.$$

Die Periodenlänge k ist gerade, $k = 2k'$; k' ist die kleinste positive ganze Zahl mit $D^{k'} \equiv 1 \pmod{p}$. Wegen $D^{p-1} \equiv 1 \pmod{p}$ ist k' ein Teiler von $p-1$. Ferner ist bei ungeradem p: $D^{\frac{p-1}{2}} \equiv 1 \pmod{p}$, wenn $\left(\frac{D}{p}\right) = 1$, also geht dann k' in $\frac{p-1}{2}$ auf; umgekehrt folgt $D^{\frac{p-1}{2}} \equiv 1 \pmod{p}$ aus „$D^{k'} \equiv 1 \pmod{p}$, k' geht in $\frac{1}{2}(p-1)$ auf".

162.

p	2	3	5	7	11	13	17	19	23	29
Länge der Periode	3	8	20	16	10	28	36	18	48	14
$p-1$	—	—	—	—	10	—	—	18	—	28
p^2-1	3	8	—	48	—	168	288	—	528	—.

Von den beiden Zahlen $p-1$ und p^2-1 ist in dieser Tafel $p-1$ angegeben, wenn $p-1$ ein Vielfaches der Periodenlänge ist und p^2-1, wenn $p-1$ kein Vielfaches, aber p^2-1 ein Vielfaches der Periodenlänge ist. Ob der erste oder der zweite Fall eintritt, hängt davon ab, ob p quadratischer Rest (mod. 5) ist oder nicht. Die Zahl 5 hat eine Ausnahmestellung. Vgl. *A. Speiser*, American M. S. Trans. Bd. 23, S. 177, 1922.

163. Sind a_n die Koeffizienten der fraglichen Entwicklung, so ist $a_n + l_1 a_{n-1} + l_2 a_{n-2} + \cdots + l_k a_{n-k} = 0$ für genügend große n; $l_1, l_2, \ldots, l_k$ *ganz* [**156**]. Da es mod. m nur m^k verschiedene Systeme $a_{n-1}, a_{n-2}, \ldots, a_{n-k}$ gibt, existieren zwei Zahlen μ, ν, so daß $a_{\mu-1} \equiv a_{\nu-1}, a_{\mu-2} \equiv a_{\nu-2}, \ldots, a_{\mu-k} \equiv a_{\nu-k}$ (mod. m), $\mu \neq \nu$. Dann folgt aber $a_\mu \equiv a_\nu$, also auch $a_{\mu+1} \equiv a_{\nu+1}, \ldots$ (mod. m) [**158**].

164. [*G. Pólya*, Tôhoku Math. J. Bd. 22, S. 79, 1922.] Es ist $(1-4z)^{-\frac{1}{2}} = \sum_{m=0}^{\infty} \binom{2m}{m} z^m$. Es sei p eine ungerade Primzahl und p^{r-1} ihre höchste Potenz, die in $(2k-1)!$ aufgeht, $k \geqq 1$, $r \geqq 1$. Man schließt aus **134**, daß

$$\binom{2p^r}{p^r} = \frac{(2p^r)!}{p^r!\,p^r!} \not\equiv 0 \quad (\text{mod. } p).$$

Anderseits ist

$$\binom{2p^r}{p^r} = \frac{2}{1}\cdot\frac{2p^r-1}{p^r}\cdot\frac{2p^r-2}{p^r-1}\cdot\frac{2p^r-3}{p^r-1}\cdots\frac{2p^r-2q+2}{p^r-q+1}\cdot\frac{2p^r-2q+1}{p^r-q+1}\binom{2(p^r-q)}{p^r-q},$$

$$-2(2q-1)!\binom{2(p^r-q)}{p^r-q} \equiv 0 \ (\text{mod. } p^r), \qquad \binom{2(p^r-q)}{p^r-q} \equiv 0 \ (\text{mod. } p)$$

für $q = 1, 2, 3, \ldots, k$. Da k und damit r beliebig groß sein können, befinden sich in der (mod. p) reduzierten Koeffizientenfolge beliebig lange Sequenzen von Nullen, gefolgt von einem Glied, das $\not\equiv 0$ ist.

165. Für $z = 1$ strebt das allgemeine Glied nicht gegen 0.

166. [*P. Fatou*, Acta Math. Bd. 30, S. 368—371, 1906.] $f(z) = \sum_{n=0}^{\infty} a_n z^n$ gesetzt, müßte [III **122**]

$$|a_0|^2 + |a_1|^2 + \cdots + |a_n|^2 + \cdots$$

konvergieren,

167. [*P. Fatou*, a. a. O. **166.**] Nach **150** genügt die fragliche algebraische Funktion einer Gleichung der Form

$$P_0(z)[f(z)]^l + P_1(z)[f(z)]^{l-1} + \cdots + P_{l-1}(z)\,f(z) + P_l(z) = 0,$$

wo $P_0(z), P_1(z), \ldots, P_l(z)$ ganze rationale Koeffizienten haben. Hieraus folgt, daß $y = P_0(z) f(z)$ der Gleichung

$$y^l + P_1(z)\,y^{l-1} + P_2(z)\,P_0(z)\,y^{l-2} + \cdots + P_l(z)\,P_0(z)^{l-1} = 0$$

genügt. Für keinen endlichen Wert von z kann y unendlich sein, weil sonst y^l linker Hand überwiegen würde, so daß die Gleichung nicht erfüllt sein könnte. $y = P_0(z) f(z)$ ist jedoch, nach Voraussetzung, eine nicht abbrechende ganzzahlige Potenzreihe [**166**].

168. [*F. Carlson*, Math. Zeitschr, Bd. 9, S. 1, 1921.]

$$\frac{1}{\sqrt{1-4z^l}} = \sum_{n=0}^{\infty} \binom{2n}{n} z^{ln},$$

l ganz, beliebig groß.

169. [*G. Pólya*, Aufgabe; Arch. d. Math. u. Phys. Serie 3, Bd. 23, S. 289, 1915.] Im ersten Falle sind die Zahlen $P(n) - [P(n)]$ periodisch [**158**]. Im zweiten Falle sei angenommen, daß die fragliche Potenzreihe $f(z)$ rational ist. Wir können a_0 irrational annehmen; sonst betrachte man

$$\frac{f(z) + f\left(z e^{\frac{2\pi i}{k}}\right) + \cdots + f\left(z e^{(k-1)\frac{2\pi i}{k}}\right)}{k} = \sum_{n=0}^{\infty} [P(kn)]\, z^{kn}$$

und wähle k so, daß $a_0 k^r$ ganz ist, also $[P(kn)] = a_0 k^r n^r + [a_1 k^{r-1} n^{r-1} + \cdots]$. Anwendung von I **85** ergibt

$$\lim_{z \to 1-0} (1-z)^{r+1} f(z) = \lim_{n \to \infty} \frac{[P(n)]}{\binom{r+n}{r}} = r!\, a_0,$$

was unmöglich ist, weil [**149**] der Grenzwert linker Hand rational ausfallen muß.

170. [Vgl. *D. Hansen*, Thèse, S. 65. Kopenhagen 1904. *G. Pólya*, Aufgabe; Arch. d. Math. u. Phys. Serie 3, Bd. 27, S. 161—162, 1918. Lond. M. S. Proc. Serie 2, Bd. 21, S. 36—38, 1922.] Daß die Voraussetzung bezüglich der a_n sich nicht unmittelbar reduzieren läßt, zeigt **69**.

171. [A. a. O. **170.**] Vgl. **71**.

172. Es ist $Q_n - Q_{n-1} = 1 - 9A_n$, wenn A_n die Anzahl der Nullen am Ende der Dezimaldarstellung von n bedeutet. Folglich ist

$$(1-z)\sum_{n=1}^{\infty} Q_n z^n = \sum_{n=1}^{\infty}(Q_n - Q_{n-1})z^n =$$

$$= \frac{z}{1-z} - 9\left(\frac{z^{10}}{1-z^{10}} + \frac{z^{100}}{1-z^{100}} + \frac{z^{1000}}{1-z^{1000}} + \cdots\right).$$

Die Funktion

$$f(z) = \frac{z}{1-z} + \frac{z^{10}}{1-z^{10}} + \frac{z^{100}}{1-z^{100}} + \frac{z^{1000}}{1-z^{1000}} + \cdots$$

hat $|z| = 1$ zur natürlichen Grenze. In der Tat ist $z = 1$ singulär $[\lim_{z \to 1-0} f(z) = +\infty]$, ferner auch $z = e^{\frac{2\pi i \nu}{10^m}}$, $\nu = 1, 2, \ldots, 10^m - 1$, da die Funktion, welche nach Abspaltung der m ersten Glieder entsteht, in $f(z)$ übergeht, wenn man für z^{10^m} wieder z setzt, während die m abgespaltenen Glieder sich in denjenigen 10^m-ten Einheitswurzeln, die keine 10^{m-1}-ten Einheitswurzeln sind, regulär verhalten.

173. [*G. Pólya*, Aufgabe; Arch. d. Math. u. Phys. Serie 3, Bd. 25, S. 85, 1917. Lösung von *R. Jentzsch*, ebenda, Serie 3, Bd. 27, S. 90—91, 1918.] Anwendung des „Lückensatzes" auf $(1-z)\sum_{n=1}^{\infty} d_n z^n$.

174. Die Differentiation ersetzt die Koeffizientenfolge $a_0, a_1, a_2, a_3, \ldots$ durch $a_1, a_2, a_3, a_4, \ldots$, die angedeutete Integration durch $0, a_0, a_1, a_2, \ldots$.

175. Für die Multiplikation vgl. I **34**. Ist

$$g(z) = 1 + \frac{b_1}{1!}z + \frac{b_2}{2!}z^2 + \cdots + \frac{b_n}{n!}z^n + \cdots = 1 - h(z),$$

so ist $h(z)$ H-ganzzahlig und

$$\frac{1}{g(z)} = \frac{1}{1-h(z)} = 1 + h(z) + [h(z)]^2 + [h(z)]^3 + \cdots$$

ebenfalls.

176. Angenommen, $\frac{[f(z)]^m}{m!}$ ist H-ganzzahlig, so folgt [**174**, **175**] dasselbe für

$$\int_0^z \frac{[f(z)]^m}{m!} f'(z)\, dz = \frac{[f(z)]^{m+1}}{(m+1)!}.$$

177.

$$g(z) = b_0 + \frac{b_1}{1!}z + \frac{b_2}{2!}z^2 + \cdots + \frac{b_m}{m!}z^m + \cdots,$$

$$g[f(z)] = b_0 + \frac{b_1}{1!}f(z) + \frac{b_2}{2!}[f(z)]^2 + \cdots + \frac{b_m}{m!}[f(z)]^m + \cdots$$

H-ganzzahlig auf Grund von **176**.

178. Allgemein: Ist y durch eine Differentialgleichung von der Form

$$\frac{d^n y}{dx^n} = P\left(x, y, \frac{dy}{dx}, \frac{d^2y}{dx^2}, \ldots, \frac{d^{n-1}y}{dx^{n-1}}\right)$$

und die Anfangsbedingungen $y = m_0$, $y' = m_1, \ldots, y^{(n-1)} = m_{n-1}$ für $x = 0$ bestimmt, wobei P eine rationale ganze Funktion mit ganzzahligen Koeffizienten, $m_0, m_1, \ldots, m_{n-1}$ ganze Zahlen bedeuten, so sind alle Ableitungen von y für $x = 0$ ganzzahlig, d. h. y eine H-ganzzahlige Potenzreihe. Speziell: Es ist $\varphi'' = -2\varphi^3$, $\varphi(0) = 0$, $\varphi'(0) = 1$.

179.

$$(e^z - 1)^3 = e^{3z} - 3e^{2z} + 3e^z - 1$$

$$= \sum_{n=2}^{\infty} \frac{3^n - 3 \cdot 2^n + 3}{n!} z^n \equiv \sum_{n=2}^{\infty} \frac{(-1)^n - 1}{n!} z^n \quad (\text{mod. } 4).$$

180.

$$(e^z - 1)^{p-1} = z^{p-1} + \cdots \equiv \frac{-1}{(p-1)!} z^{p-1} + \cdots \quad (\text{mod. } p)$$

$$= e^{(p-1)z} - \binom{p-1}{1} e^{(p-2)z} + \binom{p-1}{2} e^{(p-3)z} - \cdots - \binom{p-1}{p-2} e^z + 1$$

$$= \sum_{n=1}^{\infty} \frac{(p-1)^n - \binom{p-1}{1}(p-2)^n + \binom{p-1}{2}(p-3)^n - \cdots - \binom{p-1}{p-2}}{n!} z^n.$$

In der ersten Zeile ist der *Wilson*sche Satz $(p-1)! \equiv -1$ (mod. p) benutzt. Aus der dritten Zeile (wo übrigens $p \geqq 3$ angenommen ist) geht hervor, daß der Koeffizient von $\frac{z^n}{n!}$ periodisch ist mod. p mit der Periode $p-1$, $n = 1, 2, 3, \ldots, p-1, p, \ldots$. *Jetzt* greife man auf die erste Zeile zurück!

181. Aus **176** und **133** oder aus I **41** und **133**.

182. [Satz von *K. G. Ch. v. Staudt* und *Th. Clausen*. Für den Beweis vgl. *J. C. Kluyver*, Math. Ann. Bd. 53, S. 591—592, 1900.] Aus

$$z = \log[1 + (e^z - 1)],$$

$$\frac{z}{e^z - 1} = 1 - \frac{e^z - 1}{2} + \frac{(e^z - 1)^2}{3} - \frac{(e^z - 1)^3}{4} + \cdots$$

folgt [**179**—**181**]

$$\frac{z}{e^z-1} = g(z) - \frac{z}{2} - \frac{1}{2}\left(\frac{z^2}{2!} + \frac{z^4}{4!} + \frac{z^6}{6!} + \cdots\right)$$
$$-\sum_p \frac{1}{p}\left(\frac{z^{p-1}}{(p-1)!} + \frac{z^{2p-2}}{(2p-2)!} + \frac{z^{3p-3}}{(3p-3)!} + \cdots\right),$$

wo $g(z)$ eine H-ganzzahlige Reihe und $\sum_p$ über die ungeraden Primzahlen $p = 3, 5, 7, 11, \ldots$ erstreckt ist.

183.

$$\frac{dz}{d\varphi} = \frac{1}{\sqrt{1-\varphi^4}} = \sum_{n=0}^{\infty} \binom{2n}{n} \frac{\varphi^{4n}}{2^{2n}}, \qquad \frac{z}{\varphi(z)} = \sum_{n=0}^{\infty} \binom{2n}{n} \frac{(4n)!}{2^{2n}(4n+1)} \frac{[\varphi(z)]^{4n}}{(4n)!};$$

$(4n)!$ ist teilbar durch 2^{2n} [**134**] und auch durch $4n+1$, wenn $4n+1$ keine Primzahl ist [**133**]; $\dfrac{[\varphi(z)]^{4n}}{(4n)!}$ ist H-ganzzahlig [**178**, **176**].

184. Aus der Differentialgleichung **178** folgt

$$\left[\frac{d}{dz}\left(\frac{1}{\varphi^2}\right)\right]^2 = 4\frac{1}{\varphi^6} - 4\frac{1}{\varphi^2},$$

also $\dfrac{1}{\varphi^2} = \wp$, ferner

$$\frac{dz^2}{d\varphi} = \frac{2z}{\sqrt{1-\varphi^4}}, \qquad (1-\varphi^4)\frac{d^2z^2}{d\varphi^2} - 2\varphi^3\frac{dz^2}{d\varphi} = 2.$$

Man sucht das Integral z^2, das den Anfangsbedingungen $z^2 = \dfrac{dz^2}{d\varphi} = 0$ für $\varphi = 0$ entspricht und findet

$$z^2 = \varphi^2 + \frac{3}{5}\frac{\varphi^6}{3} + \frac{3}{5}\cdot\frac{7}{9}\cdot\frac{\varphi^{10}}{5} + \frac{3}{5}\frac{7}{9}\frac{11}{13}\frac{\varphi^{14}}{7} + \cdots,$$

$$z^2\wp(z) = \left(\frac{z}{\varphi(z)}\right)^2 = \sum_{n=0}^{\infty} \frac{G_n H_n}{(4n+1)(2n+1)} \frac{[\varphi(z)]^{4n}}{(4n)!},$$

$G_n = 3.\ 7.\ 11 \ldots (4n-1)$, $\quad H_n = 2.\ 3.\ 4.\ 6.\ 7.\ 8 \ldots (4n-2)(4n-1)\,4n$.

Ist $2n+1 \equiv -1 \pmod 4$, so geht $2n+1$ in G_n auf. Es sei $2n+1 \equiv 1 \pmod 4$ und $2n+1 = ab$, $a > 1$, $b > 1$; ist $a \equiv b \equiv -1 \pmod 4$, so gehen beide Zahlen a und b in beiden Zahlen G_n und H_n auf, also ab in $G_n H_n$; ist aber $a \equiv b \equiv 1 \pmod 4$, so kommt unter den Faktoren von H_n sowohl $2a$ wie auch $4b$ vor. $2n+1$ geht also nur dann in $G_n H_n$ nicht auf, wenn es eine Primzahl und $\equiv 1 \pmod 4$ ist, und dasselbe findet man von $4n+1$. $2n+1$ und $4n+1$ sind übrigens teilerfremd, also wenn beide einzeln in $G_n H_n$ aufgehen, so geht darin auch ihr Produkt auf. Wegen tieferliegender genauerer Resultate vgl. man *A. Hurwitz*, a. a. O. S. 145.

185. [Weiteres bei *M. Fujiwara*, Tôhoku Math. J. Bd. 2, S. 57, 1912.] Die Potenzreihe $a_0 + \frac{a_1}{1!}z + \frac{a_2}{1!}z^2 + \cdots + \frac{a_n}{n!}z^n + \cdots$ genügt dann und nur dann einer Differentialgleichung der fraglichen Art, wenn $a_0 + a_1 z + a_2 z^2 + \cdots + a_n z^n + \cdots$ eine rationale Funktion ist. Beides kommt auf dieselbe Rekursionsformel zwischen $a_0, a_1, a_2, \ldots$ heraus. Vgl. **163**.

186. [*G. Pólya*, Tôhoku Math. J. Bd. 22, S. 79, 1922.] Vgl. **164**; y genügt [I **48**] der Differentialgleichung

$$xy'' + (1 - 4x)y' - 2y = 0.$$

187. [*S. Kakeya*, Tôhoku Math. J. Bd. 10, S. 70, 1916. *G. Pólya*, ebenda, Bd. 19, S. 65, 1921.] Ist $g(z) = \sum_{n=0}^{\infty} \frac{a_n}{n!} z^n$, und ist $a_n \neq 0$, so ist $|a_n| \geqq 1$, $M(n) \geqq \frac{|a_n|}{n!} n^n \geqq \frac{n^n}{n!} \sim \frac{e^n}{\sqrt{2\pi n}}$. Das Gleichheitszeichen ist z. B. für $g(z) = \sum_{n=0}^{\infty} \frac{z^{2^n}}{(2^n)!}$ erreicht.

188. [*Th. Skolem*, Videnskapsselskapets Skrifter 1921, Nr. 17, Satz 8.] Wird mit g der größte gemeinschaftliche Nenner der rationalen Zahlen $b_1, b_2, \ldots, b_m$ bezeichnet, so ist auch

$$g b_0 + \frac{g b_{-1}}{z} + \frac{g b_{-2}}{z^2} + \cdots = g b_0 + r(z)$$

für die fraglichen unendlich vielen ganzen z ganzzahlig. Da $\lim_{z\to\infty} r(z) = 0$, muß $g b_0$ an ganze Zahlen beliebig nahe herankommen, d. h. $g b_0$ ist ganz. Es ist somit auch $r(z)$ für unendlich viele ganze z ganzzahlig, also wegen $\lim_{z\to\infty} r(z) = 0$ für unendlich viele $= 0$, woraus $r(z) \equiv 0$ folgt; denn $r(z^{-1})$ ist in einer gewissen abgeschlossenen Kreisscheibe vom Mittelpunkt $z = 0$ regulär, in unendlich vielen Punkten davon $= 0$, also identisch $= 0$.

189. Die Gleichung $y^2 - 2z^2 = 1$ besitzt unendlich viele Lösungen in ganzen Zahlen, wie aus

$$(3 + 2\sqrt{2})^n = y_n + z_n\sqrt{2}, \qquad (3 - 2\sqrt{2})^n = y_n - z_n\sqrt{2}, \qquad y_n,\ z_n \text{ ganz},$$
$$(9 - 8)^n = y_n^2 - 2z_n^2, \qquad n = 0, 1, 2, 3, \ldots,$$

ersichtlich ist.

190. [*J. Franel*, Interméd. des math. Bd. 2, S. 94, 1895.] Wenn das ganzwertige und folglich rationalzahlige Polynom

$$P(x) = a_0 x^n + a_1 x^{n-1} + \cdots + a_n$$

für alle hinreichend großen ganzzahligen Werte von x die k^{te} Potenz einer ganzen Zahl darstellt, aber selber *keine* k^{te} Potenz eines Polynoms ist, dann hat das Polynom

$$P(x+l_1)\,P(x+l_2)\cdots P(x+l_k) = a_0^k x^{nk} + b_1 x^{nk-1} + \cdots$$

dieselben beiden Eigenschaften, vorausgesetzt, daß die ganzen Zahlen $l_1, l_2, \ldots, l_k$ so gewählt sind, daß $P(x+l_1), P(x+l_2), \ldots, P(x+l_k)$ keine gemeinsamen Nullstellen haben; es sei etwa $l_1 < l_2 < \cdots < l_k$, ferner $l_2 - l_1, l_3 - l_2, \ldots, l_k - l_{k-1}$ genügend groß. Folglich würde die *rationalzahlige* Potenzreihe

$$\sqrt[k]{P(x+l_1)\,P(x+l_2)\cdots P(x+l_k)} = a_0 x^n \sqrt[k]{1 + \frac{b_1}{a_0^k}\frac{1}{x} + \cdots}$$
$$= a_0 x^n + c_1 x^{n-1} + c_2 x^{n-2} + \cdots$$

für alle hinreichend großen ganzzahligen Werte von x eine ganze rationale Zahl darstellen, aber selbst keine ganze rationale Funktion sein: Widerspruch zu **188**!

191. [Beweis von *H. Prüfer*. Weitergehendes a. a. O. **188**.] Sind $b_m, b_{m-1}, \ldots, b_1$ alle rational, so wende man **188** an. Andernfalls kann man annehmen, daß b_m irrational ist. (Wären $b_m, b_{m-1}, \ldots, b_{m-k-1}$ rational, und zwar mit dem größten gemeinschaftlichen Nenner g, und b_{m-k} irrational, $k \geqq 1$, so betrachte man

$$g[F(z) - b_m z^m - b_{m-1} z^{m-1} - \cdots - b_{m-k-1} z^{m-k-1}].)$$

Die m^{te} Differenz

$$F(z+m) - \binom{m}{1} F(z+m-1) + \binom{m}{2} F(z+m-2) - \cdots$$
$$+ (-1)^m F(z) = m!\, b_m + \frac{b'_{-1}}{z} + \frac{b'_{-2}}{z^2} + \cdots$$

ist für genügend große ganze z auch ganzwertig, woraus nach **188** folgt, daß b_m rational ist. Widerspruch!

192. [*G. Pólya*, Aufgabe; Deutsche Math.-Ver. Bd. 32, S. *16*, 1923. Lösung von *T. Radó*, ebenda, Bd. 33, S. *30*, 1924.] Für einen Beweis nach der Methode **188**, **191** vgl. **193**. Die Polynome sollen $f(z)$, $g(z)$ heißen. Die beiden ganzen Funktionen

$$e^{2\pi i f(z)} - 1, \qquad e^{2\pi i g(z)} - 1$$

haben dieselben Nullstellen, aber vielleicht nicht von derselben Multiplizität. Ihre mehrfachen Nullstellen sind bzw. unter den Nullstellen der Polynome $f'(z)$, $g'(z)$ enthalten. Daher ist die Funktion

$$g'(z)\,\frac{e^{2\pi i f(z)} - 1}{e^{2\pi i g(z)} - 1}$$

ganz und hat nur endlich viele Nullstellen; sie ist auch von endlichem Geschlecht. Folglich ist sie $= k(z)\, e^{h(z)}$, wo $k(z)$, $h(z)$ Polynome sind. Aus der Identität $g'(z)\, e^{2\pi i f(z)} - g'(z) = k(z)\, e^{h(z)+2\pi i g(z)} - k(z)\, e^{h(z)}$ folgt, daß die eine der beiden Funktionen $h(z) + 2\pi i g(z)$, $h(z)$ gleich konst., die andere gleich $2\pi i f(z) +$ konst. ist. [Vgl. *G. Pólya*, Nyt Tidsskr. for Math. (B) Bd. 32, S. 21, 1921.]

193. [*G. Pick*, Aufgabe; Deutsche Math.-Ver. Bd. 32, S. *45*, 1923 Lösung von *G. Szegö*, ebenda, Bd. 33, S. *31*, 1924.] Wenn m der Grad von $y = f(x)$, n der Grad von $z = g(x)$ ist, dann gilt für genügend große $|y|$

$$x = a_1 y^{\frac{1}{m}} + a_0 + \frac{a_{-1}}{y^{\frac{1}{m}}} + \frac{a_{-2}}{y^{\frac{2}{m}}} + \cdots,$$

$$z = b_n y^{\frac{n}{m}} + b_{n-1} y^{\frac{n-1}{m}} + \cdots + b_0 + \frac{b_{-1}}{y^{\frac{1}{m}}} + \frac{b_{-2}}{y^{\frac{2}{m}}} + \cdots,$$

wo für $y^{\frac{1}{m}}$ alle m Bestimmungen zulässig sind.

Laut Voraussetzung sind die *Laurent*reihen

$$(1) \qquad \sum_{k=-\infty}^{n} b_k e^{i\frac{2\nu}{m}k\pi} Y_1^k, \qquad \nu = 0, 1, 2, \ldots, m-1,$$

sowie auch die *Laurent*reihen

$$(2) \qquad \sum_{k=-\infty}^{n} b_k e^{i\frac{2\nu+1}{m}k\pi} Y_2^k, \qquad \nu = 0, 1, 2, \ldots, m-1,$$

reellwertig, wenn Y_1 und Y_2 je eine gewisse ins Unendliche strebende Folge von positiven Zahlen durchlaufen. D. h. die Zahlen

$$b_k e^{i\frac{2\nu}{m}k\pi}, \quad b_k e^{i\frac{2\nu+1}{m}k\pi}, \qquad \nu = 0, 1, 2, \ldots, m-1$$

sind reell, folglich $b_k = 0$, wenn k durch m nicht teilbar ist. [Für ungerades m genügt es, bloß die Reihen (1) zu betrachten.] Mithin wird $g(x) = \varphi(y) + P(y^{-1})$, wo $\varphi(y)$ ein Polynom in y, $P(y^{-1})$ eine Potenzreihe ohne absolutes Glied, beide mit reellen Koeffizienten sind. Das Polynom $g(x) - \varphi[f(x)]$ konvergiert danach gegen 0 für $x \to \infty$, d. h. $g(x) - \varphi[f(x)] \equiv 0$. — Unter den Voraussetzungen **192** muß auch die inverse Funktion des Polynoms $\varphi(y)$ ein Polynom sein; somit ist $\varphi(y)$ vom ersten Grade. Ferner muß sowohl $\varphi(y)$ wie die inverse Funktion ganzwertig sein.

194. Aus

$$\alpha^n + a_1\alpha^{n-1} + \cdots + a_{n-1}\alpha + a_n = 0$$

folgt

$$(\sqrt{\alpha})^{2n} + a_1(\sqrt{\alpha})^{2n-2} + \cdots + a_{n-1}(\sqrt{\alpha})^2 + a_n = 0.$$

195. Der Fall $s = 0$ ist klar; es sei $s \neq 0$ angenommen. Genügt $r + s\sqrt{-1}$ einer Gleichung mit ganzen rationalen Koeffizienten und mit dem höchsten Koeffizienten 1, dann genügt derselben Gleichung auch die konjugiert-imaginäre Zahl $r - s\sqrt{-1}$; sie ist also auch ganz. Daher sind auch

$$(r + s\sqrt{-1}) + (r - s\sqrt{-1}), \quad (r + s\sqrt{-1})(r - s\sqrt{-1})$$

ganz; sie sind auch rational. Die Koeffizienten des Polynoms

$$(x - r - s\sqrt{-1})(x - r + s\sqrt{-1}) = x^2 - 2rx + r^2 + s^2$$

sind also gewöhnliche ganze Zahlen. Es sind $r^2 + s^2$, $2r$ ganz und folglich auch $4(r^2 + s^2)$, $2s$. Es sei $2r = a$, $2s = b$ gesetzt. $a^2 + b^2 = 4(r^2 + s^2) \equiv 0 \pmod{4}$ kann *nicht* stattfinden in den folgenden drei Fällen:

$$a \equiv 1,\ b \equiv 1; \quad a \equiv 1,\ b \equiv 0; \quad a \equiv 0,\ b \equiv 1 \pmod{2}.$$

Es muß daher $a \equiv b \equiv 0 \pmod{2}$ sein, also $r = \frac{a}{2}$, $s = \frac{b}{2}$ *ganz*.

196. Es folgt wie in **195**, daß die Koeffizienten des Polynoms $(x - r - s\sqrt{-5})(x - r + s\sqrt{-5})$, d. h. $2r$ und $r^2 + 5s^2$, also auch $5(2s)^2 = 4(r^2 + 5s^2) - (2r)^2$ *ganz* sind. Wäre aber die rationale Zahl $2s$ nicht ganz, so würde im Nenner von $(2s)^2$ das *Quadrat* einer Primzahl aufgehen, das sich gegen 5 nicht wegheben könnte. Also ist $2s = b$ ganz; $2r = a$ ebenfalls. Man schließt weiter wie in **195** aus

$$a^2 + b^2 \equiv a^2 + 5b^2 \equiv 4(r^2 + 5s^2) \equiv 0 \pmod{4}.$$

197. Es folgt wie in **195**, **196**, daß $2r$ und $r^2 + 3s^2$, also auch $2r = a$, $2s = b$ *ganz* sind. Daß $a \equiv b \pmod{2}$ ist, folgt aus

$$(a + b)(a - b) \equiv a^2 + 3b^2 \equiv 4(r^2 + 3s^2) \equiv 0 \pmod{4}.$$

$\frac{1}{2}(-1 + \sqrt{-3})$ ist ganz, Nullstelle von $x^2 + x + 1$.

198. Es seien $\alpha_1, \alpha_2, \ldots, \alpha_n$ konjugierte ganze Zahlen, $|\alpha_\nu| < k$ für $\nu = 1, 2, \ldots, n$, und es gelte identisch

$$(x - \alpha_1)(x - \alpha_2) \cdots (x - \alpha_n) = x^n + a_1 x^{n-1} + \cdots + a_n.$$

Dann ist $|a_\nu| < \binom{n}{\nu} k^\nu$, $\nu = 1, 2, \ldots, n$. Für die ganzen rationalen Zahlen $a_1, a_2, \ldots, a_n$ sind also nur endlich viele Wertsysteme zulässig.

199. Bezeichnungen wie in Lösung **198**. Laut Voraussetzung ist $|a_n| = |\alpha_1 \alpha_2 \cdots \alpha_n| < 1$, folglich $a_n = 0$. Das einzige *irreduzible* Polynom mit verschwindendem Absolutglied und höchstem Koeffizienten 1 ist x.

200. [*L. Kronecker*, Werke, Bd. 1, S. 105. Leipzig: B. G. Teubner 1895.] Das fragliche Polynom heiße $F(x)$, seine Nullstellen $\alpha_1, \alpha_2, \ldots, \alpha_n$ (mit Multiplizität angeschrieben). Man setze

$$(x - \alpha_1^h)(x - \alpha_2^h) \cdots (x - \alpha_n^h) = F_h(x),$$

$h = 1, 2, \ldots$; $F_1(x) = F(x)$; $F_h(x)$ hat ganze rationale Koeffizienten. Die unendliche Folge $F_1(x), F_2(x), \ldots, F_h(x), \ldots$ enthält nur endlich viele verschiedene Polynome [**198**]. Ist $F_h(x)$ mit $F_k(x)$ identisch, $1 \leqq h < k$, so stimmen die Systeme $\alpha_1^h, \alpha_2^h, \ldots, \alpha_n^h$ und $\alpha_1^k, \alpha_2^k, \ldots, \alpha_n^k$, abgesehen von der Reihenfolge, miteinander überein. Ist $\alpha_1^h = \alpha_1^k$, so haben wir schon das Gewünschte. Es sei bei passender Wahl der Numerierung

$$\alpha_1^h = \alpha_2^k, \quad \alpha_2^h = \alpha_3^k, \quad \ldots, \quad \alpha_{l-1}^h = \alpha_l^k, \quad \alpha_l^h = \alpha_1^k.$$

Dann ist

$$\alpha_1^{h^l} = \alpha_2^{k h^{l-1}} = \alpha_3^{k^2 h^{l-2}} = \cdots = \alpha_{l-1}^{k^{l-2} h^2} = \alpha_l^{k^{l-1} h} = \alpha_1^{k^l}.$$

201. Die Gleichung $x^2 - \alpha x + 1$ hat nach Voraussetzung zwei komplexe Wurzeln vom Betrage 1. Es seien $\alpha_1, \alpha_2, \ldots, \alpha_n$ die fraglichen Konjugierten, $\alpha_1 = \alpha$. Das Polynom

$$(x^2 - \alpha_1 x + 1)(x^2 - \alpha_2 x + 1) \cdots (x^2 - \alpha_n x + 1)$$

hat ganze rationale Koeffizienten, und seine Nullstellen sind alle vom Betrage 1, also Einheitswurzeln [**200**]. Die Einheitswurzel, die den ersten Faktor zum Verschwinden bringt, sei $e^{\frac{2\pi i p}{q}}$; es ist

$$e^{\frac{4\pi i p}{q}} - \alpha e^{\frac{2\pi i p}{q}} + 1 = 0.$$

202. Die Zahlen des Körpers, der von der Zahl zweiten Grades ϑ erzeugt wird, können auf die Form $r + s\vartheta$ gebracht werden, wo r, s rational sind [*Hecke*, Satz 53, S. 68]. Man vgl. **195**—**197**. Die Gleichung

$$\sqrt{-3} = a + b\sqrt{-5}$$

mit rationalem a, b ist ausgeschlossen, da daraus $a = 0$, $b = \sqrt{\frac{3}{5}}$ folgen würde; letztere Quadratwurzel ist bekanntlich irrational. Derselbe Schluß zeigt, daß alle drei Körper voneinander verschieden sind.

203. [*G. Pólya*, Lond. M. S. Proc. Serie 2, Bd. 21, S. 27, 1921.] Wenn man die Forderung bezüglich $\zeta'\zeta''$ vorläufig außer acht läßt, so sind bekanntlich [*Hurwitz-Courant*, S. 134—138] für $\mathfrak{M}$ nur folgende beiden Möglichkeiten vorhanden:

a) $\mathfrak{M}$ besteht aus den Zahlen nA, $n = 0, \pm 1, \pm 2, \ldots$;

b) $\mathfrak{M}$ besteht aus den Zahlen $mA + nB$, $A \neq 0$, $\frac{B}{A}$ nicht reell, $m, n = 0, \pm 1, \pm 2, \ldots$.

Berücksichtigt man nun die Forderung bezüglich $\zeta'\zeta''$, so folgt im Falle a), daß $A^2 = nA$, d. h. wenn $A \neq 0$ ist, $A = n$, n ganz rational. Im Falle b) ist

$$AB = lA + l'B, \qquad B^2 = mA + m'B, \qquad AB^2 = nA + n'B,$$

l, l', m, m', n, n' ganz rational. Die Elimination von $1, B, B^2$ aus diesen drei linearen Gleichungen ergibt

$$mA^2 + (lm' - l'm - n)A = ln' - l'n.$$

$ln' - l'n$ gehört also $\mathfrak{M}$ an; ist $ln' - l'n = 0$, so gehört $lm' - l'm - n$ der Menge $\mathfrak{M}$ an. Ist ferner auch diese Zahl $= 0$, so ist $m = 0$, $m' = B \neq 0$, und m' gehört $\mathfrak{M}$ an. Jedenfalls enthält $\mathfrak{M}$ ganze rationale Zahlen außer 0. Wenn $R = rA + r'B$ die absolut kleinste unter diesen ist, dann sind r und r' teilerfremd. Es seien s, s' ganz rational, $rs' - r's = 1$; dann ist $S = sA + s'B$ eine Zahl von $\mathfrak{M}$ und jede Zahl von $\mathfrak{M}$ läßt sich in der Form $pR + qS$ schreiben, $p, q = 0, \pm 1, \pm 2, \ldots$. S ist sicher nicht reell. Es ist $S^2 = pR + qS$.

204. Ist $3 = (a + b\sqrt{-5})(c + d\sqrt{-5})$, so folgt

$$9 = (a^2 + 5b^2)(c^2 + 5d^2);$$

also sind bloß die Fälle

$$a^2 + 5b^2 = 1, 3, 9$$

und, wie die Diskussion zeigt,

$$a, b = \pm 1, 0; \quad \pm 2, \pm 1; \quad \pm 3, 0$$

möglich. Der mittlere Fall ist zu verwerfen; denn es würde $c^2 + 5d^2 = 1$ folgen, während $3 \neq \pm 2 \pm \sqrt{-5}$. 3 hat nur die Teiler ± 1 und ± 3. Ebenso ergibt sich: $1 + 2\sqrt{-5}$ hat nur die Teiler ± 1 und $\pm(1 + 2\sqrt{-5})$. Der gr. g. Teiler könnte somit nur 1 sein. Jedoch ist

$$3(d + D\sqrt{-5}) + (1 + 2\sqrt{-5})(c + C\sqrt{-5}) = 1$$

unmöglich, da aus

$$3d + c \quad - 10C = 1,$$
$$3D + 2c + C \quad = 0$$

$3(-2d + D + 7C) = -2$ folgt: dies ist unverträglich mit der Ganzzahligkeit von d, D, C.

205. Die im Körper liegenden Teiler von 9 sind $1, 3, 9, 2 + \sqrt{-5}$, $2 - \sqrt{-5}$ [**204**]. Man findet auf Grund von **196**, daß $-19 + 4\sqrt{-5}$ bloß durch 3, 9 und $2 - \sqrt{-5}$ nicht teilbar ist, hingegen $-19 + 4\sqrt{-5} = (2 + \sqrt{-5})(-2 + 3\sqrt{-5})$. Man suche $\xi = x + u\sqrt{-5}$ und $\eta = y + v\sqrt{-5}$ so zu bestimmen, daß

$$9\xi + (-19 + 4\sqrt{-5})\eta = 2 + \sqrt{-5}.$$

Durch sukzessive Umformung findet man

$$(2 - \sqrt{-5})\xi + (-2 + 3\sqrt{-5})\eta = 1,$$
$$2x + 5u - 2y - 15v = 1, \qquad -x + 2u + 3y - 2v = 0,$$
$$x = 2u + 3y - 2v, \qquad 9u + 4y - 19v = 1.$$

Da der gr. g. Teiler von 9, 4, 19 tatsächlich $=1$, ist die Aufgabe möglich; es sei z. B. $u = 1$, $y = -2$, $v = 0$, $x = -4$:

$$9(-4 + \sqrt{-5}) - (-19 + 4\sqrt{-5})\,2 = 2 + \sqrt{-5},$$
$$9 = (2 + \sqrt{-5})(2 - \sqrt{-5}), \quad -19 + 4\sqrt{-5} = (2 + \sqrt{-5})(-2 + 3\sqrt{-5}).$$

206. Man beachte **194** und die drei letzten Gleichungen in der Lösung von **205**; es folgt:

$$3\sqrt{\frac{9}{2+\sqrt{-5}}}(-4+\sqrt{-5}) - (1+2\sqrt{-5})\sqrt{\frac{-19+4\sqrt{-5}}{2+\sqrt{-5}}}\cdot 2 = \sqrt{2+\sqrt{-5}},$$
$$3 = \sqrt{2+\sqrt{-5}}\cdot\sqrt{2-\sqrt{-5}}, \qquad 1 + 2\sqrt{-5} = \sqrt{2+\sqrt{-5}}\,\sqrt{-2+3\sqrt{-5}},$$

Gr. g. Teiler von 3 und $1 + 2\sqrt{-5}$ ist also $\sqrt{2 + \sqrt{-5}}$.

207. Aus $\alpha_1 = \gamma_1\delta$, $\alpha_2 = \gamma_2\delta$, ..., $\alpha_m = \gamma_m\delta$ und aus

$$\alpha_1\lambda_1 + \alpha_2\lambda_2 + \cdots + \alpha_m\lambda_m = \vartheta$$

(Definition des gr. g. Teiler) folgt

$$\vartheta = (\gamma_1\lambda_1 + \gamma_2\lambda_2 + \cdots + \gamma_m\lambda_m)\,\delta.$$

208. Beide Quotienten $\frac{\vartheta}{\vartheta'}$ und $\frac{\vartheta'}{\vartheta}$ sind ganz [**207**] und folglich Teiler der Einheit, da $\frac{\vartheta}{\vartheta'}\cdot\frac{\vartheta'}{\vartheta}=1$.

209. Man multipliziere die $m+1$ zur Definition des gr. g. Teilers dienenden Gleichungen (S. 150) mit γ.

210. $\alpha\alpha'+\beta\gamma\beta'=1$ läßt sich auch so auffassen: $\alpha\alpha'+\beta(\beta'\gamma)=1$ oder so: $\alpha\alpha'+\gamma(\beta\beta')=1$.

211. Spezialfall von **212**.

212. Der gr. g. Teiler δ von α und γ geht auch in $\beta\gamma$ auf. Aus $\beta\beta'=1+\alpha\alpha'$, $\gamma\gamma'=\delta+\alpha\alpha''$ folgt $\beta\gamma(\beta'\gamma')=\delta+\alpha(\alpha'\delta+\alpha''+\alpha\alpha'\alpha'')$.

213. $\frac{\alpha}{\delta}$ und $\frac{\beta}{\delta}$ sind teilerfremd [Definition!, vgl. auch **209**], daher [**211**] auch $\left(\frac{\alpha}{\delta}\right)^n$, $\left(\frac{\beta}{\delta}\right)^n$, also ist δ^n gr. g. Teiler von α^n, β^n [**209**].

214. $\sqrt[n]{\alpha}$ ist ganz, vgl. **194**. Aus $\alpha=\alpha'\delta$, $\beta=\beta'\delta$, $\alpha\alpha''+\beta\beta''=\delta$ folgt

$$\sqrt[n]{\alpha}=\sqrt[n]{\alpha'}\sqrt[n]{\delta},\qquad \sqrt[n]{\beta}=\sqrt[n]{\beta'}\sqrt[n]{\delta},\qquad \sqrt[n]{\alpha}\left(\sqrt[n]{\alpha'}\right)^{n-1}\alpha''+\sqrt[n]{\beta}\left(\sqrt[n]{\beta'}\right)^{n-1}\beta''=\sqrt[n]{\delta}.$$

215. Für $m=2$ selbstverständlich. Vollständige Induktion von m auf $m+1$. Es sei

$$\frac{\mu}{\alpha_1}\lambda_1+\frac{\mu}{\alpha_2}\lambda_2+\cdots+\frac{\mu}{\alpha_m}\lambda_m=1$$

angenommen, und α_{m+1} sei teilerfremd zu α_1, zu α_2, …, zu α_m. Dann ist α_{m+1} auch zu $\alpha_1\alpha_2\ldots\alpha_m$ teilerfremd [**211**]. Man setze in $\lambda\alpha_{m+1}+\lambda'\alpha_1\alpha_2\cdots\alpha_m=1$ den Wert

$$\alpha_{m+1}=\frac{\mu\alpha_{m+1}}{\alpha_1}\lambda_1+\frac{\mu\alpha_{m+1}}{\alpha_2}\lambda_2+\cdots+\frac{\mu\alpha_{m+1}}{\alpha_m}\lambda_m$$

ein.

216. Wenn α ganz und $\neq 0$ ist, genügt es einer Gleichung von der Form

$$a_n=-\alpha(a_{n-1}+a_{n-2}\alpha+\cdots+\alpha^{n-1}),$$

worin $a_1, \ldots, a_{n-1}, a_n$ ganz rational, $a_n\neq 0$ ist. Es sei p eine rationale Primzahl, die in a_n *nicht* aufgeht. Man setze in

$$a_n u+pv=1$$

den Wert von a_n aus der Gleichung, die α definiert, ein.

217. [*D. Hilbert*, Die Theorie der algebraischen Zahlkörper, Deutsche Math.-Ver. Bd. 4, S. 218, 1897.] Aus $a_\nu^N = d^\nu b_\nu^\nu$, b_ν ganz rational, folgt $a_\nu = \delta^\nu \beta_\nu$, β_ν ganz. Ist α irgendeine der Zahlen $\alpha_1, \alpha_2, \ldots, \alpha_n$, so ist

$$\alpha^n + \delta\beta_1\alpha^{n-1} + \delta^2\beta_2\alpha^{n-2} + \cdots + \delta^n\beta_n = 0,$$

$$\left(\frac{\alpha}{\delta}\right)^n + \beta_1\left(\frac{\alpha}{\delta}\right)^{n-1} + \beta_2\left(\frac{\alpha}{\delta}\right)^{n-2} + \cdots + \beta_n = 0;$$

folglich ist $\frac{\alpha}{\delta}$ ganz [*Hecke*, S. 79, Satz 62]. — Andererseits gibt es, da $a_1, a_2, \ldots, a_n$ ganze *rationale* Zahlen sind, ganze rationale Zahlen $c_1, c_2, \ldots, c_n$, so daß

$$c_1 a_1^N + c_2 a_2^{\frac{N}{2}} + c_3 a_3^{\frac{N}{3}} + \cdots + c_n a_n^{\frac{N}{n}} = d.$$

Es ist, da $a_1, a_2, \ldots, a_n$ homogene Funktionen von $\alpha_1, \alpha_2, \ldots, \alpha_n$ sind,

$$c_1 a_1^N + c_2 a_2^{\frac{N}{2}} + c_3 a_3^{\frac{N}{3}} + \cdots + c_n a_n^{\frac{N}{n}} = \sum C_{k_1 k_2 \ldots k_n} \alpha_1^{k_1} \alpha_2^{k_2} \ldots \alpha_n^{k_n},$$

wo $C_{k_1 k_2 \ldots k_n}$ ganze rationale Zahlen sind, $k_1 + k_2 + \cdots + k_n = N$. Aus

$$\sum C_{k_1 k_2 \ldots k_n} \alpha_1^{k_1} \alpha_2^{k_2} \ldots \alpha_n^{k_n} = \delta^{N-1}\delta$$

folgt mittels Division beider Seiten durch δ^{N-1}, da δ in $\alpha_1, \alpha_2, \ldots, \alpha_n$ aufgeht,

$$\alpha_1\gamma_1 + \alpha_2\gamma_2 + \cdots + \alpha_n\gamma_n = \delta,$$

wo $\gamma_1, \gamma_2, \ldots, \gamma_n$ ganze Zahlen sind. Vgl. auch **214**.

218. Aus $\beta = \alpha\gamma$ folgen analoge Gleichungen für die Konjugierten, deren Multiplikation $N(\beta) = N(\alpha)\, N(\gamma)$ ergibt.

219. [*G. Rabinowitsch*, J. für Math. Bd. 142, S. 153—164, 1913.] Notwendig: Wenn der gr. g. Teiler ϑ von α und β existiert, d. h. wenn

$$\alpha = \alpha'\vartheta, \quad \beta = \beta'\vartheta, \quad \alpha\gamma + \beta\delta = \vartheta,$$

und weder α' noch β' eine Einheit ist, so ist $|N(\alpha')| > 1$, $|N(\beta')| > 1$, folglich, wegen $N(\alpha) = N(\alpha')\, N(\vartheta)$, $N(\beta) = N(\beta')\, N(\vartheta)$, $0 < |N(\vartheta)| = |N(\alpha\gamma + \beta\delta)| < |N(\alpha)|$ und auch $< |N(\beta)|$.

Hinreichend: Man lasse ξ und η alle solchen ganzen Zahlenpaare des Körpers durchlaufen, die der Linearform $\alpha\xi + \beta\eta$ einen von 0 verschiedenen Wert erteilen; unter allen so erhaltenen ganzen rationalen positiven Zahlen $|N(\alpha\xi + \beta\eta)|$ sei $|N(\alpha\xi_0 + \beta\eta_0)|$ die kleinste. Es sei $\alpha\xi_0 + \beta\eta_0 = \vartheta$, also $\vartheta \neq 0$. Es sind zwei Fälle zu unterscheiden: 1. α ist ein Teiler von ϑ; $\vartheta = \vartheta'\alpha$ gesetzt, ist $|N(\vartheta)| = |N(\vartheta')|\,|N(\alpha)| \geqq |N(\alpha)|$. Aber andererseits ist nach der Wahl von ϑ: $|N(\vartheta)| \leqq |N(1\cdot\alpha + 0\cdot\beta)| = |N(\alpha)|$. Somit ist $|N(\vartheta)| = |N(\alpha)|$, $N(\vartheta') = \pm 1$, also ϑ' eine Einheit und auch ϑ ein Teiler von α. 2. α ist kein Teiler von ϑ; *wäre* auch ϑ kein Teiler von α, so könnte man, kraft der Forderung, ξ, η so bestimmen, daß $0<|N(\alpha\xi+\vartheta\eta)|<|N(\vartheta)|$: Widerspruch zur Wahl von ϑ! Denn $\alpha\xi+\vartheta\eta=\alpha(\xi+\eta\xi_0)+\beta\eta\eta_0$ ist auch eine Zahl der Schar, aus der $\vartheta=\alpha\xi_0+\beta\eta_0$ ausgewählt wurde. Auf alle Fälle ist also ϑ Teiler von α, aus demselben Grund auch Teiler von β, also gr. g. Teiler.

220. Es seien α, β ganze Zahlen des Körpers, keine ein Teiler der andern, $N(\beta)\leqq N(\alpha)$; $\frac{\alpha}{\beta}$ ist Zahl des Körpers, aber keine ganze Zahl, daher $\frac{\alpha}{\beta}=r+s\sqrt{-1}$, wo r, s rationale Zahlen, aber nicht beide ganz sind [**202**]. Man bestimme zwei ganze rationale Zahlen, R und S so, daß $|r-R|\leqq\frac{1}{2}$, $|s-S|\leqq\frac{1}{2}$; $r-R$, $s-S$ sind nicht beide $=0$; daher ist, wenn man $\gamma=r-R+(s-S)\sqrt{-1}$ setzt,

$$0<N(\gamma)=(r-R)^2+(s-S)^2\leqq\tfrac{1}{4}+\tfrac{1}{4}.$$

Man setze $\alpha-\beta\big(R+S\sqrt{-1}\big)=\delta$; gemäß dieser Definition ist δ ganz. Andererseits ist $\delta=\beta\big(r+s\sqrt{-1}-(R+S\sqrt{-1})\big)=\beta\gamma$, folglich

$$N(\delta)=N(\gamma)N(\beta)\leqq\tfrac{1}{2}N(\beta)\leqq\tfrac{1}{2}N(\alpha).$$

$\xi=1$, $\eta=-R-S\sqrt{-1}$ gesetzt, ist die Forderung **219** erfüllt.

221. Wie in der Theorie der ganzen rationalen Zahlen.

222. Wie in der Theorie der ganzen rationalen Zahlen.

223. Aus $\alpha\alpha_1+\mu\mu_1=1$, $\alpha\equiv 0 \pmod{\mu}$ folgt $1\equiv\alpha\alpha_1\equiv 0 \pmod{\mu}$, d. h. μ ist ein Teiler von 1.

224. Durch wiederholte Anwendung der für irgend zwei ganze Zahlen β, γ offenbar gültigen Kongruenz

$$(\beta+\gamma)^p=\beta^p+p\beta^{p-1}\gamma+\frac{p(p-1)}{2}\beta^{p-2}\gamma^2+\cdots+\gamma^p\equiv\beta^p+\gamma^p \pmod{p}.$$

225. [G. *Pólya*, J. für Math. Bd. 151, S. 7, 1921.] Es sei die Determinante $|\omega_l^k|_{k,l=1,2,\ldots,m}=\Delta$ gesetzt. Es sei p eine rationale Primzahl, die sowohl zu α_1 als auch zu Δ teilerfremd ist [**216**].

Dann können die m Kongruenzen

$$\alpha_1\omega_1^{rp}+\alpha_2\omega_2^{rp}+\cdots+\alpha_m\omega_m^{rp}\equiv 0 \pmod{p},\quad r=1,2,\ldots,m$$

nicht alle zugleich bestehen. Denn hieraus würde [**222, 224**]

$$\alpha_1|\omega_l^{kp}|\equiv\alpha_1\Delta^p\equiv 0 \quad \pmod{p}$$

folgen, während andererseits $\alpha_1\Delta^p$ zu p teilerfremd ist [**211**]: Widerspruch [**223**].

226. [Vgl. a. a. O. **227**.] Lösung s. S. 153.

227. [*F. Mertens*, Wien. Ber. Bd. 117, S. 689—690, 1908. Vgl. *K. Grandjot*, Math. Zeitschr. Bd. 19, S. 128—129, 1924.] Bezeichnungen wie auf S. 153. Es sei P das Produkt aller Primzahlen $\leqq 2^h$, t der größte, zu m teilerfremde Teiler von P, r eine beliebige zu m teilerfremde Zahl. Außerdem bezeichne y eine Lösung der Kongruenzen

$$y \equiv r \pmod{m}, \qquad y \equiv 1 \pmod{t}.$$

y ist teilerfremd zu m und t, also zu P, enthält somit nur Primzahlen, die $> 2^h$ sind.

Die Schlußweise S. 153 ergibt, unter p einen Primfaktor von y verstanden, $f(\alpha^p) = 0$. Wenn $y > p$, so ist dieselbe Überlegung zu wiederholen, mit einem beliebigen Primfaktor q von $\frac{y}{p}$; man erhält $f(\alpha^{pq}) = 0$. Schließlich ergibt sich

$$f(\alpha^y) = f(\alpha^r) = 0,$$

d. h. $f(x)$ hat sämtliche Zahlen $\alpha^{r_1}, \alpha^{r_2}, \ldots, \alpha^{r_k}$ zu Nullstellen, $f(x) \equiv K_m(x)$.

228. Die fragliche rationale Funktion ist der Quotient von zwei rational-ganzzahligen Polynomen [**149**], und sowohl der erste wie der letzte nicht verschwindende Koeffizient des Nenners ist $= \pm 1$ [**156**].

229. [*P. Fatou*, C. R. Bd. 138, S. 342—344, 1904.] Wegen der Konvergenz im Einheitskreise sind die Beträge sämtlicher Pole $\geqq 1$. Wegen **156** ist das Produkt dieser Beträge $\leqq 1$, also sind sie alle $= 1$ und der höchste Koeffizient des Nenners ist $= \pm 1$. Nun folgt die Behauptung aus **200**. **157** ist ein Spezialfall.

230. Gemäß **235**, oder auch auf Grund direkter Überlegungen, analog zu **149**, ist die fragliche Funktion der Quotient zweier Polynome, deren Koeffizienten algebraische ganze Zahlen sind; dem endlichen Körper K, dem sie entnommen sind, gehören auch $\alpha_0, \alpha_1, \alpha_2, \ldots$ an. Ersetzt man sämtliche Koeffizienten durch die entsprechenden Zahlen der zu K konjugierten Körper und multipliziert die so entstandenen Potenzreihen auf die *Cauchy*sche Art, so ergibt sich rechter Hand eine ganzzahlige Potenzreihe von z^{-1} und linker Hand eine rationale Funktion, deren Zähler und Nenner ganzzahlige Polynome sind, der Nenner mit dem höchsten Koeffizienten 1 [**156**]. Die Nullstellen dieses Nenners sind somit algebraische ganze Zahlen.

231. Deutung von **225**.

232. [*G. Pólya*, a. a. O. **225**, S. 3—9.] Indem man die rationale Funktion $f'(z)$ ohne Einführung von Irrationalitäten vorsichtig zur Integration vorbereitet, führt man die Behauptung auf **231** zurück.

233. Man kann annehmen, daß die algebraische Funktion $f(z)$ ganz ist; denn $P_0(z) f(z)$ genügt einer Gleichung von besagter Natur mit dem höchsten Koeffizienten 1. Man kann ferner annehmen, daß $z = \alpha$ eine reguläre Stelle der algebraischen ganzen Funktion $f(z)$ ist: wenn dieselbe nach wachsenden Potenzen von $(z-\alpha)^{\frac{1}{m}}$ entwickelt ist (m eine natürliche ganze Zahl), so setze man $z = \alpha + \zeta^m$; hierbei geht die Verzweigungsstelle $z = \alpha$ in die reguläre Stelle $\zeta = 0$ über, die neue Entwicklung, nach Potenzen von ζ, hat dieselben Koeffizienten wie die ursprüngliche, nach Potenzen von $(z-\alpha)^{\frac{1}{m}}$; die vorgelegte Gleichung verwandelt sich, nachdem z durch $\alpha + \zeta^m$ ersetzt wurde, in eine andere von der vorausgesetzten Beschaffenheit. Ist

$$f(z) = a_0 + a_1(z-\alpha) + \cdots + a_m(z-\alpha)^m + \cdots,$$

so ist

$$(z-\alpha)^{-m}[f(z) - a_0 - a_1(z-\alpha) - \cdots - a_{m-1}(z-\alpha)^{m-1}]$$
$$= a_m + a_{m+1}(z-\alpha) + \cdots = \varphi(z)$$

an der Stelle $z = \alpha$ regulär, und genügt einer Gleichung, worin nur algebraische Zahlen als Koeffizienten der interessierten Polynome auftreten, sofern $a_0, a_1, \ldots, a_{m-1}$ schon als algebraische Zahlen nachgewiesen worden sind: es muß

$$a_m = \varphi(\alpha)$$

als algebraisch nachgewiesen werden. Somit ist der ganze Satz auf den hervorgehobenen Spezialfall zurückgeführt; derselbe ist klar, denn es kann von vornherein angenommen werden, daß $P_0(z), P_1(z), \ldots, P_l(z)$ nicht alle durch $z-\alpha$ teilbar sind [*Hecke*, S. 66, Satz 51].

234. [*H. Weyl.*] $F(z, y) = 0$ soll eine rationale Lösung $f(z)$ besitzen. Es kann $f(z)$ ohne Beschränkung als ganze Funktion angenommen werden [Lösung **233**]. Die Koeffizienten von $f(z)$ sind algebraische Zahlen [**233**], die alle einem endlichen Körper angehören [*Hecke*, S. 67, Satz 52], dessen Grad mit n bezeichnet sei. Indem man die Koeffizienten von $f(z)$ durch die konjugierten Zahlen ersetzt, erhält man die weiteren Polynome $f_1(z), f_2(z), \ldots, f_{n-1}(z)$. Die Gleichung

$$(y - f(z))(y - f_1(z)) \ldots (y - f_{n-1}(z)) = 0$$

hat rationale Koeffizienten und hat eine Wurzel mit der irreduziblen Gleichung $F(z, y) = 0$ gemeinsam; daher sind die Wurzeln der letzteren unter $f(z), f_1(z), \ldots, f_{n-1}(z)$ enthalten, folglich sind sie rationale Funktionen von z.

235. Wenn die Reihenentwicklung $y = \alpha_0 + \alpha_1 z + \alpha_2 z^2 + \cdots$ eine algebraische Funktion darstellt und $\alpha_0, \alpha_1, \alpha_2, \ldots$ algebraische Zahlen sind, so genügt die Reihe einer Gleichung $F(z, y) = 0$, wo $F(z, y)$ eine rationale ganze Funktion, $F(z, y) \not\equiv 0$, mit *algebraischen*

Koeffizienten ist [**151**; beide Beweise übertragbar]. Die Koeffizienten $\alpha_0, \alpha_1, \alpha_2 \ldots$ bestimmen sich von einem gewissen an rekursiv aus einer Gleichung von der Form

$$(*) \qquad Y = \frac{P_1(z)}{Q(z)} + \frac{z P_2(z)}{Q(z)} Y^2 + \frac{z P_3(z)}{Q(z)} Y^3 + \cdots + \frac{z P_n(z)}{Q(z)} Y^n,$$

wo $Y = \alpha_m + \alpha_{m+1} z + \cdots$ mit passendem m, $P_1(z)$, $P_2(z)$, ..., $P_n(z)$, $Q(z)$ Polynome mit algebraischen Koeffizienten sind und $Q(0) \neq 0$ [**152**]. Also hängen sämtliche Koeffizienten rational von endlich vielen algebraischen Zahlen ab [*Hecke*, S. 67, Satz 52].

236. Weiterverfolgung der Gleichung (*) in Lösung **235** ähnlich wie in **153**.

237. [*Th. Skolem*, Videnskapsselskapets Skrifter 1921, Nr. 17, Satz 41.]

238. [*E. Lucas*, S. M. F. Bull. Bd. 6, S. 9, 1878.] Angenommen, x, y, ξ, η sind ganze Zahlen, deren gr. g. Teiler $= 1$ ist und die

$$x^2 + y^2 = \xi^2 + \eta^2 = (x - \xi)^2 + (y - \eta)^2$$

erfüllen, so folgt

$$2(x\xi + y\eta) = x^2 + y^2 = \xi^2 + \eta^2,$$

$$x^2 + y^2 + \xi^2 + \eta^2 = 4(x\xi + y\eta) \equiv 0 \pmod{4};$$

weil $x \equiv y \equiv \xi \equiv \eta \equiv 0 \pmod{2}$ ausgeschlossen ist, bleibt nur $x \equiv y \equiv \xi \equiv \eta \equiv 1 \pmod{2}$ übrig. Jetzt ergibt die Gleichung

$$x^2 + y^2 = (x - \xi)^2 + (y - \eta)^2,$$

mod. 4 betrachtet, einen Widerspruch!

239. [*G. Pólya*, Arch. d. Math. u. Phys. Serie 3, Bd. 27, S. 135, 1918; vorliegende Beweisanordnung von *A. Speiser*.] Der Gitterpunkt p, q heiße *primitiv*, wenn er vom Nullpunkt aus sichtbar ist, d. h. wenn p und q teilerfremd sind. Wenn die Beziehung $pv - qu = 1$ besteht, so sind die beiden Gitterpunkte p, q und u, v primitiv und miteinander durch ein Parallelogramm von der Fläche 1 verbunden (die beiden anderen Ecken sind $0, 0$ und $p + u$, $q + v$); u, v soll *linker Nachbar* von p, q und p, q *rechter Nachbar* von u, v heißen. Als *Diagonale* des Verbindungsparallelogramms bezeichnen wir die von $0, 0$ ausgehende Diagonale. Hat die Diagonale des Verbindungsparallelogramms von p, q und u, v die Länge d, so liegen p, q und u, v im gleichen Abstand $\frac{1}{d}$ von ihr. Jeder primitive Gitterpunkt besitzt unendlich viele linke Nachbarn, die alle an einer Geraden, und zwar äquidistant liegen.

1. 1, 0 und $s-1$, 1 sind Nachbarn. Die Diagonale des Verbindungsparallelogramms hat die Länge $\sqrt{s^2+1^2}$; soll diese Diagonale ins Unendliche verlängert von einem ϱ-Kreis aufgehalten werden, so kommen nur die mit den Mittelpunkten 1, 0 und $s-1$, 1 in Betracht. Daher ist $\varrho \geqq \frac{1}{\sqrt{s^2+1^2}}$.

2. Von einem beliebigen, im Kreise $x^2+y^2 \leqq s^2$ liegenden primitiven Gitterpunkt p, q suche man den *äußersten* in demselben Kreis liegenden linken Nachbarn p', q' auf, d. h. $p'+p$, $q'+q$ soll schon außerhalb des Kreises $x^2+y^2 \leqq s^2$ liegen. Auf dieselbe Art sei p'', q'' der äußerste linke Nachbar von p', q', p''', q''' der von p'', q'' usw. Nach einer gewissen Anzahl n von Schritten kommt man zu $p^{(n)}, q^{(n)}$, derart, daß die Verbindungsparallelogramme von p, q und p', q', von p', q' und p'', q'', ..., von $p^{(n-1)}, q^{(n-1)}$ und $p^{(n)}, q^{(n)}$ den Kreis $x^2+y^2 \leqq 1$ vollständig bedecken. Die Diagonale des Verbindungsparallelogramms von p, q und p', q' ist $> s$, der Abstand der Punkte p, q und p', q' von ihr ist $< \frac{1}{s}$. Beschreibt man also Kreise vom Radius $\frac{1}{s}$ um jeden der Punkte p, q; p', q'; ...; $p^{(n)}, q^{(n)}$, so wird jeder von 0, 0 ausgehende Halbstrahl aufgehalten, die Diagonalen sogar von zwei Kreisen. Also ist $\varrho < \frac{1}{s}$.

240. [*A. J. Kempner*, Annals of Math. Serie 2, Bd. 19, S. 127—136, 1917.] Es sei x rational $=\frac{p}{q}$, wo p, q einen primitiven Gitterpunkt [Lösung **239**] bezeichnet. Wenn der fragliche Weg den Punkt 0, 0 am rechten Rande hat, so ist er rechts durch die Verbindungsgerade von 0, 0 und p, q, links durch die Gerade begrenzt, die die linken Nachbarn von p, q enthält [Lösung **239**]. Die Breite des Weges ist die Höhe eines Parallelogramms von Fläche 1 und Grundlinie $\sqrt{p^2+q^2}$, also $=\frac{1}{\sqrt{p^2+q^2}}=\varphi\left(\frac{p}{q}\right)$. Somit ist $f\left(\frac{p}{q}\right)=\varphi\left(\frac{p}{q}\right)\sqrt{1+\frac{p^2}{q^2}}=\frac{1}{q}$. Es ist $f(x)=\varphi(x)=0$, wenn x irrational [II **166**]. (II **99**, II **169**.)

241. Faßt man alle (mod. n) kongruenten Gitterpunkte zu einer „Restklasse" zusammen, so gibt es n^2 verschiedene Restklassen. Es ist nicht möglich, kn^2+1 Objekte so auf n^2 Schachteln zu verteilen, daß in keine Schachtel mehr als k Objekte kommen.

242. [*H. F. Blichfeldt*, American M. S. Trans. Bd. 15, S. 227—235, 1914. *W. Scherrer*, Math. Ann. Bd. 86, S. 99, 1922.] Man betrachte das Gitter von der Maschenbreite $\frac{1}{N}$, d. h. die Gesamtheit der Punkte $\frac{x}{N}, \frac{y}{N}$, wo x, y, N ganz sind. Wenn von den Punkten dieses Gitters z_N in den

Bereich von der Fläche F fallen, so ist $\lim\limits_{n\to\infty}\frac{z_N}{N^2}=F$. Es sei $F>[F]$; unter den z_N Punkten gibt es $[F]+1$, die mod. N kongruent sind, wenn N genügend groß ist [**241**]; Auswahl für $N\to\infty$. Den Fall $F=[F]$ führt man durch Stetigkeitsbetrachtung auf den anderen zurück oder man ändert die Schlußweise passend ab.

243. [Weitergehendes bei *R. Fueter* und *G. Pólya*, Zürich. Naturf. Ges. Bd. 68, S. 380, 1923.] Es sei N eine ganze Zahl, $N>1$. In demjenigen Teil der Ebene, wo die drei Ungleichungen

$$(*)\qquad f(x,y)\leqq N,\quad x\geqq 0,\quad y\geqq 0$$

simultan stattfinden, liegen, nach Bedingungen 1. 2. genau N Gitterpunkte, d. h. Punkte, für welche x, y ganze Zahlen sind. Die erste der Ungleichungen (*) kann so geschrieben werden:

$$\varphi_m\left(xN^{-\frac{1}{m}},\, yN^{-\frac{1}{m}}\right)+N^{-\frac{1}{m}}\varphi_{m-1}\left(xN^{-\frac{1}{m}},\, yN^{-\frac{1}{m}}\right)$$
$$+N^{-\frac{2}{m}}\varphi_{m-2}\left(xN^{-\frac{1}{m}},\, yN^{-\frac{1}{m}}\right)+\cdots\leqq 1.$$

Man bezeichne mit F den Flächeninhalt des durch die Ungleichungen

$$(**)\qquad \varphi_m(x,y)\leqq 1,\quad x\geqq 0,\quad y\geqq 0$$

begrenzten Bereiches (F ist nach Voraussetzung endlich), und betrachte die Punkte $xN^{-\frac{1}{m}}$, $yN^{-\frac{1}{m}}$, wo x, y ganze Zahlen sind (sie bilden ein engmaschiges Gitter). Von den Punkten dieses engmaschigen Gitters liegen im Gebiet (**) angenähert $FN^{\frac{2}{m}}$ Punkte; man schließt, daß die Anzahl der Punkte des Gitters von der Maschenbreite 1 in dem Gebiet (*) für unendlich wachsendes N asymptotisch $=FN^{\frac{2}{m}}$ ist. Nun ist aber die genaue Anzahl, wie gesagt, $=N$. Aus

$$FN^{\frac{2}{m}}\sim N$$

folgt

$$m=2,\qquad F=1.$$

244. [Vgl. *W. Ahrens*, Mathematische Unterhaltungen und Spiele Bd. 2, S. 364. Leipzig: B. G. Teubner 1918.] Die vier Zahlsysteme

$$\begin{array}{llll} x_1, & x_2, & \ldots, & x_n,\\ y_1, & y_2, & \ldots, & y_n,\\ x_1-y_1, & x_2-y_2, & \ldots, & x_n-y_n,\\ x_1+y_1, & x_2+y_2, & \ldots, & x_n+y_n \end{array}$$

sollen vollständige Restsysteme mod. n sein. Setzt man $x_\mu - y_\mu = r_\mu$, $y_\mu = s_\mu$, so handelt es sich um die einfachsten Spezialfälle $p = 2$, $p = 3$ bzw. $p \geqq 5$ von **247**.

245. [*A. Hurwitz*, Aufgabe; Nouv. Ann. Serie 3, Bd. 1, S. 384, 1882.] $r_1 s_1, r_2 s_2, \ldots, r_q s_q$ bilden sicherlich kein vollständiges Restsystem mod. q, wenn $r_\alpha \equiv s_\beta \equiv 0$ (mod. q) und $\alpha \neq \beta$. Nehmen wir also an, es sei $r_q \equiv s_q \equiv 0$ (mod. q); dann ist

$$r_1 r_2 \ldots r_{q-1} \equiv s_1 s_2 \ldots s_{q-1} \equiv 1 . 2 \ldots (q-1) \equiv -1 \pmod{q},$$

also $r_1 s_1 . r_2 s_2 \ldots r_{q-1} s_{q-1} \equiv 1 \not\equiv 1 . 2 \ldots (q-1)$ (mod. q). Nimmt man das reduzierte Restsystem $1, 2, \ldots, q-1$ in der Form $g, g^2, \ldots, g^{q-1}$ an (g Primitivwurzel mod. q), so ist der Satz Spezialfall von **247** für $n = q - 1$, $p = 2$.

246. [*A. Hurwitz.*] Es genügt, die Summe

$$S = 1^\lambda + 2^\lambda + \cdots + p^{\alpha\lambda}$$

zu betrachten. Ist λ kein Vielfaches von $p - 1$ und g eine Primitivwurzel mod. p, so ist $g^\lambda - 1$ durch p nicht teilbar; es folgt aus

$$g^\lambda S \equiv g^\lambda + (g \cdot 2)^\lambda + (g \cdot 3)^\lambda + \cdots + (g p^\alpha)^\lambda \equiv S, \quad S(g^\lambda - 1) \equiv 0 \pmod{p^\alpha},$$

daß $S \equiv 0$ (mod. p^α). Ist λ ein Vielfaches von $p - 1$, so ist

$$1^\lambda + 2^\lambda + \cdots + (p^\alpha)^\lambda \equiv -p^{\alpha-1} \pmod{p^\alpha}$$

für $\alpha = 1$ richtig; nehmen wir diese Kongruenz als richtig für einen bestimmten Wert α an. Es folgt dann

$$1^\lambda + 2^\lambda + \cdots + (p^{\alpha+1})^\lambda = \sum_{k=0}^{p-1} [(1 + k p^\alpha)^\lambda + (2 + k p^\alpha)^\lambda + \cdots + (p^\alpha + k p^\alpha)^\lambda]$$

$$\equiv \sum_{k=0}^{p-1} (1^\lambda + 2^\lambda + \cdots + p^{\alpha\lambda}) + \lambda p^\alpha \sum_{k=0}^{p-1} k (1^{\lambda-1} + 2^{\lambda-1} + \cdots + p^{\alpha(\lambda-1)})$$

$$\equiv p(1^\lambda + 2^\lambda + \cdots + p^{\alpha\lambda}) + \lambda p^\alpha \cdot \frac{p(p-1)}{2} (1^{\lambda-1} + 2^{\lambda-1} + \cdots + p^{\alpha(\lambda-1)}) \equiv -p^\alpha$$

(mod $p^{\alpha+1}$).

247. [*A. Hurwitz*; vgl. a. a. O. **244**.] 1. Setzt man $r_\mu = s_\mu$, dann sind $(r + s) = (2r)$, $(r + 2s) = (3r)$, $\ldots$, $(r + (p-2)s) = ((p-1)r)$ vollständige Restsysteme mod. n, weil $2, 3, \ldots, p - 1$ zu n teilerfremd sind.

2. Wenn $p = 2$, also n gerade ist, und (r), (s), $(r + s)$ zugleich vollständige Restsysteme *wären*, so würde

$$r_1 + r_2 + \cdots + r_n \equiv s_1 + s_2 + \cdots + s_n \equiv (r_1 + s_1) + (r_2 + s_2) + \cdots$$
$$+ (r_n + s_n) \equiv 1 + 2 + \cdots + n \equiv \frac{n(n+1)}{2} \equiv \frac{n}{2} \pmod{n},$$

also

$$(r_1 + s_1) + (r_2 + s_2) + \cdots + (r_n + s_n) \equiv 0 \equiv \frac{n}{2} \pmod{n}$$

folgen: Widerspruch!

3. Es sei p ungerade und p^α die höchste Potenz von p, die in n aufgeht. Man setze

$$1^{p-1} + 2^{p-1} + \cdots + n^{p-1} = S.$$

Wären (r), (s), $(r+s)$, ..., $(r + (p-1)s)$ zugleich vollständige Restsysteme, so würde

$$\sum_{\nu=1}^{n} (r_\nu + k s_\nu)^{p-1} \equiv S \pmod{n}$$

folgen, also, zur Abkürzung

$$\binom{p-1}{\alpha} \sum_{\nu=1}^{n} r_\nu^{p-1-\alpha} s_\nu^\alpha = S_\alpha$$

gesetzt,

$$k S_1 + k^2 S_2 + \cdots + k^{p-2} S_{p-2} + k^{p-1} S \equiv 0 \pmod{n}, \quad k = 1, 2, \ldots, p-1.$$

Die Determinante dieses Systems von $p-1$ linearen Kongruenzen setzt sich aus Faktoren zusammen, die alle >0 und $<p$ sind, ist also zu n teilerfremd. Somit würde endlich

$$S_1 \equiv S_2 \equiv \cdots \equiv S_{p-2} \equiv S \equiv 0 \pmod{n}$$

folgen: Widerspruch, da S durch p^α nicht teilbar ist [**246**].

248.

$$\begin{aligned} n \text{ gerade: } n^a = n \cdot n^{a-1} &= (n^{a-1}+1) + (n^{a-1}+3) + \cdots + (n^{a-1}+n-1) \\ &+ (n^{a-1}-1) + (n^{a-1}-3) + \cdots + (n^{a-1}-n+1); \\ n \text{ ungerade: } n^a = n^{a-1} &+ (n^{a-1}+2) + (n^{a-1}+4) + \cdots + (n^{a-1}+n-1) \\ &+ (n^{a-1}-2) + (n^{a-1}+4) + \cdots + (n^{a-1}-n+1). \end{aligned}$$

249. Ein eigentlicher Teiler einer der Zahlen 2, 3, 4, ..., n ist in derselben Zahlenreihe enthalten: die fragliche Zahl muß Primzahl sein. Das Doppelte einer Zahl $\leq \frac{n}{2}$ ist in derselben Zahlenreihe enthalten: die fragliche Zahl muß $> \frac{n}{2}$ sein.

250. Mit *Tschebyscheff*: Ist $n > 2$, p Primzahl, $n \geq p > \frac{n}{2}$, so ist

$$1 + \frac{1}{2} + \cdots + \frac{1}{p} + \cdots + \frac{1}{n} = \frac{1}{p} + \frac{M}{N} = \frac{N + pM}{pN}$$

mit $(M, N) = 1$, $(p, N) = 1$, woraus $(pN, N + pM) = 1$ folgt: kein Wegheben im Nenner! Ohne *Tschebyscheff*: vgl. **251**.

251. [*J Kürschák*, Math. és phys. lapok, Bd. 27, S. 299—300, 1918.] Man bezeichne α als „Paritätsgrad von n", wenn n durch 2^α teilbar und durch $2^{\alpha+1}$ nicht teilbar ist. Es sind 2^α, $3\cdot 2^\alpha$, $5\cdot 2^\alpha$, $7\cdot 2^\alpha, \ldots$ die Zahlen vom Paritätsgrad α; zwischen zwei konsekutiven liegen die Zahlen $2\cdot 2^\alpha$, $4\cdot 2^\alpha$, $6\cdot 2^\alpha, \ldots$: zwischen irgend zwei Zahlen von gleichem Paritätsgrad liegt eine von größerem Paritätsgrad. Daher gibt es unter den Zahlen $n, n+1, \ldots, m-1, m$ nur eine *einzige* von maximalem Paritätsgrad μ: der Faktor 2^μ des Nenners hebt sich nicht weg.

252. [*G. Pólya*, Aufgabe; Arch. d. Math. u. Phys. Serie 3, Bd. 23, S. 289, 1915. Lösung von *S. Sidon*, ebenda, Serie 3, Bd. 24, S. 284, 1916; vorliegende Lösung von *A. Fleck*.] Es genügt, den Fall $\alpha = \frac{1}{k}$ zu betrachten, wo k ganz ist. Es sei n teilbar durch $1, 2, 3, \ldots, \left[\sqrt[k]{n}\right]$, also auch durch das kleinste gemeinsame Vielfache V dieser Zahlen. Die ν^{te} Primzahl mit p_ν bezeichnet, sei

$$p_l \leqq \sqrt[k]{n} < p_{l+1}, \qquad V = p_1^{m_1} p_2^{m_2} \cdots p_l^{m_l}.$$

Der Exponent m_λ ist durch die Ungleichung $p_\lambda^{m_\lambda} \leqq \sqrt[k]{n} < p_\lambda^{m_\lambda+1}$ bestimmt; insbesondere ist $\sqrt[k]{n} < p_\lambda^{2m_\lambda}$, $\lambda = 1, 2, \ldots, l$. woraus durch Multiplikation $n^{\frac{l}{k}} < V^2$ folgt. Aus der Voraussetzung folgt ferner $V \leqq n$, also schließlich

$$\frac{l}{k} < 2, \qquad \sqrt[k]{n} < p_{2k}, \qquad n < p_{2k}^k.$$

Z. B. wenn $k = 2$, ist $n < 49$. Man kommt jetzt zum Resultat betreffend 24 durch Probieren. Für $k = 3$ ist 420 der zulässige Höchstwert von n.

253. [*L. Kollros.*] Die kleinsten positiven Reste der Zahlen P, $10P$, $10^2P, \ldots$ (mod. Q) bezeichne man mit $p_0, p_1, p_2, \ldots$ Ist

$$\frac{P}{Q} = a,\ a_1 a_2 a_3 \ldots,$$

$a_1, a_2, a_3, \ldots$ die Dezimalstellen, so ist

$$\frac{p_0}{Q} = 0,\ a_1 a_2 a_3 \ldots, \qquad \frac{p_1}{Q} = 0,\ a_2 a_3 a_4 \ldots, \qquad \frac{p_2}{Q} = 0,\ a_3 a_4 a_5 \ldots.$$

Daraus geht hervor: die Länge der kürzesten Periode l ist der Exponent von 10 (mod. Q), d. h. $10^l \equiv 1$ (mod. Q) und keine niedrigere Potenz von 10 ist $\equiv 1$ (mod. Q). Ist l gerade, $= 2\lambda$, also $(10^\lambda - 1)(10^\lambda + 1) \equiv 0$ (mod. Q), so ist $10^\lambda \equiv -1$ (mod. Q), also

$$\frac{p_0}{Q} + \frac{p_\lambda}{Q} = 0, a_1 a_2 a_3 \ldots a_l a_1 \ldots + 0, a_{\lambda+1} a_{\lambda+2} \ldots a_l a_1 \ldots a_\lambda = 0{,}999 \ldots,$$

also $a_1 + a_{\lambda+1} = 9$, $a_2 + a_{\lambda+2} = 9$, $\ldots$, $a_\lambda + a_l = 9$. Ist hingegen l ungerade, so ist offenbar

$$\frac{a_1 + a_2 + \cdots + a_l}{l} \neq \frac{9}{2}.$$

254. [*E. Lucas*; vgl. *A. Hurwitz*, Interméd. des math. Bd. 3, S. 214, 1896.] 1. Ist $3^{2^{h}-1} \equiv -1$ (mod. n), also $3^{2^h} \equiv 1$ (mod. n), so gehört 3 mod. n zum Exponenten $2^h = n - 1$. Der Exponent ist ein Teiler von $\varphi(n)$, also $\varphi(n) \geqq n - 1$. Es folgt, daß $\varphi(n) = n - 1$ und n Primzahl ist.

2. Ist $n = 2^h + 1$ Primzahl, $h \geqq 2$, so ist $n \equiv 1$ (mod. 4); denn es muß h gerade, $= 2\nu$ sein. (Sonst $2^{2\nu+1} + 1 = 4^\nu \cdot 2 + 1 \equiv 0$, mod. 3.) Nach dem Reziprozitätssatz ist

$$\left(\frac{3}{n}\right) = \left(\frac{n}{3}\right) = \left(\frac{4^\nu + 1}{3}\right) = \left(\frac{2}{3}\right) = -1, \quad 3^{\frac{n-1}{2}} \equiv \left(\frac{3}{n}\right) \pmod{n}.$$

255. [*Euler*, Opera Postuma, Bd. 1, S. 220. Petropoli 1862; *G. Pólya*, Aufgabe; Arch. d. Math. u. Phys. Serie 3, Bd. 24, S. 84, 1916. Lösung von *G. Szegö*, ebenda, Serie 3, Bd. 25, S. 340, 1917.] Wäre x, y, z, t eine Lösung, so wäre

$$\frac{4zt^2 + 1}{4yz - 1} = 4zx - 1$$

ganz, d. h.

$$(2zt)^2 \equiv -z \pmod{4yz - 1}.$$

Es sei $z = 2^\alpha z'$, $\alpha \geqq 0$ ganz, z' ungerade. Dann ist

$$\left(\frac{-z}{4yz-1}\right) = \left(\frac{-1}{4yz-1}\right)\left(\frac{2^\alpha}{4yz-1}\right)\left(\frac{z'}{4yz-1}\right).$$

Der erste Faktor ist $= -1$. Der dritte Faktor ist

$$= \left(\frac{4yz-1}{z'}\right)(-1)^{\frac{z'-1}{2}} = \left(\frac{-1}{z'}\right)(-1)^{\frac{z'-1}{2}} = 1.$$

Der zweite Faktor ist, wenn $\alpha = 2k+1$, $k \geqq 0$ ganz, $z = 2z''$,

$$= \left(\frac{2}{4yz-1}\right) = \left(\frac{2}{8yz''-1}\right) = 1,$$

und, wenn $\alpha = 2k$, $k \geqq 0$ ganz,

$$= \left(\frac{1}{4yz-1}\right) = 1.$$

Es ist somit

$$\left(\frac{-z}{4yz-1}\right) = -1: \text{ Widerspruch!}$$

256. [*G. Pólya*, Aufgabe; Arch. d. Math. u. Phys. Serie 3, Bd. 24, S. 84, 1916. Vgl. *Gauß*, Disquisitiones Arithmeticae S. 125; Werke, Bd. 1, S. 94—95. Göttingen: Königliche Gesellschaft der Wissenschaften 1863. Lösung von *P. Bernays*.] 1. $q \equiv 1$ (mod. 4). Ist p ein Primfaktor von $q-4$, so ist $\left(\frac{q}{p}\right) = \left(\frac{p}{q}\right) = 1$; $q > 5$ benutzt.

Es muß ferner eine ungerade Primzahl $p < q$ geben, für welche $\left(\frac{p}{q}\right) = \left(\frac{q}{p}\right) = -1$ ist; denn sonst wären alle ungeraden Zahlen u unterhalb q, also auch die geraden Zahlen $q-u$ und schließlich alle Zahlen $1, 2, 3, \ldots, q-1$ quadratische Reste von q.

2. $q \equiv -1$ (mod. 4). Mindestens ein Primfaktor p von $q-4$ ist ebenfalls $\equiv -1$ (mod 4); für diesen gilt $\left(\frac{q}{p}\right) = -\left(\frac{p}{q}\right) = 1$.

2. a) $q \equiv 7$ (mod. 8). Von den vier Zahlen $\frac{q+1}{8}$, $\frac{q+9}{8}$, $\frac{q+25}{8}$, $\frac{q+49}{8}$ ist eine und nur eine von der Form $4n+3$: dieselbe besitzt einen Primfaktor p von derselben Form, und zwar ist $p < q$, wenn $q > 7$; es ist $\left(\frac{q}{p}\right) = \left(\frac{-1}{p}\right) = -1$, $\left(\frac{p}{q}\right) = 1$.

2. b) $q \equiv 3$ (mod. 8). Von den beiden ungeraden Zahlen $\frac{q+1}{4}$ und $\frac{q+9}{4}$ hat eine und nur eine die Form $4n+3$: Dieselbe besitzt einen Primfaktor p von derselben Form, $p < q$, falls $q > 3$; $\left(\frac{q}{p}\right) = \left(\frac{-1}{p}\right) = -1 = -\left(\frac{p}{q}\right)$.

257. [*G. Pólya*, Aufgabe; Arch. d. Math. u. Phys. Serie 3, Bd. 21, S. 288, 1913. Lösung von *O. Szász*, *G. Szegö*, *L. Neder*, ebenda, Serie 3, Bd. 22, S. 366, 1914. Vgl. *W. H. Young* und *Grace Chisholm Young*, The theory of sets of points, S. 3. Cambridge: University Press 1906.]

Erste Lösung. Es sei n positiv ganz. Es gibt Primzahlen, die, im Dezimalsystem geschrieben, mindestens n aufeinanderfolgende Nullen enthalten. [Die arithmetische Reihe $10^{n+1}x+1$ enthält unendlich viele Primzahlen, **110**.] Daher kann der gegebene Dezimalbruch nicht periodisch sein.

Zweite Lösung. Nach *Tschebyscheff* [a. a. O. **249**] gibt es mindestens eine Primzahl, die im Dezimalsystem geschrieben eine vorgeschriebene Anzahl von Ziffern hat. Wäre der gegebene Dezimalbruch periodisch mit der Periode $a_1, a_2, \ldots, a_k$, $k \geqq 2$, so wähle man r so groß, daß die Primzahlen mit kr Ziffern hinter der Ziffer a_1 der ersten Periode stehen. Es sei x die kleinste unter den Primzahlen mit kr Ziffern. Dann sind zwei Fälle möglich:

$$1.\quad x = a_1 a_2 \ldots \overset{1}{\underset{\smile}{a_k}} a_1 a_2 \ldots \overset{2}{\underset{\smile}{a_k}} \ldots a_1 a_2 \ldots \overset{r}{\underset{\smile}{a_k}},$$

$$2.\quad x = a_{l+1} a_{l+2} \ldots \overset{1}{\underset{\smile}{a_k}} a_1 a_2 \ldots \overset{2}{\underset{\smile}{a_k}} \ldots a_1 a_2 \ldots \overset{r}{\underset{\smile}{a_k}} a_1 a_2 \ldots a_l, \qquad l > 0.$$

Im ersten Fall wäre die angebliche Primzahl x durch die Zahl $a_1 a_2 \ldots a_k$, im zweiten durch $a_{l+1} a_{l+2} \ldots a_k a_1 \ldots a_l$ teilbar: Widerspruch.

258. Aus der *Taylor*schen Formel folgt für $n = 0, 1, 2, \ldots$

$$e = 1 + \frac{1}{1!} + \frac{1}{2!} + \cdots + \frac{1}{n!} + \frac{e^{\theta_n}}{(n+1)!}, \qquad 0 < \theta_n < 1.$$

Wäre $e = \frac{r}{s}$ (r, s positiv ganz, teilerfremd, $s \geqq 2$), dann setze man $n = s$. Es wäre

$$s!\left(e - 1 - \frac{1}{1!} - \frac{1}{2!} - \cdots - \frac{1}{s!}\right) = \frac{e^{\theta_s}}{s+1}$$

ganz. Andererseits ist

$$0 < \frac{e^{\theta_s}}{s+1} < \frac{e}{3} < 1: \text{ Widerspruch!}$$

259. Wäre $ae + be^{-1} + c = 0$ (a, b, c ganz, $|a| + |b| > 0$), so würde aus der *Taylor*schen Formel, angewendet auf die Funktion $ae^x + be^{-x}$,

$$-c = \sum_{\nu=0}^{n} \frac{a + (-1)^\nu b}{\nu!} + \frac{ae^{\theta_n} - (-1)^n b e^{-\theta_n}}{(n+1)!}, \qquad 0 < \theta_n < 1,$$

folgen, $n = 0, 1, 2, \ldots$. Es sei $n \geqq 3|a| + |b| - 1$, außerdem sei

n so gewählt, daß das Vorzeichen von $(-1)^n b$ mit dem von $-a$ übereinstimmt. Dann ist [vgl. **258**]

$$\frac{a e^{\theta_n} - (-1)^n b e^{-\theta_n}}{n+1}$$

ganz. Andererseits ist

$$0 < \frac{|a| e^{\theta_n} + |b| e^{-\theta_n}}{n+1} = \left| \frac{a e^{\theta_n} - (-1)^n b e^{-\theta_n}}{n+1} \right| < \frac{3|a| + |b|}{n+1} \leqq 1:$$

Widerspruch!

260. [*A. Hurwitz.*] Es ist

$$\frac{\Gamma'(n)}{\Gamma(n)} = \frac{\Gamma'(1)}{\Gamma(1)} + \frac{1}{1} + \frac{1}{2} + \frac{1}{3} + \cdots + \frac{1}{n-1}$$

für ganzzahliges n, also

$$\Gamma'(n+1) = n! \left(\frac{1}{1} + \frac{1}{2} + \frac{1}{3} + \cdots + \frac{1}{n} - C \right).$$

261. $\pi + (4 - \pi) = 3{,}9999 \ldots.$

262. [*G. Pólya*, Aufgabe; Arch. d. Math. u. Phys. Serie 3, Bd. 27, S. 161, 1918.] Der fragliche Ausdruck ist [**182, 82**]

$$= \left\{ 2^{n - [n] - \left[\frac{n}{2}\right] - \left[\frac{n}{4}\right] - \cdots} \prod_{p>2} p^{\left[\frac{2n}{p-1}\right] - \left[\frac{2n}{p}\right] - \left[\frac{2n}{p^2}\right] - \cdots} \right\}^{\frac{1}{n}} = 2^{a_n} \prod\nolimits_1^{\frac{1}{n}} \prod\nolimits_2^{\frac{1}{n}};$$

$\prod_{p>2}$ ist über alle ungeraden Primzahlen $\leqq 2n+1$ erstreckt; hieraus enthält $\prod_1$ diejenigen Faktoren, für welche $3 \leqq p \leqq \sqrt{2n}$, $\prod_2$ diejenigen, für welche $\sqrt{2n} < p \leqq 2n+1$ ist. Es ist für $n \to \infty$

$$a_n = -\frac{1}{n} \left(\left[\frac{n}{2}\right] + \left[\frac{n}{4}\right] + \left[\frac{n}{8}\right] + \cdots \right) \to -1.$$

Für $p > \sqrt{2n}$ ist $\left[\frac{2n}{p^2}\right] = \left[\frac{2n}{p^3}\right] = \cdots = 0$. Als alternierende Reihe mit abnehmenden Gliedern ist

$$\sum_{p > \sqrt{2n}} \left(\left[\frac{2n}{p-1}\right] - \left[\frac{2n}{p}\right] \right) \leqq \left[\frac{2n}{[\sqrt{2n}]}\right] < \frac{2n}{\sqrt{2n} - 1}.$$

Hieraus ergibt sich

$$1 \leqq \prod\nolimits_2 < (2n+1)^{\frac{2n}{\sqrt{2n}-1}},$$

folglich $\prod_2^{\frac{1}{n}} \to 1$.

Es sei $m = a_0 + a_1 p + a_2 p^2 + \cdots + a_l p^l$ eine natürliche ganze Zahl im p-adischen System geschrieben, also

$$0 \leqq a_\lambda \leqq p - 1, \quad \lambda = 0, 1, \ldots, l, \quad a_l > 0.$$

Dann ist

$$\frac{m}{p} - \left[\frac{m}{p}\right] = \frac{a_0}{p},$$

$$\frac{m}{p^2} - \left[\frac{m}{p^2}\right] = \frac{a_0}{p^2} + \frac{a_1}{p},$$

$$\cdots\cdots\cdots\cdots\cdots\cdots\cdots$$

und wenn alle unendlich vielen Gleichungen addiert werden,

$$\frac{m}{p-1} - \left[\frac{m}{p}\right] - \left[\frac{m}{p^2}\right] - \cdots = \frac{a_0 + a_1 + \cdots + a_l}{p-1} \leqq l + 1 \leqq \frac{\log m}{\log p} + 1,$$

letzteres wegen $l \log p \leqq \log m$. Folglich ist für $3 \leqq p < \sqrt{2n}$

$$p^{\left[\frac{2n}{p-1}\right] - \left[\frac{2n}{p}\right] - \left[\frac{2n}{p^2}\right] - \cdots} \leqq p^{\frac{\log 2n}{\log p} + 1} < p^{\frac{2 \log 2n}{\log p}} = (2n)^2,$$

$$1 \leqq \prod\nolimits_1 < (2n)^{2\sqrt{2n}}, \quad \prod\nolimits_1^{\frac{1}{n}} \to 1.$$

263. [*G. Pólya*, Gött. Nachr. 1918, S. 26.] Nach Voraussetzung gibt es nur endlich viele Primzahlpotenzen $p'^{a'}$, für welche $|f(p'^{a'})| \geqq 1$. Das Produkt aller solcher Funktionswerte $\Pi f(p'^{a'})$ sei $= C$. Es sei $0 < \varepsilon < 1$; es gibt ebenfalls nur endlich viele Primzahlpotenzen $p''^{a''}$ mit

$$|f(p''^{a''})| \geqq \varepsilon |C|^{-1}.$$

Abgesehen von endlich vielen, hat also jede natürliche Zahl n in ihrer Primfaktorenzerlegung mindestens eine Primzahlpotenz P^A, für welche

$$|f(P^A)| < \varepsilon |C|^{-1}$$

ist. Dann ist

$$|f(n)| = |f(p^a q^b \ldots P^A \ldots)| = |f(p^a)|\,|f(q^b)| \ldots |f(P^A)| \ldots$$
$$< |C| \cdot \varepsilon |C|^{-1} = \varepsilon.$$

264. Anwendung von **263** [**25**, **44**]. Vgl. **45**.

265. $ax^2 + bx + c$ ist dann und nur dann reduzibel, wenn $b^2 - 4ac$ das Quadrat einer ganzen Zahl, $= u^2$ ist. Wir wollen r_n abschätzen. Wir sehen ab von den Koordinatenebenen ($a=0$, $b=0$, $c=0$), die zu r_n höchstens $3(2n+1)^2$ Einheiten beisteuern können. Für b

sind so $2n$ Werte zulässig, $-n, \ldots, -1, 1, \ldots, n$. Für festes b muß

$$b^2 - u^2 = 4ac \geqq -4n^2, \quad u^2 \leqq 4n^2 + b^2 \leqq 5n^2$$

sein; für u sind somit höchstens $2\sqrt{5}\,n$ Werte zulässig, $u^2 = b^2$ ist unzulässig. Für festes b und u, $b^2 - u^2 = 4ac$, sind für a im ganzen $2\tau\left(\frac{|b^2 - u^2|}{4}\right)$ Werte zulässig; dann ist c bestimmt. Bezeichnet man also mit $T(n)$ die größte der Zahlen $\tau(1), \tau(2), \ldots, \tau(n)$, so ist

$$r_n < 3(2n+1)^2 + 2n \cdot 2\sqrt{5}\,n \cdot 2T(n^2).$$

Es ist $\tau(n) \cdot n^{-\varepsilon} \to 0$ für jedes feste $\varepsilon > 0$ [**264**].

266. Es sei $k > 0$, $l > 0$, $k + l = h$,

$$\alpha(x) = \alpha_0 + \alpha_1 x + \cdots + \alpha_k x^k,$$
$$\beta(x) = \beta_0 + \beta_1 x + \cdots + \beta_l x^l$$

zwei ganzzahlige Polynome, in deren Produkt $\alpha(x)\beta(x) = A(x)$ sämtliche Koeffizienten dem Betrage nach $\leqq n$ sind. Außerdem seien α_0, α_k, β_0, β_l von 0 verschieden. Weil die Anzahl der in der Aufgabe erwähnten Polynome mit $a_0 = 0$ oder $a_h = 0$ von der Größenordnung n^h ist, genügt es, zu zeigen, daß die Anzahl der zulässigen Systeme $(\alpha_0, \alpha_1, \ldots, \alpha_k, \beta_0, \beta_1, \ldots, \beta_l)$ gleich $O(n^h \log^2 n)$ ist.

Es seien $x_1 < x_2 < \cdots < x_h$ die h kleinsten natürlichen Zahlen, für welche $A(x)$ nicht verschwindet. Dann ist offenbar $x_h \leqq 2h$. Ferner sind $|\alpha(x_\nu)|$, $|\beta(x_\nu)|$ positiv ganz und beide gehen in $|A(x_\nu)|$ auf; also

$$|\alpha(x_\nu)| \leqq |A(x_\nu)| \leqq \left(1 + (2h) + (2h)^2 + \cdots + (2h)^h\right) n,$$
$$\nu = 1, 2, \ldots, h.$$

Dieselbe Ungleichung gilt für $\beta(x_\nu)$. Hieraus folgt nach der *Lagrange*schen Interpolationsformel (S. 87), daß sämtliche Koeffizienten von $\alpha(x)$ und $\beta(x)$ dem Betrage nach kleiner als Cn sind, wo C nur von h abhängt. Es ist ferner $1 \leqq |\alpha_0\beta_0| \leqq n$, $1 \leqq |\alpha_k\beta_l| \leqq n$. Die Anzahl der zulässigen Wertsysteme (α_0, β_0) bzw. (α_k, β_l) ist also [**79**, II **46**] $= O(n \log n)$, die Anzahl der Wertsysteme $(\alpha_0, \beta_0, \alpha_k, \beta_l)$ ist somit $= O(n^2 \log^2 n)$, schließlich die gesuchte Anzahl

$$= O(n^{k-1} n^{l-1} n^2 \log^2 n) = O(n^h \log^2 n).$$

Neunter Abschnitt.

Anhang.
Einige geometrische Aufgaben.

1. Die Punkte der Oberfläche bilden eine abgeschlossene Punktmenge $\mathfrak{O}$, von der P einen bestimmten minimalen Abstand hat. Dieser Minimalabstand kann nur in einem solchen Punkte M der Fläche erreicht werden, von welchem aus jede in $\mathfrak{O}$ verlaufende Fortschreitungsrichtung auf der Verbindungsstrecke MP senkrecht steht. M kann folglich weder in einer Ecke, noch in einer Kante, nur im Innern einer Seitenfläche liegen.

2. [*G. Pólya*, Tôhoku Math. J. Bd. 19, S. 1—3, 1921.]

3. [II **121**.]

4. [Vgl. *H. Dellac*, Interméd. des math. Bd. 1, S. 69—70, 1894; vgl. noch *H. Poincaré*, ebenda, Bd. 1, S. 141—144, 1894.] Unter A, B Konstanten verstanden, setze man $A\cos x + B\sin x = u$. Es ist $(f'' + f)\,u = (f'' + f)\,u - f(u'' + u) = \frac{d}{dx}(f'u - fu')$; hieraus folgt

$$1.\qquad \int_a^{a+\pi} [f''(x) + f(x)]\sin(x-a)\,dx = f(a) + f(a+\pi) > 0,$$

$$2.\qquad \int_a^{b} [f''(x) + f(x)]\sin(x-a)\,dx = f'(b)\sin(b-a).$$

Es ist $f'(b) \leqq 0$ [Lösung V **10**]; wäre $b - a \leqq \pi$, so wäre die linke Seite >0, die rechte $\leqq 0$.

5. [*W. Blaschke*, Aufgabe; Arch. d. Math. u. Phys. Serie 3, Bd. 26, S. 65, 1917. Lösung von *G. Szegö*, ebenda, Serie 3, Bd. 28, S. 183—184, 1920. Vgl. auch *W. Süß*, Deutsche Math.-Ver. Bd. 33, S. 32—33, 1924.] Es sei

$$h(\varphi) \sim \frac{h_0}{2} + \sum_{n=1}^{\infty} (h_n \cos n\varphi + k_n \sin n\varphi)$$

die *Fourier*sche Reihe von $h(\varphi)$. Dann lautet die *Fourier*sche Reihe von $r(\varphi)$

$$r(\varphi) \sim \frac{h_0}{2} + \sum_{n=1}^{\infty} (1-n^2)(h_n \cos n\varphi + k_n \sin n\varphi),$$

weil wegen der Periodizität von $h(\varphi)$ und $h'(\varphi)$

$$\int_0^{2\pi} r(\varphi)\, e^{in\varphi}\, d\varphi = (1-n^2)\int_0^{2\pi} h(\varphi)\, e^{in\varphi}\, d\varphi$$

ist, $n = 0, 1, 2, \ldots$. Ferner ist

$$r(\varphi) - r(\varphi+\pi) \sim \sum_{n=1}^{\infty} (1-n^2)\,[1-(-1)^n]\,(h_n \cos n\varphi + k_n \sin n\varphi)$$

$$\sim 2\sum_{\nu=1}^{\infty} [1-(2\nu+1)^2]\,[h_{2\nu+1}\cos(2\nu+1)\varphi + k_{2\nu+1}\sin(2\nu+1)\varphi]$$

[II **141**].

6. [*G. Pólya*, Aufgabe; Arch. d. Math. u. Phys. Serie 3, Bd. 27, S. 162, 1918.] Es seien $H(\Phi)$, $h(\varphi)$ die Stützfunktionen, $R(\Phi)$, $r(\varphi)$ die Krümmungsradien, die zu den beiden konvexen Kurven gehören. Dann ist

$$\int_0^{2\pi}\int_0^{2\pi} [H(\Phi) - h(\varphi)]\,[R(\Phi) - r(\varphi)]\, d\Phi\, d\varphi$$

$$= \int_0^{2\pi}\int_0^{2\pi} [H(\Phi)R(\Phi) + h(\varphi)r(\varphi) - h(\varphi)R(\Phi) - H(\Phi)r(\varphi)]\, d\Phi\, d\varphi$$

$$= 2\pi\cdot 2F + 2\pi\cdot 2f - lL - Ll.$$

Laut Voraussetzung ist $H(\Phi) \geqq h(\varphi)$, $R(\Phi) \geqq r(\varphi)$ für alle Wertepaare Φ, φ. Der letzte Ausdruck ist also nichtnegativ.

7. [*G. Pólya*, Aufgabe; Arch. d. Math. u. Phys. Serie 3, Bd. 27, S. 162, 1918.] Es seien $H(\Omega)$, $h(\omega)$ die Stützfunktionen, $R(\Omega)$, $R'(\Omega)$, $r(\omega)$, $r'(\omega)$ die Hauptkrümmungsradien, die zu den beiden konvexen Flächen gehören; dann ist

$$\iint [H(\Omega) - h(\omega)]\,[R(\Omega)R'(\Omega) - r(\omega)r'(\omega)]\, d\Omega\, d\omega$$
$$= \iint [H(\Omega)R(\Omega)R'(\Omega) + h(\omega)r(\omega)r'(\omega) - h(\omega)R(\Omega)R'(\Omega)$$
$$- H(\Omega)r(\omega)r'(\omega)]\, d\Omega\, d\omega = 4\pi\cdot 3V + 4\pi\cdot 3v - mO - Mo,$$

$$\iint [H(\Omega) - h(\omega)]\,\{[R(\Omega) - r(\omega)]\,[R'(\Omega) - r'(\omega)]$$
$$+ [R(\Omega) - r'(\omega)]\,[R'(\Omega) - r(\omega)]\}\, d\Omega\, d\omega$$
$$= \iint \{2H(\Omega)R(\Omega)R'(\Omega) - 2h(\omega)r(\omega)r'(\omega) + 2H(\Omega)r(\omega)r'(\omega)$$
$$+ [R(\Omega) + R'(\Omega)]\,h(\omega)\,[r(\omega) + r'(\omega)] - 2h(\omega)R(\Omega)R'(\Omega)$$
$$- [r(\omega) + r'(\omega)]\,H(\Omega)\,[R(\Omega) + R'(\Omega)]\}\, d\Omega\, d\omega$$
$$= 6\cdot 4\pi V - 6\cdot 4\pi v + 2Mo + 2M\cdot 2o - 2mO - 2m\cdot 2O.$$

Laut Voraussetzung ist

$$H(\Omega) \geqq h(\omega), \quad \mathrm{Min}[R(\Omega),\ R'(\Omega)] \geqq \mathrm{Max}[r(\omega),\ r'(\omega)]$$

für alle Wertepaare Ω, ω. Die beiden obigen Ausdrücke sind also nichtnegativ.

8. Man setze in der *Gauß*schen Formel

$$\iint (X\cos\alpha + Y\cos\beta + Z\cos\gamma)\,dS = \iiint\left(\frac{\partial X}{\partial x} + \frac{\partial Y}{\partial y} + \frac{\partial Z}{\partial z}\right)dx\,dy\,dz,$$

$$X = 1,\ Y = 0,\ Z = 0 \quad \text{bzw.} \quad X = 0,\ Y = -z,\ Z = y.$$

9. Vgl. **10.**

10. [Vgl. Nouv. Ann. Serie 4, Bd. 16, S. 140, 1916.] Man betrachte die Parallelfläche zur gegebenen im Abstand ϱ, deren Punkte zu den Punkten der gegebenen so zugeordnet werden, daß entsprechende Punkte die gleiche Normale haben. Die Koordinaten, die Richtungskosinus der Normalen, die Hauptkrümmungsradien und das Flächenelement lauten in entsprechenden Punkten der gegebenen und der Parallelfläche bzw.

$$\begin{array}{cc}
x,\ y,\ z & x + \varrho\cos\alpha,\ y + \varrho\cos\beta,\ z + \varrho\cos\gamma \\
\cos\alpha,\ \cos\beta,\ \cos\gamma & \cos\alpha,\ \cos\beta,\ \cos\gamma \\
R_1,\ R_2 & R_1 + \varrho,\ R_2 + \varrho \\
dS & \dfrac{(R_1+\varrho)(R_2+\varrho)}{R_1 R_2}\,dS.
\end{array}$$

Wenn man **8** auf die *Parallelfläche* anwendet, wird

$$\iint \cos\alpha\left(1 + \frac{\varrho}{R_1}\right)\left(1 + \frac{\varrho}{R_2}\right)dS = 0,\ \ldots,$$

$$\iint (y\cos\gamma - z\cos\beta)\left(1 + \frac{\varrho}{R_1}\right)\left(1 + \frac{\varrho}{R_2}\right)dS = 0,\ \ldots.$$

Man betrachte ϱ als variabel, und setze die Koeffizienten von ϱ^2, ϱ, 1 gleich 0; man gewinnt so **10**, **9** bzw. **8** wieder.

11. Durch Grenzübergang aus **9**, oder durch Anwendung von **8** auf die „Parallelfläche" des Polyeders und Beachtung des Koeffizienten von ϱ, oder endlich so: man zerlegt die Kraft K in zwei Komponenten, die in die beiden in k zusammenstoßenden Seitenflächen des Polyeders fallen; das so entstandene neue Kräftesystem hält jede Seitenfläche *einzeln* genommen im Gleichgewicht, nach dem Analogon von **8** in der Ebene.

12. [*G. Pólya*, Aufgabe; Arch. d. Math. u. Phys. Serie 3, Bd. 25, S. 337, 1917. Lösung von *K. Scholl*, ebenda, Serie 3, Bd. 28, S. 180,

1920.] Erste Lösung. Die Koordinaten und die Richtungskosinus der Hauptnormalen seien bzw.

$$x,\ y,\ z;\quad l = r\frac{d^2 x}{d s^2},\quad m = r\frac{d^2 y}{d s^2},\quad n = r\frac{d^2 z}{d s^2};$$

die Kurve wird beschrieben, wenn s von 0 bis L variiert; x, y, z und ihre Differentialquotienten nehmen dieselben Werte für $s = 0$ und $s = L$ an. Es ist

$$\int_0^L l\frac{ds}{r} = \int_0^L \frac{d^2 x}{d s^2} ds = \left[\frac{dx}{ds}\right]_0^L = 0,$$

$$\int_0^L (n y - m z)\frac{ds}{r} = \int_0^L \left(y\frac{d^2 z}{d s^2} - z\frac{d^2 y}{d s^2}\right) ds = \left[y\frac{dz}{ds} - z\frac{dy}{ds}\right]_0^L = 0.$$

Zweite Lösung. Die Schar der Kugeln, deren Mittelpunkt ein variabler Punkt der Kurve und deren Radius fest $= \varrho$ ist, hat eine „Kanalfläche" zur Enveloppe; man wende auf diese **8** an und ersetze das an der Oberfläche angreifende Kräftesystem durch ein an der Kurve angreifendes.

13. [*K. Löwner.*] Mit den Bezeichnungen der ersten Lösung von **12** sind die laufenden Koordinaten des sphärischen Bildes

$$\xi = \frac{dx}{ds},\qquad \eta = \frac{dy}{ds},\qquad \zeta = \frac{dz}{ds}.$$

Es ist

$$\int_0^L \xi\, ds = \int_0^L \eta\, ds = \int_0^L \zeta\, ds = 0,$$

also auch für jedes System reeller Zahlen α, β, γ,

$$\int_0^L (\alpha\xi + \beta\eta + \gamma\zeta)\, ds = 0.$$

Es gibt stets mindestens zwei Werte von s mit $\alpha\xi + \beta\eta + \gamma\zeta = 0$.

14. [*K. Löwner.*] $F(x)$ nimmt wegen 3. sowohl in der Nähe von a, als auch in der Nähe von b negative Werte an. Wäre also $F(x)$ monoton, so müßte $F(x) < 0$, $f''(x) < 0$ sein im ganzen Intervall $a < x < b$. Es sei ξ, $a < \xi < b$, die einzige Nullstelle von $f'(x)$, so daß $f'(x)$ von a bis ξ positiv, von ξ bis b negativ ist. Das Integral

$$(*)\qquad \int_a^x F(x)\, f(x)\, f'(x)\, dx = -\frac{1}{2}\,\frac{1}{1 + [f'(x)]^2}$$

konvergiert, und es ist wegen 3.

$$\int_a^b F(x)\,f(x)\,f'(x)\,dx = \int_a^\xi F(x)\,f(x)\,f'(x)\,dx + \int_\xi^b F(x)\,f(x)\,f'(x)\,dx = 0\,.$$

Hieraus folgt, da sämtliche Faktoren zwischen a und ξ bzw. zwischen ξ und b unveränderliches Vorzeichen haben,

$$F(x_1)\int_a^\xi f(x)\,f'(x)\,dx + F(x_2)\int_\xi^b f(x)\,f'(x)\,dx = \left(F(x_1) - F(x_2)\right)\frac{[f(\xi)]^2}{2} = 0\,,$$

$$a < x_1 < \xi < x_2 < b\,,$$

d. h. $F(x_1) = F(x_2) = -c$, $c > 0$. Es ist somit $F(x) = -c$ für $x_1 \leqq x \leqq x_2$. Aus den beiden letzten Gleichungen folgt

$$\int_a^{x_1}\left(F(x) - F(x_1)\right)f(x)\,f'(x)\,dx + \int_{x_2}^b\left(F(x) - F(x_2)\right)f(x)\,f'(x)\,dx = 0\,.$$

Beide Integranden haben dasselbe konstante Vorzeichen, so daß $F(x) = -c$ ist im ganzen Intervall $a < x < b$.

Aus (*) folgt

$$-c\frac{[f(x)]^2}{2} = -\frac{1}{2}\frac{1}{1 + [f'(x)]^2}\,, \qquad f'(x) = \pm\frac{\sqrt{c^{-1} - [f(x)]^2}}{f(x)}\,,$$

wobei das Zeichen + für $a < x < \xi$ und das Zeichen − für $\xi < x < b$ gültig ist. Es muß im ganzen Integrationsintervall $[f(x)]^2 \leqq c^{-1}$ sein. Durch Integration erhält man

$$x - a = \sqrt{c^{-1}} - \sqrt{c^{-1} - [f(x)]^2}\,, \qquad a < x < \xi\,,$$
$$b - x = \sqrt{c^{-1}} - \sqrt{c^{-1} - [f(x)]^2}\,, \qquad \xi < x < b\,.$$

Wegen der Stetigkeit von $f(x)$ muß $\xi - a = b - \xi$, $\xi = \frac{a+b}{2}$ sein; es muß ferner $[f(\xi)]^2 = c^{-1}$ sein, da sonst Differentiation nach x: $1 = -1$ ergäbe. Es ist somit $\xi - a = \sqrt{c^{-1}}$, also $c^{-1} = (\xi - a)^2 = \frac{1}{4}(b-a)^2$, $f(x) = \sqrt{(x-a)(b-x)}$.

15. [*K. Löwner*. Vgl. auch die Formeln (89) bei *H. Minkowski*, Ges. Abhandlungen, Bd. 2, S. 263. Leipzig und Berlin: B. G. Teubner 1911.] Die Meridiankurve sei durch $y = f(x)$ gegeben, $a \leqq x \leqq b$. Zur Berechnung des *Gauß*schen Krümmungsmaßes $K(x) = K_1(x)\,K_2(x)$ in den Punkten des zum Werte x gehörigen Breitenkreises beachte man: Der Meridianschnitt liefert die eine Hauptkrümmung

$$K_1(x) = \frac{f''(x)}{(1 + [f'(x)]^2)^{\frac{3}{2}}}\,;$$

die zweite Hauptkrümmung wird [Satz von *Meusnier*; vgl. *W. Blaschke*, Vorlesungen über Differentialgeometrie, 2. Auflage, Bd. 1, S. 57—58. Berlin: J. Springer 1924] aus dem Krümmungsmaß des Breitenkreises durch Multiplikation mit dem Kosinus des Winkels zwischen der Ebene des Breitenkreises und der Normale der Fläche gewonnen:

$$K_2(x) = \frac{1}{f(x)} \cdot \frac{1}{\sqrt{1 + [f'(x)]^2}}.$$

$f(x)$ erfüllt die Voraussetzung von **14**.

16. [Nach *J. Kürschák.*]

$$(\beta - \gamma)(b - c) + (\gamma - \alpha)(c - a) + (\alpha - \beta)(a - b) \geqq 0,$$
$$\alpha(b + c - a) + \beta(c + a - b) + \gamma(a + b - c) \geqq 0.$$

17. [*G. Pólya*, Aufgabe; Arch. d. Math. u. Phys. Serie 3, Bd. 27, S. 162, 1918.] Die Kanten eines geschlossenen konvexen Polyeders seien mit $k_1, k_2, \ldots, k_m$, die (inneren) Flächenwinkel, gebildet durch die in der betreffenden Kante zusammenstoßenden Seitenflächen, mit $\alpha_1, \alpha_2, \ldots, \alpha_m$ bezeichnet. Das *Maß* sämtlicher Ebenen, die das Polyeder schneiden, ist

$$M = \tfrac{1}{2}[(\pi - \alpha_1) k_1 + (\pi - \alpha_2) k_2 + \cdots + (\pi - \alpha_m) k_m].$$

[*G. Pólya*, Wien. Ber. Bd. 126, S. 319, 1917.] Als Grenzfall ergibt sich, daß das Maß aller Ebenen des Raumes, die ein konvexes ebenes Polygon schneiden, $= \frac{\pi}{2} \times$ Umfang des Polygons ist. Es handelt sich jetzt um ein Tetraeder, $m = 6$. Die Umfänge der vier Seitenflächen seien U_1, U_2, U_3, U_4. Das Maß aller Ebenen, die das Tetraeder schneiden, ohne seine erste Seitenfläche zu treffen, ist $M - \frac{\pi}{2} U_1$, usw. Das Maß solcher Schnittebenen, die alle vier Seitenflächen des Tetraeders treffen, sei T. Dann ist

$$M = \left(M - \frac{\pi}{2} U_1\right) + \left(M - \frac{\pi}{2} U_2\right) + \left(M - \frac{\pi}{2} U_3\right) + \left(M - \frac{\pi}{2} U_4\right) + T.$$

Die Ungleichung folgt aus der Umformung von

$$0 < T < M$$

Die Grenzen werden angenähert, wenn das Tetraeder gegen eine Strecke konvergiert: die obere, wenn gegen jeden Endpunkt der Strecke zwei Tetraederecken, die untere, wenn gegen das eine Streckenende drei Tetraederecken streben.

18. [*E. Steinitz*, Aufgabe; Arch. d. Math. u. Phys. Serie 3, Bd. 19, S. 361, 1912. Lösung von *W. Gaedecke*, ebenda, Serie 3, Bd. 21, S. 290, 1913.] P_2 liege im Nullpunkt, P_0 auf der positiven reellen Achse, P_1 auf der positiven imaginären Achse. Die Hypotenuse P_0P_1 habe die Länge d, $d > 0$, der Winkel $P_2P_0P_1$ sei α, $0 < \alpha < \frac{\pi}{2}$, der Vektor $P_{n-1}P_n$ sei durch die komplexe Zahl z_n dargestellt, $n = 0, 1, 2, \ldots$; $P_{-1} = P_2$. Es sei $z_n = r_n e^{i\vartheta_n}$, $r_n > 0$, $0 \leqq \vartheta_n < 2\pi$. Die Werte von $r_0, r_1, r_2, \ldots$ sind der Reihe nach

$$d\cos\alpha,\quad \underbrace{d,\quad d\sin\alpha,\quad d\sin\alpha\cos\alpha,\quad d\sin^2\alpha\cos\alpha,}_{}$$
$$d\sin^2\alpha\cos^2\alpha,\quad d\sin^3\alpha\cos^2\alpha,\quad \ldots;$$

die Werte von $\vartheta_0, \vartheta_1, \vartheta_2, \ldots$ sind der Reihe nach

$$0,\quad \underbrace{\pi-\alpha,\quad \frac{3\pi}{2},\quad \frac{\pi}{2}-\alpha,\quad \pi,}_{}\quad \underbrace{2\pi-\alpha,\quad \frac{\pi}{2},\quad \frac{3\pi}{2}-\alpha,\quad 0,}_{}\quad \pi-\alpha,\quad \ldots.$$

Es handelt sich um die Summe der unendlichen Reihe

$$z_0 + z_1 + z_2 + \cdots + z_n + \cdots = z_0 + \frac{z_1 + z_2 + z_3 + z_4}{1 + \cos^2\alpha\sin^2\alpha}$$
$$= \frac{d\cos^3\alpha\sin^2\alpha}{1+\cos^2\alpha\sin^2\alpha} + i\,\frac{d\cos^2\alpha\sin\alpha}{1+\cos^2\alpha\sin^2\alpha}.$$

19. [Nach *A. Hirsch.*] Es seien P_1, P_2, P_1', P_2' die Schnittpunkte der Schnittgeraden der gegebenen Ebenen mit den beiden gegebenen Kugeln. Die Darstellung der Schnittgeraden lautet

$$y = \frac{\begin{vmatrix} -D-Ax & C \\ -D'-A'x & C' \end{vmatrix}}{\begin{vmatrix} B & C \\ B' & C' \end{vmatrix}}, \qquad z = \frac{\begin{vmatrix} B & -D-Ax \\ B' & -D'-A'x \end{vmatrix}}{\begin{vmatrix} B & C \\ B' & C' \end{vmatrix}}.$$

Diese Ausdrücke in die Gleichungen der Kugeln eingesetzt, erhält man die quadratischen Gleichungen

$$(1)\qquad A_0x^2 + A_1x + A_2 = 0\,, \qquad A_0'x^2 + A_1'x + A_2' = 0\,,$$

die der Reihe nach die x-Koordinaten von P_1, P_2, P_1', P_2' liefern. Auf ähnliche Weise erhält man die weiteren Gleichungen, die bzw. die y- und z-Koordinaten derselben Punkte angeben:

$$(2)\qquad B_0y^2 + B_1y + B_2 = 0\,, \qquad B_0'y^2 + B_1'y + B_2' = 0\,,$$

$$(3)\qquad C_0z^2 + C_1z + C_2 = 0\,, \qquad C_0'z^2 + C_1'z + C_2' = 0\,.$$

Hierbei ist

$$A_0 = A'_0 = B_0 = B'_0 = C_0 = C'_0 = \begin{vmatrix} B & C \\ B' & C' \end{vmatrix}^2 + \begin{vmatrix} C & A \\ C' & A' \end{vmatrix}^2 + \begin{vmatrix} A & B \\ A' & B' \end{vmatrix}^2.$$

Dieser Ausdruck ist dann und nur dann $=0$, wenn die beiden Ebenen parallel sind. Bezeichnen nun der Reihe nach $\mathfrak{A}$, $\mathfrak{B}$, $\mathfrak{C}$ die Resultanten der Gleichungen (1), (2), (3), so genügt $\mathfrak{A}+\mathfrak{B}+\mathfrak{C}$ der in der Aufgabe gestellten Forderung.

a) Es seien nämlich die beiden Kreise verkettet. Dann wird das Punktepaar $P_1 P_2$ von dem Punktepaar $P'_1 P'_2$ getrennt; das gleiche gilt somit von den Projektionen auf die einzelnen Koordinatenachsen, abgesehen eventuell von einer Achse oder von zweien, wenn nämlich die Gerade $P_1 P_2$ auf der Achse senkrecht steht. Dann fallen die Projektionen in einem einzigen Punkt zusammen. Jedenfalls sind, wie aus der gegenseitigen Lage der Wurzeln der quadratischen Gleichungen (1), (2), (3) ersichtlich ist, in diesem Falle sämtliche Resultanten $\mathfrak{A}$, $\mathfrak{B}$, $\mathfrak{C}$ negativ (eventuell eine oder zwei gleich Null) [V **194**], also auch ihre Summe.

b) Es sei umgekehrt $\mathfrak{A}+\mathfrak{B}+\mathfrak{C}<0$, dann ist mindestens eine von den drei Resultanten negativ, z. B. $\mathfrak{A}<0$. Dann ist $A_0>0$, $A'_0>0$, also sind die beiden Ebenen nicht parallel, die Schnittpunkte P_1, P_2, P'_1, P'_2 eindeutig bestimmt. Die Projektion des Punktepaares $P_1 P_2$ auf die x-Achse trennt die von $P'_1 P'_2$ auf dieselbe Achse [V **194**], das gleiche gilt somit für die Punkte selbst.

20. [*A. Hirsch.*] Wenn (x_1, x_2, x_3) ein singulärer Punkt des Kegelschnittes $\sum_{r=1}^{3}\sum_{s=1}^{3} a_{rs} X_r X_s = 0$ ist, dann gelten die Gleichungen

$$a_{\nu 1} x_1 + a_{\nu 2} x_2 + a_{\nu 3} x_3 = 0, \qquad \nu = 1, 2, 3$$

[*G. Kowalewski*, Einführung in die analytische Geometrie, S. 202; Leipzig: Veit 1910]. In unserem Falle ergibt sich, $x_1 + x_2 + x_3 = -x_0$ gesetzt, $\lambda_0 x_0 = \lambda_1 x_1 = \lambda_2 x_2 = \lambda_3 x_3$, und die Gleichung des fraglichen Kegelschnittes (Geradenpaares) lautet

$$x_1 x_2 x_3 X_0^2 + x_0 x_2 x_3 X_1^2 + x_0 x_1 x_3 X_2^2 + x_0 x_1 x_2 X_3^2 = 0,$$

wobei $X_0 + X_1 + X_2 + X_3 = 0$ ist. Es sei dx_ν, $\nu = 0, 1, 2, 3$, $dx_0 + dx_1 + dx_2 + dx_3 = 0$, eine Verrückung längs der Integralkurve, dann ist, $X_\nu = x_\nu + dx_\nu$ gesetzt,

$$(1) \qquad x_1 x_2 x_3 (dx_0)^2 + x_0 x_2 x_3 (dx_1)^2 + x_0 x_1 x_3 (dx_2)^2 + x_0 x_1 x_2 (dx_3)^2 = 0.$$

Dies ist die Differentialgleichung der zu ermittelnden Kurvenschar. Die Variablenvertauschung $x_\nu = y_\nu^2$ liefert

$$(1') \qquad (y_0 y_1 y_2 y_3)^2 ((dy_0)^2 + (dy_1)^2 + (dy_2)^2 + (dy_3)^2) = 0,$$

woraus zunächst $x_\nu = 0$ als *singuläre Lösung* folgt $(\nu = 0, 1, 2, 3)$. Die *allgemeine Lösung* ergibt sich aus den Gleichungen

$$(dy_0)^2 + (dy_1)^2 + (dy_2)^2 + (dy_3)^2 = 0, \qquad y_0^2 + y_1^2 + y_2^2 + y_3^2 = 0,$$
$$y_0 dy_0 + y_1 dy_1 + y_2 dy_2 + y_3 dy_3 = 0.$$

Die Elimination von y_0 ergibt

$$(y_0 dy_0)^2 = (y_1^2 + y_2^2 + y_3^2)\left((dy_1)^2 + (dy_2)^2 + (dy_3)^2\right)$$
$$= (y_1 dy_1 + y_2 dy_2 + y_3 dy_3)^2,$$

also $(y_2 dy_3 - y_3 dy_2)^2 + (y_3 dy_1 - y_1 dy_3)^2 + (y_1 dy_2 - y_2 dy_1)^2 = 0$.
Setzt man

$$z_1 = y_2 y_3' - y_3 y_2', \qquad z_2 = y_3 y_1' - y_1 y_3', \qquad z_3 = y_1 y_2' - y_2 y_1',$$

wo die Differentiation nach einem Parameter gemeint ist, so folgt, die Summen über $r = 1, 2, 3$ erstreckt,

$$(2) \qquad \begin{array}{ll} \sum y_r z_r = 0, & \sum y_r z_r' = 0, \\ \sum z_r z_r = 0, & \sum z_r z_r' = 0. \end{array}$$

Hieraus schließt man $z_1' : z_2' : z_3' = z_1 : z_2 : z_3$, außer, wenn $z_1 : z_2 : z_3 = y_1 : y_2 : y_3$. Letztere Annahme führt auf $y_0 = 0$, also wieder auf $x_0 = 0$. Andernfalls erhält man durch Integration $z_1 : z_2 : z_3 = \mu_1 : \mu_2 : \mu_3$, μ_r konstant, $\mu_1^2 + \mu_2^2 + \mu_3^2 = 0$, also nach (2): $\mu_1 y_1 + \mu_2 y_2 + \mu_3 y_3 = 0$. Setzt man $\mu_r^2 = \varkappa_r$, $r = 1, 2, 3$, so folgt nach Rationalisierung:

$$(\varkappa_1 x_1 + \varkappa_2 x_2 + \varkappa_3 x_3)^2 - 2(\varkappa_1^2 x_1^2 + \varkappa_2^2 x_2^2 + \varkappa_3^2 x_3^2) = 0,$$
$$\varkappa_1 + \varkappa_2 + \varkappa_3 = 0.$$

Diese Gleichung stellt die Schar derjenigen Kegelschnitte dar, welche dem Vierseit $X_0 = 0$, $X_1 = 0$, $X_2 = 0$, $X_3 = 0$ eingeschrieben sind. In der Tat lautet die Gleichung der Tangente in (x_1, x_2, x_3)

$$(\varkappa_1 x_1 + \varkappa_2 x_2 + \varkappa_3 x_3)(\varkappa_1 X_1 + \varkappa_2 X_2 + \varkappa_3 X_3)$$
$$- 2(\varkappa_1^2 x_1 X_1 + \varkappa_2^2 x_2 X_2 + \varkappa_3^2 x_3 X_3) = 0.$$

Es seien $\varkappa_1, \varkappa_2, \varkappa_3$ von 0 verschieden und man setze für (x_1, x_2, x_3) der Reihe nach $(\varkappa_1, \varkappa_2, \varkappa_3)$, $(0, \varkappa_2^{-1}, \varkappa_3^{-1})$, $(\varkappa_1^{-1}, 0, \varkappa_3^{-1})$, $(\varkappa_1^{-1}, \varkappa_2^{-1}, 0)$.

21. [*A. Hirsch.*]

$$\nu = \frac{x}{\sin\tau} + \frac{y}{\cos\tau},$$

$$\frac{dx}{d\tau} = \varrho\cos\tau = 2n\,(x\operatorname{cotg}\tau + y),$$

$$\frac{dy}{d\tau} = \varrho\sin\tau = 2n\,(x + y\operatorname{tg}\tau).$$

Die Elimination von y ergibt

$$\frac{d^2x}{d\tau^2} - \frac{2n}{\sin\tau\cos\tau}\frac{dx}{d\tau} + \frac{2n}{\sin^2\tau}x = 0.$$

Man führe zuerst $u = -\operatorname{tg}^2\tau$ als unabhängige, dann $\xi = xu^{-\frac{1}{2}}$ als abhängige Veränderliche ein. Man erhält so die Differentialgleichung

$$u(1-u)\frac{d^2\xi}{du^2} + \left[\frac{3}{2} - n - \left(\frac{1}{2} + 1 - n + 1\right)u\right]\frac{d\xi}{du} - \frac{1}{2}(1-n)\xi = 0,$$

der die hypergeometrische Reihe [VIII **146**]

$$\xi = F(\tfrac{1}{2}, 1-n, \tfrac{3}{2}-n, u)$$

genügt, wodurch die Aufgabe prinzipiell gelöst ist. Auf Grund von Bekanntem können nun insbesondere die rationalen Lösungen diskutiert werden. Um diese letzteren übersichtlich zu erhalten, führe man als neue abhängige Veränderliche $z = x(\operatorname{tg}\tau)^{-n}$ und dann als unabhängige Veränderliche $v = i\operatorname{cotg}(2\tau)$ ein. Es ergibt sich die Differentialgleichung

$$(1-v^2)\frac{d^2z}{dv^2} - 2v\frac{dz}{dv} + n(n-1)z = 0,$$

deren eine partikuläre Lösung $z = P_{n-1}(v)$ ist [VI **90**], falls $n = 1, 2, 3, \ldots$; man erhält so die in $\operatorname{tg}\tau$ rationalen Ausdrücke

$$x = \frac{1}{i}(i\operatorname{tg}\tau)^n P_{n-1}(i\operatorname{cotg}2\tau),$$

$$y = (i\operatorname{tg}\tau)^n P_n(i\operatorname{cotg}2\tau).$$

Insbesondere ergibt sich für $n = 1$ als partikuläre Lösung die Parabel

$$x = \operatorname{tg}\tau, \qquad y = \frac{\operatorname{tg}^2\tau - 1}{2}, \qquad 2y = x^2 - 1.$$

22. [*A. Hirsch.*] 1. Die Gleichung von H folgt durch Elimination von t aus

(1) $$F = 0,$$

(2) $$\frac{\partial F}{\partial t} \equiv \sum_{\nu=1}^{3}\frac{x_\nu^2}{(a_\nu - t)^2} - 1 = 0.$$

Schreibt man (1) in der Form (bei den Summationen sind die Indices zyklisch zu vertauschen)

$$t^4 - \left(\sum a_1\right)t^3 + \left[\sum(a_2a_3 + x_1^2)\right]t^2 - \left[a_1a_2a_3 + \sum(a_2+a_3)x_1^2\right]t$$
$$+ \sum a_2a_3x_1^2 \equiv A_0t^4 + 4A_1t^3 + 6A_2t^2 + 4A_3t + A_4 = 0,$$

und bezeichnet Δ die Diskriminante dieses Polynoms in t, dann ist $\Delta = 0$ die Gleichung von H. Es ist nun,

$$I_2 = A_0 A_4 - 4 A_1 A_3 + 3 A_2^2,$$

$$I_3 = \begin{vmatrix} A_0 & A_1 & A_2 \\ A_1 & A_2 & A_3 \\ A_2 & A_3 & A_4 \end{vmatrix} = A_0 A_2 A_4 + 2 A_1 A_2 A_3 - A_2^3 - A_0 A_3^2 - A_1^2 A_4$$

gesetzt [*Cesàro*, S. 387],

$$\Delta = I_2^3 - 27 I_3^2 = 27 A_2^4 (A_0 A_4 - 4 A_1 A_3) + 54 A_2^3 (A_0 A_2 A_4 + 2 A_1 A_2 A_3 - A_0 A_3^2) + Q,$$

wo Q höchstens vom Grade 8 ist. Das höchste Glied von Δ ist danach gleich dem von $27 A_2^3 (3 A_2 A_4 - 2 A_3^2)$, d. h.

$$= 27 \left(\frac{\sum x_1^2}{6}\right)^3 \left[\frac{\sum x_1^2}{2} \sum a_2 a_3 x_1^2 - \frac{1}{8} \left(\sum (a_2 + a_3) x_1^2\right)^2\right]$$

$$= -\frac{1}{64} \left(\sum x_1^2\right)^3 \left[\sum (a_2 - a_3)^2 x_1^4 + 2 \sum (a_1 - a_2)(a_1 - a_3) x_2^2 x_3^2\right].$$

2. Wenn $d x_1$, $d x_2$, $d x_3$ eine Verrückung auf H ist, dann gilt [(2)]

$$\sum_{\nu=1}^{3} \frac{x_\nu d x_\nu}{a_\nu - t} = 0. \tag{3}$$

Hieraus folgt für die Richtungskosinus X_1, X_2, X_3 der geeignet orientierten Normale von H

$$X_\nu = \frac{x_\nu}{a_\nu - t}, \qquad \nu = 1, 2, 3. \tag{4}$$

Die Koordinaten der Tangentialebene im Punkte x_1, x_2, x_3 lauten

$$u_\nu = \frac{X_\nu}{x_1 X_1 + x_2 X_2 + x_3 X_3}, \qquad \nu = 1, 2, 3.$$

Wegen (1) ist $x_\nu = i (a_\nu - t) u_\nu$, $\nu = 1, 2, 3$. Dies in (1), (2) eingesetzt, t eliminiert, folgt

$$\left(\sum_{\nu=1}^{3} a_\nu u_\nu^2\right)^2 - 4 \sum_{\nu=1}^{3} u_\nu^2 = 0.$$

3. Wenn ϱ der eine Hauptkrümmungsradius von H in (x_1, x_2, x_3) ist, $\varrho \neq 0$, dann gelten für die Verrückungen auf H längs der betreffenden Krümmungslinie folgende Gleichungen [*W. Blaschke*, a. a. O. **15**, S. 63]:

$$d x_\nu + \varrho d X_\nu = 0, \qquad \nu = 1, 2, 3$$

oder nach 2.

$$(5)\qquad dx_\nu + \varrho\, dt \frac{x_\nu}{(a_\nu - t)(a_\nu - t + \varrho)} = 0, \qquad \nu = 1, 2, 3.$$

Wegen (3) folgt hieraus

$$(6)\qquad \sum_{\nu=1}^{3} \frac{x_\nu^2}{(a_\nu - t)^2 (a_\nu - t + \varrho)} = 0.$$

Dies ist die quadratische Gleichung für die beiden Hauptkrümmungsradien. Sie läßt sich wegen der Identität

$$\frac{1}{a^2(a+\varrho)} = \frac{1}{\varrho}\frac{1}{a^2} - \frac{1}{\varrho^2}\frac{1}{a} + \frac{1}{\varrho^2}\frac{1}{a+\varrho}$$

und mit Beachtung von (1) und (2) folgendermaßen schreiben:

$$(6')\qquad \sum_{\nu=1}^{3} \frac{x_\nu^2}{a_\nu - t + \varrho} - (t - \varrho) = 0.$$

Kombiniert man nun das totale Differential von (6') mit (5), so folgt

$$(7)\qquad \left(\sum_{\nu=1}^{3} \frac{x_\nu^2}{(a_\nu - t + \varrho)^2} - 1\right)(3\,dt - d\varrho) = 0.$$

Diejenige Lösung von (7), die durch Nullsetzen des ersten Faktors entsteht, ist zu verwerfen: sie würde bedeuten, daß die Gleichung $F(x, y, z, \lambda) = 0$ die zwei verschiedenen Doppelwurzeln t, $t - \varrho$ besitzt ($\varrho \neq 0$), was unmöglich ist. $F(\lambda)$ hat nämlich eine *ungerade* Anzahl von Nullstellen, sowohl im Intervall a_1, a_2, wie auch im Intervall a_2, a_3. Es ist also $\varrho = 3t +$ konst. längs der ϱ entsprechenden Krümmungslinie. Der andere Krümmungsradius ist [(6)] gleich $t +$ konst.

Das Resultat kann also folgendermaßen interpretiert werden: Wenn $w = u$, $w = v$ die beiden Wurzeln von

$$(8)\qquad \sum_{\nu=1}^{3} \frac{x_\nu^2}{(a_\nu - t)^2 (a_\nu - w)} = 0, \quad \text{oder von} \quad \sum_{\nu=1}^{3} \frac{x_\nu^2}{a_\nu - w} - w = 0$$

bezeichnen, dann lauten die Gleichungen der Krümmungslinien: $u =$ konst., $v =$ konst. Die Parameter u, v sind diejenigen beiden Wurzeln der Gleichung $F(x, y, z, w) = 0$, welche diese neben der Doppelwurzel $w = t$ besitzt.

Die Krümmungslinie $u = u_0$ liegt auf der Fläche $t = u_0$: die Flächen der gegebenen Schar durchdringen die Hüllfläche H in ihren Krümmungslinien.

23. [*A. Hirsch.*] Nach **22** (8), (2) ist

$$\frac{x_1^2}{(a_1-t)^2}=\frac{(a_1-u)(a_1-v)}{(a_1-a_2)(a_1-a_3)}, \quad \ldots$$

Durch Kombination mit **22** (1) folgt $2t+u+v=a_1+a_2+a_3$ und

$$x_1=\sqrt{\frac{(a_1-u)(a_1-v)}{(a_1-a_2)(a_1-a_3)}}\left(a_1+\frac{u+v-(a_1+a_2+a_3)}{2}\right), \ldots$$

Die Ermittlung der Schnittpunkte der Krümmungslinie $v=$ konst. mit einer Ebene führt auf eine Gleichung von der Form:

$$c_0+\sum_{\nu=1}^{3} c_\nu\sqrt{a_\nu-u}\,(u+b_\nu)=0, \quad c_0,\ a_\nu,\ b_\nu,\ c_\nu \text{ konstant.}$$

Rationalisierung führt auf eine Gleichung 12-ten Grades in u.

24. [*A. Hirsch.*] 1. Wenn ξ_1, ξ_2, ξ_3 die Koordinaten des ϱ entsprechenden Krümmungsmittelpunktes sind, dann ist [*W. Blaschke*, a. a. O. **15**, S. 63, (47)]

$$\xi_\nu=x_\nu+\varrho X_\nu=x_\nu\frac{a_\nu-t+\varrho}{a_\nu-t}, \qquad \nu=1,2,3,$$

[**22** (4)], folglich [**22** (2), (6)]

$$\sum_{\nu=1}^{3}\frac{\xi_\nu^2}{(a_\nu-t+\varrho)^2}=1, \qquad \sum_{\nu=1}^{3}\frac{\xi_\nu^2}{(a_\nu-t+\varrho)^3}=0.$$

Die Zentrafläche von H ist also Hüllfläche der Ellipsoidenschar $\sum_{\nu=1}^{3}\frac{\xi_\nu^2}{(a_\nu-s)^2}-1=0$.

2. Es sei h eine Konstante und

$$\bar{x}_\nu=x_\nu+hX_\nu=x_\nu\frac{a_\nu-t+h}{a_\nu-t}, \qquad \nu=1,2,3$$

gesetzt. Dann ist [**22** (1), (2)]

$$\sum_{\nu=1}^{3}\frac{\bar{x}_\nu^2}{(a_\nu-t+h)^2}=1, \qquad \sum_{\nu=1}^{3}\frac{\bar{x}_\nu^2}{a_\nu-t+h}=t+h.$$

Die Parallelfläche von H im Abstande h ist also Hüllfläche der Schar der Flächen zweiter Ordnung $\sum_{\nu=1}^{3}\frac{\bar{x}_\nu^2}{a_\nu-s}=s+2h$.

25. [*E. E. Levi*, C. R. Bd. 153, S. 799, 1911.] Wenn $x''-x'$, $y''-y'$ ganze Zahlen sind, so gehen von den beiden Punkten x', y' und x'', y'' gleiche und gleichgelegene, d. h. bloß um eine Translation verschiedene Integralkurven aus. Man betrachte die Integralkurve $y = f(x)$, die durch den Nullpunkt geht [d. h. es ist $f(0) = 0$] und die beiden mit ihr kongruenten durch die Gitterpunkte $x = m$, $y = [f(m)]$ und $x = m$ $y = [f(m)] + 1$; da zwei verschiedene Integralkurven sich nicht schneiden, ist für $m, n = 1, 2, 3, \ldots$

$$[f(m)] + f(n) \leqq f(m+n) < [f(m)] + 1 + f(n).$$

Die Folge $f(1), f(2), \ldots, f(n), \ldots$ erfüllt die Voraussetzung von **I 99**. Zur Ergänzung: Aus ähnlichen Gründen ist

$$[f(-n)] + f(2n) \leqq f(n) < [f(-n)] + 1 + f(2n),$$

$$-\frac{1}{n} < \frac{f(n)}{n} + \frac{f(-n)}{-n} - 2\frac{f(2n)}{2n} < \frac{1}{n};$$

ferner ist, mit M das Maximum von $|F(x, y)|$ im Quadrat $0 \leqq x \leqq 1$, $0 \leqq y \leqq 1$ bezeichnet, $|f(x) - f([x])| < M$.

Namenverzeichnis.

Die Zahlen sind Seitenzahlen. Kursiv gedruckte Zahlen beziehen sich auf Originalbeiträge.

Sachverzeichnis

zu beiden Bänden.

I. Erklärungen

der wichtigeren oder weniger gebräuchlichen Bezeichnungen.

Die gewöhnlichen Zahlen bedeuten Seitenzahlen des ersten, die kursiven Zahlen Seitenzahlen des zweiten Bandes.

II. Themata,

welche durch die Anordnung der Aufgaben nicht vollständig zur Geltung gebracht, aber durch zusammenhängendes Übungsmaterial vertreten sind.

Die römischen Zahlen bezeichnen die Abschnitte, die darauffolgenden arabischen sind Aufgabennummern.

Berichtigungen zu Band I.

Aufgabe I **134** (S. 24) ist folgendermaßen zu modifizieren (vgl. eine in der Math. Zeitschr. erscheinende Arbeit von *W. Threlfall*): Wenn von zwei zueinander komplementären Teilreihen einer bedingt konvergenten Reihe die eine gegen $+\infty$ divergiert, so divergiert die andere gegen $-\infty$. Vorausgesetzt, daß die eine Teilreihe nur Glieder eines Zeichens enthält, kann man durch Umordnungen, die die beiden Teilreihen nur relativ zueinander verschieben, jede beliebige Reihensumme erzielen.

Lösung I **134** (S. 179) ist folgendermaßen zu modifizieren: Die Glieder der divergenten Teilreihe $a_{r_1} + a_{r_2} + a_{r_3} + \cdots$ seien alle $\geqq 0$. Die komplementäre Teilreihe $a_{s_1} + a_{s_2} + a_{s_3} + \cdots$ hat dann die Eigenschaft, daß zu jedem ε, $\varepsilon > 0$, eine Zahl N gehört, derart, daß für $n > m > N$

$$a_{s_m} + a_{s_{m+1}} + \cdots + a_{s_n} < \varepsilon$$

ist. Das folgende ist nahezu identisch mit dem üblichen Beweis des von *Riemann* herrührenden Satzes über die Wertänderung bedingt konvergenter Reihen [*Knopp*, S. 319].

Lösung III **257** (S. 316) ist hinzuzufügen: Durch vollständigere Ausnützung von III **265** zeigt man die Gleichmäßigkeit der Konvergenz zunächst in einer abgeschlossenen, in $\mathfrak{G}$ enthaltenen Kreisscheibe, deren Mittelpunkt der vorausgesetzte Konvergenzpunkt ist. Mittels „dachziegelförmiger“ Bedeckung durch Kreisscheiben wird der Beweis zu Ende geführt.

Heidelberger Taschenbücher

Mathematik

12 **B. L. van der Waerden: Algebra I.**
8. Auflage der Modernen Algebra. DM 10,80

15 **L. Collatz/W. Wetterling: Optimierungsaufgaben.** DM 10,80

23 **B. L. van der Waerden: Algebra II.**
5. Auflage der Modernen Algebra. DM 14,80

26 **H. Grauert/I. Lieb: Differential- und Integralrechnung I.**
2. Auflage. DM 12,80

30 **R. Courant/D. Hilbert: Methoden der mathematischen Physik I.**
3. Auflage. DM 16,80

31 **R. Courant/D. Hilbert: Methoden der mathematischen Physik II.**
2. Auflage. DM 16,80

36 **H. Grauert/W. Fischer: Differential- und Integralrechnung. II.** DM 12,80

38 **R. Henn/H. P. Künzi: Einführung in die Unternehmensforschung I.**
DM 10,80

39 **R. Henn/H. P. Künzi: Einführung in die Unternehmensforschung II.**
DM 12,80

43 **H. Grauert/I. Lieb: Differential- und Integralrechnung III.** DM 12,80

44 **J. H. Wilkinson: Rundungsfehler.** DM 14,80

49 **Selecta Mathematica I. Verf. und hrsg. von K. Jacobs.** DM 10,80

50 **H. Rademacher/O. Toeplitz: Von Zahlen und Figuren.** DM 8,80

51 **E. B. Dynkin/A. A. Juschkewitsch: Sätze und Aufgaben über Markoffsche Prozesse.** DM 14,80

64 **F. Rehbock: Darstellende Geometrie.** 3. Auflage. DM 12,80

65 **H. Schubert: Kategorien I.** DM 12,80

66 **H. Schubert: Kategorien II.** DM 10,80

67 **Selecta Mathematica II. Hrsg. von K. Jacobs.** DM 12,80

73 **G. Pólya/G. Szegö: Aufgaben und Lehrsätze aus der Analysis I.**
DM 12,80

74 **G. Pólya/G. Szegö: Aufgaben und Lehrsätze aus der Analysis II.**
DM 14,80

80 **F. L. Bauer/G. Goos: Informatik.** Erster Teil. DM 9,80

85 **W. Hahn: Elektronik-Praktikum.** DM 10,80

86 **Selecta Mathematica III. Hrsg. von K. Jacobs.** DM 12,80

87 **H. Hermes: Aufzählbarkeit, Entscheidbarkeit, Berechenbarkeit.** 2. Auflage.
DM 14,80

91 **F. L. Bauer/G. Goos: Informatik.** Zweiter Teil.

93 **O. Komarnicki: Programmiermethodik.**

Aus den übrigen Fachgebieten:

1 **M. Born: Die Relativitätstheorie Einsteins.**

2 **K. H. Hellwege: Einführung in die Physik der Atome.**

6 **S. Flügge: Rechenmethoden der Quantentheorie.**

7/8 G. Falk: Theoretische Physik I und Ia auf der Grundlage einer allgemeinen Dynamik.
9 K. W. Ford: Die Welt der Elementarteilchen.
10 R. Becker: Theorie der Wärme.
11 P. Stoll: Experimentelle Methoden der Kernphysik.
13 H. S. Green: Quantenmechanik in algebraischer Darstellung.
14 A. Stobbe: Volkswirtschaftliches Rechnungswesen.
16/17 A. Unsöld: Der neue Kosmos.
19 A. Sommerfeld/H. Bethe: Elektronentheorie der Metalle.
20 K. Marguerre: Technische Mechanik. I. Teil: Statik.
21 K. Marguerre: Technische Mechanik. II. Teil: Elastostatik.
22 K. Marguerre: Technische Mechanik. III. Teil: Kinetik.
27/28 G. Falk: Theoretische Physik II und IIa.
32 F. W. Ahnefeld: Sekunden entscheiden — Lebensrettende Sofortmaßnahmen.
33 K. H. Hellwege: Einführung in die Festkörperphysik I.
34 K. H. Hellwege: Einführung in die Festkörperphysik II.
37 V. Aschoff: Einführung in die Nachrichtenübertragungstechnik.
40 M. Neumann: Kapitalbildung, Wettbewerb und ökonomisches Wachstum.
48 R. Gross: Medizinische Diagnostik — Grundlagen und Praxis.
54 G. Fuchs: Mathematik für Mediziner und Biologen.
55 H. N. Christensen: Elektrolytstoffwechsel.
57/58 H. Dertinger/H. Jung: Molekulare Strahlenbiologie.
59/60 C. Streffer: Strahlen-Biochemie.
61 W. Hort: Herzinfarkt.
62 K. W. Rothschild: Wirtschaftsprognose. Methoden und Probleme.
63 Z. G. Szabó: Anorganische Chemie.
68 W. Doerr/G. Quadbeck: Allgemeine Pathologie.
69 W. Doerr: Spezielle pathologische Anatomie I.
70a W. Doerr: Spezielle pathologische Anatomie II.
70b W. Doerr/G. Ule: Spezielle pathologische Anatomie III.
71 O. Madelung: Grundlagen der Halbleiterphysik.
72 M. Becke-Goehring/H. Hoffmann: Vorlesungen über Anorganische Chemie: Komplexchemie.
75 Technologie der Zukunft. Hrsg. von R. Jungk.
76 H.-G. Boenninghaus: Hals-Nasen-Ohrenheilkunde für Medizinstudenten.
77 F. D. Moore: Transplantation.
78 A. Heertje: Grundbegriffe der Volkswirtschaftslehre.
79 E. A. Kabat: Einführung in die Immunchemie und Immunologie.
81 K. Steinbuch: Automat und Mensch.
82 R. Süss/V. Kinzel/J. D. Scribner: Krebs.
83 H. Witter: Grundriß der gerichtlichen Psychologie und Psychiatrie.
84 H.-J. Rehm: Einführung in die industrielle Mikrobiologie.
88 W. Bronisch: Psychiatrie und Neurologie.